Einstein weiterdenken
Thinking Beyond Einstein

Stephan Albrecht/Reiner Braun/Thomas Held
(Hrsg./eds.)

Einstein weiterdenken
Thinking Beyond Einstein

Verantwortung des Wissenschaftlers und Frieden im 21. Jahrhundert
Scientific Responsibility and Peace in the 21st Century

PETER LANG
Frankfurt am Main · Berlin · Bern · Bruxelles · New York · Oxford · Wien

Bibliografische Information der Deutschen Nationalbibliothek
Die Deutsche Nationalbibliothek verzeichnet diese Publikation in der Deutschen Nationalbibliografie; detaillierte bibliografische Daten sind im Internet über <http://www.d-nb.de> abrufbar.

Umschlagfoto:
Albert Einstein
Die Abdruckrechte liegen beim Autor.

ISBN 3-631-55228-9

www.peterlang.de

Dank

Unser besonderer Dank gilt allen Autorinnen und Autoren, die trotz vielfältiger Arbeitsbelastungen bereit waren, dieses Buchprojekt durch einen eigenen Beitrag zu unterstützen und an ihm mitzuwirken.

Dank an das Bundesministerium für Bildung und Wissenschaft und das Büro Einsteinjahr 2005, das dieses Projekt ermöglichte und in vielfältiger Form aktiv unterstützte.

Dank auch an den Peter Lang Verlag und seinen Mitarbeiterinnen und Mitarbeitern für die Kooperation.

Dank an die Kolleginnen und Kollegen aus dem Trägerkreis „Einstein weiterdenken", die uns ermutigten, das Buchprojekt in Angriff zu nehmen und uns mit Rat und Tat zur Seite standen.

Ein besonderer Dank gilt Nicola Hellmich, die immer wieder den Prozess der Buchherstellung durch vielfältige Zuarbeit förderte und an Dr. Ursula Schefler für ihre lektorale Hilfe und Unterstützung.

Für die Herausgeber
Reiner Braun

Inhaltsverzeichnis

Einleitende Beiträge 9
Vorwort der Herausgeber 11
Vorwort des Einsteinjahres – *Gert Weiberg* 13
Einführung – *Edelgard Bulmahn* 15
Einführung – *Volker Rittberger* 21
Joseph Rotblat: in Erinnerung an sein Leben - *Reiner Braun* 27
Eine Welt ohne Krieg: Zu Ehren von Einsteins Streben nach Frieden – *Joseph Rotblat* 33
A world without war: A Tribute to Einstein's Quest for World Peace – *Joseph Rotblat* 45

Verantwortliche Wissenschaft heute 55
Frieden durch Nachhaltigkeit. Aufgaben der Wissenschaft 57
Aufgaben der Wissenschaften im Blick auf Frieden durch Nachhaltigkeit 59
Stephan Albrecht
Knowledge, peace and development – The Role of Higher Education 71
Calestous Juma
Interview mit *Hartmut Grassl* 89

Neue gesellschaftliche Herausforderungen durch Schlüsseltechnologien 95
Mehr soziale Fantasie 97
Alfred Nordmann
Where Responsibility Lies 101
Daniel Sarewitz
Hiroshima ist überall 109
Jean-Pierre Dupuy
Nanotechnik für Alle? Verantwortliche Nutzung im globalen Zusammenhang 119
Jürgen Altmann
Foresight in emerging technologies: Risks associated to the military funding of research 131
Alexis Vlandas

Ambivalenz und militärischer Gebrauch von Forschung und Technik 139
Einleitung 141
Frank Vogelsang
Navigieren in der Grauzone: Kontrolle oder Gestaltung von Forschung und Technik? 143
Wolfgang Liebert
The Challenge of Shaping Modern Biotechnology in the Light of New Weapons Possibilities 161
Kathryn Nixdorff
A Dual-Use Technology in the New Strategic Environment 173
Judith Reppy

Der offene und freie Diskurs als Vorraussetzung verantwortlicher Wissenschaft 185
Lack of transparency in research: risks to environment and health 187
Árpád Pusztai
Der offene und freie Diskurs als Voraussetzung verantwortlicher Wissenschaft 193
Dieter Deiseroth

Friedensgestaltung im 21. Jahrhundert 227
Rüstungskontrolle als Antwort auf neue militärische Strategien und moderne rüstungsrelevante Technologien 229
Die drohende Bewaffnung des Weltraums und Möglichkeiten ihrer Begrenzung 231
Götz Neuneck
Arms Control in an Age of Strategic and Military Revolution 243
Carl Conetta
Europe between arms control and new armament. The European Security Strategy, the draft European constitution, the European Defence Agency and requirements for arms control 273
Michael Broszka

Atomwaffen abschaffen – Diskussion um Strategien für eine nuklearwaffenfreie Welt 285
Thinking with Einstein: A future without weapons of mass destruction 287
Ronald McCoy
Einstein weiterdenken: Für eine Zukunft ohne Massenvernichtungswaffen 297
Botschafter Friedrich Gröning

Non-proliferation of Weapons of Mass destruction: Policy and action by the European Union ____ 301
Andreas Strub
Pugwash Conferences on Science and World Affairs, and the Challenges of Peace ____ 307
Marie Muller

Privatisierte Kriege und staatlicher Interventionismus ____ 315
Peace from Outside? The Possibilities and Limits of International Conflict Management in Africa ____ 317
William Reno
Security as Business: Towards a Technical, De-politicized Use of Force ____ 333
Anna Leander

Pazifismus – nur eine regulative Idee (einschließlich Einstein aktuell) ____ 355
The Continuing Relevance of Pacifism for the 21st Century ____ 357
Kevin Clements
Am Ernstfall scheitern? Einsteins Befürwortung der „Bombe" 1939 ____ 369
Wolfram Wette

Die Idee der Weltregierung und die Praxis der Weltorganisation ____ 383
Einsteins Idee der Weltregierung und die Praxis der Weltorganisation – Tendenzen der Supranationalisierung im Völkerrecht ____ 385
Andreas Zimmermann
Frieden und Demokratie im Kontext der Globalisierung ____ 401
Ulrich Teusch
Die notwendigen Reformen der Vereinten Nationen ____ 411
Klaus Hüfner

Die Weltordnung neu denken ____ 421
Apartheid global – Der neue Imperialismus und der globale Süden ____ 423
Samir Amin
Two Conflicting Paradigms to Global Development: Rights-based vs. Neoliberal Approaches ____ 431
Brigitte Young
„Fellow travellers" der „corporate globalization": Konfrontation, Konflikt und Gewalt ____ 439
Birgit Mahnkopf

Schlussbeitrag 453
Resümee der Foren: Herausforderungen und Handlungsperspektiven 455
Wolfgang Liebert

Anlagen 471
Interview mit Hans Peter Dürr 473
Potsdamer Denkschrift 2005 481
Curriculae vita der Autoren und Herausgeber 511

Einleitende Beiträge

Vorwort der Herausgeber

„Wir müssen lernen anders zu denken als bisher. Wir dürfen nicht mehr fragen: welche Schritte müssen wir ergreifen, um unsere Seite den militärischen Sieg zu sichern? Denn solche Schritte gibt es nicht mehr. Vielmehr müssen wir uns fragen: welche Schritte führen zur Vermeidung eines militärischen Konfliktes, dessen Ende für alle Beteiligten katastrophal sein müsste" (zitiert aus dem Russell-Einstein-Manifest).

Vom 14.-16.10.2005 fand in Berlin, in dem traditionellen Tagungsort Urania, der internationale Kongress „Einstein weiterdenken. Wissenschaft–Verantwortung-Frieden" mit mehr als 600 Teilnehmerinnen und Teilnehmern statt.

Die Arbeitsgemeinschaft Friedens- und Konfliktforschung (AFK), die Deutsche Stiftung Friedensforschung (DSF), der Forschungsverbund Naturwissenschaft, Abrüstung und internationale Sicherheit (FONAS), die NaturwissenschaftlerInnen Initiative Verantwortung für Frieden und Zukunftsfähigkeit (NATWISS) und die Vereinigung Deutscher Wissenschaftler (VDW) unterstützt und gefördert durch das Bundesministerium für Bildung und Wissenschaft, luden zum Ende des Einstein Jahres 2005 internationale (Friedens)wissenschaftlerInnen und Laien, Interessierte und Engagierte zu einem Wochenende des Diskurses über aktuelle Herausforderungen des Friedens und der heutigen Verantwortung des Wissenschaftlers in der Tradition von Albert Einstein ein.

„Einstein weiterdenken" so formulierte es die Tagung, bedeutet, seine damaligen Fragen und Antworten mit dem heutigen Selbstverständnis der Wissenschaft zu konfrontieren. Dieser in der Einladung formulierte Anspruch prägte die Plenarveranstaltungen und die Foren.

Wie kann die Wissenschaft ihrer Verantwortung für die zukünftige Entwicklung der gesellschaftlichen und natürlichen Lebensgrundlagen unter den Bedingungen der Globalisierung gerecht werden? Wie können Fehlentwicklungen rechtzeitig benannt und mögliche Alternativen diskutiert werden? Diese Fragestellungen wurden in den Wissenschaftsforen des Kongresses behandelt.

Nach wie vor werfen Massenvernichtungswaffen und aktuelle Bedrohungen wie die „neuen" Kriege überlebenswichtige Fragen nach den Bedingungen und Möglichkeiten einer aktiven Friedens- und Abrüstungspolitik auf. Dabei bilden Einsteins kämpferischer Pazifismus und sein Engagement gegen die atomare Gefahr wichtige Bezugspunkte zum Weiterdenken. Diese, teilweise sehr direkt mit dem Denken Albert Einsteins verbundenen Fragestellungen standen im Mittelpunkt der Foren zur Friedensgestaltung. Versucht wurde wissenschaftliche und öffentliche Diskurse zusammenzuführen und konkrete Anforderungen an eine deutsche und europäische Friedenspolitik zu formulieren.

Die Referate der Foren und weitere Beiträge des Kongresses sowie eine Zusammenfassung grundlegender Gedanken für zukünftiges Handeln finden Sie in diesem Buch.

Eine besondere Bedeutung für diesen Kongress hatte der Tod des Friedensnobelpreisträgers und Gründer der Pugwash-Bewegung Joseph Rotblat am 31.08.05. Er wollte diesen Kongress eröffnen, und die Verbindung des Russell-Einstein-Manifestes, dessen jüngster und bis September 05 letzter lebender Unterzeichner er war, mit den aktuellen Herausforderungen der nuklearen Abrüstung herzustellen. Die Initiatoren des Kongresses widmeten diesem großen Humanisten und Friedenskämpfer die Eröffnungsveranstaltung. Seine engste Mitarbeiterin, Sally Milne, stellte seinen Beitrag posthum zur Verfügung. Herzlichen Dank!

Dank schulden die Organisatoren des Kongresses sowie die Herausgeber des Buches auch dem Bundesministerium für Bildung und Forschung, das durch die finanzielle Unterstützung den Kongress und dieses Buch erst ermöglicht haben. Die Begrüßung durch die Ministerin Edelgart Bulmahn verdeutlichte noch einmal, den Stellenwert der Friedensforschung für die Politik der Bundesregierung.

Mögen die Leserinnen und Leser dieses Buch als Anregung verstehen, das vielfältige Argumente und Fakten für eine zukunftsfähige Wissenschaftspolitik und eine an Frieden und Abrüstung orientierte Sicherheitspolitik liefert; ganz in der Tradition von Albert Einstein, der immer wieder die Bedeutung des zivilgesellschaftlichen Engagements der Bürgerinnen und Bürger für den Frieden formulierte. So schrieb er 1930 in der ihm eigenen Deutlichkeit:

„Die Völker müssen selber die Initiative aufbringen, zu verhindern, dass sie aufs Neue auf die Schlachtbank geführt werden. Von den Regierungen Schutz zu erwarten ist Torheit."

Stephan Albrecht, Reiner Braun, Thomas Held

Vorwort des Einsteinjahres

Im Einsteinjahr haben wir nicht nur an den hundertjährigen Geburtstag der Theorie, die unser Verständnis von Raum, Zeit, Masse und Energie revolutionierte, erinnert. Wir feierten auch den Bürger Albert Einstein, den zutiefst politisch denkenden und handelnden Menschen. Einstein war nicht nur kritischer Beobachter, sondern er bezog als Wissenschaftler und als überzeugter Pazifist und Humanist engagiert und oft deutlich Stellung.

Für Einstein waren Unabhängigkeit und Freiheit zeitlebens die höchsten Werte und sie waren auch seine Maßstäbe: Unabhängigkeit der Wissenschaft, Freiheit der Forschung, uneingeschränkter Zugang und Austausch von Informationen zwischen den Forschenden – das waren die Fixpunkte schon des jungen Wissenschaftlers, hierzu hat er sich immer wieder geäußert. Diese Forderung nach Freiheit und Unabhängigkeit der Wissenschaft war aufs Engste verbunden mit dem Bekenntnis für die Verantwortung des Wissenschaftlers für die Folgen seiner Erkenntnis.

Es ist dieses Verständnis von der Verantwortung der Wissenschaft, das Einstein wie kein zweiter Naturwissenschaftler vor oder nach ihm geprägt hat und weswegen er als politisches Gewissen der Welt gefeiert wird. Albert Einstein gibt, auch fünfzig Jahre nach seinem Tod, weiterhin Anstöße, um die Trennung bzw. das Verhältnis zwischen wissenschaftlicher Arbeit und politischem Denken und Handeln zu überdenken.

In dem Gedenkjahr, in dem wir alle die großen wissenschaftlichen Entdeckungen Albert Einsteins gewürdigt haben, die er als junger Mensch und Wissenschaftler machte, erinnerten wir uns selbstverständlicherweise auch daran, dass er sich bis zuletzt bemüht hat, eine Welt ohne Krieg zu schaffen. Sein letztes öffentliches Bekenntnis, das Russell-Einstein-Manifest – geschrieben vor dem Hintergrund des Kalten Krieges und der Atombombenabwürfe auf Hiroshima und Nagasaki – ist zugleich sein Vermächtnis an die Menschheit.

Der Kalte Krieg ist vorbei, doch Atomwaffen, egal in wessen Händen, gibt es weiterhin. Angesichts dieser Situation bleibt das Russel-Einstein-Manifest im 21. Jahrhundert so gültig wie im 20. Jahrhundert. „One world or none“ – die Erkenntnis der Unterzeichner des Manifestes, dass es einer Weltregierung bedarf mit Kontrolle über Rüstung und Abrüstung – ist weiterhin uneingeschränkt aktuell.

Wir haben uns bei der Vorbereitung und inhaltlichen Planung von „Einstein weiterdenken – Wissenschaft, Verantwortung, Frieden“, der zentralen Veranstaltung zum Thema Frieden im Einsteinjahr, bewusst zurückgehalten. Wir wollten den Vertretern der Friedensforschung eine eigene Plattform bieten. Wir sind glücklich, dass dies gelungen ist.

Joseph Rotblat starb nach längerer Krankheit im Alter von 94 Jahren in der Nacht zum 1. September. Er hatte große Pläne im Einsteinjahr 2005. Er, der 1944 als einziger Wissenschaftler das Manhattan-Projekt verließ, wollte zum 60. Jahrestag des Abwurfs der Atombombe auf Hiroshima eine Neuauflage des Einstein-Russel-Manifests für das 21. Jahrhundert schreiben und verkünden. Er war bis zuletzt fest entschlossen an der Internationalen Konferenz „Einstein weiterdenken“ teilzunehmen und uns und die internationale Öffentlichkeit zu ermahnen und zu ermutigen. Leider konnte Joseph Rotblat diese Pläne nicht mehr verwirklichen. Der Eröffnungsabend war seinem Andenken gewidmet.

Das Einsteinjahr ist zu Ende. Es war ein ganz besonderes Wissenschaftsjahr. Wir sind froh, dass es von den Bürgerinnen und Bürgern, Studentinnen und Studenten, Schülerinnen und Schülern und von der Wissenschaft selbst einen so großen Zuspruch erfahren hat. Der Einladung sich mit Einstein, seinen Theorien und seinem politischen Engagement zu beschäftigen sind sehr viele Menschen gefolgt.

Mit unserem vielfältigen und umfangreichen Veranstaltungsprogramm haben wir gemeinsam mit den vielen Partnern aus Wissenschaft, Kultur und Wirtschaft die vielen Facetten des Jahrhundertgenies Albert Einstein sichtbar gemacht.

Dr. Gerd Weiberg
Leiter Büro Einsteinjahr 2005

Einführung

Edelgard Bulmahn

Im Jahr 1809, in der Zeit der Napoleonischen Kriegszüge durch Europa, schrieb der deutsche Schriftsteller Jean Paul: „Gegen den Krieg schreiben ist allerdings so viel als harte Winter scharf rügen, oder die Erbsünde. [...] Der Friede war bisher nur eine blühende Vorstadt mit Landhäusern und Gärten vor der Festung des Kriegs, der jene bei jedem Anlass niederschoss.“[1]

Über 100 Jahre später erlebte Albert Einstein, kurz nachdem er hier in Berlin seine Direktorenstelle am Kaiser-Wilhelm-Institut für Physik angetreten hatte, den Ausbruch des Ersten Weltkriegs. Es war dieser Krieg, so der Historiker Fritz Stern, der Einstein, den bis dahin Unpolitischen, politisierte – und es blieb die Frage von Krieg und Frieden, die ihn bis zum Ende seines Lebens nicht mehr losließ.

Mir scheint fast, als ob Albert Einstein dem Bild des Friedens als „blühender Vorstadt“, der jederzeit die Vernichtung drohte, hätte zustimmen können. Denn Albert Einstein, der jüdische Emigrant, versehen mit der Erfahrung zweier katastrophaler Massenvernichtungskriege, wusste sehr genau, wie brüchig und gefährdet ein Frieden sein konnte, der bei Lichte betrachtet keiner war.

Deshalb feiern wir in diesem Einsteinjahr 2005 nicht allein den hundertsten Geburtstag seiner bahnbrechenden wissenschaftlichen Arbeiten. Wir feiern ebenso den Bürger Albert Einstein, einen zutiefst politisch denkenden und handelnden Menschen. Einstein resignierte nicht angesichts der Katastrophen des 20. Jahrhunderts. Im Gegenteil, er war nicht nur kritischer Beobachter, sondern er bezog als Wissenschaftler, als überzeugter Pazifist und Humanist engagiert und oft deutlich Stellung, er mischte sich ein, wann und wo er es für richtig und nötig hielt.

Für Einstein waren Unabhängigkeit und Freiheit zeitlebens hohe Werte, mit ihnen maß und beurteilte er die Welt: Unabhängigkeit der Wissenschaft, Freiheit der Forschung, uneingeschränkter Zugang und Austausch von Informationen zwischen den Forschenden – das waren die Fixpunkte schon des jungen Wissenschaftlers, hierzu hat er sich immer wieder geäußert. Diese Forderung nach Freiheit und Unabhängigkeit der Wissenschaft war aufs Engste verbunden mit dem

1 Jean Paul: Kriegserklärung gegen den Krieg. In: Kriegsgeschichten von Honoré de Balzac bis Heinrich Böll. Hrsg. von Franz Sutter. Zürich 1984, S. 311.

Bekenntnis, dass die Wissenschaftler für die Folgen ihrer Erkenntnis mit verantwortlich sind.

Es ist dieses Verständnis von der Rolle und von der Verantwortung der Wissenschaft, das Einstein wie kein zweiter Naturwissenschaftler vor oder nach ihm geprägt hat und weswegen er als politisches Gewissen der Welt gefeiert wird, auch und insbesondere in Deutschland in diesem Jubiläumsjahr. Einsteins Widerwillen gegen autoritäre Systeme, seine Abscheu vor Krieg als Form der Konfliktlösung und sein Widerstand gegen die Einschränkung wissenschaftlicher und bürgerrechtlicher Freiheiten zieht sich als grundsätzliche Haltung wie ein roter Faden durch sein Leben.

Dabei hat Einstein seine eigene Berühmtheit wiederholt eingesetzt, um politische und gesellschaftliche Missstände anzuprangern.

Bis zu seinem Lebensende wurde Einstein eines immer wichtiger: eine Welt ohne Krieg zu schaffen. Das letzte öffentliche Bekenntnis Albert Einsteins, das Russell-Einstein-Manifest, von Einstein wenige Tage vor seinem Tod unterzeichnet, geschrieben vor dem Hintergrund des Kalten Kriegs und der Atombombenabwürfe auf Hiroshima und Nagasaki, ist zugleich sein Vermächtnis an die Menschheit.

Albert Einstein wusste: Frieden ist kein gegebener Zustand, sondern Ziel und Ergebnis gesellschaftlicher und politischer Gestaltung. Frieden ist ein Prozess, der vorausschauend und dauerhaft gestaltet werden will. Frieden verlangt klare Vorstellungen und einen Konsens darüber, wie wir miteinander leben wollen. Frieden sichert die menschliche Existenz und ermöglicht zugleich ein demokratisches Miteinander.

Eine der Verbindungslinien, die zwischen uns Heutigen und Albert Einstein besteht, ist der Kalte Krieg: Einstein erlebte noch seinen Beginn, wir feierten sein Ende. Trotz aller großen Freude darüber, müssen wir uns heute mehr denn je die Frage stellen: Wie können wir das, was danach kommt, friedlich gestalten?

Gerade die jüngste Vergangenheit hat uns auf schreckliche Weise gezeigt, dass wir, um mit Egon Bahr zu sprechen, uns eben nicht bequem zurücklehnen und eine „Friedensdividende" genießen können! „Der Schock des 11. September", so Bahr weiter, „hat die Verwundbarkeit nicht nur des mächtigsten, sondern potenziell jeden Staates durch entstaatlichte Gewalt gezeigt."

In den neunziger Jahren haben wir fast 100 kriegerische Konflikte gezählt, mit mehr als fünf Millionen Toten. Die vorwiegend innerstaatlichen und ethnischen dieser neuen Kriege überfordern alte Lösungsansätze erkennbar, ebenso die Konflikte, die ihre Ursachen etwa im Raubbau an knappen natürlichen Ressourcen haben.

Wir leben in einer neuen Welt, doch Atomwaffen gibt es weiterhin. Die Möglichkeit der Umstellung von der zivilen Atomenergieproduktion zum Atomwaffenprogramm besteht ebenfalls nach wie vor. Angesichts dieser Situation bleibt das Russel-Einstein-Manifest im 21. Jahrhundert so gültig wie im 20. Jahrhundert. „One world or none" – die Erkenntnis der Unterzeichner des Manifestes, dass es einer Weltregierung oder zumindest einer „global governance" bedarf, mit Kontrolle über Rüstung und Abrüstung, ist weiterhin uneingeschränkt aktuell.

Dies gilt ebenso für die Debatte um den so genannten „dual-use", also für die Möglichkeit, theoretische Forschungsergebnisse zu zivilen, aber auch zu kriegerischen Zwecken gleichermaßen nutzbar zu machen.

II.

Die Krisen und Konflikte nach dem Ende des Kalten Krieges machen eindringlich deutlich, wie sehr die Friedenswissenschaft gefordert ist. In kaum einem anderen Forschungsbereich, das habe ich schon 1992 nachdrücklich kritisiert, ist der Rotstift so konsequent eingesetzt worden wie in der Friedensforschung.

Sicher hat die von Francis Fukuyamas propagierte Idee vom „Ende der Geschichte" dazu beigetragen. Dass wir uns – leider noch nicht – auf dem Weg zu einem friedlichen und gerechten Ende der Geschichte bewegen, weiß heute auch Fukuyama – sein neues Buch „Staaten bauen" kündet davon.[2]

Die rot-grüne Regierung hat deshalb bewusst und gezielt die Entwicklung der Friedenswissenschaft gefördert. Der eindruckvollste Beleg dafür ist die Gründung der Deutschen Stiftung Friedensforschung (DSF). Krisen- und Konfliktprävention sowie die Unterstützung friedenswissenschaftlicher Nachwuchsforscher wurde so zu einer Kernkompetenz der DSF.

Wir haben uns dabei sehr bewusst an die Tradition der Konfliktforschung Gustav Heinemanns gehalten – dass jede Mark für den Frieden tausendmal sinnvoller ausgegeben ist als jeder Dollar für die Rüstung. Wir haben im Rahmen unserer bundesstaatlichen Kompetenzen die Friedensforschung an den Hochschulen gefördert, haben der Friedenswissenschaft zuletzt durch den neuen Carl Friedrich von Weizsäcker Lehrstuhl neue Möglichkeiten für Forschung und Lehre geschaffen.

Aus der Erfahrung meines eigenen politischen Lebens kann ich sagen: Friedenswissenschaft gehört an die Hochschulen und Universitäten, öffentlich geförderte Rüstungsforschung nicht. Und die immer wieder thematisierte „dual-use"-Forschung muss dabei zumindest genauer kontrolliert werden.

---

2 Francis Fukuyama: Staaten bauen: Die neue Herausforderung internationaler Politik. Berlin 2006.

In dem Ziel der Kriegsverhinderung wussten und wissen wir uns auch einig mit der Friedensbewegung. Die gemeinsame Ablehnung des Irak-Krieges zusammen mit Frankreich und Russland hat das Ansehen Deutschlands als einer friedlichen Mittelmacht in der Welt gestärkt und wird weithin auch als Zeichen eines liberalen offenen und friedlichen Deutschlands wahrgenommen.

Ich sage das nicht leichthin, denn ich kenne aus vielen Veranstaltungen und Debatten auch die Differenzen, die diese Regierung zumindest mit Teilen der Friedensbewegung hatte und hat.

III.

1994 traf ich den Physiker und Friedensnobelpreisträger Joseph Rotblat. Diese kurze Begegnung mit dem Mitunterzeichner des Russel-Einstein-Manifests, Begründer der Pugwash-Bewegung und lebenslangen Kämpfers gegen Atomwaffen, hat mich tief beeindruckt und berührt.

Joseph Rotblat hatte große Pläne im Einsteinjahr 2005. Er, der 1944 als einziger Wissenschaftler das Manhattan-Projekt verließ, wollte zum 60. Jahrestag des Abwurfs der Atombombe auf Hiroshima eine Neuauflage des Russel-Einstein-Manifests für das 21. Jahrhundert schreiben und verkünden.

Er hatte zugesagt, die große Berliner Ausstellung „Albert Einstein – Ingenieur des Universums“, die vor wenigen Tagen zu Ende gegangen ist, zu eröffnen. Er war bis zuletzt fest entschlossen, hier und heute bei uns zu sein und die internationale Öffentlichkeit zu ermahnen und zu ermutigen.

Dieser große Mann der Friedensbewegung wollte mit seiner verbleibenden Kraft noch einmal nachdrücklich für die Notwendigkeit des Engagements gegen Krieg und Atomwaffen werben. Leider konnte Joseph Rotblat diese Pläne nicht mehr verwirklichen. Er starb nach längerer Krankheit im Alter von 94 Jahren in der Nacht zum 1. September.

Wo andere verzweifelten an den Realitäten der Kriege, an ihren Grausamkeiten und den vielfach auch unzulänglichen politischen Reaktionen, hatte er immer wieder die Kraft zu handeln. Mit seiner Pugwash-Bewegung hat er selbst Politik gemacht. Die Abrüstungs- und Kontrollverträge seit 1963 bis zum Vertrag zur Beseitigung von Mittelstreckenraketen hat er maßgeblich mit beeinflusst.

Albert Einstein sagte kurz vor seinem Tod: „Ich habe meine Sache hier getan.“ Das gilt auch für den vielfach ausgezeichneten und dennoch bis zum Lebensende bescheiden gebliebenen Joseph Rotblat. Es liegt jetzt an uns, sein Lebenswerk klug und in seinem Sinne fortzuführen. Es ist kein leichtes Erbe, das wir hier antreten.

IV.

Das Einsteinjahr nähert sich langsam dem Ende. Es war ein ganz besonderes Wissenschaftsjahr. Ich bin froh, dass es von den Bürgerinnen und Bürgern, Studentinnen und Studenten, Schülerinnen und Schülern und von der Wissenschaft selbst einen so großen Zuspruch erfahren hat. Der Einladung, sich mit Einstein, seinen Theorien, seinen Ideen und Überzeugungen sowie seinem politischen Engagement zu beschäftigen, sind sehr viele Menschen gefolgt.

Mit unserem vielfältigen und umfangreichen Veranstaltungsprogramm haben wir gemeinsam mit unseren zahlreichen Partnern aus Wissenschaft, Kultur und Wirtschaft die vielen Facetten des Jahrhundertgenies Albert Einstein sichtbar gemacht.

Ich danke nachdrücklich allen, die mit ihrem Engagement zum Gelingen des Einsteinjahres und dieser wichtigen Konferenz beigetragen haben.

Einführung

Volker Rittberger

Sehr geehrte Frau Bundesministerin, liebe Frau Bulmahn, verehrte Konferenzgäste, werte Kolleginnen und Kollegen, sehr geehrte Damen und Herren,

im Namen der Trägerorganisationen der internationalen Konferenz **„Einstein weiterdenken. Wissenschaft – Verantwortung – Frieden“** heiße ich Sie herzlich willkommen. I am extending a special welcome to the Honorable Bianca Jagger, Alternate Nobel Prize laureate 2004 and a well known social and human rights activist. Ich freue mich, dass Sie sich in so großer Zahl von unserer Einladung angesprochen gefühlt haben und sich mit uns darauf einlassen wollen, Albert Einsteins friedenspolitisches Vermächtnis für die Gegenwart neu zu entdecken und zu interpretieren.

Diese Konferenz ist Teil des Einstein-Jahres 2005, in dessen Verlauf das Leben und Wirken Albert Einsteins auf vielfältige Weise gewürdigt worden ist. Die größte Zahl der Veranstaltungen war – sicher zu Recht – dem bahnbrechenden Wissenschaftler, dem Vordenker der Relativitätstheorie und weiterer grundlegender theoretischer Neuerungen der modernen Physik gewidmet. Einsteins politische Ideale und sein von großer Zivilcourage getragenes Eintreten für Freiheit, Menschenrechte und Frieden in dieser Welt finden demgegenüber nicht immer die ihnen gebührende Beachtung. Es ist deshalb außerordentlich verdienstvoll, dass die Bundesministerin für Bildung und Forschung, Frau Edelgard Bulmahn, frühzeitig ihr Interesse an einer Würdigung des Demokraten, Internationalisten und Pazifisten Albert Einstein bekundete. Sie verband dies mit ihrer Bereitschaft, im Rahmen des Einstein-Jahres eine internationale Konferenz zu fördern, die das aus einer Gemengelage von Gesinnungs- und Verantwortungsethik gespeiste friedenspolitische Vermächtnis Einsteins ernst nimmt und sich dadurch zu einem friedenspolitisch verantwortbaren Umgang mit den uns heute und in der absehbaren Zukunft bedrängenden globalen Herausforderungen inspirieren lässt.

Die Ermöglichung und Sicherung des Weltfriedens war eines der zentralen politischen Anliegen, für die sich Albert Einstein sein Leben lang einsetzte.[1] Die Ablehnung von Militarismus, Nationalismus und Rassismus, die Abscheu vor Krieg und Gewaltpolitik entsprangen einer Einstellung, die er einmal selbst als

1 Vgl. Siegfried Grundmann, Wissenschaft und Politik: Einsteins Berliner Zeit, in: Aus Politik und Zeitgeschichte 25-26/2005, S. 31.

„Pazifismus (...) instinktiver Natur“[2] bezeichnete: „Heldentum auf Kommando, sinnlose Gewalttat und die leidige Vaterländerei, wie glühend hasse ich sie, wie gemein und verächtlich erscheint mir der Krieg; ich möchte mich lieber in Stücke schlagen lassen, als mich an einem so elenden Tun beteiligen.“[3]. Mit großer Klarheit benannte er auch die für Frieden, Demokratie und Rechtsstaat drohenden Gefahren der Militarisierung: „Militarisierung bedeutet nicht nur unmittelbare Kriegsdrohung, sondern auch langsame stetige Unterhöhlung des demokratischen Geistes und der Menschenwürde in unserem Land.“[4]. Einstein bezeichnete sich selbst bis zum Machtantritt der Nationalsozialisten in Deutschland als „militanten Pazifisten“[5], danach aber als „geläuterten Pazifisten“[6], denn: „Gegen organisierte Macht gibt es nur organisierte Macht“[7], und: „Gewaltfreiheit ist zwar der klügste Weg, um mit Gegnern fertig zu werden, aber man kann sie nur unter idealen Bedingungen anwenden (...), nicht gegen die Nazis im heutigen Deutschland.“[8]. Darüber hinaus forderte er Zeit seines Lebens eine internationale Organisation mit supranationaler Autorität unter Einschluss von Polizeigewalt, die zukünftig über den Weltfrieden wachen sollte.[9] Er zeigte sich aber nicht nur von dem Schicksal des Völkerbundes, dessen Kommission für intellektuelle Zusammenarbeit er zeitweilig angehörte, sondern auch von der Autoritätsschwäche der Vereinten Nationen zutiefst enttäuscht.[10]

Einsteins politischer Idealismus hatte sein Fundament nicht zuletzt in seiner wissenschaftlichen Arbeit und dem freilich erst verspätet einsetzenden Bedenken ihrer Folgen.[11] Zunächst hielt er an der Unschuldsvermutung für die Wissenschaft fest: „We must not condemn man because his inventiveness and patient

2 Zitat nach Otto Nathan/Heinz Norden (Hrsg.), Albert Einstein – Über den Frieden. Weltordnung oder Weltuntergang?, Neu Isenburg: Melzer Verlag 2004, S. 116.

3 Albert Einstein, Wie ich die Welt sehe, in: Carl Seelig (Hrsg.), Albert Einstein: Mein Weltbild, Frankfurt/M. – Berlin: Ullstein Verlag 1986, S. 9.

4 Albert Einstein, Aus meinen späten Jahren, Stuttgart: Deutsche Verlags-Anstalt 1984, S. 165.

5 Albert Einstein/Sigmund Freud: Warum Krieg? Ein Briefwechsel, Zürich: Diogenes Verlag 1972, S. 9.

6 Irene Armbruster, Prophet des Friedens, in: Aus Politik und Zeitgeschichte 25-26/2005, S. 35.

7 Zitiert nach Ze´ev Rosenkranz, Albert Einstein. Privat und ganz persönlich, Jerusalem: Jüdische National- und Universitätsbibliothek 2004, S. 115.

8 Zitat nach Otto Nathan/Heinz Norden (Hrsg.), Albert Einstein – Über den Frieden. Weltordnung oder Weltuntergang?, Neu Isenburg: Melzer Verlag 2004, S. 277.

9 Albert Einstein/Sigmund Freud: Warum Krieg? Ein Briefwechsel, Zürich: Diogenes Verlag 1972, S. 16-17; Irene Armbruster, Prophet des Friedens, in: Aus Politik und Zeitgeschichte 25-26/2005, S.34.

10 Vgl. Armbruster, S. 34, 37.

11 Ebd., S. 36.

conquest of the forces of nature are exploited for false and destructive purposes."[12] Freilich: die von ihm mitangeregte Entwicklung der amerikanischen Atombombe während des Zweiten Weltkrieges bestärkte Einstein später, schon vor Ende des Zweiten Weltkrieges und erst recht während des Kalten Krieges zwischen Ost und West, in seiner Überzeugung, dass bestimmte wissenschaftlich-technische Entwicklungen die Sicherung des Friedens zu einer „Existenzfrage für die zivilisierte Menschheit" machten.[13] Der letzte von ihm mitunterzeichnete friedenspolitische Aufruf, das „Russell-Einstein-Manifest" vom Juli 1955, war vollständig dem Einsatz gegen die Bedrohung der Menschheit durch Atomwaffen gewidmet.[14]

Auch heute, fünfzig Jahre später, ist diese Bedrohung durch nukleare oder andere Massenvernichtungswaffen nicht nur nicht gebannt, sondern – unter teilweise veränderten Vorzeichen – so akut wie eh und je. Der Bericht der von dem Generalsekretär der Vereinten Nationen, Kofi Annan, eingesetzten „Hochrangigen (Experten-) Gruppe für Bedrohungen, Herausforderungen und Wandel" mit dem Titel „Eine sicherere Welt: Unsere gemeinsame Verantwortung" stellt unmissverständlich fest: „Wir nähern uns einem Punkt, bei dem die Erosion des Nichtweiterverbreitungsregimes irreversibel wird und eine Kaskade von Weiterverbreitung auslösen kann."[15]

Vor diesem Hintergrund setzt die jüngst erfolgte Verleihung des Friedensnobelpreises an Mohammed El Baradei und die Internationale Atomenergiebehörde (IAEO) für das Jahr 2005 ein ungemein wichtiges Zeichen der Unterstützung für die regulative Idee der Nichtweiterverbreitung von Atomwaffen und atomwaffentauglicher Technologien *und* für die konsequente nukleare Abrüstung, angefangen mit der verlässlichen Unterwerfung aller Atommächte unter den allgemeinen Teststop für Kernwaffen.[16]

Gestatten Sie mir an dieser Stelle, einige Worte des Gedenkens an Sir Josef Rotblat, der Ende August dieses Jahres verstorben ist, einzufügen. Er war der letzte noch lebende Unterzeichner des „Russell-Einstein-Manifests" und hatte 1995 zusammen mit den von diesem Manifest ihren Ausgang nehmenden „Pugwash Conferences on Science and World Affairs" den Friedensnobelpreis erhalten.[17] Gerne hätte er ungeachtet seines hohen Alters an dieser Konferenz teilgenommen, sie mit einem persönlichen Beitrag zu ihrer Thematik „Einstein weiterdenken" bereichert und zur Fortführung der Tradition des „Russell-Einstein-

12 http://www.ppu.org.uk/learn/infodocs/people/pp-einstein4.html, 07.11.2005.
13 http://www.armscontrol.de/dokumente/russel-einstein.pdf, 07.11.2005.
14 Vgl. Ebd.
15 http://www.un.org/secureworld/report.pdf, 07.11.2005, S. 39.
16 http://nobelprize.org/peace/laureates/2005/press.html, 07.11.2005.
17 http://nobelprize.org/peace/laureates/1995, 07.11.2005.

Manfests" ermutigt. Im Frühjahr zeichnete es sich ab, dass dies aufgrund seines sich verschlechternden Gesundheitszustandes nicht möglich sein würde. Sein Tod erfüllt uns alle mit großer Trauer. Sein vorbildhaftes Engagement und Tun können durch uns noch lange nachwirken.

Die Thematik unserer Konferenz „Einstein weiterdenken" macht deutlich, dass sie nicht einer Art von Heldenverehrung dienen soll, denn davon hielt Einstein selbst gar nichts.[18] Die Bearbeitung dieser Thematik will sich am wissenschaftlichen Ethos Albert Einsteins auch dort messen lassen, wo es nicht um den (natur-)wissenschaftlichen Forscher und Denker Einstein geht, sondern um von ihm als aufgeklärtem und besorgtem Bürger aufgeworfene Fragen. Fragen, wie die in seinem berühmten Briefwechsel mit Sigmund Freud vom Jahre 1932 aufgeworfene „Warum Krieg?"[19], sollen mit dem heutigen Erkenntnisstand einschlägiger Wissenschaften konfrontiert werden. Deren Erkenntnisse sollen daraufhin geprüft werden, ob sie überzeugende Antworten auf die von Einstein so genannten „Existenzfrage(n) für die zivilisierte Menschheit"[20] unter den Bedingungen der Globalisierung wie z.B. nachhaltige Entwicklung oder rechtlich gesicherter Frieden bereit halten.

Das Programm der Konferenz „Einstein weiterdenken" gliedert sich in drei Teile. Der heutige Eröffnungsabend ist dem bürgerschaftlichen Engagement von Wissenschaftlern gewidmet, für das auch und gerade Albert Einstein einen Gutteil seiner Zeit verwendete. Der zweite Tag morgen wird ganz im Zeichen der Wissenschaft stehen. In insgesamt neun Foren werden sich Wissenschaftlerinnen und Wissenschaftler Themen der Zukunftsgestaltung widmen, die schon Einstein beschäftigten, und diese im Hinblick auf die Einsteinschen Ideale einer verantwortungsethisch gebotenen Friedenspolitik i.w.S. diskutieren. Der Sonntagvormittag schließlich schafft Raum – ganz im Sinne Einsteins – für den öffentlichen politischen Dialog über die Friedensbedrohung durch Massenvernichtungswaffen und wie ihr entgegenzuwirken ist.

Die Vorbereitung einer internationalen Konferenz zum Thema „Einstein weiterdenken" erfordert das Engagement Vieler. Daher schlossen sich zu diesem Zweck die folgenden fünf Organisationen zu einem Trägerkreis zusammen, in dem die Konzeption der Konferenz erarbeitet wurde:

- Die Arbeitsgemeinschaft für Friedens- und Konfliktforschung (AFK),
- die Deutsche Stiftung Friedensforschung (DSF),

---

18 Vgl. Albert Einstein, Wie ich die Welt sehe, in: Carl Seelig (Hrsg.), Albert Einstein: Mein Weltbild, Frankfurt/M. – Berlin: Ullstein Verlag 1986, S. 9.

19 Albert Einstein/Sigmund Freud: Warum Krieg? Ein Briefwechsel, Zürich: Diogenes Verlag 1972.

20 http://www.armscontrol.de/dokumente/russel-einstein.pdf, 07.11.2005.

- der Forschungsverbund Naturwissenschaft, Abrüstung und internationale Sicherheit (FONAS),
- die NaturwissenschaftlerInnen-Initiative „Verantwortung für Frieden und Zukunftsfähigkeit" sowie
- die Vereinigung Deutscher Wissenschafter (VDW).

Zum Schluss bleibt mir die angenehme Pflicht, all jenen Dank zu sagen, die an der Vorbereitung und Durchführung der Konferenz mit großem Einsatz mitgewirkt haben und noch mitwirken. An erster Stelle richtet sich dieser Dank an den Leiter des Konferenzprojekts, Reiner Braun, und sein Team. Unser Dank gilt insbesondere auch allen Referentinnen und Referenten, die teilweise sehr weite Wege nach Berlin auf sich genommen haben, um diese Konferenz mit ihren Beiträgen zu bereichern. Gedankt sei schließlich dem Bundesministerium für Bildung und Forschung für die finanzielle Unterstützung und dem im BMBF angesiedelten Projektteam für das Einstein-Jahr 2005 für die stets hilfreiche organisatorische Begleitung.

Joseph Rotblat: in Erinnerung an sein Leben

Reiner Braun

„Ich habe eine Aufgabe, eine Vision zu erfüllen, ich bin der letzt Überlebende" so Joseph Rotblat im Sommer 2005 bei den Interviewaufnahmen für den ARD-Film „Das Leben von Albert Einstein".

Er hatte sich noch einmal viel vorgenommen für das Einsteinjahr 2005. Als letzter lebender Unterzeichner des wohl berühmtesten Friedensappells der Geschichte, des Russell Einstein Manifestes von 1955, in dem die Abschaffung aller Atomwaffen gefordert wird, wollte er noch einmal mit all seiner verbliebenen Kraft für sein Lebensziel, für den Inhalt seines langen Lebens werben, die Menschheit durch die Abschaffung der Aromwaffen vor ihrer eigenen Vernichtung zu bewahren. Eine neues Russell Einstein Manifest, eine Neuauflage für das 21. Jahrhundert, angepasst an die nach wie vor große Atomkriegsgefahr nach dem Ende des Ost- West Konfliktes wollte er schreiben und am 6o. Jahrestages des Atomwaffenabwurfes auf Hiroshima selbst auf der Pugwash Weltkonferenz verkünden.

An allen Pugwash Jahreskonferenzen seit deren Gründung 1957 hat er als langjähriger Generalsekretär und Präsident dieser Organisation teilgenommen. Zuletzt ist er als ihr Ehrenpräsident, als unduldsamer Kritiker der oft behäbigen und veränderungsresistenten traditionellen Friedensorganisation eher respektvoll geduldet als – als vorwärtstreibendes Element – akzeptiert worden.

Er hatte zugesagt die große Albert Einstein Ausstellung „Ingenieur des Universums" 2005 in Berlin zu eröffnen und auf dem Einsteinfriedenskongress „Einstein weiterdenken" in Berlin wollte er der friedenwissenschaftlichen Community und vielen Friedensengagierten noch einmal eindringlich die Notwendigkeiten des Engagement zur Abschaffung der Kriege und der Atomwaffen ans Herz legen, an sie appellieren, trotz des oftmaligen Scheiterns, trotz aller Niederlagen im Friedensengagement nicht nachzulassen. „Die Menschheit hat die Folter und die Sklaverei abgeschafft (mit blitzenden Augen fügte der Realist dann hinzu „zu mindestens theoretisch und in Papieren der Vereinten Nationen"), sie wird sich auch von der Geissel Krieg befreien".

An die Jugend wollte Joseph Rotblat appellieren, sie informieren und aufklären, über die Grausamkeiten des Krieges. Er beabsichtigte einen Teil seiner Kraft einzubringen in das von ihm mitinitiierte internationalen Jugend- und Schulprojekt „Frieden gestalten". Seine letzte USA–Reise führte ihn zu einem von dieser Initiative initiierten Treffen von Schülern mit Nobelpreisträgern.

Diese Pläne konnte er nicht mehr verwirklichen.

Die Krankheit – trotz seines täglichen Widerstandes – fesselte ihn an das Bett und sein Haus. In der Nacht vom 31.8 auf den 1.9.2005 verstarb er, fast 96 jährig. 50 Jahre nach Albert Einstein, dessen visionärer Nachfolger im Kampf gegen den Krieg er wurde. Sein Ziel 100 Jahre alt zu werden, hat er nicht mehr erreicht.

Joseph Rotblat wurde am 04.11.1908 in Warschau als fünftes von acht Kindern einer Handelsfamilie geboren. Er studierte Physik in Warschau, nachdem er sich den Zugang zum Studium über das Abendgymnasium mühsam erworben hatte. Seine ersten Forschungen zur Atomphysik machte er im Warschauer Strahlenlabor. 1939 ging er nach Liverpool, um mit James Chadwick an einem Zyklotron zu arbeiten. Als sich die politische Lage im Sommer 1939 zuspitzt, fuhr er nach Warschau, um seine Frau nach England zu holen. Aufgrund einer Krankheit sollte sie ihm erst einige Tage später nach England folgen. Der Beginn des 2. Weltkrieges verhinderte dieses. Joseph Rotblat sah seine Frau nie wieder. Er heiratete nicht mehr. Ab 1939 beschäftigte sich Joseph Rotblat wissenschaftlich mit der militärischen Anwendung der Nuklearenergie. Er beteiligte sich am amerikanischen Manhattan Projekt. Bürokratische Prozesse, die u. a. mit seiner Herkunft zu tun hatten, führten dazu, dass er erst im März 1944 nach Los Alamos kam. Ende 1944 verließ er dann das Manhattan Projekt, als für ihn klar war, dass die Deutschen ihr Bombenprojekt nicht realisieren konnten. Seine Anwesenheit in New Mexiko war für ihn überflüssig. Er stellte einen Rückreiseantrag, der nach geheimdienstlichen Überprüfungen und der Verpflichtung zum Stillschweigen bewilligt wurde. Nur wenige Monate nach den Atombombenabwürfen auf Hiroshima und Nagasaki begann er ab Herbst 1945 in England, seine Aufklärungsarbeiten über die Gefahren der Atombombe u.a. mit der mobilen Ausstellung „Atomic Train“. Wissenschaftlich widmete er sich ab 1945 der Erforschung und Nutzung radioaktiver Strahlungen in Medizin und Biologie.

1954 unter dem Eindruck des Wasserstoffbombentests kam Rotblat in Kontakt mit Bertrand Russell. Er wurde der jüngste Unterzeichner des Russell Einstein Manifestes und stellte es gemeinsam mit Lord Russell im Juno 1955 auf einer Pressekonferenz in London der Öffentlichkeit vor.

Nur konsequent war dann seine Beteiligung an der Gründung der Pugwash – Conferences 1957. In dem kanadischen Fischerdorf Pugwash trafen sich in der Hochzeit des Kalten Krieges 22 Wissenschaftler aus Ost und West, um Auswege aus der militärischen Blockkonfrontation und dem atomaren Wettrüsten zu suche – oder zu mindestens mit einander darüber zu reden. Eine einzigartige internationale Organisation von Wissenschaftlern zuerst aus Ost und West, heute weltweit, entstand. Über 300 Pugwash- Treffen hat es bis heute gegeben, auf denen unzählige konstruktive Friedensvorschläge entstanden sind. Internationale Friedens- und Abrüstungsverträge, Konfliktlösungs-strategien oder diplomatische Initiativen hatten oft ihren Beginn auf einer Pugwash Konferenzen. Joseph Rotblat prägte diese Organisation massgeblich.

Joseph Rotblat wurde vielfach ausgezeichnet u.a. mit dem Friedensnobelpreis 1995, dem Albert Einstein Friedenspreis. Er wurde in den Adelsstand erhoben, geehrt und empfangen von den Staatsmännern, den Großen dieser Welt. Dennoch blieb er immer der einfache und bescheidene Mann, offen für das Gespräch mit jedem. Die Teilnahme an keinen auch noch so kleinen, in irgendeiner Provinz dieser Erde gelegnen, Veranstaltung scheute er bis ins hohe Alter nicht (sehr zum Protest seiner engen Mitarbeiter), wenn, ja wenn diese Veranstaltung einen (kleinen) Beitrag leistete zu dem Lebensziel, das ihn wiederum mit Albert Einstein innig verband – der Abschaffung der Geissel Krieg.

Fast ein Jahrhundert hat er das Ringen der Menschen mit dem Krieg, dem millionenfachen Sterben, grausamen Leiden und Schreien der Verwundeten und Sterbenden – zunehmend vor allem bei Zivilisten – mitverfolgen und mit erleiden müssen. Wo andere resignierten, sich an den brutalen Mauern der Realität unserer Welt ihre Haut wund gerieben hatten, fand er immer wieder die Kraft zum Handeln, zum Aufrütteln und Überzeugen und damit letztendlich auch die Kraft zu seinen Errungenschaften in der Friedensbewegung. Mit seiner Pugwash-Bewegung leistet er einen große Beiträgen zu den wenigen Abrüstungs- und realen Rüstungs-kontrollverträgen: dem Atomteststoppvertrag von 1963, dem Vertrag über die Nichtverbreitung von Atomwaffen 1970 bzw. 1995, dem Vertag über die Abschaffung aller chemischen Waffen, und vielleicht war sein Beitrag zum Vertrag zur Beseitigung aller Mittelstreckenraketen (INF-Vertrag) von 1987 besonders herausragend. Mit Michael Gorbatschow, dessen Politik des „neuen Denkens" diesen Vertrag erst ermöglichte, war er eng befreundet. *„Wer Gorbatschows ausgestreckte und offene Hand zur nuklearen Abrüstung nicht ergreift, ist es nicht Wert, ein Staatsmann zu sein und sollte von seiner Bevölkerung schnellstens abgewählt werden, denn die Menschen überall wollen Frieden"* so Joseph Rotblat auf dem internationalen Kongress „Ways out of the Arms Race" im November 1986 in Hamburg.

Kraft gab ihm die Friedensbewegung, aber ohne ihn wäre sie nie das geworden, was sie immer wieder eindrucksvoll dokumentiert. Für ihn war der 15. Februar 2003 eine Sternstunde – der größte Protesttag der Friedensbewegung in ihrer Geschichte. „Der Irakkrieg ist ein Verbrechen und der Widerstand dagegen zeigt, dass immer mehr Menschen und vor allem auch Wissenschaftler aufwachen" sagte Rotblat in einem Interview mit dem „Guardian" im April 2003. Im Gegensatz zu Kollegen, mit denen er bei Pugwash eng zusammen arbeitete, sah er die Notwendigkeit einer eigenständigen, auf die Menschen gestützte Friedensbewegung als unverzichtbar an, er erkannte die Dialektik von aktiver Massenbewegung und erfolgreichem Lobbying, von den Gesprächen im „kleinen Kreis" und der Aufklärung auch auf großen öffentlichen Manifestationen und Kongressen. Diese Überzeugung von der Notwendigkeit einer breiten und vielfältigen Friedensbewegung und des Dialoges mit den Regierungen und politisch Mächtigen ließ ihn 1991 zum Gründungsmitglied und bis hin zu seinem Tode zum aktiven Council Mitglied von INES, dem „International Network of Engineers and Scientists for Global Responsibility" werden. In INES, einem aktiven und offenen, sich rasch entwickelnden weltweiten Netzwerk sah er in den letzten Jahren seines Lebens immer mehr die Perspektive erfolgreichen, selbst organisierten Handelns.

Untrennbar bleibt das Leben Joseph Rotblats mit der Wissenschaft verbunden. Der studierte Physiker war ein Leben lang ein begeisterter Wissenschaftler. Er war jedoch nicht nur der wissenschaftlichen Neugierde und Kreativität eng verbunden, sein Name steht schon fast als Synonym für die Moral und die ethische Dimension der modernen Wissenschaft.

1944 verließ er das Manhattan Projekt zum Bau der amerikanischen Atombombe, aus Überzeugung, dass die Deutschen die Bombe nicht mehr bauen könnten. Als einziger Wissenschaftler kehrte er dem Projekt, das zum Neuen, zum Atomzeitalter führen sollte, so früh den Rücken. Viele seiner damaligen Kollegen haben ihr Mitwirken nachträglich bitter bereut.

Kritisch ist sein Kommentar zu seinen am Manhattan Projekt mitarbeitenden Kollegen *„Wissenschaftler mit einem sozialen Bewusstsein waren die Minderheit in der Gemeinschaft der Wissenschaftler. Die Mehrheit ließ sich nicht durch moralische Skrupel stören; sie waren sehr zufrieden, es anderen zu überlassen, zu entscheiden, wie ihre Arbeit genutzt werden würde."* (Bulletin of the Atomic Scientists 1985).

Als Wissenschaftler, mit der Kompetenz eines Naturwissenschaftlers, engagierte er sich seit 1945 gegen die von Wissenschaftlern und Ingenieuren entwickelte und bis heute immer weiter perfektionierte Atomrüstung. Immer wieder wandte er sich gegen die Rüstungsforschung und die scheinbar ungebrochenen Möglichkeiten Wissenschaftler *„als Zwerge für alles mieten zu können"* (B. Brecht). Er forderte sie zum Ausstieg aus dieser „Todesforschung" auf und landete als Konsequenz auf den schwarzen Listen von Mc Carthy. Bis in seine letzten Tage hinein unterstützte er das „Whistleblowing": Wissenschaftler, die aus moralischer und ethischer Verantwortung „nein" zu von ihnen abverlangten Forschungen sagen und dafür oft mit Repressalien bis hin zu Zuchthaus bedroht werden. Mehrfach schlug er den israelischen Atomforscher M. Vanunu für den Friedensnobelpreis vor. Vanunu musste 18 Jahre Kerkerhaft absitzen (bis 2004), weil er die israelischen Atomwaffenpläne enthüllt hatte.

„Von den frühen Tagen an hatte ich eine Leidenschaft für Wissenschaft. Aber Wissenschaft, die Ausübung höchster Kraft menschlichen Denkens, war meiner

Auffassung nach immer verbunden mit dem Nutzen für die Menschen.... Ich habe mir nicht vorgestellt, dass ich die zweite Hälfte meines Lebens mit Anstrengungen zubringen muss, um eine tödliche Gefahr zu verhüten, die durch Wissenschaft selbst hervorgebracht wurde". (aus der Rede Joseph Rotblats anlässlich der Verleihung des Nobelpreises, 1995).

So ist es nur evident, dass Joseph Rotblat in der Tradition Albert Einsteins und Linus Paulings einer der Gründer und Väter des weltweiten Engagements von Wissenschaftlern für Frieden und gesellschaftliche Verantwortung geworden ist. Diese Wissenschafts-organisationen und Initiativen, die sich seit 1945 zuerst in den USA mit der FAS aber international spätestens seit den achtziger Jahren weltweit etablierten (in der Bundesrepublik schon 1958 mit der VDW später vor allem die NaturwissenschaftlerInnen Initiative – Verantwortung für den Frieden) sind auch das Ergebnis des engagierten Wirkens von Joseph Rotblat. Die Verantwortung zu verdeutlichen für den Frieden „nein" zu sagen zu gefährlichen destabilisierenden Entwicklungen das war das Lebenswerk von Joseph Rotblat. „Nein" zu sagen sowohl als Wissenschaftler, der auch mit seiner Kompetenz Gefahren erkennen kann, als auch als aufgeklärter Staatsbürger, der sich für friedliche Entwicklungen engagiert.

Er hat den Stab nun weitergegeben. Es ist unsere Aufgabe, in seinem Sinne weiter für eine friedliche und gerechte Welt zu wirken. Sein großes Ziel, die Abschaffung aller Atomwaffen, ist noch nicht erreicht.

Eine Welt ohne Krieg: Zu Ehren von Einsteins Streben nach Frieden

Joseph Rotblat

Einsteins Ruhm und einzigartiges Prestige in der Welt resultieren hauptsächlich aus seinen wissenschaftlichen Entdeckungen. Viel weniger bekannt sind seine politischen Aktivitäten: seine Antikriegskampagnen und sein Eintreten für eine Weltregierung. Und doch waren diese Themen ihm neben der Wissenschaft am nächsten; er widmete ihnen bis zu seinem Lebensende viel Zeit. In diesem Beitrag über eine Welt ohne Krieg habe ich zwei Fragen in den Mittelpunkt gestellt, die mit Einsteins Friedensaktivitäten zusammenhängen: ist eine Welt ohne Krieg erstrebenswert? Und: ist sie möglich? Die erste Frage ist sicherlich rhetorisch. Nach dem Tod vieler Millionen von Menschen in den beiden Weltkriegen des letzten Jahrhunderts, und in den vielen Kriegen seitdem, ist eine Welt ohne Kriegganz gewiss äußerst wünschenswert. Und durch die Ereignisse seitdem Ende des Zweiten Weltkriegs ist sie umso wünschenswerter geworden; denn eine Welt ohne Krieg ist nicht nur wünschenswert, sie ist jetzt auch notwendig. Sie ist für ein Überleben der Menschheit unabdingbar. Ich beziehe mich auf die Entwicklung von Waffen, die das Potentialvölliger Vernichtung besitzen, wie sie zum ersten Mal in Hiroshima und Nagasaki eingesetzt wurden. Die Zerstörung dieser Städte läutete einneues Zeitalter ein, das Nuklearzeitalter, dessen Hauptcharakteristikum es ist, dass zum ersten Mal in der Geschichte der Zivilisation der Mensch die technischen Mittel hat, seine eigene Spezies zu zerstören, und dies, wohlüberlegt oder unachtsam, in einer einzigen Handlung zu bewerkstelligen. Im Nuklearzeitalter ist die menschliche Spezies zu einer vom Aussterben bedrohten Art geworden. Tatsächlich schien diese Bedrohung keine große Rolle zu spielen, alsbald nach dem Ausbruch des Zweiten Weltkriegs die Arbeit an der Realisierbarkeit der Atombombe in England begann. Wir wussten ziemlichgut Bescheid über die schreckliche Zerstörungskraft der Bombe. Wir wussten von der Wirkung der Detonation, die über weite Entfernungen Gebäude zerstören würde. Wir wussten von der Hitzewelle, die über noch weitere Strecken hinweg alles verbrennen würde; wir sahen die radioaktive Strahlung voraus, die noch lange nach dem Ende der Militäroperationen Menschen töten würde. Wir dachten sogar an die Entwicklung der Wasserstoffbombe, deren Zerstörungskraft tausend Mal höher ist. Aber während unserer Diskussionen über die Auswirkungen dieser Waffen zogen wir nicht einen Augenblick lang die endgültige Katastrophe in Betracht, die ihre Anwendung mit sich bringen könnte, namentlich das Aussterben der menschlichen Spezies. Wir fassten dies nicht ins Auge, weil wir wussten, dass dazu die Detonation einer sehr großen Anzahl – vielleicht einhunderttausend – an Megatonnen von Bomben erforderlich wäre. Selbst in unseren pessimistischsten Szenarien konnten wir uns nicht vorstellen, dass die menschliche Gesellschaft so dumm, oder so verrückt, wäre, in derart dreisten Dimensionen solche Waffenarsenale anzuhäufen, für die wir überhaupt keinen Nutzen sehen konnten. Aber die menschliche Gesellschaft war so wahnsinnig. Innerhalb weniger Jahrzehnte wurden Arsenale dieser Größe von den damaligen Supermächten, den Vereinigten Staaten und der Sowjetunion, hergestellt und einsatzbereit gemacht. Mehrere Male im Laufe des Kalten Kriegs kamen wir ihrem tatsächlichen Einsatz gefährlich nahe. Ich erinnere mich besonders an ein Ereignis, die Kubakrise von 1962, als wir nur um Haaresbreite der totalen Katastrophe entgingen und die gesamte Zukunft unserer Menschheit von der Entscheidung eines Mannes abhing. Glücklicherweise war Nikita Chruschtschow ein vernünftiger Mann und zog seine Raketen im letzten Moment ab. Aber beim nächsten Mal werden wir vielleicht nicht mehr so viel Glück haben. Und ein nächstes Mal kommt bestimmt, wenn wir mit der Atomwaffenpolitik George W. Bushs fortfahren. Moral ist die Basis der Atomfrage. Werden wir unsere Welt auf einer Kultur des Friedens oder einer Kultur der Gewalt gründen? Kernwaffen sind von Grund auf unmoralisch: ihr Vorgehen ist wahllos und zieht sowohl Militär als auch Zivilisten, Aggressoren wie Unschuldige, in Mitleidenschaft; sie töten noch lebende Menschen wie auch spätere Generationen. Und ihre Anwendung kann das Ende der menschlichen Rassebedeuten. All dies macht Kernwaffen zu einem unakzeptablen Mittel der Friedenserhaltung in der Welt. Aber genau das haben wir während und nach dem Kalten Krieg getan. Wir besitzen Kernwaffen als Mittel der Abschreckung, um Krieg durch die Drohung mit Vergeltung zu verhindern. Damit die Abschreckung wirkt, muss die Drohung mit Vergeltung echt sein; wir müssen die Möchtegern-Aggressoren davon überzeugen, dass Nuklearwaffen gegen sie eingesetzt werden würden, sonst würde der Bluff bald auffliegen. George W. Bush, Vladimir Putin oder Tony Blairmüssen überzeugend darlegen, dass sie die Art von Persönlichkeit haben, die es ihnen ermöglichen würde, den Knopf zu drücken und ein Mittel totaler Zerstörung freizusetzen. Ich halte den Gedanken für erschreckend, dass eine der notwendigen Führungsqualitäten die Bereitschaft ist, einen Akt des Völkermordes zu begehen, denn darauf läuft es letzten Endes hinaus. Mehr noch, indem wir dieser Strategie zustimmen, halten nicht nur die Führer, sondern jeder von uns bildlich gesprochen den Finger am Knopf; jeder von uns nimmt teil an einer Lotterie, in dem das Überleben der Menschheit auf dem Spiel steht. Wir stützen die Weltsicherheit auf ein Gleichgewicht des Schreckens. Auf lange Sicht muss dies die ethische Grundlage der Zivilisation untergraben. Ich wäre nicht erstaunt, wenn Belege gefunden würden, dass es eine

Verbindung zwischen dem Anwachsen von Gewalt gäbe, das auf der Welt zu beobachten ist – vom individuellen Überfall zum organisierten Verbrechen bis hin zu terroristischen Gruppen wie Al- Qaeda –und der Kultur der Gewalt, in der wir während des Kalten Krieges gelebt haben und noch leben. Besonders beunruhigt mich die Wirkung auf die junge Generation. Wir alle sehnen uns nach einer friedlichen Welt, einer Welt der Gerechtigkeit. Wir alle wollen bei der jungen Generation die viel verkündete „Kultur des Friedens" fördern. Aber wie können wir von einer Kultur des Friedens sprechen, wenn dieser Frieden sich auf die Existenz von Massenvernichtungswaffen gründet? Wie können wir die junge Generation davon überzeugen, die Kultur der Gewalt beiseite zu legen, wenn sie weiß, dass unsere Sicherheit auf der Drohung mit extremer Gewaltberuht? Ich glaube nicht, dass die Weltbevölkerung eine Politik akzeptieren würde, die in sich unmoralisch ist und wahrscheinlich in einer Katastrophe enden wird. Dies war offenkundig in der Reaktion auf die Zerstörung von zwei japanischen Städten, einer Reaktion des Ekels, die von der großen Mehrheit der Weltbevölkerung geteilt wurde, einschließlich der Vereinigten Staaten. Von Anfang an wurden Kernwaffen mit Abscheu betrachtet; ihre Anwendung rief eine beinahe universale Opposition gegen jeglichen zukünftigen Einsatz von Kernwaffen hervor. Ich glaube, dass gilt auch heute noch. Auf der internationalen Bühne wurde dieses Gefühl in der allerersten Resolution der Generalversammlung der Vereinten Nationen zum Ausdruck gebracht. Die Charta der Vereinten Nationen wurde im Juni 1945 angenommen, zwei Monate vor Hiroshima, und daher wurde in der Charta keine Vorkehrung für das Nuklearzeitalter getroffen. Als aber die Generalversammlung im Januar 1946 zum ersten Mal zusammenkam, war die erste einmütig angenommene Resolution diejenige, die das Ziel der Vernichtung der Atomwaffen und aller anderen Massenvernichtungswaffen hatte. Vom Anfang an gab es jedoch Falken in der US-Führung, die wollten, dass die Vereinigten Staaten ein Monopol auf Kernwaffen behielten. General Leslie Groves war der führende Kopf des Manhattan-Projekts, indem während des Zweiten Weltkriegs die Atombombe entwickelt wurde. Im Oktober 1945, zwei Monate nach Hiroshima, skizzierte er in einer unverblümten Äußerung kurz seine Ansichten über die US-Nuklearpolitik: „Wenn wir wirklich realistisch und nicht, wie es scheint (sic), idealistisch wären, würden wir keiner fremden Macht, die nicht unserer fester Verbündeter ist, und in die wir kein absolutes Vertrauen haben, erlauben, atomare Waffen herzustellen oder zu besitzen. Wenn solch ein Land begänne, Atomwaffen herzustellen, würden wir seine Kapazitäten zu ihrer Herstellung zerstören, bevor es weit genug fortgeschritten wäre, uns zu bedrohen." Während der sechzig Jahre seit dieser Aussage durchlief die US-Politik eine Reihe von Veränderungen, aber die von General Groves skizzierte monopolistische Doktrin bildete immer ihre Grundlage, und unter George W. Bush ist sie tatsächliche US-Politik geworden. Während des Kalten Krieges wurde die Anhäufung solch dreister Mengen nuklearer Waffenarsenale mit der Doktrin, die unter dem Kurzwort MAD (mutual assured destruction) bekannt wurde, begründet, d.h. gegenseitig zugesicherter Vernichtung; beide Seiten sollten über genügend Waffen verfügen, um die andere Seite noch nach einem Angriffzerstören zu können. Mit dem Ende des Kalten Krieges und dem Zusammenbruch der Sowjetunion war dieses Argument nicht länger stichhaltig. Dann kam die Abschaffung nuklearer Arsenale auf die inter-nationale Tagesordnung. Im Vertrag über die Nichtverbreitung von Atomwaffen wurden die Atomwaffenstaaten hierzu verpflichtet, unterzeichnet und ratifiziert durch die fünf offiziellen Atomwaffenstaaten, die USA, Russland, Großbritannien, Frankreich und China. Dies geschah jedoch nicht. Die Vereinigten Staaten entschieden, dass nukleare Arsenale, obgleich kleinere, gebraucht werden, um einen Angriff mit anderen Massenvernichtungswaffen zu verhindern. Und die Strategie Bushs, die teilweise durch die Terrorangriffe des 11.September heraufbeschwört wurde, ging sogar noch weiter; sie machte Kernwaffen zu Mitteln, mit deren Hilfe man in der Welt Friede zu schaffen glaubte. Entgegen vorhergehender Doktrinen, in denen nukleare Waffen als letzte Zuflucht angesehen wurden, drückt die Bush-Doktrin ein Vorgehen aus, das den Einsatz nuklearer Waffen in die konventionelle Kriegsplanung mit einbezieht. Nukleare Waffen sind nun zu einem normalen Teil der Militärstrategie geworden, die genau wie irgendein anderes hochexplosives Material in einem Konflikt zur Anwendung bereitstehen sollen. Dies ist eine bedeutende und gefährliche Veränderung in der gesamten Argumentation für Kernwaffen. Die Umsetzung dieser Politik hat schon begonnen. Die Vereinigten Staaten entwickeln einen neuen, nuklearen Sprengkopf von geringer Reichweite, aber in einer Form, die ihm eine hohe Kraft zur Durchdringung von Beton verleihen würde, eine „bunker-busting mini-nuke" (bunkersprengende Mini-Nuklearwaffe), wie sie genannt wurde. Um den militärischen Autoritäten Vertrauen in die Leistung der neuen Waffe zu geben, muss sie getestet werden. Gegenwärtig existiert ein Vertrag, der das Testen von Nuklearwaffen verbietet, der Atomwaffen-Sperrvertrag, den die Vereinigten Staaten unterzeichnet, aber nicht ratifiziert haben. Wenn die USA die Tests wieder aufnehmen würden, wäre dies ein Signal für andere Atomwaffenmächte, das gleiche zu tun. China wird dann mit großer Sicherheit die Testversuche wieder aufnehmen. Nach der US-Entscheidung, ballistische Flugkörperabwehr zu entwickeln, würde China sich verwundbar fühlen, und wahrscheinlich versuchen, seine Verwundbarkeit durch Modernisierung und Aufstockung seines Nukleararsenals zu verringern. Andere Staaten mit Atomwaffen, wie Indien oder Pakistan, könnten die Gelegenheit nutzen und ihre Arsenale auf den neuesten Stand bringen. Die Gefahr eines neuen nuklearen Wettrüstens ist real. Die Situation ist unter der Nationalen Sicherheitsstrategie, die Präsident Bush eingeführt hat, noch gefährlicher geworden: „Um ...feindliche Aktionen unserer Gegner zu vereiteln oder zu verhindern, werden die Vereinigten Staaten, wenn nötig, präventiv vorgehen." Die Gefahren dieser Politik können kaum genug betont werden. Wenn das militärisch mächtigste Land seine Bereitschaft zur präventiven Anwendung von Nuklearwaffen erklärt, könnten andere bald folgen. Der Konflikt um Taiwan stellt ein mögliches Szenario für einen atomaren Präventivschlag der Vereinigten Staaten dar. Sollte sich nämlich die taiwanesische Regierung dazu entschließen, ihre Unabhängigkeit zu erklären, würde dies unweigerlich zum Versuch einer militärischen Invasion seitens Chinas führen. Die USA, die sich zur Verteidigung der Integrität von Taiwan verpflichtet hat, wird sich dann möglicherweise für einen Präventivschlag entscheiden. Alles in allem hat die aggressive Politik der Vereinigten Staaten unter der Bush-Regierung auf internationaler Ebene zu einer bedrohlichen Lage geführt, insbesondere zu einer eminent gestiegenen Gefahr des Einsatzes von Atomwaffen in kriegerischen Auseinandersetzungen.

Zehn Jahre nach Hiroshima, als wir das Ausmaß der Bedrohung, die durch die Erfindung der Atomwaffen entstanden war, erst richtig einzuschätzen begannen, versuchte eine Gruppe von Wissenschaftlern unter der Führung von Bertrand Russell und Albert Einstein, die Regierungen und die Öffentlichkeit zu warnen. Als die Situation in der Welt gegen Ende von Einsteins Leben zunehmend bedrohlicher wurde, konzentrierten sich seine Überlegungen immer mehr auf das Erreichen eines Weltregierungssystems. Er stellte es sich nicht als Ersatz für die bestehenden nationalen Regierungen vor, sondern eher als eine Institution mit einerganz präzisen Zielsetzung: nämlich Kriege zu verhindern, indem alle notwendigen Maßnahmen ergriffen werden, Auseinandersetzungen durch Verhandlungen zu lösen. Dieses Ziel erforderte jedoch von den einzelnen Regierungen auch die Bereitschaft zur Aufgabe eines Teils ihrer Souveränität– ein Schritt, für den sich Einstein vehement einsetzte. In den frühen50er Jahren führte nach der Entwicklung der Wasserstoffbombe die große Sorge über die wachsende nukleare Bedrohung zu der Erklärung, die als Russell-Einstein-Manifest in die Geschichte einging. Die Unterstützung dieses Manifest war einer der letzten Taten in Einsteins Leben: „Wir sprechen hier nicht als Vertreter unserer Nationen, Kontinente oder Glaubensbekenntnisse, sondern als Mitglieder der menschlichen Rasse, deren Fortleben gefährdet ist." Und weiter: „Damit legen wir Ihnen die Frage vor, eine Frage von harter, unausweichlicher Grauen-haftigkeit: wollen wir die Menschenrasse oder den Krieg abschaffen?"[1] Nun bin ich der einzige noch Lebende der insgesamt elf Unterzeichner des Russell-Einstein-Manifestes, und deshalb halte ich es für meine Pflicht – ja sogar für meine Mission – diese Frage auch weiterhin in der Öffentlichkeit zu stellen. Mit dem Ende des Kalten Krieges und

1 Einstein, Über den Frieden, Melzer Verlag 2004,S.628f.

all den daraus resultierenden Konsequenzen, und der Beendigung der ideologischen Konfrontation, der die Weltgemeinschaft polarisiert hat, ist die nukleare Bedrohung zwar etwas geringer geworden, nicht aber verschwunden. Die nuklearen Waffenarsenale wurden zwar verkleinert, doch werden immer noch genügend Sprengköpfe in äußerster Alarmbereitschaft gehalten, was zu vielen Millionen Todesopfern führen könnte, wenn diese absichtlich, aufgrund eines Fehlalarms oder durch ein sonstiges Missgeschick zum Abschuss gebracht würden. Diese Gefahr wird weiter bestehen, solange es Kernwaffen gibt. Der während der Kubakrise amtierende amerikanische Verteidigungsminister Robert McNamara brachte diese Tatsache auf die einfache Formel: „Die unsichere Verbindung von Atomwaffen und menschlicher Fehlbarkeit wird zu einem gegenseitigen atomaren Angriff führen." Aber selbst wenn alle Massenvernichtungswaffen zerstört würden, wäre die Sicherheit der Menschheit nicht garantiert. Die Erfindung der Kernwaffen kann nicht mehr rückgängig gemacht werden. Wir können das Wissen darüber, wie sie hergestellt werden, nicht mehr aus unserem Gedächtnis streichen. Sollte in der Zukunft irgendwann ein ernsthafter Konflikt zwischen den Großmächten entstehen, würde es bestimmt nicht lange dauern, bis die Atomwaffenarsenale wiederaufgebaut wären, und wir uns in einer ähnlichen Situation wie im Kalten Krieg wiederfänden. Darüber hinaus könnten zukünftige wissenschaftliche Fortschritte zur Erfindung neuer Massenvernichtungsmittel führen, die unter Umständen sogar noch zerstörerischer oder leichter verfügbar wären. Wir wissen bereits von den Fortschritten in der biologischen Kriegsführung, bei denen durch Genmanipulation einige ‚normale' Krankheitserreger in erschreckend-bösartige Erreger umgewandelt werden können. Und es könnten noch ganz andere Mechanismen entwickelt werden. Genauso wenig wie wir die Ergebnisse wissenschaftlicher Forschung vorhersehen können, können wir das Vernichtungspotential im Falle ihres militärischen Einsatzes vorhersagen. Alles, was wir mit Sicherheit sagen können ist, dass die Gefahr real ist. Die drohende Auslöschung der Menschheit hängt wie ein Damoklesschwert über unseren Köpfen. Wir können nicht zulassen, dass den wunderbaren Ergebnissen von Milliarden Jahren der Evolution ein Ende gemacht wird. Wir sind unseren Vorfahren gegenüber verpflichtet, all den früheren Generationen, die uns unzählbare kulturelle Reichtümer, an denen wir uns erfreuen, hinterlassen haben. Es ist unsere heilige Pflicht, sie an die folgenden Generationen weiterzugeben. Der Fortbestand der menschlichen Spezies muss gewährleistet werden. Wir sind der Menschheit verpflichtet. Es ist wichtig, dass wir ein Übereinkommen zur Vernichtung der derzeit bekannten Massenvernichtungswaffen erlangen, weil damit eine un-mittelbare Gefahrenquelle beseitigt würde; doch auf lange Sicht reicht dies nicht aus. Um die Zukunft der Menschheit zu sichern, müssen wir nicht nur die Mittel zur Kriegsführung aus der Welt schaffen, sondernden Krieg als solches. Solange der Krieg eine anerkannte Institution ist solange Konflikte durch das Zurückgreifen auf militärische Konfrontation gelöst werden, solange besteht auch die Gefahr, dass sich ein Krieg, der als lokaler Konflikt, beispielsweise um Kaschmir, beginnt, zu einem weltweiten Krieg, bei dem auch Massenvernichtungswaffen zum Einsatzgelangen, ausweitet. Die Wahrscheinlichkeit, dass sich dies jederzeit ereignen könnte, mag nur sehr gering sein, aber weil die Folgen – sollte es wirklich passieren – so erheblich sind, müssen wir alles in unserer Macht Stehende tun, um dieses Risiko auszuschließen. Im Atomzeitalterkönnen wir Krieg, und zwar jeden Krieg, nicht länger zulassen. Da die Zukunft der gesamten Menschheit auf dem Spiel steht, wird dies zu einer Angelegenheit, die jeden von uns betrifft. Eine Welt ohne Krieg ist zu einer dringenden Notwendigkeit geworden; dies zu erreichen muss unser unerschütterliches Ziel werden. Dies führt mich zu der eingangs gestellten zweiten Frage dieses Aufsatzes: Ist eine Welt ohne Krieg überhaupt denkbar? Für viele Menschen ist die Idee einer Welt ohne Krieg eine abstruse Vorstellung, gleich einem abwegigen und unerfüllbaren Traum. Selbst diejenigen, die bereit sind, der Idee einer Welt ohne Kernwaffen zuzustimmen, halten eine Welt ohne jegliche nationale Bewaffnung für nicht umsetzbar. Derlei Einstellungen sind nicht überraschend, wenn man berücksichtigt, dass die zivilisierte Gesellschaft seit alters her von der folgenden römischen Maxime beherrscht wird: Si vis pacem para bellum – Willst du Frieden, rüste dich zum Krieg. Diesem Grundsatz haben wir Rechnung getragen, und zwar ungeachtet der Tatsache, dass in der gesamten Geschichte Kriegsvorbereitungen nie zum Frieden, sondern immer zum Krieg geführt haben. Im Zeitalter der alles vernichtenden Waffen scheint sich die Devise geändert zu haben in: Si vis pacem para armas – Wenn du Frieden willst, sei bis an die Zähne bewaffnet. Dementsprechend häuften beide Supermächte zur Friedenserhaltung große Kernwaffenarsenale an, und diese Strategie setzt sich nun mit dem Verbleib nur einer Supermacht fort. Seit den Anfängen unserer Zivilisation wurde diese teuflische Grundidee, nach der wir, um Frieden zu haben, uns auf den Krieg vorbereitet müssten, tief in uns verwurzelt; und zwar so tief, dass wir schon begonnen haben zu glauben, Kriegführen sei ein Teil unserer natürlichen Veranlagung. Uns wird gesagt, dass wir biologisch auf Aggression programmiert sind – dass Krieg in unseren Genen steckt. Als Wissenschaftler weise ich diese These zurück. Ich kenne keinen Beweis dafür, dass Aggressivität genetisch in unserem Verhalten verankert ist. Eine Expertengruppe, die sich unter der Federführung der UNESCO in Sevilla getroffen hatte, kam zu dem Schluss: „Aus wissenschaftlicher Sicht ist es falsch zu sagen, dass der Krieg oder irgendein anderes gewalttätiges Verhalten in der menschlichen Natur genetisch vorprogrammiert ist." Unter den rauen Bedingungen, in denen der primitive Mensch in der fernen Vergangenheit lebte, musste er oft töten um zu überleben, im Wettbewerb um Nahrung oder um eine Partnerin. Aus denselben Gründen töteten in späteren

Zeiten, nachdem sich erste menschliche Gemeinschaften gebildet hatten, Gruppen von Menschen andere Gruppen von Menschen; und so wurde der Krieg zu einem Teil unserer Kultur. Nun aber ist dies nicht länger notwendig. Größtenteils dank der Fortschritte in Wissenschaft und Technologie, sollte eigentlich nicht mehr die Notwendigkeit bestehen, dass sich die Menschen des Überlebens wegen gegenseitig töten. Bei richtiger Bewirtschaftung und gleichmäßiger Verteilung würden – trotz der hohen Zuwachsraten der Weltbevölkerung – ausreichend Nahrungsmittel und andere zum Leben notwendige Dinge für jeden vorhanden sein. Problematisch ist natürlich, dass andere Faktoren, wie Habgier, ins Spielkommen und dazu führen, dass die Ressourcen nicht gerecht verteilt werden; und deswegen hungern immer noch viele Menschen, und viele Kinder sterben immer noch aufgrund von Unterernährung. Wir haben also noch viel zu tun, bevor die Möglichkeiten zur Beseitigung der Kriegsursachen in die Realität umgesetzt werden können. Selbst wenn wir dies nicht bewusst tun, bewegen wir uns dennoch hin zu einer Welt ohne Krieg. Wir lernen aus der Geschichte. Während der zwei Weltkriege des 20.Jahrhunderts waren Frankreich und Deutschland Todfeinde. Die Bürger dieser Länder – und viele andere –wurden millionenfach abgeschlachtet. Heutzutage aber scheint ein Krieg zwischen Frankreich und Deutschland unvorstellbar. Dasselbe gilt auch für die anderen Mitgliedsländer der Europäischen Union. Übereine Vielzahl von Streitfragen gibt es immer noch Auseinandersetzungen, doch werden diese durch Verhandlungen, durch ein gegenseitiges Geben und Nehmen, beigelegt. Die Mitglieder der Europäischen Union haben gelernt, ihre Probleme anders als durch militärische Konfrontationen zu lösen. Dasselbe beginnt sich auch schon auf anderen Kontinenten abzuzeichnen. Ein Rückgang der Zahl an Militärregimen ist beobachtbar; immer mehr Länder werden zu Demokratien. Trotz des schrecklichen Blutvergießens der vergangenen Jahre – dem auf Stammesfehden beruhenden Völkermord in Ruanda, den ethnischen Säuberungen in Bosnien und im Kosovo, den Nachwirkungen des Krieges im Irak – vermindert sich die Zahl der internationalen Kriege. Auch wenn dies nicht auf Terroristen, die eine vollkommene Missachtung der Unantastbarkeit des menschlichen Lebens demonstrieren, zuzutreffen scheint: allmählich begreifen wir die Sinnlosigkeit von Krieg und die völlige Nutzlosigkeit des gegenseitigen Tötens. Wie dem auch sei, damit das Konzept einer Welt ohne Krieg allgemeine Anerkennung findet und auch bewusst umgesetzt wird, in dem man das Führen von Kriegen grundsätzlich für ungesetzlich erklärt, ist auf allen Ebenen ein Erziehungsprozess erforderlich: Erziehung zum Frieden und Erziehung zur Weltbürgerschaft. Wir müssen die Kultur, in der wir erzogen wurden, die Lehre vom Krieg als integralem Bestandteil der menschlichen Gesellschaft, an der Wurzel bekämpfen. Wir müssen unsere Denkweise, welche die Sicherheit der eigenen Nation in Begriffen sucht, die für andere mit Unsicherheit gleichzusetzen sind, verändern. Wir müssen den alten römischen Grundsatz durch einen für das Überleben im dritten Jahrtausend unverzichtbaren ersetzen: Si vis pacempara pacem – Wenn du Frieden willst, dann bereite den Frieden vor. Dazu müssen Anstrengungen in zwei Richtungen unternommen werden: zu meinen – eine neue Betrachtungsweise von Sicherheit im Sinne weltweiter Sicherheit; zum anderen – die Entwicklung und Erhaltung einer neuen Loyalität, einer Loyalität gegenüber der Menschheit. Im Hinblick auf die Weltsicherheit liegt das Hauptproblem sowohl in der Verhinderung konventioneller Kriege zwischen einzelnen Staaten, als auch in der Unterbindung des Einsatzes von Waffengewalt durch Regierungen zur Beseitigung innerstaatlicher Konflikte. Dazu bedarf es einiger Einschränkungen der Souveränität der Staaten und möglicherweise auch einer Änderung der UN-Charta, die ja auf der Idee souveräner Nationalstaaten aufbaut. Für die meisten Menschen ist der Verzicht auf Unabhängigkeit nicht sehr erstrebenswert, doch werden Hoheitsrechte, hervorgerufen durch die stetig wachsende Verflechtung der Staaten der heutigen Zeit, ständig abgetreten. Jeder internationale Vertrag, den wir unterzeichnen, jedes Zollabkommen oder jede andere Vereinbarung wirtschaftlicher Maßnahmen, die wir abschließen, stellt einen Souveränitätsverzicht zugunsten des allgemeinen Interesses der Weltgemeinschaft dar. Dieser Gleichung müssen wir nun noch den Schutz der Menschheit hinzufügen. Es ist ein schwieriges Problem, doch es muss angesprochen werden: Eine der Hauptaufgaben des Nationalstaates liegt darin, die Sicherheit seiner Bürger gegenüber Bedrohungen durch andere Staaten zu gewährleisten, und dies meint im allgemeinen Verständnis vor allem die Fähigkeit, Kriege zu führen. Im Bezug darauf muss sich die Einstellung ändern: Der Begriff der ‚Souveränität' muss getrennt werden von und ersetzt werden durch den Begriff der ‚Autonomie'. Insbesondere muss das Recht der Staaten auf Kriegsführung beschnitten werden. Das bedeutet konkret: keine nationalen Militärstreitkräfte, sondern eine einzige legale weltweite Gewalt, die mit einer Art Polizeivollmacht versehen und einer globalen Befehlsgewalt unterstellt ist. Eine Art Weltregierung – so wie sie von Albert Einstein gefordert wurde – scheint somit die notwendige Konsequenz aus einer Weiterentwicklung der Vereinten Nationen zu sein. Auf dem Weg dorthin müssen wir vor allem für Loyalität der Menschheit gegenüber sorgen. Als Mitglieder der menschlichen Gemeinschaft hat jeder von uns gegenüber den Gruppen, in denen wir leben, Loyalität entwickelt. Im Verlauf der Geschichte haben wir unsere Loyalität allmählich auf immer größere Gruppen ausgedehnt: von unserer Familie auf unsere Nachbarn, unser Dorf, unsere Stadt, unser Land. Ich sollte betonen, dass die Loyalität gegenüber einer größeren Gruppe einen Zu- und keinen Ersatz für die Loyalität gegenüber einer kleineren Gruppe darstellt. Derzeit stellt die größte Gruppe unser Land dar. Im Moment endet damit unsere Loyalität. Ich bin jedoch der Meinung, dass die Zeit reif ist für die Loyalität zu einer anderen, noch größeren Gruppe: Wir müssen Loyalität gegenüber der gesamten Menschheit entfalten und aufrechterhalten. Zunehmend verbessern sich die Aussichten auf Loyalität gegenüber der gesamten Menschheit aufgrund der steigenden gegenseitigen Abhängigkeit zwischen den Staaten, und zwar nicht nur im Bereich der Wirtschaft, sondern auch in sozialen und kulturellen Angelegenheiten; eine durch die Fortschritte von Wissenschaft und Technik und insbesondere durch den Fortschritt auf dem Gebiet der Kommunikationstechnologie hervorgerufene Vernetzung; die fantastischen Fortschritte in den Bereichen Transportwesen, Kommunikation und Information, die im 20.Jahrhundert aufgekommen sind und deren Zeuge ich mein ganzes Leben lang gewesen bin. Von besonderer Bedeutung ist der Fortschritt in der Informationstechnologie mit all ihren Ausformungen. Das Internet gibt uns die Möglichkeit, mit Menschen aus aller Welt zu kommunizieren. Es verschafft uns Zugang zu einer unendlichen Menge an Information, und die Mittel, unsere eigenen Kenntnisse und Ideen beizusteuern. Die Informationstechnologie hat wahrlich damit begonnen, unsere Welt in ein globales Dorf zu verwandeln: wir kennen einander; wir machen untereinander Geschäfte; wir sind voneinander abhängig; wir versuchen uns gegenseitig zu helfen. Wir werden zwangsläufig zu Weltbürgern. Ich begrüße die grandiosen Fortschritte auf den Gebieten der Kommunikation und der Information als mächtige Einflussfaktoren gegen Streit und Krieg, weil sie den Menschen neue Mittel an die Hand geben, sich gegenseitig kennen zu lernen und dadurch einen Sinn für die Zugehörigkeit zur gesamten Weltgemeinschaft zu entwickeln. Sowohl die positiven als auch die negativen Einsatzmöglichkeiten von Wissenschaft und Technik haben die Notwendigkeit und auch die Möglichkeit dazu geschaffen, die Idee einer Weltregierung, wie sie von Einstein gefordert wurde, weiterzuentwickeln. Es besteht der Bedarf nach einem Wandel in der Erziehung, die unsere Loyalität gegenüber der gesamten Menschheit klar zum Ausdruck bringt; die menschliche Speziesmuss erhalten und die Fortdauer unserer Zivilisation gewährleistet werden. Im Laufe vieler Jahrtausende hat der Mensch eine großartige Zivilisation geschaffen; er hat eine reiche und vielfältige Kultur geschaffen; er hat riesige Schätze der Kunst und Literatur angesammelt; und er hat das prächtige Gebäude der Wissenschaft errichtet. Es ist in der Tat die größte Ironie, dass gerade mit den intellektuellen Errungenschaften der Menschheit gleichzeitig die Werkzeuge zur Selbstzerstörung geschaffen wurden, und das in einem Gesellschaftssystem, das eine solche Zerstörung bereits in Erwägung zieht. Natürlich dürfen wir nicht zulassen, dass dies passiert. Als menschliche Wesen ist es unserer oberste Pflicht, menschliches Leben zu erhalten und den Fortbestand der Spezies Mensch zu gewährleisten. Ein nuklearer Holocaust scheint uns im Moment nicht bevorzustehen. Während wir dem im Kalten Krieg verschiedentlich sehr nahe waren, sind wir nun etwas vorsichtiger geworden. Doch Krieg ist immer noch eine anerkannte Institution, und jeder Krieg trägt das Potential einer Eskalation mit fatalen Konsequenzen für unsere Spezies in sich. In einer Welt, die sich mit Massenvernichtungswaffen rüstet, deren Gebrauch das Ende der gesamten Zivilisation bedeuten könnte, können wir uns eine polarisierte Gesellschaft, mit der damit verbundenen Bedrohung durch militärische Konfrontationen, nicht leisten. In der jetzigen wissenschaftlichen Ära ist eine weltweit gleichberechtigte Gesellschaft, der wir alle als Weltbürger angehören, zu einer Lebensnotwendigkeit geworden. Im diesjährigen „Einstein-Jahr", in welchem wir die großen Entdeckungen würdigen, die Einstein zu Beginn seines Wissenschaftlerlebens machte, sollten wir gleichzeitig seiner Bestrebungen am Ende seines Lebens gedenken, nämlich eine Welt ohne Krieg zu erschaffen.

A World without War: A Tribute to Einstein's Quest for World Peace

Joseph Rotblat

Einstein's fame and unique status in the world are mainly due to his scientific discoveries. Much less is known about his political activities: his anti-war campaigns and his advocacy of a world government. Yet, next to science, these matters were nearest to him; he devoted to them much time until the very end of his life.

In this paper on a world without war, I have pose two pertinent questions related to Einstein's peace activities: is a world without war desirable? And, is it feasible? The first question is surely rhetorical. After the many millions of lives lost in the two World Wars of the last century, and in the many wars since, a world without war is assuredly most desirable. And it has been made all the more desirable by the events that have occurred since the end of the Second World War; not only is a war-free world desirable, it is now necessary. It is essential, if humankind is to survive.

I am referring to the development of the omnicidal weapons, first demonstrated in Hiroshima and Nagasaki. The destruction of these cities, heralded a new age, the nuclear age, whose chief characteristic is that for the first time in the history of civilization, Man has acquired the technical means to destroy his own species, and to accomplish it, deliberately or inadvertently, in a single action. *In the nuclear age the human species has become an endangered species.*

Actually, this threat did not loom large when work on the feasibility of the atom bomb began in England, soon after the outbreak of the Second World War. We had a pretty good idea about the terrible destructive power of the bomb. We knew about the blast effect, which would destroy buildings over large distances; we knew about the heat wave which would consume everything over still greater areas; we envisaged the radioactive fall-out, which would keep on killing people long after the military operations had ended. We even thought of the development of the hydrogen bomb, with its destructive power a thousand times greater. But in our discussions about the effects of these weapons we did not for one moment contemplate the ultimate catastrophe that their use might bring, namely the extinction of the human species. We did not envisage this because we knew that this would require the detonation of a very large number – perhaps a hundred thousand – of megaton bombs. Even in our most pessimistic scenarios we did not imagine that human society would be so stupid, or so mad, as to accumulate such obscenely huge arsenals for which we could see no purpose whatsoever. But human society was that insane. Within a few decades, arsenals of that magnitude were manufactured, and made ready for use by the two then superpowers, the United States and the Soviet Union. On several occasions, during the Cold War, we came perilously close to their actual use. I remember, in particular, one such occasion, the Cuban Missile Crisis in 1962, when we were a hair's breadth away from total disaster, when the whole future of our civilization hung on the decision of one man. Fortunately, Nikita Krushchev was a sane man, and he withdrew at the last moment. But we may not be so lucky next time. And next time is bound to happen if we continue with the nuclear policies of George W. Bush.

Morality is at the very basis of the nuclear issue. Are we going to base our world on a culture of peace or on a culture of violence? Nuclear weapons are fundamentally immoral: their action is indiscriminate, affecting military as well as civilians, aggressors and innocents alike, killing people alive now and generations as yet unborn. And the consequence of their use might be to bring the human race to an end. All this makes nuclear weapons an unacceptable instrument for maintaining peace in the world. But this is exactly what we have been doing during, and after, the Cold War. We keep nuclear weapons as a deterrent, to prevent war by the threat of retaliation.

For the deterrent to be effective, the threat of retaliation must be real; we must convince the would-be aggressors that nuclear weapons *would* be used against them, otherwise the bluff would soon be called. George W. Bush, Vladimir Putin, or Tony Blair, must show convincingly that they have the kind of personality that would enable them to push the button and unleash an instrument of wholesale destruction. I find it terrifying to think that among the necessary qualifications for leadership is the readiness to commit an act of genocide, because this is what it amounts to in the final analysis. Furthermore, by acquiescing in this policy, not only the leaders but each of us figuratively keeps our finger on the button; each of us is taking part in a gamble, in which the survival of human civilization is at stake. We rest the security of the world on a balance of terror.

In the long run this is bound to erode the ethical basis of civilization. I would not be surprised if evidence were found that the increase of violence observed in the world – from individual mugging to organized crime, to terrorist groups such as al Qaeda – has some connection with the culture of violence under which we have lived during the Cold War years, and still do. I am particularly concerned about the effect on the young generation.

We all crave a world of peace, a world of equity. We all want to nurture in the young generation the much-heralded "culture of peace". But how can we talk about a culture of peace if that peace is predicated on the existence of weapons of mass destruction? How can we persuade the young generation to cast aside the culture of violence, when they know that it is on the threat of extreme violence that we rely for security?

I do not believe that the people of the world would accept a policy that is inherently immoral and likely to end in catastrophe. This was evident in the reaction to the destruction of the two Japanese cities, a reaction of revulsion, shared by the great majority of people in the world, including the United States. From the beginning, nuclear weapons were viewed with abhorrence; their use evoked an almost universal opposition to *any* further use of nuclear weapons. I believe this is still true today.

On the international arena this feeling was expressed in the very first resolution of the General Assembly of the United Nations. The Charter of the United Nations was adopted in June 1945, two months before Hiroshima, and thus no provision is made in the Charter for the nuclear age. But when the General Assembly met for the first time in January 1946, the first resolution adopted unanimously was to seek the elimination of atomic weapons and all other weapons of mass destruction.

However, from the very beginning, there were hawkish elements among the US leadership, who wanted to maintain a nuclear monopoly for the United States. General Leslie Groves was the overall head of the Manhattan Project, which developed the atom bomb during the Second World War. In October 1945, two months after Hiroshima, he outlined his views on US nuclear policy in a blunt statement:

> "If we were truly realistic instead of idealistic, as we appear to be (sic), we would not permit any foreign power with which we are not firmly allied, and in which we do not have absolute confidence, to make or possess atomic weapons. If such a country started to make atomic weapons we would destroy its capacity to make them before it has progressed far enough to threaten us."

During the 60 years since that statement, US policy has undergone a number of changes, but the monopolistic doctrine outlined by General Groves has always been at its base, and now, under George W. Bush, it has become the actual US policy.

During the Cold War years the accumulation of the obscenely huge nuclear arsenals was justified under the doctrine known by the acronym MAD, mutual assured destruction; for each side to have enough weapons to destroy the other side even after an attack. With the end of the Cold War, and the collapse of the Soviet Union, this argument was no longer valid. Then was the time for the abolition of nuclear arsenals, to which the nuclear states are committed under the Non-Proliferation Treaty, signed and ratified by the five overt nuclear weapon states, the USA, Russia, UK, France and China. This, however, did not happen. The

United States decided that nuclear arsenals, albeit of smaller size, are needed to prevent an attack with other weapons of mass destruction, such as chemical or biological weapons. And the Bush strategy, partly provoked by the terrorist attack of September 11th went further still; it made nuclear weapons the tools with which to keep peace in the world.

In a reversal of previous doctrines, whereby nuclear weapons have been viewed as weapons of last resort, the Bush doctrine spells out a strategy which incorporates nuclear capability into conventional war planning. Nuclear weapons have now become a standard part of military strategy, to be used in a conflict just like any other high explosive. It is a major and dangerous shift in the whole rationale for nuclear weapons.

The implementation of this policy has already begun. The United States is developing a new nuclear warhead of low yield, but with a shape that would give it a very high penetrating power into concrete, a "bunker-busting mini-nuke", as it has been named.

To give the military authorities confidence in the performance of the new weapon it will have to be tested. At present there is a treaty prohibiting the testing of nuclear weapons, the Comprehensive Test Ban Treaty, which the United States has signed but not ratified.

If the USA resumed testing, this would be a signal to other nuclear weapon states to do the same. China is almost certain to resume testing. After the US decision to develop ballistic missile defences, China feels vulnerable, and is likely to attempt to reduce its vulnerability by a modernization and build-up of its nuclear arsenal. Other states with nuclear weapons, such as India or Pakistan, may use the window of opportunity opened by the USA to update their arsenals. The danger of a new nuclear arms race is real.

The situation has become even more dangerous under the National Security Strategy introduced by President Bush: "To forestall or prevent …hostile acts by our adversaries, the United States will, if necessary, act pre-emptively."

The danger of this policy can hardly be over-emphasized. If the militarily mightiest country declares its readiness to carry out a pre-emptive use of nuclear weapons, others may soon follow.

Taiwan presents a potential scenario for a pre-emptive nuclear strike by the United States. Should the Taiwan authorities decide to declare independence, this would inevitably result in an attempted military invasion by mainland China. The USA, which is committed to the defence of the integrity of Taiwan, may then opt for a pre-emptive strike.

Altogether, the aggressive policy of the United States, under the Bush administration, has created a precarious situation in world affairs, with a greatly increased danger of nuclear weapons being used in combat.

Ten years after Hiroshima, when we began to appreciate the magnitude of the threat arising from the invention of nuclear weapons, a group of scientists, under the leadership of Bertrand Russell and Albert Einstein, tried to warn governments and the public. Towards the end of his life, as the world situation became increasingly menacing, Einstein's thoughts were ever more focused on achieving a world government system. He did not visualize it as a replacement of existing national governments, but rather as a body with a specific aim: to prevent war by providing the means for solving disputes through negotiation. However, this objective required the relinquishing by national governments of some of their sovereignty – a step which was strongly advocated by Einstein. In the early 1950s, after the development of the hydrogen bomb, grave concern about the growing nuclear threat led to a statement being issued, which has become known as the Russell-Einstein Manifesto. Endorsing the Manifesto was one of the last acts of Einstein's life:

> "We are speaking on this occasion, not as members of this or that nation, continent, or creed, but as human beings, members of the species Man, whose continued existence is in doubt."

And it went on:

> "Here, then, is the problem which we present to you, stark and dreadful, and inescapable: Shall we put an end to the human race, or shall mankind renounce war?"

I am now the sole survivor of the eleven signatories to the Russell-Einstein Manifesto, and as such, it is my duty – even a mission – to keep on posing this question to the public. With the end of the Cold War, and the cessation – for all practical purposes – of the ideological struggle that has polarized the world community – the nuclear threat has somewhat abated, but it had not gone away. The nuclear arsenals have been reduced, but enough warheads are still kept on hair-trigger alert to cause many millions of casualties if set off deliberately, or by a false alarm, or by some other accident. The danger will exist as long as nuclear weapons exist. Robert McNamara, the US Secretary of Defense, during the Cuban missile crisis, expressed this in a simple statement: "*The indefinite combination of nuclear weapons and human fallibility will lead to a nuclear exchange.*"

But even if all the arsenals of weapons of mass destruction were eliminated, the security of humankind would not be assured. Nuclear weapons cannot be disinvented. We cannot erase from our memories the knowledge of how to make them. Should, sometime in the future, a serious conflict occur between the great powers of the day, it would not take long before nuclear arsenals were rebuilt, and we would find ourselves back in the Cold War situation.

Moreover, future advances in science may result in the invention of new means of mass destruction, perhaps even more powerful, perhaps more readily available. We already know about advances in biological warfare whereby gene manipulation could change some pathogens into terrifyingly virulent agents. But entirely different mechanisms might be developed. Just as we cannot predict the outcome of scientific research, we cannot predict the destructive potential of its military applications. All we can say is that the danger is real.

The threat of the extinction of the human race hangs over our heads like the Sword of Damocles. We cannot allow the miraculous products of billions of years of evolution to come to an end. We are beholden to our ancestors, to all the previous generations, for bequeathing to us the enormous cultural riches that we enjoy. It is our sacred duty to pass them on to future generations. The continuation of the human species must be ensured. We owe an allegiance to humanity.

Reaching an agreement on the elimination of the known weapons of mass destruction is very important, because it would remove an immediate source of danger, but in the long run it will not suffice. To safeguard the future of humankind we have to eliminate not only the instruments for waging war, but war itself. As long as war is a recognized social institution, as long as conflicts are resolved by resort to military confrontation, the danger is that a war which begins over a local conflict, for example over Kashmir, will escalate into a global war in which weapons of mass destruction are employed. The probability of this happening at any given time may be very small, but the consequences – should it happen – are so enormous that we must do everything in our power to eliminate the risk. In this nuclear age we can no longer tolerate war, any war. With the future of the human species at stake, this becomes a matter of concern to each of us. A war-free world has become a dire necessity, and its achievement must be made our steadfast objective.

This brings me to the second question in the title of this paper: is a war-free world feasible? To most people, the concept of a war-free world is a fanciful idea, a far-fetched, unrealisable vision. Even those who have come to accept the concept of a world without nuclear weapons still reject the notion of a world without national armaments as being unworkable.

Such attitudes are not surprising considering that, from the beginning, civilized society has been governed by the Roman dictum: *Si vis pacem para bellum* – if you want peace prepare for war. We have paid heed to this axiom despite the fact that throughout history preparation for war has brought, not peace but war. With the onset of omnicidal weapons, the dictum seems to have changed to *Si vis pacem para armas* – if you want peace stay armed to the teeth. Accordingly, both super powers accumulated huge nuclear arsenals in order to keep the peace, and this policy continues now with only one superpower.

The diabolical concept that in order to have peace we must prepare for war has been ingrained in us since the start of civilization. So much so that we have begun to believe that waging war is part of our natural make up. We are told that we are biologically programmed for aggression: that war is in our genes.

As a scientist, I reject this thesis. I see no evidence that aggressiveness is genetically built into our behaviour. A group of experts, meeting in Seville under the auspices of UNESCO concluded: "*It is scientifically incorrect to say that war or any other violent behaviour is genetically programmed into our human nature.*" In the distant past, under the harsh conditions in which primitive Man lived, he often had to kill for survival, in competition for food or for a mate. Later on, when communities were formed, groups of people killed other groups of people for the same reason, and war became part of our culture. But now this is no longer necessary. Thanks largely to the advances in science and technology, there should be no need for people to kill one another for survival. If properly managed and evenly distributed, there would be enough food and other life necessities for everybody, even with the huge increase in world population. The problem, of course, is that other factors, such as greed, come into play, with the result that the resources are not distributed equitably, and thus many people are still starving, many children are still dying from malnutrition. We have still much to do before the potential for removing the basic causes of war becomes a reality.

Nevertheless, we *are* moving towards a war-free world, even if we do not do it consciously. We are learning the lessons of history. In the two World Wars of the 20th century, France and Germany were mortal enemies. Citizens of these countries – and many others – were slaughtered by the millions. But now a war between France and Germany seems inconceivable. The same applies to the other members of the European Union. There are still many disputes between them over a variety of issues, but these are being settled by negotiations, by mutual give-and-take. The members of the European Union have learned to solve their problems by means other than military confrontation.

The same is beginning to take place in other continents. Military regimes are on the decline; more and more countries are becoming democracies. Despite the terrible bloodshed in recent years – the tribal genocide in Rwanda, the ethnic cleansing in Bosnia and Kosovo, the aftermath of the war in Iraq – the number of international wars is decreasing. We are gradually comprehending the futility of war, the utter waste in killing one another, although this does not seem to apply to terrorists, who show complete disregard for the sanctity of human life.

All the same, for the concept of a war-free world to become universally accepted, and consciously adopted by making war illegal, a process of education will be required at all levels: education for peace; education for world citizenship. We have to eradicate the culture in which we were brought up, the teaching that war is an inherent element of human society. We have to change the mind-set that seeks security for one's own nation in terms which spell insecurity to others.

We must replace the old Roman dictum by one essential for survival in the Third Millennium: *Si vis pacem para pacem* – if you want peace prepare for peace. This will require efforts in two directions: one – a new approach to security, in terms of global security; the other – developing and nurturing a new loyalty, loyalty to humankind.

With regard to world security, the main problem will be preventing conventional wars between nations, and the use of military arms by governments in settling internal disputes. This will require some limitation on the sovereignty of nations, and perhaps a modification of the Charter of the United Nations, which is based on the notion of sovereign nation-states.

Surrender of sovereignty is highly objectionable to most people, but some surrender of sovereign rights is going on all the time, brought about by the ever-increasing interdependence of nations in the modern world. Each international treaty we sign, every agreement on tariffs or other economic measures, is a surrender of sovereignty in the general interests of the world community. To this equation we must now add the protection of humankind.

It is a thorny problem but it has to be addressed. One of the main functions of the nation-state is to ensure the security of its citizens against threats from other states, which is taken to mean possessing the ability to wage war. A change will be called for in this respect: sovereignty will need to be separated from, and replaced by, autonomy. In particular, the right of the state to make war will have to be curtailed. This means no national military forces, and the only legal coercive power on the world scale to be vested in some kind of police force responsible to a global authority. Some form of world governance – as advocated by Albert Einstein – seems a necessary outcome of the evolution of the United Nations.

As a way towards this we have to acquire a loyalty to humankind. As members of the human community, each of us has developed loyalties to the groups in which we live. In the course of history we have been gradually extending our loyalty to ever larger groups, from our family, to our neighbourhood, to our village, to our city, to our nation. I should emphasize that loyalty to a larger group is an addition to, not a replacement of, loyalties to the smaller groups. At present the largest group is our nation. This is where our loyalty ends now. I submit that the time has come for loyalty to another, still larger group: we have to develop and nurture loyalty to humanity.

The prospects for developing a loyalty to humankind are becoming brighter due to the growing interdependence between nations, an interdependence not only in the realm of economics, but also in social and cultural matters; an interdependence brought about by the advances in science and technology, in particular, the progress in communications technology; the fantastic advances in transportation, communication and information, that have occurred in the 20th century, and which I have witnessed in my own long life.

Of particular importance is the progress in information technology, in its various forms. The Internet technology enables us to chat with people wherever they are. It provides access to an infinite source of information, and the means to contribute our own knowledge or ideas. Information Technology has truly begun to convert the world into a global village: we know one another; we do business with one another; we depend on one another; we try to help one another. We are perforce becoming world citizens.

I welcome the fantastic advances in communication and information as a powerful factor against strife and war, because they provide new means for people to get to know one another and develop a sense of belonging to the whole of the world community.

The applications of science and technology, both the negative and the positive, have created the necessity, and the opportunity to foster the concept of world governance as advocated by Einstein. There is the need for a change in education that recognizes our loyalty to humankind; the need to preserve the human species and the continuation of our civilization.

In the course of many thousands of years, the human species has established a great civilization; it has developed a rich and multifarious culture; it has accumulated enormous treasures in arts and literature; and it has created the magnificent edifice of science. It is indeed the supreme irony that the very intellectual achievements of humankind have provided the tools of self-destruction, in a social system ready to contemplate such destruction.

Surely, we must not allow this to happen. As human beings it is our paramount duty to preserve human life, to ensure the continuity of the human race.

A nuclear holocaust does not appear imminent. Having come close to it on several occasions during the Cold War, we are now somewhat more cautious. But war is still a recognized social institution, and every war carries with it the potential of escalation with fatal consequences for our species. In a world armed with weapons of mass destruction, the use of which might bring the whole of civilization to an end, we cannot afford a polarized community, with its inherent threat of military confrontations. In this scientific era, a global equitable community, to which we all belong as world citizens, has become a vital necessity.

In this "Einstein Year", when we honour the great discoveries he made at the start of his life as a scientist, we should also remember his efforts at the end of his life, to create a world without war.

Verantwortliche Wissenschaft heute

Frieden durch Nachhaltigkeit.
Aufgaben der Wissenschaft

Aufgaben der Wissenschaften im Blick auf Frieden durch Nachhaltigkeit

Stephan Albrecht

1. Einleitung

Frieden – Nachhaltigkeit – Wissenschaften: Jeder dieser drei Begriffe beinhaltet einen kleinen Kosmos von unterschiedlichen Bedeutungen und Verständnissen. Um sinnvoll der Frage nachgehen zu können, welche Aufgaben sich den Wissenschaften stellen bei dem Streben nach Frieden durch Nachhaltigkeit, müssen wir jedenfalls in Grundzügen klären, was mit „Frieden" und was mit „Nachhaltigkeit" gemeint ist und wieso das eine mittels des anderen befördert werden kann.

Menschen sind Teil des Ganzen der Natur, wofür naturwissenschaftlich heute oft der Ausdruck *Biogeosphäre* gebraucht wird, und zugleich soziale Lebewesen. Die Anerkenntnis dieser beiden Prämissen hat weitreichende Folgen. Einerseits können Menschen nur im Rahmen der natürlichen Gegebenheiten leben und gedeihen, andererseits nur durch Zusammenarbeit ihr Leben gestalten. Die letztere Tatsache drückte Christian Wolff 1736 so aus: „Vielmehr sind die Menschen verbunden, nebeneinander und miteinander zu leben, damit einer des anderen Glückseligkeit befördern kann, so viel an ihm ist." (Wolff 1736/2004: 67) Zusammenleben ist indessen ohne eine gemeinsame Ordnung nicht möglich und diese wiederum kann Gültigkeit und Dauer nur auf dem Prinzip der Gerechtigkeit aufbauen. Von den ältesten Dokumenten der menschlichen Geschichte an zieht sich dieses Prinzip des menschlichen Zusammenlebens wie ein roter Faden durch die Jahrhunderte und Jahrtausende (Dershovitz 2000; Kapur 2005) – auch dann, wenn die gesellschaftliche Wirklichkeit diesem Prinzip nicht selten grausam Hohn gesprochen hat, gerade in der vielgerühmten Moderne (Glover 1999).

Man kann die Fundamentalregel der Gerechtigkeit auch als Reziprozitätsnorm verstehen, nach der nur das Tun und Lassen gerecht ist, was auch im umgekehrten Falle so verstanden würde. Die alte Spruchweisheit „Was Du nicht willst, das man Dir tu', das füg' auch keinem andern zu" drückt diese wechselseitige Achtung und Inpflichtnahme treffend aus. Nun bezieht Gerechtigkeit nicht nur Individuen ein, sondern ebenso Gruppen von Menschen und gesellschaftliche Organisationen und Institutionen mitsamt von Staaten. Die Geschichte zeigt uns viele Beispiele des Untergangs von Herrschaftssystemen gerade wegen des Fehlens eines Fundamentes aus Gerechtigkeit (Gibbon 1993). Die die Biogeosphäre und die diese mittragenden Kreisläufe gedanklich einbeziehenden neueren gesellschaftstheoretischen Überlegungen erweitern das Gerechtigkeitsprinzip noch erheblich, nämlich um die außermenschliche Natur. Dieser nicht gerecht zu werden ist auch ein Weg zum Untergang (Diamond 2004).

Gerechtigkeit als leitendes Gestaltungsprinzip einer gemeinsamen Ordnung und Kooperation sind zugleich elementare Kennzeichen eines *positiven* Friedens (Galtung 19xy) – und das exakte Gegenteil des Krieges. So ist es nicht verwunderlich, daß oftmals nach dem Ende eines Krieges gerade diese beiden Prinzipien als Eckpfeiler einer neuen und friedvollen zukünftigen Entwicklung beschworen werden. Es ist daher gewiß nicht zufällig, daß die erste globale gesellschaftspolitische Definition des Begriffs „Nachhaltigkeit" ganz zentral das Gerechtigkeitsthema aufgreift. Nachhaltig leben menschliche Gesellschaften demzufolge, wenn sie den nachfolgenden Generationen nicht weniger Entwicklungsmöglichkeiten hinterlassen, als ihnen selbst zur Verfügung gestanden haben (Hauff 1987). Es gibt eine lange und ungute Tradition des Denkens über menschliche Entwicklungsmöglichkeiten, die eine Trennung von Natur und Kultur expliziert oder impliziert, die teils die Erhebung des *homo sapiens* über die natürlichen Kontexte nachgerade als Prämisse kultureller Höherentwicklung versteht (Dürr et al. 2005). Ganz in diesem Strang des Weltverständnisses befangen hat die Entwicklung der modernen Wissenschaften, die insoweit an die Stelle älterer Dogmatiken getreten sind, vielfältig die Illusion befördert, daß die Zusammenhänge der Natur und die diesen innewohnenden Regeln durch Kenntnisse der Wissenschaften und das daraus foglende technologische Können überlistet werden könnten. Im Kleinen ist das durchaus möglich: Wir können aus Erdöl Schüsseln, Kleidung und Schuhe produzieren, wir können synthetischen Dünger, Automobile, Funktelephone und tausenderlei mehr artifiziell herstellen. Nach dieser Logik der Verfügbarmachung von Ressourcen für warenwirtschaftliche Zwecke eines kleinen Teils der Weltbevölkerung ist auch der industriegesellschaftliche Fortschritt der letzten knapp 200 Jahre verfahren. Dieses Fortschreiten hat allerdings zu Kollateralschäden geführt und tut dies jeden Tag aufs Neue. Für die Metalle wird Tage- und Bergbau getrieben, ganze Landschaften werden umgegraben, Böden und Gewässer vergiftet, Menschen, Pflanzen und Tiere vertrieben oder getötet. Für Energierohstoffe werden zu Lande und zu Wasser Förder- und Umwandlunsganlagen betrieben, Böden, Luft und Gewässer vergiftet, Menschen und Tiere vertrieben und getötet, Diktaturen errichtet, Kriege geführt (Perkins 2004). Diese Kollateralschäden sind im Sinne der heutigen Industrieländer keineswegs etwas Zufälliges, bei gutem Willen Vermeidbares. Sie sind vielmehr zugleich Ausdruck einer grundsätzlichen Fehlorientierung und einer Unaufgeklärtheit über den Charakter der Wirtschaft in menschlichen Gesellschaften. Denn diese hat ihren einzigen und unersetzlichen Ausgangspunkt in der Natur; alles wirtschaftliche Handeln lebt von der Natur. Luft, Wasser, Böden, Edelsteine, Metalle etc. sind Voraussetzungen wirtschaftlichen Handelns, die die Menschen zwar nutzen, aber keineswegs herstellen können. Daher muß alle Wirtschaft in der Natur auch ihr Ziel finden, um nachhaltig sein zu können (Immler & Hofmeister 1998).

Frieden durch Nachhaltigkeit heißt darum zuallererst, daß die menschlichen Gesellschaften lernen, die Grenzen ihrer Möglichkeiten im Rahmen der Natur zu erkennen und demgemäß zu handeln. Was Wissenschaften zu diesem Prozeß eines neuen Weltverständnisses und Welthandelns beitragen können und sollten, will ich in den folgenden vier Abschnitten behandeln. Zunächst geht es um die Frage, wo wir heute eigentlich stehen und wie wir die Aufgabe des Beitragens zu der Wende zu nachhaltiger Entwicklung verstehen können. Im zweiten Abschnitt taucht das Verhältnis von Freiheit der Wissenschaften und deren Verantwortung für ihr Tun und Lassen auf. Drittens stellt sich die Frage, ob es so etwas wie einen inneren Kompaß in den Wissenschaften gibt, nach dem sie ihre Fortschungsfragen ausrichten und wie dieser orientiert sein müßte, um Nachhaltigkeit in das Blickfeld zu bekommen. Last, not least erhebt sich die organisatorische Frage: Was wäre zu ändern, wenn Nachhaltigkeit nicht nur ein gesellschaftspolitisches Postulat, sondern ein allen Wissenschaftsdisziplinen zugrundeliegendes und in diesen aktiv verfolgtes Ziel wäre?

2. Worum geht es?

Für wissenschaftliches Handeln (Beobachten, Experimentieren, Denken, Kommunizieren) ist an erster Stelle die Aufgabe gestellt, zu verstehen, worum es eigentlich geht. Dabei gibt es wiederum zwischen Nachhaltigkeit und Frieden eine wichtige Parallele: Wir wissen in einem wissenschaftlichen Sinne sehr viel mehr und genauer, wie Krieg und zerstörerisches Wirtschaften (Nicht-Nachhaltigkeit) aussehen, welches Elemente und Faktoren von zerstörerischen und unfriedlichen Prozessen und Syndromen sind und wie diese zusammenhängen und -wirken. Wissenschaften wirken sogar ganz prominent und wesentlich mit an der Eröffnung neuer Trajektorien von Zerstörung durch neue Waffensysteme, neue Kriegsführung und neue Techniken großräumiger Umweltzerstörung. Es würde schwer fallen, eine Wissenschaftsdisziplin zu finden, die nicht u.U. zu Werken der Zerstörung beiträgt. Die Gründe für diese Tatsache sind vielschichtig und können hier nicht erörtert werden. Es ist aber zentral bedeutsam, die tiefe Verquickung der Wissenschaften mit den gesellschaftlichen Stoffwechselprozessen festzuhalten.

Ein Aspekt hiervon ist die disziplinäre und subdisziplinäre Fragmentierung und Zersplitterung der Wissenschaften, die zu dem Phänomen der „blinden Flecken“ führen. Da es mit wissenschaftlichen Methoden und dem menschlichen

Wahrnehmungs- und Denkvermögen nicht möglich ist, die Vielfalt und das Zusammenhängen der Welt insgesamt zu verstehen, kann wissenschaftliche Arbeit immer nur Teile untersuchen und zu erklären trachten. Von diesen Erkenntnissen der Teile kann aber nicht auf die Struktur und Qualität größerer Netzwerke des Lebens auf der Erde geschlossen werden. Das ist in etwa so, wie in dem alten indischen Gleichnis vom Elephanten und den Blinden.

„Einstmals lebte in Shrâvastâ in Nordindien ein gewisser König. Der gebot seinem Diener: ‚Lasse alle Blindgeborenen der Stadt an einem Orte zusammenkommen'. Als dies geschehen war, ließ er den Blindgeborenen einen Elephanten vorführen. Die einen ließ er den Kopf betasten mit den Worten ‚so ist ein Elephant', andere das Ohr oder den Stoßzahn, den Rüssel, den Rumpf, den Fuß, das Hinterteil, den Schwanz.

Dann fragte er: ‚Wie ist ein Elephant beschaffen?' Da sagten die, welche den Kopf betastet hatten, ‚er ist wie ein Topf', die das Ohr betastet hatten, ‚wie ein geflochtener Korb zum Schwingen des Getreides', die den Stoßzahn betastet hatten, ‚wie eine Pflugstange', die den Rumpf betastet hatten, ‚wie ein Speicher', die den Fuß betastet hatten, ‚wie ein Pfeiler', die das Hinterteil betastet hatten, ‚wie ein Mörser', die den Schwanz betastet hatten, ‚wie eine Mörserkeule' und die den Rüssel getasetet hatten sagten: ‚der Elephant ist in Wirklichkeit eine Schlange'.

Und mit dem Ruf: ‚Der Elephant ist so und nicht so' schlugen sie sich gegenseitig mit den Fäusten zum Ergötzen des Königs.

Und obwohl jeder teilweise recht hatte, irrten sich alle."

(von Glasenapp 1952, Bd. 2: 505)

Situationen, in denen die einzelnen Wissenschaften sich darum streiten, mit ihren Teileinsichten zu wissen, „was ist", ließen sich viele anführen. Und allzu oft liegen sie mit solchen Generalisierungen reichlich neben dem, was tatsächlich ist, wenn sich dies oftmals auch erst nach einiger Zeit herausstellt. So wie die blinden Menschen, die mit dem Elephanten in Berührung gekommen sind, aus dem kleinen Teil, das sie greifen und begreifen konnten, auf ein recht unterschiedliches Ganzes geschlossen haben, so stellt sich auch für die Wissenschaften mit Blick auf Nachhaltigkeit die Frage: Was wäre in diesem Falle das Ganze?

Zunächst geht es wohl darum, zu verstehen, daß der heutige Zustand der problematischen Verhältnisse ein Moment in einem fortwährenden Prozeß ist und daß daher Nachhaltigkeit ein Ensemble von Prozessen beschreibt, es mithin um die Umorientierung oder Neurorientierung von Prozessen in dem naturgesellschaftlichen Stoffwechsel geht. Eine Studiengruppe der National Academies der USA faßt in ihrem Bericht die Erkenntnisaufgabe der Wissenschaften so zusammen: „Developing an integrated and place-based understanding of ... threats and the options of dealing with them is a central challenge for promoting a transition toward sustainability.“ (NRC 1999: 8) Der deutsche Wissenschaftliche Beirat Globale Umweltveränderungen (WBGU) hat die Bedrohungen der Entwicklungsmöglichkeiten der natürlichen Lebensgrundlagen der menschlichen Gesellschaften in sog. Syndromen zusammengefaßt, die er nach den Kategorien Nutzung, Entwicklung und Senken geordnet hat.

Syndromgruppe „Nutzung“

a. Landwirtschaftliche Übernutzung marginaler Standorte: *Sahel-Syndrom*
b. Raubbau an natürlichen Ökosystemen: *Raubbau-Syndrom*
c. Umweltdegradation durch Preisgabe traditioneller Landnutzungsformen: *Landflucht-Syndrom*
d. Nicht-nachhaltige industrielle Bewirtschaftung von Böden und Gewässern: *Dust-Bowl-Syndrom*
e. Umweltdegradation durch Abbau nicht-erneuerbarer Ressourcen: *Katanga-Syndrom*
f. Erschließung und Schädigung von Naturräumen für Erholungszwecke: *Massentourismus-Syndrom*
g. Umweltzerstörung durch militärische Nutzung: *Verbrannte-Erde-Syndrom*

Syndromgruppe „Entwicklung“

h. Umweltschädigung durch zielgerichtete Naturraumgestaltung im Rahmen von Großprojekten: *Aralsee-Syndrom*
i. Umweltdegradation durch Vebreitung standortfremder landwirtschaftlicher Produktionsverfahren: *Grüne-Revolution-Syndrom*
j. Vernachlässigung ökologischer Standards im Zuge hochdynamischen Wirtschaftswachstums: *Kleine-Tiger-Syndrom*
k. Umweltdegradation durch ungeregelte Urbanisierung: *Favela-Syndrom*
l. Landschaftsschädigung durch geplante Expansion von Stadt- und Infrastrukturen: *Suburbia-Syndrom*
m. Singuläre anthropogene Umweltkatastrophen mit längerfristigen Auswirkungen: *Havarie-Syndrom*

Syndromgruppe „Senken“

n. Umweltdegradation durch weiträumige diffuse Verteilung von meist langlebigen Wirkstoffen: *Hoher-Schornstein-Syndrom*
o. Umweltverbrauch durch geregelte und ungeregelte Deponierung zivilisatorischer Abfälle: *Müllkippen-Syndrom*
p. Lokale Kontamination von Umweltschutzgütern an vorwiegend industriellen Produktionsstandorten: *Altlasten-Syndrom*

(WBGU 1996: 5)

Die Syndrome sollten nach Auffassung des WBGU zentrale Themenfelder für die transdisziplinäre Forschung sein, die sich auf die Lösung globaler Fragen und den Übergang zu einer nachhaltigen Entwicklung richtet. Schon aus der Aufzählung der Syndrome ist rasch ersichtlich, daß es sich jeweils um komplexe Problematiken handelt in zeitlicher, räumlicher, biologischer, gesellschaftlicher, chemischer, physikalischer etc. Hinsicht. Das Ganze wäre demnach, im Sinne der NAS und des WBGU, das kooperative Beitragen der Wissenschaften zur Lösung der drängendsten weltweiten und lokalen Bedrohungen der natürlichen Lebensgrundlagen auf eine Weise, die den Weg zu einer dauerhaft tragfähigen Entwicklung eröffnet.

Von daher wird für die Wissenschaften in diesem Kontext unabweisbar auch die Frage aufgeworfen, wie sie selbst ihre Rolle in dem gesellschaftspolitischen Suchprozeß eines Übergangs zu Nachhaltigkeit definieren können über das hinaus, was sie traditionell getan haben: Indikatoren definieren, Historien beschreiben, Beobachten, Modelle entwerfen, Kreisläufe und Stoffwechsel analysieren. Mit anderen Worten: Es stellt sich die Frage nach Freiheit und Verantwortung der Wissenschaften in einem neuen Licht.

3. Freiheit und Verantwortung

Frieden und Nachhaltigkeit sind keine originär wissenschaftlichen, sondern erdpolitische und normative Ansprüche und Konzepte. Die Agenda 21 der UN-Konferenz von Rio de Janeiro 1992 ebenso wie die Milleniums-Deklaration der Vollversammlung der Vereinten Nationen von 2000 benennen ganz explizit zentrale Werte, zu deren weltweiter Realisierung eine Politik der Nachhaltigkeit dienen soll: Freiheit, Gleichheit, Solidarität, Toleranz, Respekt vor der Natur, Anerkennung einer gemeinsamen Verantwortung für die Entwicklungen in der Welt, u.a. Solche gesellschaftspolitischen Werte und Normen werden zwar *in abstracto* in vielen Ländern der Erde hochgehalten, *de facto* allerdings nahezu ebenso oft marginalisiert oder gar nicht beachtet. Dieser Umstand einerseits und die Tatsache, daß wissenschaftliche Erkenntnisse im Laufe der Geschichte immer wieder mit Interessen der Herrschenden in Konflikt geraten und unterdrückt worden sind, hat zu der sinnvollen Konsequenz geführt, daß in vielen Staatsverfassungen ebenso wie in der Menschenrechtsdeklaration der Vereinten Nationen die Freiheit der Wissenschaft als ein Grund- und Menschenrecht verankert worden ist. Auch vor dem geschichtlichen Hintergrund der Nazi-Herrschaft und anderer Diktaturen im 20. Jahrhundert wurde Freiheit erst einmal verstanden als Abwesenheit von staatlicher Bevormundung, als Sicherung von Gesetzlichkeit und Abwesenheit von Willkür und Repression.

Die Freiheit von Repression ist nun allerdings nicht gleichbedeutend mit einer Freiheit, zu tun und zu lassen, was, im Falle der Wissenschaften, experimentell oder technologisch möglich ist. Die Freiheit von Wissenschaft und Kunst, wie es im deutschen Grundgesetz heißt, findet systematisch ihre Grenze in den gleichgewichtigen Freiheitsrechten der Anderen und in der verfassungsgemäßen Ordnung. So wichtig diese Grenzziehung ist, so reicht sie doch für das hier gestellte Problem nicht aus. Denn eben die Zustände und Verhältnisse, denen eine an Nachhaltigkeit orientierte Politik den Boden entziehen soll wie z.B. weltweite Armut, Zerstörung der natürlichen Lebens- und damit Gesellschaftsgrundlagen oder auch kriegerische Konflikte sind, wie bereits erwähnt, durch das bisherige Tun und Lassen der Wissenschaften erheblich mit beeinflußt und befördert worden. Das Instrument von Gebot und Verbot hilft an dieser Stelle also nicht sehr weit, wiewohl es für bestimmte Sachverhalte durchaus angemessen wäre, wie z.B. für Kriegsforschung o.ä.

Im Kontext der Aufgabe einer langfristigen Umorientierung, die die Politik der Nachhaltigkeit auf die Agenda auch der Wissenschaften gesetzt hat, geht es um eine Übereinkunft und ein neues Einverständnis in Gesellschaft und Wissenschaften, auf welche Problemlagen und Ziele hin Wissenschaften ihre Beiträge zu langfristig tragbaren Lösungen zu erarbeiten aufgerufen sind. Die Verantwortung der Wissenschaften wäre, alle ihre geistigen und technischen Potentiale für diese Aufgabe so einzuspannen, daß nicht erneut, wie so oft in der industriegesellschaftlichen Geschichte, die Lösung des einen Problems mit der (ungewollten) Inkaufnahme eines anderen verfolgt wird (Teufel-Beelzebub-Syndrom). Und die Freiheit der Wissenschaften läge darin, daß sie ihre Methoden, Zugänge und Wege nach ihrem besten Wissen und Können auswählen könnte und darüber immer erneut mit der Gesellschaft ein erneuertes Einverständnis erzielen könnte. Es gibt für einen solchen Weg gute und ermutigende Beispiele; es gibt aber auch massive Hindernisse (Albrecht 2005).

Im internationalen Bereich sind neue Verständigungsprozesse zunächst einmal innerhalb der Wissenschaften, aber auch zwischen Wissenschaften und Politik in Gang gekommen, bspw. im und mit dem International Council of Scientific Unions (ICSU) in der Vorbereitung der UN-Konferenzen 1992 und 2002.

In einem neueren Strategiedokument aus der ICSU werden fünf wesentliche Elemente der Veränderung in dem Beziehungsgefüge von Wissenschaften und Gesellschaften benannt, die eine bewußte und aktive neue Rolle von ICSU und dessen Mitgliedern herausfordern. Veränderungen in bezug auf

- die weltweite Kommunikation und Mobilität von Wissen und Wissenschaftlern und gleichzeitig Tendenzen der Nichtzugänglichkeit von Wissen, der Privatisierung von Forschungsergebnissen und extrem ungleicher Verteilung von Ressourcen für die Arbeit der Wissenschaften;
- die Erarbeitung und Entstehung von Wissen und die Unparteilichkeit der Wissenschaften, insbesondere im Blick auf die internationalen Wirtschaftskorporationen;

- die Beschleunigung technologischer Innovationen und daher die Entstehung neuer Risiken und Unsicherheiten;
- die gesellschaftliche Steuerung (governance) der Wissenschafts- und Technologieentwicklung, besonders infolge der Globalisierung, und daher das Erfordernis einer entsprechenden Verantwortlichkeit (accountability) von Experten sowie von Regeln für eine gute fachliche Praxis (ethical conduct);
- die Rolle von Expertenwissen im Verhältnis von Wissenschaften und Zivilgesellschaft, insbesondere im Blick auf Nichtregierungsorganisationen (NGOs) und den akademischen Sektor (ICSU 2005).

Auch auf nationaler Ebene in Deutschland gibt es solche Nachdenklichkeit zur Rolle der Wissenschaften, so z.B. in dem schon erwähnten WBGU-Gutachten (WBGU 1996). Allerdings bleibt festzuhalten, daß die praktische Wissenschafts- und Technologiepolitik in Deutschland wie in der EU ganz überwiegend noch den alten Mustern folgt. Hier ist auf den gesellschafts- und ressortpolitischen Ebenen noch gar keine durchgreifende und wirksame Verankerung der Wende zur Nachhaltigkeit durchgesetzt worden.

4. Der innere Kompaß

In seinem Buch „The Structures of Scientific Revolutions" beschreibt der Wissenschaftsphilosoph Thomas Kuhn Paradigmen „as a set of recurrent and quasi-standard illustrations of various theories in their conceptual, observational and instrumental applications." (Kuhn 1962: 43) An anderer Stelle bemerkt Kuhn, daß Paradigmen etwas seien, das „producers and validators of scientific knowledge" in ihrer wissenschaftlichen Arbeit teilten (ebd.: 178). Wenn wir zunächst einmal von dieser Beschreibung ausgehen, so folgt, daß es Paradigmen zwar nicht wie Sand am Meer, aber doch in größerer Zahl gibt, die sich, je nach Erkenntnisgegenstand, auf ganz unterschiedliche Dinge richten. Paradigmen als „geronnenes" oder auch kanonisiertes Wissen sind dabei Handlungsgrundlagen für die wissenschaftliche Arbeit, über die die Arbeitenden oftmals nicht mehr nachdenken, weil sie „selbstverständlich" geworden sind; sie sind so etwas wie ein innerer Kompaß.

Im Kontext unserer Frage nach dem möglichen Beitrag der Wissenschaften zu einer Wende zur Nachhaltigkeit ist der Blick auf den inneren Kompaß der Wissenschaften in besonderer Weise wichtig, wenn man bedenkt, daß die wissenschaftliche Praxis bisher eben vielfach in eine ganz andere als nachhaltige Richtung gelaufen ist. William C. Clark, Paul J. Crutzen und Hans J. Schellenhuber haben den Heraufzug eines neuen Paradigmas zu beschreiben versucht, nämlich das einer Wissenschaft für weltweite Nachhaltigkeit (science for global sustainability). Dabei gehen sie davon aus, daß das technische Vermögen der Menschen das Gesicht der Erde und das Zusammenwirken der natürlichen Netzwerke grundlegend verändert hat: „... perhaps 50% of the world ice-free land surface has been transformed by human action; the land under cropping has doubled during the last century at the expense of forests, which declinded by 20% over the same period. More than half of all accessible freshwater resources have come to be used by humankind. Fisheries remove more than 25% of the primary production of the oceans in the upwelling regions and 35% in the temporate continental shelf regions...." (Clarke et al. 2005: 3). Neben diesen Grunddaten werden die Einbringung von synthetischen Chemikalien, Radioaktivität und die Freisetzung von Treibhausgasen beschrieben, die zu einer gefährlichen Destabilisierung der natürlichen Lebensgrundlagen führen. Clarke et al. kommen ebenso wie die schon erwähnte Studie der NAS der USA zu dem Resumee: „Based on our analysis of persistent trends and transitions [we conclude; STA] that current trends of population and habitation, wealth and consumtion, technology and work, connectednes and diversity, and environmental change are likely to persist well into the coming [21st; STA] century and could significantly undermine the prospects for sustainability. If they do persist, many human needs will not be met, life support systems will be dangerously degraded, and the numbers of hungry and poor will increase." (NRC 1999: 101)

Um diesen elementaren Bedrohungen der menschlichen Lebensmöglichkeiten auf der Erde begegnen zu können, schlagen Clark et al. eine „zweite kopernikanische Revolution" vor. In der ersten hatte besagter Nikolaus Kopernikus die Erde als Teil eines größeren Planetensystems erkannt mit der Folge, daß ein Paradigma der Wissenschaften entstand, „where the lonely scholar wrestles with Nature in order to snatch some of her secrets encoded in mathematical formulae of utter beaty." (ebd.: 7) In Abkehr von dieser Vorstellung wird ein neues Grundverständnis vorgeschlagen, das dreifach charakterisiert wird.

- Der Blick ist auf die Erde als ein lebendiges System gerichtet, das weit entfernt von einem thermodynamischen Gleichgewicht existiert.
- Es wird offen anerkannt, daß Wissen existiert unter der Unsicherheit von Nonlinearität, Komplexität und der Unmöglichkeit, manche Ereignisse zu reproduzieren.
- Das Ethos der Wissenschaften akzeptiert, daß alle Wissensproduktion unausweichlich eingebettet ist in einen kulturellen und historischen Kontext.

Dieses ist in der Tat ein weitreichender Vorschlag, der die konventionellen Paradigmen, aber auch die Rollenverteilung und Machthierarchien in den Wissenschaften verändern würde. „If *Wissenschaft* is to help advance sustainability, than a substantiell part of our agenda needs to be driven by what society thinks it needs, not just by what scholars think is interesting...." (ebd.: 15f.). Wie aber wäre zu erkennen und zu finden, was die Gesellschaft für besonders wissenswert hält? Das führt zum Thema der institutionellen Ordnungen der Wissenschaften.

5. Der Marsch durch die Institutionen

Eine zweite kopernikanische Wende, ein fundamentaler Paradigmenwechsel hin zu weltweiter Gerechtigkeit und Nachhaltigkeit wäre eine echte Revolution in den Köpfen der wissenschaftlichen Arbeiterinnen und Arbeiter. Alle menschliche Erfahrung zeigt allerdings, daß gesellschaftliche Institutionen, von denen die Wissenschaften eine sind, nicht nur Ausdruck der jeweils herrschenden Vorstellungen und Verhaltensweisen sind, sondern diese zugleich erheblich mit prägen. Im Falle der Wissenschaften sind die Berufs- und Karrieremuster, die Systeme und Regularien der Forschungsförderung, die Struktur der Universitäten und Hochschulen, die Abläufe der Wissenschaftspolitik wichtige institutionelle Ausprägungen und Ensembles, die für das So-Sein der Wissenschaften guten Teils bedeutsam sind. Der WBGU hat vor zehn Jahren (!) dazu zusammenfassend angemerkt: „Generell bleibt festzustellen, daß in Deutschland Forschung zum Globalen Wandel bisher weitgehend eine Domäne der Naturwissenschaften ist. Weiterhin fehlt es an Interdisziplinarität, an internationaler Zusammenarbeit sowie an Problemlösungskompetenz zur Behebung akuter und potentieller Gefährdungen der globalen Umwelt." (WBGU 1996: 106)

Als Konsequenzen für die Organisation der Forschung werden vorgeschlagen:

- Neue Formen der Definition von Forschungsthemen,
- neue Formen der Durchführung von Forschung,
- neue Formen der Forschungsbegutachtung,
- Anpassung der Forschungsfinanzierung (ebd.: 157ff.)

Die Forderungen des WBGU sind heute so aktuell wie ehedem. Ihre Realsierung steht weitestgehend aus.

Im Rahmen dieses Beitrages konnten nur etwas grobstrichig einige wichtige Probleme und Aufgaben aus dem Kontext von Wissenschaften, Frieden und Nachhaltigkeit angesprochen werden. Deutlich wird daraus, daß Wissenschaften eine wichtige positive Rolle für eine neue Grundlegung friedlicher Verhältnisse auf der Erde spielen können. Dies allerdings nur, wenn sie sich selbst zu dieser Aufgabe konstruktiv verstehen und zugleich durch ihre gesellschaftlich-politische Ordnung in die Lage versetzt werden, diesem neuen Verständnis in Übereinstimmung mit der erdpolitischen Aufgabe der Wende zur Nachhaltigkeit effektiv nachzugehen.

6. Literatur

Albrecht, Stephan 2005: Freiheit, Kontrolle und Verantwortlichkeit in der Gesellschaft. Das Lehrstück Moderne Biotechnologie, Hamburg: Hamburg Univ. Press

Clark, William C., Paul J. Crutzen und Hans J. Schellnhuber 2005: Science für Global Sustainability: Toward a New Paradigm, CIDWorking Paper No. 120, Center for International Development at Harvard University, Cambridge/MA: Harvard Univ.

Dershowitz, Alan M. 2000: The Genesis of Justice. New York: Warner

Diamond, Jared 2005: Collapse. How Societies Choose to Fall or Succeed, New York: Penguin

Dürr, Hans-Peter, Daniel J. Dahm, Rudolf zur Lippe 2005: Potsdamer Denkschrift 2005, München: oekom

Galtung, Johan 1975: Strukturelle Gewalt, Reinbek: rororo aktuell

Galtung, Johan 1982: Anders verteidigen, Reinbek: rororo aktuell

Gibbon, Edward 1776/1993: The Decline and Fall of the Roman Empire, 6 Vols., New York: Alfred A. Knopf

Glover, Jonathan 1999: Humanity. A Moral History of the Twentieth Century, New Haven: Yale

Hauff, Volker 1987: Unsere Gemeinsame Zukunft. Der Brundtland-Bericht der Weltkommission für Umwelt und Entwicklung, Greven: Eggenkamp

ICSU 2005: Science and Society: Rights and Responsibilities, ICSU Strategic Review, Paris: ICSU

Immler, Hans & Sabine Hofmeister 1998: Natur als Grundlage und Ziel der Wirtschaft. Grundzüge einer Ökonomie der Reproduktion, Opladen: Westdeutscher Verlag

Kapur, J. C. 2005: Our Future: Consumerism or humanism, New Dehli: Kapur Surya Foundation

Kuhn, Thomas S. 1962: The Structure of Scientific Revolutions, Chicago: The University of Chicago Press

NRC 1999: Our Common Journey. A Transition toward Sustainability, Washington ,DC: National Academy Press

Perkins, John 2004: Confessions of an Economic Hit Man, San Francisco: Barrett-Koehler

von Glasenapp, Helmuth 1952: Die fünf großen Religionen, 2 Bände, Düsseldorf: Diederichs

WBGU 1996: Welt im Wandel: Herausforderungen für die deutsche Wissenschaft, Berlin: Springer

Wolff, Christian 1736/2004: Deutsche Politik, München: C.H. Beck

Knowledge, peace and development

The Role of Higher Education

Calestous Juma, PhD

Introduction

By stating that peace "cannot be kept by force. It can only be achieved by understanding," Albert Einstein laid the conceptual foundations for looking at war and peace in more creative ways. More importantly, he set the stage for placing knowledge and education at the centre of the global search for peace. He viewed the world in holistic terms and taught against the Cartesian view of the world which considers human beings as being separate from the rest of nature.

Conventional notions of peace have historically been framed in negative terms, focusing largely on the absence of violence or justice. This definition presumes that violence is the norm and peace is the departure which can only be achieved through additional institutional structures in society. This is indeed true of most societies and has clear anthropological roots. The aim of this chapter is to advance discussions regarding peace by placing them in a systems framework that focuses on the implication of global integration (as manifested in globalization). Under this framework, it is argued growing integration of localities, communities, nations and regions in closely associated with the emergence of a positive-sum ethos that places emphasis on embedded peace and stability rather than conflict. More specifically, the chapter stresses the importance of higher education in enhancing human capabilities as a way to expand economic opportunities for the poor, especially in Africa where half the continent is gripped with chronic challenges such as famine and epidemics. This is a critical element in building durable peace in a globalizing world.

1. Peace and Security in the Age of Globalization

"Any intelligent fool can make things bigger, more complex, and more violent. It takes a touch of genius – and a lot of courage – to move in the opposite direction."
Albert Einstein

Over the last decades, the treatment of security has expanded from traditional inter-state power struggles to a definition that encompasses environmental and human protection. This shift occurred with the realization that the security of all people around the world is interlinked in ways that are difficult to discern but often noticeable whenever there is a global crisis. The modern definitions of security require the international community both to protect people from threats and to empower them through positive rights and the creation of economic opportunities.

This redefinition is not a theoretical exercise but it is a practical view that recognizes the interconnections between the different forms of security in the age of globalization. Many of the threats to global safety today, encompassing both the concerns associated with external military threats and those associated with internal conflicts as well as economic and environmental challenges, can be addressed though a networked approach that adopts both security and development approaches. Examples of areas where this is evident include control or mitigation of terrorism, illegal immigration and refugee influx, organized crime and internal conflict.

1.1 Human development and environment

The global community faces a series of major threats arising from poverty in the developing countries. The growing number of people living in poverty and rise in global economic integration provide new avenues for local problems to extend beyond national borders. The integration also provides new opportunities to forge international partnerships to address the root courses of economic insecurity and vulnerability. Stability in today's world depends on equitable interdependence in trade, communications and mutual respect for international norms.

The relationship between poverty and violence and unrest is complex. But there is no question that the hopelessness associated with persistent poverty or lack of opportunity for economic growth contributes to resource disputes and failed states. Productive societies that provide employment, health, and education for their citizens promote prosperity and stability. Furthermore, experience shows that knowledge economies enhance social cohesion and democratization. In this context, science and technology contribute to security in two important respects. They provide knowledge for dealing with a myriad of social problems, including health care, energy, disaster mitigation, nutrition, and environmental and resource management. They also provide the tools for growth and the creation of new economic opportunities.

Improving human safety and prosperity in developing countries will promote global security. But promoting safety and prosperity in developing countries will require greater investment in building domestic technological capabilities as a tool for promoting economic prosperity and human welfare. More specifically: it will entail building infrastructure as a foundation for development; greater use of existing technologies in the creation and expansion of local business opportunities; upgrading of scientific, technological and engineering capabilities to enhance the participation of these countries in the global economy; and funding of research of relevance to developing countries.

Doing so will require increased commitment to new forms of international partnerships between industrialized and developing countries through existing multilateral development agencies as well through bilateral arrangements. It will also require developing countries to adjust their policies and strengthen institutions to make them more effective in responding to the demands of a new era of technological renewal.

Ecological security is increasingly being perceived as one of the most important long-term threats to human welfare. Previous studies on this subject have focused on issues such as competition for limited natural resources which is considered to be a potential threat for major wars but certainly a source of conflict at local and national levels. In addition to concerns regarding access to natural resources, public attention has also shifted to the quality of the environment. Issues such as local air and water pollution and global warming have become a major part of the policy demand on security. Other less visible challenges such as the degradation of ecosystems and loss of biological diversity have long-term implications for human welfare. Addressing these challenges requires a better understanding of the interconnectedness between natural and human systems.

1.2 Terrorism

To illustrate the different skill sets required in achieving international security let us turn to the example of international terrorism. Acts of terrorism affect all countries and many of them have local or regional causes which are then articulated internationally. Typically, there two types of terrorism prevention. Targeted prevention is geared towards the gathering of intelligence on when a terrorist activity might occur. Untargeted prevention seeks make it harder for people to engage in terrorism and to reduce the damage a terrorist attack may cause. These types of skills require governments to identifying strategic weaknesses, fortify itself against unexpected attack, and improve the safety and security of its national borders.

Little attention, however, is focused on addressing how to reduce the threat of terrorism by dealing with its social roots. History has shown that terrorists come in all nationalities and background. However, underlying the motives are levels of frustration and resentment with the *status quo*. It also involves the willingness to take personal risks to challenge the *status quo*. Extremely poor countries or regions, especially those with large populations of unemployed people represent potential breeding grounds for such resentment and frustration that can inspire terrorist activities. Dealing with such sources of terrorism will require concerted efforts that involve traditional security measures as well as long-term efforts to improve the welfare of poor people in these countries. The challenge therefore is how to empower national governments to champion long-term economic renewal efforts rather than rely on short-term foreign assistance measures that may add to the resentment.

1.3 Immigration and refugee flows

The rise in international migration is one of the features of a globalizing world. A large proportion of migration represents legitimate mobility of skilled manpower and therefore not the subject of restrictions of concern. In other words, part of what is perceived as an immigration problem could be a symptom of unrealized economic benefits of globalization. However, large influxes of refugees or unwanted migrants can strain economies, upset ethnic balances, generate internal violence, and threaten political upheaval at national and local levels. Developed countries spend billions of dollars each year preventing the illegal entrance of people from developing countries, detaining them and stopping illegal trafficking of immigrants. Though tougher immigration laws and tighter border security can and do prevent would-be illegal immigrants from entering a country, they do not stop them from wanting to leave their home country.

The security community is only partially equipped to tackle the leading causes of illegal migration because it begins action when the people are already in movement. However, development strategies can play an important role in dealing with the root causes of population mobility. For example, the leading cause of migration is typically cited as the economic differential within and between countries. Improving economic opportunities in these countries can therefore play a role in the management of migration.

Refugee crises, which are generally caused by conflicts within countries, are typically caused by the socio-political and economic contexts of that country or region. Refugee crises pose considerable strains to host governments. Similarly, when a refugee crises is occurring the best the international community can do is to support the refugees and try to contain the crises. The root causes of refugee crises can rarely be addressed by host governments alone. People leave there homes when the perceived benefits of relocating exceed the costs of staying in the same place. One of the development community's primary activities is improving the livelihood of people in poor countries, which addresses the underlying causes of both refugee and immigrant influx.

1.4 Internal conflict

Internal conflict is usually violent or potentially violent, and typically has domestic origins. The impacts, however, are not contained by national border and create far-reaching security threats. Internal conflicts can quickly become widespread conflicts. Refugees caused by such conflicts can cause economic burden. Neighboring states can be impacted at a military level and their territory used for illicit activities such as shipping arms and supplying insurgents. National interests of distant powers can be affected as internal conflicts become regional conflict. The legitimacy of regional and international organizations can be undermined as conflict resolution attempts fail. Even the principles of the international community can be undercut or weakened as international law is violated by warring parties.

International and regional political and military actors typically address the consequences of internal conflicts through diplomacy, military force, emergency assistance, and the like. However, these actors are not equipped to deal with the factors that create the underlying causes of internal conflict, but the development community is equipped to address these causes of conflict.

1.5 The security and development nexus

The cases of terrorism, immigration and refugees, organized crime and internal conflict show how economic security at the national level can affect global safety. It is also evident from the examples that solving many of the global safety challenges will require close cooperation between those involved in maintaining security through short-term interventions and those responsible for promoting long-term human welfare.

The worlds of security and development policy have historically been treated as separate fields of human endeavor. But as the global community becomes more and more integrated so have these two fields started to mesh into one complex array of interdependence. Development activities have increasingly taken on security aspects and are being redefined. Security, on the other hand, is also taking on development aspects, especially in fields such as post-conflict reconstruction and peace-building. The concept of security is also being expanded to include economic and environmental considerations at the national, regional and global levels. What is emerging is therefore a mosaic of activities where security and development interact in complex ways that will require that we rethink current global governance structures in new ways.

2. Peace and sutainable Development

"Our task must be to free ourselves [from the optical delusion that human beings are separate from nature] by widening our circle of compassion to embrace all living creatures and the whole of nature in its beauty."
Albert Einstein

The ability of a nation to solve its development problems and initiate and sustain economic growth depends largely on the extent that it makes full use of it capabilities in science and technology. More specifically, creating the capacity for productive employment is not only important for local economies, but it also provides a basis upon which wider safety concerns can be provided. This is particularly important in regions such as Africa with large youthful populations that lack the skills needed for gainful employment.

Creating jobs can best be provided through relevant education and business development through entrepreneurship. Science and technology has been shown to be linked to economic growth, and certainly, the ability to provide clean water, health care, infrastructure, and healthy food all involve some aspect of science and technology. Science and technology is closely linked to human skills and capabilities needed to solve day-to-day problems in society.

2.1 Lessons from the Green Revolution

Linkages between human welfare and security in developing countries have been the subjects of considerable interest in international relations. Indeed, the industrialized countries have previously mobilized scientific knowledge to solve developing countries problems as a way of addressing their national security concerns. For example, political concerns during the Cold War played an important role in inspiring the widespread adoption of high-yielding varieties of wheat and rice in Mexico, India and other countries. The United States, in cooperation with other industrialized countries, played an important role in creating and sustaining over decades a global network of agricultural research institutes created to promote food security in developing countries. The Consultative Group on International Agricultural Research (CGIAR) still remains the most successful effort to mobilize the world's scientific knowledge for solving development problems.

This effort not only helped to raise food productivity in Latin America, but it helped to stimulate local economic activities. In addition to helping to meet local food needs and raising farm incomes, the Green Revolution also helped to integrate these countries into the global agricultural trade system. One of the key attributes of the Green Revolution was the creation of institutions that helped to adapt available agricultural technologies to local conditions in developing countries.

The Green Revolution, however, did not solve all the problems. It in fact came with its own challenges. The agricultural model adopted at the time required the centralization of land and creation of packages that involved linking seed breeding to particular inputs. These approaches resulted in the displacement of farmers, promotion of monocultural production and loss of genetic diversity. In addition, the Green Revolution was also associated with a variety of ecological impacts such as depletion of ground water. These were problems associated with the choice of production methods and limited range of technological options at the time. Today, advances in ecology and genomics and greater knowledge of socio-economic aspects of agricultural production give the international community an opportunity to use scientific and technical knowledge in ways that are economically, ecologically and socially sustainable. In fact, more recent international agricultural research institutes have sought to accommodate the lessons learned from the early Green Revolution in their mandates and operations. This process of continuous social learning a critical role those higher education institutions should seek to play.

On the whole, the Green Revolution created a foundation of food safety against which it was possible to address other issues. In addition, it showed how scientific knowledge could be mobilized to solve development challenges. It also showed that it was possible to create long-term international technology partnerships aimed at solving local problems. Since then, the number of serious threats to global safety has increased. For example, attention has more recently focused on human health and environmental problems, especially those associated with disruptive global change.

2.2 Peace and global health

The decision of the United Nations Security Council in 2000 to declare HIV/AIDS a threat to national security represent yet another important example of the linkages between development in poor countries and national security in the industrialized countries. This decision foreshadowed a growing concern over the implications of emerging infectious diseases in a globalized world. The integration of trading links, increases in population mobility and rise in the number of infectious diseases make the security of nations dependent on actions adopted in other countries. Increased capacity in developing countries to manage human health not only contributes to national welfare, but promotes global safety.

The World Health Organization (WHO) estimates that over 40% of the 56 million deaths occurring every year could be avoided if the world's existing resources, knowledge and technology could be deployed. A large proportion of these deaths could be avoided through changes in behavior. But many of a large proportion of the deaths can only be prevented by improving the living conditions of poor people or building peace in areas affected by conflict. In other words, disease and poverty tend to go hand in hand. Improved human welfare and provision of economic opportunities is therefore an important part of the strategy for reducing unnecessary deaths.

2.3 Wider human security considerations

Food and health are only part of more complex economic factors that contribute to insecurity and vulnerability. As the report of the independent Commission on Human Security states: "When people's livelihoods are deeply compromised... human security contracts. People eat less and some starve. They pull their children out of school. They cannot afford clothing, heating or health care. Repeated crises further increase the vulnerability of people in absolute or extreme poverty."[1]

But such insecurity and vulnerability are not limited to people living in extreme poverty. People who cannot afford essential medicines, live in unsafe conditions, lack access to adequate schooling or have unstable job. These and other economic sources of insecurity are not only a possible source of local and national threats, but can translate into global challenges. More productive economies are in a better position to address their local challenges and as result add to the safety of other nations. The challenge is to consider the growing number of threats facing the global community and design more comprehensive strategies that involve a broadened agenda for international cooperation.

Over time, economic transformation fueled by technological innovations can contribute to increased social cohesion, stability, and democratization. Brazil, South Korea and Malaysia show similar patterns where economic growth resulted

1 Commission on Human Security, p. 73.

to a virtuous cycle in which first workers and then an emerging middle class began to demand greater liberties in the social, economic, and political arena Advances in education, science, technology, and economic transformation in these and similar transition countries are raising the prospects for both stability and democracy. Technology-led development not only depends on a more educated population, but it also contributes to economic diversification which in turn expands opportunities and reduces social insecurity.

Along the way, increases in democratic practices, economic transformation, and innovation normally strengthen the capacity of a country to participate in the global economy. Such participation also comes with the acceptance of harmonized practices which include industrial standards, regulations, tariffs and the general principles of international trade law. Compliance to these norms requires a certain level of transparency that is in its own right a democratizing force.

On the whole, participation in the global economy would help to expand the channels for political cooperation between nations, which in turn improves international relations. This would also confirm the view that economic interdependence tends to reduce the chances of countries going to war.

3. University Education and Peace

"The only thing that interferes with my learning is my education."
Albert Einstein

3.1 Knowledge-based economies and global interdependence

Knowledge-based economies depend on complex interactions with a wide range of actors globally. Participants in such economies have a broader sense of security that involves a wide range of stakeholders that operate beyond ones borders. Growth in the knowledge economy is also dependent on continuous interactions between economic actors. In this regard, openness and free flow of information and ideas is an important consideration in economic security. Conflicts over intellectual resources are settled through law courts and other dispute settlement mechanisms, not through military invasion or land grabs. This scenario does not eliminate conflict between nations, but it changes their character considerably.

Technology facilitates knowledge sharing, an essential for identifying and analyzing underlying causes of conflict. Likewise, government agencies and civil society organizations in developing countries must be trained and equipped to collect and analyze data that can help in the identification of potential fracture lines in society. In many poor countries, citizens do not even have ready access to basic items such as radio communication necessary for simple fact-finding missions needed to head off specific problems.

Governments seeking to implement reforms necessary to address social and economic inequalities, such as land and legal reform also need to be equipped to process and analyze data. Access to technologies such as global position systems (GPS) now plays an important role in clarifying property rights in land and helping in efforts to resolve border disputes. The same applies to technologies needed to improve the overall functioning of government by facilitating access to information, raising efficiency and broadening transparency. Efforts in fields such as e-government go a long way in enhancing the use of technology in improving governance and in turn helping to spread democratic practices.

In addition, communications technologies can also play an important role in addressing cultural sources of conflict. Human rights campaigns and dialogues, for example, are often more effective when multimedia and internet are used to spread messages and engage audiences. The widespread use of communications technologies to strengthen democratic governance can also help to strengthen local economies through the creation of business enterprises that sell, maintain and repair such technologies as well as train workers.

This line of thinking suggests that there is an opportunity to associate the spread of democratic values with the diffusion of certain technologies. In other words, strengthening democracies – which requires increased of communications technologies – will in turn be linked to providing greater economic opportunities in developing countries. Technology alone without complementary governance institutions without the underlying democratic values, will not contribute to global safety. But more fundamentally, the role of science and technology a critical element in promoting economic growth and improving human conditions, which are essential in guaranteeing long-term global safety.

Universities throughout the world are currently undergoing reform and seeking new models to address challenges of systemic peace and sustainable development. Latin American, African and Asian countries are currently exploring new approaches that can guide the creation of new and reform of existing universities. The search is focusing on identifying appropriate curricula, pedagogy and is integrated into the communities in which they are located. In addition, the new models emphasize generating graduates that serve as agents of socio-economic change rather than mere holders of degree certificates.

Scientific and technical innovations can enhance national stability and international security.[2] Over time economic growth fuelled by innovations in science, technology, and innovation can increase social cohesion, stability, and democratization. In Brazil and the Republic of Korea, for example, economic growth over the past 40 years led to a virtuous cycle in which first labor and then an emerging middle class began to insist on greater social, economic, and political participation. Advances in education, science, technology, and economic growth in these and similar economies are improving the prospects for both democracy and stability.

Increases in democratic practices, economic growth, and innovation normally lead a nation to increase its participation in international trading regimes. As this occurs, the trading countries must establish a wide range of harmonized practices, such as standards, regulations, and tariffs. Trade ties usually have positive effects on political relationships between countries. Indeed, democratic countries with trade interdependencies are usually less likely to go to war with one another.

As scientific and technological innovations work to foster economic growth and political stability and democracy, countries become better international citizens and stakeholders in security. They also become more open to understanding that security often has important nonmilitary dimensions. The recent redefinition of HIV/AIDS by the United States as a security crisis is one example of this broadened view of security in the twenty-first century.

Most international disputes and conflicts have revolved around access to land, commodities, and natural resources. These economic factors continue to play a role today. But increasingly, the world will be made up of societies in which economic value will be derived from knowledge, especially scientific and technical knowledge. Unlike traditional sources of wealth, knowledge is not scarce and can therefore grow at exponential rates. Knowledge-based societies will not develop without conflicts of their own, but warfare based on mercantilism or land grabs will take different forms.

One of the major new forces emerging today is global civil society, which promises to become even more important a force. Many of the nongovernmental organizations (NGOs) and NGO networks that make up this global civil society derive their capacity from their use of advanced information and communications technologies; many have a keen interest in seeing science and technology serve peaceful democratic purposes and create open societies. One of the key chal-

2 These innovations can also threaten global security. But improvements in social monitoring and dialogue have reduced the chances that science and technology will be used for nefarious purposes. Well-organized dialogue at senior levels and informed public opinion can help foster positive outcomes from the spread of science and technology.

lenges ahead is to better integrate NGOs into policymaking mechanisms and forums at the local and international levels, forums that have been traditionally dominated by state and corporate actors.

3.2 Post-conflict reconstruction in Rwanda

Universities are also increasingly playing important roles in post-conflict reconstruction. Rwanda experienced one of the worst human tragedies of the post–World War II period. Its reconstruction efforts have been associated with high-level emphasis on the role of science, technology, and engineering in economic transformation. This is illustrated by the decision by the Rwandan government to convert military barracks into a home for a new university, the Kigali Institute of Science, Technology and Management (KIST). It is the first public technological institute of higher learning in Rwanda.

KIST aims to contribute to Rwanda's economic renewal through the creation of highly skilled manpower. It seeks to become a regional center offering courses in science, technology, and management; carrying out extensive research activities and knowledge dissemination; and in providing technical assistance and services to all sections of the community. KIST was created as a project of the United Nations Development Programme in 1997. It was established with the help the Government of Rwanda as the main stakeholder, UNDP (Rwanda) as the executor of the project, and the German Agency for Technical Cooperation (GTZ) as the implementing agency. The initial funding came from UNDP core funding and a UNDP Trust Fund obtained from the generous contributions by the Governments of Japan and the Netherlands.

The establishment of KIST was part of the Rwandan government's mission to build a strong post-genocide human resource base that is so desperately needed. Government commitment was demonstrated in the handing over of a military academy infrastructure in the city of Kigali, as the start up capital for the institute. KIST opened with major degree programs being offered in engineering and management. Compulsory courses include English or French language and remedial basic sciences. The Institute was officially inaugurated in April 1998. In July 2002, KIST held its inaugural graduation in pomp and ceremony, awarding 403 diplomas and 62 degrees to its 465 proud pioneers in management and computer science disciplines.

Despite many challenges, KIST today boasts of a highly motivated and trilingual student population of 3,247 enrolled in both regular and part-time undergraduate programs, with a wide variety of engineering and management course menus to choose from. In addition, KIST recently introduced a postgraduate diploma in demography and statistics. The institute has highly qualified and diversified staff, more classroom space, and a growing laboratory infrastructure. KIST has also developed thriving income generation activities to offset its otherwise stringent budget.

3.3 The EARTH University in Costa Rica

In 1948 Costa Rica abolished the army and used part of the saved revenue for health and higher education. This courageous act helped the country prosper and become an economic force in Central America. There is a lot to show for the focus on higher education reform. Costa Rica's EARTH University, for example, has pioneered a new educational model that focuses on training young people to create enterprises and be employers rather than be employees.

EARTH University is a private, non-profit, international university founded in 1990 with support from the US International Development Agency and Kellogg Foundation. It seeks to contribute to the sustainable development of the tropics through agricultural education and natural resource management. The university has nearly 400 students from 20 Latin American, African and Asian countries. It is devoted to educating professionals committed to sustainable development through positive values, environmental and social awareness, an entrepreneurial spirit and strong interest in community service. EARTH focuses on innovation, interactive learning, critical analysis, interdisciplinary synthesis and wider dissemination of knowledge. The overall goal is community development in the tropics.[3] A central mission of the university is to offer education to economically disadvantaged young people. Nearly half of the students receive a full scholarship, while another 30% get partial support from the university.

EARTH University offers a four-year Licenciatura degree in agricultural sciences. It focuses on training leaders who will help advance sustainable development in their countries. By training "agents of change", EARTH University has developed a unique curriculum based on experiential learning. It focuses on agriculture as a human activity; the integration of many academic disciplines, understanding the changing and globalizing world, and the linkages between economic, social and environmental concerns.[4]

The first year EARTH focuses on doing practical work related crop and animal production. The aim of this phase of study is to equip the students with work experience and a deeper understanding of rural economies. This is followed by a

---

3 Zaglul, J. 2004. *Personal Communication.* EARTH University, Costa Rica.

4 Aylward, L. 2004. 2004. *Personal Communication.* EARTH University, Costa Rica.

period of 18 months when students are required to create and run their own micro-enterprises using a $3,000-loan from the university. The students (in groups of five) undertake project design, feasibility assessment, market study and business management. If the business generates a profit, then two-thirds of the earnings go to the students, and the remainder is paid into a fund maintained by the university to cover those enterprises that suffer losses. At the end of study period the enterprises are dissolved to create space for the next generation of students. The last year is spent on either preparing business plans, writing papers or doing internships.[5]

3.4 Ghana's University for Development Studies

The government of Ghana established the University for Development Studies (UDS) in the northern region in 1992. The aim of the university is to bring academic work to support community development in norther Ghana (Brong-Ahafo, Northern, Upper East and Upper West Regions). . The university agricultural sciences; medicine and health sciences; applied sciences; integrated development studies; and inter-disciplinary research. It relies on the resources available in the region.

UDS seeks to make tertiary education and research directly relevant to communities, especially in the rural areas. It is the only university in Ghana required by law to break from tradition and become innovative in its mission. It is a multi-campus institution, located throughout northern Ghana–a region affected by serious population pressure and hence vulnerable to ecological degradation. The region is the poorest in Ghana, with a relatively high child malnutrition rate. The university's philosophy, therefore, is to promote the study of subjects that will help address human welfare improvement.

The pedagogical approach emphasizes practice-oriented, community-based, problem-solving, gender-sensitive and interactive learning. It aims to address local socioeconomic imbalances through focused education, research and service. The curricula stress community involvement and community dialogue, extension and practical tools of inquiry.

Students are required to internalize the importance of local knowledge and to find effective ways of combining it with science. The curricula also include participatory rural appraisal, participatory technology development, and communication methodologies that seek to strengthen the involvement of the poor in development.

---

5 For more details on the model, see Aylward, L. 2004.

An important component of the emphasis on addressing sustainable development is the third-trimester field practical program. The university believes that the most feasible and sustainable way of tackling underdevelopment is to start from what the people know and understand. By doing so it becomes possible to recognize the value of indigenous knowledge. The field program brings science to bear on indigenous knowledge from the outset.

Under this program, the third trimester of the academic calendar, eight weeks, is exclusively to fieldwork. The live and work in rural communities. They identify development goals and opportunities with the people and design ways of attaining them. The program requires the students to work in the same locality for the four trimesters of the year, formulating action plans and helping in their implementation.

The university liaises with governmental and non-governmental organizations (NGOs) in the communities for shared learning in the development process. The field exposure helps students build up ideas about development and helps them reach beyond theory. The impact of this innovative training approach is already being seen, with the majority of UDS graduates working in rural communities.

4. Rethinking the Role of higher Education

"We can't solve problems by using the same kind of thinking we used when we created them."
Albert Einstein

4.1 New worldviews

Framing peace as a positive-sum requires a new worldview that is constructed notions of interconnectedness and systems thinking. But most academic programs do not consider systems thinking as fundamental outlook that should inform the way we think about the place of individuals, communities, nations and regions in the global system. To the contrary, modern educational systems have tended to drift towards specialization, making it more difficult to offer integrated educational programs. Such an approach would allow students to grasp the essential elements of thinking about peace in a more systemic approach.

Knowledge systems are characterized by both specialization and integration. Specialization entails both the deepening of our understanding of the natural world and the quality of analysis resulting from the process of enquiry. This process of knowledge differentiation is a typical aspect of any evolutionary process.

A variety of factors such as resource availability, institutional structures and incentive mechanisms impose limits to the areas that any single institution can aspire to specialize in. Decades ago when much of our industrial and agricultural operations were based on readily observable phenomena, basic training was a sufficient requirement for sustainable traditional economies. Today basic training is only the starting point and post-graduate training is becoming a necessity. Doctoral and post-doctoral training have become pre-requisites for effectiveness in some fields of economic endeavor. Indeed, a number of countries are establishing programs devoted to doctoral training.

But specialization can render the acquired knowledge hardly useful unless it is linked to other fields. This integration of the sciences is not an idle exercise that is carried out for its own sake. Integration of different disciplines is best achieved through functional arrangements aimed at solving specific problems. It is not uncommon for local problems to demand knowledge that is only available in other countries or research institutions. This suggests that the act of pursuing specialization is also closely linked to the need to establish mechanisms that allow for global access to knowledge. Such global networking is enhanced by the ability of a research unit to demonstrate leadership in a particular field.

4.2 Pedagogy and curriculum development

Much of the teaching about peace is done in regular class programs that provide students with limited opportunity to participate in peace-enhancing programs. Current approaches that focus on internships as the main vehicle for giving students practical experience need to be revisited. Ideal teaching programs should give students ample opportunity to be part of the practical world as part of their education and not as an activity they carry out when they are not taking classes. Effective training programs would involve experiential learning approaches which would in turn require adjustments in curricula to match the needs of the real world.

4.3 Location and governance of universities

The location of a university has important bearing on its research, teaching and outreach functions. Most of the major universities in developing countries are located in urban areas. But solving challenges facing rural areas where access to capacity for securing livelihoods is closed linked to local peace concerns is a critical public policy concern. In other words, the time has come for universities to move their teaching and training activities locations where they can help to solve specific problems. Doing so would also give local communities a change to participate in university governance and in turn universities would have access to feedback mechanisms needed to enrich their training programs.

4.4 International cooperation

The rise of a truly global knowledge ecology that is supported by a diversity of information and communications technologies makes it possible to create new university alliances and partnerships that are designed to address local challenges in developing countries. University-to-university partnerships can also help to forge alliances between the regions that they are located in and thus helping to cement relations between the participating comities. In this respect, knowledge would become the central currency of global peace.

Conclusion

This chapter has offered a proposal for an alternative approach to peace education in universities. The paper built on the view that emerging approaches to economic development – especially those that focus on the role of knowledge in growth – provide an alternative worldview on how think about peace. These approaches focus positive-sum strategies that are associated with greater integration and interconnectedness among localities, nations and regions. A better understanding of these linked as well as the risks associated with the use of new knowledge, would form a cognitive foundation that places emphasis on peace rather than conflict or violence. The old view that links human survival with conflict over natural resources could give way to new approaches that value innovative approaches in global cooperation. Probably the most important place to start is Africa. The time has come to take risks with new approaches to building peace and promoting sustainability. As Albert Einstein so aptly put it: "Anyone who has never made a mistake has never tried anything new."

References

Aylward, L. 2004. *Higher Education and Sustainable Development: A Model Towards Change*. Undergraduate Honors Thesis, Harvard University, USA.

Barash, D. and Webel, C. 2002. *Peace and Conflict Studies*. Sage Publications, London.

Braun, R. and Krieger, D. eds. 2005. *Einstein – Peace Now!: Visions and Ideas*. John Wiley, New York.

Brown, M. *et al.* 1996. *The International Dimensions of Internal Conflict*. MIT Press, Cambridge, USA.

Burns, R. J., & Aspeslagh R., 1996. eds, *Three Decades of Peace Education Around the World: An Anthology*, Garland, New York.

Commission for Africa. 2005. *Our Common Interest: Report of the Commission for Africa*. Commission for Africa, London.

Commision on Human Security. 2003. *Human Security Now*. Commission Human Security, United Nations, New York.

Galtung, J. 1996. *Peace by Peaceful Means: Peace and Conflict, Development and Civilization*, Sage, London.

Juma, C., ed. 2005. *Going for Growth: Science, Technology and Innovation in Africa*. The Smith Institute, London.Juma, C., Gitta, C., DiSenso, A. and Bruce, B. 2005. "Forging New Technology Alliances: The Role of South-South Cooperation," *The Cooperation South Journal* , pp. 59-71.

Juma, C. 2004. "The New Age of Biodiplomacy," *Georgetown Journal of International Affairs*, Vol. 6, No. 1, pp. 123-132.

Perkins, J.H. 1997. *Geopolitics and the Green Revolution: Wheat, Genes, and the Cold War*. Oxford University Press, UK.

Philippe Le Billon, P. 2001. "The Political Ecology of War: Natural Resources and Armed Conflicts," *Political Geography*, Vol. 20, pp. 561–584.

Reardon, B. and Nordland, E. 1994. Eds. *Learning Peace: The Promise of Ecological and Cooperative Education*, State University of New York Press, Albany, USA.

United Nations Millennium Project. 2005. *Innovation: Applying Knowledge in Development*. Task Force on Science, Technology and Innovation, Earthscan, London.

Im Gespräch: Der Meteorologe Prof. Hartmut Graßl über Wirbelstürme, Klimapolitik und die Kyoto-Nachfolgeverhandlungen in Montreal

Professor Dr. Hartmut Graßl ist Physiker und Meteorologe. Bis März 2005 war er einer der drei Direktoren des Max-Planck-Instituts für Meteorologie in Hamburg. Er gehörte dem Klimabeirat der Bundesregierung an und war zwischen 1994-1999 Direktor des Weltklimaforschungsprogramms der UNO in Genf. In seinem Buch *Wetterwende* (2000) mahnt er nachdrücklich den globalen Klimaschutz an.

FREITAG: *Wir haben gerade den wärmsten Herbst seit Jahrzehnten erlebt. Durften wir ihn unbeschwert genießen oder sehen Sie darin ein Menetekel im Hinblick auf die Klimaerwärmung?*

HARTMUT GRASSL: Ein einzelner Herbst sagt noch nichts, und der Herbst ist ohnehin eine Jahreszeit, bei der sich z.B. in Deutschland am wenigsten verändert hat. Von der Erwärmung in Deutschland sind bislang bei uns der Winter und das Frühjahr betroffen gewesen. Um Aussagen über Klimaveränderungen machen zu können, muss man lange Zeitreihen betrachten.

Nun haben die Wetterereignisse der vergangenen Monate mit den freundlichen Namen Katrina, Rita und Wilma die Klimadebatte wieder erhitzt. Gibt es überhaupt einen Zusammenhang zwischen der von den Forschern vorhergesagten Erderwärmung und der Entstehung von Wirbelstürmen?

In den 50 Jahren, seitdem es systematische Aufzeichnungen darüber gibt, kann man diesen Zusammenhang feststellen. Es gibt zwar keine zahlenmäßige Zunahme von Wirbelstürmen, wir verzeichnen etwa 8 pro Jahr. Doch man stellt fest, dass nicht nur im Nordatlantik, sondern auch im westlichen Pazifik die auftretenden Wirbelstürme seit Mitte der 1990er Jahre etwas höhere Intensitäten aufweisen.

Neigen wir nicht dazu, Stürme besonders wahrzunehmen, weil damit ein Haftpflichtproblem verbunden ist?

Wir nehmen Stürme tatsächlich stärker wahr als zum Beispiel Überschwemmungen, weil viel mehr Menschen betroffen sind und Sturmschäden öfters versichert sind. Die Münchner Rückversicherung zum Beispiel gibt an, dass drei Viertel der ihr entstehenden wetterbedingten Kosten auf Stürme zurückzuführen sind. Ein bei uns im statistischen Mittel nur alle zehn Jahre einmal auftretender Wintersturm verursacht einige Milliarden Euro Schaden.

Die Klimaforscher sagen ein bis zwei Grad Erderwärmung voraus. In unseren Breiten finden wir das eher behaglich. Welche konkreten Auswirkungen haben solche graduellen Verschiebungen auf der Klimaskala? Stimmt es, dass Nordseeinseln verschwinden werden?

Eine Verschiebung von zwei Grad bedeutet für die borealen Wälder, also das, was man oft Taiga nennt, eine Verschiebung von bis zu 400 Kilometern, bis sich die Bäume wieder angepasst haben. Im Gebirge dagegen verschiebt sich die Waldgrenze über 300 Meter nach oben, die kleinen Gletscher, zum Beispiel in der Ostalpen, werden völlig verschwinden. Dabei ist noch zu berücksichtigen, dass wir in einer Region mit überdurchschnittlicher Erwärmung leben und sich die Vorhersage ja auf ein globales Mittel bezieht - und außerdem eine Klimapolitik voraussetzt, die das Schlimmste verhindert. Das heißt, wir werden völlig anders mit unseren Wäldern umgehen müssen. Der Anstieg des Meeresspiegels wird sich beschleunigen, wir werden Gewitter mit intensiven Böen haben, die Wetterextreme nehmen zu, weil der Wasserkreislauf angeheizt ist. Das ist vielleicht momentan schön für denjenigen, der im Café sitzt und einen lauen Abend genießt, aber sein Haus hinterm Deich, das sage ich jetzt aus der Sicht eines Hamburgers, wird jeden Tag unsicherer. Und eines Tages werden auch die Halligen verschwinden.

Alle Klimaprognosen fußen auf Modellen. Einige drehen sich um die absehbare Klimaerwärmung. Andere sagen aufgrund der Veränderung des Golfstroms kühlere Temperaturen in Mitteleuropa vorher. Was lässt sich wirklich verlässlich vorhersagen, und sind die Prognosen nicht auch sehr widersprüchlich?

Unsere Prognosen beruhen auf Modellen, die mit Langzeitbeobachtungen getestet worden sind. Was den Golfstrom betrifft, handelt es sich ohnehin nur um eine regionale Änderung. Wenn sich die nordatlantische Drift abschwächt, berührt das vielleicht einige Regionen in Westeuropa, besonders in Irland oder Schottland, wo es dann eben nicht wärmer wird. Es gab schließlich auch im 20. Jahrhundert Regionen, in denen es nicht wärmer geworden ist, in Teilen der Antarktis etwa oder südlich von Grönland.

Dass das Klima von uns Menschen beeinflusst wird, ist mittlerweile wissenschaftlicher Konsens. Die ersten politischen Konsequenzen waren multilaterale

Abkommen bis hin zum erstmals global verbindlichen Kyoto-Protokoll. Zwischendurch hatte man sogar den Eindruck, dass das Problem Klima in den Konzernzentralen angekommen ist. Nun hat sich der BDI kürzlich hinter die Bush-Strategie, Klimaschutz schade der Wirtschaft, gestellt. Da läuft die Uhr doch offenbar wieder zurück?

Das ist schlicht 19. Jahrhundert. Außerdem boykottiert in den USA ja in erster Linie die Bundesregierung den Klimaschutz. Es gibt mittlerweile 15 bis 20 Bundesstaaten, die eine Klimaschutzpolitik verfolgen, bei der sich die Deutschen wundern würden, wenn wir sie einführen müssten. In Oregon zum Beispiel sind die Grenzwerte für Autoabgase erheblich niedriger als bei uns. In Kalifornien klagen Automobilfirmen gegen den republikanischen Senator, weil er schärfere Umweltnormen einführen möchte. Im Hinblick auf den BDI allerdings ist unverständlich, warum die Vorstände von Firmen, die die Zeichen erkannt haben, also etwa der Münchner Rückversicherung oder von BP, nicht gegen derartige Erklärungen intervenieren. Die Münchner Rück zum Beispiel kauft keine Aktien von Firmen, die keinen überzeugenden Nachhaltigkeitsbericht unterbreiten können.

Im Falle von FCKW hat die Politik vergleichsweise schnell reagiert, warum ist sie beim CO2 so träge?

Das stimmt nicht ganz, die Folgen von FCKW wurden schon seit 1972 diskutiert, das Montrealer Protokoll von 1985 war aber ein lahmer Papiertiger. Erst 1992 wurde in Kopenhagen eine drastische Verschärfung für den FCKW-Ausstoß beschlossen. Die politische Reaktion auf FCKW war, verglichen zum CO2, viel einfacher, weil es nur wenige Firmen betraf, die sich umstellen mussten. Eine neue Klimapolitik setzt dagegen die völlige Transformation der globalen Energieversorgungssysteme voraus. Dabei gibt es viele vermeintliche und wahre Verlierer, die versuchen werden, mögliche Maßnahmen zu torpedieren.

Es fällt auf, dass Umweltgruppen, die in der ökologischen Debatte sonst eine Vorreiterrolle spielen, beim Klima ziemlich defensiv auftreten.

In der Klimadebatte war der Einfluss der Umweltaktivisten von jeher gering, sie haben die Entwicklung einfach verschlafen. Der Kurzschluss zwischen Wissenschaft und Politik fand viel früher statt. Die großen Umweltverbände wussten zwar um das Problem, haben es aber in ihren Strategien bewusst niedrig gehängt, um nicht den Kernenergieknüppel zu mobilisieren. Sie hatten Angst, dass die Industrieländer auf die Kernkraft zurückgreifen würden, was auf den ersten Blick ja auch vernünftig klingt.

Sie meinen, dass hier verschiedene Umweltziele miteinander in Kollision geraten sind?

Genau, das hat der Chef von Greenpeace mir gegenüber sogar einmal bestätigt. Die Klimaforscher, die den Regierungen kontinuierlich ihr Wissen übermitteln, haben die Umweltverbände in dieser Frage weit überholt, und diese müssen nun versuchen aufzuholen. Ich habe Greenpeace damals vorgeschlagen, dass sie neue, auf das Klima bezogene Themen erfinden müssen, mit denen sich Emotionen erregen lassen. Jetzt lancieren Umweltverbände beispielsweise eine Kampagne gegen das Aussterben des Eisbären. Eisbären werden von den Menschen ja besonders geliebt, weil sie ein Symbol sind für das Überleben in unwirtlichen Breiten, weitab von jeglicher Zivilisation.

Mit der Klimaerwärmung allein lässt sich also nicht mobilisieren, man braucht einen emotional besetzten Werbeträger?

Richtig. Was die Leute mittlerweile aber aufschreckt, sind die neuen Wetterextreme. Wenn die Oberflächentemperatur auf den Ozeanen nur um ein halbes Grad ansteigt, nimmt der mögliche Zerstörungsgrad eines Wirbelsturms im Mittel um 20 bis 30 Prozent zu.

Heißt das, Wissenschaftler müssen, um Politiker und Öffentlichkeit aufzurütteln, möglichst drastische Katastrophenszenarien entwerfen? Welche Folgen hat das für die von ihnen betriebene Wissenschaft?

Mir scheint, das Gegenteil ist der Fall. Bislang neigten Wissenschaftler nämlich eher dazu, fast alle großen Umweltprobleme zu unterschätzen. Sie haben die Abhängigkeit der Erde von Spurenelementen für nicht so dramatisch gehalten, wie es den Tatsachen entspricht. Das war auch beim Ozon so. Niemand konnte sich vorstellen, dass ein Milliardstel Volumenanteil von irgendeiner Substanz in der Erdatmosphäre bis zu 70 Prozent des Ozons über der Antarktis wegradiert. Gleiches gilt für die Tatsache, dass nur 0,6 oder 0,7 Grad Celsius globale Erwärmung schon einen messbaren Einfluss auf die Intensität der Wirbelstürme hat. In der Wissenschaft dominieren eher die Abwiegler, weil wir vieles noch gar nicht wissen oder können. Außerdem wissen wir nicht was sich immer unserer Kenntnis entzieht. Wir können mit unseren Klimamodellen nicht sagen, ob bestimmte Teile Oberbayerns künftig mit mehr oder weniger Niederschlägen zu rechnen haben; aber wir prognostizieren, dass es im südlichen Mitteleuropa im Mittel weniger Sommerniederschlag geben wird.

Das Kyoto-Protokoll läuft im Jahr 2012 aus. In Kürze findet in Montreal die Vertragsstaatenkonferenz zur Klimakonvention statt. Was soll dort verhandelt werden?

Zunächst wird es um eine Bestandsaufnahme gehen: Sind die Verpflichtungen der Industrieländer eingehalten worden, wie ist der Emissionshandel angelaufen? Deutschland ist bekanntlich dazu verpflichtet worden, seine Emissionen um 21 Prozent bis 2012 zu verringern, was überhaupt nur möglich war, weil die absolute Verschwendungswirtschaft mit fossilen Brennstoffen in der ehemaligen DDR durch die normale Verschwendungswirtschaft im Westen ersetzt wurde. Ein DDR-Bürger hat früher 22 Tonnen Kohlendioxyd emittiert, heute sind es unter 11, bei den Westbürgern beträgt die Reduktion dagegen nur wenige Prozent. Das Kyoto-Protokoll schreibt außerdem vor, dass sich die Delegationen in Montreal Gedanken darüber zu machen haben, was nach Kyoto kommt. Und da wird alles vorgeschlagen werden, vom völligen Verzicht auf Klimaschutz bis hin zu drakonischen Maßnahmen: Letztere werden von den pazifischen Inseln Tuvalu oder Kiribati, denen tatsächlich das Wasser bis zum Halse steht, kommen; und die Saudis werden wohl immer noch behaupten, dass die Erwärmung nicht vom Menschen verursacht wird. Im Jahre 2012 wird das dann in einer wilden Nachtsitzung unter Hinzuziehung des amerikanischen Präsidenten per Video entschieden werden.

Was hielten Sie denn als Klima-Experte für wünschenswert?

Ich würde mir wünschen, dass die Vereinigten Staaten wieder ins Boot geholt werden und die großen Schwellenländer, also China, Indien, Brasilien und Indonesien mit ihren fast drei Milliarden Menschen, in die Kategorie der Leistungserbringer aufgenommen werden. Ihre Leistung wird nicht in einer festen Emissionsminderung bestehen, sondern in einer Teilentkopplung des Wirtschaftswachstums vom Energieeinsatz. Zum dritten wird man darüber nachdenken müssen, ob im neuen Protokoll nicht als Fernziel festgelegt wird, dass jeder Mensch das gleiche Recht auf gleiche Emission hat. Ein Menschenrecht auf Emission gab es bislang nicht, vielmehr existiert eine absolute Schräglage: Etwa zehn Kilowatt Leistung pro Kopf werden in den USA eingesetzt, in Europa sind es fünf Kilowatt, ein Kilowatt in China und 0,3 bis 0,4 Kilowatt in Indien.

Sind externe Anreize, zum Beispiel ein hoher Mineralölpreis wie momentan, nicht viel nachhaltiger beim Klimaschutz? Während der Ölkrise 1972 saß man bei reglementierten 18 Grad Celsius mit Mänteln in der Schule und es gab ein

Sonntagsfahrverbot. Manche sagen, das hätte klimapolitisch mehr Wirkung gehabt.

Man muss, glaube ich, zur Kenntnis nehmen, dass der Normalbürger keine Lust hat, jeden Tag daran zu denken, wie er seine Heizung einstellen soll. Und ich halte es auch im Sinne des technischen Fortschritts für vernünftig, Systeme zu entwickeln, die uns davon entlasten, ständig darüber nachzudenken, ob wir uns umweltbewusst verhalten. Das sollte automatisch laufen, deshalb bin ich für internationale Verhandlungen, die hierzu den Rahmen setzen. Stellen Sie sich vor, Russland hätte das Kyoto-Protokoll nicht ratifiziert: Es wäre in punkto Klimaschutz fast gar nichts mehr passiert. Der mit Kyoto ermöglichte Emissionshandel wiederum führt zu Innovationsdruck: Wer die Innovationen vorantreibt, zahlt nichts für den Klimaschutz, der hat nur die Vorteile davon. Die großen Nationen liefern sich schon jetzt einen Wettlauf, wer innovativer ist und vom Klimaschutz dann auch wirtschaftlich profitiert. Aus der Sicht eines Klimaforschers ist ein Minus von fünf Prozent der Industrieemissionen in einem Zeitraum von 22 Jahren natürlich eine ziemlich magere Sache. Aus der Sicht eines Politikers oder Historikers dürfte es aber einmalig sein, dass man nach 150 Jahren Emissionssteigerung Industrienationen dazu bringen kann, in einer Welt, die nur auf Wachstum setzt, eine Trendwende bei CO2 einzuleiten.

Aus „Freitag", vom 04.11.2005. Das Gespräch führte Ulrike Baureithel

Neue gesellschaftliche Herausforderungen durch Schlüsseltechnologien

Mehr soziale Fantasie

Alfred Nordmann

Über Schlüsseltechnologien kann nicht im wissenschaftlichen Labor, sondern muss im Labor Gesellschaft entschieden werden

Wer sich die Physik zu Zeiten Einsteins vorstellt, denkt zunächst an geradezu revolutionäre Veränderungen des wissenschaftlichen Weltbilds. Wer nun noch die zeitlnahe Evolutionsbiologie Darwins, die Psychoanalyse Freuds, die Plattentektonik Wegeners oder Watson and Cricks Entdeckung der Doppelhelix mit einbezieht, gewinnt ein Bild der Wissenschaft, das fest in der Tradition der Aufklärung verankert ist. Demnach ist Wissenschaft gegen Dogma, Aberglauben und Lehrbuchwissen angetreten. Sie eröffnete neue Perspektiven, ein neues Welt- und Selbstverständnis und neue technische Möglichkeiten.

Die besondere Verantwortung der Wissenschaft ergibt sich hiernach aus ihrer Fähigket, technische Möglichkeiten frühzeitig zu erkennen. Die Realisierung dieser Möglichkeiten jedoch liegt ihrem Tagesgeschäft fern. So blieb es der angewandten Physik und der Ingenieurskunst vorbehalten, die Relativitätstheorie und Quantenmechanik bis zur Atombombe zu entwickeln. Selbst in der Genetik war der Weg von der Grundlagenforschung bis zu ihren praktischen Anwendungen so weit, um zwischenzeitlich – etwa im Rahmen der Asilomar Konferenz – die Frage nach wissenschaftlicher Verantwortung zu stellen.

Im heutigen Wissenschaftsbetrieb ist diese klare Trennung von Grundlagenwissenschaft und angewandter Forschung nur noch selten auszumachen. So ist zwar beispielsweise von Nanowissenschaft und von Nanotechnologie die Rede, aber auch die Nanowissenschaft steht in der Pflicht, technische Anwendungen zu ermöglichen. Bei der Erforschung von „Grundlagenproblemen der molekularen Elektronik" wiederum soll der Elektronenfluss in Molekülen besser verstanden werden, damit eines Tages einzelne Moleküle auf Computerchips als kleinstmögliche Drähte dienen können.

Wissenschaft als Wirtschaftsfaktor

Selbst die Grundlagenforschung ist heute also weitgehend in langfristige Produktentwicklung eingespannt, weswegen sich die Rede von „Forschungsprojekten" eingebürgert hat. Zugleich bedeutet die Aufwertung von Nanoforschung, Biotechnologie, Informatik, Materialwissenschaft oder synthetischer Chemie, dass der Forschung relativ unmittelbare Innovationsimpulse abverlangt werden. Damit einher geht der viel beklagte Autoritätsverlust der Wissenschaften. Das Ideal, geistig unabhängig und kritisch überlieferte Weltbilder zu befragen, ist abgelöst worden von einer Universitätsforschung, die als Wirtschaftsfaktor begriffen wird und sich möglicherweise den politischen und ökonomischen Interessen ihrer Geldgeber unterordnet.

Die Berliner Tagung fordert uns nun auf, Einstein weiter zu denken. Unter den veränderten Bedingungen des heutigen Wissenschaftsbetriebs stellt sich auch die Frage nach der Verantwortung der Wissenschaft neu. Dies setzt allerdings voraus, nicht nur den Verlust ihrer Unabhängigkeit und den Einbruch wirtschaftlicher Interessen zu beklagen. Stattdessen sollte darüber nachgedacht werden, welche Gestaltungsmöglichkeiten und Handlungsspielräume durch die gegenwärtigen Formen der Wissensproduktion eröffnet werden.

Nano-, Bio- und Informationstechnologien werden gemeinhin mit dem Begriff „Schlüsseltechnologien" gewürdigt. Die Metapher von Schlüssel und Schloss, Tür und Tor ist tatsächlich aufschlussreich, denn sie erlaubt, die Ambivalenzen von Risiko und Chance, Herausforderung und Verantwortlichkeit zu fassen.

Schlüsseltechnologische Forschung stellt gegenüber der Physik Einsteins nicht nur ein neues Kapitel der Wissenschaftsgeschichte dar, sie markiert auch einen Bruch mit klassischen Modellen der Technikentwicklung. Ihr Programm heißt nicht „Elektrifizierung der Gesellschaft", „Mann auf den Mond" oder „Sieg über den Krebs". Mit ihr verbindet sich die noch größere, dafür die viel unschärfere Erwartung, dass sie Schlüssel zur Bewältigung unserer Zukunftsprobleme findet. Irgendwie, so die Vorstellung, werden Schlüsseltechnologien alles verändern, eine neue industrielle Revolution einläuten und die herkömmliche Technik auf ganz neue Grundlagen stellen. Die industrielle Fertigung etwa soll nicht mehr wie ein Bildhauer aus reichlich Rohmaterial und mit entsprechend viel Abfall ein Endprodukt herausschälen, sondern wie ein Komponist nur genau die Atome und Moleküle zusammenfügen, aus denen sich das Endprodukt zusammensetzt. Der Verbund von Nano- und Informationstechnologie erzeuge eine technische Intimität, die den Menschen und seine Umwelt in ein überall sinnliches, überall intelligentes System zusammenschweiße.

Anders als bei klar definierten Programmen wie der bemannten Raumfahrt oder der künstlichen Intelligenz operieren Schlüsseltechnologien mit der Ambivalenz des Versprechens. Wer sich auf diese Forschung einlässt, verspricht immer schon zu viel und zu wenig, erregt Staunen darüber, was möglich ist und muss immer wieder daran erinnert werden, dass moderne Technik die Welt nicht magisch beherrscht, sondern rationale Kontrolle, begrenzte Problemlösungen, menschliche Autonomie ermöglichen soll. Angesichts dieser Ambivalenz ist es

gut und richtig, dass unsere technische Zukunft in Science-Fiction-Romanen, im Feuilleton, im Zusammenprall von Technikfeindlichkeit und Innovationseifer diskutiert wird. Andererseits müssen alle Beteiligten versuchen, konkrete Zielsetzungen auch unabhängig von den dahinter vermuteten metaphysischen Programmen zu bewerten. Nicht um die Bio- oder Nanotechnologie im Allgemeinen geht es schließlich, sondern um künstliche Befruchtung, biologisch abbaubare Materialien, Energie aus Biomasse oder schadstoffresistente Pflanzen.
Neben die Ambivalenz des Versprechens tritt zweitens die Ambivalenz des Verstehens. Früher oder später sollen die Erkenntnisse der Grundlagenwissenschaft zu technischen Anwendungen führen. Ihren Platz nimmt heute zunehmend die schlüsseltechnologische Forschung ein. Sie folgt in die von den klassischen Disziplinen erforschten, durch hohe Komplexität gekennzeichneten Grenzbereiche und erwirbt dort die technische Grundkompetenz für eine Vielzahl spezifischer Anwendungen. Das komplexe Zusammenspiel physikalischer, chemischer, biologischer Prozesse in einer organischen Zelle wird dann beispielsweise als System, wenn man so will als Fabrik verstanden. Wer in der Lge ist, ihre „maschinellen" Zusammenhänge zu manipulieren, wird dort ganz neuartige Reparaturarbeiten vornehmen, vielleicht sogar selbst Zellen bauen können. Die Nanoforschung wiederum schlägt dort ihre Zelte auf, wo merkwürdige Quantenphänomene mit uns bekannten makroskopischen Regelmäßigkeiten überraschend interagieren. Sie will lernen, überraschende Material- und Systemeigenschaften technisch nutzbar zu machen. Da für Nanophänomene keine allgemeinen Gesetze gelten, kommen lokale Modelle und Computersimulationen zum Einsatz.

Ungeschützte Risikoabschätzung

Hier deutet sich an, was mit Ambivalenz des Verstehens gemeint ist. Eine theoretisch vielseitig gewappnete Forschung vermag komplexe Phänomene experimentell und im Modell zu beherrschen, kann ihre vielfältigen Wechselwirkungen und das Ausmaß der möglichen Überraschungen trotzdem nicht überschauen. Schlüsseltechnologische Forschung muss deshalb ihre Erzeugnisse bis in die Anwendungszusammenhänge hinein verfolgen. Die Gesellschaft ist das Labor, in dem Innovationen von Politikern, Konsumenten, Forschern, Bürgern nicht nur auf ihre Sozialverträglichkeit, sondern auch auf Umwelt- und Gesundheitsverträglichkeit geprüft werden. Da die Risikoabschätzung nicht schon vorab unter geschützten Laborbedingungen möglich ist, müssen transparente Prozesse gefunden und angeboten werden, die es auch einer risikoscheuen Gesellschaft ermöglicht, die möglicherweise irreversiblen Risiken zu prüfen und zu entscheiden, ob sie sich darauf einlassen will.

Als dritte Dimension sei schließlich die Ambivalenz der Nutzung genannt. Mit dem Begriff der Schlüsseltechnologie ist ja vor allem gemeint, dass sie neue Türen und Tore öffnen wird. Nicht enthalten in diesem Begriff ist jedoch, um welche Türen und Tore es sich dabei handelt. Der Erwerb technischer Grundkompetenzen allein reicht nicht aus, um der Forschung eine klare Zielrichtung und Bestimmung zu geben. Die Erfolgsstorys, in denen das kontrollierte Wachstum von Kohlenstoff-Nanoröhrchen stolz verkündet wird, ist ein Beispiel solcher orientierungslosen Forschung. Die Forscher versprechen zwar großen praktischen Nutzen, sind aber darauf angewiesen, dass sich dieses Potenzial in konkreten Nutzungszusammenhängen realisiert (Computerchips, medizinische Diagnostik, textile Fasern).

Unter Ambivalenz der Nutzung versteht man gewöhnlich, dass eine an sich brauchbare Erfindung auch militärisch, kriminell oder terroristisch missbraucht werden kann. Doch in unserem Zusammenhang geht es auch darum, dass technische Problemlösungen womöglich auch dort verfolgt werden, wo politische oder soziale Ansätze nachhaltiger wären. Sie bedeutet, dass das Potenzial kreativer Entwicklungen ungenützt bleibt, weil die Fantasie in den stereotypen Bahnen des Kleiner, Schneller, Billiger, Besser verfangen bleibt. Im Umgang mit dieser Art von Ambivalenz müssen alle Beteiligten mehr soziale Fantasie entwickeln.

Von Ambivalenz des Versprechens, des Verstehens, der Nutzung war die Rede. In allen Fällen gilt es, Risiken und Chancen so zu verdeutlichen, dass sich Forscher, öffentliche und private Geldgeber, Konsumenten und Staatsbürger ihren Herausforderung stellen können. Nicht weise vorausschauende, weil intellektuell privilegierte Wissenschaftler sind hier gefragt, sondern eine Forschungsgemeinschaft, die ihre Projekte von Anfang an sozial verorten kann und sich von öffentlichen Auseinandersetzungen nicht nur Förderung oder Widerstand verspricht, sondern Anregung, Zielsetzung und Rechtfertigung.

Entnommer der Zeitung „Freitag“ vom 14.10.2005

Where Responsibility Lies

By Daniel Sarewitz

In thinking about the responsibility of science in light of rapidly emerging technologies today, Einstein presents us with a problem. He of course embodies both our image and our ideal of what it means to be a "scientist." A bronze Einstein watches benignly over the grounds of the National Academy of Sciences in Washington, DC, the self-proclaimed "temple of science." This statue seeks to show Einstein as a familiar human being, ruffled sweater, droopy eyes, oversized hands and feet, wise, avuncular, worldly, and a bit tired. In his left hand is a notebook, etched with a few of his most famous equations, the manifestation of his brain.

So here is the problem: Let's say this is the real Einstein. Certainly this is the mythic Einstein. Yet almost no scientist is really like this, at least not anymore. Einstein did his research in his head; he transformed the way we understand our world, and became a sort of moral compass for humanity; he sought truth, fled oppression, pursued peace. Einstein equaled what we wanted science, and scientists, to be. But there can be no more Einsteins.

In the century since Einstein's incredible year, science has changed, and our understanding of science has changed. Today, something like 8 million scientists work in the world: in universities, corporations, governments, civic organizations. Some of them are geniuses, some are leaders, some are loners, some make a difference in the world, and advance noble ideas and causes. But, really, the idea of an individual scientist is now pretty much an abstraction and an anachronism. The world has become a global innovation machine. Scientists are gears in this machine. They are part of a disseminated, complex process that is constantly remaking the world itself. What can one say about the scientific responsibility of a gear?

It is true, of course, that science and technology have been constantly remaking the world for some time now, and that each new wave of remaking has brought with it both enormous advances and huge challenges. But important things seem to be different now.

Most obviously, the scale and reach of the enterprise has grown enormously. Many aspects of the scientific endeavor, such as numbers of scientists, numbers of papers, and numbers of publications, display exponential growth. Moore's law is perhaps the most famous of these exponential curves, and stands as a surrogate for the growth of both data gathering and data processing capabilities. Obviously the global annual investment in research and development today, which I would estimate as roughly a trillion dollars per year, dwarfs expenditure levels of Einstein's day.

Second, the distinction between science and technology is increasingly blurred, to the point where it confuses more than it clarifies. Technological advance drives science in various ways, for example, by constantly raising challenges that demand new scientific exploration, and also by providing scientific tools that create their own demand for use. Public sector investments in scientific research are often justified in the context of technological application, while intellectual property rights are extended farther and farther upstream to capture the fruits of scientific discovery, and scientific advances in some fields are instantly translatable into marketable innovations. So, not only are science and technology blurring together, but so are their public and private aspects.

Third, science and technology now act on a world already created by science and technology. This is what Ulrich Beck (1992) termed "reflexive scientization": "the sciences are confronted with their own products, defects, and secondary problems . . . . scientific skepticism [extends] to the inherent foundations and external consequences of science itself." (p. 155) These foundations and consequences help to constitute everyday existence; they are not perceived, indeed are not comprehensible, as something added on. As a consequence of this integralness, science also descends from its pedestal to become part of the everyday. Science's claim to disinterest, which we see in Einstein, and privilege, which we afford to him, are undermined. Beck says: "Science becomes more and more necessary, but at the same time less and less sufficient for the socially binding definition of truth." (p. 156).

Fourth, and related to the previous, is this: we are moving farther away from any sort of grand synthesis. From our studies of the climate to our mapping of the genome, we just keep on finding more complexity and more uncertainty. This is just science doing its work, of course, but it means that the prospects of an Einstein changing the way we see everything are pretty much vanished. When a scientist is sufficiently impudent to try to posit a grand theory, as the biologist E.O. Wilson (1998) did in his book *Consilience*, it seems more like desperation, or at least religion, than science. Similarly, the idea that physics can provide us with a "theory of everything" attests mostly to an absurdly limited notion of "everything."

Fifth, the pace, breadth, and depth of scientific and technological change seem to outstrip anything that has come before. Accelerating trends in computer power and machine miniaturization, coupled with advances in materials, energy systems, communications technologies, and robotics will transform all aspects of society: the structure of manufacturing and labor; the ways that we acquire, transmit, and use information; our manner of interaction with fellow humans in venues ranging from bedroom to battlefield.

Perhaps many of these changes will be no more culturally profound than the social disruptions caused by, say, the convergence of the steel and railroad industries, or the proliferation of electricity and the telephone. This is still saying a lot. Yet something new does seem to be emerging in terms of the relation between technology and the human species itself. Technology has always been about enhancing the power of the human being, yet the enhancement has been external to our essence – prosthetic, as it were. Eyeglasses, telescopes, running shoes, guided missiles, supercomputers, these are all magnifiers or extenders of human reach. But on the horizon now is the potential disappearance of any conceptual stability to the idea of human identity and the distinction between humans and machines. Steroids and other performance enhancers in athletes are just the trivial foreshadowing of, say, ubiquitous in-body sensors, implanted memory expansion, and even virtual immortality. As just one specific example, the inventor and technological visionary Ray Kurzweil (2003) believes that in the next fifty years: "Brain implants based on massively distributed intelligent nanobots will ultimately expand our memories a trillionfold, and otherwise vastly improve all of our sensory, pattern recognition, and cognitive abilities." (p. 51) If, as some scientists suggest, germ-line enhancement therapies become possible as well, then we will finally be able to reconcile Darwin and Lamarck. Beck's "reflexive scientization" will become literally internalized, as we remake ourselves. We have hardly begun to consider the implications of these changes for our society.

So we are faced with the prospect of enormous, culturally disorienting and transforming changes across multiple dimensions, and the question is how, in the face of such changes, we can understand the responsibility of science and scientists.

Existing concepts just won't do. In the years following World War II, as the U.S. began a gradual and unprecedented ramping up of its commitment to publicly funded science, the responsibility of the scientist was widely portrayed simply as a responsibility to science itself. Often spoken of in terms of a social contract, the responsibility of the scientist was just to do honest science. The trick here was that the fruits of science in society were supposed to be unpredictable, yet automatic. Through the unfettered exploration of nature, and the serendipitous translation of insight into innovation, science made the world better. The logic of the progression, though, was only visible in hindsight. It could not be planned.

Symbolically, then, we can trace wave after wave of transformational innovation and wealth creation in the decades after World War II to the massive Cold War commitment to publicly funded science, a commitment made compelling by the cathartic wedding of basic science to national defense in the development – and use – of the atomic bombs that ended the war with Japan, which in turn finds its origin in Einstein's famous letter to Roosevelt about the feasibility of nuclear weapons, itself made possible by the most famous equation of them all, $E=mc^2$.

Thus did post-industrial society spring from the head of Einstein and other mythic figures, in the apparent absence of human intent and agency – and thus, responsibility. Society needed only to provide resources for scientists, and scientists needed only bring integrity and openness to their work. To do more was not only unnecessary, but, as Karl Polanyi (1962) liked to argue, entirely counterproductive. Scientists would operate in a self-regulating, autonomous republic, and the world would unfold. If, of course, it did not blow itself up in the process. But in either case, to suggest that responsibility for long-term outcomes lay in individual scientists was incoherent.

Thus, questions about the social responsibility of science were addressed within the context of the social contract. During the Cold War, some scientists expressed their social responsibility outside the laboratory, as social activists, opposing the arms race, or within the laboratory, by refusing to participate in classified research programs. But the ideal of the autonomous republic of science was not called into question. The burden of responsibility always fell on the world outside of the republic.

In the 1980s and 1990s some significant attention was paid in the U.S. to instances, real and alleged, of "scientific misconduct." The research community, embodied in such organizations as the National Academy of Sciences, constituted committees to study the problem, while politicians wondered whether scientists could, after all, be trusted to meet their internal responsibilities. The deep anxiety expressed by leaders of the scientific community on this issue was also a fear that the supposed social contract might be called into question – as it was. But the solution – greater independent oversight of various funding bodies and research activities, plus codes of conduct, and classes on research ethics, only served to maintain an inward focus. The problem was about ensuring the integrity of a still-autonomous republic, not about the validity of the ideal itself.

Public investments in science have always, of course, been justified explicitly in terms of meeting social needs, and from time-to-time, politicians have lost patience with the metaphysical model connecting autonomous knowledge creation to societal benefits. In the U.S. in the 1960s and 90s, for example, scientists were called upon to more explicitly devote themselves to research that addressed urgent social challenges ranging from environmental degradation to emerging diseases to economic competitiveness. Science policy experts meanwhile have sought to resolve the apparent tension between the requirements of scientific autonomy, and a responsibility for contributing to social betterment, through theoretical constructs with names like "use-inspired basic research" (Stokes, 1997) and "Jeffersonian science." (Sonnert and Holton, 2002) The idea was that fundamental science could as well be carried out in the context of a particular societal problem – say, some type of cancer; or global climate change – as it could in the context of no problem at all. The autonomous republic of science could thus be preserved, while also serving explicit social ends. Social responsibility for the scientist could still be conceived very much in terms of the relationship between an individual scientist and her or his work. Is the science of high quality? Is he doing research in an ethical manner? Is she choosing projects that are likely to be beneficial?

But the individual scientist has little if any meaning in the global innovation system. There are millions of such scientists, and more coming on line each day. The scale, complexity, aims, and outcomes of the enterprise may be completely opaque to an individual scientist, but this does not compromise their ability to perform. To locate scientific responsibility in the individual scientist is thus to render it meaningless as well. It's not that we shouldn't expect scientists to behave ethically, its just that such behavior, even when considered cumulatively across a community of scientists, has little or probably no connection to the dynamics and impacts of the innovation system. Or, put somewhat differently, we can populate our innovation system with scientists pursuing truth and behaving ethically, and still end up with outcomes that we cannot manage, or that challenge our values and principles. So, the key question is this: is there some notion of scientific responsibility that can play a useful role in confronting the waves of technological transformation that seem likely to inundate society in the next few decades?

In my previous list of how the science enterprise has changed since Einstein's heyday, I didn't mention one important thing: we now have a considerably deeper understanding of how this enterprise actually works. We know that scientists negotiate not only with nature to advance knowledge, but with each other, with their funders, with politicians, corporate executives, various publics. We know that the directions and velocities of science reflect decisions made by people, and decisions emerge within a context. We know that context is strongly embodied by the institutions where science is conducted and planned. These understandings have not yet been brought to bear on new notions of scientific responsibility, but, if we are to have any prospect of guiding the accelerating technological change that engulfs us, now is the time to consider how this might be done.

There is huge inertia and low predictability in the global innovation system, so my intent is not to be particularly optimistic about, say, ensuring the public value of emerging technologies, but rather to suggest where we might intervene if we are to move toward a meaningful notion of scientific responsibility – and thus accountability. For reasons I've tried to explain, it seems unavoidable to me that responsibility must be located in the processes by which decisions about science are made and implemented in the institutions of public science, rather than in the motives and norms of individuals who conduct science. What we need to aim for is a capacity for reflexiveness – for social learning that expands the realm of choice available within public research institutions. This means, above all, that scientific institutions, broadly defined, will have to build the capability for scientists and technologists, as well as research planners and administrators, to understand where their research agendas come from, what interests are embedded in the agendas, who supports the agendas, who opposes them, and why. Institutions need, in other words, to enable consciousness – consciousness of the contexts within which scientists do their work and make their decisions. This quest for consciousness can emerge from persistent collaboration with social science and humanities researchers, from open and informed engagement with various interest groups and publics, and from unflinching reflection and deliberation about motives and values. These things need to be built into research institutions. In the ideal, the creation of consciousness can help signal emerging problems, support anticipatory governance, and enable better choices to be made about the directions and pace of knowledge creation.

There is, by the way, a weak but perhaps valuable analog for what I am suggesting here, and that is the private sector laboratory. Corporations go to great lengths to understand the market context that can justify – always in terms of profitability, of course – the research being pursued, while economic performance indicators provide feedbacks for accountability. Can public science engender a commitment to understanding its social and cultural context that matches the commitment of private science to understanding its marketplace context?

I realize that what I'm suggesting is somehow less satisfying than simply demanding that scientists take moral ownership of their work and its consequences, and do the right thing. But if such an individualistic approach ever made sense, it no longer does. If we are to have any prospect of guiding and modulating the advance of rapidly emerging transformational technologies in accord with goals, values, and interests other than those dictated by the marketplace and the military, then the responsibility of the scientist must expand from doing the right thing as an individual, to participating in the reflexive process of creating institutional consciousness. This, in turn, demands a radical shift away from the constricting notion of science as an autonomous republic, to embrace the realization that science and society are moving together in an intimate, co-evolutionary dance.

References Cited

Beck, Ulrich, 1992. *Risk Society: Towards a New Modernity* (London: Sage).

Wilson, E.O., 1998. *Consilience: The Unity of Knowledge* (New York: Knopf).

Polanyi, Michael, 1962. "The Republic of Science: It's Political and Economic Theory," Minerva 1(1): 54-73, Autumn, 1962.

Stokes, Donald E. (1997) *Pasteur's Quadrant* (Washington, DC: Brookings Institution).

Sonnert, G. and Holton, G. (2002). *Ivory Bridges: Connecting Science and Society* (Cambridge, MA: MIT Press).

Kurzweil, R. (2002). "Promise and Peril," in: Lightman, A., D. Sarewitz and C. Desser (eds.) 2003. *Living with the Genie: Essays on Technology and the Quest for Human Mastery.* Washington, DC: Island Press, pp. 35-62/

"Hiroshima ist überall"

A Tribute to Günther Anders and Hannah Arendt on the Discrepancy between Know-how and Thought[1]

Jean-Pierre Dupuy[2]

Raffiniert is der Herrgott, aber boshaft ist er nicht.
Albert Einstein

Ein Teil von jener Kraft, die stets das Gute will, und stets das Böse schafft.
Mephisto revisited [adapted from Goethe, *Faust*]

Mephisto Revisited

In her 1958 *Human Condition*, Hannah Arendt wrote with extraordinary foresight: "The trouble concerns the fact that the 'truths' of the modern scientific world view, though they can be demonstrated in mathematical formulas and proved technologically, will no longer lend themselves to normal expression in speech and thought. […] it could be that we, who are earth-bound creatures and have begun to act as though we were the dwellers of the universe, will forever be unable to understand, that is, to think and speak about the things which nevertheless we are able to do. In this case, it would be as though our brain, which constitutes the physical, material condition of our thoughts, were unable to follow what we do, so that from now on we would indeed need artificial machines to do our thinking and speaking. *If it should turn out to be true that knowledge (in the modern sense of know-how) and thought have parted company for good*, then we would indeed become the helpless slaves, not so much of our machines as of our know-how, *thoughtless creatures* at the mercy of every gadget which is technically possible, no matter how murderous it is.[3]"

The expression "thoughtless creatures" coupled with the notion of technologies turned "murderous" sends a chill down the spine. We know that three years later, Arendt would witness the trial of Eichmann in Jerusalem and could find but

1 Paper presented at the international conference, *Thinking with Einstein. The Responsibility of Science for Peace in the 21st Century*, Berlin, October 14-16, 2005.
2 Ecole Polytechnique, Paris, and Stanford University. jpdupuy@stanford.edu
3 The University of Chicago Press, 1958.

one personality trait able to help explain his responsibility for the horror: "thoughtlessness."

Pondering over what he called our "blindness to the Apocalypse" in his landmark book, *Hiroshima ist überall* (1982) [Hiroshima is Everywhere][4], Hannah Arendt's first husband, Günther Anders, pointed to a similar discrepancy between *herstellen* and *vorstellen*: our capacity to make, to fabricate things goes well beyond our capacity to represent to ourselves what we are doing. What corresponds to Arendt's notion of thoughtlessness in Anders' analysis is the complete lack of imagination of modern man before the consequences of his technological inventions. Criminals without malignity and victims without hatred will constitute the normal correlates of future evils and future disasters, in the wake of such monstrosities as Auschwitz and Hiroshima – Nagasaki. "Technology has brought with it that we can become guiltlessly guilty", writes Anders

I should like to bring to bear those insights upon two major features of our world: 1) the decision to use the atomic bomb; 2) the transformation of the role of the engineer in the framework of the so-called "NBIC convergence" between nanotechnology, biotechnology, information technology, and cognitive science. The former illustration has to do with technologies of death, the latter with technologies of life. The most remarkable feature of our time is that that difference makes no difference.

Faust famously asked Mephisto who he was, to get the following answer:

> Nun gut, wer bist du denn? – *Ein Teil von jener Kraft,*
> *Die stets das Böse will, und stets das Gute schafft.*
>
> [Alright, who are you then? – *part of the force that stood,*
> *For always wanting Evil, but still creates the Good.*]

This definition of the Devil must be updated and become:

> *Ein Teil von jener Kraft,*
> *Die stets das Gute will, und stets das Böse schafft.*

If the technologies of life have become as dangerous and murderous as the technologies of death, this tells us something essential regarding the autonomy of technology in relation to the intentions and the will of those who devise, realize, and use it. I will end by reflecting upon this tragic dispossession of modern man regarding what Nietzsche called his *Wille zur Macht*, which is one with his *Wille zur Wille*.

4 C. H. Beck, Munich, 1982.

Causing Death From Afar

In 1932, Günther Anders wrote a fable titled *Der Blick vom Turm* (The View from the Tower). Here is an excerpt:

> When Mrs. Glü peered down from the highest lookout tower, her son appeared in the street, like a tiny little toy. She recognized him by the color of his coat. The next moment a toy truck hit that little toy.
>
> But that event of a minute ago was no more than an unreal, brief accident, involving a broken toy. 'I don't want to come down!' she screamed, resisting fiercely as she was being led down the stairway. 'I don't want to go down! I'll go crazy down there!'[5]

Thirteen years later, in the morning of August 6th, 1945, the pilot Claude Eatherly was to give the "go ahead" signal to the crew of the "Enola Gay" to drop the atomic bomb on the Japanese city of Hiroshima which, seen from above at a safe distance of six miles, looked like a toy city. Back in his country, Eatherly was celebrated as a hero, along with his companions. However, he started to feel an incommensurable guilt for what he had done. The cognitive dissonance between his dismay about himself and the way people looked at him became intolerable. He claimed his "right to punishment". He committed sham holdups and was eventually declared "mentally ill". Anders started a correspondence with Eatherly, trying to convince him that, by reacting the way he did, he was eminently sane and behaved responsibly, but also that what had occurred far exceeded the accountability of any single human being[6]. Anders also wrote a letter to President Kennedy to protest the relegation of Eatherly's case to an instance of madness. He wrote:

> Happy the time in which fools speak thus, unhappy the time in which only fools speak thus! ... Eatherly is not Eichmann's twin, but his great and, for us, comforting antipode. Not the man who proclaims machinery as excuse for lack of conscience but, on the opposite, the man who recognizes machinery as the threat to conscience that we must fear[7].

To view nuclear weapons as a strategic tool, that is, a means to an end, is for Anders the category mistake par excellence. A means merges with its end, it is absorbed by it. The atomic bomb is "absolutely too large" for that. Its effects,

---

5 Quoted and translated by Paul van Dijk, *Anthropology in the Age of Technology. The Philosophical Contribution of Günther Anders*, Rodopi, Amsterdam, 2000, p. 8.

6 This correspondence was published with the title *Off Limits für das Gewissen: Der Briefwechsel zwischen dem Hiroshima-Piloten Claude Eatherly und Günther Anders 1959-1961*, with an introduction by Robert Jungk; and reprinted in *Hiroshima ist überall*, op. cit.

7 Quoted by Paul van Dijk, ibid., p. 63.

actual, potential, and virtual, are incommensurable with any end man can set for himself, since they include the possibility that humankind wipe itself out from the surface of the Earth. "*What limits us is the boundlessness of the consequences of our actions*. Omnipotence is our most fatal defect", Anders wrote in 1987. The very magnitude of those effects makes us completely blind to them. We are intrinsically unable to relate emotionally and intellectually to such gigantic monstrosities. When we are being told that our nation is preparing to kill twenty million children in another nation if the worst should come to the worst, we remain as cold as ice. In Anders' words, the very gigantism and abstraction of the enunciation of such consequences transmogrifies us into "emotional illiterates."

The B29 that carried the team of scientists in charge of observing and measuring the effects of the explosion of the bomb, on that fateful morning of August 6, 1945, was named *Necessary Evil.* These are details or trappings that nobody could make up even if they willed. Hence the contribution of science to the massacre was placed under the honorable label of ethics and moral philosophy. However, this was a charade, a travesty.

Indeed, even today, 90% of the American population believe that the atomic bombings were the price to be paid in order to save the lives of half-million or more American troops, not to mention the Japanese, who would have been killed had the planned invasion of Kyushu on November 1, and then of Honshu the next year, taken place. Sparing those many lives was worth violating (not for the first time, to be sure) the time-honored most basic precepts of Just War Theory.

Unfortunately for that legend, most serious historians now acknowledge that, to use the words of one of them who is not, by far, the most radical "revisionist", "it does seem very likely, though certainly not definite, that a synergistic combination of guaranteeing the emperor, awaiting the Soviet entry, and continuing the siege strategy would have ended the war in time to avoid the November invasion.[8]" In other terms, to say the least, Truman in no way exhausted the possibilities of bringing the war to an end without dropping the atomic bombs on Japan. Barton Bernstein goes so far as to assert that the only option that was not examined or discussed, because it was taken for granted, was precisely the use of nuclear weapons. Hence, what may be the most important and era-opening decision of modern history turns out not to have been a decision at all. Anders was right: the bomb is no means to an end, its essence is in its existence, not in its use.

8 Barton J. Bernstein, "Understanding the Atomic Bomb and the Japanese Surrender: Missed Opportunities, Little-Known Near Disasters, and Modern Memory", *Diplomatic History*, vol. 19, no 2 (spring 1995), p. 227-273 [p. 254].

"Making life from scratch": few are the "nanobiotechnologists" who have the honesty or the boldness to claim that this phrase expresses what they are really after[9]. Whether this agenda remains hidden or not, there is no doubt that such is indeed the metaphysics that drives their efforts. The "NBIC converging technologies" purport to take over Nature's and Life's job and become the engineer of evolution. Evolution so far has basically consisted in mere "tinkering". It can lock itself in undesirable paths or end states. It is therefore desirable for Man to take over the role played by Evolution and become the designer of biological and natural processes. *Man can participate in the fabrication of life.*

Scientists and engineers who adopt this agenda are, whether they know it or not, heirs to a famous conjecture put forward by John von Neumann in a classic lecture that he gave at Caltech in 1948, his conjecture on complexity and self-reproducing automata.

Turing's and Church's theses were very influential at the time, and they had been supplemented by cyberneticians Warren McCulloch and Walter Pitts' major finding on the properties of neural networks. Cybernetics' Credo was then: every behavior that is unambiguously describable in a finite number of words is computable by a network of formal neurons – a remarkable statement, as John von Neumann recognized. However, he put forward the following objection: is it reasonable to assume as a practical matter that our most complex behaviors are describable in their totality, without ambiguity, using a finite number of words? In specific cases it is always possible: our capacity, for example, to recognize the same triangular form in two empirical triangles displaying differences in line, size, and position can be so described. But would this be possible if it were a matter of globally characterizing our capacity for establishing "visual analogies"? In that case, von Neumann conjectured, *it may be that the simplest way to describe a behavior is to describe the structure that generates it.* It is meaningless, under these circumstances, to "discover" that such a behavior can be embodied in a neural network since it is not possible to define the behavior other than by describing the network itself.

Von Neumann thus posed the question of complexity, foreseeing that it would become the great question for science in the future. Complexity implied for him in this case the futility of the constructive approach of McCulloch and Pitts,

---

9 Among them, the Center for Living Technology and ProtoLife Srl, in Venice (Italy). See Steen Rasmussen et al, "Transitions from Nonliving to Living Matter", *Science*, vol. 303, 13 Febr. 2004, 963-965.

which reduced a function to a structure – leaving unanswered *the question of what a complex structure is capable.*

It was of course in the course of his work on automata theory that von Neumann was to refine this notion of complexity. Assuming a magnitude of a thermodynamical type, he conjectured that below a certain threshold it would be degenerative, meaning that the degree of organization could only decrease, but that above this threshold an increase in complexity became possible. Now this threshold of complexity, he supposed, is also the point at which the structure of an object becomes simpler than the description of its properties. Soon, JVN prophesied, the builder of automata would find himself as helpless before his creation as we feel ourselves to be in the presence of complex natural phenomena.[10]

At any rate, JVN was thus founding the so-called *bottom-up approach* that is the essence of the NBIC program. In keeping with that philosophy, the engineers of the future will not be any more the ones who devise and design a structure capable of fulfilling a function that has been assigned to them. The engineers of the future will be the ones who know they are successful when they are surprised by their own creations. If one of your goals is to reproduce life, to fabricate life, you have to be able to simulate one of its most essential properties, namely the capacity to complexify itself always more.

It would be a mistake to think that, although novel, our current situation before the consequences of our technological choices is not the outcome of a long historical process. Discontinuities and ruptures must always be analyzed against the background of continuous dynamics. Let us return once more to Hannah Arendt's masterly study of the frailties of human action, *Human Condition*[11]. There she brought out the fundamental paradox of our time: as human powers increase through technological progress, we are less and less equipped to control the consequences of our actions. A long excerpt is worth quoting here, as its relevance for our topic cannot be overstated – and we should keep in mind that this was written in 1958:

> [...] the attempt to eliminate action because of its uncertainty and to save human affairs from their frailty by dealing with them as though they were or could become the planned products of human making has first of all resulted in channeling the human capacity for action, for beginning new and spontaneous processes which without men never would come into existence, into an attitude toward nature which up to the latest stage of the modern age had been one of exploring natural laws and fabricating objects out of natural material. To what extent we have begun to *act into nature*, in the literal sense of the word, is perhaps best illustrated by a recent casual remark of a scientist who quite se-

10 On all that, see my *The Mechanization of the Mind*, Princeton University Press, 2000.
11 Op. cit.

riously suggested that "*basic research is when I am doing what I don't know what I am doing.*" [Wernher von Braun, December 1957].

This started harmlessly enough with the experiment in which men were no longer content to observe, to register, and contemplate whatever nature was willing to yield in her own appearance, but began to prescribe conditions and to provoke natural processes. What then developed into an ever-increasing skill in *unchaining elemental processes*, which, without the interference of men, would have lain dormant and perhaps never have come to pass, has finally ended in a veritable art of *'making' nature*, that is, of creating 'natural' processes which without men would never exist and which earthly nature by herself seems incapable of accomplishing [...].

The very fact that natural sciences have become exclusively sciences of process and, in their last stage, *sciences of potentially irreversible, irremediable 'processes of no return'* is a clear indication that, whatever the brain power necessary to start them, *the actual underlying human capacity which alone could bring about this development is no 'theoretical' capacity, neither contemplation nor reason, but the human ability to act* – to start new unprecedented processes whose outcome remains uncertain and unpredictable whether they are let loose in the human or the natural realm.

In this aspect of action [...] processes are started whose outcome is unpredictable, so that *uncertainty rather than frailty becomes the decisive character of human affairs*[12].

No doubt that with an incredible prescience this analysis applies perfectly well to the NBIC convergence, in particular on two scores. Firstly, the ambition to (re-) make nature is an important dimension of the metaphysical underpinnings of the field. Secondly, as explained before, it will be an inevitable temptation, not to say a task or a duty, for the nanotechnologists of the future to set off processes upon which they have no control.

There is no need for Drexlerian self-assemblers to come into existence for this to happen. The paradigm of *complex, self-organizing systems* envisioned by von Neumann is stepping ahead at an accelerated pace, both in science and in technology. It is in the process of shoving away and replacing the old metaphors inherited from the cybernetic paradigm, like the ones that treat the mind or the genome as computer programs. In science, the central dogmas of molecular biology received a series of severe blows recently, first with the discovery that the genome of an adult, differentiated cell can be "reprogrammed" with the cooperation of maternal cytoplasm, secondly with the discovery of prions, which showed that self-replication does not require DNA. In technology, new feats are being flaunted every passing week that illustrate that we can *fabricate* self-organizing, complex entities.

The sorcerer's apprentice myth must be updated: it is neither by error nor by terror that Man will be dispossessed of his own creations but *by design.*

12 P. 230-232. My emphasis.

Setting limits

The reconceiving of life as an artifact, as something that can be fabricated, has obviously important ethical and epistemological implications. It is interesting to analyze what the promotors of the NBIC convergence imagine to be the stance of those they take to be their "enemies," or at the very least their critics. The same words are always used to sum up this presumed stance: human beings do not have the right to usurp powers reserved to God alone; *Playing God* is a forbidden game. Often it is added that this taboo is specifically "Judeo-Christian." In one of his most insightful reflections on his responsibility in the bombings of Hiroshima and Nagasaki, Oppenheimer said in 1965, echoing in a way this imputation:

> Long ago, I said once that in a crude sense ... the physicists had known sin. I didn't mean by that the deaths that were caused as a result of our work. I meant that we had known the *sin of pride*. We had turned to effect in what proved to be a majority way the course of man's history. We had the pride of thinking we knew what was good for man [...] This is not the natural business of a scientist[13].

The reference to the "Judeo-Christian", I am afraid, completely misconstrues the lesson of the Talmud as well as that of Christian theology. It gets them mixed up with the ancient Greek conception of the sacred: the Gods, jealous of men guilty of *hubris*, send after them the goddess of vengeance, *Nemesis*. But the Bible depicts man on the contrary as being the co-creator of the world. As the biophysicist and Talmudic scholar Henri Atlan notes when analyzing the literature about the Golem: "One does not find [in it], at least to begin with, the kind of negative judgment one finds in the Faust legend concerning the knowledge and creative activity of men 'in God's image.' Quite to the contrary, it is in creative activity that man attains his full humanity, in a perspective of *imitatio Dei* that allows him to be associated with God, in a process of ongoing and perfectible creation."[14] As to Christianity, a whole series of major authors, from Max Weber to Louis Dumont, from Marcel Gauchet to René Girard, have analyzed it as "the religion of the end of religion": they hold it responsible for the desacralization of the world (the famous "disenchantment"), and, consequently, for the progressive elimination of every taboo, prohibition or limit. This, moreover, is why the same authors view Christianity as the primary cause of the scientific and technical de-

13 Interview on CBS News, 5 August 1965. Quoted by Barton J. Bernstein, "Understanding the Atomic Bomb ...", p. 270.

14 Henri Atlan, *Les Etincelles de hasard*. Tome 1: *Connaissance spermatique*, Paris, Seuil, 1999, p. 45.

velopment of the West, for science and techniques depend precisely on the overcoming of every limit.

It fell to science itself to pursue this desacralization of the world set in motion by the religions of the Bible, by stripping nature of any prescriptive or normative value. It is therefore utterly futile to try to paint science as being at odds with the Judeo-Christian tradition on this point. Kantianism conferred philosophical legitimacy on this devaluation of nature by making the latter a world devoid of intentions and reasons, inhabited only by causes, and by separating it radically from the world of freedom, where the reasons for action fall under the jurisdiction of moral law.

Where then is the ethical problem located, if there is one here? It is clearly not in the transgression of who knows what taboo or limit guaranteed by the sacred, since the joint evolution of religion and science has thoroughly undermined the very concept of a moral limit, and hence of a transgression. But that is precisely the problem. For no free and autonomous human society exists which does not rest on a principle of *self*-limitation, even when it believes it has received this principle from some kind of transcendent authority. Rousseau and then Kant defined freedom or autonomy as obedience to the law one gives oneself. Rousseau wanted the laws of the political community to have the same exteriority with respect to men as the laws of nature, even though it is men who make the former and even though they know this. But in a society that dreams of shaping and molding nature to its desires and needs, it is the very idea of an exteriority or alterity which loses all meaning. The substitution of the made for the given is obviously a part of this same process. Traditionally, nature was defined as what remained exterior to the human world, with its desires, its conflicts, its various depravities. But if, in our dreams, nature becomes entirely what we make of it, it is clear that there is no longer anything exterior, so that everything in the world will sooner or later reflect what men have done or not done, sought or neglected.

How are we going to set limits? On what are we going to ground them, in the absence of any form of legitimizing authority other than our own agreement? This is the most important challenge of our times.

I have no ready-made solution to offer. What I know for sure is that we will always keep the liberty to set limits to ourselves. In other terms, I do not advocate any form of technological determinism. It is only when some critical thresholds are crossed that everything happens *as if* we were the puppets of our own creations. The philosopher who ponders over this self-inflicted alienation must discard the temptation of sociological analysis. He fully endorses the claim that "science is not neutral", but he gives this phrase a meaning altogether different from the idea that science and technology are embedded in a social context and interact with it. If Anders is right, any leader other than Truman would probably have made the decision he made: possessing the bomb meant using it. Anders was a radical thinker, but an historian as subtle and moderate as Barton Bernstein says as much when he ends his analysis thus:

> [there is little reason] to conclude that the leaders or most citizens of any of the other major wartime powers – Britain, the Soviet Union, China, Japan, or Germany – would have sought to avoid dropping the bomb on the enemy and its non-combatants. Painfully, it seems necessary to conclude that America was unique primarily because it alone possessed the bomb, and it did use it[15].

If von Neumann is right, similarly, there will necessarily be a "social context" that will cause the decision to "make life from scratch" to be successful. The top priority, it seems to me, is for us to ask, will we then still be able to think through what we are doing? Won't we have irreversibly turned into those "thoughtless creatures" Hannah Arendt so much feared we might become?

References

Jean-Pierre Dupuy, *The Mechanization of the Mind*, Princeton, Princeton University Press, 2000.

Hannah Arendt, *Human Condition*, Chicago, The University of Chicago Press, 1958.

Günther Anders, *Hiroshima ist überall*, Munich, C. H. Beck, 1982.

Paul van Dijk, *Anthropology in the Age of Technology. The Philosophical Contribution of Günther Anders*, Amsterdam, Rodopi, 2000.

Hans Jonas, *Das Prinzip Verantwortung. Versuch einer Ethik für die technologische Zivilisation*, Frankfurt, Suhrkamp, 1984.

15 Barton J. Bernstein, "Understanding the Atomic Bomb ...", loc. cit., p. 268.

Nanotechnik für Alle? Verantwortliche Nutzung im globalen Zusammenhang

Jürgen Altmann

1. Was ist Nanotechnik?

Unter Nanotechnik versteht man die Untersuchung und Gestaltung von Systemen, deren Strukturen in Nanometer (1 nm = 10^{-9} m = ein Milliardstel Meter) gemessen werden. Genauer gesagt handelt es sich um den Größenbereich von 0,1 bis 100 nm. Verkleinert man ausgehend von der Größe eines Menschen (etwa 2 m) dreimal um einen Faktor 1000, erreicht man: 2 mm (Leberfleck), 2 µm (Mikrometer) (rotes Blutkörperchen) und dann 2 nm (Dicke eines DNS-Moleküls). Ein einzelnes Atom mit 0,2 nm ist dann noch einmal 10mal so klein.

Das letztendliche Ziel bei der Nanotechnik ist die volle Kontrolle über die Art und dreidimensionale Position jedes Atoms in einem Molekül oder einer größeren Struktureinheit. Die lebende Zelle mit ihrem Ineinandergreifen von Informations- und Syntheseprozessen auf der molekularen Ebene stellt ein großes Vorbild dar, aber das Ziel der NT geht weit darüber hinaus, nur durch die Naturgesetze beschränkt. Auf der Nanometerskala verschwinden die Grenzen zwischen den Disziplinen. Nanotechnik wird die nächste industrielle Revolution mit sich bringen und weitreichende Konsequenzen haben.

Nanotechnik umfasst sehr viele verschiedene Felder.[1, 2] Einige wichtige Beispiele sind die folgenden.

Computer: Die herkömmliche Mikroelektronik erreicht mit 100 nm Strukturgröße gerade den Nanobereich. Die Verkleinerung der Einzelelemente wird weitergehen und damit die Steigerung der Anzahl von Schalt- und Speicherelementen auf einem Chip. In etwa zehn Jahren wird die Verkleinerung jedoch an Grenzen stoßen – für weitere Leistungssteigerung werden grundsätzlich neue Strukturen nötig sein, etwa Transistoren aus einzelnen Molekülen. Computervisionäre wie R. Kurzweil extrapolieren mutig weiter und sehen voraus, dass ein 1000-$-

1 Gute Übersichten geben: Nanotechnologie, Spektrum Spezial 2/2001 (Scientific American 285 (3), Sept. 2001); M. Groß, Expeditionen in den Nanokosmos, Basel: Birkhäuser, 1995; N. Boeing, Nano?! Die Technik des 21. Jahrhunderts, Berlin: Rowohlt, 2004. Ein wissenschaftliches Handbuch ist B. Bhushan (ed.), Springer Handbook of Nanotechnology, Berlin etc.: Springer, 2004.

2 Hier wie auch sonst oft wird Nanowissenschaft einbezogen.

Abbildung: Selbst die offizielle US-National Nanotechnology Initiative formuliert visionäre Ziele: Titelbild einer Broschüre von 1999.

Nanotechnology Research Directions: IWGN Workshop Report, Washington DC: National Science and Technology Council (Sept. 1999). (http://www.wtec.org/loyola/nano/IWGN.Research.Directions/IWGN-rd.pdf)

Rechner um 2025 die Verarbeitungsleistung eines menschlichen Gehirns erreichen wird, um 2065 die kombinierte Leistung aller menschlichen Gehirne auf der Erde.[3] (Ob hohe Rechenleistung dann auch menschenähnliches Bewusstsein mit sich bringt, wie Kurzweil glaubt, ist nicht klar.)

Manipulation einzelner Atome: Mit dem Rastertunnelmikroskop (1981) gelang es erstmals, die Atome in einer Kristalloberfläche sichtbar zu machen. Weitere Rastersondenmikroskope wurden entwickelt, mit denen einzelne Atome auf Oberflächen bewegt werden konnten.

Neue Strukturmaterialien: Kohlenstoff-Nanoröhrchen sind hundertfach reißfester als Stahl bei nur 1/6 der Dichte; Verbundwerkstoffe daraus würden erheblich leichtere Bauteile, Maschinen, Flugzeuge und Weltraumflugkörper erlauben.

3 R. Kurzweil, *The Age of Spiritual Machines – When Computers Exceed Human Intelligence*, New York etc.: Penguin, 1999

Außerdem haben Nanoröhrchen elektrische Eigenschaften, die sie sowohl für Leitungen als auch für Schalt- und Speicherelemente geeignet erscheinen lassen.

Nanoteilchen bieten viele neue Möglichkeiten, von Beschichtungen bis zu Katalysatoren. In Medizin und Biologie können sie – mit bestimmten Antikörpern oder DNS-Mustern auf der Oberfläche – zum Erkennen und Bekämpfen von Krankheiten benutzt werden oder helfen, Medikamente durch die Blut-Hirn-Schranke zu schleusen.

Bei *biologisch-technischen Hybridsystemen* gelang 2000 ein Meilenstein: biologische Nanomotoren (das Molekül F_1-ATPase) wurden auf 80 nm große Nickelpfosten gesetzt und die Drehachse mit einem etwa 1 µm langen Hebel verbunden. Wurde der biologische Treibstoff ATP hinzugefügt, begannen die Motoren, sich zu drehen.[4]

In der Erwartung, dass NT die Industrie umwälzen und zu riesigen Absatzmärkten führen wird, stellen die USA, Europa, Japan sowie der Rest der Welt jährlich je etwa 800 Millionen Dollar an staatlichen Fördermitteln für Nanotechnik zur Verfügung, dazu kommen Investitionen der Wirtschaft, von der Großindustrie bis zu kleinen, neu gegründeten NT-Firmen.[5]

Molekulare Nanotechnik

Vielen ist Nanotechnik in einer visionären Version bekannt geworden, die v.a. von Eric Drexler propagiert wurde.[6] Gemäß dieser sogenannten molekularen Nanotechnik würden Produkte nicht mehr durch chemische Reaktion statistisch erzeugt, sondern aus Atomen und kleineren Molekülen gezielt auf der Nanometer-Ebene zusammengesetzt. Dabei spielt insbesondere der sogenannte universelle molekulare Montageautomat („assembler“) eine Rolle. Ähnlich wie die Proteinsynthese in einer Zelle durch den genetischen Kode auf den DNS-Molekülen gesteuert wird, würde der molekulare Montageautomat durch ein Programm gesteuert; diesem Programm folgend würde er den je nächsten Baustein

4 R. K. Soong et al., Powering an Inorganic Nanodevice with a Biomolecular Motor, *Science* 290 (5496): 1555-1558, 2000

5 M. C. Roco, Government Nanotechnology Funding: An International Outlook, NSF, 2003 (http://www.nano.gov/intpersp_roco_june30.htm)

6 K. E. Drexler, Molecular engineering: An approach to the development of general capabilities for molecular manipulation, Proceedings of the National Academy of Sciences 78 (9): 5275-5278, 1981; K. E. Drexler, Engines of Creation – The Coming Era of Nanotechnology, New York: Anchor/Doubleday, 1986/1990. Als der Hauptbefürworter der molekularen NT agiert das von Drexler und anderen gegründete Foresight Institute, http://www.foresight.org.

seiner Umgebung entnehmen und an die vorgesehene Stelle im aufzubauenden System bringen, wo der dann chemisch bindet. Durch Veränderung des Programms könnte man so alles aufbauen (lassen), was mit den Naturgesetzen verträglich ist – weit über das hinaus, was die Natur durch Zufallsmutation und Auswahl geschaffen hat, und stabil unter härteren Bedingungen, in Vakuum und unter hohem Druck, bei kleinen und hohen Temperaturen. Insbesondere könnte der Montageautomat angewiesen werden, eine Kopie seiner selbst herzustellen. Für die Produktion würde man zunächst so etwa 30 Generationen lang Montageautomaten erzeugen; danach würden die 1 Milliarde Systeme ein neues Programm bekommen, mit dem sie dann das gewünschte Endprodukt herstellen: z.B. ein Schnitzel, ein Auto, ein Gewehr. Dafür könnten überall vorhandene Rohstoffe (Stickstoff, Kohlenstoff, Silizium usw.) benutzt werden. Die Produktion wäre billig und würde völlig autonom ablaufen. Zwar wird von manchen Wissenschaftlern bestritten, dass dieses Konzept realisierbar ist, es gibt aber keine wissenschaftlichen Artikel, die das belegen.

Diese molekulare Nanotechnik ist mit anderen, radikalen Visionen verbunden: beweglichen Nanorobotern (auch im menschlichen Körper), Nanocomputern, künstlicher Intelligenz, die der des Menschen vergleichbar ist oder sie übertrifft, automatischer Forschung, veränderter Biochemie, verbesserten/künstlichen Organen, Reparaturen in Zellen, Abschaffung von Krankheiten und Tod, Gehirnimplantaten für verbessertes Gedächtnis, Fühlen, Denken und Kommunikation, Auslesen der Gehirninhalte mit Weiter"leben" als Software, Verschmelzung von Menschen und Robotern, Ausbeutung von Asteroiden, Weltraumkolonien und Weltraumfahrt zu anderen Sternsystemen.

2. Konvergierende Techniken

Ab 2001 wurde in den USA auf einer Reihe von regierungsfinanzierten Tagungen ein neuer Begriff propagiert: konvergierende Techniken. Nano-, Bio-, und Informationstechnik sowie Kognitionswissenschaft (englisch NBIC) würden zusammenwachsen, und das könne vor allem für die Verbesserung der menschlichen Leistungsfähigkeit genutzt werden.[7] Eine neue Renaissance stehe bevor, wo

7 M. C. Roco, W. S. Bainbridge (eds.), Converging Technologies for Improving Human Performance – Nanotechnology, Biotechnology, Information Technology and Cognitive Science, Boston etc.: Kluwer, 2003 (auch http://www.wtec.org/ConvergingTechnologies/Report/NBIC_Report.pdf); M. C. Roco, C. D. Montemagno (eds.), The Coevolution of Human Potential and Converging Technologies, Annals of the New York Academy of Sciences 1013, 2004. Die Tagungen wurden von der National Science Foundation und dem Department of Commerce finanziert.

die Wissenschaften wieder zusammenwachsen und den Fortschritt beschleunigen werden. Ziemlich weitgehende Visionen werden formuliert, etwa werde das integrierte Verstehen auf den aufeinander aufbauenden Ebenen – von der molekularen bis zur gesellschaftlichen und internationalen – erlauben, gesellschaftliche Prozesse vorherzusagen und zu steuern.

> Das 21. Jahrhundert könnte in Weltfrieden, allgemeinem Reichtum und Entwicklung zu einer höheren Stufe von Mitgefühl und Vollendung enden. Es ist schwer, die richtige Metapher zu finden, um ein Jahrhundert in die Zukunft zu blicken, aber es kann sein, dass die Menschheit zu einem einzigen, verteilten und vernetzten „Gehirn" würde, basierend auf neuen, zentralen Bahnen der Gesellschaft.[8]

Für die Vorteile in 20 Jahren werden 20 Visionen formuliert.[9] Darunter sind schnelle Schnittstellen zwischen dem menschlichen Gehirn und Maschinen, den Menschen angepasste Roboter und Software-Agenten, genetische Steuerung nicht nur bei Pflanzen und Tieren, sondern auch beim Menschen, Ausbeutung der Ressourcen von Mond, Mars und nahen Asteroiden. Die nationale Sicherheit werde erheblich gestärkt, u.a. durch kleine, auf reiche Information gestützte Kampfsysteme, leistungsfähige autonome Kampffahrzeuge und überlegene Aufklärungssysteme. In den Beiträgen der NBIC-Tagungen wird die molekulare Nanotechnik zwar (wohl gezielt) nicht erwähnt, aber manche ihrer Konzepte finden sich auch dort: Nanocomputer, menschenähnliche künstliche Intelligenz, veränderte Biochemie, Gehirnimplantate zur Erweiterung des Gedächtnisses oder zur Kommunikation.

Die US-NBIC-Vorstellungen können hier nicht gründlich analysiert werden.[10] In einer kurzen Bewertung lässt sich feststellen:[11]

Die – immerhin von der National Science Foundation mit finanzierten – Tagungen enthalten viele spekulative Elemente, die z.T. eklektisch zusammengefügt wirken. Die Texte sind durch Technikoptimismus und Reduktionismus gekennzeichnet. Statt Konvergenz findet man eher Multidisziplinarität, die sozialwissenschaftlichen Aussagen sind wenig überzeugend. Überlegenheit der USA wird als allgemeines Ziel vorausgesetzt, gerade auch beim Militär. Beim Lesen kann man sich des Eindrucks nicht erwehren, dass man den US-Politiker(inn)en nach der

---

8 Roco/Bainbridge 2003 (Fn. 7), Overview

9 Roco/Bainbridge 2003 (Fn. 7), Overview

10 Eine europäische Studie zeigt ein grundsätzlich anderes Herangehen: High Level Expert Group Foresighting the New Technology Wave, Converging Technologies – Shaping the Future of European Societies, A. Nordmann (Rapporteur), Brussels: European Communities, 2004 (http://europa.eu.int/comm/research/conferences/2004/ntw/pdf/final_report_en.pdf).

11 S. auch D. Sarewitz in diesem Band

Nanotechnik eine nächste Wissenschafts- und Technikwelle „verkaufen" möchte. Der Titel spricht zwar vorsichtig von „Verbesserung der menschlichen Leistungsfähigkeit", aber es ist unübersehbar, dass es eigentlich um „Verbesserung des Menschen" geht. Risiken und Gefahren werden zwar an sehr wenigen Stellen erwähnt, aber – im Gegensatz zu den Vorteilen und Versprechungen – in keiner Weise ausgeführt. Wo von Ethik die Rede ist, wirkt sie eher als Feigenblatt. Die NBIC-Workshops transportieren Konzepte des Transhumanismus – der Mensch stelle nur ein Übergangsstadium dar, und seine Hauptaufgabe sei es, eine nächste, bessere Lebensform in die Welt zu bringen –, ohne sie irgendwie in Frage zu stellen.[12]

3. Vorteile und Gefahren von Nanotechnik

Nanotechnik verspricht eine Reihe von umwälzenden Vorteilen. Die Liste ist lang; sie enthält u.a. leichtere, festere, haltbarere Materialien für leichtere Fahr- und Flugzeuge, Integration biologischer mit künstlichen Systemen, dramatisch schnellere Genanalyse mit individualisierter Therapie und gezielter Medikamentenabgabe, billige Solarzellen mit höherem Wirkungsgrad, Chemieproduktion mit weniger Energie und Abfall durch nanostrukturierte Katalysatoren, Wasseraufbereitung und -entsalzung, bessere Chemikalien für die Landwirtschaft, genetische Verbesserungen bei Nutzpflanzen und -tieren.[13]

Auf der ersten Konferenz der US-National Nanotechnology Initiative zu gesellschaftlichen Folgen der NT wurden auch eine Reihe von Risiken und Gefahren erwähnt. Darunter sind Gesundheitsrisiken für Beschäftigte in der Produktion oder Verbraucher, Gefahren für die Umwelt, Umwälzungen in der Wirtschaft mit Verlust von Arbeitsplätzen, ungleiche Verteilung der Vorteile („nano divide"), Risiken durch genetische Manipulationen von Pflanzen, Tieren und Menschen, Gefahren für die Privatsphäre durch unsichtbare Überwachungsgeräte, unbe-

---

12 In dem Zusammenhang ist es bemerkenswert, dass W. S. Bainbridge, der Mitherausgaber des Bandes zur 1. NBIC-Tagung, bei der Preisverleihungszeremonie der Konferenz Transvision 2003 der World Transhumanist Association eine Rede hielt, in der er sich gegen Beschränkungen beim Klonen von Menschen und für Projekte zum 'hochladen von Persönlichkeiten in Computer' aussprach. W. S. Bainbridge, Challenge and Response, speech at awards ceremony of the Transvision 2003 conference, July 9, 2003 (http://www.transhumanism.com/ articles_print.php?id=P697_0_4_0_C, http://mysite.verizon.net/william.bainbridge/ (5 Aug. 2003)). S. auch http://www.transhumanism.org.

13 M. C. Roco, W. S. Bainbridge (eds.), Societal Implications of Nanoscience and Nanotechnology (NSF Report), Boston etc.: Kluwer, 2001 (auch http://wtec.org/loyola/nano/societalimpact/nanosi.pdf) (pp. 3-11)

merktes Eindringen in den Körper. Ein besonderes Problem sei die Notwendigkeit strenger Kontrollen bei sich ausbreitendem globalen Wissen.[14]

In diesem Zusammenhang sollte man sich auch an den Artikel „Warum die Zukunft uns nicht braucht“ des Chefwissenschaftlers der Computerfirma Sun Microsystems, Bill Joy, zu erinnern, der schrieb: „Gentechnik, Nanotechnik und Robotik, die mächtigen Techniken des 21. Jahrhunderts, werden Menschen überflüssig machen und wissensbasierte Massenvernichtung mit sich bringen.“[15]

4. Militärische Nutzung von Nanotechnik und konvergierenden Techniken

Wenn sich eine technische Umwälzung abzeichnet, werden die Streitkräfte – wenigstens in den Industrie- und Schwellenländern – sie sich zunutze machen wollen. In einer größeren Studie habe ich die möglichen militärischen Anwendungen von Nanotechnik zusammengestellt und unter Gesichtspunkten der präventiven Rüstungskontrolle, d.h. mit Blick auf internationale Sicherheit und Frieden, bewertet.[16] Nanotechnik könnte im Militär praktisch in allen Bereichen eingesetzt werden, von der Strategieplanung über die Logistik bis zur wirklichen Schlacht. Kleinste, aber leistungsfähige Computer würden überall eingebaut, auch kleine Munition bekäme Lenksysteme, leichte und hochfeste Materialien sowie effizientere Antriebe würden leichtere, schnellere und agilere Flugzeuge erlauben, Nanostrukturierung würde wirksamere Treib- und Sprengstoffe bringen. Miniatursatelliten und –raketen können für Antisatellitenwaffen verwendet werden. Große und kleine autonome Kampfsysteme mit und ohne Waffen werden möglich werden. Bei chemischen und biologischen Waffen würden sichere Kapselung und gezielte Freisetzung sowie selektive Reaktion (z.B. bei Erkennung eines bestimmten Genmusters) das eigene Risiko verringern. Nanotechnik kann aber auch bessere, schnellere und billigere Sensoren für chemische und biologische Kampfstoffe erlauben sowie wirksamere Filter- und Dekontaminationsmaterialien.

---

14 Roco/Bainbridge 2001: pp. 3-11; Weil, Smith, Suchman, Meyer, Tenner in Roco/Bainbridge 2001

15 Bill Joy, Why the future doesn't need us – Our most powerful 21st-century technologies – robotics, genetic engineering, and nanotech – are threatening to make humans an endangered species, Wired 8.04 (April 2000). Dieser Artikel bildete den Auftakt zu einer längeren Artikelserie in der Frankfurter Allgemeinen Zeitung im Sommer 2000.

16 J. Altmann, Military Nanotechnology: Potential Applications and Preventive Arms Control, London/New York: Routledge, 2006; s. auch J. Altmann, Military Uses of Nanotechnology: Perspectives and Concerns, Security Dialogue **35**(1), 61-79, March 2004; J. Altmann, M. Gubrud, Anticipating Military Nanotechnology, IEEE Technology and Society Magazine, **23** (4), 33-40, Winter 2004. Wo nicht anders vermerkt, beziehen sich die Angaben in diesem Abschnitt auf das Buch.

In den USA hat die militärische Forschung und Entwicklung der Nanotechnik einen hohen Stellenwert. Ein Viertel bis ein Drittel der Bundesausgaben in der National Nanotechnology Initiative geht an das Verteidigungsministerium (2003: 322 von 863 Mio. Dollar, 2004 291 von 989 Mio. $)[17]. Andere Länder geben erheblich weniger aus, Großbritannien etwa 2 Mio. Euro im Jahr, in Deutschland sind bisher praktisch nur Papierstudien gemacht worden.[18] Während die USA etwa doppelt so viel für allgemeine Militärforschung und –entwicklung ausgeben wie der gesamte Rest der Welt, sind es bei Nanotechnik das Vier- bis Zehnfache. Das muss jedoch nicht so bleiben, wenn andere potente Staaten dem US-Vorbild folgen und verstärkt auf militärische Nanotechnik setzen werden.

Die aktuelle Militärforschung in den USA (Entwicklung hat praktisch noch nicht begonnen) befasst sich mit Nanotechnik auf breiter Grundlage. Z.B. wird an neuen Materialien und optischen Anzeigeeinheiten gearbeitet. Andere Forschungen zielen auf autonome Kampffahrzeuge oder biologisch-technische Hybridsysteme – eine Ratte wurde schon über Elektroden im Gehirn ferngesteuert. Im Programm „Gehirn-Maschine-Schnittstelle" wurden mit Mikroelektroden in der motorischen Gehirnrinde von Affen die Signale von vielen Nervenzellen abgeleitet und zur Steuerung eines Roboterarms verwendet.

2002 wurde am renommierten Massachusetts Institute of Technology das „Institute for Soldier Nanotechnologies" gegründet, das die US Army über 5 Jahre mit 50 Mio. Dollar finanziert, dazu kommen 30 Mio. Dollar aus Unternehmen. Dort forschen bis zu 150 Personen in sieben multidisziplinären Gruppen an Soldatensystemen. Eine Leitidee ist ein Kampfanzug, der nicht nur Kommunikation und Datenverarbeitung übernimmt, sondern auch kühlt oder heizt, die Körperfunktionen überwacht, bei Bedarf Wundkompressen anlegt und Medikamente abgibt, Schutz vor Geschossen, chemischen oder biologischen Wirkstoffen bietet und die Kräfte der Person verstärkt.

Bei der Bewertung der möglichen militärischen Anwendungen sind einige wenig problematisch oder so nah an ziviler Nutzung, dass vorbeugende Begrenzung nicht sinnvoll erscheint. Dies betrifft vor allem die allgemeineren Techniken wie etwa kleine Computer. Ganz wenige Anwendungen können positive Folgen haben, z.B. bessere Sensoren für Kampfstoffe, die sowohl zum Schutz vor

---

17 National Nanotechnology Initiative, Funding, 2005, http://nano.gov/html/about/funding.html

18 Eine große Studie wurde vom Fraunhofer-Instituts für Naturwissenschaftlich-technische Trendanalysen erstellt und wird veröffentlicht: Grundlagen und militärische Anwendungen der Nanotechnologie, Schriftenreihe „Technologie, Verteidigung und Sicherheit" des Fraunhofer INT, Report Verlag 2006. In der Folge können die deutschen Ausgaben steigen, wenn das Bundesverteidigungsministerium einige der dort aufgeführten Möglichkeiten aufnimmt.

terroristischen Angriffen wie auch zur besseren Überprüfung der Chemie- und Biologische-Waffen-Übereinkommen genutzt werden können. Es haben sich aber acht Bereiche gezeigt, in denen klare Gefahren zu befürchten sind, in einem oder mehreren der drei Kriterienbereiche der präventiven Rüstungskontrolle: Gefährdung von Abrüstungsverträgen und Kriegsvölkerrecht, militärische Stabilität und Nichtverbreitung sowie Gefahren für Menschen, Umwelt oder Gesellschaft. Das trifft zu auf verteilte kleine Sensoren zur Überwachung, metallfreie Schusswaffen, kleine Flugkörper, Implantate und andere Körpermanipulation, autonome Kampfsysteme, Kleinroboter, kleine Satelliten und Raketen sowie neue chemische oder biologische Waffen. Zur Eindämmung dieser Gefahren schlage ich folgendes vor:

- Kleine, unabhängige Sensorsysteme sollten verboten werden (mit wenigen Ausnahmen).
- Metallfreie Kleinwaffen und Munition sowie kleine Flugkörper sollten verboten werden.
- Für Implantate und andere Körpermanipulationen, die nicht direkt medizinisch begründet sind, sollte es ein zehnjähriges Moratorium geben.
- Wiederverwendbare, bewaffnete, bewegliche Systeme ohne Besatzung sollten verboten werden (mit zahlenmäßigen Obergrenzen für unbewaffnete Systeme).[19]
- Kleine, bewegliche, (teilweise) künstliche Systeme sollten verboten werden, mit eng umgrenzten Ausnahmen (z.B. für die Erkundung eingestürzter Gebäude).
- Ein umfassendes Verbot von Weltraumwaffen sollte abgeschlossen werden; Kleinsatelliten sollten in der Anzahl begrenzt werden.
- Das Chemiewaffen-Übereinkommen sollte eingehalten werden. Das Biologische-Waffen-Übereinkommen sollte durch ein Einhaltungs- und Überprüfungsprotokoll gestärkt werden.

5. Nanotechnik/konvergierende Techniken und Entwicklungsländer

In der Frage, was Entwicklungsländer von Nanotechnik (NT) zu erwarten haben, gibt es ganz unterschiedliche Auffassungen. Eine Sicht sieht erhebliche Chan-

19 Wenn diese Forderung nicht durchsetzbar sein sollte, sollten wenigstens das Zielen und Auslösen der Waffe einem Menschen vorbehalten bleiben. Damit ist jedoch nicht sichergestellt, dass keine Zivilisten getötet werden, wie verschiedene US-Angriffe mit ferngesteuerten Drohnen in Afghanistan und Pakistan zeigen (z.B. Frankfurter Rundschau, 16. Jan. 2006).

cen.[20] In einer Delphi-Befragung von 63 NT-Expert(inn)en dazu, welche Bereiche der Nanotechnik in den nächsten zehn Jahren den Entwicklungsländern am wahrscheinlichsten nützen würden, wurden die acht Jahrtausendziele der Vereinten Nationen zu Grunde gelegt:[21]

1. extreme Armut und Hunger beseitigen,
2. Grundschulausbildung für alle Kinder gewährleisten,
3. Gleichstellung und größeren Einfluss der Frauen fördern,
4. die Kindersterblichkeit senken,
5. die Gesundheit der Mütter verbessern,
6. HIV/Aids, Malaria und andere Krankheiten bekämpfen,
7. eine nachhaltige Umwelt gewährleisten,
8. eine globale Partnerschaft im Dienst der Entwicklung schaffen.

Die Expert(inn)en sollten prüfen, wo NT in den Bereichen Energie, Landwirtschaft, Wasser, Krankheitserkennung, Medikamentengabe, Nahrungsverarbeitung und -lagerung, Luftverschmutzung, Bauwesen, Gesundheitsüberwachung und Erkennung/Bekämpfung von Erregern/Überträgern bei der Erfüllung der Jahrtausendziele eine Rolle spielen kann. Das wurde in allen diesen Bereichen positiv beantwortet, und zwar für die Ziele 1, 4, 5, 6 und 7.

Viele Anwendungen werden genannt, z.B. Wasserstoffspeicher mit Kohlenstoff-Nanoröhrchen, Nanokapseln für die Abgabe von Herbiziden, Nanomembranen oder magnetische Nanoteilchen für die Wasseraufbereitung, ein Labor auf dem Chip, Antikörper-Dendrimer-Konjugate für die Krebs- und HIV-Diagnose und Nanokatalysatoren.

Diese Studie wird jedoch von anderen kritisiert.[22] Sie argumentieren: Nanotechnik bedeutet hohe Produktiviät und damit weniger Nachfrage nach Arbeit. Zwar kann man NT-basierte Teilchen für den HIV-/AIDS-Nachweis verwenden, jedoch werden die gegenwärtigen antiretroviralen Medikamente durch die multinationalen Pharmaunternehmen strikt patentiert. „Billige Nanosensoren und Nanokomponenten für die Dosierung von Wasser und Düngemitteln werden Armut und Hunger verringern“ – das ist dasselbe Versprechen, das in den 1980er Jahren für genveränderte Organismen gemacht wurde.

Die Autoren betonen, dass Technik nur ein Faktor unter vielen ist. In der Provinz Hunan (China) sowie in Vietnam sei es gelungen, die Malaria um 99 bzw. 97% zu senken, und zwar durch gesellschaftliche Mobilisierung, unterstützt

20 F. Salamanca-Buentello et al., Nanotechnology and the Developing World, PLoS Medicine 2 (5), 2005

21 http://www.un.org/millenniumgoals/

22 N. Invernizzi and G. Foladori, Nanotechnology and the Developing World: Will Nanotechnology Overcome Poverty or Widen Disparities?, Nanotechnology Law&Business Journal 2 (3), 101-110, 2005

durch Ausräuchern, Moskitonetze und traditionelle Medizin. Die bisherige Erfahrung lässt vermuten, dass auch NT den gegenwärtigen Haupttrends der Wirtschaft unterliegt und die Ungleichheit verstärken wird; gerade auch Nanotechnik wird in wachsendem Maß patentiert. Es stellt sich auch die Frage, ob NT in Entwicklungsländern durch einen Mangel an qualifiziertem Personal behindert wird. Wenn China, Brasilien usw. mit NT Erfolg hätten – würde das die interne Kluft zwischen arm und reich vertiefen?

Insgesamt muss man zustimmen: Die sozio-ökonomische Struktur ist viel wichtiger als die Technik, und Nanotechnik als solche wird daran nichts ändern. Daran anschließend stellen sich weitere Fragen: Wird die Technik ihre Versprechungen erfüllen? Ist das in der Frist von zehn Jahren realistisch? Und schließlich: Welche sozialen und politischen Prozesse sind nötig, damit die möglichen Vorteile der Nanotechnik für Entwicklungsländer auch tatsächlich eintreten?

6. Schlussbemerkungen

Damit das Potential der Nanotechnik und der konvergierenden Techniken für die Menschheit genutzt und Gefahren vermieden werden, sind globale verantwortungsbewusste Regierungsführung und Orientierung an menschlichen Werten nötig. Die Jahrtausendziele der UNO geben gute Kriterien für die Beurteilung ab; dabei sind gesellschaftliche, wirtschaftliche und politische Strukturen vorrangig.

Die Vereinigten Staaten geben ein zweideutiges Vorbild ab. Einerseits verfolgen sie ganz schnell Geschäftschancen, andererseits bestehen sie auch darauf, dass bei der Förderung der Nanotechnik ethische, rechtliche und gesellschaftliche Aspekte berücksichtigt werden. Einerseits gibt es die liberale Tradition, neue Technik möglichst wenig zu beschränken – und es gibt eine gewisse Transhumanismus-Bewegung –, andererseits ist die fundamentalische christliche Rechte stark, die gegen jede Manipulation am Menschen eintritt. Möglicherweise wird die militärische Nutzung der Nanotechnik das größte Problem darstellen, die in den USA bisher praktisch nicht hinterfragt wird; hier muss man hoffen (und dafür arbeiten), dass zumindest die zukünftige Bedrohung für die USA durch Nanotechnik-Waffen zu wachsender Einsicht in die Notwendigkeit von vorbeugenden Beschränkungen führt. Dafür sind kritische Forschung und kritische Stimmen in den USA selbst von zentraler Bedeutung.

Weil Nanotechnik und konvergierende Techniken grundlegende Fragen über das Wesen des Menschen aufwerfen, kann über sie nicht innerhalb eines Staates entschieden werden, und solche Entscheidungen sollten nicht durch Fakten, die ein einzelner Staat schafft, vorweggenommen werden.

Die internationale Debatte über einen Verhaltenskodex für verantwortliche Forschung, Entwicklung und Anwendung der Nanotechnik sollte gestärkt werden und internationale Organisationen einbeziehen.

Nanotechnik und konvergierende Techniken werden extrem mächtig werden. Ihren Missbrauch zu verhindern braucht strenge Kontrolle mit Inspektionen/Durchsuchungen und Verbrechensbekämpfung, wie in der Zivilgesellschaft üblich, auch auf der internationalen Ebene. Daher sollten alle solchen Elemente im internationalen System gestärkt werden und die Rolle der Streitkräfte für die Sicherheit verringert werden.

Die allgemeine Gesellschaft und regierungsunabhängige Organisationen sollten sich an diesem Prozess verstärkt beteiligen.

Foresight in emerging technologies: Risks associated to the military funding of research

By Alexis Vlandas

Einstein is said to have regretted the infamous letter he wrote to PR. Roosevelt on the 2nd August 1939. A militant pacifist, this is probably the instance during which his stand was closest to pushing military interests. The letter did not signify any active involvement of Einstein in the burgeoning atomic weapons programme, but proved to be a key factor in its expansion. In fact, these new terrifying weapons cannot be traced to any individual scientist no matter how talented, but to a formidable organisational and financial effort[1] the US government put in place during the years 1942-45. Amazingly enough, it did not take much more than 2 years for the US to produce and test a first device, and on the 6th August 1945, the world discovered the existence of these weapons by their despicable use on a civilian population in Hiroshima. Humanity had now to live with the consequences of their existence as they were here to stay.

The lesson we must draw from the nuclear weapons history is one of the necessity of foresight when it comes to technological matters. The Pandora's Box myth is meant to illustrate how knowledge cannot be unlearnt no matter how dire the consequences might be. Consequently, we must think carefully about what is funded and what is not when it comes to new technological fields. The question of where funding is funnelled is in fact crucial as we demonstrated in the case of nuclear weapons. Without the huge investment made by the US government, it is probable that these weapons would not have been developed. The greater the potential, the greater the care we should take in making sure no harmful technologies are developed. Nanotechnology is an emerging field in the physical sciences which holds huge promises and, going hand in hand, significant risks. In this article we will focus on the risks produced by the colossal amounts of research and development (R&D) funding distributed by the military establishment across the globe.

1 At its peak in 1945, the Project employed over 130,000 people, and cost a total of nearly $2 billion USD ($20 billion in 2004 dollars based on CPI. [1]).

What's nanotechnology?

The prefix "nano" means a billionth or 10-9. Nanotechnology and nanosciences are therefore concerned with devices and phenomena talking place on the nanometre scale (it is often considered that anything under 100nm qualifies as nano). As a comparison a carbon atom has a radius of roughly 0.1 nanometres. It can be argued that the synthesis of objects in this dimension is hardly new. In fact, the chemistry of small molecules always produces nanoscale entities. Similarly, the wood fires (or car engines) release nano particles. So what is different now? Why are we talking of nanotechnology as the next industrial revolution?

It was early on realised[2] that if one could design a material with atomic resolution, the properties such material would exhibit could be entirely new. This is due to the fact that under a certain size, matter stops behaving according to the rules of classical physics and begins to act according to the ones of quantum physics. By engineering material carefully, one can arrange the atoms so that we can use this different set of rules in a useful way. To achieve such a feat, two distinct areas have to be developed in parallel: the understanding of the physical laws governing matter at this scale and the instrument enabling the manipulation and characterisation of matter at this scale. These two fields "feed" one another, advancement in one enabling further progress in the other.

A crucial step was made in 1981 with the development of the Scanning Tunnelling Microscope or STM. Relying on a quantum mechanical effect, this instrument enable for the first time researchers to image individual atoms resting on a surface. Soon after, it was discovered that, using the same apparatus, one could probe the physical properties of an atom or group of atoms. Lastly, it was noticed that you could also use an STM to move individual atoms. This produced the well known STM picture in which the letter "I", "B" and "M" were written with xenon atoms[3].

The ability to design[4], synthesise and study objects with at least one of their dimension in the nanometre scale (under a 100nm is the usual limit) is what can be called nanotechnology[5]. The level of control we can attain now gives us the

---

2 The origin of this concept is often traced back to R. Feynman seminal speech entitled "There's plenty of room at the bottom" given at American Physical Society in December 1959.

3 It is interesting to see that the first ever word written at these scales is the name of a corporation.

4 Computational modeling plays a increasingly important part in harnessing the potential of nanotechnology

5 I will not talk here about molecular nanotechnology, an idea introduced in 1986 by E. Drexler based around the concept of assemblers: nano machines which can manipu-

opportunity to create a whole new range of devices: from self cleaning glass, to new catalysts, better batteries, stronger materials or bio-compatible bone substitute. As one can see, it is a very vast field of science and technology where many different techniques come into play. A very interesting corollary that comes with working at this scale is that to a large extent the boundaries between what we know as physics, chemistry and biology are abolished. Indeed one can use semiconductor production techniques to create a series of trench on a material, coat them with hydrophilic functional groups to make them suitable to transport water, add "nano-engine" constituted by ATP converting bio molecules (taken from animal cells) to move the water around and finally insert molecular sensors: you obtain what is called a "lab on a chip".

Nanotechnology will impact fairly fast nearly every domain of the manufacturing and electronics industries. It will then slowly diffuse to the health related industries. It will also most probably yield in its progress a number of important scientific discoveries. There is one trait that might make nanotechnology different from previous scientific and industrial revolutions (at least for a while): its apparent absolute character. Indeed, as there are few prospects to go for the subatomic level in common appliances due to the energies that it would involve, nanotechnology is seen by some as a kind of "ultimate frontier" for the control of matter[6].

Funding and why is the military interested?

Funding for nanotechnology and nanosciences has increased tremendously in the past years across the globe. The scale of the discoveries to be made in this field as well as the potential for commercially viable applications are two of the many reasons behind this increase. It is believed that the bulk of today's effort comes from states with private companies providing much less. This is however hard to check as detailed information on research investment of companies is understandably not easily available[7].

The EU (member states and European Commission), for example, spends roughly 800 millions euros each year on nano-related research and this figure is planned to increase in the subsequent years. In the USA, the National Nanotech-

late matter atoms by atom to create virtually anything. For more on that: http://www.foresight.org/

6 The use of the name "Atomtech" rather than nanotechnology by certain NGO's like ETC is in my view an attempt to insist on that aspect.

7 In addition, as the term nanotechnology is deemed risky for public relations, some companies are hesitant to label their activities and products with this prefix.

nology Initiative (NNI)8 was launched in 2000 to provide an integrated framework for nanotechnology research, the 2004 fiscal year request for this initiative is of 849 millions dollars. The sum is shared between several federal agencies such as the NSF, the NIH or the DoE.[9] In 2003 however, none of these agencies were the main recipient of NNI funds. The department of defense (DoD), with 243 millions dollars out of a total of 774 millions, received 31,3% of total allocated resources[10]. In Europe as well, the military is one of the key investors in this new area even if getting the information is harder. Sweden will spend 11 millions euros in the next 5 years on military nanotechnology research programs through the FOI (Swedish defence research agency). In the UK, the Ministry of Defence (MoD) spends roughly 1.5 million pounds/year on nano R&D[11]. This will mostly go toward research on new structural materials and electronic devices. It was decided that the MoD would mostly rely in the short-term on civilian nanotechnology but would establish a technology watch on the subject[12].

It is worrying to see that such a disproportionately important part of the research effort in this field is funded by the military. What aims is the defence sector pursuing in funding research in this area? What are the associated risks?

The strategic vision and examples of programs

The vision that drives military research is not one filled with nano-robots. It is not today envisioned that nanotechnology itself will provide new types of weapons. The changes brought by nanotechnology will be of a more pervasive nature. In the words a Clifford Lau, the Pentagon senior science adviser: "Nanotechnology is a 'force multiplier'. It will make us faster and stronger on the battlefield."

In the short term, nanotechnology will be used in continuity with previous programs developed by relying on "traditional" material science, microelectronics and chemistry. The improvements in materials, using nanostructured materials, will provide stronger and lighter armour, reduce maintenance costs and marginally improve the performance of kinetic weapons (better penetration of shells,

---

8 Conceived under the Clinton administration and launched in 2000.

9 NSF – National Science Foundation; NIH – National Institute for Health; DOE – Department of Energy.

10 Note that not all military applications are funded by the Department of Defense; research in explosive and bio/chemical/radioactive agents detection sensors is the second priority of the NSF research budget.

11 For more information, read the review on military funding of science in the UK recently published by Scientist for Global Responsibility – www.sgr.org.uk

12 See MoD's "Nanotechnology: its impact on defence and the MoD" Information sheet.

etc). The shrinking of electronics circuits will enable sophisticated communication devices and sensors to be deployed on a near permanent basis (using better energy sources). The survivability of troops will also be improved by the insertion of sensors in their uniforms providing real time medical monitoring and deployment of chemical and biological agents' sensors[13]. In the medium term, the army will be seeking to improve human performance on the battlefield by means of an exo-skeleton.[14] All these technical advances will combine to produce an increase in the soldiers' "lethality". The US army anticipates that the deployment of troops with capabilities so far beyond that of their enemies would provoke awe and thus ensure victory.

The nanosciences and nanotechnology advances will also affect weapons development in the field of bio, chemical and nuclear weapons in several ways. For example, it is believed that the nano-structuring of nuclear material pellets is essential to provoke chain reactions in laser driven nuclear research facilities such as the National Ignition Facility or the mégajoule laser. This in turn has the potential to enable new nuclear weapons to be developed[15]. The potential effect on global security will be discussed later.

In the assessment of risks associated with military research programs one must distinguish the different types of programs currently carried out. I will adopt a classification with regards to the aims pursued.

Three broad classes can be identified:

Programs with civilian research objectives i.e. that could be looked after by civilian entities.

Example: Department of Defence – ID: 04-00861 Next-Generation antibiotics

Extracts: "There is a growing national crisis in the treatment of infectious disease driven by the dramatic rise in pathogen multi-drug resistance (MDR)."

Aim: identify resistance gene in mobile genetic elements.

Programs with "classical" military research objectives i.e. seeking to develop military technologies in continuity with previous ones and that do not rely exclusively on nanotechnology.

Example: Department of Defence – ID: 04-00040

Enhanced Alternative Kinetic Energy Penetrators

"Aim: To enhance the penetration capability and behind armour effects of tungsten alloy projectiles via chemistry, mechanical properties and geometry variations, as well as processing innovations or other novel means."

13 These sensors are often used to convince that nano-military research is required: if widely deployed in cities and airports they would potentially minimize the effect of terrorist attacks using bio or chemical weapons.

14 The Natick Soldier Centre (NSC) website.

15 See for example: André Gsponer in Disarmament Diplomacy No. 67.

"nano-military" programs contingent on nano effects or properties.

Example: Central Intelligence Agency – ID: 04-00398 Bio-Nano electronic circuitry

"The combination of biological science with nanotechnology offers the potential to produce a new class of electronic circuitry that rival the complexity and capacity of a human neuro-system"

As expected few risks are associated to the first category of programs, whereas the programs in the third one rise obvious concerns.

The various risks

Risks resulting from military nano-research are wide ranging. They include scientific risks, geo-strategic risks, etc. but development of these technologies and their operational deployment also creates military risks. In fact, it is anticipated that the increased complexity of military systems, the speed at which they react, as well as the deployment of thousands of sensors will soon render the battlefield unmanageable by humans[16]. With the limiting factor becoming the presence in the decision loop of a human operator, the temptation will be strong to remove any human involvement to increase the lethality of the system. This would be a worrying development.

The huge research efforts carried out in the Western world to develop new military applications also creates a dangerous geo-strategic situation. Other countries with significant research capabilities will not stay idle when the wide ranging consensus is that armies relying on nanotechnology will be vastly more effective. As a result one can only expect that the research bias in favour of the defence sector will provoke a new kind of arms race between countries. China and India for example have been increasing their own investments in nano related military research in the past few years. The Indian prime minister recently declared: "Indian scientists "must make a breakthrough" in Nanotechnology as it will "revolutionise the total concepts of future warfare"[17]. This in turn will provide justification for continuing or increasing budgets in our countries as disingenuously one could ask: how else are we supposed to defend ourselves from future Chinese nano-weapons?

---

16 As noted by a military writer – (T. K. Adams in Parameters 31 2001)

17 President APJ Abdul Kalam on the 01/07/2004 – note that he is a physicist and consequently understands the issue quite well.

Nanotechnology also has the potential to threaten existing weapons treaties. Coupled with recent biotechnology discoveries, nanotechnology will provide new development options such as targeted bio/chemical weapons, easier delivery methods, etc[18]. By making chemical and biological weapons easier and "safer" to use, it might provide further incitation to make use of them. On the nuclear weapon side, as noted earlier nanotechnology will most probably help in developing and testing new nuclear weapons thus circumventing the Comprehensive Test Ban treaty (only applicable to bombs >1kT).

Lastly, military funding of research has, in itself, several risks and drawbacks. While this is not specific to nanotechnology and nanosciences the consequences might be quite severe in these fields as they could have a huge potential impact on society. Military funding of research often puts barriers to the diffusion of scientific results thus producing a lack of transparency. It also prevents proper (independent) risk assessment of research from taking place. Lastly, it tends to steer the advancement of science toward military objectives even when funding non-military fundamental science programs. In fact, as it is a significant source of funding, a researcher facing a choice (due to finite time and resources) of whether to demonstrate the applicability of his field to, say, solar cells or infrared detector, might be tempted to first investigate the infrared detector as a way to ensure renewal of his DoD grant. This last point is often overlook but has, I believe, serious deleterious consequences.

Conclusions and recommendations

The author recommends the immediate transfer of civilian aims programs to existing civil research agencies (NSF, EPSRC, etc.) to put a stop to the presence of a bias in the research process. As a way to ensure transparency of military funding of research the author believes that the list of universities and companies receiving funds from the ministry of defence should be compiled and published on a yearly basis. A similar list should be published for the new European Defence Agency as it will be funding R&D in addition to its military co-ordination role. The creation of independent risk assessment bodies (or mechanisms) for nano-military programs is required to ensure that dangerous fields will not be investigated. The author support Jurgen Altmann proposed moratorium forbidding the development of non medical intra-body sensors[19] (a technology which could de-

18 See Jurgen Altmann – Military Uses of Nanotechnology (2004)

19 More drastic proposals have been voiced such as the "inner space treaty" by Sean Howard. See Disarmament Diplomacy No. 65.

velop massively as a result of nanotechnology advancements). This moratorium could be extended to other areas where, even if the military rational exists to justify development of a technology (it is understandable that a commander wants to know the whereabouts of his troops and the environment they are in) the trickle down effect in civilian spheres would most certainly have a detrimental effect.

In conclusion, nanotechnology (and nanoscience) is a very broad field: it's a new way to see a whole range of subjects. The choice of applications developed will shape the impact this field will have on society (and its perception by the public). We have to keep in mind that some discoveries require heavy investments but once the knowledge is out it becomes relatively cheap for others to rediscover them[20]. Einstein's letter was written in a context of global war where choice was severely restricted, we are in a different situation now, we must therefore choose responsibly which technologies to develop and which to steer away from.

The author wishes to thank the following people: C. Langley, Dr. S. Parkinson, Dr. R. Braun, A. Tsolakis and A. Deflandre.

20 A typical example might be the development of the atomic bomb first by the USA, then by the USSR and Britain... and now by India, Pakistan, etc.

Ambivalenz und militärischer Gebrauch von Forschung und Technik

Einleitung zum Thema „Ambivalenz und militärischer Gebrauch von Forschung und Technik“ (Ambivalence and Military Use of Science and Technology)

Frank Vogelsang

Wenn man dem Anspruch der Konferenz „Einstein weiterdenken“ gerecht werden will, kann man nicht umhin, insbesondere auch über das Verhältnis von wissenschaftlichem Fortschritt und militärischer Rüstung zu reden. Beide Themen haben sich in dem Leben und Wirken von Albert Einstein auf eigentümliche Weise miteinander verwoben. Auf der einen Seite war Einstein als öffentlich handelnde Person stets um die Stärkung einer pazifistischen Grundausrichtung der Politik bemüht. Und doch war es eben derselbe Albert Einstein, der für die Entwicklung der Atombombe plädierte, deren Wirkungsweise sich maßgeblich aus den Theorien erschloss, die er als Wissenschaftler entwickelt hatte. Schon in dem Leben von Einstein wird deutlich: wenn man über das Verhältnis von Wissenschaft und militärischer Rüstung nachdenkt, wird man nicht umhin kommen, starke Ambivalenzphänomene zu berücksichtigen.

Dabei haben sich seit der Zeit Einsteins die Probleme einer exakten analytischen Definition von militärischer und ziviler Forschung noch deutlich erhöht. Damit sind auch die Ambivalenz-Phänomene in Wissenschaft und Forschung gewachsen. Immer seltener kann eine technologische Entwicklung als eindeutig militärisch ausgewiesen werden, wie etwa bei der reinen Waffentechnik, zumeist sind zivile und militärische Entwicklungspfade untrennbar aufeinander bezogen.

Die Ambivalenz der Nutzung der Ergebnisse von Forschung und Entwicklung kann man nach jeweils einer der beiden Seiten hin aufzulösen versuchen. Man kann danach fragen, inwieweit militärische Forschung zivil genutzt werden kann oder man kann fragen, inwieweit zivile Forschung militärisch genutzt werden kann. In dieser Unterscheidung ist offenkundig, dass die letztere Form der Ambivalenz die in moralischer und politischer Hinsicht wesentlich gewichtigere ist. Die Möglichkeit, dass Ergebnisse militärischer Forschung zivil genutzt werden, setzt voraus, dass es zunächst einmal eine identifizierbare militärische Forschung gibt. In einer demokratischen Gesellschaft sollte es nun aber im vorhinein möglich sein, über Gesetzgebung, Richtlinien und politische Entscheidungen über die Nutzung von Fördermitteln zu entscheiden, ob es überhaupt militärische Forschung geben soll. Hat man diesem Vorhaben zugestimmt, dann ist eine nachgängige zivile Nutzung kaum ein Stein des Anstosses. Ganz anders aber gestalten sich die Verhältnisse, wenn es um die Frage geht, ob zivile Forschung auch militärisch genutzt werden kann. Denn in diesem Fall kann ein öffentlicher, politisch-ethischer Entscheidungsprozess unterlaufen werden. Wenn ein Forschungsvorhaben, das zunächst mit ganz anderen, dezidiert zivilen Zwecksetzungen beginnt, sich erst im weiteren Verlauf der Entwicklung als überaus nützlich für den militärischen Gebrauch zeigt, dann kann es für einen politischen Entscheidungsprozess schon zu spät sein. Dazwischen liegen all jene Fälle eines großen Graubereichs, in denen eine militärische Nutzung in den Forschungsanträgen und in der offiziellen Zielsetzung nur eine untergeordnete Rolle spielt. Die beiden letztgenannten Fälle weisen auf ein erhebliches Missbrauchspotential in einer Gesellschaft, die stark durch wissenschaftliche und technische Innovationen geprägt ist. Wie kann eine Forschungsförderung, die politisch und öffentlich verantwortet wird, so gestaltet werden, dass die Ziele und möglichen Nutzungen der Produkte transparent bleiben?

Zwei kurze Bemerkungen, willkürlich zusammengestellt, sollen die Präsenz des Themas „Ambivalenz und militärischer Gebrauch von Forschung und Technik" in unserer Gesellschaft aufzeigen. Man hat in den Medien in den letzten Jahren immer wieder Nachrichten darüber verbreitet, dass zivile Firmen versucht haben, Ausfuhrbestimmungen für Bauteile und Geräte zu unterlaufen, die militärisch verwendet werden können, etwa für die Produktion von ABC-Waffen. Die versuchte Umgehung der Ausfuhrbestimmungen wurden gerade dadurch überhaupt möglich, dass für viele der fraglichen Bauteile und Geräte oft keine eindeutigen Zuordnungen von militärischer und ziviler Nutzung gegeben sind. Hochindustrialisierte Länder müssen in der Folge erhebliche Sicherheitsvorkehrungen vornehmen, um die Ausfuhr von prekären Bauteilen, Substanzen oder Geräten zu kontrollieren.

Weiterhin hat die amerikanische Armeeführung den zweiten Irakkrieg insbesondere wegen der hohen logistischen Kapazitäten und schnellen dezentralen Steuerung der kämpfenden Verbände hervorgehoben. Die Technik, die offensichtlich derart kriegsprägend sich ausgewirkt hat, basiert in großen Teilen auf den Kommunikationstechnologien, die sich schon in unserem zivilen Leben etabliert haben. Auch dieses zeigt sehr deutlich, wie zahlreich die undefinierten Übergänge von ziviler und militärischer technologischer Entwicklung sind.

Im Fazit wird die Relevanz der Ambivalenz von Forschung und Wissenschaft in unserer Gesellschaft auch künftig deutlich zunehmen. Damit politische Entscheidungsprozesse nicht durch die „Macht des Faktischen", durch kaum noch aufzuhaltende Technologieentwicklungen und durch deren Verbreitung unterlaufen werden, wird die Frage nach der Zielsetzung von Forschung und Wissenschaft und ihren möglichen Anwendungen immer wieder zu stellen sein.

Navigieren in der Grauzone: Kontrolle oder Gestaltung von Forschung und Technik?

Wolfgang Liebert

1. Ambivalenz und Dual-use

Dass Wissenschaft und Technik insgesamt eine positive und eine negative Seite haben, ist eine Sichtweise, die schon länger vertreten wird. Es ist nahe liegend, Albert Einstein zu zitieren:

> „Eingehende Forschung und intensive wissenschaftliche Arbeit haben für die Menschheit oft tragische Folgen gehabt; einerseits führten sie zu Erfindungen, die den Menschen von erschöpfender körperlicher Arbeit befreiten und sein Leben erleichterten und bereicherten, andererseits aber brachten sie eine tiefe Rastlosigkeit in sein Leben, sie machten ihn zum Sklaven seiner technischen Umwelt und schufen – das schlimmste Verhängnis – die Mittel zu seiner eigenen Massenvernichtung."[1]

Sicher auch im Gefolge der Entwicklung von Atomwaffen ist im Laufe des 20. Jahrhunderts immer wieder die naturwissenschaftlich-technische Unternehmung insgesamt als „wesensmäßig januskopfig" bezeichnet worden.[2] Auf diese Weise kann ein strukturelles Problem wahrnehmungsfähig werden. Das ist sicher bedeutsam, führt aber letztlich zu einem tief greifenden Pessimismus, was Umgangsweisen mit der Problematik der Ambivalenz des Fortschritts angeht. Meiner Meinung nach wird es interessanter und für eine Suche nach Handlungsmöglichkeiten attraktiver, wenn man sich nicht mit einer grundsätzlich pessimistischen Analyse zufrieden gibt, sondern die Ambivalenzproblematik spezifischer und differenzierter betrachtet. Dies deutet sich im obigen Einstein-Zitat bereits an und kann weiter konkretisiert werden mit einem Gedanken Carl Friedrich von Weizsäckers:

> „Ambivalenz nennen wir die Erfahrung, daß wir, gerade wenn wir etwas Angestrebtes erreicht oder verwirklicht haben, entdecken müssen, daß es eigentlich nicht das Angestrebte, sondern vielleicht sogar dessen Verhinderung war. (...) Wir sehen es im techni-

1 A. Einstein: Botschaft an die Intelligenz (1948). Abgedruckt in: ders.: Aus meinen späten Jahren. Stuttgart 1952, S. 158

2 Ein prominenter Vertreter dieser Position war sicherlich Günther Anders. Vergl. beispielsweise G. Anders: Endzeit und Zeitende, München 1972, S. 150ff

schen Fortschritt, der Sicherheit und Wohlstand schaffen soll und Massenvernichtungswaffen und Umweltzerstörung erzeugt."[3]

Carl Friedrich von Weizsäcker bezieht sich zunächst auf das persönliche Erleben, offenbar insbesondere auf dasjenige der Forschenden selbst. Es geht um Widersprüche zwischen dem eigentlich Gewollten und dem tatsächlich Erreichten. Damit greift Weizsäcker im Grunde den in der psychologischen Forschung eingeführten Begriff der Ambivalenz auf, der Konflikte im menschlichen Individuum beschreibbar macht, die durch sich widersprechende Gefühle und Wertungen ausgelöst werden. Das Individuum muss sich den Problemen stellen und Wege der Bewältigung finden durch Entwicklung einer „einheitlichen" Sichtweise und Positionierung.[4] Dies passt ganz gut auf die Erfahrung von vielen Naturwissenschaftlern und Ingenieuren, die auf die anstehenden Herausforderungen durch Ambivalenz reagieren müssen oder sollten.

Bei Weizsäcker öffnet sich der Horizont für die Beteiligten: die inneren Widersprüche des wissenschaftlich-technischen Fortschritts, die sich im Individuum spiegeln, und die Widersprüche in Hinblick auf die mitbedingten Veränderungen in unserer Lebensrealität werden wahrgenommen und müssen angegangen werden. Dabei kann die Sphäre des Gesellschaftlichen, in die Forschung eingebettet ist, nicht mehr ausgeblendet werden.

Unterschiedliche Akteursinteressen, ökonomische Strukturen und gesellschaftliche Machtstrukturen haben Einfluss auf die Wirksamkeit von Ambivalenzen, die im Forschungsprozess bereits angelegt sind. Das hat auch prägende Bedeutung für die Beteiligten in den Forschungsprozessen selbst: Ambivalenz kann so mit erzeugt, verstärkt oder unterschiedlich ausgeprägt werden.

Ambivalenz von Forschung und Technik wirkt also auf verschiedenen Ebenen:

1. Sie ist angebunden an die menschlichen Individuen, an ihr konkretes Handeln.
2. Sie ist strukturell mit dem Forschungs- und Techniksystem verbunden (also nicht vollständig eliminierbar).
3. Sie ist mit den gesellschaftlichen Prozessen verknüpft. Dies gilt auch in globaler Perspektive.

Die Dynamik von Ambivalenz auf den genannten Ebenen ist miteinander verknüpft. Dementsprechend wird man alle relevanten Ebenen berücksichtigen müssen, wenn man Ambivalenzphänomene konstruktiv angehen will.

---

3 C.F. v. Weizsäcker: Der Garten des Menschlichen, München 1977, S. 80-81

4 Vgl. E. Bleuler: Lehrbuch der Psychatrie. 14. Aufl neubearbeitet von M. Bleuler. Berlin 1979

Kurz zusammengefasst meint Ambivalenz spannungsreiche Unterschiede in der Einschätzung von Entwicklungs- und Nutzungstendenzen im Bereich von Forschung und Technik.[5] Die widerstreitenden Bewertungen sind notwendigerweise an die wissenschaftlichen Tatsachen angebunden, an wissenschaftliche Tatsachen, die zum Teil erst noch im Entstehen begriffen sind. Das heisst auch, dass manches noch wandelbar ist, wenn frühzeitig die assoziierten Probleme und die sichtbaren Möglichkeiten diskutiert werden.

Ambivalenzen in der Entwicklungs- und Nutzungsdynamik von Forschung und Technik umfassen unter anderem:

- zivile *und* militärische Entwicklungs- und Nutzungspfade
- spezifische Nutzbarkeit *und* spezifische (oder noch unspezifische) Gefährdungs- und Risikopotenziale
- kurzreichweitige Nutzeffekte *und* langfristige (oder irreversible) unerwünschte Folgewirkungen
- ökonomische Vorteile *und* ökologische Nachteile
- individueller Nutzen *und* ethische Grenzüberschreitungen
- Entlastung von menschlicher Arbeitskraft *und* Beseitigung von Arbeitsplätzen
- begrenzte Einsetzbarkeit (z.B. von Hochtechnologie in wenigen Ländern) *und* Erhöhung weltweiter Ungerechtigkeit
- spezifische Fortschrittschancen *und* Unangepasstheit an erwünschte Einsatzbedingungen und Gesamtwirkungen.

Das zivil-militärische Spannungsfeld soll nun etwas genauer betrachtet werden. Im Zuge der weiter getriebenen Verwissenschaftlichung und Technisierung des „Kriegshandwerks" kommt diesem besondere Bedeutung zu. Vor Jahrzehnten glaubte man einmal, Entwicklungen, die speziell fürs Militär betrieben wurden, könnten auch segensreiche Anwendungen im Zivilen finden (Beispiele: Luft- und Raumfahrt- sowie Nukleartechnologien). Spätestens seit Ende des Kalten Krieges geht es nun verstärkt um die umgekehrte Richtung: zivile Entwicklungen sollen auch militärisch nutzbar gemacht werden. Das hat auch damit zu tun, dass man sich in den größeren Militärnationen begann Sorgen zu machen, dass die übergroße Dominanz militärischer Forschung und Entwicklung (FuE) hinderlich für die ökonomische Wettbewerbsfähigkeit der Volkswirtschaften sein könnte. Gleichzeitig wurde immer deutlicher, dass so genannte generische Technologien im Bereich von Elektronik, Mikroelektronik, Informations- und Kommunikationstechnologien mit ihrer anscheinend breiten Anwendbarkeit sowohl im zivilen als auch im militärischen Kontext (z.B. als Sub- oder Sub-subsysteme in größeren technischen Systemkonstellationen) eine wachsende Rolle für die Weiter-

5 Vgl. ausführlicher W. Liebert: Wertfreiheit und Ambivalenz – Janusköpfige Wissenschaft. In: Scheidewege, Jg. 29, 1999/2000, S.126-149

entwicklung insgesamt haben. Hier bewegen wir uns im Bereich des klassischen Dual-use.

Der entscheidende Punkt ist heute, dass die zivil-militärischen Grauzonen wachsen. Schon seit den späten 1980er Jahre wird von einflussreichen Kreisen anempfohlen, bewusst zivil-militärische Grauzonen in FuE zu schaffen oder zu erweitern – verbunden mit dem Versprechen, auf diese Weise wirtschaftliche *und* militärische Zielvorgaben kostengünstiger erreichen zu können.[6] Regelrechte Dual-use Konzeptionen für FuE spielen dabei eine ernst zunehmende Rolle.[7]

Was Dual-use bedeutet, soll an Hand einiger Aspekte näher beleuchtet werden. Dual-use kann bedeuten, eine Konvergenz von technologischen Anwendungskontexten für zivile wie für militärische Zwecke so zu nutzen, dass militärische Zielsetzungen in den notwendigen Entwicklungsprozessen davon profitieren können. Ein anderer Weg besteht in der bewussten Planung von speziellen militärischen Durchentwicklungen auf der Basis einer breiter angelegten zivil-technologischen Basis (add-on). Umfassender kann mit Dual-use Konzeptionen die bewusste Nutzung und Beeinflussung der wissenschaftlich-technologischen Basis insgesamt für militärische Zielsetzungen angestrebt sein. Dies kann das „sich Einkaufen" von überwiegend militärischen Einrichtungen in bestehende technologische Netzwerke bedeuten (z.B. durch Einsatz von Fördergeldern) oder die politisch organisierte frühzeitige Berücksichtigung von militärischen Zielsetzungen in augenscheinlich eher zivilen Technologieprogrammen.

In der zunehmenden Akzeptanz und Implementierung von Dual-use drückt sich auch eine erneute Wertschätzung von wissenschaftlich-technologischer Innovation für die militärische Einsatz- und Zukunftsplanung aus. Die Bedeutung

6 J. Gansler: The Need – and Opportunity – for Greater Integration of Defense and Civil Technologies in the United States. In: Ph. Gummett, J. Reppy (Hrsg.): The Relation between Defense and Civil Technologies. NATO Advanced Science Institutes Series, Kluver Publ., Dordrecht 1988, S. 138-158; J. Alic, L. Branscomb, H. Brooks, A. Carter, G. Epstein: Beyond Spinoff – Military and Commercial Technologies in a Changing World, Boston, 1992; vgl. weiterhin einige Studien des Office of Technology Assessment (OTA) des US-Congress, zitiert u.a. in: R. Rilling: Zuviel Feuerkraft, zu wenig in die Gehirne... Die Rüstungs- und Technologiepolitik der USA im Übergang. In: W. Liebert, R. Rilling, J. Scheffran (Hrsg.): Die Janusköpfigkeit von Forschung und Technik. Zum Problem der zivil-militärischen Ambivalenz, Marburg 1994, S.44-106.

7 Auf die Diskussion in den USA soll hier nicht weiter eingegangen werden. Auf den Beitrag von Judith Reppy in diesem Band wird verwiesen.

der wissenschaftlich-technologischen militärischen Innovation im NATO-Einzugsbereich kann erklärt werden durch[8]

1. den Übergang von Strategien des Kalten Kriegs, die auf konkrete Bedrohungen reagierten, zu aktuellen Strategien, die auf eine Vielfalt von – zumeist technisch vermittelten – Fähigkeiten zur Reaktion oder Aktion setzen;
2. die daraus abgeleitete Notwendigkeit, auch neue militärische Waffen- und Transportsysteme ins militärische Handlungsarsenal integrieren zu können, die für Interventionen und als Antwort auf so genannte asymmetrische Bedrohungen einsatzfähig sind;
3. die politische Notwendigkeit (insbesondere in Europa), die im Vergleich mit den USA etwas reduzierten Rüstungsetats nicht wieder drastisch zu erhöhen, was die Verwischung der Grenzlinien zwischen militärischen und zivilen FuE-Programmen (Dual-use) nahe zu legen scheint[9];
4. die erneuerte Annahme – insbesondere in den USA –, man müsse (militär-) technologisch allen anderen Staaten weit voraus bleiben, da die Weiterverbreitung von Wissen, Technologie und sensitiven Gütern letztlich nicht aufzuhalten sei, was letztlich die militärische Einflussnahme auf avancierte wissenschaftlich-technologische Programme erforderlich mache („run-faster-strategy").

2. Wege zu verschärftem Dual-use in der Europäischen Union

Vielleicht wird eines Tages überzeugend nachgewiesen, dass Dual-use Konzepte in Deutschland „erfunden" worden sind. Deutliche Indizien liegen jedenfalls dafür vor.[10] Schon spätestens in den 1980er Jahren beschritt man in der Bundesrepublik Deutschland diesen Weg, in einem Land, in dem dezidierte Militärforschung längst nicht so groß geschrieben wurde, wie in anderen NATO-Ländern. Es hat offensichtlich diesbezügliche Absprachen zwischen dem Verteidigungs-

8 Vgl. dazu B. Hagelin: Science- and technology-based military innovation: the United States and Europe. In: SIPRI Yearbook 2004: Armaments, Disarmament and International Security, Oxford University Press 2004, S. 285-304

9 Diese Tendenz wird noch verstärkt durch die Überzeugung, dass die Innovationszyklen im zivilen Bereich weit kürzer sind als im eher schwerfälligen militärischen Zyklus von Entwicklung, Produktion und Beschaffung. Von besonderem Interesse sind hier Innovationen in den Bereichen Informations- und Kommunikationstechnologien, Elektronik, Robotik, „intelligente Materialien", u.a.

10 W. Liebert, R. Rilling, J. Scheffran (Hrsg.): Die Janusköpfigkeit von Forschung und Technik. Zum Problem der zivil-militärischen Ambivalenz, Marburg 1994

und dem Forschungsressort gegeben, auch wenn die Details in aller Regel im Dunklen blieben.

Ein Beispiel war das so genannte „Zukunftskonzept Informationstechnik" der Bundesregierung, das 1989 vom Bundesministerium für Forschung und Technologie und dem Bundesministerium für Wirtschaft aufgelegt worden war. Es ist bis heute nicht transparent, was damit wirklich erreicht wurde. Dies hat Bedeutung für die Propagierung von Dual-use: ob es wirklich ernst zu nehmende zivil-militärische Synergieeffekte gibt und damit tatsächlich – wie politisch gewollt – Kosten eingespart werden können, ist umstritten und könnte nur im konkreten Fall, so oder so , beurteilungsfähig gemacht werden.

Auf europäischer Ebene hat in den letzten zehn Jahren die Rüstungsindustrie den Vorreiter gespielt. Es hat Firmenzusammenschlüsse zu großen zivil *und* militärisch agierenden europäischen Konzernen gegeben. Man macht sich fit für den Weltmarkt und baut auf zivil-militärische Kooperation im hauseigenen Firmennetz. Die europäische Kommission sekundiert mit dem Aufbau einer Europäischen Verteidigungsagentur, die die industriell-technologische militärische Basis in Europa sichern helfen soll. Ein weiteres Beispiel ist das 2003 von der Kommission vorgelegte Weißbuch zur Raumfahrtpolitik, in dem mit großer Selbstverständlichkeit das Raumfahrtinstrumentarium auch als Mittel zur Verwirklichung der Gemeinsamen Außen- und Sicherheitspolitik (GASP) und der Europäischen Sicherheits- und Verteidigungspolitik (ESVP) angepriesen wird. Eine Nachdenklichkeit bezüglich der Folgen einer Implementierung von Dual-use findet man in diesem strategisch-politischen Papier vergeblich. Offenbar bereitet sich die Europäische Union (EU) auf eine neue Rolle in der Weltpolitik vor, die man nicht ohne militärische Fähigkeiten und Spitzentechnologien glaubt ausfüllen zu können.

Hellhörig müssen die Entwicklungen in Großbritannien machen, wie aus einschlägigen Planungspapieren abgelesen werden kann:

„Investment in research and technology is crucial to the future prosperity of the defense industrial base and the capability of the Armed Forces. We will work with industry and academia to co-ordinate our joint resources, to maximise exploitation of civil technology, and to target our investment into areas of military importance (...) Identifying which technologies should be the focus of investment by the UK defence industry involves the difficult task of predicting which capabilities will be militarily important and commercially advantageous. (...) The *Defence Diversification Agency*, established in 1999, plays an important role in this cross-fertilisation between the defence and civil sectors. (...) There are a number of other bodies funding research which may be relevant to defence: industry, the Defense Technology Centers (collaborative arrangements between industrial and academic experts funded by the participants and the MoD), the Reserach Council and academia. By improving the strategic co-operation between MoD and these stakeholders, duplication can be avoided and resources targeted more efficiently.[11]

Dual-use wird hier zur Parole für die Forschungsplanung, organisiert durch verstärkte Nutzung der zivilen Basis, durch Beeinflussung der ursprünglich überwiegend zivilen Programme und durch Erzeugung von Nähe und Überlapp durch Kooperationsprojekte von militärischen und zivilen Einrichtungen und Personen.

Die EU ist auf dem Wege, sich ein milliardenschweres Sicherheitsforschungsprogramm innerhalb des 7. Rahmenforschungsprogramms, das ab 2007 anlaufen wird, zuzulegen. Hintergrund ist offiziell die Sicherheitslage nach dem 11. September und Terroranschlägen in Europa (in Spanien und neuerdings in Großbritannien). Neue Technologien werden hier als die überzeugende Antwort angesehen. Es geht um den wachsenden Security-Markt. Vorbild ist dabei offenbar das Homeland Security Program der USA. Im März 2004 hatte die EU-Kommission einen entsprechenden Group of Personalities Report[12] veröffentlicht, der massiv den gezielten und bewussten Dual-use für die Sicherheitsforschungsanstrengungen innerhalb der EU einfordert:

„Civil, security and defence applications increasingly draw on the same technological base – creating new synergies between different research sectors. (...) The dividing line between defence and civil research ... present major obstacles to delivering cost-effective solutions. (...) To overcome these deficiencies ... implies ... full exploitation of synergies between defence, security and civil research.[13]

Die bislang für die europäische Politik bestehende, aber als lästig empfundene Grenzziehung zwischen ziviler und militärischer Forschungs- und Technologieförderung soll insbesondere in den Bereichen „space, communication, information" überwunden werden. Die Forderung nach einer Koordinierung mit der Europäischen Verteidigungsagentur zeigt, dass es hierbei auch um wesentliche Teilaspekte einer neuen europäischen Industriepolitik geht. Die Europäische Kommission hat im Herbst 2004 die Vorschläge des Group of Personalities Re-

11 British Ministry of Defence: Defence Industrial Policy. Ministry of Defence Policy Paper No. 5, London, Oct. 2002, S. 5, 19-20

12 Als Autoren zeichnen hochrangige Vertreter aus der europäischen Politik, aus zumeist militär-nahen Forschungseinrichtungen und aus Konzernen, die auf dem militärischen Markt agieren.

13 Research for a Secure Europe, Report of the Group of Personalities in the field of Security Research, Europeen Communities, March 2004, S. 6

port vollständig übernommen[14] und ein kleineres, vorbereitendes Forschungsprogramm „Preparatory Action in Security Research" aufgelegt, das bis 2007 laufen soll.

Die Mühlen der EU-Politik und -Bürokratie scheinen dieses ambitionierte Sicherheitsforschungsprogramm nun aber doch etwas kleiner zu mahlen: inzwischen ist noch von einem Budget von einer halben Milliarde Euro pro Jahr die Rede; der Titel wurde – bemerkenswerter Weise – in „Security and Space" umgetauft und in dieser Form in den Entwurf des 7. EU-Rahmenforschungsprogramms integriert; Widerstände einiger Mitgliedsländer[15] sollen die explizite Dual-use und militärtechnologische Orientierung zurückgedrängt haben. Für die Praxis der EU typische Widersprüche zwischen nationalen Interessen und als Gemeinschaftsinteresse ausgewiesenen gemeinsamen Programmen sollen eine wesentliche Rolle dabei gespielt haben. Letztlich bleibt aber zu befürchten, dass dieses Programm als Türöffner für die Implementierung von Dual-use Forschung im großen Stil auf europäischer Ebene dienen wird. Pikanterweise hat die European Space Agency (ESA), die in der bislang bekannt gemachten Programmatik wohl eine wichtige Rolle spielen wird, bis heute noch eine Zivilklausel für das ihr zugewiesene Tätigkeitsfeld. Vielleicht wird eine Veränderung des ESA-Statuts zu einer Art Lackmustest für die Existenz oder Nicht-Akzeptanz einer massiven Dual-use Programmatik.

Problematisch an den verstärkten Bemühungen um Implementierung von Dual-use in der Forschung ist sicher die Erzeugung von wachsenden zivil-militärischen Grauzonen. Die Unterscheidbarkeit von zivilen und militärischen Ressourcen wird weiter verkompliziert, was einerseits negative Konsequenzen für die Eingriffsmöglichkeiten der Politik hat und andererseits die Beteiligten in den Forschungsprozessen selbst in Konflikte bringen wird. Das ethische und dabei zugleich politische Problem wird besonders deutlich durch die angestrebte Einbeziehung von Personen und Institutionen, die bislang nicht in die militärtechnologische Innovation involviert waren.

Die nachholende Entwicklung in einigen Ländern setzt geradezu auf den Zugriff auf zivil-militärisch ambivalente Technologien, die in Dual-use Konzepten genutzt werden sollen oder können. Das ist besonders bedrohlich beim Dual-use von Nukleartechnologie-, Biotechnologie- oder Raketenprogrammen. Wenn sol-

---

14 Sicherheitsforschung: Die nächsten Schritte. Mitteilung der Kommission an den Rat, das Europäische Parlament, etc., KOM (2004) 590, Brüssel, 7.9.2004

15 Dass das für Deutschland federführende BMBF entsprechend agiert hat, erscheint glaubhaft, dass aber auch Großbritannien gegen die ursprüngliche Auslegung des Programms in Opposition gegangen sein soll, wie behauptet wurde, erscheint angesichts der oben beispielhaft zitierten britischen Planungspapiere eher als unwahrscheinlich.

che Nachahmungseffekte im Bereich von Dual-use vermieden werden sollen, müssten wir uns dazu verstehen, zumindest bessere Vorbilder zu schaffen, dazu gehört weitestgehende Abstinenz was eigene Dual-use Programme angeht. Wenn heute viel von den Gefahren asymmetrischer Kriegführung und Bedrohung durch Terrorismus die Rede ist, müssten wir wahrnehmen wie sehr unsere hochtechnisierte und industrialisierte Kultur in den reichen Ländern verwundbar ist durch vergleichsweise einfache Mittel. Wenn zusätzlich weit effektivere Mittel mit der Zeit weltweit zugänglich werden, mit der unsere durchtechnisierte Lebensweise bedroht werden kann, aber diese zunehmend aus zivil intendierter oder an Dual-use orientierter FuE entstehen können, ist es hohe Zeit, sich über unsere Orientierungen in Forschung und Technik grundsätzliche Gedanken zu machen. Der Zusammenhang von wachsendem Dual-use mit der weltweiten Proliferationsdynamik scheint mir jedenfalls in der öffentlichen Debatte weitgehend unterbelichtet zu sein.

Nun hat es vor ein paar Jahren einige kleine Studien zu Dual-use an Hand einiger Beispielfelder durch das Büro für Technikfolgenabschätzung beim Deutschen Bundestag (TAB) gegeben.[16] Dabei hat sich u.a. gezeigt, dass entgegen früheren Einschätzungen heute gar nicht mehr klar ist, ob man noch von einer Technologieführerschaft, die vorwiegend im militärischen Bereichen voran getrieben wird, sprechen kann. Inzwischen scheint zumeist die Forschungs- und Technologiedynamik im zivilen Bereich die grundsätzlichen Möglichkeiten zu bestimmen. Die konkreten Spezifikationen und Bedarfe, die durch die Entwicklungen bedient werden sollen, können aber durchaus divergieren, was zivile und militärische Kontexte angeht. Darin liegt eine wichtige Chance. Das würde nämlich bedeuten, dass man zwar erstens den Weg der Dual-use Strategie beschreiten kann, der bewusst versucht, die eher zivil bestimmte wissenschaftlich-technologische Basis so zu formen, umzumodeln und zu nutzen, dass militärische Bedarfe stets im Auge behalten bleiben und gegebenenfalls auch bedient werden, wobei dies aber nur höchst unvollständig gelingen kann und die erhofften volkswirtschaftlichen Vorteile zweifelhaft bzw. schwer in Vorhinein nachweislich sind. Andererseits würde dies zweitens bedeuten, dass man ernsthaft versuchen kann, sich bewusst aus den Grauzonen herauszumanövrieren – so weit der dafür erforderliche Überblick über die Forschungs- und Technikentwicklung erzeugt worden ist – und dabei anstreben kann, von der Differenz der im zivilen und militärischen Bereich unterschiedlichen Bedarfe und Spezifikationen zu profitieren. In der Wahl des zweiten Weges könnten unter anderem (oder gerade auch) volkswirtschaftliche Vorteile liegen.

16 Vgl. J. Altmann (Hrsg.): Dual-use in der Hochtechnologie, Baden-Baden 2000

3. Kontrolle oder Gestaltung?

Welche Umgangsweisen mit der Problematik der Ambivalenz und des Dual-use können also gefunden werden? Wie können wir in den Grauzonen navigieren?

Im Vorfeld der Konferenz „Einstein weiterdenken“ fand im April 2005 eine Fachtagung in Bonn statt, die genau dieses Themenfeld bearbeiten sollte.[17] Die folgenden Ausführungen sind daher mit einigen Ergebnissen der Tagung und dort behandelten Beispielfeldern angereichert.

Wenn die Proliferationsdynamik ins Spiel kommt, denkt man heutzutage als erstes an Kontrolle.[18] Soweit es sich um die Sorge vor Verbreitung eindeutig oder überwiegend militärisch nutzbarer Technologien handelt, kann man in gewissem Maße auf entsprechende Maßnahmen der Zugangsbeschränkung für andere setzen. Weit schwieriger wird es, wenn es sich um lediglich militärisch relevante, ambivalente, dual-use-fähige Technologien handelt. Dann will man mit Kontrollen den sogenannten Missbrauch verhindern.[19] Ich bin skeptisch, in wie weit solche Ansätze dauerhaft wirksam sein können. Der traditionelle Weg nachträglicher Kontrolle bereits existierender technologischer Artefakte kann m.E. nur sehr begrenzt gelingen – und ist eigentlich nur empfehlenswert in akuten Notlagen im Sinne eines gewissen Zeitgewinns, der für die Implementierung tiefgreifenderer Konzepte gewonnen werden kann. Wenn beispielsweise wirkungsvolle Laser, biotoxische Agenzien oder Produktionsmöglichkeiten, sensitive Nuklearmaterialien oder –technologien oder sensitive Satellitendaten bereits in die Hände derjenigen geraten sind, die ihr plakatives Dual-use Potenzial ausnutzen wollen, ist es zumeist zu spät. Hoffnung auf nachträgliche Kontrolle ambivalenter Technologieentwicklungen erscheint dann häufig illusionär.

Ein klassisches Beispiel für diese Problematik ist das Folgende. Wenn ein Staat hochangereichertes Uran (HEU) besitzt (bzw. auf seinem Territorium lagert) oder dieses Material selbst herstellen kann, hat er einerseits effektiven

---

17 Diese Fachtagung „Kontrolle oder Gestaltung des Fortschritts? – Diskussion der Wissenschaftsentwicklung in Erinnerung an Albert Einstein“ wurde von der Interdisziplinären Arbeitsgruppe Naturwissenschaft, Technik und Sicherheit (IANUS) der TU Darmstadt, vom Forschungsverbund Naturwissenschaft, Abrüstung und internationale Sicherheit (FONAS) gemeinsam mit der Evangelischen Akademie im Rheinland in Bonn organisiert.
Ein Buch, das auf dieser Tagung aufbaut, wird herausgegeben von W. Liebert und F. Vogelsang im Jahr 2006 im Verlag Edition Sigma erscheinen.

18 Vgl. z.B. E. Häckel, G. Stein (Hrsg.): Internationale Kontrolle sensitiver Technologien, Opladen 2003.

19 Ob der Begriff des Missbrauchs überhaupt tauglich ist, erscheint mir allerdings fraglich. Vgl. dazu W. Liebert: Dual-use revisited. Die Ambivalenz von Forschung und Technik, Wissenschaft und Frieden W&F, 23. Jg. 1/2005, S. 26-29.

Brennstoff für Forschungsreaktoren in der Hand aber andererseits auch best taugliches Material für die Produktion von Atomwaffen. Knapp 60 Länder betreiben zur Zeit Forschungsreaktoren und hätten somit prinzipiell vergleichsweise gute Gründe für das Verlangen nach Zugriff auf HEU als Brennstoff, womit gleichzeitig eine prinzipielle Option für eine atomare Bewaffnung erzeugt würde. Man hat in den letzten Jahrzehnten viele Versuche unternommen, den Nuklearbereich weltweit durch immer neue Kontrollideen sicherer zu machen. Aber man gerät so eher in eine Spirale von Ambivalenz, in der jede neu ergriffene Maßnahme eine weitere Ambivalenzproblematik generiert.[20] So kommt man an den Kern des Problems nicht heran. Die Ambivalenz der technischen Entwicklung selbst müsste Gegenstand der Forschung werden.

Eine gänzlich andere Sichtweise findet sich in der Position, dass es recht viele technische Entwicklungsfronten gebe, wo eine deutliche zivil-militärische Konvergenz vorliege, die gänzlich unausweichlich sei und die man sich zu Nutze machen solle. So argumentiert beispielsweise der oben zitierte Group of Personalities Report für die EU-Kommission.[21] Konkret werden die Bereiche Raumfahrt, Kommunikation und Biotechnologie genannt. Als „perfekte Illustration" wird die Raumfahrttechnologie bezeichnet: bei der Satellitennavigation und der satellitengestützten Erdbeobachtung sei die Entscheidung für einen militärischen (oder vornehmer: für einen sicherheitspolitisch motivierten) Einsatz eine rein politische und keine technische mehr.[22] Diese Behauptung soll etwas genauer beleuchtet werden.

Bei der erwähnten Bonner Fachtagung haben wir lernen können, dass es so einfach nicht ist.[23] Bekanntlich existiert bereits das US-amerikanische Satellitennavigationssystem GPS. Das System arbeitet auf einer Frequenz L1, die seit Jahren auch für zivile Nutzer geöffnet ist (soweit keine militärischen Interessen der USA entgegenstehen). Daneben werden Signale auf einer zweiten Frequenz L2 ausgesandt, die nur vom US-Militär genutzt werden können und zu einer weit höheren Genauigkeit bei der Positionsbestimmung führen. Seit einigen Jahren befindet sich das europäische Galileo-System in Entwicklung, das ab 2007 aufgebaut werden soll (Gesamtkosten etwa 4 Milliarden Euro). Offizielle Stellen der

---

20 Vgl. dazu ausführlicher W. Liebert: Ambivalenz moderner Technologien. Instrumente der Friedensgefährdung und Friedensgestaltung. In: Th. Hoppe (Hrsg.): Friedensethik und internationale Politik. Wissenschaftliche Arbeitsgruppe für weltkirchliche Aufgaben der Deutschen Bischofskonferenz, Matthias-Grünewald-Verl., Mainz, 2000, S. 72-99

21 Research for a Secure Europe (2004), op. cit.

22 a.a.O., S. 12

23 Vgl. Beiträge von G. Neuneck und anderen Autoren in dem in Fußnote 17 erwähnten Ergebnisband, der sich in Vorbereitung befindet.

EU und beteiligter Länder haben immer wieder beteuert, dass es sich hierbei im Kontrast zu GPS um ein rein ziviles europäisches System handeln werde. Nach langen Auseinandersetzungen innerhalb der EU – und insbesondere auch mit den USA – sieht es nun aber folgendermaßen aus:

- Galileo wird auf genau der gleichen L1-Frequenz arbeiten und öffentlichen Nutzern zugänglich sein
- die Galileo-Satelliten werden eine zweite, nicht-öffentliche Frequenz aussenden.

Dies bedeutet, dass man einerseits dem Druck der USA nachgegeben hat und die militärische Eingriffsmöglichkeit auf die öffentliche Frequenz L1 zulässt, wenn immer es den USA (oder auch der EU?) militärisch erforderlich erscheint, was von der regionalen Störung bis zur Abschaltung der Signale für öffentliche Nutzer reichen kann. Andererseits will man parallel zur zivilen Nutzung einen eigenen rein militärisch nutzbaren Kanal implementieren. Von dem rein zivilen Galileo-System ist also keine Rede mehr; es ist als Dual-use Technologie konzipiert.

An diesem Beispiel zeigt sich, dass im Gegensatz zur Behauptung im Group of Personalities Report nicht etwa eine unausweichliche zivil-militärische Konvergenz vorliegt. Die Dinge scheinen genau umgekehrt zu liegen: der Dual-use wird überhaupt erst technologisch implementiert, er ist nicht allein politisch bestimmt, sondern hat als Voraussetzung, dass die technologische Konzeption entsprechend ausgelegt wird. – Über effektive Kontrollen zu reden macht dann keinen Sinn mehr – allenfalls noch, was Zugriffsrechte Dritter angeht (in diesem Fall hat beispielsweise China Interesse signalisiert, an der Galileo-Technologie zu partizipieren, was man vielleicht teilweise zurückweisen wird).

Ein anderes Beispiel im Bereich von Raumfahrtprojekten kann an Hand der satellitengestützten Erdbeobachtung diskutiert werden. TerraSAR-X ist ein hochinnovatives Projekt unter deutscher Federführung, das eine spezielle Radartechnologie zur wetterunabhängigen Vermessung der Erde nutzen soll. Das Bundesministerium für Bildung und Forschung fördert dieses Projekt der Deutschen Gesellschaft für Luft- und Raumfahrt (DLR). Ein Viertel der Gesamtkosten von 130 Millionen Euro stellt Astrium zur Verfügung, das zum europäischen Dual-use Konsortium EADS gehört. 2006 soll der erste Satellit in den Orbit gebracht werden, ein zweites Gerät soll 2008 folgen. Im Tandemflug beider Satelliten kann mit TerraSAR-X eine interferometrische Höhenvermessung der gesamten Erde vorgenommen werden. Eine Genauigkeit bis in den Millimeterbereich hinein soll machbar sein. Nach fünf Jahren will man erstmals ein digitales Geländemodell der Erde mit einer Genauigkeit von zwei Metern erstellt haben.

Dieses Projekt wirft eine Fülle von Fragen im Bereich von Dual-use auf. Wer wird die Daten nutzen dürfen? Zu welchen Zwecken? Welcher Bedarf besteht für die Umweltüberwachung, der nicht bereits durch ENVISAT oder andere neue Projekte im Bereich der Umweltsatelliten abgedeckt wäre? Besteht die Absicht, die Daten auch zur militärischen Aufklärung zu nutzen? Wenn ja, durch welche Staaten? Was würde die Kombination der gewonnen Daten mit den Möglichkeiten der Satellitennavigation für die Schaffung neuer militärischer Optionen bedeuten? Wäre so nicht eine perfekte Zielsteuerung von Cruise Missiles weltweit möglich? Könnten unter Nutzung dieser beiden Technologien nicht unbenannte Drohnen zur Aufklärung oder als Kampfmittel weltweit gesteuert werden? Welchen Staaten will man diese Optionen aufgrund dieser Technologie eröffnen?

Man wird Kontrollen fordern. Aber kann man damit das Legitimationsproblem lösen? Wie sollen eventuell erdachte Kontrollsysteme langfristige Stabilität sichern angesichts der beklagten weltweiten Asymmetrie im Bereich der Nutzungsmöglichkeiten von Hochtechnologie und des Zugangs zu Information? Und wiederum gilt, wenn der Dual-use erst einmal technologisch eingebaut ist, ist es tendenziell zu spät für Kontrollen.

Dieses Beispiel zeigt, dass zumindest die Politik hier in eine höchst problematische Dual-use Zone hineinstolpert, offenbar ohne die Konsequenzen genauer studiert zu haben. Es wäre wesentlich, zu untersuchen, in wie weit die sich abzeichnende zivil-militärische Doppelverwendbarkeit auf der technologischen und der politischen Ebene vermieden werden kann. Dies setzte auch voraus, eine frühzeitige andersartige Gestaltung von Forschung und Technikentwicklung vornehmen zu wollen.

Die beschriebenen Schwierigkeiten beziehen sich nicht nur auf einige Einzelfälle. Grundsätzlich wird die Möglichkeit der rechtzeitigen politischen Kontrolle schwieriger in den wachsenden Bereichen der modernen Technowissenschaften, der „Technoscience“, wo Forschungshandeln und Technikentwicklung zunehmend amalgamieren, inhaltlich, zeitlich und organisatorisch in eins fallen.[24] Nachträgliche Kontrollen des Technikgebrauchs kommen insbesondere hier tendenziell zu spät. Bei der genannten Bonner Fachtagung wurden auch die Forschungs- und Technologiefelder der Nano-, Stammzell-, Laserforschung und Biotechnologie diskutiert.[25] Eine frühzeitige Gestaltung erscheint in diesen Bereichen erforderlich. Formen der Kontrolle sind sicher auch für den Umgang mit Produkten der Technowissenschaften vorstellbar – aus meiner Sicht aber wiederum eher zur Gewinnung von Zeit, die nachhaltigere Lösungen zu entwickeln erlaubt. Kontrollen halte ich grundsätzlich eher dort für effektiv, wo bestimmte

---

24 Zum Begriff der Technoscience vgl. B. Latour: Science in Action. How to follow scientists and engineers through society, Cambridge/Mass 1987; D. Haraway: Die Neuerfindung der Natur. Primaten, Cyborgs und Frauen, Frankfurt 1995.

25 Beiträge zur Bio- und Nanotechnologie finden sich auch in diesem Band.

Verzichtsleistungen allgemein und global für alle gleichermaßen verbindlich überprüfbar gemacht werden sollen.

Nicht allein die Dual-use Problematik ist dabei zu beachten. Wie kann man mit den bereits absehbaren Risiken und den enormen Versprechungen bei gleichzeitigen erheblichen Entwicklungsrisiken auf den Feldern heutiger sogenannter Schlüsseltechnologien verfahren? Wie ist angesichts der fantastisch anmutenden Möglichkeiten im Bereich von nanokristallinen Materialien mit der zumeist noch völlig unklaren, aber wohl doch ernst zu nehmenden Umwelt- und Gesundheitsgefährdung durch Kleinstpartikel umzugehen? In der Zukunft denkbare autonome Mikrosysteme erwecken die Befürchtung, dass heutige Fortschrittsprozesse letztlich in militärischen, polizeistaatlichen oder terroristischen Horrorszenarien enden werden. Im Bereich der Stammzellforschung werden Versprechungen auf ungeahnte Heilungschancen gemacht, auf der anderen Seite stehen Befürchtungen, dass je nach Wahl der Forschungspfade ethisch und gesundheitspolitisch höchst problematische Praktiken damit verbunden wären, wenn denn der technische Erfolg gesichert werden könnte.

Dies führt uns wieder in das Gesamtbild der Ambivalenz. Eine Öffnung des Blicks für diese übergreifende Problematik der Ambivalenz des wissenschaftlich-technischen Fortschritts ist wesentlich, wenn wir uns aus den Grauzonen hinausmanövrieren wollen. Einerseits brauchen wir Zukunftswissen über die wissenschaftlich-technische Entwicklungsdynamik – und dies möglichst spezifisch für verschiedene Forschungs- und Technologiefelder. Andererseits wird man, wenn wir Auswege aus den Grauzonen auffinden wollen, sich auch sehr genau mit den zivilen Entwicklungspfaden und –potenzialen beschäftigen müssen. Denn ein Verharren im unausweichlich erscheinenden Dual-use nur weil es überhaupt auch gewisse zivile Anwendungen oder Aussichten gibt, kann gesellschaftspolitisch nicht überzeugen. Dieser zu primitiv angelegten Sachzwanglogik kann man nur entkommen, wenn auch die augenscheinlich zivilen Möglichkeiten mit auf den Prüfstand kommen; sie gehören in die Überlegungen notwendig mit hinein.

4. Herausforderung durch Ambivalenz annehmen

Die folgenden Herausforderungen sind zentral:

- Die verschiedenen wirksamen Ambivalenzen müssen möglichst frühzeitig, bereits in den Phasen von Forschung und Entwicklung in ihren Ursachen erkennbar werden. Auf der Basis solcher Ambivalenzanalyse sollte Ambivalenz, wenn schon nicht vollständig auflösbar, so doch bewusst bearbeitbar und, wo möglich, zumindest auf mittlere Sicht vermeidbar gemacht werden.

- Ein Umschalten von der veralteten linearen Sichtweise, dass zunächst die unproblematische und wertfreie Grundlagenforschung komme und erst später die Erforschung und Ermöglichung der Anwendungen, zu einer den heutigen Realitäten angemessenen Einschätzung der Forschungs- und Entwicklungsprozesse ist dringend geboten. Wir leben im Zeitalter von Technoscience, bei der die Technikgenerierung bereits eng mit den grundlegenden Forschungsprozessen verzahnt ist.
- Es sollte anerkannt werden, dass Forschung und Technik immer schon gestaltet werden, auch wenn dies für viele Akteure teilweise nicht so bewusst von statten gehen mag. Forschung und Technik sollten als menschliches Handlungsfeld (unter anderen) angesehen werden, dass reflexions- und reaktionsfähig gemacht werden kann und muss. Entgegen der früher vertretenen Vorstellung von der Eigendynamik von Forschung und Technikentwicklung geht es heute um die Notwendigkeit, bewusst zu gestalten und damit gegebenenfalls auch Forschungsprozesse zu verändern.

Wenn wir diese Herausforderungen ernst nehmen wollen, werden wir auch die lähmende Innen-Außen-Dichotomie der Wissenschaft überwinden müssen. Wir haben uns daran gewöhnen lassen, den Forschungsprozess als rein wissenschaftsintern kurzgeschlossene Dynamik, die ausschließlich auf gesichertes Wissen ausgerichtet ist zu begreifen, als ginge es nur um rational rekonstruierbare Paradigmen der Wissenschaft und um Legitimationsstrategien der internen Begründbarkeit und Gültigkeit. Das, was dabei als wissenschaftsextern ausgeschlossen wird, hat sich aber längst selbst als wesentlich für die Forschungsdynamik herausgestellt: Ansprüche an wissenschaftliche Problemlösungskompetenz, Auswahl und Förderung von Forschungsthemen, zweckrationale Anforderungen aus der Gesellschaft (gerade auch der Industrie) sind ebenfalls entscheidende Triebfedern der Forschung und damit weit mehr als interne Dynamik oder innerwissenschaftliche Tradition erklären könnten. Hinzu treten normative Ansprüche an die Forschung und die Umgangsweisen mit ihren Ergebnisses, die nicht aus der Wissenschaft selbst stammen. So verflüssigen sich die Grenzen zwischen wissenschafts-intern und wissenschafts-extern auf der Ebene der Forschungsdynamik und des Legitimations- und Gültigkeitsdiskurses. Hier liegt ein wesentlicher Ansatzpunkt für einen breit geführten Gestaltungsdiskurs.

Bei der IANUS-Forschungsgruppe an der TU Darmstadt arbeiten wir an einer Konzeption, die sich *prospektive TA*, also vorausschauendes Technology Assessment, nennt und helfen will, Wege zur Gestaltung von Forschung und Technik aufzufinden.[26] Dabei geht es – kurz gesagt – um eine antizipative Analyse

26 Vgl. W. Liebert: Wissenschaft jenseits der Wertfreiheitshypothese. Ambivalenz und Wertfreiheit versus Wertbindung und Gestaltung der Wissenschaft. In: H. J. Fisch-

von Forschung und Technik mit dem Ziel, Transparenz zu schaffen über die Zugänge in den konkret verfolgten Forschungslinien, über die jeweilige Alternativenstruktur (also über Entwicklungsziele und -möglichkeiten, beschrittene und beschreitbare Entwicklungspfade). Die Dynamik von Forschung und Technikentwicklung soll reflexionsfähig gemacht werden; dabei kommen zunächst die Beteiligten selbst in den Blick aber ebenso die breitere Öffentlichkeit. Letztlich sollten auf dieser Basis Gestaltungsperspektiven möglichst frühzeitig, also schon in der Forschung, entwickelt werden können.

Worum es geht, ist die systematische Sichtung

- der Potenziale betrachteter wissenschaftlich-technischer Entwicklungen
- ihrer erklärten oder möglichen Zielsetzungen
- ihrer bereits absehbaren Wirkungen und
- der benennbaren Werthorizonte der Akteure

sowie eine Einschätzung

- der Erreichbarkeit erklärter Ziele (auch ihre Sinnhaftigkeit)
- von Interessenskonstellationen
- von ungewollten, bereits absehbaren Folgen
- von konfligierenden Wertinteressen
- von Unsicherheiten innerhalb der Prozesse selbst und der wissenschaftlich-technischen Beschreibungen
- von Risiken (in einem umfassenderen Sinn, also unter Einschluss der Entwicklungsrisiken).

Die Black-box Technowissenschaften könnte damit geöffnet werden und das Ziel einer Positivbestimmung der Fortschrittstendenzen verfolgt werden (jenseits einer stets hinterher eilenden Abgrenzungsbemühung gegen das Ungewollte oder zu Risikobehaftete). Eine verantwortbare Gestaltung setzt voraus

- die Mitwirkung von Beteiligten aus der Forschung selbst
- einen ausreichenden Kenntnisstand über die Funktionen der Forschungs- und Technologieprozesse in der Gesellschaft

---

beck, J.C. Schmidt (Hrsg.): Wertorientierte Wissenschaft. Perspektiven für eine Erneuerung der Aufklärung, Berlin 2002, S. 61-83; W. Bender, J.C. Schmidt (Hrsg.): Zukunftsorientierte Wissenschaft – Prospektive Wissenschafts- und Technikbewertung, Münster 2003; W. Bender, W. Liebert, J. Schmidt: Prospektive Gestaltung von Technik und Wissenschaft. In: Präsident der TU Darmstadt (Hrsg.): Nachhaltige Gestaltung von Technik und Wissenschaft, Schwerpunktthemenheft von TUD Thema Forschung, Darmstadt, 2004, S. 14-22; W. Liebert, J.C. Schmidt, W. Bender: Prospektive Gestaltung von Wissenschaft und Technik – Zum Umgang mit Fragilität und Ambivalenz. In: A. Bora, M. Decker, A. Grunwald, O. Renn (Hrsg.): Technik in einer fragilen Welt. Die Rolle der Technikfolgenabschätzung, Berlin 2005, S. 353-362

- ausreichende Kenntnisse über die Forschungs- und Technikentwicklung selbst, also die Generierung unabhängiger Informationen, die nicht nur von den Beteiligten oder Interessensvertretern stammen können, sondern zu gewichtigen Teilen durch prospektive TA überhaupt erst zu beschaffen sind
- Formen der gesellschaftlichen (bis in die Wissenschaft hinein führenden) und wissenschaftlichen (für die Gesellschaft offenen) Kommunikation und Debatte
- ein entschiedenes Interesse der Politik, die für die notwendigen Randbedingungen zu sorgen hätte.

Um den Kreis der Argumentation zu schließen, möchte ich ein Beispiel für die Möglichkeit des Herausmanövrierens aus der Grauzone durch zielgerichtete Gestaltung benennen. Ich beziehe mich dabei auf das Beispiel der Forschungsreaktoren, das ich zu Beginn des dritten Abschnitts erwähnt hatte. Die Lösung besteht in der proliferationsresistenten Gestaltung von Forschungsreaktoren. Konkret bedeutet dies, Forschungsreaktoren so auszulegen, dass kein Grund mehr besteht, hochangereichertes, waffentaugliches Uran als Brennstoff einzusetzen. Tatsächlich kann die wissenschaftlich-technologische Entwicklung, die diese Möglichkeit eröffnet, so verstärkt werden, dass neue sogenannte hochdichte, aber schwach angereicherte Brennstoffe eine adäquate Alternative bieten, die auch die Nutzer der Forschungsreaktoren zufrieden stellen kann.[27] Gerade im Bereich von Hochflussreaktoren sind die Umstellungsrechnungen etwas aufwändig und die Brennstoffentwicklung läuft zur Zeit auf Hochtouren, aber es ist bereits absehbar, dass auf diese Weise hochangereichertes Uran völlig aus dem zivilen Bereich verschwinden kann. Dies ist ein Beitrag der Technikgestaltung zur Erzeugung von mehr Proliferationssicherheit in einem höchst virulenten Bereich. Gleichzeitig ist dies auch ein Beitrag zur *präventiven Rüstungskontrolle*, die sich durch Berücksichtigung der technischen Dynamik mehr zum Ziel gesetzt hat als die traditionelle Rüstungsbegrenzung der Vergangenheit.[28]

Die hier angestellten Überlegungen sollen letztlich helfen, einen Perspektivwechsel in unserem Umgang mit Forschung und Technik einzuleiten: Wir sollten

---

27 Kürzlich wurde eine bei IANUS an der TU Darmstadt erstellte physikalische Doktorarbeit zu dieser Thematik vorgelegt: A. Glaser: Neutronics Calculations Relevant to the Conversion of Research Reactors to Low-Enriched Fuel, Darmstadt 2005

28 Über präventive Rüstungskontrolle (PRK) wird in weiteren Beiträgen dieses Band berichtet. Grundsätzliche Aussagen zu PRK finden sich z.B. in W. Liebert: Ambivalenz von Forschung und Technik. Wahrnehmungssperren versus präventive Rüstungskontrolle. In: R. Braun et al. (Hrsg.): Brückenschlag ins 20. Jahrhundert. Die Verantwortung der Wissenschaft für ein zukunftsfähiges Europa, Baden-Baden 1997, S. 204-213; FONAS und Wissenschaft und Frieden (Hrsg.): Präventive Rüstungskontrolle, Dossier Nr. 38, Wissenschaft und Frieden W&F, 19. Jg. 2001; G. Neuneck, C. Mölling (Hrsg.): Die Zukunft der Rüstungskontrolle, Baden-Baden 2005.

nicht mehr länger auf die stets versprochenen Beglückungen hoffen (oder gar vertrauen) und uns dann immer wieder verwundert mit den Problemen, die aus der fertigen Produkten der Wissenschafts- und Technikentwicklung entstehen, auseinandersetzen. Stattdessen sollten wir anstreben, in den Entstehungsprozess neuer technologischer Optionen selbst einzuwirken und eine Gestaltung unter (sicher nie vollständiger und endgültiger) Vermeidung wesentlicher, negativ wirkender Ambivalenzen einzuleiten.

The Challenge of Shaping Modern Biotechnology in the Light of New Weapons Possibilities

Kathryn Nixdorff

Abstract

Biosecurity measures designed to counteract misuse of biotechnology for biological warfare and bioterrorist purposes will invariably affect biomedical research and must be carefully drafted so as not to impede developments that might be essential for the fight against disease. Because of the pronounced dual-use aspects of biotechnologies, it is very difficult to advocate the prohibition of any type of biological research. Instead, scientists working in biological weapons (BW)-relevant life sciences research should take up the initiative themselves, to demonstrate awareness of the dual-use dilemma and show that they devote appropriate attention to the prevention of misuse as a part of their research activities. One way would be to apply ethical practices while carrying out research. In this regard, a model that was developed for reaching ethical judgements as applied to genetic engineering, which represents a problem-oriented approach towards a constructive and prospective ethics, is presented that can be applied to risk assessment of planned research before that work is carried out. Although application of ethical norms is not an easy task, ethical models can be helpful in making judgements about research strategies and for increasing awareness of the risks that may be involved. The importance of awareness at a very early stage in the research process is particularly pertinent, to avoid surprises and to be able to steer research in a responsible direction. Monitring research by peer review oversight and awarding licenses to principal investigators are also discussed as means of creating awareness.

1. Introduction

Characteristic of the technologies connected with modern forms of research in the life sciences is the explosive rapidity with which new developments occur. Over the past three decades biotechnology has been revolutionized by molecular biology, genetics, genomics and proteomics. In the biomedical sciences these developments are essential for research designed to unravel the mechanisms of disease-causing processes, including the pathogenic mechanisms microorganisms use to cause infectious diseases. Knowledge gained by this research allows a much improved approach for the development of more effective diagnostic and therapeutic procedures aimed at countering diseases and improving health in general. However the same techniques used to improve health and protect against infections can of course be misused to produce new and more effective biological weapons (BW).

Mathew Meselson has argued that as the century progresses, more and more of life's fundamental processes will become open to both benign and malign manipulation.[1] In addition, there is clear evidence of a shift in focus away from the possiblity of using microorganisms malignly to cause infectious diseases to the possibility of using biochemical agents (bioregulators) as weapons to disrupt the operation of interacting biological systems. An example is provided by interactions of the neuroendocrine and the immune systems. Normally, the functions of these interacting, interdependent systems are kept in balance, but this balance is extremely vulnerable to modulation by such bioregulators as the cytokines, hormones and neurotransmitters that regulate the functions of these systems.[2] Manipulation of one system with bioregulators will cause profound effects on the other. In the light of this shift, dealing with advances in the life sciences becomes enormously more complex.

We not only have to be concerned about the deliberate misuse of science and technology for the production of biological weapons but also about the inadvertent creation of microorganisms and bioregulators that have enhanced potential for causing disease. There have been several examples of such research reported in the scientific literature over the past few years, pointing up the fact that this is an actuality that is of equally great cause for concern. A prime example of such work is the inadvertent creation of a killer mousepox virus by researchers trying to develop a contraceptive vaccine to control the rodent population in Australia.[3, 4]

---

1 Meselson, M. (1999) *The problem of biological weapons.* Cambridge Mass: Presentation given to the 1818th Slated Meeting of the American Academy of Arts and Sciences, 13th January.

2 Kelle, A., Nixdorff, K. and Dando, M.R., *Controlling Biochemical Weapons. Adapting Multilateral Arms Control for the 21st Century.* Basinstoke: Palgrave Macmillan, forthcoming.

3 Nowak, R. (2001) Disaster in the making. An engineered mouse virus leaves us one step away from the ultimate bioweapon. *New Scientist* 13 January, 4-5.

4 Jackson, R. J., Ramsay, A. J., Christensen, C., Beaton, S., Hall, D. F. R.and Ramshaw, I. A. (2001) Expression of mouse interleukin-4 by a recombinant ectromelia virus suppresses cytolytic lymphocyte responses and overcomes genetic resistance to mousepox. *Journal of Virology* 75, 1205-1210.

Biosecurity measures designed to counteract misuse of biotechnology for biological warfare and bioterrorist purposes will invariably affect biomedical research developments and must therefore be carefully drafted so as not to impede these activties. Blanket prohibitions placed on research are simply not acceptable. In its confrontation with the dual-use dilemma in biotechnology research, the 2003 Fink Committee of the National Research Council of the National Academies in the USA rejected prohibition of research as a biosecurity measure because "even experiments that have the greatest potential for diversion to offensive applications or terrorist purposes may also have potentially beneficial uses for public health promotion and defense".[5]

2. The Biological and Toxin Weapons Convention (BWC)

The BWC,[6] was agreed in 1972, and it entered into force in 1975. Agreement was primarily achieved after the introduction of the General Purpose Criterion, which formed the basis of the prohibitions laid out in Article I of the Convention, which states, in part, that:

> "Each State Party to this Convention undertakes never in any circumstances to develop, produce, stockpile or otherwise acquire or retain:
> 1. Microbial or other biological agents, or toxins whatever their origin or method of production, *of types and in quantities that have no justification for prophylactic, protective or other peaceful purposes*". (emphasis added)

Clearly, the General Purpose Criterion (itialicised above) allows the peaceful uses of biological agents but prohibits any use that is not for peaceful purposes. The Convention thus applies to all possible agents and future developments and is not a prisoner of the technology of the 1970s. This is the real strength of the Convention; its weakness lies in its ineffective implementation.[7]

---

5 National Research Council of the National Academies (2003) *Biotechnology Research in an Age of Terrorism: Confronting the DualUse Dilemma.* The National Academies Press, Washington, D.C. www.nap.edu.

6 United Nations (1972): *Convention on the Prohibition of the Development, Production and Stockpiling of Bacteriological (Biological) and Toxin Weapons and on Their Destruction. United Nations General Assembly Resolution 2826 (XXVI)*, United Nations, New York. (full text available at http://www.brad.ac.uk/acad/sbtwc).

7 Nixdorff, K., M. Hotz, D. Schilling and M. Dando (2003) *Biotechnology and the Biological Weapons Convention.* Agenda, Münster, pp. 34-36. This chapter entitled The problem with the Biological and Toxin Weapons Convention was authored by M. Dando.

During the negotiations over the BWC, one very contentious issue from the start was that over the verification of compliance.[8] The US view was that a verification regime would have to be totally intrusive if it were going to be effective, and it demanded tough verification measures accordingly. The Soviet Union on the other hand was stubbornly unwilling to accept on-site inspections. The reasons why the Soviet Union did not want an effective verification system became clear in later years, when it became known in 1992 that it had engaged in a massive offensive BW programme all along, even after signing the convention.[9] Although the US insisted throughout negotiations upon tough verification measures, it actually held the view that the types of measures it was calling for still could not guarantee a fool-proof system of verification. Possibly for this reason, the US finally gave up its insistence upon a tough verification regime.

As a result of non-resolvable disagreement over verification measures, and the fact that few states were willing to accept intrusive investigation procedures, only rudimentary verification provisions were written into the Convention in the form of Articles V and VI.[10] Article V of the BWC calls upon states parties to "undertake to consult one another and to cooperate in solving any problems which may arise in relation to the objective of, or in the application of the provisions of, the Convention." It does not, however, specify how these consultations are to proceed. Article VI provides that any party "which finds that any other State Party is acting in breach of obligations deriving from the provisions of the Convention may lodge a complaint with the Security Council of the United Nations. Such a complaint should include all possible evidence confirming its validity...". Although some attempts were made by the UK during negotiations to structure Article VI so that a permanent member of the Security Council could not veto an investigation (i.e. that investigations of alleged use be carried out under the auspices of the UN Secretary General), the final language of Article VI retained the right of veto by a permanent member of the Security Council. The implicit threat of a Soviet veto was no doubt why the UK and the US refrained

8 Dando, M.R. (2002): *Preventing Biological Warfare. The Failure of American Leadership*. Palgrave, Basingstoke and New York, pp. 3-4.

9 Dahlberg, J.T. (1992): Russia admits violating biological weapons pact, *The Los Angeles Times*, Washington Edition, 15 September.

10 For a more thorough discussion of these mechanisms, see Sims, N.A. (2001): *The Evolution of Biological Disarmament*. SIPRI Chemical and Biological Warfare Studies No. 19, Oxford University Press, Oxford. Also, see Investigations of alledged non-compliance with the BTWC, *BioWeapons Report 2004*, pp. 35-50. Available at www.bwpp.org .

from requesting an investigation under Article VI into the Sverdlovsk anthrax[11] incident.[12]

3. Attempts to Strengthen the BWC

The Third Review Conference of the BWC took place just after the 1991 Gulf War amid great concern about the possible use of biological weapons by Iraq. Thus, a group of governmental experts under the name of VEREX was mandated to examine potential verification measures and to consider their technical feasibility. This series of VERTEX meetings took place in 1992-93 and the group submitted a positive report in 1993. A special Conference of States Parties examined the report in late 1994, and then mandated the work of an Ad Hoc Group, which met in Geneva from 1995 until 2001. Though the mandate of the Ad Hoc Group was much broader than just the strengthening of the Convention through improved verification measures, it crucially was:

> "...to consider appropriate measures, including possible verification measures, and draft proposals to strengthen the Convention, to be included, as appropriate, in a legally binding instrument..."[13]

Abassador Tibor Tóth of Hungary, the chairman of VEREX and the Ad Hoc Group negotiations, subsequently produced what is called the chairman's compromise text, which is an impressively long and complex document, containing 30 Articles and numerous Annexes which extend to over 200 printed pages.[14] However, it was clear at the same time that numerous points of serious disagreement remained to be resolved. For example, there were concerns that some states wished to use the Protocol definitions to limit the General Purpose Criterion of the Convention. There were also strong divisions between the developing and

---

11 Meselson, M., J. Guillemin, M. Hugh-Jones, A. Langmuir, I. Popova, A. Shelokov and O. Yampolskaya (1994) The Sverdlovsk anthrax outbreak of 1979, *Science*, 266, 1202-1208.

12 *BioWeapons Report 2004*, p. 39, available at www.bwpp.org

13 United Nations (1994): *Final Report. Special Conference of the States Parties to the Convention on the Prohibition of the Development, Production and Stockpiling of Bacteriological (Biological) and Toxin Weapons and on their Destruction.* BWC/SPCONF/1, Geneva.

14 United Nations (2001): *Protocol to the Convention on the Prohibition of the Development, Production and Stockpiling of Bacteriological (Biological) and Toxin Weapons and on Their Destruction.* BWC/AD HOC GROUP/56-2, Annex B, pp. 347-565.(full text available at http://www.brad.ac.uk/acad/sbtwc).

developed world over how export controls and assistance and co-operation in biotechnology should be handled in the future. Finally, there were differing views concerning crucial elements of the central compliance (verification) measures of the Protocol.[15]

At the last meeting of the Ad Hoc Group in July-August 2001 and after over six years of negotiations, an agreement on the chairman's compromise text was supposed to be reached. However, the US government decidedly rejected not only the Protocol text but also the whole process of further negotiations over the Protocol.[16] As a result, no agreement could be reached, the meeting ended in disarray, and the future of negotiations was placed in an uncertain position. One reason Ambassador Mahley gave for rejecting the Protocol was that its provisions were too weak to test compliance. This appears to be in accord with the long-held belief of the US government that effective verification of the BWC is not possible (see discussion above). Another reason offered was that the verification measures contained in the Protocol would pose a risk to the protection of sensitive confidential national security as well as commercial proprietary information.[17] At the same time, it has been pointed out that the Protocol contains more far-reaching measures to protect confidential information and is less intrusive than the CWC.[18]

Following the Fifth Review Conference of the BTWC in November-December 2001, strengthening the Convention with measures to test compliance became even more uncertain. Once again, the USA played a major role. Two hours before the Conference was to come to an close, the US delegation proposed ending the mandate of the Ad Hoc Group, in order to crush any further attempts at negotiation over the Protocol and to prevent agreement on a Final Declaration of the Conference that would not be suitable to the US government. With that, there was a general agreement not to conclude the Conference but rather to adjourn it until November 2002, in order to achieve a "cooling off" period and to avoid total failure.[19]

The politics of the US government at the resumption of the Fifth Review Conference in November 2002 did not change. An agreement to resume negotiations

15 *Ibid.*

16 Mahley, D.A. (2001): *Statement to the Ad Hoc Group of the Convention on the Prohibition of the Development, Production and Stockpiling of Bacteriological (Biological) and Toxin Weapons and on Their Destruction.* Geneva, July 25, 2001.

17 *Ibid*

18 Rosenberg, B. (2001): Bush treaty moves puts us in danger, *Baltimore Sun*, September 5.

19 Butler, D. (2001) Bioweapons treaty in disarray as US blocks plans for verification, *Nature*, Vol. 414, p. 675.

over the Protocol or even verification measures was not possible. In the Final Document of the Fifth Review Conference, the States Parties agreed on a new procedure of work for the coming years until the Sixth Review Conference in 2006. It agreed[20]

"to hold three annual meetings of the States Parties of one week duration each year commencing in 2003 until the Sixth Review Conference, to be held not later than the end of 2006, to discuss, and promote common understanding and effective action on:

i. the adoption of necessary national measures to implement the prohibitions set forth in the Convention, including the enactment of penal legislation;
ii. national mechanisms to establish and maintain the security and oversight of pathogenic microorganisms and toxins;
iii. enhancing international capabilities for responding to, investigating and mitigating the effects of cases of alleged use of bilogical or toxin weapons or suspicious outbreaks of disease;
iv. strengthening and broadening national and international institutional efforts and existing mechanisms for the surveillance, detection, diagnosis and combating of infectious diseases affecting humans, animals, and plants;
v. the content, promulgation and adoption of codes of conduct for scientists."

The first two topics were discussed in 2003, while topics iii. and iv. were covered in 2004. In the eyes of many observers these discussions up to now have resulted in no substantive improvements or strengthening of the Convention. On the positive side, the States Parties have continued talks in a multilateral arena, and some discussions have been useful. For example, more time than usual has been devoted to discussions over implementation of the Convention, which is a crucial topic. Still, little has been forthcoming in the way of promoting effective action.

The last topic, that of the formulation and adoption of codes of conduct for scientists, is the topic of the Meeting of Experts and the Meeting of the States Parties to the BWC in 2005. At these meetings the re-occurring theme was the importance of awareness of those working in the life sciences to the dual-use risks that may be involved in their work relevant to the Convention.

20 United Nations (2002) *Fifth Review Conference of the States Parties to the Convention on the Prohibition of the Development, Production and Stockpiling of Bacteriological (Biological) and Toxin Weapons and on their Destruction. Final Document.* BWC/CONF.V/17, Geneva 2002. Available at www.opbw.org.

4. The Importance of Awareness

It was suggested at these meetings, for example, in a in a working paper submitted by Germany, "that a code of conduct for the life sciences could represent an effective element in preventing the hostile use of biological agents, if it is designed so as to promote awareness of the complex dual-use dilemma and at the same time pro-actively obligate the research scientist to engage in reflective activities such as risk assessments and consideration of alternative approaches during the research process".[21]

It went on to say that the scientist engaging in biomedical and bioscience research can apply this code element only if he or she is aware of the dual-use problem and is well informed about ethical decision-making processes. Studies instructing about the content of the Biological Weapons Convention (BWC) and the dual-use dilemma encompassing modern life sciences research are not usually a part of the curriculum at many universities. More universities include courses in bioethics, but these are not always directed specifically at informing about the dual-use dilemma in the biological weapons context. There are ethical decision-making models that allow a risk assessment of modern biological research that can be applied to dual-use aspects.

The working paper from Germany further suggested that the States Parties to the BWC recommend highly that their governments encourage universities to place such instruction into their biomedical and bioscience curricula as required courses. Special incentives should be offered by the governments to those universities that do so.

Several States Parties at the meetings in 2005 suggested that not one code of conduct fits all, and that a list of principles or code elements should be formulated so that different organizations could choose the elements that most fit the character of that respective organization. The chairman of these meetings, Ambassador John Freeman of the UK provided a synthesis paper containing all suggestions made at the Meeting of Experts in 2005, that was used as a basis for further action.[22]

---

21 Germany (2005) *Codes of Conduct and Their Application in the Life Sciences at Universities*. BWC/MSP/2005/MX/WP.12, June 13, Geneva. Available at www.opbw.org

22 United Nations (2005) Annex II: Considerations, perspectives, recommendations, conclusions and proposals drawn from the presentations, statements, working papers and interventions on the topic under discussion at the meeting. *Report of the Meeting of Experts*. BWC/MSP/2005/MX/3, June 2005, Geneva. Available at www.opbw.org

5. Approaches to Reaching Ethical Judgements

One of the difficulties in applying ethics to scientific and technological research lies in the nature of ethics itself. First of all, a distinction has to be made between morality and ethics. Morality encompases "the moral attitudes, principles and norms that are recognized and practiced in a society", while ethics is understood as "the reflective handling of the components of morality, which both tests and justifies them".[23] Thus, ethics has to do with making judgements based on moral princples, but there is no authority to make a particular morality or a particular ethic generally binding. Ethical judgement has to rely on the advice and understanding of those who are involved and affected, and who contribute their various competences, stand-points and opinions in a particular situation.[24]

Nevertheless, there are models based on ethical norms that might help in ethical decision-making. These can be taught and learned. A model for reaching ethical judgements as applied to genetic engineering has been proposed,[25] which represents a problem-oriented approach towards a constructive and prospective ethics that might be applied to research in the context of the dual-use dilemma. The components of the model are listed in Table 1. This model has been applied in the past for the risk assessment of dual-use research. [26]

According to the explanation of this model by the authors, the problem and the operational aim of the research has to be defined at the first level in relation to the criteria of preservation and development. Applying this to humans, preservation refers to the continuation of human life while development refers to the inner dynamics of human beings within societies, whose preservation makes sense only if it means developing their abilities and talents.[27] This would certainly not be problematic within the context of justifying the aim of most biomedical research programs.

At level 2, naming the means to attain the aim involves the application of both technical and ethical criteria in assessing those means. The criterion of future orientation is especially relevant for a prospective peace ethics and requires the observance of certain ethical norms. In this regard, "no problem should be be-

23 Bender, W., K. Platzer and K. Sinemus (1995) On the assessment of genetic technology: reaching ethical judgments in the light of modern technology, *Science and Engineering Ethics* 1, 21-32.

24 Bender, W. (1988) *Ethische Urteilsbildung*, Stuttgart: Kohlhammer, pp. 174-185.

25 Bender, W., K. Platzer and K. Sinemus (1995), *op. cit.*

26 Nixdorff, K. and Bender, W. (2002) Ethics of university research, biotechnology and potential military spin-off, *Minerva*, 40, 15-35.

27 Bender, W., K. Platzer and K. Sinemus (1995) , *op. cit.*

AIMS

LEVEL 1: **Definition of Problem and Aim**
Checking the aim definition against the guiding values

PRESERVATION	DEVELOPMENT

MEANS

LEVEL 2: **Naming the Means to Attain the Aim**

TECHNICAL CRITERIA	ETHICAL CRITERIA
Economic viability	Human orientation
Functionality	Social orientation
Safety	Environmental orientation
Future orientation	

LEVEL 3: **In the Expectation of Side-effects: Assessing Benefit by 3 rules:**

1. Rule for assessment of alternatives
2. Rule for minimizing the side-effects
3. Rule for the consequences of abandonment

LEVEL 4: **When confronted with continuing uncertainties as to the choice of suitable means: Decision with the help of two models:**

1. Social and political field: probability model
2. Field of technical action with the considerable risk of side effects: Greater safety model

Table 1. model for reaching ethical judgments[28]

queathed to posterity whose solution is not known to us today" and "no additional sources of danger to the environment and to humankind beyond those that already exist should be created". Furthermore, we are challenged to "leave the world in a condition in which the life and freedom of the next generation are not damaged in such a way that would not be acceptable to that generation".[29]

28 *Ibid.*

29 Jonas, H. (1979) *Das Prinzip Verantwortung. Versuch einer Ethik für die technologisce Zivilisation*, Frankfurt a.M.: Insel, p. 62.

At level three, the side effects referred to in the model encompass unintended negative consequences, such as, for example, the inadvertent creation of a more dangerous pathogen during research into mechanisms of pathogenicity. This level has to do with assessing the benefit of a particular research activity by the application of three rules or requirements to the course of action: the assessment of possible alternatives for technical solutions; minimizing the side effects or reducing negative consequences to a minimum; and assessment of the consequences of abandonment of a technical solution, which takes into account that there may be negative consequences in the case of the decision to abandon a particular course of action.

According to the authors of the model in Table 1, there will still be a certain insecurity with regard to "the impact and degree of the known, unknown or unknowable risks", even after careful adherence to the criteria and rules of weighing the benefits. To help further with decision-making in these circumstances, level 4 rules or models can be applied. In the *decisiveness model*, no way out of the insecurity by rational argument is seen. Because of the need for action, there is a compulsion to reach a decision one way or the other and then to stand by that decision. The choice can not be justified in this case, so that this route is unsatisfactory. The *probability model* also has to do with freedom of choice, but personal preferences will be tempered by arguments that will most probably apply. In the end, however, the *greater safety model* is the one that best supports the rule of minimizing risk. In this regard, Hans Jonas has suggested a very stringent interpretation of the precautionary principle: "Mankind's existence and nature must never become the stakes in an operational bet" and "we should pay more attention to the prophesies of gloom than the promises of bliss".[30] In other words, a bad forcast has priority over a good one, so that we should take the route which will prevent a devastating outcome, even if a benefit is lost.

As pointed out in the introduction, application of ethical norms is not an easy task and the direction taken in the end depends ultimately on the judgment of the researcher. Models like the one presented in Table 1 can still be very useful as a tool for reflection, which can lead to heightened awareness of certain risks that may be involved while carrying out research. The importance of awareness at a very early stage in the research process is particularly pertinent, to avoid sudden surprises and to be able to steer research in a responsible direction. However, additional measures that can support this process are needed as well.

30 Jonas, H. (1979) *Das Prinzip Verantwortung. Versuch einer Ethik für die technologisce Zivilisation*, Frankfurt a.M.: Insel Verlag, pp. 76-83.

6. Oversight of Research by Peer Review

Preventive arms control criteria emphasize the need for monitoring research, to provide possible early warning of potentially dangerous developments. In this regard, there is the need for actions as formulated by a University of Maryland group in the Project on Controlling Dangerous Pathogens[31] that includes a mandatory peer review of research proposals involving work relevant to the BWC. This group has suggested that a tiered peer research review process should be carried out at the local, national and international levels, depending on how dangerous the research is perceived. They also suggest that the process should include civil industry and biodefense activites as well as academia. The process of peer review as proposed in the project could indeed help researchers to become better aware of risks and to stimulate reflection about alternative strategies, especially where serious risks are detected.

7. Registration of Facilities and Awarding Licenses or Permits for Dual-Use Work

There is also a need for the registration or licensing of all facilities and their scientists working with pathogenic microorganisms (or genetic material and toxic products from these microorganisms) of relevance to the BWC. Many States issue licenses or permits to pricipal investigation of projects to pricipal investigators allowing research in the areas of genetic engineering and work with pathogenic microorganisms. Instruction regarding biosafety aspects is usually offered as part of the permit awarding process. However, little is offered in the way of instruction about dual-use aspects of scientific work or ethical aspects of research. In this regard, it would take little effort to include such instruction in these processes, and the awarding of a license or permit should be made contingent upon receiving instruction about the content of the BWC and the obligations of the scientist under this treaty, as well as instruction about ethical decision-making and risk assessment processes. The pricipal investigator should then be obligated to transfer the principles learned through this instruction to co-workers.

---

31 Steinbruner, J., E.D. Harris, N. Gallagher and S. Gunther (2003) Controlling dangerous pathogens: a prototype protective oversight system. This paper represents a work in progress and is periodically being revised. Please check www.puaf.umd.edu/cissm/projects/amcs/amcs.html for the most recent version before quotation or citation. Comments should be sent to: puaf-pathproj@umail.umd.edu

A Dual-Use Technology in the New Strategic Environment

Judith Reppy

Introduction

Dual-use technology is only one site among many for civil-military interactions, but it has become increasingly important as the role of technology in warfare has expanded. Dual-use refers to the idea that a technology can, with some adaptation, have both military and civilian applications; thus the concept depends on being able to identify discrete technologies and distinct civil and military sectors. Throughout much of history there was relatively little to separate military from civilian technology: men went to war with the same weapons and vehicles that they used for hunting and trade and handed their weapons down from generation to generation. In the industrial age, however, specialization increased along with the increase in the rate of technological change, and military technologies diverged from their civilian analogues. Despite the many institutional features that separated the civil and military technology bases, however, the boundary between them was always permeable, if only because most scientists and engineers in the defense sector were educated in civilian universities. Moreover, the military relied on the civilian sector for many mundane technologies, such as textiles and food production, automobiles and telephones, health care and housing construction. In turn, innovations developed for military purposes spilled over to the civilian sphere, most notably the development of jet engines, computers, and nuclear power.

Dual-use technology became a politically salient issue in the post-World War II era, when people began to calculate the danger of technology spreading to the enemy through commercial exports of dual-use goods, as well as the opportunity costs of maintaining separate civilian and military technology bases. On the one hand, there was a concern to control dual-use exports, which found expression in the international CoCom control regime. At the same time, the domestic and economic implications of dual-use technologies were hotly debated, with different issues dominating over time. In the spin-off debate, which characterized the 1970s, the argument was between those who saw civilian benefits from military R&D, e.g., in the developments in solid state electronics and computers, and those who argued that military R&D diverted resources from needed civilian R&D or even, in the strongest version of the argument, distorted the production of scientific knowledge (Gummett & Reppy, 1988; Forman 1987; Cloud & Reppy 2003).

By the 1980s, however, the argument had shifted and was generally framed in terms of the opportunities for the military to gain from civilian technologies, which had outstripped military developments in some areas. (U.S. Congress, OTA 1989, ch. 9; Alic et al. 1992; Stowsky 1999). Competition from Japan in high technology markets was a second factor motivating the shift in discourse. Instead of spin-off, the language changed to spin-on, and the policy debate focused on how to craft an industrial policy that would respond to the international situation while maintaining at least the appearance that the government was not intervening in markets (a requirement during the Reagan and Bush administrations). As such, the emphasis was on promoting government-industry collaboration at the early "pre-competitive" research stage and on stimulating technology diffusion between government and industrial research centers (Alic et al. 1992).

Under the Clinton administration, technology policy to promote dual use came out into the open (Stowksy 1999). At the Pentagon, Secretary of Defense William Perry introduced an official policy for the increased use of civilian technology (U.S. Department of Defense, Office of the Secretary of Defense 1995). Although the high priority assigned to dual-use policy faded after Secretary Perry departed, the dependence on civilian technological developments did not. Today, the so-called *Revolution in Military Affairs* (RMA) depends on utilizing advanced information technology from the civilian sector in the military sector, leveraging the U.S. advantage in communications and information processing technologies in the commercial sector to create military dominance (Marshall 1999, 2). The concept of dual-use technology thus has had two main impacts on policy in the United States: it has served to structure an export control regime aimed at limiting the diffusion of technology to hostile states, and it has underpinned a range of domestic defense acquisition policies aimed at increasing the utilization of civilian technologies by the military.

The New Strategic Environment

We can ask if these policies are still relevant today. The end of the Cold War brought changes in the definition of the enemy, and, with the increase in "small wars" an expanded set of tasks for the military. After the attacks of 11 September 2001 on the World Trade Center and the Pentagon and the anthrax attacks of October 2001, the USA declared war on terrorism and gave new attention to biological weapons and the potential danger from developments in biotechnology, the quintessential dual-use technology. These changes in the security environment effectively demolished the rigid categories of the Cold War, which had made it possible to frame the problems of dual use as involving promotion and control of military-relevant technologies in a state-based regime with a clearly-defined enemy. The contemporary strategic landscape is much more ambiguous and the list of potentially dual-use technologies much more expansive. A short list of the issues on the table would include:

1. The increased ease of weapons proliferation to state and non-state actors when new military technology draws directly on the civilian technology base, raising new challenges to the international control regimes and to military strategy.
2. The increased reliance by the military on civilian contractors to provide battlefield logistical support, with its implications for military planning and for international humanitarian law.
3. The changes in military procurement practices which are needed if dual-use technology is to translate into lower costs.
4. Future problems, in particular the consequences for civilian science and technology when security issues become dominant, as is happening in some areas of biotechnology.

None of these issues is new; in fact they have been a persistent undercurrent to discussions of dual-use technology for decades. Their current prominence reflects the genuinely unsettled situation in the security realm and the need for a revised understanding of the implications of dual use technology in a world in which the boundaries of technology are as blurred as those of the international state system.

The Issues

Proliferation Issues. The fear that militarily useful technology or know-how might diffuse to the enemy underpinned the international export control regime of the Cold War period. During the Cold War, the official lists of goods requiring export licenses effectively defined the boundary between militarily useful and civilian technologies. These lists still exist but they are less relevant for proliferation control for a number of reasons. In place of a world divided neatly into two opposing camps, we now have a situation in which there is no consensus on who the enemy is, so that undercutting of a no-export decision is more likely. Non-state actors such as terrorists, pose another problem, as they operate outside the framework of agreements governing international relations. Moreover, there are more potential suppliers of dual-use technologies in the world today, and many of them are not party to the control regimes China, for example, is not a member of the Wassenaar Arrangement that replaced CoCom. Globalization processes have weakened the ability of governments to control suppliers based within their territories, and the development of the Internet has created a new and uncontrollable medium for the diffusion of technological ideas (Stowsky 2003). Finally, whole categories of technology most notably, biotechnology have been newly defined as dual-use, but there is no infrastructure or network linking the security community to the relevant industry to assist in formulating an acceptable control regime.

Because the relevant technologies, whether biotechnology or information technology, are widely diffused throughout the civilian sector and throughout the world, the state's ability to control their spread is compromised. Licensing systems that depend on agreed-on lists of items to control cannot keep up with the rapid pace of technological change. Dual-use lists that cover whole areas of technology are difficult to administer and create resentment and opposition in the industries subject to control. It is simply not feasible to put controls on all of biotechnology, although it is equally difficult to identify any area of the field that is not of potential interest for military applications. In these circumstances, the very notion of dual-use, which was predicated on the ability to make distinctions among technologies and among countries of concern, has to be questioned.

The effects of outsourcing. Outsourcing the transfer of an in-house military function to civilian contractors can take many forms, from hiring mercenaries to do the actual fighting (Singer 2003) to using outside contractors to provide meals or laundry services on military bases. Here I want to concentrate on the increase in the number of civilian technicians embedded in military units to provide logistical support for military equipment.

The military has multiple motives for employing civilians in logistical support roles (US General Accounting Office 2003, 8). As is evident from a 1996 report from the U.S. Defense Science Board, cost-saving has been a major motive: the report suggested that $7-12 billion annually could be transferred from support functions to modernization accounts (U.S. Department of Defense, Office of the Secretary of Defense, Defense Science Board 1996). Where Congress or host countries limit the number of military personnel allowed in an area, civilian contractors can fill in for regular soldiers. National Guard units may not have the skilled personnel to maintain equipment, even standard equipment such as helicopters, and therefore need to reply on contractor support. And newer equipment may require civilian contractors in the field because no one in the military has yet been trained to provide the necessary technical support. According to the U.S. General Accounting Office (2003, 8), about one-third of the 183 contractor employees who accompanied the Army's 4th Infantry Division to Iraq in 2003 were there to support the high tech digital command and control systems still in development.

These civilian contractors are, in effect, an embodiment of an important policy goal for dual-use technology. They and their skills represent a use of civilian technology by the military in order to provide capability at a reasonable cost. The war on terrorism has only intensified the demand by the military for outsourced services, creating what has been called by the spokesperson for the Defense Security Cooperation Agency "a full employment act" for contractors (quoted in Spearin 2004, 248).

The increase in outsourcing solves some problems, but creates others. Legally civilians, with skills developed in the civilian sector, the contractors have become indispensable to the military, even or especially in war, the one place where the distinction between civilian and military should be most clear. Not surprisingly, their presence as civilians authorized to accompany the force raises issues for international humanitarian law, which depends on the distinction between civilian and military status in its prescriptions for proper conduct. They also raise issues for military tactics and doctrine: except in the case of a legal declaration of war, which has not happened in Iraq, contractors are not subject to military command. Instead, they serve under a contract with their employer and, in theory at least, can quit at any time (although the contractor is obliged to provide a substitute). They are not allowed to take part in hostilities, but instead must be protected by military forces. These distinctions create problems in relations with uniformed military in day-to-day operations. It is not clear that the civilian contractors can command the respect and trust of the uniformed military when they do not share the military's professional ethos and discipline (Campbell 2000).

The United States is not the only country to face these problems. Britain has adopted a policy favoring outsourcing for many of the same reasons as the USA. Since 1996, however, it has dealt with the legal issues of contractor status on the battlefield in a novel manner by establishing the category of "sponsored reserve personnel" and requiring contractors to enroll a certain percentage of their labor force in the program. Sponsored reservists are contractor employees who have received military training and can be called up in the case of contingency operations to deploy as uniformed military members (Blizzard 2004). In other words, under battlefield conditions the private employee is transformed into a soldier, neatly by-passing the legal and ethical issues raised by the presence of civilians on the battlefield. What is not so clear, however, is how employees are to be persuaded to accept these conditions in a labor market in which their skills are highly valued and they have a choice of jobs.

Changes in procurement practices. Defense acquisition officials have long argued that technology produced in the civilian sector is cheaper and available on a shorter timetable than military-developed technology. Repeated policy initiatives to buy "off the shelf" technology rather than developing specialized military versions of civilian products and to enroll new civilian firms as defense suppliers have, however, had limited success. Civilian-based companies have been reluctant to do business with the DOD because of concerns about bureaucratic red tape and protection of proprietary data (Trotta Associates 2003), and these concerns persist despite the rhetoric from defense acquisition officials about a *Revolution in Business Affairs* to match the *Revolution in Military Affairs* (e.g., Gansler 2001).

Stowsky (2003) has argued that DOD efforts to stimulate development of dual-use technology have often foundered on the failure to enroll civilian users in the socio-technical networks surrounding military technology. If a robust civilian market does not emerge, there are no economies of scale and scope for military users to reap and no technological boost for military applications. A further problem is the probability that the leading producers may well be foreign companies. So long as national security interests are interpreted to require domestic production of military goods, the military's opportunities to take advantage of leading-edge civilian technology will be limited to the subset of technologies in which the United States enjoys a technological lead. Stowsky concludes that the only policy with a chance of reaping the promised benefits of dual use technology for both the military and civilian users is an Αopen, collaborative, networked approach,@ one that would also include foreign allies as partners (Stowsky 2003, 23). Projects that for security reasons are not candidates for the open approach, he argues, should be conducted only in the national labs; of course, such projects are probably not good candidates for dual use in the first place.

Brooks (2005) makes a different argument: he believes that globalization of the defense industry has already happened. He focuses his analysis on subcontracting tiers and, using a variety of indirect measures, notes the importance for advanced weapons of dual-use technologies manufactured in the civilian sector, often overseas. Brooks argues that globalization of the defense industry, which he dates to the 1980s, was a comparative advantage to the USA during the Cold War, and a major reason why the Soviet Union could not maintain technological parity, despite the privileged status of its defense industry. In this analysis, dual-use is a pervasive phenomenon in defense procurement, but it has gone unrecognized because it is not observable at the prime contractor level. That may be an advantage because it has protected the sub-contracting tiers from *Buy America* policies that would limit the benefits from dual-use technology. Like Stowsky, Brooks believes there is no viable alternative to a globalized defense industry. Nevertheless, even if one accepts his version of the spread of dual use in defense production, the government's principal/agent problems with the defense industry have not been solved: the dual-use components are filtered through the business practices of major defense contractors, where standard procurement practices undercut the government's goal of lower costs and shorter development cycles.

Dual-use technology and the Revolution in Military Affairs

These issues are all at play in the *Revolution in Military Affairs* (RMA), the currently fashionable rubric for military planning. The end of the cold war ushered in a period of instability in military planning, as old enemies disappeared and new types of conflict erupted around the globe. "Legacy" systems, the major platforms that had defined the essence of the military services for decades, suddenly appeared to be irrelevant, and the new security challenges seemed to require new technologies, new doctrines, and new organizational structures: in short a *Revolution in Military Affairs* (Owens 2002).[1] Under a number of different labels, the U.S. military is investing in a transformation of its force structure and ways of fighting by funding new programs for improving command and control functions and precision strike weapons (Kosiak 2005, 5).

The projected new forms of warfare rely heavily on dual-use technology. "Net-centric warfare", for example, will use technology adapted from the civilian information technology sector to provide a heightened state of shared situational awareness and knowledge among all elements of a Joint force. (U.S. Department of Defense 2001). Components of this new capability include advances in sensors, communications, and computing capacity, all coming together to provide the information needed to target enemy forces with greater lethality and precision. Although the military interest in civilian information technology is a continuation of a trend that began decades ago with the invention of the transistor, the RMA has raised the stakes because it puts information technologies at the center of the military developments.

The dual-use character of the RMA technologies, however, poses problems for the military. The technologies of interest not only have to be imported into the military sector, often literally imported, because the manufacturing center for computers and communications devices shifted to East Asia long ago. As with previous rounds of defense modernization, today's interest in information technology brings two risks: the risk of dependence on foreign suppliers for key components and the risk that a technological lead in military applications could be dissipated in the course of commercial trade. What is an acceptable level of foreign dependence in civilian manufacturing may not be acceptable for military

1 Not all analysts share the enthusiasm of the promoters of an RMA. See Harknett (2000); Murray and Knox (2001).

procurement, but the alternative is costly, low-volume domestic production for military customers. And because it promotes rapid technological change, the RMA exacerbates the problems of formulating an effective export control regime, as discussed above. Finally, the reliance on information technologies, coupled with the desire to field new systems as rapidly as possible increases the military's reliance on contractors to provide logistical support.

Future Problems

The new military interest in biotechnology is also problematic. Because the relevant technologies are widely diffused throughout the civilian sector and throughout the world, the state's ability to control their spread is compromised. Licensing systems that depend on agreed-on lists of items to control cannot keep up with the rapid pace of technological change. Broad-brush dual-use lists that cover whole areas of technology are difficult to administer and create resentment and opposition in the industries and scientific communities subject to control. It is, however, equally difficult to identify any part of biotechnology that is not of potential interest for military applications, once one include defense against possible biological weapons as a motive for new research. It is equally difficult to identify any area of the field that is not of potential interest for military applications.

In the past, military patronage has helped shape the course of technology development, both by funding research programs and by serving as an important customer. The history of military involvement in the development of solid state electronics, for example, is well known (Braun & MacDonald 1978), and the development of nuclear energy was heavily influenced by the naval nuclear reactor programs (Hewlett & Duncan 1974). The new government-funded programs under the rubrics of biodefense and biosecurity have the potential to similarly shape the future development of biotechnology. For example, funding for research on priority biowarfare agents like anthrax and ebola increased roughly twenty-fold for the period 2002-04 compared to 1999-2001, at the same time that funding for more common threats to public health, like HIV, tuberculosis and hepatitis, was reduced (Sunshine Project 2005). Over 95 percent of the new grants went to principal investigators who had not previously worked with the priority agents, a striking measure of the shift in research activities. These numbers are also a harbinger of future proliferation challenges, challenges that the current biosecurity regime is ill-equipped to meet.

Conclusions

The new strategic environment has created enormous problems for dual-use policy. The old certainties of the Cold War have disappeared, but the need to control the proliferation of weapons technology has not. Along with the persistent problems of constructing an effective export control regime, new problems associated with the logistics demands of dual-use weapons technology and the expanded military interest in biotechnologies have emerged. Given these problems, it is vitally important to expand the policy discourse to consider the costs of a dual-use policy and ask what it should look like in a time of blurred boundaries in technology and in the international environment.

References Cited

Alic John, Lewis Branscomb, Harvey Brooks, Ashton Carter and Gerald Epstein. 1992. *Beyond Spinoff*. Boston, MA. Harvard Business School Press.

Blizzard, Stephen M. 2004. Increasing Reliance on Contractors on the Battlefield: How do we Keep from Crossing the Line? *Air Force Journal of Logistics.* (Spring).

Brooks, Stephen. 2005. *Producing Security: Multinational Corporations, Globalization, and the Changing Calculus of Conflict.* Princeton, N.J. Princeton University Press.

Braun, Ernest and Stuart Macdonald. 1978. *Revolution in Miniature: the History and Impact of Semiconductor Electronics.* New York: Cambridge University Press.

Campbell, Gordon. 2000. AContractors on the Battlefield.@ Paper prepared for presentation to the Joint Services Conference on Professional Ethics 2000, January 27-28, Springfield, VA. At: http://atlas.usafa.af.mil/jscope/JSCOPE00Campbell00.html. Last accessed 8 July 2005.

Cloud, John and Judith Reppy. 2003. The Earth Sciences in the Cold War, *Social Studies of Science: Special Issue* 33 (October)

Forman, Paul. 1987. Behind Quantum Electronics: National Security as Basis for Physical Research in the United States, 1940-1960, *Historical Studies in the Physical Sciences* 18:149-229.

Gansler, Jacques. 2001. AChanging the Defense Acquisition Process.@ Paper presented at the Roundtable on the Geoeconomics of Military Preparedness, Council on Foreign Relations. New York, NY. (February 9).

Gummett, Philip and Judith Reppy. 1988. *The Relations Between Defence and Civil Technologies.* Dordrecht. Kluwer.

Harknett, Richard J. 2000. The Risks of a Networked Military. *Orbis* 44 (Winter): 127-143.

Hewlett, Richard and Francis Duncan. 1974. *Nuclear Navy, 1946-1962*. Chicago: University of Chicago Press.

Kosiak, Steven M. 2005. *Analysis of the FY 2005 Defense Budget Request*. Washington, DC. Center for Strategic and Budgetary Assessments. At: www.csbaonline.org/4Publications/ Archive/R.20050517.FY06Bud/R.20050517.FY06Bud.pdf. Last accessed 21 July 2005.

Marshall, Andrew W. 1999. Foreword. In *Strategic Appraisal: The Changing Role of Information in Warfare*, Aalmay Khalilizad, John P. White, Andrew W. Marshall, eds. Santa Monica, CA. RAND.

Murray, Williamson and MacGregor Knox. 2001. Thinking about Revolution in Warfare. Ch. 1 in MacGregor Knox and Williamson Murray, eds. *The Dynamics of Military Revolution 1320-2050*. New York. Cambridge University Press.

Owens, William A. 2002. Creating a U.S. Military Revolution. Chapter 10 in Theo Farrell and Terry Terriff, eds., *The Sources of Military Change* (Boulder, CO: Lynne Reinner).

Singer, Peter W. 2003. *Corporate Warriors*. Ithaca, NY. Cornell University Press.

Spearin, Christopher. 2004. The Emperor's Leased Clothes: Military Contractors and their Implication in Combating International Terrorism. *International Politics* 41 (243-64).

Stowsky, Jay. 1999. The History and Politics of the Pentagon's Dual-Use Strategy. Ch. 4 in Ann Markusen and Sean Costigan, eds. *Arming the Future*. New York. Council on Foreign Relations.

– 2003. Secrets to Shield or Share? New Dilemmas for Dual Use Technology Development and the Quest for Military and Commercial Advantage in the Digital Age. Berkeley Roundtable on the International Economy (BRIE) Working Paper 151. At: http://brie.berkeley.edu/~briewww/publications/working_papers.html. Last accessed 11 July 2005.

Sunshine Project. 2005. Some Statistics about the US Biodefense Program and Public Health. At: http://www.sunshine-project.org/biodefense/niaidfunding.htm. Last accessed 21 November 2005.

Trotta Associates. 2003. Assessment of Industry Attitudes on Collaborating with the U.S. Department of Defense in Research and Development and Technology Sharing. Report prepared for the U.S. Department of the Air Force. At: http://www.dtic.mil/ird/pubs/index.html. Last accessed 12 July 2005.

U.S. Congress. Office of Technology Assessment (OTA). 1989. *Holding the Edge: Maintaining the Defense Technology Base*. Washington, DC. U.S. Government Printing Office.

U.S. Department of Defense. 2001. Network Centric Warfare. Department of Defense Report to Congress. (27 July). At: http://www.dod.mil/nii/NCW/. Last accessed 13 September 2005.

U.S. Department of Defense. Office of the Secretary of Defense. Defense Science Board. 1996. Final Report of the Defense Science Board Task Force on Outsourcing and Privatization. Washington, DC. At: http://www.acq.osd.mil/dsb/reports.htm. Last accessed 8 July 2005.

U.S. Department of Defense. Office of the Secretary of Defense. Undersecretary of Defense for Acquisition and Technology. 1995. *Dual Use Technology: A Defense Strategy for Affordable, Leading-Edge Technology*. Washington, DC. (February).

U.S. General Accounting Office (GAO). 2003. Contractors Provide Vital Services to Deployed Forces but Are Not Adequately Addressed in DOD Plans. GAO-03-695. Washington, DC.

Der offene und freie Diskurs als Voraussetzung verantwortlicher Wissenschaft

Lack of transparency in research: risks to environment and health

Árpád Pusztai

Possible consequences of lack of transparency

Genetic engineering, or recombinant DNA technology, as it is scientifically called, is a nuclear technology in which the cell nucleus is modified by genetic methods[1]. Lack of transparency in research concerning either the nuclei of cells or atoms presents major risks to health and the environment, as we know from recent history. Lack of information to other scientists and to the public will also have serious consequences that might be particularly disastrous with irreversible technologies. Now, the first time in human history we have found a technology, or rather a technique, which is irreversible. Once the products of genetic engineering are out, we have no means of calling them back.

Lack of transparency is anti-science. Since science is an endeavour pursued by people to try to understand the world around us and ourselves in it, the results of this great enterprise belong to all, particularly as its costs are also borne by us. The lack of transparency in science leads to acute problems, particularly in the case of irreversible technologies as in the absence of factual information it is impossible to protect human/animal health, or avoid irreversible environmental damage. Secrecy is also damaging to science because without exchange of data and views between scientists, and transferring the information to the general public, progress is impossible[2].

The reason for the lack of transparency can be easily seen in today's corporate-sponsored scientific research. In the nineteen sixties, which we now regard as the golden age of biological science, there were only minimal inputs, funding or interest expressed by major corporations. But by learning more about the genetic code, the commercial sector has moved in into genetic science. They started to sponsor and fund a lot of work to develop technologies and products that they can sell. Obviously, companies which finance, partly or wholly, a particular piece of research can argue that they have the perfect right to deny the results of the research to competitors who did not contribute to the cost. There is also another important reason for not revealing the findings. If the research leads to harm or the product of the research causes an environmental or health calamity it will be almost impossible to implicate the company for the damage in the absence of well-authenticated research data. This way the corporation is hoped to be able to escape responsibility for the harm caused, and avoid paying for the damage.

There are many ways that lack of transparency is achieved in practice. One of the simplest is to declare all research results as confidential business information (CBI). An even better way is to withhold the publication of unfavourable data. Most contracts of commercially funded research incorporate clauses that forbid the publication of research data without the explicit permission of the funding company or agency. Disinformation and/or falsifying research data are particularly pernicious forms of denying the public to get the right information. A more "sophisticated" form of this is to use other scientists to generate doubts about the validity of results that are "uncomfortable" for the corporations.

It will be instructive to refer to a few well-known examples of major public harm that could have been avoided if the results of relevant research had not been kept hidden from the public by the industrial or political establishments. It is now well known that the tobacco companies have for decades been hiding data that showed that smoking was a main factor in lung cancer, heart/circulatory diseases, etc. Keeping secret the results of studies relating to BSE in the UK that showed the possibility of the spread of the disease from cows to humans has greatly slowed down efforts to establish a proper strategy response by the health authorities and prevent over hundred people from dying. Hiding the evidence indicating a role of genetic engineering in the death of people who took genetically engineered (GE)-tryptophan supplements (eosinophylia myalgia syndrome) is another case when the lack of transparency caused a major health problem. This was further aggravated by allowing the company to destroy the GE-bacteria and thus to prevent finding out the truth and take preventive action by the authorities.

Possible consequences of the lack of transparency in the genetic manipulation of plants

In my personal view the globalized GE-biotechnology industry and its political allies are now repeating all the past mistakes of industry to cause harm. Thus, GE plants and foods derived from them are being introduced into the world without first thoroughly researching what possible irreversible health-[3,4], environmental-[5], and economic risks can follow from the spread of these potentially hazardous GE-crops. Furthermore, very little research is sponsored by the biotechnology industry and the scientific establishment, and even less is carried out to establish what possible dangers and harm can be caused by the increased destruction of biodiversity, soil quality and food security with the large-scale commercial growing of GE crops. As practically no research is done to find new genetic techniques it is obvious that the industry first wants to recoup their investment into this present unpredictable, and therefore potentially dangerous genetic transformation technique before they would be willing to invest in finding new and safer techniques. Moreover, under the present conditions, with the financial and political power the industry possesses very little can be done to prevent the growing dependence of farmers on these monopolies and stop the destruction of independent science and sceptical scientists.

An objective survey of the present state of GE crop/food regulation gives us a great deal of concern about the future, particularly as there is effectively *no regulation*[1] in the USA even though they are responsible for the bulk of GE crops. Even in other countries, such as in the EU, "safety assessment" of GE crops/foods to a great extent is based on the poorly defined and not legally binding concept of "substantial equivalence". Accordingly, if the main constituents of a GE crop are similar to those of its non-GE counterpart, and if the conventional crop has been safely consumed previously, the GE crop is regarded as safe as the non-GE. The biotechnology companies can, therefore, use this concept to avoid carrying out a proper risk analysis and safety study. Even in the few examples when risk assessment is done, the companies try to declare the results as "confidential business information" and to make them therefore unavailable for public or independent scrutiny. It is a particularly sinister development that, using the power of WTO, on behalf of the biotechnology companies the countries producing GE crops can attempt to force other nations to accept their GE products (a present example is USA vs. EU at WTO)

The present state of GE crop/ food science does not paint a flattering picture. It is strikingly obvious that in this field there are many opinions but few data! At present count there are only 19 peer-reviewed academically relevant scientific papers published in international journals of high impact factor[4,6]. Only one human clinical trial and only few animal studies have been published to date. There is no internationally agreed protocol for risk assessment. Indeed, some countries like the USA deny that there is a need at all for the biological testing of GE foods. Even when statistically significant differences between GE- and non-GE crops/foods are found these are declared by the biotechnology industry to have no biological significance. Moreover, the industrial and political establishments vilify scientists finding such differences.

It should be patently obvious that GE crops/foods need to be thoroughly investigated by biological testing methods before they are incorporated into the human food chain or as animal feed. Nevertheless the reasons for this must be clearly stated. Thus, to show the presence of new toxins/allergens by chemical methods is, at best, difficult. In contrast, the consumption of unexpected but potent biologically active components can have disproportional and large effects on health. It is now well known, that a small but physiologically significant part of the transgenic DNA and biologically active proteins can survive in functional form which can then affect the metabolism, bacterial flora of the gut, and immune/endocrine systems of the gastrointestinal tract and the whole body[7]. The main task of risk assessment must therefore be to establish whether these primary effects of the GE food on the gut will have any pathologically relevant consequences for human/animal health[4,6]. For this new methods of toxicology, nutrition and pathophysiology will have to be developed.

In the light of these considerations it will be instructive to see what happened in GE crop/food science since 1998? It is particularly striking in view of the venom poured on our GE potato work and despite promises by the UK Royal Society, our *work has never been repeated*[3,4]! Indeed, very little work on GE food risk assessment is done at present or has been done in the UK since 1998, and the promised developmental work to establish novel methods for the biological testing has never materialized. The excuse for this by pro-GE scientists is that there is no point in GE risk research, because it will only reinforce the proclaimed fact that GE foods are safe and good journals will therefore not publish these negative findings. In any case, it is always stated by the industry that GE foods by definition are safe and that is a fact. Therefore there is no need to expensive biological risk assessment studies.

In contrast, most findings of our GE potato work have now been published and the list of similar publications is slowly growing[2-4]. These not only indicate that harm to mammals is possible by the consumption of GE food/feed, but they also attempt to establish its possible mechanisms. A trickle of fundamental new work to establish a credible scientific basis for the environmental and health risk assessment of GE crops/foods has also been started up with our participation. The decision of the German Appeal Court in which they ordered the public release of confidential data submitted by the biotechnology companies to the Regulatory Authorities, that were previously strictly confidential, is also encouraging. Accordingly, in addition to the official scrutiny the availability of evidence relating to GE food safety to independent scientists is likely to lead to greater transparency. However, in the long process to attain maximum safety it is important to recognize that animal tests are but a first step. The next one is to achieve the acceptance by the authorities that long-term metabolic-, immune-, and reproduction studies are needed, in the first place with laboratory animals. If these did not show harm, the GE food safety must be further tested in doubly blind, placebo-controlled human clinical studies, with particular attention to their allergenic potential, while all the time keeping in mind that any potentially harmful effect will be more serious with the old, young and the diseased.

What is the way forward? Despite the general gloom, it is encouraging to note from the few examples of published work that a great deal of informative data on GE food safety has come from studies of their biological effects on the alimentary tract. It is therefore suggested that the best way to safeguard the health of people is to enlarge this database by demanding more similar work to be done transparently and independent of the industry, and communicate their results to the public. It is of the utmost importance that all claims of corporate science must be independently verified by publicly funded scientists acting as watchdogs. The public must be helped to understand that for independent scientific advice they will have to release scientists from their "servitude" to business by funding them from the public purse so that research could be done "openly, transparently and inclusively" for the benefit of all.

Final messages

If no safety studies are done, the absence of evidence of harm cannot be taken as evidence for the safety of GM foods.

Our motto must be that as new discoveries, products, and novel technologies will affect us all, we are all entitled to scrutinise the evidence relating to their safety.

Citations

Jeffrey Smith (2003) Seeds of Deception. Yes! Books Publications, Fairfield, Iowa, USA, pp. 49-75. and 127-156.

Pusztai, A. (2002) GM Food Safety: Scientific and Institutional Issues. Science as Culture. 11, 69-92.

Ewen, SWB and Pusztai, A. (1999) Effect of diet containing genetically modified potatoes expressing Galanthus nivalis lectin on rat small intestine. The Lancet, 354, 1353-1354.

Pusztai, A., Bardocz, S. And Ewen, S.W.B. (2003) Genetically modified foods: Potential Human Health Effects. In: Food Safety: Contaminants and Toxins. (J.P.F. D'Mello ed.) CABI International. Publishing., pp. 347-372.

Snow, A.A., Andow, D.A., Gepts, P., Hallerman, E.M., Power, A., Tiedje, J.M. and Wolfenbarger, L.L. (2005) Genetically engeneered organisms and the environment: Current status and recomendations. Ecological Applications 15, 377-404.

Pusztai, A. And Bardocz, S. (2006) GMO in animal nutrition: potential benefits and risks.In: Biology and nutrition in growing Animals. (Mosenthin, R., Zentek, J. And Zebrowska, T. Eds.) Elsevier Ltd. Publ., London,U.K.pp. 513-540.

Schubbert, R., Hohlweg, U., Renz, D.and Dorfler, W.(1998) On the fate of orally ingested foreign DNA in mice: chromosomal association and placental transmission in the fetus. Mol. Gen. Genet., 259,569-576.

Der offene und freie Diskurs als Voraussetzung verantwortlicher Wissenschaft[1]

Dieter Deiseroth

1. Die CUDOS-Kriterien

Vor mehr als 60 Jahren hat der US-amerikanische Wissenschaftssoziologe Robert Merton[2] fünf Kriterien formuliert, die als normative Imperative an wissenschaftliche Forschung der Sache nach breite Zustimmung gefunden haben: Communalism[3], Universalism[4], Disinterestedness[5] , Originality[6] und Scepticism[7].

Auf ihnen beruhen bis heute zu einem nicht geringen Teil der Nimbus und die Reputation, auf die sich wissenschaftliche Forschung zu stützen vermag. Diese Normen (nach ihren Anfangsbuchstaben: CUDOS) werden als Kriterien „guter Wissenschaft" gemeinhin als prägend für die „academic sciences" verstanden. Mit ihrer Gewährleistung soll erreicht werden, dass Forschungsergebnisse zuverlässig, unverzerrt und tunlichst intersubjektiv überprüfbar gewonnen werden. Einer der zentralen Imperative ist dabei, dass sie einem offenen und freien Diskurs ausgesetzt sein sollen, der prinzipiell unabgeschlossen ist.

Die CUDOS-Kriterien sind auf das Ziel fokussiert, „objektive" und „richtige" Forschungsdaten zu gewinnen. Sie richten sich am Ideal „wertfreier Erkenntnis" aus. Die Kritik, die insbesondere in erkenntnistheoretischer Hinsicht an einem solchen Wissenschaftsverständnis geübt wird, überrascht deshalb nicht.

Zu konstatieren ist, dass wissenschaftliche Forschung in der Alltagspraxis diesen Kriterien – vorsichtig ausgedrückt – nicht immer genügt. Empirische Stu-

---

1 Erweiterte schriftliche Fassung des Statements zur Internationalen Konferenz „Einstein weiterdenken" vom 14. – 16.10.2005 in Berlin (Forum 1 am 15.10.2005)

2 Robert Merton, Die normative Struktur der Wissenschaft (erschienen unter dem Titel "Science and Technology in a Democratic Order", in: Journal of Legal and Political Sociology 1 (1942), S. 115 ff), nachgedruckt in: ders., Entwicklung und Wandel von Forschungsinteressen, Frankfurt 1985, S. 86 ff

3 allgemeine Zugänglichkeit, Öffentlichkeit

4 Universalität, Allgemeingültigkeit

5 Uneigennützigkeit, keinem Interesse verpflichtet

6 Originalität, einen spezifischen Erkenntnisfortschritt bringend

7 organisierter Skeptizismus, Unabgeschlossenheit und Offenheit, dem fortwährenden Zweifel und der Erkenntnis verpflichtet, dass der Erkenntnisprozess prinzipiell nie abgeschlossen ist und fortwährender Kritik und Weiterentwicklung bedarf

dien[8] gelangen für die Realpraxis von Wissenschaft gar zu der Schlussfolgerung, der Wissenschaftsprozess orientiere sich de facto weithin gerade nicht (mehr) an diesen fünf normativen – und somit letztlich kontrafaktischen – Standards. Vorherrschend seien vielmehr „Gegennormen“ wie „particularism“ (Ausrichtung auf Teilaspekte statt auf Universalität), „secrecy“ (Geheimhaltung), „solitariness“ (Ausrichtung auf Solitärinteressen) und „organized dogmatism“ (organisierter Dogmatismus statt Offenheit). Manche sprechen deshalb bereits von "post-academic science". Und in der Tat: Im modernen Forschungsprozess sind im Rahmen dieser "new mode of knowledge production" Forschungsobjekte und Forschungsprozesse zunehmend jedenfalls davon geprägt, sich darauf einstellen zu müssen, ob, wie und von wem Ressourcen zur Verfügung gestellt werden. Wissensproduktion entsteht mehr und mehr im Kontext von Anwendung und Nützlichkeit.[9]

---

8 Vgl. z.B. I.I. Mitroff, Norms and counter-norms in a select group of the Apollo moon scientists: a case study of the ambivalence of scientists, in: American Sociological Review, 39 (1974), S. 579 – 595; ders., The Subject Side of Science: A Philosophical Inquiry into the Psychology of the Apollo Moon Scientists. Amsterdam (Elsevier), 1974; M. Mulkay, Norms and ideology in science, in: Social Science Information 15(1976), S. 637 – 656

9 Wenn z.B. Wissenschaftler vorzugsweise dann berufen werden, wenn sie externe Finanzierungsquellen für Forschungsprojekte zu mobilisieren verstehen, also über gute Kontakte zu potentiellen Geldgebern und Mittelverwaltern verfügen, hat dies Auswirkungen auf die Inhalte von Forschungstätigkeit und damit letztlich der Forschungsprozesse und der -ergebnisse. Nicht nur die Art der Auswahl von Forschungsprojekten wird präjudiziert. Es entstehen auch entsprechende strukturelle Abhängigkeiten. Potentielle Forschungsergebnisse werden mehr und mehr nach außerwissenschaftlichen, z.B. ökonomischen Kriterien beurteilt. Vor allem in naturwissenschaftlichen Disziplinen transformieren sich Forschergruppen oder gar ganze Institute in unternehmerische Einheiten, wenn sie nicht gar eigene Unternehmen gründen und sich auf dem Markt kommerziell betätigen; dabei wird wissenschaftliche Erkenntnis direkt in Unternehmungen des Entdeckers oder Forschungsleiters oder in Unternehmen, an denen sie beteiligt sind, ökonomisch verwertet und kapitalisiert. In den USA, wo dieser Prozess seit längerem im großen Maße im Gange ist, ist von der neuen Figur des "entrepreneur scientist" die Rede. Mit der „Uneigennützigkeit“ im Sinne der Mertonschen CUDOS-Kriterien wird es dann zumindest schwierig. Zugleich verstärkt sich aufgrund einer Veränderung der Finanzierungsstrukturen und deren Ökonomisierung der Einfluss der Geldgeber und der an der Verwertung der Forschungsergebnisse Interessierten auf die Wahl der Forschungsschwerpunkte und die Forschungspfade. Wolfgang Liebert sieht hinter diesen Entwicklungen einen normativen Wandel im Bereich akademischer Forschung, der politisch gewollt sei: Die Forschungsinstitute und die Forschenden "werden gelockt, indem ihnen die Früchte des Ökonomisierungsprozesses schmackhaft gemacht werden, und sie werden geschoben, indem durch Schaffung entsprechender Rahmenbedingungen für eine augenscheinliche Alternativlosigkeit des Prozesses gesorgt wird." Davon ist nicht nur der Bereich der Naturwissen-

Dennoch sind die CUDOS-Kriterien nach wie vor durchaus von Relevanz. Vor allem haben sie als normative Vorgaben einen heuristischen Wert. Sie stellen ein begriffliches Instrumentarium dar, um Defizite des realen Wissenschaftsprozesses zu identifizieren und im Hinblick auf notwendige Veränderungen konstruktiv zu kritisieren.

Konstatiert werden muss freilich: Bei den CUDOS-Kriterien gerät unzureichend in den Blick, dass jede wissenschaftliche Tätigkeit und ihre Ergebnisse Auswirkungen haben, für den Einzelnen, aber auch für die Gesellschaft. Dabei geht es vor allem um Fragen der „berufsethischen Verantwortung".

2. Elemente „verantwortlicher Wissenschaft"

Verantwortliche Wissenschaft muss gerade in unseren modernen Risikogesellschaften insbesondere folgende Implikationen und Konsequenzen von Forschung und Wissenschaft in den Blick nehmen:

(1) die „Labor- und Freiland-Risiken", also die von der forschenden Tätigkeit selbst ausgehenden (zumeist unbeabsichtigten) Risiken und Gefahren für Leben, Gesundheit und Umwelt;

(2) die so genannten „Missbrauchsrisiken", also die Gefahren und Risiken der „missbräuchlichen" Verwendung und Nutzung der Resultate wissenschaftlicher Forschung und Entwicklung für wichtige Rechtsgüter wie Leben, Gesundheit, friedliches Zusammenleben, demokratische und rechtsstaatliche Strukturen, natürliche Lebensgrundlagen, ökologisches Gleichgewicht, Entwicklungschancen künftiger Generationen sowie

---

schaften betroffen. Selbst „ökonomieferne" – Disziplinen bleiben davon nicht verschont. Für die „postmoderne" Entwicklung hin zu einer Ökonomisierung der "post-academic sciences" oder gar zu „entrepreneur scientists" mögen – jedenfalls vordergründig – ökonomische und gesellschaftliche Zwänge oder zumindest ein entsprechender Problemdruck sprechen. Man muss sich allerdings über die Konsequenzen dieser Entwicklung klar zu werden versuchen, und zwar nicht nur im Interesse der individuellen Freiheit der in den Forschungsinstituten tätigen einzelnen Forscher, sondern gerade auch im Hinblick auf die Inhalte des – nach den verfassungsrechtlichen Vorgaben des Grundgesetzes „freien" – Forschungsprozesses und seiner Ergebnisse. Vgl. dazu u.a. Wolfgang Liebert, Wissenschaft jenseits der Wertfreiheitshypothese, in: Hans-Jürgen Fischbeck/Jan C.Schmidt, Wertorientierte Wissenschaft, Berlin 2002, S. 61 ff (68) unter Berufung auf die Veröffentlichungen von Henry Etzkowitz, The norms of entrepreneural science. Cognitive effects of the new university-industry linkage, in: Research Policy, 27 (1998), S. 823 ff, sowie Etzkowitz, Academia, interrupted: normative change in science. In: The Journal of Science and Health Policy, Vol. 1/No. 1, 2000, S. 1 ff

(3) die so genannten Folgelasten, also nachteilige Neben- oder Folgewirkungen sozialer, ökologischer, wirtschaftlicher, rechtlicher oder ethischer Art bei der praktischen Umsetzung, Anwendung und Weiterentwicklung wissenschaftlicher Erkenntnisse und Entwicklungen.

Davon kann und darf sich kein Wissenschaftler freizeichnen und freistellen, etwa unter Berufung auf

- die Trennung der Verantwortungsbereiche von Erkenntnisgewinnung (Erforschung) einerseits sowie der Anwendung und Nutzung ihrer Ergebnisse andererseits,
- „Sachzwang"-Argumente (z.B. Zwänge des wissenschaftlichen oder ökonomischen Wettbewerbs),
- die mangelnde oder jedenfalls schwierige Voraussehbarkeit der direkten und indirekten Folgen wissenschaftlicher Erkenntnisse (individuelle Überforderung) und/oder
- die relative Bedeutungslosigkeit des individuellen Beitrages („nur ein kleines Rädchen"; „wenn nicht ich, dann andere").

Jeder/jede am FuE.-Prozess Beteiligte hat nach Maßgabe seiner persönlichen Möglichkeiten eine Garantenpflicht und berufsethische Verantwortung („professional responsibility"), und zwar in dreifacher Hinsicht[10]:

- zur forschungsbegleitenden Reflexion („Mitbedenken" der direkten und indirekten Folgen der Forschung und der Nutzung ihrer Ergebnisse),
- zur kritischen Beteiligung am wissenschaftsinternen und öffentlichen Diskurs über Risiken und Gefahren der von ihm betriebenen und/oder fachkundig einschätzbaren Forschung für gravierende Rechtsgüter (vor allem Leben, Gesundheit, friedliches Zusammenleben, demokratische und rechtsstaatliche Strukturen, natürliche Lebensgrundlagen, ökologisches Gleichgewicht, Entwicklungschancen künftiger Generationen)
- zur Klärung seiner Bereitschaft zur individuellen Verweigerung weiterer Mitwirkung an konkreten FuE-Projekten bei relevanten Risiken oder Gefahren für solche gravierenden Rechtsgüter.

---

10 vgl. dazu näher Deiseroth, Berufsethische Verantwortung in der Forschung, 1997, S. 23 ff

3. Relevanz und Nutzen des freien und offenen Diskurses in den Wissenschaften

Voraussetzung für quantitative und qualitative Erkenntnisgewinne

Ein freier und offener wissenschaftlicher Diskurs ist letztlich unverzichtbar für eine Optimierung der Prozesse, in denen wissenschaftliche Erkenntnisgewinne erzielt werden (sollen). Sowohl das wissenschaftliche „Fact-Finding" als auch das Testen von Forschungshypothesen und schließlich das Erreichen wissenschaftlicher Entdeckungen sind in hohem Maße davon abhängig, dass die bisher in den scientific communities erzielten Forschungsresultate grundsätzlich allen offen und frei zugänglich sind; anderenfalls müsste jede/r Forscher(in) immer wieder bei „Null" beginnen – was den FuE-Erkenntnisprozess notwendigerweise stark hemmen würde.

Ressourcenschonung

Stehen den Akteuren des Forschungsprozesses die Daten über den bisherigen Stand wissenschaftlicher Erkenntnisse nicht zur Verfügung, sondern müssen sie jeweils erst (wieder erneut) erarbeitet werden, so stellt dies letztlich auch eine gigantische Verschwendung von Ressourcen dar. Denn es ist dann strukturell unvermeidlich, dass „das Rad immer wieder neu erfunden" werden muss.

Überprüfung der Validität von Forschungsergebnissen und Ermöglichung ihrer Falsifizierung

Die freie und offene Zugänglichkeit grundsätzlich aller wissenschaftlichen Forschungsergebnisse ist auch unverzichtbar dafür, dass ihre Validität von anderen überprüft und getestet sowie erforderlichenfalls modifiziert oder verworfen werden kann. Die UNESCO hat in ihrer „Empfehlung zur Stellung der wissenschaftlichen Forscher"[11] mit Recht herausgehoben, dass die ungehinderte Mitteilung von Ergebnissen, Hypothesen und Meinungen ... zum Wesen des wissenschaftlichen Prozesses gehört und die (relativ – D.D.) beste Gewähr für die Richtigkeit und Objektivität der wissenschaftlichen Ergebnisse bietet".

---

11 Sie wurde beschlossen von der UNESCO-General-Konferenz am 23.11.1974; sie ist u. a. abgedruckt in: Bundestags-Drucksache 7/3963

Erschwerung des Einflusses doktrinärer (amtskirchlicher, ideologischer pp) Erkenntnisschranken (Ideologiekritik)

Historisch betrachtet musste sich Wissenschaft aus den Beschränkungen kirchlicher Bevormundung[12] und obrigkeitsstaatlicher Begrenzungen[13] befreien, um sich entfalten zu können. Der normative Imperativ der Freiheit und Offenheit wissenschaftlicher Forschung knüpft an diese kulturellen historischen Lernerfahrungen des Rationalismus und der Aufklärung an.

Heute gilt zudem: Forschungseinrichtungen und ihr Personal arbeiten – zumal wenn sie unter wirtschaftlichen Verwertungszwängen agieren – auf der Basis spezifischer Interessenkonstellationen. Das in Forschungseinrichtungen erarbeitete Sachwissen ist nicht nur notwendig an die sozialen Entstehungszusammenhänge gebunden, sondern gleichzeitig notwendig unvollständig: Es ist keineswegs per se sichergestellt, dass innerhalb des Projekts zugleich auch wichtige und wesentliche Informationen über Schwachstellen („Negativinformationen") der erarbeiteten Forschungsstrategien, eingeschlagenen -pfade und gewonnenen -ergebnisse sowie über mögliche Alternativen in hinreichendem Maße „produziert" werden. Um so wichtiger ist es deshalb, Strukturen zu schaffen sowie Mechanismen zu fördern und zu stärken, die einen möglichst offenen "freien Diskurs" innerhalb der Forschungseinrichtung über Planung, Durchführung und Gestaltung der Forschungsvorhaben ermöglichen und die ferner eine Abschirmung der Forschungsergebnisse gegen allseitige Kommunikation nach innen und nach außen reduzieren.[14]

---

12 Die amtskirchlichen „Behinderungen" etwa von Nikolaus Kopernikus, Galileo Galilei und René Descartes waren keine unglücklichen Einzelfälle, sondern symptomatische Präzedenzfälle, vgl. dazu u.a. Hans Küng, Der Anfang aller Dinge, 6. Aufl. 2005, S. 19 ff m.w.N.; Tom Sorell, Descartes, Freiburg i.Br._ HerderVerlag (ohne Jahr) S. 125 f; Peter Godman, Die Geheimen Gutachten des Vatikan, 2001/2006, S. 163 ff

13 vgl. dazu u.a. Henning Zwirner, Zum Grundrecht der Wissenschaftsfreiheit, in: AöR 98, S. 313 (314 ff) m.w.N.

14 vgl. dazu aus hermeneutischer Sicht H.-G. Gadamer, Historik und Sprache – Eine Antwort, in: Reinhart Kosselleck/Hans-Georg Gadamer, Historik, Sprache und Hermeneutik, Heidelberg 1990 (Erstdruck 1987): „Nur dann, wenn wir uns der möglichen Gegensicht aussetzen, haben wir Chancen, über die Enge unserer eigenen Voreingenommenheiten hinauszugelangen."

Gesellschaftliche Partizipation am wissenschaftlichen Diskurs über Risiken und Gefahren

Unverzichtbar für verantwortlichen Risikodiskurs

Die Freiheit und Offenheit des wissenschaftlichen Diskurses ist auch unverzichtbar dafür, dass Forschungsergebnisse und vor allem ihre Auswirkungen positiver und negativer Art disziplinär, interdisziplinär sowie außerhalb der scientific communities diskutiert werden können. Ein wirklicher Pluralismus wissenschaftlicher Arbeitsweisen und ein freier wissenschaftlicher Kommunikationsprozess[15] sind nicht nur bedeutsam für die individuelle Freiheit des einzelnen Forschers, sondern zugleich auch Voraussetzung der „Selbstreflektivität" der scientific communities und der Gesellschaft insgesamt. Dazu gehört gerade auch ein offener und repressionsfreier Umgang mit Dissens, also differierenden wissenschaftlichen Konzepten, Vorgehensweisen und Interpretationsansätzen. Wer auf Schwachstellen, Risiken oder gar Gefahren von ihm kritisierter wissenschaftlicher Forschungsstrategien und Forschungsergebnisse hinweist und dies im Sinne der CUDOS-Kriterien dem offenen und öffentlichen Diskurs zugänglich macht, darf nicht ausgegrenzt oder gar existenziellen Risiken ausgesetzt werden. Wie sollte sonst den CUDOS-Kriterien insbesondere des „communalism" und des „scepticism" Rechnung getragen werden? Hier geht es um die soziale, d.h. reale Basis der Freiheit der individuellen Wissenschaftler und zugleich der Freiheit des wissenschaftlichen Prozesses. Von besonderer Bedeutung ist dies in einer Entwicklungsphase, in der die Ökonomisierung und damit die ökonomische Prägung des Wissenschaftsprozesses sowie die entsprechende Verwertungsrelevanz von Forschungsergebnissen eine immer stärkere Bedeutung gewinnen.

Demokratierelevanz

Es geht dabei auch um Demokratie, die als Fundamentalprinzip in nahezu allen modernen Verfassungen verankert ist (in Deutschland: Art. 20 Abs. 1 GG). Demokratie setzt als "Lebenselexier" einen möglichst freien und offenen Kommunikationsprozess voraus, zu dem insbesondere auch die "Freiheit" der Meinungsäußerung (Art. 5 Abs. 1 GG) sowie die "Freiheit" der Wissenschaft und For-

15 Die Aussage zur Unverzichtbarkeit eines freien Kommunikations-Prozesses negiert allerdings nicht, dass es durchaus rechtliche Grenzen der Forschung selbst gibt und geben darf; dies ist innerstaatlich eine Frage des Verfassungsrechts; Grenzen ergeben sich im deutschen Verfassungsrecht etwa aus dem Gebot zum Schutz der menschlichen Würde (Art. 1) und dem Verbot, das friedliche Zusammenleben der Völker zu stören (Art. 26 Abs.1 GG).

schung (Art. 5 Abs. 3 GG) gehören. Ein solcher freier pluralistischer Ansatz liegt letztlich auch deshalb im "wohlverstandenen Gemeinwohlinteresse, weil sich im Kräfteparallelogramm ... im Allgemeinen erst dann eine relativ richtige Resultante herausbilden kann, wenn alle Vektoren einigermaßen kräftig entwickelt sind."[16] Dies gilt gerade auch für den Bereich von Wissenschaft und Forschung. Das Grundrechtsgebot der "Freiheit" von Wissenschaft und Forschung impliziert ihre Offenheit. Niemand darf von der Kommunikation im Wissenschaftsprozess ausgeschlossen werden.

Haftungsrelevanz

Die prinzipielle Offenheit und Transparenz des wissenschaftlichen Diskurses, insbesondere die Publizierung und Zugänglichkeit auch negativer Forschungsergebnisse (z.B. über die mit bestimmten Entwicklungen verbundenen Risiken und Gefahren) ist auch von großer Relevanz für die Geltendmachung und Durchsetzung späterer Haftungsansprüche im Falle der Realisierung dieser Risiken, also des Eintritts von Schäden.

4. Behinderungen des freien und offenen Diskurses in den Wissenschaften

Behinderungen des wissenschaftlichen Diskurses können vier Bereiche („Gefährdungszonen“) betreffen:[17]
(1) den Prozess der Generierung und Entstehung wissenschaftlicher Daten
(2) die Verfügung und Kontrolle über wissenschaftliche Daten
(3) ihre (ungehinderte) Verbreitung
(4) ihre (unverfälschte) Rezeption

Von einer *direkten* Behinderung des wissenschaftlichen Diskurses soll im Folgenden gesprochen werden, wenn durch das Handeln oder Verhalten einer Einzelperson, einer sozialen Gruppe oder Institution auf einen oder mehrere dieser Bereiche zielgerichtet mit der Absicht einer Be- oder Einschränkung eingewirkt wird.

Eine *indirekte* Behinderung liegt vor, wenn die Entstehung, die freie Verfügung, die ungehinderte Verbreitung und/oder die unverfälschte Rezeption wissenschaftlicher Daten durch soziale Arrangements oder Strukturen eingeschränkt

---

16 vgl. BVerfGE 69, 315 ff, 346

17 Die nachfolgenden Ausführungen knüpfen an frühere eigene Studien (u.a. Deiseroth, Berufsethische Verantwortung in der Forschung, 1997, sowie Untersuchungen von Brian Martin an, vgl. u.a. Suppressing Research Data: Methods, Context, Accountability, and Responses, in: Accountability in Research, Vol. 6, 1999, pp. 333 – 372

werden, die dem (finanziellen, karriereorientierten, bürokratischen, ideologischen) Interesse einer Einzelperson, einer sozialen Gruppe oder Institution dienen; solche Effekte können z.B. auch durch eine unsichere Rechtslage bewirkt werden.

Die Mechanismen und Methoden der direkten oder indirekten Förderung oder Behinderung des freien und offenen wissenschaftlichen Diskurses sind dabei vielfältig, wie die nachfolgende Problemskizze – bezogen auf die vier genannten Gefährdungszonen – erkennen lässt.

Einwirkungen auf die Generierung und Entstehung wissenschaftlicher Daten

Beschränkungen des freien und offenen wissenschaftlichen Diskurses sind gerade in dieser „Gefährdungszone", in der es um die „Produktion" wissenschaftlicher Daten geht, vor allem struktureller Art; ein konkretes aktives Eingreifen in die „Freiheit" von Forschung ist so vielfach nicht unmittelbar sichtbar. Sie resultieren zum Beispiel aus fehlendem oder geringem Interesse an bestimmten Forschungsprojekten mangels hinreichend positiv eingeschätzter kaufkräftiger Nachfrage nach den entsprechenden FuE-Ergebnissen/Produkten.

Dies kann etwa der Fall sein, wenn die Ausgaben für ein Forschungsvorhaben in der Pharmazie voraussichtlich sehr hoch wären, die Zahl der Erkrankten, für die das dabei zu erwartende Pharmazeutikum verkauft werden könnte, und der damit zu erwartende Absatzmarkt jedoch relativ beschränkt. Aus diesem Grund sind mit hinreichenden öffentlichen Forschungsmitteln ausgestattete – non-profit-orientierte – Universitäten und Forschungseinrichtungen von unverzichtbarer Bedeutung.

- Das Entstehen und Gewinnen bestimmter Forschungsdaten kann auch dadurch behindert werden, dass sie von den die Forschungen finanzierenden Stellen als ökonomisch eher negativ eingeschätzt werden. Solche ökonomischen Interessen an fortbestehenden Forschungsdefiziten („areas of ignorance") können etwa wissenschaftliche Arbeiten über die Wirkungen von Tabak, Asbest, umsatzstarker pharmazeutischer Produkte oder gentechnisch veränderter Organismen betreffen.
- Die Einwirkungen erfolgen dabei in aller Regel durch (negative) Entscheidungen über die Bereitstellung entsprechender finanzieller Mittel, durch Nicht-Eröffnung oder Schließung von bestimmten Forschungseinrichtungen und/oder durch eine gezielte Personalpolitik

Eine spezielle Form der Be- und Verhinderung der Gewinnung von Forschungsdaten stellt auch das nicht selten anzutreffende Bemühen von Unternehmen oder auch Regierungsstellen dar, sich vor Forschungsprojekten, die den eigenen Bereich zum Gegenstand haben und deren Design und Ergebnisse sie nicht hinreichend abschätzen und kontrollieren können, abzuschirmen; dies betrifft u.a. den Zugang zu Dokumenten und Archiven, aber auch andere Formen negativer Kooperationsbereitschaft (Kontaktverbote für Mitarbeiter; Ablehnung von Interviews, Fragebogen etc.).

Beispiel 1

In der Tabakindustrie ist sei den 1960er Jahren aufgrund vorliegender Forschungsergebnisse bekannt, dass Nikotin abhängig macht, dass Passivrauchen auch für Nichtraucher krebserzeugend ist und dass dem Zigarettentabak Geschmacksstoffe und andere Additive zugesetzt sind, um das Rauchen angenehmer zu machen und um Suchtverhalten auszulösen. Der Biochemiker Jeffrey Wigand, früherer Leiter der Forschungsabteilung von Brown & Williamson, einer Tochterfirma von British American Tobacco, enthüllte, dass die Tabakindustrie in den USA lange Jahre bewusst darauf verzichtete, die bis zu 600 Zusatzstoffe, die dem Zigarettentabak zugesetzt wurden/werden, auf ihre toxische Wirkung hin zu untersuchen.[18] Sie setzte bewusst auf „areas of ignorance“, aus ersichtlich ökonomischen Interessen.

Beispiel 2

Prof. Walter Dontenwill, der Leiter des Forschungsinstitutes der deutschen Zigarettenindustrie, veröffentlichte 1973 im angesehenen „Journal of the National Cancer Institute“ einen Artikel über die Ergebnisse eigener Forschungen, in dem er darlegte, dass Hamster (zum Teil bösartige) Kehlkopftumore entwickelten, wenn sie Zigarettenrauch inhalierten. Außerdem gab er die Ergebnisse seiner Forschungen auf einer Pressekonferenz bekannt. 1980 berichtete der britische Rundfunksender BBC, dass Prof. Dontenwill, damals 50 Jahre alt, in einem geheimen Treffen des VdC (Verband der Cigarettenindustrie) mit 1,6 Mio. DM, dem Äquivalent eines 10-Jahresgehaltes, abgefunden wurde; das bis dahin von ihm geleitete Forschungsinstitut wurde aufgelöst und durch eine „unabhängige“ Agentur zur Finanzierung von Forschungen ersetzt.[19]

---

18 vgl. dazu u.a. Helmut Geist/Peter Heller/John Waluye, Rauchopfer. Die tödlichen Strategien der Tabakmultis, 2004, S. 35

19 Der Vorsitzende des VdC, Dieter van Specht (BAT Deutschland), erklärte dazu: „Das Hauptmotiv war die Tatsache, dass das Institut in Bezug auf Rauchen und Gesundheit die einzige Stimme der Industrie war. Professor Dontenwills unkooperative und autoritäre Haltung machte es dem VdC (und der Industrie) unmöglich, seine Ansicht zu

Beispiel 3

Ein beredtes Zeugnis über diese Art der Forschungsbehinderung bei der Generierung von Forschungsdaten legt auch der „Fall Pusztai" ab. Nachdem sich der mehrfach preisgekrönte schottische Wissenschaftler Arpad Pusztai in einer Fernsehsendung im August 1998 öffentlich über von seiner Forschergruppe durchführte Laborversuche zu den Wirkungen der Verfütterung von gentechnisch veränderten Kartoffeln[20] auf die Gesundheit von Ratten geäußert hatte und dies bei der Community der an der Genforschung interessierten Kreise und Unternehmen sowie beim britischen Premierminister Blair heftige – negative – Reaktionen ausgelöst hatte, wurde sein Labor geschlossen und er selber monatelang zum Schweigen veranlasst.

Beispiel 4

Konkrete Anhaltspunkte für die strukturellen Auswirkungen, die die jeweilige Art der Forschungsfinanzierung auf die Generierung und damit die Inhalte von Forschungsergebnissen hat oder jedenfalls haben kann, ergeben sich aus einer von Michael Hartmann u. Kollegen von der Med. Fakultät der Uni Jena erarbeiteten Studie (in: „British Journal of Cancer", Bd. 89, S. 1405): Von der Industrie geförderte Studien kamen auffallend oft zu dem Ergebnis, das jeweils verwendete und untersuchte Verfahren in der Krebsmedizin sei kostengünstig. Bei Untersuchungen, die von nicht-profitorientierten Sponsoren finanziert wurden, war dies wesentlich seltener der Fall.[21]

Ähnliche Befunde erbrachte eine Studie einer Arbeitsgruppe um Bodil Als-Nielsen vom Zentrum für klinische Forschung der Universität in Kopenhagen (in: Jaman, Bd. 290, S. 921).[22] Die Forscher fanden heraus: (1) Die Bewertung der Studienresultate zu den Wirkungen von Arzneimitteln hängt maßgeblich von der

diesen Themen zu vertreten." Vgl. dazu die Einzelnachweise in Geist/Heller/Waluye, Rauchopfer, a.a.O., S. 44 f

20 Pusztai hatte das Gen, das die Erbinformationen für den Aufbau des so genannten Schneeglöckchen-Lektins „Galanthus Nivalis Agglutinin" (GNA), eines Eiweißstoffes, der die Schneeglöckchen-Pflanze vor Schadinsekten schützt, in Kartoffeln implantiert, um sie ebenfalls gegen Schädlinge resistent zu machen. Das Ziel von Pusztais Untersuchungen war, Forschungsdaten zu sammeln, mit denen die gesundheitliche Unbedenklichkeit solcher GNA-haltiger Genkartoffeln belegt werden sollte. Vgl. dazu u.a. Stollorz. Gen-Food: Streit um Testlücken bei der Zulassung, Sendemanuskript des WDR vom 22.3.1999 (http://www.wdr.de/tv/service/kostprobe/kpsarchiv/1999/03/22_2.html)

21 vgl. FAZ 17.12.2003, S. N 2

22 vgl. FAZ vom 17.12.2003, S. N 2

Art des Sponsors ab. Handelte es sich bei diesen um ein Pharmaunternehmen, gelangten die Studienleiter viel eher zu einer positiven, das untersuchte Material begünstigenden Schlussfolgerung, als wenn das Geld von einem nicht auf Gewinn ausgerichteten Institut stammte. (2) Bei von Unternehmen gesponserten Studien wurde das geprüfte Medikament zudem weitaus häufiger als Therapie der Wahl empfohlen.

Beispiel 5

Einer Forschergruppe an der Fachhochschule Düsseldorf, die die Geschichte der „Arisierung", also der Entziehung und Konfiszierung des Eigentums und Vermögens jüdischer Mitbürger in der Zeit vor 1945 im Rheinland sowie die Entwicklung der Rückübertragung des „arisierten" Vermögens nach 1945 an Hand der Akten der nordrhein-westfälischen Finanzbehörden untersuchen und in einer öffentlichen Ausstellung dokumentieren wollte, wurde der Zugang zu den Akten verweigert. Gerechtfertigt wurde dies mit Gründen des „Datenschutzes": Nutznießer und Täter der „Arisierungen" sollten so vor öffentlicher Darstellung und Kritik geschützt werden. Erst nach lautstarken Protesten in der Öffentlichkeit und damit einhergehenden Debatten im Landtag gestattete das NRW-Finanzministerium schließlich, dass die Forscher Zugang zu den archivierten Akten erhielten.[23]

Einwirkungen auf die Verfügbarkeit und Kontrolle von Forschungsdaten

Hierbei geht es darum, dass wissenschaftliche Daten unter Verschluss und Kontrolle gehalten werden, damit Außenstehende und die Öffentlichkeit keine Möglichkeit haben, von ihnen Kenntnis zu erhalten.

Von besonderer Bedeutung sind bereichsspezifische Regeln[24] der Geheimhaltung von Forschungsergebnissen im Bereich des Militärs und der „Sicherheits"-Behörden. Hinzuweisen ist in diesem Zusammenhang etwa auf das Rechtsinstitut des „Geheimpatents", das es ermöglicht, durch behördliche Anordnung

---

23 vgl. dazu Wolfgang Dressen, Betrifft Aktion 3: Deutsche verwerten jüdische Nachbarn. Berlin 1998

24 vgl. dazu u.a. W. Gellhorn, Security, Loyality, and Science, Ithaca: Cornell University Press,1950; H.C. Relyea, Silencing Science: National Security Controls and Scientific Communication. Norwood, New Jersey: Ablex, 1994; Albert H. Teich, Unwiederholbare Experimente. Wie der Krieg gegen den Terror die US-Wissenschaft ruiniert, in: Südd.Zeitung v. 5.5.2003

bei Strafandrohung sicherzustellen, „für eine Erfindung ..., die ein Staatsgeheimnis ... ist," „... jede Veröffentlichung" zu untersagen.[25]

Aber auch bei nicht-patentierten Forschungsergebnissen können strafrechtliche Geheimhaltungsvorschriften die freie Verfügung über sie empfindlich behindern. Werden dabei die gewonnenen Forschungsdaten „klassifiziert", also förmlich bestimmten Geheimhaltungsstufen zugeordnet, drohen bei ihrer Offenbarung strafrechtliche Folgen[26] etwa wegen Landesverrrats. Sofern die Strafbarkeit – wie in der tradierten und im Grundsatz nach wie vor geltenden US National Security Decision Directive 189 (NSDD-189)[27] – auf die Offenbarung „klassifizierter" Daten beschränkt wird, ist das strafrechtliche Risiko immerhin noch relativ kalkulierbar.[28]

Im Gefolge des „9/11" sind hier jedoch etwa in den USA gravierende Änderungen eingetreten. Diese aktuelle Entwicklung im Rahmen des „Kriegs gegen den Terror" kommt signifikant in Art. 892 des „Homeland Security Act" vom November 2002 zum Ausdruck, das den US-Präsidenten ermächtigt und beauftragt, auch „nicht klassifizierte Informationen, die die nationale Sicherheit beeinträchtigen können, zu identifizieren und ihre Nichtverbreitung sicherzustellen".[29] Auf die für den Wissenschaftsprozess damit verbundenen Gefahren hat im Januar/Februar 2003 in den USA eine Gruppe von leitenden Wissenschaftlern, darunter die Herausgeber einiger wichtiger Fachzeitschriften, in einer Stellungnahme unter dem Titel „Statement on Scientific Publication and Security" eindringlich hingewiesen.[30]

Vielfach wird selbst die Existenz von „Geheimforschung" geheim gehalten. In den USA ist allerdings bekannt, dass bereits Ende der 1990er Jahre allein das Pentagon über ein geheimes Budget von mehreren Milliarden US-Dollars ver-

---

25 vgl. § 50 des deutschen Patentgesetzes; vgl. dazu u.a. Ridder/Stein, Die Freiheit der Wissenschaft und der Schutz von Staatsgeheimnissen, in: DÖV 1962, S. 361 ff; Deiseroth, Berufsethische Verantwortung in der Forschung, a.a.O., S. 341 ff m.w.N.

26 vgl. zu den Fällen der strafrechtlichen Verfolgung von Wissenschaftlern wegen Weitergabe von Informationen aus den US-Atomprogrammen während des kalten Krieges u.a. P.M. Stern, The Oppenheimer Case: Security on Trial, New York: Harper & Row, 1969

27 vgl. zur US National Security Decistion Directive 189 (NSDD-189) u.a. die Stellungnahme der Advancing Science Serving Society (AAAS) „Science and Security in the Post 9/11 Environment" (http.//www.aaas.org/spp/post911/publishing (12.10.2005)

28 Zur bedenklichen Weite des deutschen „Landesverrrats"-Tatbestandes vgl. u.a. Deiseroth, Berufsethische Verantwortung in der Forschung, a.a.O., S. 347 ff

29 vgl. dazu Albert H. Teich, Südd.Zeitung v. 5.5.2003

30 vgl. Südd.Zeitung v. 25.2.2003

fügte.[31] Die Reaktionen auf „9/11" haben in diesem Bereich der Geheimforschung, die öffentlicher Kritik kaum zugänglich ist, zu einer drastischen Erhöhung der Budgetausgaben geführt, nicht nur in den USA.

Die freie Verfügbarkeit von Forschungs- und Entwicklungsdaten kann auch durch staatliche Exportkontrollen erheblich beschränkt werden. Betroffen ist davon vor allem der grenzüberschreitende Transfer von Information und Technologie. In den USA geschieht dies etwa durch die Export Administration Regulations, die die Ausfuhr und Überlassung von auf der Commerce Control List aufgeführten Dual-Use-Technologien ohne behördliche Erlaubnis verbieten.[32] Aber auch das deutsche Außenwirtschaftsgesetz (AWG) unterwirft in § 45 Abs. 2 AWG die Weitergabe von „nicht allgemein zugänglichen Kenntnissen" über die Fertigung bestimmter im AWG genannter Waren, Technologien, technischer Daten und technischer Verfahren an bestimmte Ausländer einer Genehmigungspflicht. „Allgemein zugänglich" sind zwar wissenschaftliche Informationen, die beispielsweise in Periodika, Handbüchern, Kongressberichten und Patentschriften veröffentlicht worden sind. Problematisch bleibt damit aber vor ihrer (erfolgten) förmlichen Veröffentlichung die Weitergabe solcher Informationen, z.B. im wissenschaftlichen Diskurs mit Fachkollegen. Denn sie sind – eben wegen fehlender Veröffentlichung – häufig zu diesem Zeitpunkt (noch) „nicht allgemein zugängliches Wissen" im Sinne von § 45 Abs. 2 AWG.[33]

Aber auch wirtschaftlichen Interessen von Unternehmen oder Organisationen können Veranlassung dafür sein, dass Forschungsergebnisse, die in eigenen Labors oder in FuE-Einrichtungen gewonnen worden sind, mit der Erwägung geheim gehalten werden, eine freie Verfügbarkeit könne für das Unternehmens nicht nützlich oder gar schädlich sein oder jedenfalls so erscheinen. Es überrascht deshalb nicht, dass gerade auch Unternehmen vielfältige Strategien entwickeln, um Forschungsergebnisse „unter Kontrolle" zu halten.

Da mit der Anmeldung eines (normalen) Patents typischerweise eine Offenbarung des neuen Wissens, auf der die Erfindung und ihre gewerbliche Verwertbarkeit beruhen, verbunden ist, kommt es gerade auf besonders innovationsträchtigen Gebieten nicht selten vor, dass die Forschungsträger auf eine Patentanmeldung und den Patentschutz gerade verzichten, um ihr Know-how dauerhaft vor

---

31 vgl. Brian Martin, (1999) a.a.O., S. 7 unter Berufung auf T. Weiner, Blank Check: The Pentagon's Black Budget. New York: Warner.

32 vgl. dazu AAAS, Sciencee and Security in the Post 9/11 Environment, a.a.O., S. 2

33 vgl. dazu u.a. Thomas Köstlin, Wissenschaft unter dem Damoklesschwert – Internationale wissenschaftliche Zusammenarbeit und Außenwirtschaftsrecht, in: WissR 1990, S. 13 ff; Mechtild Blankenagel, Wissenschaft zwischen Information und Geheimhaltung, a.a.O., S. 207 m.w.N.

der Konkurrenz oder der Öffentlichkeit geheim halten zu können.[34] Wolfgang Frühwald, der (frühere) Präsident der Deutschen Forschungsgemeinschaft (DFG) hat diesen Befund im Zusammenhang mit der Entwicklung der Gentechnologie in die Worte gekleidet: „Unser Problem heute ist, dass verfügbares Wissen geheim gehalten, also weder patentiert noch publiziert wird.“[35]

Ein wichtiges Mittel sind ferner innerbetriebliche Geheimhaltungsmaßnahmen sowie die Nutzung gesetzlicher Vorschriften (einschließlich des Strafrechts) zum Schutz von „Betriebs- und Geschäftsgeheimnissen“.[36] Aber auch das Datenschutzrecht („privacy“) kann zur Kontrolle von Forschungsdaten eingesetzt werden. Eine ähnliche Wirkung haben vertraglich vereinbarte Weitergabebeschränkungen, die der jeweilige Forschungs-Auftraggeber (staatliche Behörden, politische Parteien, Kirchen, Unternehmen, Unternehmerverbände, Umweltschutzgruppen) in seinen Förderungskonditionen durchgesetzt hat; er will sich damit einen Einfluss auf die „Freigabe“ der Forschungsdaten und -ergebnisse sichern. In den USA hat der Einsatz der „Pre-publication review“ im Gefolge des „9/11“ drastisch zugenommen.[37]

Eine besonders drastische Methode, anderen den Zugriff oder auch nur die Einsicht in vorliegende Forschungsdaten zu verwehren, kann es sein, diese zu zerstören oder zu beseitigen – aus Angst vor potentiell oder real nachteiligen oder schädlichen Auswirkungen für das Unternehmen, die Behörde oder maßgebliche Einzelpersonen. So können wichtige Informationen und Daten, an Hand derer z.B. Korruptionsstrukturen oder gefährliche Produktionspraktiken festgestellt und nachgewiesen werden könnten, aus der Welt geschafft werden.[38]

Die Gründe für die Zurückhaltung von Forschungsergebnissen durch Unternehmen, aber auch staatliche Stellen sind vielfältiger Art. Unternehmen sind vielfach daran interessiert, Forschungsdaten nicht an die Öffentlichkeit gelangen zu lassen, um Konkurrenzunternehmen „nicht die Arbeit zu erleichtern“. Ergibt etwa eine Studie, dass ein neu entwickeltes oder schon eingeführtes Medikament nicht besser als das Konkurrenzprodukt ist, dann hat der Geldgeber zumeist kein In-

34 vgl. Thomas Dickert, Naturwissenschaften und Forschungsfreiheit, Berlin 1991, S. 114; Mechtild Blankenagel, Wissenschaft zwischen Information und Geheimhaltung, 2001, S. 68

35 vgl. Südd. Zeitung vom 8.12.1995 „Keine Eingriffe ins menschliche Erbgut“

36 vgl. dazu u.a. die Studien von S.S. Epstein, Corporate crime: can we trust industry-derived safety studies?, in: Ecologist 19 (1989), S. 23 – 30; B. Hileman, Industry's privacy rights: is science shortchanged?, in: Chemical & Engineering News 76 (1998), S. 36

37 vgl. dazu AAAS, Science and Security in the Post-9/11 Environment, a.a.O., S. 2 f m.w.N.

38 vgl. dazu u.a. B. Martin (1999), S. 8

teresse an der Veröffentlichung.[39] Es kann aber bei der Beschränkung der Veröffentlichung auch darum gehen, aus anderen Gründen wirtschaftliche Nachteile etwa in Form von Umsatzeinbußen oder sonst notwendig werdende Sanierungsinvestitionen zu vermeiden.

In diesem Zusammenhang ist auch auf die aktuellen Bemühungen von Wissenschaftlern und Unternehmen hinzuweisen, sich durch Patentierung von genetischen Formen und Bestandteilen von Lebewesen und Pflanzen Kontrollrechte über die Nutzung von Forschungsergebnissen zu verschaffen, um damit in der Zukunft erwartete Gewinne zu realisieren.

Von gewichtiger Bedeutung ist ferner der Umgang mit werk- oder arbeitsvertraglich vereinbarten oder dienstrechtlichen Publikations-Genehmigungsvorbehalten durch den Arbeitgeber, Dienstherrn des/der Forschers/Forscherin, den Auftraggeber oder Finanzier einer Studie.[40]

Beispiel 1

Die Herstellerfirma des Schlafmittels Contergan (Wirkstoff Thalidomid) hatte lange Zeit versucht, ihr vorliegende wissenschaftliche Daten zu unerwünschten Auswirkungen des Schlafmittels Contergan auf Embryonen im Falle der Einnahme während der Schwangerschaft zu ignorieren und zu unterdrücken. Diese Geheimhaltung erfolgte vor allem aus wirtschaftlichen Gründen, um die mit dem Produkt erzielten guten Umsätze und Gewinne nicht zu beeinträchtigen sowie um Haftungsrisiken zu minimieren. Dies bewirkte, dass das Mittel über Jahre weiterhin verschrieben und eingesetzt wurde, was zu schwerwiegenden gesundheitlichen Beeinträchtigungen (vor allem verstümmelte oder fehlende Gliedmaßen) bei vielen Embryonen und Neugeborenen führte.[41]

Beispiel 2

Eine Arbeitsgruppe aus dem Umweltbundesamt sowie dem Bundesgesundheitsamt und der Bundesanstalt für Arbeitsschutz und Materialforschung hatte ge-

---

39 vgl. Jeanne Rubner, Wissenschaftler – die Hilfsarbeiter der Industrie, in: Südd.Zeitung v. 19.4.1999 m.w.N.

40 vgl. dazu näher Deiseroth, Berufsethische Verantwortung in der Forschung, a.a.O., S. 326 m.w.N.; Christoph Mallmann, Veröffentlichungsrecht, Arbeitnehmererfindungsrecht, in: Flämig u.a. (Hrsg.), Handbuch des Wissenschaftsrechts, Bd. 2, 1982, S. 1388 ff

41 vgl. dazu u.a. Beate Kirk, der Contergan-Fall: Eine unvermeidbare Arzneimittelkatastrophe? Zur Geschichte des Arzneistoff Thalidomid, in: Greifswalder Schriften zur Geschichte der Pharmazie und Sozialpharmazie, Band 1, Stuttgart 1999

meinsam mit namhaften Wissenschaftlern festgestellt, dass bestimmte zur Wärme- und Schalldämmung verarbeitete Mineralfasern „ein hohes Potenzial besitzen, Krebs hervorzurufen." Die Problematik bestand nach Angaben von Sachkennern unter anderem darin, „dass noch zu wenig über mögliche Ersatzstoffe für künstliche Mineralstoffe bekannt sei. ... Während einige Verantwortliche auf eine sofortige Reaktion drängen, um die Verbraucher zu schützen, wollen andere erst eine Anhörung der Hersteller veranstalten."[42]

Beispiel 3

Aus den von Philip Morris und anderen Tabakkonzernen – aufgrund eines im Jahre 1998 abgeschlossenen gerichtlichen Vergleichs („Master Settlement Agreement"[43]) – offengelegten internen Dokumenten und Notizen ergibt sich, dass Philip Morris mehr als drei Jahrzehnte lang die gesundheitlichen Auswirkungen von Tabakrauch untersucht hatte, die dabei gewonnenen Erkenntnisse jedoch größtenteils verschwieg. Interessant ist, dass diese Studien aus Sicherheitsgründen (Haftungsrisiken) offenbar überwiegend nicht in den USA, sondern in Deutschland durchgeführt wurden, und zwar u.a. von dem Kölner „Inbifo" („Institut für Industrielle und Biologische Forschung GmbH"; dieses war 1970 von Philip Morris erworben und später an eine Schweizer Tochtergesellschaft veräußert worden. Zugleich war Philip Morris offenbar daran gelegen, die schädlichen Auswirkungen des Tabakrauchs anderen Einflussfaktoren, insbesondere dem Konsum von grünem Tee anzulasten; es griff dabei auf eine entsprechende Untersuchung des genannten Kölner Instituts zurück. Aus der Auswertung der Dokumente durch McKee und seine Kollegen ergibt sich, dass Inbifo mehr als 800 wissenschaftliche Arbeiten über die Auswirkungen des passiven Rauchens erstellte. Ihre einschlägigen Erkenntnisse seien durchweg nicht oder nur bruchstückhaft freigegeben und veröffentlicht worden.[44]

In einer in „Lancet" vom 14.1.2005 publizierten Studie um Asaf Bitton von der University of San Francisco wird dargestellt, wie die Hersteller von Tabakwaren versucht haben, den in zahlreichen amerikanischen Studien ermittelten Einfluss des Rauchens auf das Tumorsuppressor-Gen p53, einem normalerweise vor Krebs bewahrenden Erbfaktor, zu widerlegen.Nach der Studie von Bitton u.a. wurden dabei selbst die Verbindungen jener Forscher zur Tabakindustrie ver-

42 vgl. Südd. Zeitung vom 8.9.1993, S. 1: „Krebsgefahr durch Mineralfaser am Bau"

43 vgl. dazu u.a. Geist/Heller/Waluye, Rauchopfer, a.a.O., S. 36

44 vgl. dazu die in „Lancet" publizierte Belegstudie von Martin McKee von der London School of Hygiene and Tropical Medicine und seine beiden Schweizer Kollegen Pascal Diethelm (OxyRomandie) und Jean-Charles Rielle (Cirpet-Genève), vgl. FAZ 26.1.2004

schwiegen. Ebenso bedeckt verhielten sich die Herausgeber jener Fachjournale, in denen die fragwürdigen Arbeiten abgedruckt wurden.[45]

Beispiel 4

Eine US-amerikanische/kanadische Forschergruppe um Monica Krzyzanowska vom Dana-Farber Krebsinstitut in Boston/Mass. hat in einer Untersuchung, die im „Journal" der Amerikanischen Medizinischen Gesellschaft „Jama" publiziert worden ist (Bd. 290, S. 495), festgestellt:

- Ob wissenschaftliche Ergebnisse in der Pharmaforschung veröffentlicht werden, hängt sehr stark davon ab, ob die betreffende Studie positiv oder negativ ausgegangen ist. Als ein positives Ergebnis wird etwa der Nachweis gewertet, dass ein neues Medikament besser wirkt als ein altes oder dass ein Zusammenhang zwischen einer bestimmten Gen-Konstellation und einer häufigen Krankheit besteht. Erweisen sich dagegen die beiden Arzneien als gleichwertig und besitzen die beiden untersuchten Erbanlagen keinen erkennbaren Einfluss auf das Erkrankungsrisiko, spricht man von einem negativen Resultat. Die Wahrscheinlichkeit einer Publikation (vor allem in einem angesehenen Fachjournal) ist in diesem Fall dann denkbar gering.
- Bei Therapiestudien bringt das Zurückhalten und Verschweigen negativer Ergebnisse die Gefahr mit sich, dass die Wirksamkeit eines Therapiemittels und damit der Behandlung überschätzt wird.[46]

Beispiel 5

Joan Burkholder von der Northcarolina State University hatte als Ursachen einer Algen-Epidemie im Pocomoke River in North Carolina, die zu einem großen Fischsterben und bei Kontakten mit dem Flusswasser zu erheblichen Auswirkungen auf die menschliche Haut geführt hatte, die Abwässer großer am Fluss liegender Geflügelfarmen ermittelt. Die von der Forscherin beabsichtigte Publizierung der Forschungsergebnisse wurde durch Behörden und die mächtige Geflügelindustrie in Maryland hintertrieben und unterdrückt.[47]

---

45 vgl. FAZ vom 26.1.2005

46 vgl. dazu FAZ v. 17.12.2003, S. N 2

47 vgl. Jeanne Rubner, Wissenschaftler – die Hilfsarbeiter der Industrie in Südd. Zeitung vom 19.4.1999

Beispiel 6

Dass Unternehmen, die ein Forschungsprojekt finanziert haben, bei „unpassenden“ Forschungsergebnissen in besonderem Maße daran gelegen ist, ein Bekanntwerden der Forschungsdaten zu verhindern, lässt sich an zahlreichen Einzelbeispielen belegen. Nach einem Bericht der Süddeutschen Zeitung[48] hat z.B. Marteen Simmons vom Thoraxcenter der Universität Rotterdam hierauf explizit aufmerksam gemacht und dabei auch über entsprechende eigene Erfahrungen vor der Europäischen Gesellschaft für Kardiologie in Stockholm berichtet. Er führte u.a. den Fall an, dass vom Sponsor einer Studie dringend aufgefordert worden sei, nicht „unnötigerweise“ Daten zu veröffentlichen, die dem Unternehmen schaden könnten.

Beispiel 7

Ein weiteres Beispiel für die Unterdrückung wissenschaftlicher Daten ist der langjährige Umgang zuständiger Stellen der Europäischer Union und von EU-Mitgliedsstaaten mit vorliegenden Forschungsergebnissen zur Übertragbarkeit der Rinderseuche BSE auf den Menschen, die aus ökonomischen und politischen Gründen zunächst nicht an die Öffentlichkeit gelangen sollten.[49]

Behinderungen bei der freien Verbreitung von Forschungsergebnissen

Hierbei geht es darum, dass die gewonnenen Forschungsdaten und -ergebnisse in der einen oder anderen Form zwar prinzipiell zugänglich sind, dass jedoch Anstrengungen unternommen werden, eine vollständige oder weite Verbreitung zu verhindern.

Eine der wichtigsten Strategien, um die Verbreitung bestimmter – bereits vorliegender – Forschungsdaten und -ergebnisse zu verhindern, besteht darin, ihre Existenz zu verschweigen oder zu vertuschen. Dazu gehört auch, eingehende

---

48 vgl. Nicola von Lutteotti, Das Schweigen der Forscher, in: Südd. Zeitung v. 17.12.2003, S. N 2

49 vgl. SZ vom 16.10.1996 „Auf einer Wahnsinnsspur“ und in: Der Spiegel, Nr. 44 vom 28.10.1996, S. 38: „Die Affäre kleinhalten – EU-Politiker vertuschen das BSE-Problem“; Dethlefs/Dohn, Das BSE-Kartell, 1996; Deiseroth, Whistleblowing in Zeiten von BSE, 2001, S. 163 ff m.w.N.; Andrew Rowell, Don't Worry, London2003, S. 9 ff

Anfragen oder Nachfragen nach diesen Daten nicht, ausweichend oder jedenfalls nicht vollständig zu beantworten.[50]

Eine Beschränkung der freien Verbreitung von Forschungsdaten und -ergebnissen kann auch dadurch erfolgen, dass öffentliche Stellen für die Herausgabe ihnen vorliegender, mit öffentlichen Mitteln geförderter Studien an Interessierte oder für das Zugänglichmachen wissenschaftlicher Daten hohe Gebühren/Preise verlangen.[51]

Von Relevanz ist in diesem Zusammenhang ferner die verbreitete Tendenz von Forschern und ihren Fachkollegen, aber auch Publikationsmedien, spektakulären wissenschaftlichen Resultaten mehr Bedeutung beizumessen als weniger eindrucksvollen, die damit weniger oder gar nicht publiziert und damit Fachkreisen oder der interessierten Öffentlichkeit weniger oder gar nicht bekannt werden.

Die Verbreitung und Publizierung von FuE-Ergebnissen und -daten können ferner mit Hilfe patentschutz- und urheberrechtliche Regelungen („geistiges Eigentum") eingeschränkt werden, die es dem Inhaber dieser Rechte ermöglichen, die Nutzung von Forschungs- und Entwicklungsergebnisse zu beschränken. So ist z.B. bekannt geworden, dass – ein Fall unter vielen ähnlichen – Unternehmen der Radio- und Elektriziätsbranche Patente aufgekauft haben, um technologische Innovationen zu verhindern, die ihre Geschäftsinteressen bedrohen könnten.[52]

Die Verbreitung von Forschungsergebnissen kann auch durch negative Publikationsentscheidungen von Herausgebern, Redaktionen, Gutachtergremien oder Forschungseinrichtungen behindert werden. So war im Falle des Gen-Forschers Arpad Pusztai vom schottischen Rowett Institute (Aberdeen) der Herausgeber der Fachzeitschrift „The Lancet", Richard Horton, starken – angesichts seiner unbeirrten Haltung freilich letztlich erfolglosen – Pressionen u.a. durch den früheren Vizepräsidenten der britischen „Royal Society", Peter Lachmann, ausgesetzt.[53] Nicht selten geschieht dies unter Verweis auf (angeblich) mangelnde fachliche Qualität, den (angeblich) zu großen Umfang, den (unrichtigen) Zeitpunkt oder die unzureichende Form des zu publizierenden Textes (vgl. etwa auch die Auseinandersetzungen zwischen der Leitung des „Instituts für Zeitgeschichte" in

---

50 vgl. dazu u.a. B. Martin, a.a.O., S. 9 unter Berufung auf C. Thompson, The tangled methods of quantum entanglement experiments, in: Accountability in Research 6)1999), S. 311 – 332

51 vgl. dazu Martin, a.a.O., unter Hinweis auf den Bericht von O. Tickel, Dirty Secrets, in: New Scientist 159 vom 29.8.1998, S. 18 – 19

52 vgl. Martin, a.a.O., S. 9 unter Hinweis auf die Untersuchungen von R. Dunford, The suppression of technology as a strategy for controlling resource dependence, in: Administrative Science Quarterly 32 (1987), S. 512 – 525

53 vgl. dazu u.a. Andy Rowell, Don't Worry: It's Safe to Eat, Earthscan, 2003; http://www.gmwatch.org/print-archive2.asp?arcid=5592 (14.8.2005)

München und dem Historiker Hans Schneider über die Publizierung seiner Forschungsergebnisse zu den Hintergründen des Reichstagsbrandes von 1933[54]).

Ein anderes Mittel, um die Verbreitung von Forschungsdaten oder -ergebnissen oder sogar die Diskussion über bestimmte wissenschaftliche Theorien zu be- oder verhindern besteht darin, von dem Instrumentarium des Persönlichkeits- und Ehrschutzes („defamation law“) mit Hilfe von Strafanzeigen, Unterlassungs- oder Schadensersatzklagen Gebrauch zu machen. So werden immer wieder Fälle bekannt, in denen etwa versucht wurde, die Publizierung von Forschungsergebnissen unter Klageandrohung wegen (angeblich) drohender Rufschädigung zu verhindern. Hinzuweisen ist etwa auf die Bemühungen des australischen Unternehmens Mt Lyell Mining and Railway, das mit einer solchen Drohung die Veröffentlichung einer Dissertation unterbinden wollte, in dem detaillierte Forschungsergebnisse über durch die Bergbauaktivitäten dieses Unternehmens verursachte Umweltschäden dargestellt wurden.[55] Ein anderes Beispiel ist der Fall der Biomedizinerin Dagmar Michael, die wissenschaftliche Datenfälschungen – vorgenommen durch Wissenschaftler des schweizerischen Unternehmens Cytos – aufgedeckt hatte und mit der Androhung von Unterlassungs- und Schadensersatzklagen – letztlich erfolglos – davon abgehalten werden sollte, ihre Erkenntnisse publik zu machen und zu verbreiten. [56]

Verfälschung und Umdeutung von Forschungsergebnissen

Anders als bei den drei vorstehend erörterten Kategorien der Behinderung des freien und offenen wissenschaftlichen Diskurses, geht es nunmehr viertens darum, dass Forschungsergebnisse und -daten zwar verfügbar sind, jedoch nur in einer beeinträchtigten oder gar verfälschten Form („distorting data“[57]).

Die Erscheinungsformen und Mechanismen sind dabei vielfältig. Sie können hier nur stichwortartig aufgeführt werden.

---

54 vgl. dazu die Beiträge von Deiseroth, Fischler und Narr in der Dokumentation Hans Schneider, Neues vom Reichstagsbrand?, 2004, S. 15 ff, 37 ff und 195 ff

55 vgl. Martin, a.a.O., S. 9 unter Hinweis auf A. De Blas, Environmental Effects of Mount Lyell Operations on Macquarie Harbour and Strahan. Sydney: Australian Center for Independent Journalism. University of Technology, Sydney.

56 Vgl. dazu Holger Wormer, Richtigkeit ist nicht garantiert, in: Südd.Zeitung vom 12.4.2003; vgl. ferner das im Auftrag der Zürcher Universität erstellte Gutachten von Prof. N.N. (Bern), das die Vorwürfe von Dagmar Michael im Kern bestätigte; weitere Beispiele in: „Journal of Negative Results in Biomedicine“ (http://jnrbm.com/home/) von der Harvard Medical School in Boston/Mass; vgl.FAZ 17.12.2003, S. N 2

57 Der Begriff geht auf Martin, a.a.O., S. 12, zurück

- Dabei geht es vor allem um inhaltliche Auflagen im Rahmen der Genehmigung der Publikation durch Arbeitgeber oder Dienststelle. Dazu gehören z.B. Forderungen, bestimmte Textstellen oder Daten wegzulassen, zu entfernen oder zu modifizieren, der an sich beabsichtigten Interpretation eine andere „Wendung" zu geben, Fundstellen oder Beleghinweise auf bestimmte Autoren wegzulassen[58].
- Zu nennen sind in diesem Zusammenhang ferner inhaltliche Auflagen von Herausgebern oder Redaktionen („publication bias") im Vorfeld von Buch- oder Zeitschriftenveröffentlichungen, aber auch die Antizipation von solchen (möglichen) Einwänden durch den betreffenden Autor selbst („Schere im Kopf").
- Auch die Fälle betrügerischen Verhaltens durch den Wissenschaftler/Forscher[59], z.B. durch Datenmanipulation[60], Weglassen negativer Forschungs(teil)ergebnisse)[61] sowie tendenziöse Erläuterungen und/oder Interpretationen gehören dazu. Denn auch dadurch werden die tatsächlich erzielten Forschungsergebnisse verfälscht, zum Nachteil der Rezipienten und der Öffentlichkeit.
- Weitere Mechanismen, die die (unverfälschte) Rezeption von Forschungsergebnissen beeinträchtigen (können), sind: die Diskriminierung im Rahmen der „Peer Review" (Fachgutachter), das Ignorieren bestimmter Forschungsdaten als unerheblich, unwichtig, unkorrekt, das bewusste Erzeugung von „Datenfluten", um bei den Rezipienten Verwirrung und Unklarheit über den

58 vgl. dazu Martin, a.a.O., S. 12 m.w.N,, u.a. unter Berufung auf B. Schultz, The censorship and suppression of scientific research, in: Search 24 (1993), S. 93 – 97

59 vgl. dazu u.a. F. DiTrocchio, Der Große Schwindel. Betrug und Fälschung in der Wissenschaft, 2. Aufl. 1995; der Ombudsman der DFG wurden im Zeitraum von Mitte 1999 bis Ende 2003 26 schwere Fälle von wissenschaftlichem Fehlverhalten im Umgang mit Daten vorgetragen; weitere 10 betrafen Plagiatsvorwürfe, 19 Forschungsbehinderungen und 18 Autorschaftsstreitigkeiten, vgl. dazu Siegfried Großmann, Fälschung in der Wissenschaft- strukturelles Problem oder individueller Sündenfall?, in: http://www.rrz.uni-hamburg.de/dfg_ombud/Publ_faelschung.htm (16.8.2005)

60 vgl. etwa jüngst den Fall des Anthropologieprofessors Reiner Protsch, vgl. FAZ v. 18.8.1004, S. 3, sowie den Bericht der von der Uni Frankfurt/Main eingesetzten „Kommission zum Umgang mit wissenschaftlichem Fehlverhalten", FAZ vom 19.2.2005, sowie den Fall des Physiker Jan Hendrik Schön an der Uni Konstanz (http://home.t-online.de/home/Bernhard.Hiller/betr-27.htm (9.1.2004) und jüngst des koreanischen Genforschers Hwang Woo Suk, NZZ v. 11.1.2006, S. 3 („Weitere Fälschungen Hwangs nachgewiesen"); vgl. zu den aktuelleren Fällen wissenschaftlichen Fehlverhaltens u.a. Marco Finetti, Wenn es passiert ist, : Südd. Zeitung v. 9.1.2006

61 vgl. etwa den von der Medizinbiologin Dagmar Michael aufgedeckten „Cytos-Fall", in: Holger Wormer, Südd. Zeitung v. 12.4.2003

Stand der Forschung zu erreichen („being lost in a mass of apparently contrary data") oder durch verwirrende Hinweise auf anderweitige Forschungsdaten von vorliegenden kritischen Forschungsergebnissen abzulenken, die verzerrende Darstellung, Zusammenstellung oder Auswahl von Forschungsergebnissen in der Art ihrer Präsentation in Tabellen, Schaubildern und Forschungsberichten.

- Von besonderer Bedeutung ist auch die – unberechtigte – Diskreditierung von Forschungsdaten, wenn diese etwa als Resultat fehlerhafter Arbeitsweise, unvertretbarer Interpretation, unzureichender Methoden oder gar von Betrug[62] verunglimpft werden.
- Dies gilt auch für das Diskreditieren von Forschungsergebnissen durch Angriffe auf die Person, die Arbeitsweise des/der Forschers/in oder die Relevanz/Bedeutung der Ergebnisse. Ein anschauliches Beispiel dafür, welchen Anfeindungen und Diskreditierungen Wissenschaftler ausgesetzt werden können, die unliebsame Forschungsergebnisse publik machen, bietet der Fall des schottischen Biomediziners Arpad Pusztai.[63] Zu den Methoden, die bei solchen Attacken gegen wissenschaftliche „Dissidenten" angewandt werden, zählen vor allem Ächtung und Ausgrenzung, kleinliche Schikanen, Verbreitung von Gerüchten, negative dienstliche Beurteilung, Behinderungen oder Blockaden bei der Vergabe von Stellen oder bei Beförderungen, dienstliche Überbeanspruchung, Zuweisung von Dienstaufgaben, die einer Inanspruchnahme mit Sanktionscharakter nahe kommen, Rügen und Verweise, Versetzung, Verbreitung von Gerüchten, Entzug weiterer Forschungsmittel, Schließung der Forschungseinrichtigung, Entlassung, Aufnahme in „Schwarze Listen" (blacklisting).

Verliert der betreffende individuelle Wissenschaftler seinen Job, kann seine – die Attacken auslösende – Forschung vielfach von ihm nicht fortgeführt werden, es sei denn, er findet eine neue Wirkungsstätte, an der er sie fortsetzen kann. Eine andere Konsequenz kann sein, dass die betroffenen Forscher nunmehr in lang-

62 Die Wissenschaftlerin Betty Dong erarbeitete eine Studie über die Heilwirkungen unterschiedlicher Varianten des synthetischen Hormons Levothyroxin bei Schilddrüsenerkrankungen; finanziert wurde die Studie von der Fa. Boots, die damals das am häufigsten verschriebene und teuerste derartige Medikament herstellte; Dongs Studie gelangte zum Ergebnis, dass bei den meisten Präparaten Wirkung etwa gleich gut sei. Daraufhin erklärt Boots die Studie für „fehlerhaft", obgleich Gutachter des „Journal of the American Medical Association" keine Fehler finden konnten. Dong sah sich nun in einer Zwickmühle, da sie unterschrieben hatte, dass sie Ergebnisse nur mit Erlaubnis der Firma veröffentlichen dürfe. Die Universität von California fürchtete einen kostspieligen Rechtsstreit und verbat Dong die Publikation; vgl. dazu und zum weiteren Verlauf des Konflikts Jeanne Rubner in SZ v. 19.4.1999

63 vgl. dazu den Beitrag von Arpad Pusztai in diesem Band, S.

wierige Auseinandersetzungen vor Gerichten verstrickt werden, die wesentliche Teile ihrer Kraft und Ressourcen binden und absorbieren.

Eine weitere Konsequenz ist nicht selten, dass die Attacken negativen Einfluss auf ihre Reputation als Wissenschaftler haben können. Je nach der Art der Attacken kann ihre wissenschaftliche Glaubwürdigkeit in Frage gestellt werden, unmittelbar durch entsprechende Statements von Fachkollegen oder indirekt durch Abstempelung ihrer wissenschaftlichen Position als „Außenseitermeinung" oder „allseits umstritten".

Schließlich können solche Attacken auch bewirken, dass andere Forscher vor Risiken „gewarnt" werden, denen sie sich aussetzen, wenn sie sich ähnlich verhalten wie der Attackierte. Diese abschreckende Wirkung kann so bei Wissenschaftler-Kollegen Auswirkungen sowohl auf die Wahl künftiger Forschungsthemen und die Verbreitung von Forschungsergebnissen als auch auf die Bereitschaft haben, sich zu kritischen Fragen im wissenschaftlichen Diskurs im Sinne der Merton'schen Kriterien offen zu äußern.

Eine Verfälschung von Forschungsergebnissen kann auch dadurch eintreten, dass schon bei ihrer Erarbeitung auf Daten zurückgegriffen wird, die von Geheimdiensten erhoben oder in Umlauf gesetzt worden sind. Solche Daten unterliegen aufgrund der spezifischen Erhebungs- und Verarbeitungsstrukturen von Geheimdiensten, die durch bürokratisch organisierte Geheimhaltung sowohl bei der Datengewinnung als auch bei ihrer kritischen Überprüfung und Verifikation geprägt sind, der besonderen Gefahr der Fehlerhaftigkeit.[64]

Die Strukturen der Geheimhaltung bei den „Diensten" verhindert nicht nur den öffentlichen Zugang zu den erhobenen Daten; sie führt auch bei denjenigen zu einem verzerrten Bild der Wahrnehmung, die innerhalb der Dienste oder außerhalb derselben Zugang zu diesen Daten haben. Denn diese geheimdienstlich erhobenen Daten sind aufgrund der dort vorgegebenen Bedingungen in strukturell unzureichender Weise verifiziert worden.

---

64 vgl. Martin, a.a.O., S. 16 m.w.N., u.a. unter Berufung auf P. Kimball, The File. San Diego: Harcourt Brace Jovanovich. 1983; H. Mitgang, Dangerous Dossiers: Exposing the Secret War against America's Greatest Authors. New York: Donald I. Finde. 1988J. Thomas, Class, state, and political surveillance: liberal democracy and structural contradictions. in: Insurgent Sociologist 10 (4) 1981. S. 47 – 58

5.Gegenstrategien

Erhöhung der Transparenz wissenschaftlicher Prozesse und Daten

- Verpflichtung zur Offenlegung der Finanzierungsquelle(n) in jeder wissenschaftlichen Studie
- Keine wissenschaftliche Kooperation mit Auftraggebern, die die Überprüfung der Einhaltung der Standards „guter wissenschaftlicher Praxis“ nicht zulassen und gewährleisten[65]
- Schaffung frei zugänglicher IT-Register über begonnene und abgeschlossene klinische und andere wissenschaftliche Studien. In Deutschland gibt es bislang keinen hineichenden Überblick darüber, wer in der Pharmaindustrie und der akademischen Forschung welche Studien mit positivem oder negativem Ergebnis durchgeführt hat, ausführt oder plant. Darauf hat auch vor kurzem der Gesundheitsausschuss des Deutschen Bundestages hingewiesen und Abhilfe gefordert. Jährlich werden „einige tausend“ klinische Studien vorgenommen; schätzungsweise nur die Hälfte wird jedoch öffentlich bekannt.[66] Die vorhandenen Register der forschenden Arzneimittelhersteller sind nicht ausreichend, da sie unvollständig sind und ihre Anlage, Struktur und Zugänglichkeit von Eigeninteressen der beteiligten Unternehmen geprägt sind; abgebrochene Studien oder Negativbefunde werden zudem meist überhaupt nicht in Register eingestellt und publiziert. Erfreulicherweise hat die „Initiativgruppe Studienregister“, an der die Bundesärztekammer, der Wissenschaftsrat und der Bundesverband der Verbraucherzentralen sowie mehrere medizinische Fachgesellschaften und Patientenorganisationen beteiligt sind, nunmehr entsprechende Vorarbeiten für ein solches umfassendes Register aufgenommen. Das Bundesforschungsministeriums kündigte im Juli 2005 an, das BMFB werde die Aufträge zur Schaffung eines solchen Registers noch in Kürze ausschreiben.[67]
- Unterstützung verdient die Initiative „Open Access“. In ihrer „Berliner Erklärung“ vom 22.10.2003[68] haben u.a. die Hochschulrektorenkonferenz, der Wissenschaftsrat, die DFG, die Max-Planck-Gesellschaft (MPG), die Wissenschaftsgemeinschaft Gottfr.Wilh.Leibniz, die Helmholtz-Gemeinschaft, der

---

65 vgl. das Verhalten des US-Verteidigungsministeriums (Pentagon) gegenüber dem MIT im Fall Postol

66 vgl. FAZ 13.7.2005

67 vgl. FAZ vom 13.7.2005; Wiebke Rögener, Archiv der Pillenstudien, vgl. Südd. Zeitung vom 13.1.2006, S. 8

68 vgl. http://de.wikipedia.org/wiki/Berrliner_Erkl%C3%A4rung_(Open_Access) (12.10.2005)

Deutsche Bibliotheksverband, die französische Wissenschaftsorganisation CNRS und das europäische Zentrum für Elementarteilchen (Cern) bei Genf verlangt, alle Forschungsergebnisse müssten für die Öffentlichkeit frei zugänglich sein, insbesondere wenn sie mit Steuergeldern erzielt worden sind. Sie forderten alle Produzenten von Forschungsergebnissen auf, ihre Arbeiten künftig im Internet jedermann zugänglich zu machen, inklusive der Lizenz zur Fotokopie, zum Gebrauch und zur Weiterleitung der jeweiligen Informationen. In einem begrüßenswerten ersten Schritt will die MPG nach Presseberichten zusammen mit dem Fachinformationssystem FIZ in Karlsruhe in den kommenden fünf Jahren ein integriertes Informations-, Kommunikations- und Publikationssystem aufbauen, das als standardisierte Veröffentlichungsplattform dienen soll. Auch in den USA verlangten unlängst 25 dort tätige Nobelpreisträger der Medizin und Chemie einen kostenlosen Zugang zu allen Forschungsergebnissen, die mit Steuergeldern finanziert worden sind. Zu den Unterzeichnern des Offenen Briefes, der an den US-Kongress adressiert ist, gehören u.a. der Prionenforscher Stanley Prusiner, der Entdecker der DNS-Struktur James Watson und der Molekularbiologe Günter Blobel.[69]

- Von großer Bedeutung ist ferner eine verstärkte Nutzung von Auskunfts- und Informationsansprüchen nach der EU-Umweltinformationsrichtlinie[70] und dem zwischenzeitlich in Kraft getretenen Umweltinformationsgesetz[71], nach der EU-Freisetzungsrichtlinie, dem Gentechnik-Gesetz[72] sowie nach den be-

69 vgl. https://mx2.arl.org; FAZ vom 9.9.2004

70 Richtlinie 90/313/EWG des Rates vom 7.6.1990 über den freien Zugang zu Informationen über die Umwelt, in: Amtsblatt L 158 vom 23.6.1990, S. 56 sowie Richtlinie 2003/4/EG des Europäischen Parlaments und des Rates vom 28.1.2003 über den Zugang der Öffentlichkeit zu Umweltinformationen und zur Aufhebung der Richtlinie 90/313/EWG des Rates, in: Amtsblatt v. 14.2.2003, S. 26; einen Überblick dazu bietet u.a. Werres, DVBl. 2005, S. 611 ff

71 vgl. Art. 1 des Gesetzes zur Neugestaltung des Umweltinformationsgesetzes ... vom 22.12.2004, BGBl. I, S. 3704; vgl. dazu Antje Näckel/Andreas Wasielewski, Das neue Recht auf Zugang zu Umweltinformationen, DVBl. 2005, S. 1351 – 1359

72 vgl. dazu jüngst den Beschluss des Oberverwaltungsgerichts für das Land NRW vom 20.6.2005 – Az.: 8 B 940/05. In der Kontroverse um die Einsicht in die Risikostudien über den Gen-Mais Mon 863. Das Hersteller-Unternehmen hatte gegen die Entscheidung der zuständigen Behörden eine einstweilige Anordnung beantragt, damit die Unterlagen von der Einsichtnahme durch Greenpeace ausgeschlossen blieben. Die streitigen Unterlagen enthielten Dokumente über Fütterungsversuche an Ratten. Die Tiere wiesen Gesundheitsschäden auf, nachdem sie mit Monsantos Gen-Mais MON 863 gefüttert worden waren, der ein Insektengift produziert. Gemeinsam mit Wissenschaftlern forderte Greenpeace deshalb u.a. ein Importverbot für MON863. In dem Leitsatz des OVG NRW heißt es: „Zu den vertraulich zu behandelnden Betriebs- und Geschäftsgeheimnissen zaählt im Gentechnikrecht nicht die ‚Beurteilung der vorher-

stehenden Informationsfreiheitsgesetzen („Freedom of Information Act“ z.B. in Schweden und in den USA; Informationsfreiheitsgesetze des Bundes[73] und einiger Bundesländer[74])

- Ein wichtiges Beispiel dafür, wie Informationen über (Risiko-)Forschungsergebnisse im Bereich der Industrie der Öffentlichkeit zugänglich gemacht werden können, ist der im Rahmen eines Klageverfahrens u.a. von US-Bundesstaaten gegen alle großen Unternehmen der Tabakindustrie in den USA erreichte Vergleich („Master Resettlement-Agreement“) über die Offenlegung aller Dokumente über die durchgeführten Forschungen.[75]

Kritische Begleitung von Forschung durch zivilgesellschaftliche Initiativen und Vereinigungen

Erfreuliche Ansätze einer notwendigen qualifizierten kritischen Begleitung von Wissenschaft und Forschung finden sich in den Arbeitsfeldern verschiedener Vereinigungen von Wissenschaftlern. Hinzuweisen ist etwa auf folgende Gesellschaften: die British Society for Social Responsibility in Science, die Scientists and Engineers for Social and Political Action, die Scientists for Global Responsibility, die (u.a. von Prof. Otto Hahn und Prof. Carl Friedrich von Weizsäcker begründete) Vereinigung Deutscher Wissenschaftler (VDW).

Zu nennen sind in diesem Zusammenhang ferner die Aktitivitäten von Initiativen zur Aufdeckung und Bekämpfung der Unterdrückung kritischer Forschung

---

sehbaren Wirkungen, insbesondere schädliche Auswirkungen auf die menschliche Gesundheit und die Umwelt' im Sinne des § 17a Abs 2 Nr 6 GenTG. Diese Regelung nimmt bei europarechtskonformer Auslegung nicht nur eine ergebnishafte, wertende Zusammenfassung der im Rahmen der Risikobewertung (Umweltvertraüglichkeit-spruüfung) vorgelegten Unterlagen vom Geheimnisschutz aus, sondern auch das dem Pruüfungsergebnis zugrunde gelegte Tatsachenmaterial (hier: die sogenannten Rohdaten einer Tierversuchsstudie).“

73 Gesetz vom 5.9.2005 (BGBl. I S. 2722)

74 z.B. Informationsfreiheitsgesetz Nordrhein-Westfalen vom 27.11.2001

75 Zur Publikation von ca. 40 Millionen Seiten von Dokumenten der Tabakindustrie im Gefolge des US-Schiedsverfahrens gegen BAT, Philip Morris und RJ Reynolds, die von Stanton Glantz ins Internet gestellt wurden und dort nunmehr prinzipiell jedermann frei zugänglich vgl. Interview mit Stanton Glantz in Südd.Zeitung v. 28.5.2004, S. 12; die Papiere haben u.a. die bewusst hohe Risiken von Konsumenten in Kauf nehmenden und verschleiernden Forschungsstrategien der Tabakindustrie offenbart und zudem auch u.a. gezeigt, wie groß der Einfluss der Tabaklobby in den 80er und 90er Jahren gerade auf die deutsche Politik war (im Hinblick auf die Werbemöglichkeiten; vgl. persönliche Dankschreiben an den damaligen Bundeskanzler Kohl, SZ 28.5.2004, S. 12

sowie kritische Alternativ-Forschungsinstitute, zumeist Stiftungen oder Vereine mit institutioneller Unabhängigkeit von Staat und Wirtschaft (z.B. in Deutschland das „Öko-Institut").

Ombuds-Personen in Wissenschaftsorganisationen

Vor einigen Jahren hat die Deutsche Forschungsgemeinschaft (DFG), im Gefolge von ähnlichen Schritten zahlreicher ausländischer Wissenschaftsorganisationen – wie z.B. in den USA des „Office for Research Integrity" (ORI) und in Dänemark des „Danish Committee on Scientific Dishonesty"[76] – Empfehlungen einer von ihr eingesetzten Kommission aufgegriffen und „Verfahrensgrundsätze des Ombudsmans der DFG" beschlossen. Dessen Aufgaben wurden einem dreiköpfigen Gremium („Ombudsman der DFG") übertragen, in das der Senat der DFG drei Wissenschaftler für eine dreijährige Amtszeit beruft. Nach diesen „Verfahrensgrundsätzen" steht dieser DFG-Ombudsman in Gestalt jedes seiner drei Mitglieder „allen Wissenschaftlerinnen und Wissenschaftlern unabhängig davon zur Verfügung, ob in der Angelegenheit ein Bezug zur DFG besteht oder nicht" (Abschnitt I Nr. 3 S. 1). Grundsätzlich kann sich mithin jedermann an ihn wenden, wenn er/sie „sich von wissenschaftlichem Fehlverhalten betroffen sieht" (Abschnitt I Nr. 1). Grundlagen sollen die „Empfehlungen der DFG zur Sicherung guter wissenschaftlicher Praxis" sein.

Was unter „Regeln guter wissenschaftlicher Praxis" verstanden wird, wird in den im Januar 1998 vorgelegten „Empfehlungen" der DFG-Kommission „Selbstkontrolle in der Wissenschaft" wie folgt umschrieben: „allgemeine Prinzipien wissenschaftlicher Arbeit z.B. lege artis zu arbeiten, Resultate zu dokumentieren, alle Ergebnisse konsequent anzuzweifeln, strikte Ehrlichkeit im Hinblick auf die Beiträge von Partnern, Konkurrenten und Vorgängern zu wahren, Zusammenarbeit und Leitungsverantwortung in Arbeitsgruppen (Empfehlung 3[77]), die Betreuung des wissenschaftlichen Nachwuchse (Empfehlung 4[78]), die Sicherung und

76 nähere Hinweise dazu in Deiseroth, Zum Umgang mit Dissens in der Wissenschaft, in: Schneider, Neues vom Reichstagsbrand?, a.a.O., S. 15 (26 ff)

77 Empfehlung 3: „Die Leitung jeder Hochschule und jeder Forschungseinrichtung trägt die Verantwortung für eine angemessene Organisation, die sichert, dass in Abhängigkeit von der Größe der einzelnen wissenschaftlichen Arbeitseinheiten die Aufgaben der Leitung, Aufsicht, Konfliktregelung und Qualitätssicherung eindeutig zugewiesen sind und gewährleistet ist, dass sie tatsächlich wahrgenommen werden."

78 Empfehlung 4: „Der Ausbildung und Förderung des wissenschaftlichen Nachwuchses muss besondere Aufmerksamkeit gelten. Hochschulen und Forschungseinrichtungen sollen Grundsätze für seine Betreuung entwickeln und die Leitungen der einzelnen wissenschaftlichen Arbeitseinheiten darauf verpflichten."

Aufbewahrung von Primärdaten (Empfehlung 7[79]), wissenschaftliche Veröffentlichungen (Empfehlung 11[80]).“

Ungeachtet ihrer relativ großen Vagheit und Offenheit lassen die von der DFG-Kommission verwendeten Begriffe erkennen, dass es vor allem um Maßstäbe für den binnenwissenschaftlichen Ethos der Forschung, insbesondere um die individuelle Redlichkeit der Wissenschaftler bei ihrer Forschungsarbeit geht.

Im Bewusstsein, dass diese „Grundsätze“ relativ abstrakt gefasst sind, wird den Hochschulen und außeruniversitären Forschungsinstituten empfohlen, unter Beteiligung ihrer wissenschaftlichen Mitglieder konkretere und fachspezifische „Regeln guter wissenschaftlicher Praxis“ zu formulieren. Diese Regeln sollten dann „fester Bestandteil der Lehre und der Ausbildung des wissenschaftlichen Nachwuchses sein.“ Ferner werden Hochschulen und Forschungseinrichtungen aufgefordert, „Verfahren zum Umgang mit Vorwürfen wissenschaftlichen Fehlverhaltens“ vorzusehen.[81] Diese müssten, so der Vorschlag der DFG-Kommission, von dem dazu legitimierten Organ beschlossen sein und „unter Berücksichtigung einschlägiger rechtlicher Regelungen einschließlich des Disziplinarrechts insbesondere umfassen: eine Definition von Tatbeständen, die in Abgrenzung zu guter wissenschaftlicher Praxis (Nr. 1) als wissenschaftliches Fehlverhalten gelten, beispielsweise Erfindung und Fälschung von Daten, Plagiat, Vertrauensbruch als Gutachter oder Vorgesetzter, Zuständigkeit, Verfahren (einschließlich Beweislastregeln) und Fristen für Ermittlungen zur Feststellung des Sachverhalts, Regeln zur Anhörung Beteiligter oder Betroffener, zur Wahrung der Vertraulichkeit und zum Ausschluss von Befangenheit, Sanktionen in Abhängigkeit vom Schweregrad nachgewiesenen Fehlverhaltens, Zuständigkeit für die Festlegung von Sanktionen“.

Diese DFG-Regelungen haben Schwächen. Die wichtigsten sind:

- Eine hinreichend präzise Definition von „wissenschaftlichem Fehlverhalten“ (scientific misconduct) ist in den DFG Richtlinien nicht enthalten. In den DFG-Kommissions-Empfehlungen, die sich gemäß ihrer „Vorbemerkung“ „vornehmlich an die verfassten Institutionen der Wissenschaft, über sie aber auch an alle ihre Mitglieder“ wenden, heißt es insoweit eher sybillinisch, der

79 Empfehlung 7: „Primärdaten als Grundlage für Veröffentlichungen sollen auf haltbaren und gesicherten Trägern in der Institution, wo sie entstanden sind, für zehn Jahre aufbewahrt werden“.

80 Empfehlung 11: „Autorinnen und Autoren wissenschaftlicher Veröffentlichungen tragen die Verantwortung für deren Inhalt stets gemeinsam. Eine so genannte 'Ehrenautorenschaft' ist ausgeschlossen.“

81 vgl. Empfehlung 8

gegenüber „wissenschaftlicher Unredlichkeit“[82] „breitere Begriff ‚wissenschaftliches Fehlverhalten‘“ werde „dort verwendet, wo nach dem Zusammenhang (z.B. bei Verfahrensregeln) die Normverletzung als Tatbestand das ist, das es zu klären gilt“. Näher wird er nicht definiert.

- Die Problemperspektive der Unredlichkeit einzelner Wissenschaftlerinnen und Wissenschaftler greift zu kurz. Sie fokussiert letztlich „nur“ die „schwarzen Schafe“. Insbesondere müssen endlich (auch) die sozialen, institutionellen und ökonomischen Zusammenhänge und Zwänge, also die Produktionsbedingungen des modernen Wissenschaftssystems und die daraus resultierenden innerwissenschaftlichen Konflikte, in den Blick genommen werden. Denn sie sind es vor allem, die die Forschungspfade und die „Fabrikation“ von Wissen sowie die „Produkte“ des Forschungsprozesses vor- und mit-prägen.

Außerhalb des Blickfeldes bleiben nämlich bislang weithin folgende zentrale Fragen für eine „gute wissenschaftliche Praxis“:

- die Arbeitsplatzstrukturen, in denen der/die einzelne Wissenschaftler/in arbeitet und forscht, insbesondere die Art und der Umfang seiner/ihrer wissenschaftlichen Autonomie im Verhältnis zu Vorgesetzten und Institutsleitung;
- die spezifischen Beziehungen zwischen Wissenschaftler/in und Projekt-Auftraggeber;
- die Relevanz von Art und Struktur der Projekt-Finanzierung für die Forschungsstrategie und
- die Auswahl der Forschungspfade sowie der Umgang insbesondere mit anfallenden (aus der Sicht des Projektfinanzierers) Negativ-Forschungsinformationen und -ergebnissen.

Dabei geht es vor allem um die folgenden für die Prägung des Forschungsprozesses und der Forschungsergebnisse relevanten Probleme:

- Wer bestimmt über die Erkenntnisinteressen und Forschungspfade? Sind die Vorgaben explizit formuliert oder wirken sie lediglich latent? In welchen Grenzen stehen sie zur Überprüfung – durch wen?
- Welche Vorgaben werden gemacht für die Präzisierung der Forschungsfragen, die Bildung von Forschungshypothesen, die Anwendung und die Nichtanwendung von Verfahren und Methoden, den Umgang mit vorab vorhandenen oder im Projektverlauf erkennbar werdenden alternativen Forschungspfaden, die Dauer des Forschungsprojekts und seine Beendigung oder eine mögliche Verlängerung?

---

82 „Wissenschaftliche Unredlichkeit“ wird definiert als „die bewusste Verletzung elementarer wissenschaftlicher Grundregeln; vgl. Empfehlungen der DFG-Kommission „Selbstkontrolle in der Wissenschaft“, Abschnitt I. Empfehlungen, Vorbemerkung

- Wer entscheidet über die Publizierung oder Nicht-Publizierung der Forschungsergebnisse, von im Verlaufe des Forschungsprozesses auftauchenden „Negativinformationen“ oder von Zwischenergebnissen?
- Wer hat Einfluss auf die wirtschaftliche Verwertung oder Nicht-Verwertung der Resultate oder Teil-Resultate des Forschungsprojekts? Nach welchen Kriterien erfolgt eine diesbezügliche Entscheidung? Wird diese publiziert?

Damit sind unter Umständen schwerwiegende und möglicherweise kontroverse Fragen der Wahrnehmung der berufsethischen Verantwortung[83] von Wissenschaftlerinnen und Wissenschaftlern verbunden: Ist der Einzelne im konkreten Falle berechtigt, gehalten oder gar verpflichtet, auf die Risiken, die mit dem Forschungsprozess und/oder seinen Ergebnissen etwa für Leben, Gesundheit, demokratische Freiheiten, für das friedliche Zusammenleben der Menschen und Völker, für ein menschenwürdiges Leben künftiger Generationen, für die nachhaltige Stabilisierung der Ökosysteme oder ähnlich gewichtige Rechtsgüter und Werte verbunden sind oder jedenfalls sein können, unmissverständlich im Rahmen der eigenen Möglichkeiten hinzuweisen und darüber zu informieren sowie sich an entsprechenden Diskursen in den scientific communities und auch in der allgemeinen Öffentlichkeit zu beteiligen?

Alarmschlagen durch Outsider

Von besonderer Bedeutung zur Verbesserung der Transparenz im Wissenschaftsbetrieb ist ein guter investigativer Journalismus. Hierum bemüht sich nachhaltig u.a. das „Netzwerk für investigativen Journalismus“[84]. Hierbei geht es nicht nur um eine entsprechende Ausbildung und Ermutigung von Journalisten in ihrer beruflichen Praxis, sondern gerade auch um eine Verbesserung der strukturellen Rahmenbedingungen: Informantenschutz, wirksamere Zeugnisverweigerungsrechte; Verbesserung des Schutzes gegen Strafverfolgung wegen „Beihilfe“ zur Offenbarung von Dienstgeheimnissen („Fall Cicero“); wirksame gesetzliche Auskunftsansprüche; Akteneinsichtsrechte.

Wertvolle Hilfen können auch Institute, seien sie im Rahmen von Hochschulen angesiedelt oder privatrechtlich organisiert, leisten, die wissenschaftliche Dossiers über den aktuellen Stand der Forschung in wichtigen FuE-Bereichen er-

---

83 Vgl. dazu u.a. Deiseroth, Berufsethische Verantwortung in der Forschung, 1987, S. 23 ff m.w.N. sowie 498 ff; Deiseroth, Zum Umgang mit Dissens in der Wissenschaft, in: Hans Schneider, Neues vom Reichstagsbrand? Eine Dokumentation. Ein Versäumnis der deutschen Geschichtsschreibung.Berlin (Berliner Wissenschaftsverlag) 2004, S. 15-36

84 vgl. die Website: www.netzwerkrecherche.de

arbeiten und zugänglich machen oder auf wissenschaftlicher Basis Archivbestände erschließen und für die Öffentlichkeit transparent machen (erfolgreiche Beispiele: „National Security Archives der GWU Washington DC; zwischenzeitlich vorliegende Studien über Forschungsstrategien und den Umgang mit Forschungsergebnissen in der Tabakindustrie[85] oder in der Pharma-Industrie)

Wirksame Schutzregelungen für kritische Insider („Whistleblower")

Erforderlich sind insbesondere:

- Förmliche Rehabilitierung eines Whistleblowers („Positiv-Zertifikat") durch den Ombudsman nach positivem Abschluss der vorgenommenen Prüfung; dies dient nicht nur der individuellen Satisfaktion des/der Betroffenen, sondern ist auch von besonderer Relevanz in evtl. Rechtsstreitigkeiten (Kündigungschutzklagen, Schadensersatzklagen pp) und kann eine wichtige Hilfe bei künftigen Stellenbesetzungen sein.
- im Falle eines berechtigten (gutgläubigen) Whistleblowings: förmliche Rüge („Negativ-Zertifikat") an den für das aufgedeckte „wissenschaftliche Fehlverhalten" Verantwortlichen, insbesondere bei Rechtsbrüchen, Verstößen gegen internationale Abkommen oder gegen einen „Code of Conduct".
- Errichtung eines Hilfsfonds zum Ersatz von Aufwendungen von berechtigten (gutgläubigen) Whistleblowern
- Prüfung der Möglichkeit der Schaffung eines erweiterten Hilfsfonds oder einer Gruppenversicherung für Whistleblower/in mit „Positiv-Zertifikat", um evtl. Einkommensverluste für eine angemessene Zeit zu mildern.
- Ehrenkodex/Code of Conduct mit Selbstverpflichtungen zur Gewährleistung „guter wissenschaftlicher Praxis" (nach – modifizierten – Kriterien der DFG) auf der Ebene der FuE-Einrichtungen
- Explizite Whistleblower-Schutzklausel in den einzelnen FuE-Einrichtungen für subjektiv berechtigtes („gutgläubiges" internes und – im Falle der Unzumutbarkeit – auch für externes Whistleblowing[86]
- Einrichtung eines Ombudsman-Gremiums in allen FuE-Einrichtungen (nach – modifiziertem – Modell der DFG)
- Hotline (Anonymität auf Wunsch zu gewährleisten; Verwendung einer entsprechenden Software)

---

85 vgl. dazu Der Spiegel Nr. 23/2005 („Geheime Gesandte"), S. 156 ff unter Berufung auf die Studie von Dietmar Jazbinsek für das Heidelberger WHO-Zentrum,

86 vgl. dazu Deiseroth, Whistleblowing in Zeiten von BSE, a.a.O., S. 209 ff; ders.,Whistleblower-Schutz. Rechtsvergleichende Anmerkungen zur Situation in den USA und in Deutschland, in: Betrifft Justiz Heft 78 (2004), S. 296 ff

- ausdrückliche gesetzliche Schutz-Garantie für externes (gutgläubiges) Whistleblowing gegenüber zuständigen Stellen nach dem Modell des Petitionsgrundrechts (Art. 17 GG) und gegenüber Öffentlichkeit mit Beweiserleichterungsregelung (bei Vorliegen von konkreten Hinweisen auf Repressalien Umkehr der Beweislast)
- förmliche ausdrückliche Garantie der Meinungsäußerungsfreiheit auch für Arbeits- und Beschäftigungsverhältnisse. Denn nach der heutigen Rechtslage schützt in Deutschland die Meinungsäußerungsfreiheit (Art. 5 Abs. 1 GG) Kritik an Missständen in einem Unternehmen oder einer privatwirtschaftlichen FuE-Einrichtung nur nach Maßgabe einer Einzelfallabwägung. Das garantiert keine „Planungssicherheit“ und begünstigt eine Tendenz zum Schweigen und Wegschauen, um nicht den Job oder die Karriere zu gefährden.

Friedensgestaltung im 21. Jahrhundert

Rüstungskontrolle als Antwort auf neue militärische Strategien und moderne rüstungsrelevante Technologien

Die drohende Bewaffnung des Weltraums und Möglichkeiten ihrer Begrenzung

Götz Neuneck[1]

Albert Einstein, Entdecker unseres modernen Verständnisses von Raum und Zeit, ist im Rahmen seiner Arbeiten auch durch die Formel $E=mc^2$ bekannt geworden. Die unkontrollierte Entfesselung der Kernenergie ermöglicht die Zerstörung des Planeten durch Menschenhand in kurzer Zeit. Die Möglichkeiten Atomwaffen mittels Interkontinentalraketen auch global einzusetzen, ist sicher eine weitere Zäsur in der Weltgeschichte. Das Hineintragen von Konflikten in den Weltraum, wäre mit Sicherheit ein weiterer Schritt, der das Schicksal des Planeten Erde auf lange Zeit verändern könnte. Würde A. Einstein uns heute zuschauen, würde er sich vehement dafür einsetzen, dass der Weltraum – wie es der Weltraumvertrag von 1967 fordert – Menschheitserbe bleibt, allen Staaten als Ganzes gehört und nur friedlich genutzt werden darf.

1. Die Bedeutung des erdnahen Raums

Der erdnahe Raum wird heute umfassend und in zunehmendem Maße von Raumfahrtbetreibenden Staaten für vielfältige zivile, kommerzielle und militärische Zwecke genutzt.[2] In Folge der Möglichkeiten von globaler und weitreichender Datenübertragung und der dabei möglichen Abdeckung großer Areale bilden Satelliten für Erdbeobachtung, Kommunikation und Navigation vielfältige, nutzbare Anwendungen. Wissenschaft, Wirtschaft und eine friedensorientierte Sicherheitspolitik können von diesen Möglichkeiten erheblich profitieren. Wie jede Technologie ist aber auch die Raketen- und Weltraumtechnologien ambivalent, d.h. sie können für zivile wie zerstörerische Zwecke genutzt werden. Mittels ver-

1 Dr. Götz Neuneck, Institut für Friedensforschung und Sicherheitspolitik (IFSH, Falkenstein 1, D-22587 Hamburg, Der Beitrag ist eine Kurzfassung der Ergebnisse der Studie: Götz Neuneck/André Rothkirch: Weltraumbewaffnung und Optionen für präventive Rüstungskontrolle. Studie für die Deutsche Stiftung Friedensforschung, Osnabrück/Hamburg 2005.

2 Siehe zum Überblick der technologischen, juristischen und politischen Implikationen der Weltraumfahrt: Ferndnand Verger, Isabelle Sourbès-Verger, Raymond Ghirardi: The Cambridge Encyclopedia of Space: Missions, Applications and Exploration, Cambridge University Press, Cambridge/UK 2003

traglicher Vereinbarungen wie z.B. dem Ausbau des Weltraumvertrages von 1967 und dem damit zusammenhängendem Weltraumrecht können destabilisierenden technologische Möglichkeiten in Bahnen gelenkt werden, von denen alle Staaten gleichermaßen profitieren.

Der Weltraumvertrag (WRV) von 1967, unterstreicht in seiner Präambel das „gemeinsame Interesse der gesamten Menschheit an der fortschreitenden Erforschung und Nutzung des Weltraums zu friedlichen Zwecken“ und erklärt sie zur „Sache der gesamten Menschheit“. Der Weltraum ist nach Art.I.1 von 1967 WRV ein hoheitsfreier Gemeinschaftsraum, dessen Nutzung „im Interesse aller Staaten“ und der „Menschheit als Ganzes“ erfolgen muss.[3] Demnach kann Sicherheit im Weltraum nicht ausschließlich im nationalen Interesse eines Staates oder einer Staatengruppe verfolgt werden. Es dürfte auf dieser Grundlage ein zentrales Anliegen der Weltgemeinschaft sein, keine Weltraumbewaffnung zuzulassen, trotz des möglicherweise gegenteiligen Bestrebens mancher Staaten. Hier stellt sich künftig die Frage, ob die Verrechtlichung und Internationalisierung des Weltraums, wie vom WRV vorgegeben, voranschreitet, oder ob das Weltall Ort des Dominanzstrebens großer Mächte wird.

Die USA und Russland sind nach über fünfzig jähriger Rüstungskonkurrenz im All militärisch seit langem führend. Bis Ende 2003 haben sie mehr als 2.000 militärische Satelliten in das All geschossen, während alle weiteren Staaten 30-40 militärische Satelliten in eine Umlaufbahn befördert haben. Beide Supermächte haben im Kalten Krieg Anti-Satelliten-Programme betrieben und sogar Tests durchgeführt. Aufgrund der hohen Kosten und der destabilisierenden Wirkung wurden diese Programme jedoch eingestellt. Es ist davon auszugehen, dass beide Staaten über einen Technologievorsprung auf dem Sektor verfügen. Seit Beginn des Weltraumzeitalters war Raumfahrt und die Entwicklung von Weltraumtechnologien stets auch militärisch motiviert. Der Großteil der genutzten Technologien zum Start und Betrieb von Satelliten sind „Dual-Use-Technologien“ d.h. viele F&E-Ergebnisse im Bereich Raumfahrt können sowohl für zivile als auch für militärische Zwecke genutzt werden, wodurch eine Unterscheidung von zivilen und militärischen Technologien erschwert, wenn nicht gar unmöglich wird.

Heute ist für global agierende Streitkräfte im Rahmen der „Revolution in Military Affairs“ viele Weltraumanwendungen im Bereich Kommunikation, Aufklärung und Navigation unverzichtbar. Die Verwendung von Satelliten hat die moderne Kriegführung grundlegend verändert. Insbesondere die laufende Umstruk-

---

3 Siehe dazu im Detail: Detlev Wolter: Grundlagen „Gemeinsamer Sicherheit“ im Weltraum nach universellem Völkerrecht: Der Grundsatz der friedlichen Nutzung des Weltraums im Lichte des völkerrechtlichen Strukturprinzips vom „Gemeinsamen Erbe der Menschheit“. Schriftenreihe zum Völkerrecht. Duncker & Humblot, Berlin, 2003.

turierung der US-Streitkräfte macht sie in zunehmendem Maß vom Weltraum abhängig. Aber auch die Europäische Union, China und Japan nutzen künstliche Himmelskörper verstärkt für militärische Zwecke und sie werden ihre Fähigkeiten in den kommenden Jahren ausbauen.

Entscheidend für eine Weltraumnutzung ist heute der Zugang zum Weltraum. Zehn Nationen haben heute die Möglichkeit, einen unabhängigen Zugang zum Weltraum zu gewährleisten, neun Staaten sind dabei in der Lage die geostationäre Umlaufbahn zu erreichen. Neben den klassischen Raumfahrt treibenden Nationen haben auch weitere Staaten Fähigkeiten entwickelt, Nutzlasten in den Weltraum zu transportieren, z.B. Indien, Japan, die Ukraine, Israel und Brasilien. Nordkorea, Iran und Pakistan bereiten Schritte vor, um Satelliten in den Orbit zu schießen. 28 Staaten verfügen über die Möglichkeit, „sub-orbitaler" Startkapazitäten. 45 Staaten haben mittels eigener oder fremder Trägermittel, die Möglichkeit genutzt, Nutzlasten in den Weltraum zu transportieren.[4]

Die heute vorhandenen Himmelskörper haben „passive Funktionen", d.h. sie sind nicht in der Lage, gezielt gegnerische Satelliten „auszuschalten". Allerdings erprobten die USA in den 1980er Jahren luftgestützte Raketen zum Abschuss von Satelliten. Die Sowjetunion stationierte sogar ein operatives Anti-Satelliten-System (ASAT) und führte ca. 20 ASAT-Tests durch. Bis heute hat jedoch kein Staat aktive „Weltraumwaffen" stationiert. Das Einbringen von Weltraumwaffen würde nicht nur einen internationalen Tabubruch bedeuten, sondern kann eine ganze Kette neuer Entwicklungen in Gang setzen: neue Bedrohungsszenarios, Kosten für zusätzliche Schutzmaßnahmen und die Gefahr eines Wettrüstens im All.

2. Sorge vor Angriffen im Weltraum: Diskussionen und Strategiepläne

Insbesondere in den USA, aber vereinzelt auch in weiteren aufstrebenden Raumfahrtstaaten werden Stimmen laut, die argumentieren, dass die heutige Satelliten-Infrastruktur (für Kommunikation, Navigation und Erdbeobachtung) sowie für die moderne Kriegführung so essenziell sind, dass sie aktiv gegen Angriffe geschützt werden müssen. US-Analysen befürchten, dass feindliche Angriffe gegen Satelliten zu einem „Pearl Harbor im Weltraum" führen können und fordern ak-

4 Siehe dazu ausführlich: Simon Collard-Wexler, Jessy Cowan-Sharp, Sarah Easterbrooks, Thomas Graham, Robert Lawson, William Marshall: Space Security 2004. In: www.spacesecurity.org (Juli 2005)

tive Schutzmaßnahmen bis hin zur Stationierung offensiver Waffen im Orbit.[5] Eine Unterbrechung weltraumgestützter Komponenten kann in der Tat zu erheblichen Schäden für die internationale Gemeinschaft führen. Satelliten sind sehr verwundbare Objekte und vor dem Hintergrund verstärkter Weltraumaktivitäten verschiedener Länder sind internationale Regelungen dringend notwendig.

In den USA gibt es eine anhaltende Debatte bezüglich der nächsten Schritte zur Einführung von offensiven und defensiven Weltraumwaffen. Diskutiert wird das gesamte Spektrum einer möglichen, aktiven „Kontrolle des Weltraums" von Störsendern über Mikrosatelliten und Lasern bis hin zu manövrierbaren Anti-Satellitenwaffen. Auch Waffenprojekte, die direkt vom Weltraum auf die Erde wirken wie z.B. weltraumgestützten Bombern oder abwerfbare Metallstäbe werden diskutiert. Weltraumgestützte Waffen sind fester Bestandteil der Streitkräftetransformationspläne der US-Luftwaffe. Am 24. Mai 2005 meldete die New York Times, die US-Air Force habe dem Präsidenten eine Direktive zur Unterschrift vorgelegt, welche dem Militär weitere Schritte für eine „Kontrolle des Weltraums" gestatten. Die offizielle Air Force Doctrine 2-2.1 stellt fest: „Die Überlegenheit im Weltraum garantiert die Freiheit, aus dem Weltraum heraus anzugreifen, wie auch den Schutz vor feindlichen Angriffen."[6] Offensichtlich soll das Konzept der „Information Superiority", das bereits in den Joint Vision Dokumenten ausgeführt wurde, technologisch auf den Weltraum übertragen werden. In diversen Studien und Planungsdokumenten finden sich „Roadmaps" mit konkreten Waffenprojekten. Im Wesentlichen werden in US-Dokumenten Weltraumwaffen vier Rollen zugedacht werden:

(1) Schutz von US-Satelliten
(2) Kontrolle von Objekten im Weltraum
(3) Waffeneinsatz aus dem Weltraum heraus auf Erdziele
(4) Einsatz gegen ballistische Raketen (Raketenabwehr)

Es werden in den US-Streitkräften planerische, organisatorische und budgetäre Weichen, für eine verstärkte Integration des Weltraums in die Kriegsführung gestellt. Im Budget des Pentagon für das Haushaltsjahr 2006 finden sich Programme, die die Weichen in Richtung Weltraumwaffen stellen. Eine partielle Weltraumbewaffnung wird vorbereitet, und erhöht die Gefahr, dass bereits jetzt weitere Staaten durch Laborentwicklungen dem folgen werden. Auch werden Programme finanziert, die „Fakten im Orbit" schaffen sollen, so der experimen-

---

5 So die „Commission to Assess United States National Security Space Managment and Organisation": Report of the Commission. In: http://www.defenselink.mil/pubs/space20010111.pdf (November 2004)

6 United States Air Force: Air Force Doctrine 2-2.1 Counterspace Operations vom 2. August 2004. In: http://www.dtic.mil/doctrine/jel/service_pubs/afdd2_2_1.pdf (August 2004).

telle Mikrosatellite XSS, der Annäherungsmanöver fliegen soll oder das Projekt NFIRE (Near Field IR Field Experiment), bei dem ein manövrierbarer Aufprallkörper eine Zielraketenstufe im Weltraum beobachten, anfliegen und später treffen solle. Für Weltraumprogramme mit aktiven Komponenten sind ca. 1,6 Mrd. USD vorgesehen für „Directed Energy Weapons"ca. 280 Mio. $. Im Budget 2006 findet sich unter dem Programmtitel „Counterspace Systems" auch das „Counter Communications System" (CCS) wieder. Hier handelt es sich um ein bodengestütztes, mobiles „Jammer-System", das durch eine leistungsstarke Radiofrequenz-Quelle Satelliten stören kann. Das erste dieser CC-Systeme wurde im Oktober 2004 an die „76th Space Control Squadron" in Colorado Springs ausgeliefert. Ebenfalls finanziell gefördert wird das „Evolutionary Aerospace Global Laser Engagement System", das aus Laserspiegeln in Umlaufbahnen besteht, das luft- oder raumgestützte HE-Laserstrahlen auf feindliche Satelliten lenken können sollen. Die strategischen Raketenabwehrprogramme, die sich in der Testphase befinden, sind prinzipiell in der Lage, neben anfliegende Sprengköpfe hoch im Weltraum auch niedrig fliegende Satelliten zu treffen und zu zerstören. Für weltraumgestützte Interzeptoren soll ein „Space based Interceptor Test Bed" für künftige Weltraumtests" errichtet werden.

Die *Europäische Union* wird den erdnahen Raum zukünftig verstärkt sicherheitspolitisch nutzen. Wenn die EU auch von einer Bewaffnung des Weltraums weit entfernt ist, hat die Debatte um künftige Weltraumwaffen jedoch auch Europa erreicht.[7] *China* werden Aktivitäten auf dem Gebiet der ASAT-Laser und von Mikrosatelliten nachgesagt. *Russland* verfügt im Prinzip über ein veraltetes, wenn gleich aktivierbares, auf der Erde stationiertes ASAT-System.

3. Möglichkeiten und Effizienz von Weltraumwaffen

Zu unterscheiden sind Weltraumwaffen, die in den Weltraum hineinwirken von Weltraumwaffen, die dauerhaft im Weltraum stationiert sind, sowie Systemen, die vom Weltraum auf die Erdoberfläche wirken können. Eine unmittelbare Voraussetzung für die Einführung und den Betrieb von Weltraumwaffen sind nicht nur Trägersysteme, die Nutzlasten in den Weltraum transportieren, sondern auch das Vorhandensein von Bodenstationen sowie die damit verbundene Datenübertragung. Eine „operative Weltraumwaffen" ist ein *Verbund* von Startbasis, Satel-

7 Europäische Kommission: White Paper: Space: a new European frontier for an expanding Union – An action plan for implementing the European Space policy. COM(2003) 673, Brüssel 2003. http://www.globalsecurity.org/space/library/policy/int/eu_white-paper_nov2003.pdf (November 2003)

lit und Bodenstationen. Dies bedeutet auch, dass eine gewollte Störung nicht alleine auf den Satelliten, sondern auf andere Komponenten des Systemverbundes bezogen werden kann. Es existieren *unterschiedliche Technologien*, um Objekte im Weltraum zu treffen oder zu stören. Das Spektrum reicht von Nuklearexplosionen im All über Strahlenwaffen bis hin zu kinetisch wirkenden Waffen. Eine im Orbit ausgelöste *Nuklearexplosion* kann Satelliten in einem großen Umkreis durch die freiwerdende Strahlung schädigen oder zerstören und ein erhebliches Langzeitproblem darstellen. Der Einsatz von *Strahlenwaffen* (wie z.B. Laser oder Mikrowellen), setzt erhebliche technologische Erfahrungen voraus. Auch ist ein Schutz gegen solche Einwirkungen möglich. Die dritte Kategorie bilden *kinetische* (d.h. durch direkten Aufprall verursachte) Wirkungen, die sich im Weltraum leicht erzielen lassen.

Satelliten bewegen sich mit hoher Eigengeschwindigkeit auf berechenbaren Bahnen um die Erde.[8] Sie sind aufgrund ihrer Leichtbauweise deutlich *verwundbarer* gegenüber kinetisch wirkenden Waffen als die für den Wiedereintritt in die Atmosphäre gehärteten Gefechtsköpfe ballistischer Raketen. Ein weiteres System, das gegen Satelliten gerichtet werden kann, sind *Kleinstsatelliten.* Relativ günstige Start- und Stationierungskosten machen ihren Einsatz als Waffen gegen andere Satelliten erschwinglich. Allerdings müssen Kleinstsatelliten an das Ziel heranmanövriert werden. Sie benötigen dafür Treibstoff und die entsprechenden Bahnmanöver könnten beobachtet werden. Es sind umfangreiche Tests, global verteilte Bodenstationen und Jahre lange Technologieentwicklungen dazu erforderlich. Letztlich besitzen nur die führenden Raumfahrtnationen solche Fähigkeiten.

Eine oft genannte potenzielle Bedrohung ist die „Verschmutzung" von Orbits durch das Aussetzen von *Metallkugeln durch eine Mittelstreckenrakete* d.h. durch die Erzeugung großer Mengen von Weltraumschrott, die anfliegende Satelliten beeinträchtigen könnten. Dieses Szenario wurde mittels Modellrechnungen überprüft.[9] Die *Modellbetrachtungen* umfassten sowohl die Beschreibung von Raketenbahnen zur Bestimmung erreichbarer Höhen von Raketen bei verschiedenen Nutzlasten, als auch die Simulation einer von der Rakete zu tragenden Nutzlast. Die Nutzlast wurde als ein von Metallkugeln umhüllter konventioneller Sprengstoff angenommen. Rechnungen zur Verteilung und Ausbreitung der Metallkugeln wurden für verschiedene, die Nutzlast beschreibende, Parame-

8 Siehe zur „Physik von Weltraumwaffen" siehe: David Wright, Laura Grego, Lisbeth Gronlund: The Physics of Space Security. A Reference Manual, Cambridge: American Academy of Arts and Sciences 2005.

9 Siehe dazu: Die Studie für die Deutsche Stiftung Friedensforschung: Götz Neuneck/ André Rothkirch: Weltraumbewaffnung und Optionen für präventive Rüstungskontrolle, Osnabrück/Hamburg 2005 (in Vorbereitung).

ter durchgeführt. Nach den Modellrechnungen ist es möglich, mit einer zweistufigen Mittelstreckenrakete Höhen bis maximal etwa 4.000 km zu erreichen, abhängig von Startwinkel und Nutzlast. Die Berechnungen zeigten, dass ein Land mit begrenzten technologischen Möglichkeiten, nicht sicher sein kann, mit einem Schrottwolkenszenario gegnerische Satelliten auszuschalten. Nur führende, Raumfahrt betreibende Staaten wie die USA, Russland und die EU hätten die Möglichkeit dazu. China und Indien könnten diese Fähigkeit in 5-10 Jahren erlangen.

Drei wesentliche Gründe sprechen *gegen* eine Bewaffnung des Weltraums: Zum einen sind Weltraumwaffen teuer und ineffizient. Um große Bereiche des Weltraums zu schützen, benötigt man viele Systeme, die gestartet, manövriert und gewartet werden müssen. Erste Berechnungen zeigen, dass für ein globales Abwehrsystem enorme Startkapazitäten aufgebracht werden müssten.[10] Funktionsfähige Weltraumwaffen müssen des weiteren getestet werden. Waffentests oder gar der reale Einsatz gegen Satelliten im Weltraum erhöhen die Menge an „Weltraumschrott“ dramatisch.[11] Im Fall eines Zusammenstoßes stellen diese Weltraumtrümmer eine Bedrohung für aktive Satelliten dar. Treten Waffentests hinzu, die wiederum neuen Weltraumschrott produzieren, könnten bestimmte Umlaufbahnen auch für die zivile Satellitennutzung gesperrt werden. Zum dritten haben die USA am meisten zu verlieren, wenn sich weitere Staaten zur Stationierung von Weltraumwaffen entschließen. Heute verfügen die USA über einen unbegrenzten Zugang zum Weltraum und ihre Satelliten können sich frei im Weltraum bewegen. Sollten Staaten Weltraumwaffen stationieren, wären US-Satelliten ebenso gefährdet wie die zivilen Satelliten anderer Staaten. Misstrauen bei jedem Satellitenstart oder der Annäherung unbekannter Himmelskörper wäre die Folge.

Sollten sich die USA zur Stationierung von Waffen im Weltraum entschließen, wäre eine Erschwerung der kommerziellen und militärischen Nutzung des Weltraums möglich. Darüber hinaus könnte die Weltraumbewaffnung militärische Schritte anderer Akteure provozieren, die bisher nicht an Weltraumwaffen interessiert sind – ein „Wettrüsten im Weltraum“ wäre die wahrscheinliche Konsequenz. Solch eine „Konkurrenz im All“ würde enorme Ressourcen verschlin-

---

10 Für ein globales Abwehrsystem wären 1.600 Interzeptoren in den Weltraum zu bringen. Dies würde ca. $44 Milliarden kosten. Siehe: American Physical Society: Report of the APS Study Group on Boost-Phase Intercept Systems for National Missile Defense. July 15, 2003, Washington. In: http://www.aps.org/public_affairs/popa/reports/nmdfull-report.pdf (Juli 2003).

11 Götz Neuneck, André Rothkirch: Space as a new medium of warfare? – Motivations, technology and consequences. In: Changing Threats to Global Security: Peace or Turmoil, Helsinki: Finnish Institute for International Affairs, S. 163–189.

gen und Rivalitäten in den Weltraum tragen. Ein verschärftes Klima des Misstrauens in den internationalen Beziehungen wäre die Folge. Die internationale Staatengemeinschaft sollte deshalb völkerrechtlich verbindliche und überprüfbare Schritte unternehmen, um den Staus der Waffenfreiheit des Weltraums zu erhalten.

4. Das Weltraumrecht und präventive Rüstungskontrolle

Das *bestehende Weltraumrecht* bietet leider nur geringe Möglichkeiten, potenzielle Waffen bzw. Waffenwirkungen im All völkerrechtlich zu verbieten. Lediglich der Weltraumvertrag untersagt die Stationierung von Massenvernichtungswaffen – insbesondere Nuklearwaffen – im Weltraum (Art. IV.1) und verpflichtet zur Demilitarisierung des Mondes und anderer Himmelskörper (Art. IV.2). Der Vertrag verbietet hingegen nicht das Durchqueren des Weltraums mit nuklear bestückten Raketen zu Angriffs- oder Raketenabwehrzwecken oder die Verwendung und Stationierung konventioneller Weltraumwaffen im Erdorbit. Eine wirkungsvolle Barriere bildete der *ABM-Vertrag*, der die beiden Vertragsparteien USA und die Sowjetunion bzw. Russland verpflichtete, keine weltraumgestützten ABM-Systeme oder Bestandteile zu entwickeln, zu erproben oder zu stationieren. Diese Regelung ist mit der Kündigung des Vertrages durch die USA im Juni 2002 hinfällig. Die bestehenden Abkommen schränken die militärische Nutzung des Weltraums zwar ein, sind aber hinsichtlich der Verhinderung einer aktiven Bewaffnung des Weltraums extrem lückenhaft.

Ziel der Idee *präventiver Rüstungskontrolle* ist es, die Stationierung destabilisierender Technologien zu verhindern, um Beschaffungskosten zu reduzieren bzw. Wettrüsten zu vermeiden und die Gefahr kriegerischer Auseinandersetzungen im Weltraum zu verringern. Noch ist die Einführung von Weltraumwaffen ein Tabu. Die veränderten politischen und technologischen Rahmenbedingungen drohen jedoch an diesem Tabu zu rütteln. Für die Verhinderung einer Weltraumbewaffnung dürfte entscheidend sein, die Argumente der Befürworter in der US-Administration zu widerlegen und dauerhafte und nachhaltige Regelungen für den Weltraum zu etablieren.

Gründe, die für präventive Rüstungskontrolle im Weltraum sprechen, sind die begrenzte Zahl der Weltraumakteure, in diesem Falle die Raumfahrt betreibenden Nationen, die komplexen und teuren Technologien für Waffenzwecke sowie die guten Überwachungschancen im Weltraum. Der Weltraum ist ein transparentes Medium, in dem sich eine begrenzte Zahl von künstlichen Himmelskörpern auf vorausberechenbaren Bahnen bewegen. Im Sinne präventiver Rüstungskontrolle wäre es durchaus möglich, Satellitenbahnen und Manöver international transparent zu überwachen. Die technologischen Mittel dazu sind bis heute allerdings im Besitz der führenden Weltraummächte.

Aus völkerrechtlicher Sicht sind diverse Wege zur Begrenzung bzw. dem Verbot militärischer Optionen im Weltraum gangbar:

Vorschläge für umfassende Verbotsregime von Weltraumwaffen wurden bereits in den 1980er Jahren erarbeitet, um den Weltraum auf der Grundlage eines multilateralen Abkommens waffenfrei zu halten.[12] Hierzu gehören die Abgabe einseitiger Verpflichtungen und informelle Abkommen ebenso wie die Etablierung Vertrauensbildende Maßnahmen sowie umfassende Verbotsregime. Diese Maßnahmen können aufeinander aufbauen und verlangen unterschiedliche Grade an Effizienz, Reichweite und Verifikation. *Informelle Abkommen* existieren bereits heute und könnten ausgebaut werden. Das *Weltraumregistrierungsabkommen* von 1975 verpflichtet seine Mitglieder zur Ankündigung von Raketenstarts durch die Angabe von Startdatum, Startort und den Zweck eines gestarteten Objekts. Die Disziplin der Staaten, was Offenlegung und Umfang der zur Verfügung gestellten Informationen betrifft, ist jedoch gering. Die Ankündigungen von Starts erfolgen häufig verzögert, Missionsbeschreibungen sind unzureichend. Die Veröffentlichung präziser Bahndaten, der Größe und detailreichere Charakteristika eines Satelliten würden die Transparenz in Bezug auf Weltraumaktivitäten deutlich verbessern. Es sollte angestrebt werden, vorhandene Weltraumverträge stärker zu nutzen, um eine „Bewaffnung des Weltraums" durch diverse Staaten zu verhindern. Hier könnte *die Notifikationspflicht des Registrationsabkommens* ernster genommen werden, oder durch eine rechtsverbindliche Erklärung auf UN-Ebene könnte sichergestellt werden, dass es Staaten verboten ist, Waffen gegen die sog. weltraumgestützten „National Technical Means" (NTM) einzusetzen.

Vorschläge für *vertrauensbildende Maßnahmen* reichen von einer *Code of Conduct*-Erklärung der Weltraummächte für ein effizientes *Space Traffic Management* über die Etablierung eines „Moratoriums für Weltraumtests" bis hin zu einer einseitigen Erklärung von Staaten, nicht als erste Weltraumwaffen einzuführen. Insbesondere eine Verzichtserklärung sowie Schritte zur Einhaltung durch Russland, China oder die EU hätte einen stabilisierenden Effekt. Ein höheres Maß an Offenheit auf dem Weltraumsektor würde den Kritikern von Weltraumverträgen in den USA einigen Wind aus den Segeln nehmen.

Ziel dieser Anstrengungen sollte letztlich aber die *Schaffung eines dauerhaften Verbotsregimes* aller Arten von Weltraumwaffen, in dessen Zentrum das nachprüfbare Verbot der Entwicklung, des Testens und der Stationierung von

12 Hier wurden international wie national einige Vorschläge gemacht. Siehe: Horst Fischer, Völkerrechtliche Schranken der Weltraumrüstung, in: Reiner Labusch/Eckart Maus/Wolfgang Send (Hrsg.), Weltraum ohne Waffen, München 1984, S. 154-167

Weltraumwaffen steht. Bei einem Vertrag über Weltraumwaffen ist anzustreben, dass alle Waffen im Weltraum geächtet werden, denn die Einhaltung eines „Null-Waffen-Vertrags" ist leichter zu überprüfen, als ein Vertrag, der zwischen unterschiedlichen Zahlen und Arten von Waffen differenziert. Darunter fielen auch neue Waffenprinzipien wie Laser- oder Mikrowellenquellen. Die *Definition* des Begriffs „Weltraumwaffe", praktikable Verifikationsverfahren und mögliche Sanktionen bei Vertragsverletzungen sind dabei in den nächsten Jahren auszuarbeiten, um ein robustes und dauerhaftes Regime für den erdnahen Raum zu schaffen. In den vergangenen Jahren wurden einige diskussionswürdige Vorschläge für Weltraumregime gemacht. Bisherige Versuche zur Aufnahme von Verhandlungen sind jedoch an der *Unwilligkeit des einflussreichsten Weltraumakteurs* USA, sich multilateralen Kontrollregimen zu unterwerfen, sowie am Hang zu Intransparenz bei anderen Akteuren gescheitert. Lediglich die kanadische Regierung bemüht sich, Maßnahmen für die Verbesserung der Weltraumsicherheit zu erarbeiten.

Vorhandene oder künftige Regulierungsmöglichkeiten im Bereich „Rüstungskontrolle im Weltraum" könnten international wieder Zuspruch erhalten, wenn ein *Diskussionsprozess* über ein künftiges Rüstungskontrollregime für den Weltraum auf die internationale Tagesordnung gesetzt würde. Ein internationaler Debatte zum Thema: „Wie schafft man in Zukunft „Sicherheit im Weltraum" (Space Security) müsste etabliert werden. Dazu bedarf es allerdings eines anstoßgebenden Momentes. Eine Gruppe von interessierten Staaten (z.B. Deutschland, Frankreich, Kanada, Brasilien, Japan etc.) könnte eine *Resolution in die UN* einbringen, die einen internationalen Verhandlungsprozess in Gang bringt – ähnlich dem Ottawa-Prozess, der ein weltweites Verbot von Landminen ermöglichte.

Eine solche *Resolution* könnte u.a. folgende Punkte enthalten:

- Eine Verpflichtung der Unterzeichner, sich *an vorhandene Weltraumverträge zu halten*;
- eine Erklärung, dass Satelliten und Raumschiffe anderer Staaten, die für „friedliche Zwecke" bestimmt sind, *nicht angegriffen werden* dürfen;
- eine Verpflichtung aller raumfahrttreibenden Staaten, dass konkrete Maßnahmen unternommen werden, um *Weltraumtrümmer* zu minimieren;
- Die Schaffung einer „*Open Ended Working Group*" im Rahmen der UN, um Verhandlungen für ein umfassendes Rüstungskontrolle-Regimes vorzubereiten
- die Erarbeitung einer Erklärung zur *Schaffung von Verfahrensregeln und Standards* bezüglich einer verstärkten „Sicherheit im Weltraum" sowie
- die Schaffung einer *internationalen Weltraumagentur* zur Überprüfung der Verfahrensregelung, Schaffung internationaler Überwachungskapazitäten und

der technologischen Unterstützung von Ländern, die über keine eigene Trägerkapazitäten und Satelliten verfügen.

Zudem könnte ein *Gutachten* des „International Court of Justice" zur Legitimität einer einseitig vorgenommen Einführung von Weltraumwaffen vor dem Hintergrund der Bestimmungen des OST könnte zu Rechtsklarheit führen und eine internationale Diskussion einleiten. Die UNO selbst könnte zur Begleitung des Prozesses wiederum eine *„Group of Experts"* einsetzen, die z.B. ein Zusatzprotokoll zum OST vorbereiten oder ausarbeiten könnten.

Im Jahre 2007 jährt sich die Unterzeichnung des WRVs zum vierzigsten Male. Zu diesem Zweck könnte eine *internationale Konferenz* unter der Schirmherrschaft *der Vereinten Nationen* einberufen werden, um die Einzelheiten für die Erweiterung der existierenden Weltraumkontrollabkommen zu erörtern und weitreichende Maßnahmen für die nächsten Dekaden zu beschließen. Ein *„Code of Conduct*" für alle raumfahrtbetreibenden Nationen könnte ausgearbeitet werden, der die Grundlage für ein künftiges Weltraumrüstungskontrollregime bildet. Auch könnten die Pfeiler für ein *künftiges Regime zum Verbot von Weltraumwaffen* erarbeitet, diskutiert und beschlossen werden.

Auch die *Europäische Union*, die aufgrund ihrer ambitionierten Weltraumpläne und Kooperationen mit den USA, Russland und China, Brasilien etc. ein wichtiger Akteur im Weltraumbereich geworden ist, sollte auf dem Sektor künftiger „Sicherheit im Weltraum" die *Initiativ*e nicht anderen Staaten überlassen. Die EU sollte auf dem Feld der Rüstungskontrolle im Weltraum eigenständig tätig werden. Sie investiert verstärkt, sowohl wirtschaftlich wie sicherheitspolitisch, in ihr Weltraumprogramm und kooperiert mit Russland, China und Indien auf dem Sektor der Trägertechnologien, bei Galileo und wissenschaftlichen Weltraumprojekten. Aufgabe ihrer Sicherheits- und Friedenspolitik muss es sein, dafür Sorge zu tragen, dass ein mögliches zukünftiges europäisches militärisches Weltraumprogramm die Weltraumbewaffnung ausschließt und dass andere Weltraumnationen zur Waffenfreiheit im Weltraum beitragen. Das gleiche Interesse sollten die Raumfahrt betreibenden Nationen Russland, China, Indien, Japan und Brasilien zeigen. Die EU-Kommission sollte mit diesen Staaten Kontakt aufnehmen und eine gemeinsame *Erklärung zum Verzicht der Stationierung* von Weltraumwaffen unterzeichnen. Gleichzeitig könnten erste gemeinsame Schritte zur *Vertrauensbildung im Weltraum* angeregt und *Verhandlungen* für ein nachhaltiges Waffenverbotsregime eingeleitet werden. Nachvollziehbare, transparenzbildende Schritte dieser Nationen würden die US-Administration isolieren und möglicherweise zu einer Aufgabe der Blockade bei der Genfer Abrüstungskonferenz zwingen. Die *Bundesregierung* macht sich in ihrer Stellungnahme zum *White Paper* für die Begrenzung militärischer Weltraumkapazitäten stark und plädiert für eine aktive Rolle Europas in der globalen Rüstungskontrolle. Sie sollte *dieses Plädoyer engagiert in den europäischen sicherheitspolitischen Diskurs einbringen* und eine Vorreiterrolle gegen die Bewaffnung des Weltraums übernehmen.

Trotz 40 Jahren Blockkonfrontation ist es in der zweiten Hälfte des 20. Jahrhunderts zwischen den Supermächten nicht zu einem ressourcenverschwendenden und gefährlichen Wettrüsten im All gekommen. Im 21. Jahrhundert müssen von der Weltgemeinschaft energische Schritte unternommen werden, damit die nicht gelösten Konflikte der Menschheit nicht auch in den Weltraum getragen werden. Neue rechtliche, technische und politische Schritte sind nötig, um den waffenfreien Status des Weltraums zu erhalten und zu regeln.

Arms Control in an Age of Strategic and Military Revolution

Carl Conetta

1. A world transformed [1]

We have come a long way since autumn 1989 and the few optimistic years that followed. During that dawn of the post-Cold War era, security policy discourse focused briefly on notions of common security and a peace dividend. Since then, these ideas have been displaced by other, more bellicose ones: the clash of civilizations, the war on terrorism, and their constant companion: the Revolution in Military Affairs.

My task today is to describe some of the challenges that the military revolution has set for arms control. But to do this I must place it in its broader context. The past 15 years have seen several types of relevant transformation – not just one. The strategic balance among nations has changed. The very composition of the strategic system has changed. And military technology has changed. These transformations have interacted to alter the global dynamics of war and military competition. And, together, they have established an entirely new (and not so friendly) context for arms control.

1.1. The geo-strategic revolution: emergence of a unipolar military system

The primary transformation is the geostrategic one, comprising the end of the East-West confrontation and the shift toward a unipolar world military system. The outstanding feature of this new configuration is US military primacy. One gauge of the change in America's position is comparative military expenditure: today the United States accounts for 50 percent of world military spending – up from 27 percent in 1989. While America's nearest competitor in 1989 – the Soviet Union – spent as much or more on military power as did the United States, America's nearest competitor today probably does not spend 15 percent as much. The disparity is even more pronounced with regard to military research, development, and procurement, with the United States presently accounting for nearly two-thirds of the world total.

Commensurate with the geostrategic revolution, three successive US administrations have lowered the threshold on the use of American military power. Beginning with George Bush senior, US national leadership has set aside the "last resort" principle regarding the use of force in favor of more permissive formulations – most recently: the doctrine of "preemptive war". Many critics argue that the term "preventative war" would better describe the doctrine. This, I think, is too generous.

Preventative war was last contemplated by the United States during the early years of the East-West confrontation, when it was feared that general aggression by the USSR awaited only the development of the Soviet bomb – an eventuality known to be in the offing. But the current doctrine is more permissive than this. It does not hinge on a high probability of future aggression or strong evidence of emergent weapon parity or even capability. Instead, it prescribes applying force even when reasonable people would conclude that conflict probabilities and adversary capabilities are modest or low. Perhaps "precautionary war" best describes the new doctrine. It is a doctrine well-suited to a power that possesses super-abundant warfighting potential as well as an over-abundant faith in war's effectivity.

1.2. Geo-systemic transformations: toward post-modern modes of conflict

1.2.1. Transnational phenomena and non-state actors

The second relevant transformation is the post-cold war rise to prominence of "transnational" phenomena and non-state strategic actors.[2] This is associated with economic and cultural "globalization", the collapse of the bloc system, the weakening of the nation-state in some regions, and the migration of power from state structures (or actors) to subnational and transnational ones. This change is akin to the emergence of the nation-state, nationalism, and mass armies that occurred during the period 1500-1800. Such changes not only introduce new strategic actors, with their distinctive modes of behavior, but also alter the nature of "strategic space". So, today more so than 20 years ago, there are important strategic dynamics not encompassed or mediated by relations among states. We might say that the "gaps" in the nation-state system have opened wider.

Regarding the newly prominent non-state actors: the integrating principles for these agents are not political and territorial, like the liberal nation-state, but corporate, ideological, and cultural. Of special concern among the transnational actors are armed "social movement" organizations and criminal and terrorist networks. Relative to the nation-state, these non-state forms are amorphous and rootless. They can penetrate nation-states while remaining themselves hard to isolate and target. In war, they are apt to employ irregular, unconventional methods, including terrorism. And they often operate outside the logic of deterrence and the conventions of war. These features have led some analysts to say that the new actors fight in ways "asymmetric" to nation-state practice (which emphasizes specialized, capital-intensive war-making organizations). [3] Their addition to the global system transforms the nature of war as a social phenomena. Also relevant to this transformation is the emergence of "freelance" commercial military organizations.

1.2.2. Cyberspace and cyberwar

The third transformation of note is the emergence of cyberspace as a new venue for conflict, which, like the rise of transnational actors, has the effect of altering the strategic system or "playing field."[4] Cyberspace adds a new dimension to conflict. In this dimension, malicious computer code serves as a weapon able, in short order, to threaten every corner of the domain. Here, clever and resourceful actors can achieve global effects nearly instantaneously.

The information flow on the internet is now doubling every year, having grown from about 1 terabyte per month in 1990 to over 100,000 terabytes per month in 2002. Today, 15 percent of the world's households are "plugged in". Industry, government, and security establishments are even more dependent on cyberspace – indeed, critically dependent.[5] And, as US Secretary of State Condoleezza Rice has put it: "The cyber-economy *is* the economy." Almost nothing of import occurs anywhere in the financial realm that is not dependent on digital transfers.

As our lives and livelihoods have become increasingly mediated though cyberspace, new opportunities for strategic warfare have opened up.[6] What I mean by "strategic warfare" is direct attack on those things that people and nations value most, including the sources of national power and vitality.

A final consideration is that cyberwar has a relatively modest "entry fee" for malicious actors. Any agency that is willing and able to invest $100 million per year can develop a resilient, world-class cyber-warfare capability within a decade or less. More than 100 nations and corporations can meet this criterion today.

The growing importance of cyberspace together with the new circumstances summarized in the previous section define the "post modern" transformation of conflict.[7]

1.3. Military-technical transformation

The final transformation of note is the military-technical one, which foremost involves the exploitation of new information and communications technologies to achieve dramatic new battlefield effects.[8] Secondarily, this transformation depends on new, high-cost materials and material fabrication techniques.

At heart, the promise of the information revolution as it applies to the military realm is to allow (1) a reduction in the mass and density of armed forces and (2) a corresponding increase in their speed, flexibility, and agility. In this equation, information substitutes for mass by, among other things, allowing armed forces to shed some of their organizational redundancy (which has served historically as a hedge against uncertainty). Information power is supposed to accomplish this by giving military organizations:

- Improved situational awareness;
- Greater precision and range in the attack;
- Better coordination among friendly units; and
- More efficient support.

In turn, these improvements allow forces:

- To become smaller and lighter,
- To operate in a more dispersed fashion,
- To act with greater speed and agility, and
- To adapt more rapidly to new circumstances and missions.

Presently, the chief organizing concept for US military transformation is "network centric warfare". This envisions all units and assets as nodes in a theater-wide (and eventually, global) network comprising several types of "grids": sensor, information processing, support, and weapon or "strike" grids. Although widely-dispersed, the units comprising these grids would be highly mobile and digitally interlinked – and thus able to rapidly concentrate themselves or their fires in the right combination and at the right time and place to quickly defeat a foe.

Or so the theory goes.

Is this what we saw at work during the main conventional phase of Operation Iraqi Freedom – that is, during the first month of the war? Was this "netcentric warfare" in action? No, not actually.

During the Iraq war, nothing like a theater-wide digital network linked all US units.[9] Nor was there even a "common operating picture" available to all units. Indeed, Army and Marine commanders spoke of a "digital divide" between air and ground power and between high-level headquarters and tactical units. Among other realities of the conflict that detract from the image of netcentric warfare:

- Ground units, although overburdened with new communication equipment and deluged with data, often felt in the dark about enemy dispositions.
- Tactical level communications systems had a hard time keeping pace with operations. While terrestrial communication systems were insufficiently reliable, satellite systems were frequently overloaded.

- The movement of material to the theater went much better than it had during Desert Storm, but efforts to move the material forward to tactical units often came up short.
- Although target acquisition and precision strike worked well for air units, they suffered from insufficient intelligence and bomb assessment, which degraded their understanding of what they were actually accomplishing.

The fact is: the Pentagon remains far from achieving its vision of "network centric" armed forces. Indeed, the simplest, most essential thing – getting the services to use compatible radios and communication protocols – remains deeply conflicted. Partly, this reflects persistent and deep-rooted difficulties in achieving interservice cooperation.

What we did see during the one-month conventional phase of the Iraq war was a more limited type of a network. This principally involved reconnaissance and precision strike assets – air power, mostly. It resembled something the Soviets used to call a "reconnaissance and fire complex". Apart from being a more accurate description, this phrase has the benefit of reminding us of the central role played by firepower in US doctrine and operations. And in the case of the Iraq war, an avalanche of fire was used: More than 12 equivalent kilotons of TNT in one month. About half of this was air-delivered. And about 68 percent of air-delivered weapons were of guided types.

With the Iraq war as our reference point, we can consider what might be called the "actually existing military revolution". The pivotal capability that it conveys is "standoff (or longer-range) precision strike".

1.3.1. Precision attack and the "kill ratio" revolution [10]

"Precision" is a relative attribute. In the case of the Iraq war, it refers to the delivery of bombs weighing between 225 and 900 kilos to within 13 meters of their targets. On impact, these weapons destroy virtually everything within a radius of between 20 and 35 meters. Truly safe distances for unprotected people in the open range between 500 and 1000 meters. So these "precision weapons" have some inherently imprecise effects upon delivery. And the "precision revolution" partly depends on these broad area effects.

The threshold of the precision revolution was crossed when the average "miss distance" of guided bombs was shrunk to less than their lethal blast radius. This ensured that even "misses" would most often destroy their targets. In this regard, it is noteworthy that official analyses that show one or two of today's precision bombs doing the same work as many more 1970-vintage bombs are often comparing the effects of old 500-lb munitions with new 2000-lb ones. But the increased lethality of the latter is not due solely to their improved accuracy. Their greater explosive power also matters.

Contrary to official and popular treatments of "precision warfare", the relationship between improvements in weapon precision and lower aggregate casualties in war is not a linear one. Nor is it a necessary one. Actual war outcomes are contingent on how precision capabilities are put to work.

Obviously, in cases where the goal is to achieve higher attrition rates per bomb – say, by accurately delivering cluster munitions on air defense and artillery units – increased precision may mean more dead, not less. But even in situations where casualty avoidance is an important objective, the relationship between improvements in precision and overall casualties is not uniform. One reason for this is that improvements in accuracy lower the cost and risks of bombing for the bomber – and this can lead to the addition of targets that might otherwise be considered marginal.

Improvements in bombing precision allow targets to be attacked successfully today with only 5 percent of the effort required 25 years ago. More so than before, air forces can afford to attack targets whose destruction has an uncertain or less immediate impact on the current battle. Especially important in this category are political, leadership, and "dual-use" military-civilian targets. The rush to add targets to targeting lists has been evident in the run-up to all of America's recent wars. And, in the execution of air campaigns, many targets are revisited multiple times in order to prevent repair or remove any doubt about their destruction.

Thus, while it is true that greater precision means that any individual target can be destroyed with far fewer bombs, there are countervailing trends whose effect may be to keep the aggregate tonnage of bombs used in a war quite high. In addition, the more vigorous pursuit of political and dual-use targets, which often sit in urban or populated areas, works counter to the efforts to keep civilian casualties low.

By our estimate – based on hospital, morgue, journalist, and military reports – US precision and other arms killed between 11,000 and 15,000 Iraqis during the conventional phase of the war, which lasted one month. [11] About 30 percent of the dead were non-combatants. It is almost certainly true that many more would have died had America relied entirely on older, non-precision technologies to prosecute the war. Equally true, however:

- The limit on carnage and collateral destruction was not nearly so great as the vast improvements in bombing accuracy might seem to promise – for the reasons outlined above. The often televised images of cruise missiles and laser-guided bombs surgically striking their targets do more to distort the ground truth of these wars than clarify it.

- We certainly have not passed into an era of "clean" or "low impact" wars in any absolute sense – as we will explain in the next section.
- Nor do the new technologies promise an era of fewer wars. In the case of the 2003 Iraq conflict: the war would not have been attempted except for the efficient and economical destructive capabilities that the new technologies conveyed. Without them, we would have had to rely on other means to reform Iraq.

So, what promise has standoff precision warfare actually fulfilled?

The original impetus for developing these attack capabilities was the Cold War confrontation in Europe, where NATO found itself outnumbered and fearful of deeply-echeloned Soviet ground troops. A series of deep attack initiatives begun in the 1970s and early 1980s – Follow-On Forces Attack, the Assault Breaker program, and AirLand Battle, among others – promised to give US forces the capacities to "fight outnumbered and win", to attack Soviet forces throughout their depth, and to achieve "near-nuclear effects" against hard targets using conventional weapons.

These efforts came to fruition during the early 1990s, when the United States faced adversaries much less competent and powerful than the Soviets. In this context, the new technologies gave America the capacity to disable its adversaries' national infrastructures within a matter of weeks and to achieve very favorable "kill ratios" against their armed forces – 60:1 in the case of Iraq. Moreover, the "precision revolution" allowed the United States to accomplish these feats using a relatively small field force.

1.3.2. Iraq and the idea of a "new warfare": enabling predominance

The notion that US precision attack capabilities make it possible to wage wars with a minimum of death and destruction has figured centrally in public consideration of US military activism. President Bush outlined the essentials of what I call the "new warfare hypothesis" in a speech before workers at a Boeing aircraft plant in April, 2003:

> We've applied the new powers of technology... to strike an enemy force with speed and incredible precision. By a combination of creative strategies and advanced technologies, we are redefining war on our terms. In this new era of warfare, we can target a regime, not a nation.

Of course, RMA advocates had been heralding the advent of a new era of relatively "clean" warfare since the early 1990s. Beginning with the Kosovo conflict, and especially after the Afghan war, the hypothesis has enjoyed broad assent in the US press.

The political utility of the hypothesis should not be underestimated. Two great fears constrained the exercise of American military power in the final decades of the Cold War. The first was fear of uncontrolled escalation leading to general war with the Soviet Union. This fear was put to rest by the Soviet collapse. The second fear was that regional intervention might lead to a quagmire and would produce unacceptable casualties and "collateral damage". The "new warfare hypothesis" addresses this second concern. And its effect has been to enable the United States to put its military predominance to work.

Despite the bad turn of events in Iraq since May 2003, the idea that American firepower is "clean" persists. And transformation advocates still insist that the "new warfare" hypothesis is generally valid for conventional force engagements. However, if we care to test it, the hypothesis fails even in this narrower sense.

With regard to casualties – including civilian casualties – the first phase of the Iraq war was within the range of many of the strategically significant wars of the past 50 years, including:

- The 1956, '67, and '73 Arab Israeli wars;
- The 1965, '71', and '99 India-Pakistan conflicts; and,
- The conventional phase of the 1978 Vietnamese-Cambodian war.

These conflicts involved comparable numbers of combatants. Most also involved similar time frames. And several were comparably "decisive".

Thus, , contrary to what the "new warfare hypothesis" implies, it should not surprise us if America's recent wars produce chaos, inspire hatreds, and prompt cycles of revenge as intractable as those produced by the Arab-Israeli and India-Pakistan conflict. Indeed, the death toll in the first month of the Iraq war was at least twice as great as the total number of deaths incurred in 20 years of the Israel-Palestine conflict.

In one sense only has the new warfare hypothesis proved true: as noted above, the ratio of US military to enemy dead in conventional engagements has been remarkably low in recent wars. And this has been critical in building and maintaining a US domestic consensus tolerant of military activism.

Of course, the events of 11 September 2001 and the obvious failures in Iraq after 1 May 2003 have prompted some change in the US transformation discourse. Planners are paying more attention to the threat posed by "non-state" actors and to notions of "post-modern" warfare. There is a new interest in counter-insurgency and urban warfare doctrine and assets. And the challenge of controlling restive populations has renewed the interest in so-called nonlethal weapons. These new concerns have exercised some influence on US military modernization plans, as described in the next section, although enhancement to standoff precision strike capabilities still claim center-stage.

2. US military modernization trends, 2005-2015 and beyond [12]

2.1. Enhancing precision attack: One, two, many Iraq wars?

The most consequential development during the next 5-10 years will be the further evolution of US capacities for standoff precision strike. The boost in capability should be nearly as great as that which occurred between 1991 and 2003.

In qualitative terms, the Pentagon seeks:

- To significantly increase the number of targets that it can accurately engage simultaneously;
- To substantially increase the average distance between US platforms and the targets they engage – that is, to increase standoff range; and,
- To achieve greater speed and flexibility in targeting.

These ends will be served by:

- Procurement of the "Small Diameter Bomb";
- Greater reliance on munitions like the Sensor Fused Weapon, which can engage multiple targets;
- Greater reliance on aerial drones as well as on glide bombs, powered glide bombs, and cheaper cruise missiles;
- Improvements in satellite guidance for weapons and greater reliance on autonomous terminal guidance;
- Increasing the capacity of naval vessels and ground units to attack targets with missiles from ranges of 75-200 kilometers;
- Increased reliance on space-based reconnaissance and target acquisition assets; and,
- Better networking within the reconnaissance and fire complex.

Looking forward six or ten years and comparing today's weapons to tomorrow's, we should expect US firepower to be able to put four or more times as many targets at risk simultaneously. Average standoff distances should more than double, with few airborne platforms having to engage from (slant) distances of less than 15 kilometers. Maximum distances for many platforms will stretch to 300 kilometers or more. Many more ground based systems should be able to engage from distances in excess of 50 kilometers. Naval platforms will able to deliver much more firepower than today from distances of 100 kilometers or more.

These quantitative enhancements – more targets, greater standoff range – will multiply America's strategic options:

- Far fewer fire platforms will be required to conduct an Iraq-like war, at least as regards air and missile attack – making it easier to prosecute two or three such bombing and missile campaigns simultaneously.
- Conversely, the bomb and missile campaign for an Iraq-scale war might be collapsed into a single week or less, permitting true "shock and awe" effects and leaving diplomatic efforts at war termination in the dust.
- Finally, the forthcoming enhancements may allow the United States to achieve destructive effects like those demonstrated in March-April 2003 but against a much larger nation and armed force.

Of course, the size of America's ground forces will limit its capacity to exploit multiple or larger campaigns like those outlined above. But the 2001 Afghan war and the 1999 Kosovo war provide other, less "troop intensive" models for applying American power.

2.2. Dependence on space power; advent of strategic cyberwar

For all US forces, data bandwidth requirements will grow exponentially during the next decade – probably 100 fold – and all the services will become much more dependent on satellite communications and space assets. This dependency will become the military's most obvious Achilles heel – and it will take determined steps to shield it.

The United States will also mature its capabilities for attacking adversaries' national information, communications, and electrical power grids. This will involve digital, kinetic, and microwave weapons as well as purpose built bombs, such as the CBU-102, which coats transformer stations with conductive fibers. For the near term, the microwave weapon of choice will be the so-called "E-bomb," which uses a conventional explosive to drive a microwave generator. For the future: One version of the planned X45 combat drone is to be equipped with a directional, high-power microwave weapon.

2.3. Drones, robots, and directed energy weapons [13]

Microwave weapons are among the more exotic developments that have gained public attention. Some of the others are robots, laser weapons, and a few of the so-called "nonlethal weapons." So what does the United States intend with regard to these?

Drones and robots:

- Most notably: The next ten years will see airborne drones assume an increasingly prominent role in US operations – including attack roles.
- Sea drones for reconnaissance and short-range mine-clearing tasks will also be deployed within the next ten years.
- The role of ground robots in this time frame will remain more limited – mostly involving tethered transport, short-range reconnaissance tasks, target designation, and the disposal of mines and munitions.

Turning to combat lasers and other directed energy weapons:

- The future of the Airborne Laser is in doubt. Should it continue forward, no type of capability suitable for missile defense is likely before 2012.
- Much shorter-range, less powerful chemical lasers for purposes of tactical defense against rocket and artillery rounds could soon be available – but their cost, reliability, bulkiness, and logistic requirements, among other things, makes them impractical. These tactical applications will have to await advances in solid state lasers, and this probably defers deployment to after 2015
- Of course, small truck-borne solid-state lasers generating up to 25 Kw are already available for destroying mines, improvised explosive devices, and unexploded ordinance. These have effective ranges of between 300 meters and 1 kilometer.
- Portable microwave weapons for detonating IEDs also have been successfully tested and may also soon be deployed – that is, within a two-year time frame. And Raytheon is preparing to market an "airport protection" microwave system it says can defeat some types of portable SAMs.

Finally, let me mention a few so-called "nonlethal" directed-energy weapons meant for crowd control:

- The first is Raytheon's Active Denial System, which uses millimeter waves to cause unbearable skin pain at distances up to 700 meters. Although 14 of these weapons were slated for fast-track deployment to Iraq, controversy has slowed their deployment.
- By contrast, the Long-range Acoustic Device already has been deployed. This is a highly-directional loud speaker system which can produce 100 decibels at 1 kilometer – the sound of a pneumatic hammer. 115 decibels is possible at 100 meters and up to 150 at closer ranges. 130 decibels marks the pain threshold, and 150 is 9 times louder than that.
- Slated for deployment as early as 2007 is the Pulsed Energy Projectile system, which uses a laser pulse that generates a burst of plasma when it hits a target. This can knock a person down while also overstimulating the pain

receptors and causing temporary paralysis. Effective range is about 2 kilometers.

These and other nonlethals, deployed and under development, pose new challenges for arms control, which I will address in the final section. But first I would like to draw back, look again at the big picture, and ask:

What fundamental arms race and arms control dynamics have the recent strategic and military transformations set in motion?

3. Arms race and arms control dynamics

3.1. Re-militarization, re-polarization, and "the end of arms control"

The transformation that most affects arms control is the geostrategic one – that is, the emergence of a unipolar military system. This development has utterly altered the context and prospects for arms control, significantly dimming its prospects.

> Nations are most interested in negotiated arms control under conditions of intractable military parity and stalemate. This is especially true if they perceive themselves to be perched on the edge of a high-cost, high-risk conflict with uncertain outcome.
>
> By contrast, in situations of extreme inequality, the dominant are tempted to preserve their position, while others seek to erode or balance against it. In such situations, arms control efforts, if they advance at all, can become subordinate to strategic competition.

We should expect the negative effect on arms control to be especially strong if the dominant powers put their military advantages to use for purposes other than purely defensive ones. This would intensify other nations' desire to develop a counter-balance. And it might loosen customary constraints on military activism generally.

Unattended, this dynamic implies a gradual remilitarization of international relations, as players on all sides seek to escape their arms control obligations and preserve or improve their military position. Today, this trend is evident in the reversal of the peace dividend globally. Global military expenditure reached its low point in 1997. It has grown by 28 percent since then. Much of this is due to the United States, but increased spending by Russia, China, India, and Pakistan is also significant. Indeed, average real expenditures are up in all regions except Central America and Western Europe.

The exercise of predominance can also prompt global re-polarization, which can add impetus to remilitarization.[14] One indication of incipient repolarization is the formation and expansion of the Shanghai Cooperation Organization (SCO), which includes as full members China, Russia, Kazakhstan, Kyrgyzstan,

Tajikistan, and Uzbekistan. Observer status has been afforded to India, Iran, Mongolia, and Pakistan. This reflects an instance of "hard balancing" against the United States. The impediments to the US effort in Iraq put up by several other states – Germany, France, and Turkey – represent instances of soft balancing, which does not imply polarization so much as it indicates varying degrees of alienation from US purposes.

The SCO is a geopolitical alliance based on converging national interests *vis a vis* an activist United States; it has no evident cultural or ideological component. However, global repolarization can also fall along cultural, ethnic, or religious "fault lines". And, indeed, it is developing along these lines, although separately from the SCO process. This second form of repolarization is evinced by the collapse of positive feelings toward the United States throughout much of the Arab and Muslim world, where pro-US sentiment now registers in the single digits. This is best understood as reflecting policy conflicts and not "civilizational" ones, although ideologues – including Bin Laden and America's neoconservatives – may promote a "clash of civilizations" reading of current conflicts. The aim may be to facilitate social mobilization by tapping issues of group and personal identify. Once the "civilizational clash" framework gains broad adherence, it can become self-sustaining, distorting national political discourse and limiting the prospects for diplomacy. By this pathway, interstate conflicts or conflicts between discrete actors – like the United States and Al Qaeda – can rapidly escalate horizontally.

3.2. Specific arms race dynamics

No nation is yet attempting or can afford a symmetrical or "mirror image" response to US capabilities – although Russia and China may try in the future. Any future development along this path could produce a highly unstable, "hair-trigger" configuration.

Consider two info-tech militaries confronting each other: each would be oriented toward early deep attack – strategic attack – by both physical and digital means, with the aim of quickly disabling the others' centers of national and military power. Both would be very dependent on vulnerable space assets and digital nets. This is a configuration that invites preemption.

Regardless of who fires first, however, neither would emerge from the first day of combat with their digital nets intact. And both sides would likely suffer substantial damage to their national infrastructures. Thus, "the day after" would be characterized by social chaos and by scattered battles between disconnected, intermingled military units. This scenario I call a "slow-burn apocalypse".

For the near-term, however – meaning the next 15-20 years – the more likely competitive response to US and Western capabilities is asymmetric adaptation, not comprehensive emulation. Developing along asymmetric lines, competitors would seek to neutralize the advantages of the advanced military powers. Specifically they might aim to:

- Disable and disrupt US military information systems;
- Impede access to staging areas;
- Impede the mobility of US forces; and
- Attack rear areas and support assets.

In addition to (or as an alternative to) these asymmetric warfighting objectives, adversaries could pursue a capacity for horizontal escalation – that is: a capacity to attack high-value US or allied assets outside the immediate theater of conflict. The aim could be either deterrence or retaliation.

Unfortunately, weapons of mass destruction would serve most of these ends decisively. So would remotely piloted vehicles and ballistic and cruise missiles with ranges exceeding 1000 kilometers. Together these might be considered the pre-eminent "poor man's" counter to advanced conventional military capabilities – especially to standoff precision strike. Although development along these lines is most worrisome to the West, it hardly exhausts the options available to adversaries:

- Rapidly-emplacable land and naval mines provide another useful counter to advanced intervention capabilities. Future developments might include missile- and rocket-delivered systems that could be used to "pepper" US ground forces as they advance.
- Adversaries also may increase their investments in electronic warfare capabilities, especially those targeting GPS guidance systems and satellite communications. Dedicated means for attacking GPS signals already exist; Reportedly, some were employed by Iraq in the 2003 war.
- Crude radiowave weapons could meet some other electronic warfare requirements; Simple versions might be built for as little as a few thousand dollars.
- Those nations with space launch capabilities could develop "pop-up" anti-satellite weapons – for instance, maneuverable "space mines" – to degrade US space-based reconnaissance and communication networks.
- Cyberwar capabilities – that is, digital weapons – might offer poorer nations a strategic attack option. As suggested earlier, an annual investment of $100 million might within a decade yield a considerable ability to attack well-protected computer networks.
- Finally, following Iraq's example, adversaries might increase their investment in light and paramilitary forces meant to harass troops both during and after

the main conventional phase of a war. Some of these might be deployed secretly in very small units to other countries to enable a degree of strategic retaliation (through terrorist action) or to disrupt staging areas. Another option would be to pay (or otherwise resource) independent terrorist groups or criminal organizations to fulfill these same extra-territorial functions.

It is worth noting that, to the extent conflicts are broadly perceived as reflecting a "clash of civilizations", the appeal and latitude of radical non-state actors, such as Al Qaeda, also increases. Moreover, practices such as strategic bombardment and urban warfare, which can incur significant civilian casualties, may increase the impetus to terrorist activity.

What the above analysis suggests is a dynamic relationship between:

- A lowered threshold for US military activism (which has been partially enabled by precision strike capabilities and by the propagandistic notion of a "new warfare"), and
- An increased interest among potential competitors in new modes of warfare and, more immediately, an increased demand for weapons of mass destruction and missiles of increasing range and sophistication.

This should substantially impede arms control progress in those areas of greatest interest to the West. The dynamic is obvious in the explicit linkage that North Korean leaders make between dismantling their nuclear program and attaining a "non-aggression" guarantee from the United States. It also is implied in Iranian desires for a security guarantee as part of any agreement limiting their development of nuclear materials.

More generally, since the 1991 Gulf War, military establishments worldwide (and especially those of Russia, China, India, and Pakistan) have been vigorously debating the implications of the US military-technical revolution, including possible responses. One consequent development was a shift in Russian nuclear doctrine in 2000 to clearly specify first use "in response to large-scale aggression involving conventional weapons in situations that are critical for the national security of the Russian Federation and its allies." This doctrinal shift followed the Kosovo war and occurred in the context of NATO expansion. Of course, retrograde motion is also and more generally evident in many nations' policies regarding weapons of mass destruction and missile modernization, as detailed in the next section.

3.3 Retrograde motion: WMDs, missiles, and UAVs [15]

During the past 20 years there has been substantial progress in reducing and controlling global holdings of ballistic missiles and nuclear, chemical, and biological weapons. And the number of countries that are producers, developers, or holders of these weapon types has declined. However, there have been countervailing trends and, in recent years, progress has slowed, stalled, and even reversed in some areas.

Since the end of the Cold War, two new nations have joined the nuclear club (Pakistan and perhaps North Korea), several nations have been undertaking nuclear modernization, and a handful have accelerated efforts to acquire nuclear, chemical, or biological weapon capabilities. Concerning ballistic missiles: Since the late-1980s, France and the United Kingdom have graduated from intermediate-range to intercontinental range missiles, North Korea and Iran have shown some interest in missiles of this range, several other nations have newly deployed or are developing intermediate range missiles (India, Iran, Israel, North Korea, and Pakistan), and five countries have newly joined the medium-range club (India, Iran, North Korea Pakistan, and Saudi Arabia).

All told, as many as 35 nations have at least short-range ballistic missiles (70-1000 km). About 17 of these countries have no missiles of any type exceeding 300-km in range; another seven have no missiles exceeding 1000-km in range. Mostly, these short-range arsenals involve missiles of older types. While some countries are dropping out of the ballistic missile club altogether as their systems obsolesce, at least six nations in the global South are attempting modernization of their short-range systems.

Thus, the overall ballistic missile picture is one of reduced global holdings and fewer "players" – but some of these players are vigorously pursuing modernization, including systems of greater range and sophistication.

Turning to the cruise missiles: as many as 75 countries may have one variety or another of these systems in their inventories, although most have only short-range antiship versions. Nineteen of these countries are producers, including 12 who produce land-attack versions. Arsenals are growing in both size and sophistication, and more nations are joining the club of those who possess land-attack versions. Notably, during the 2003 Iraq war, US forces were attacked for the first time with cruise missiles – Chinese-made HY-2 Seersucker missiles that Iraq had modified for land-attack purposes.

The United States, Russia, China, France, Germany, Sweden, Italy, Israel, South Africa, and Taiwan all have new land-attack cruise missiles under development. In recent years India and Russia have co-developed the PJ-10 supersonic "Brahmos" Anti-Ship Cruise Missile (ASCM), which can be modified for land attack. It will be available for export with a range limit of 280 kilometers. In addition, India has reportedly purchased the Russian SS-N-27 cruise missile for land and sea use. Also co-developing ASCMs are China and Iran – both of which also reportedly received Soviet Kh-55SM missiles from the

Ukraine. And the United Arab Emirates (UAE) have reportedly ordered 250 "Black Shahine" (SCALP-EG/Storm Shadow) air-launched cruise missiles from France. Perhaps most noteworthy is Pakistan's August 2005 announcement that it had built and tested a new land-attack cruise missile, the Babur.

Regarding Uninhabited Aerial Vehicles (UAVs): These represent the greatest potential for rapid proliferation of new military airpower capabilities. Effective, reusable models can be built at relatively low cost to fulfill a wide variety of roles, military or civilian. Indeed, surplus aircraft can be converted to a UAV configuration for as little as $50,000. Low cost and flexibility are two reasons that a diverse global production base and market already exist. Today, 43 countries produce UAVs of 600 types or models – the large majority with a flight radius exceeding 150 kilometers. Perhaps 90 countries currently have UAVs in their inventories and there are a few hundred new models of UAVs under development worldwide. This represents a significant growth in market activity since June 2003, according to *Aerospace America*, journal of the American Institute of Aeronautics and Astronautics.

The current development surge is focused on improving range, reliability, navigation, and military applications – including attack capabilities. Although the United States leads the UAV field, many nations – France, Germany, Italy, Japan, and Israel, among them – have well-developed UAV industries and markets. China is rapidly developing its production capabilities, while Russia is resuscitating its considerable base. Singapore, Taiwan, Pakistan also have respectable production capacities and growing fleets. (In the case of Pakistan, this includes eight production facilities and two dozen models – many for export.) Until recently, India has lagged as a producer – relying on Israeli imports – but is now moving ahead with serial production of several indigenous models, including the turbojet Lakshya, which can carry a 350-kilogram payload 600 kilometers.

4. An arms control counter-offensive?

To re-establish a supportive context for arms control and to revitalize broad support for nonproliferation requires that advocates act to limit military activism and raise the threshold for conventional war. Even if unsuccessful, making a dedicated effort to dampen military activism is critical to preserving the integrity of arms control. Otherwise the practice will be viewed increasingly as little more than an instance of strategic competition "by other means."

Arms control advocates and the scientific community can help raise the threshold for war by acting to raise the political cost of war. Positive steps along these lines include:

- Addressing and exposing the "new warfare" hypothesis as false in its most important particular: the unsupported assertion that technology has carried us across the threshold into an era where "clean wars" are possible;
- Investing more time, energy, and resources in substantiating the human cost of war – as it occurs – including its secondary or "down stream" effects: economic, health, and environmental;
- Acting to further deligitimize the practices of conventional strategic bombardment, bombard-ment of cities, and attacks on political and dual-use targets; and
- Redoubling efforts to deligitimize the use of cluster bombs as insufficiently discriminate. Along these lines we might also draw critical attention to the use of incendiary weapons and to the increasing reliance on autonomous weapons (which may exhibit unacceptably high error rates).

In these ways we can remind the world that war – no matter how it is waged or for what purpose – remains itself an instrument of mass destruction.

4.1. Initiatives regarding specific weapon types

A variety of initiatives might be undertaken to address emerging capabilities of special concern, such as cyberwarfare, directed energy weapons, and nonlethal weapons.

4.2. A Strategic Cyber-Defense Initiative

Offensive strategic cyberwar – that is, digital attack on institutions vital to the life of a nation and its people – should be considered a practice of counter-civilian warfare.[16] In some instances, it entails a capacity for mass destruction. But no conventions yet exist for limiting the development and use of these capabilities. The *Convention on Cyber Crime* of the Council of Europe, for instance, has no provision curtailing cyber-attack by state parties. Developing an international protocol against cyberwarfare or "the weaponization of cyberspace" (as suggested by Russia and the World Federation of Scientists) would be worthwhile, but its effect would be felt only *ex post facto* – which would provide little comfort in the case of a large-scale cyber-assault. Negotiated controls on capabilities would be more useful, if adherence could be reliably verified – but it cannot be.

An alternate approach might emphasize global defensive and preventative measures. A subset of global actors – a consortium of advanced technology nations, commercial enterprises, and independent scientific associations – might cooperate under UN auspices to augment defensive capabilities across the globe. This, with the aim of complicating the prospects for successful cyber-attack by any party against any other party without exception. Less ambitiously, a similar body might attempt "cooperative surveillance" of the field, reporting on emerging capabilities and on those convergences of talent and resources that might indicate cyber-weapon development efforts. This, together with an international protocol against cyberwarfare, might bring significant political pressure to bear on those states pursuing cyber-attack capabilities.

4.3. Directed Energy Weapons (DEWs)

Control efforts regarding DEWs are only marginally more advanced than those addressing cyber-attack. The use of laser weapons specifically designed to cause permanent blindness is prohibited by the Fourth Protocol of the *Convention on Certain Conventional Weapons Which May be Deemed to be Excessively Injurious or to Have Indiscriminate Effects*. This does not preclude from use the many laser weapons that can easily blind but are not specifically designed to do so. Nor does it address other effects and other DEWs that might warrant scrutiny under this protocol.

Advocates of DEWs insist – and, so far, they are doing most of the talking – that we are on the cusp of a Directed Energy Weapon revolution. What is sorely lacking, however, is critical, independent assessment of the overall impact that the broad adoption and use of these weapons might have on human populations and their environments, both built and natural.

Presently, laser weapons enjoy a positive image. Nothing conveys a sense of surgical precision better than a beam of coherent light. But, subjective impressions aside, the overall effects of DEWs may not be discrete – not in the zone between projector and target, nor in the area surrounding the target nor, for that matter, around the DEW firing positions. Unintended effects may abound. And, of course, some types of DEWs are not "directed" nearly as well as lasers. It would be worthwhile to computer model a protracted battle involving numerous DEWs of various types on both sides in a populated urban area – with an eye toward incendiary, radiation, and other collateral effects. At minimum, we need to know more about how these weapons – both low- and high-power varieties – injure and kill. What types of wounds do they produce? When the smoke clears, directed energy warfare may prove to be no more discriminating than the use of fire bombs.

4.4. So-called "non-lethal" weapons [17]

The putative promise of "non-lethal weapons" is that they can open new avenues for forceful action by reducing the destructiveness of military operations. According to their advocates, they may be especially valuable in maintaining mission legitimacy when armed forces face the task of managing restive or resistant civilian populations.

But will these weapons work as advertised? What inadvertent or secondary effects are likely, if any? The answers remain unclear despite 15 years of interest in these weapons. Most remain untouched by any truly critical, independent, and comprehensive cost-benefit analysis. Indeed, the discourse on "nonlethals" remains largely dominated by advocates, manufacturers, and procurement establishments.

For practical purposes we can think of the "non-lethals" as constituting two general categories: anti-material devices and anti-personnel devices.

Anti-material devices include:

- Radio frequency weapons that can destroy, disable, or degrade electronics;
- Chemical weapons that foul engines and switches, render roadways too slippery or too sticky for use, or that have super-caustic effects;
- Microbiological agents that can immobilize vehicles, destroy rubber or plastic parts, or ruin goods in storage; and,
- Various types of barrier, entanglement, and tire bursting systems.

Anti-personnel devices include:

- Directed energy and stun devices meant to temporarily disable or cause pain, including Tasers, microwave and laser weapons, and plasma weapons such as the "Taser Cannon";
- Acoustic devices meant to cause pain, disorient, or have other psychological or psycho-physical effects;
- Chemical agents and gasses meant to incapacitate, calm, or cause anxiety, nausea, panic, depression, fear, or euphoria;
- Blunt impact kinetic munitions such as rubber and wooden bullet systems (guns, mines, and grenades);
- Various types of foams and chemicals meant to entangle people or otherwise impede mobility; and,
- Explosive devices meant to stun or dazzle.

Several of these new weapons clearly involve a Faustian bargain. For instance, several types violate existing protocols on chemical and biological warfare, which would have to be weakened to allow their use. Once begun, where would the retreat from these protocols end? Certainly, a weakening of these protocols is at odds with rising concerns about chemical and biological weapon proliferation.

Also, chemical and microbiological agents, whether nonlethal in their immediate effects or not, are likely to enter ecosystems. We need to assess their long-term secondary effects, which may be harmful or lethal, and consider the challenge posed by cleanup. This level of caution should be *de rigueur*, given our experience with Agent Orange and depleted uranium.

Of course, there has been some progress in thinking critically about non-lethal weapons: it is now broadly recognized that they are not truly "non-lethal"– although their likely harmful effects under typical conditions of use remain unclear and contested.

The most widely used of the new weapons is the Taser, which is now employed by at least 7,000 agencies worldwide, mostly for domestic law enforcement purposes. Despite their wide use, a 2004 report by Amnesty International (AI) finds that "There has been no rigorous, independent and impartial study into the use and effects of tasers." One way or another, all of the major studies of the weapon – including one sponsored by the US Defense Department – have been linked to the manufacturer.

On its own, AI has documented 129 deaths in incidents involving Tasers in Canada and the United States between 2001 and 2005. The *Arizona Republic,* a US newspaper, has documented 153 cases since 1999. Tasers also regularly cause unintended nonlethal injuries – broken bones, especially, due to muscle spasms. Police officers in five US states have filed lawsuits against Taser International claiming they suffered serious injuries after being shocked during training.

The deadly effects of some other presumed "non-lethals" are also well-documented. Most distressing was the October 2002 use by Russian authorities of a supposedly nonlethal gas, opiate fentanyl, to overwhelm terrorists in a Moscow theater, which killed 117 of the 800 hostages. And, from my hometown, Boston: a 21-year-old college student was killed in October 2004 when she was shot in the eye with a pepper-spray-filled plastic ball by police during a boisterous celebration of a baseball game victory. An October 2004 study by the National Institute of Justice, which examined 373 incidents in which police used blunt impact munitions (bean bags, baton rounds, and pepper balls), found a fatality rate of 2.15 percent. (This may prove the use of some of the "less lethals" to be an order of magnitude less deadly than the use of firearms. Of course, how they affect the frequency of forceful action also matters; we already know that police use firearms much less frequently than other forms of force.)

The new directed-energy antipersonnel weapons also can have harmful effects: The Active Denial System – the microwave pain ray, mentioned earlier – risks burns for individuals with coins in their pockets, metal belt buckles, eye-glasses, and contact lenses. Similarly, the Pulsed Energy Projectile system, was shown in some tests to have burned the clothes off target dummies.

Some of the directed-energy devices are easily adjusted for lethal use. Perhaps too easily to be used in a reliably non-lethal way under conditions of stress and threat. One or two serious mishaps resulting in multiple civilian deaths would quickly undo the legitimizing function of these "non-lethals" and worse: they would burden the West with the stigma of unleashing a new high-tech horror on civilians.

In light of the evidence of death and injury, it has become common to speak of the new weapons as "less-" rather than "non-" lethal. This adjustment lowers our expectations concerning the new weapons, which is good. But a more fundamental question remains unaddressed: Why is it spontaneously assumed that these weapons represent an uncomplicated step *down* the escalation ladder? Why are they assumed (even by critical observers) to be uniformly *less violent* than what they will replace? The simple fact is: *We do not yet know* what *the new weapons will replace,* in practice.

Enthusiasts of the new weapons insist they will substitute for more lethal means. But they might also or alternatively substitute for less lethal or even non-violent means of conflict resolution.

The current discourse implicitly divides the spectrum of tactical options into "lethal" and "less lethal". This is misleading – especially because much of the recent interest in the new weapon types has to do with applications to civilian populations or in peace, stability, and humanitarian operations. A fuller representation might describe some of the options that are lower on the escalation ladder as "non-violent" and "non-confrontational". Short of employing physical violence, troops can attempt to manage restive crowds using stratagems of denial, deterrence, dissuasion, persuasion, or reassurance. An example drawn from America's recent experience in Iraq conveys a fuller sense of the options in play:

> In April 2003, a company of the 101st Airborne Division used innovative tactics to defuse a potential confrontation with a hostile crowd outside a Shiite holy site in Najaf. The crowd mistakenly thought the soldiers were about to storm the Tomb of Ali. As tensions escalated, the unit commander, Colonel Chris Hughes, had his troops go down on one knee before the crowd, point their weapons at the ground, and smile. After five minutes, he had the troops walk slowly back to their base, instructing them to point their guns at no one, but to smile at everyone. Reportedly, the Iraqis then intermingled with the

troops, patting them on the back and giving them thumbs-up signs. In the early days of the war, British troops used similar tactics to defuse potential confrontations in Basra.

More than tactically clever, this approach is consistent with a campaign strategy that puts a premium on building popular consensus and cooperation, which is pivotal to the success of peace, stability, and humanitarian operations. Of course, use of a "pain ray" to disperse the crowd would have been quicker and less risky for the troops. But it probably would have had a distinctly detrimental effect at the strategic level, undermining relations between the US mission and the Shia majority in Iraq.

Part of the problem with the current discourse on the new weapons is that it masks or distorts the underlying strategic issues by casting the relevant choices as principally between "lethal" and "less lethal" means. This way of bifurcating the issue mis-directs our attention. As a template for action, it can have the inadvertent effect of facilitating escalation from non-violent to violent means, or from less-forceful to more-forceful means – as long as the latter are viewed as "less lethal" than firearms.

This escalatory tendency is already evident in some of the possible use scenarios outlined by advocates of the new weapons. Thus, the head of the US Joint Nonlethal Weapons Directorate, Col. David Karcher (USMC), suggests that the Active Denial System – the microwave pain ray – might be used to control crowds at feeding stations during humanitarian emergencies. How the act of exposing a starving throng to a pain ray might affect the perceived legitimacy of the operation, or how it might alter the relationship between the troops and their supposed clients, does not seem to register in the colonel's calculus.

Given the above, we should not be surprised if the new weapons, in use, substitute for options both higher *and* lower on the escalation scale. This seems to bc case with the US experience in using Tasers for domestic law enforcement:

- A review of police "use of force" records for Phoenix, Arizona, in 2003 shows that the introduction of Tasers correlate with a one-third drop in the number of people killed by police – down from 13 to 9. However, it also shows a 22 percent increase in the number of incidents in which police used force of some kind – that is, about 160 additional incidents of forceful action.
- A similar pattern – fewer deaths but more force overall – is apparent in Cincinnati, Ohio, where a court-appointed monitor found that police were often too quick to use the weapon, tending to see it as an option of "first resort".
- A review of 536 cases of Taser use in the Seattle area by the *Seattle Post-Intelligencer* found many cases in which the use of any type of force seemed avoidable or inappropriate. Between 75 and 85 percent of the cases involved

unarmed individuals. Among them were a handcuffed pregnant woman who had been charged with a traffic violation and a woman with poor language skills who was shocked 12 times in front of her children for refusing to sign an animal-control citation.

- The 2004 Amnesty International study also found that Tasers were being routinely used against people who did not pose a serious threat, including unruly schoolchildren, people who did not follow orders, and unarmed suspects fleeing the scenes of minor crimes.

Of course, the exigencies bearing on the use of the new weapons in foreign military operations will be different than those affecting domestic use. The levels of threat differ, the relationship and cultural distance between actors differ, and official attitudes toward collateral damage and civilian casualties differ. In Iraq, at least 2,000 soldiers and marines are equipped with nonlethals, although in situations of high threat they have tended to quickly revert to more traditional and deadly means. It is in Iraq's military prisons that some of the new anti-personal weapons – Tasers, blunt rounds, and pepper fogs – have been used most consistently to quell disturbances, control prisoner movements, and maintain their compliance. How this has affected the perceived legitimacy of US operations is hard to say. As bad as things are, they could be worse.

In sum, many questions about the new weapons and their likely effects and employment remain unanswered. Among these:

- How will adoption of these weapons affect existing arms limitation protocols?
- What are their ethical and legal implications of these weapons?
- What are their health effects and long-term environmental effects?
- How easily might misuse or error result in serious injury or death?
- What "employment dynamics" are likely to evolve when these weapons are put in the hands of troops facing restive foreign populations and uncooperative prisoners?

Generally speaking, advocates have tended to over-sell the putative benefits of these technologies, while overlooking their possible inadvertent and secondary effects. Especially worrisome, the discourse on "less lethal weapons" has misconstrued or distorted the strategic issues surrounding the treatment of civilian populations and the conduct of peace operations.

The new weapons may have an important role to play in future operations. Defining that role accurately, however, requires that we attempt a more critical and comprehensive cost-benefit analysis. We cannot afford to surrender this task to enthusiasts, weapon manufacturers, and procurement bureaucracies. So my proposal to the arms control community is a simple one: Let us seize this discourse.

Source Notes

References on strategic and military transformations

Carl Conetta, "9/11 and the Meanings of Military Transformation" in Marcus Corbin, ed., *Security After 9/11: Strategy Choices and Budget Tradeoffs* (Washington DC: Center for Defense Information, January 2003);

Conetta, *The "New Warfare" and the New American Calculus of War. Project on Defense Alternatives (PDA) Briefing Memo 26 (*Cambridge MA: Commonwealth Institute, 30 September 2002); and,

Conetta, *The Pentagon's New Budget, New Strategy, and New War. PDA Briefing Report 12* (Cambridge MA: Commonwealth Institute, 25 June 2002).

Thomas X. Hammes, *The Sling and the Stone: On War in the 21st Century* (St. Paul MN: Zenith, 2004); Robert D. Kaplan, *The Coming Anarchy : Shattering the Dreams of the Post Cold War* (New York: Vintage, 2000); and, Martin Van Creveld, *The Transformation of War* (New York: Free Press, 1991).

Roger W. Barnett, *Asymmetrical Warfare: Today's Challenge to US Military Power* (Virgina: Brassey's 2003); and, Ivan Arreguin-Toft, "How the Weak Win Wars: A Theory of Asymmetric Conflict," *International Security* (Summer 2001).

Martin Libicki, *The Mesh and the Net: Speculations on Armed Conflict In an Age of Free Silicon,* McNair Paper 28 (Washington DC: Institute for National Strategic Studies, National Defense University, March 1994); and, Thomas G. Mahnken, "War in the Information Age," *Joint Force Quarterly* (Winter 1995-1996).

Manuel Castells, *The Rise of Network Society* (Oxford UK: Blackwell, 1996); David Held, ed., *A Globalizing World? Culture, Economics, and Politics* (London: Routledge, 2000); and, *World Communication and Information Report 1999-2000* (Paris: UNESCO, 1999).

Roger C. Molander, et al., *Strategic Information Warfare Rising* (Santa Monica: Rand, 1998).

John Arquilla and David Ronfeldt, *Networks and Netwars: The Future of Terror, Crime, and Militancy* (Santa Monica: RAND, 2001)

Michael O'Hanlon, *Technological Change and the Future of Warfare* (Washington DC: Brookings Institution Press, 2000); and, William A. Owens, *Lifting the Fog of War* (Baltimore: Johns Hopkins University Press, 2001).

Additional sources on assessment of 2003 Iraq war

CENTAF, Assessment and Analysis Division, *Operation Iraqi Freedom: By the Numbers* (Shaw AFB, South Carolina: 30 April 2003);

Stephen Biddle, et. al., *Iraq and the Future of Warfare: Implications for Army and Defense Policy* (Carlisle PA: Army War College, 18 August 2003);

Lt. Cmd. Carl M. Bradley (USN), *Intelligence, Surveillance and Reconnaissance in Support of Operation Iraqi Freedom: Challenges for Rapid Maneuvers and Joint C4ISR Integration and Interoperability* (Newport RI: Naval War College, 9 February 2004);

Dan Caterinicchia with Matthew French, "Network-centric warfare: Not there yet," *Federal Computer Week* (9 June 2003);

John Ferris, "A New American Way of War? C4ISR in Operation Iraqi Freedom, A Provisional Assessment," *Journal of Strategic and Military Studies* (Spring-Summer 2003);

Col. Gregory Fontenot (ret), et. al., *On Point: The US Army in Operation Iraqi Freedom* (Fort Leavenworth: Center for Army Lessons Learned, May 2003);

David A. Fulghum, "Force-transformation director looks at what did, didn't work in Iraq," *Aviation Week & Space Technology* (2 May 2003);

Dawn S. Onley, "Military fights C4I digital divide," *Government Computer Network News* (24 November 2003);

Marc Selinger, "Faster battle damage assessments needed, war study finds," *Aerospace Daily* (3 October 2003);

Selinger, "C4 gaps highlighted in Iraq war, official says," *Aerospace Daily* (25 July 2003);

Stephen Trimble, "Cebrowski: Iraq war offers clues for transformation agenda," *Aerospace Daily* (23 April 2003);

Lt. Gen. William S. Wallace (USA), "Testimony Before the Subcommittee on Terrorism, Unconventional Threats and Capabilities" (Washington DC: Armed Services Committee, United States House of Representatives, 21 October 2003); and,

Clay Wilson, *Network Centric Warfare: Background and Oversight Issues for Congress* (Washington DC: Congressional Research Service, 2 June 2004).

References on precision attack and the "new warfare"

Carl Conetta. *Disappearing the Dead: Iraq, Afghanistan, and the Idea of a "New Warfare", PDA Research Monograph 9* (Cambridge MA: Commonwealth Institute, 18 February 2004);

Conetta, *Strange Victory: A critical appraisal of Operation Enduring Freedom and the Afghanistan war, PDA Research Monograph 6* (Cambridge MA: Commonwealth Institute, 30 January 2002);
Conetta, *Operation Enduring Freedom: Why a Higher Rate of Civilian Bombing. Casualties, PDA Briefing Report 11* (Cambridge MA: Commonwealth Institute, 18 January 2002); and,
Conetta, *Disengaged Warfare: Should we make a virtue of the Kosovo way of war? PDA Briefing Memo 21* (Cambridge MA: Commonwealth Institute, May 2001).
Carl Conetta, *The Wages of War: Iraqi Combatant and Noncombatant Fatalities in the 2003 Conflict,* Project on Defense Alternatives Research Monograph #8 (Cambridge MA: Commonwealth Institute, 20 October 2003).

Sources on US modernization programs

Director of Operational Test and Evaluation (DOT&E), *Annual Report for FY 2004* (Washington DC: DOD, 1 February 2005);
Conetta, *The Pentagon's New Budget, New Strategy, and New War. PDA Briefing Report 12* (Cambridge MA: Commonwealth Institute, 25 June 2002);
Steven Kosiak, *Analysis of the FY 2006 Defense Budget Request* (Washington DC: Center for Strategic and Budgetary Assessment, 17 May 2005);
Michael Vickers & Robert Martinage, *Revolution in War* (Washington DC: Center for Strategic and Budgetary Assessment, 1 December 2004);

Additional sources on UAVs, robots, and directed-energy weapons

"Mobile/Tactical High Energy Laser (M-THEL) Technology Demonstration Program," *Defense Update,* 26 August 2005;
Defense Science Board, *Unmanned Aerial and Uninhubited Combat Vehicles* (Washington DC: Office of the Undersecretary of Defense for Acquisition, Technology, and Logistics, February 2004);
Director of Operational Test and Evaluation (DOT&E), *Annual Report for FY 2004* (Washington DC: DOD, 1 February 2005);
Office of the Secretary of Defense, *Unmanned Aircraft Systems Roadmap,* (Washington DC: US Department of Defense, 4 August 2005);
Richard H. Van Atta, Project Leader, et. al., *Transformation and Transition: DARPA's Role in Fostering an Emerging Revolution in Military Affairs. Volume 2, Detailed Assessments* (Alexandria, Virginia: Institute for Defense Analysis, November 2003);

Elizabeth Bone and Christopher Bolkcom, *Unmanned Aerial Vehicles: Background and Issues for Congress* (Washington DC: Congressional Research Service, 25 April 2003);
Geoff Fein, "First Laser Mine Detection System Enters Low-Rate Initial Production, *Defense Daily,* 23 June 2005;
David H. Freedman., "The Light Brigade," *Technology Review* (1 July 2001);
Donald L. Lamberson, "Whither high-energy lasers?," *Air & Space Power Journal* (Spring, 2004);
Glenn Maffei, "Army Requests 350 More Robots to Identify Iraq Improvised Explosives," *Inside the Army* (22 August 2005);
Ed Moser, "Pentagon Pouring Funds Into a Host of Land and Sea Robots," *Robotic Trends* (6 September 2003);
Peter Pae, "Homing In on Laser Weapons," *Los Angeles Times,* 20 October 2002;
Ashley Roque, "Army Looks to Develop 100 Kw Solid State Laser for Ground Vehicles," *Inside Missile Defense* (11 May 2005);
Marc Selinger, "US Army Seeking 'Early Success' For Directed Energy," *Aerospace Daily & Defense Report,* 20 April 2004;
Tony Tether, Director, Defense Advanced Research Projects Agency, "Statement Submitted to the Subcommittee on Terrorism, Unconventional Threats and Capabilities" (Washington DC: House Armed Services Committee, United States House of Representatives, 10 March 2005);
Loren Thompson and Daniel Goure, *Directed-Energy Weapons: Technologies, Applications, and Implications* (Arlington, Virginia: Lexington Institute, Feb 2003); and,
Elihu Zimet, "High-Energy Lasers: Technical, Operational, and Policy Issues," *Defense Horizons* (Oct 2002).

Sources on repolarization

G. John Ikenberry, *After Victory: Institutions, Strategic Restraint, and the Rebuilding of Order after Major War* (Princeton: Princeton University Press, 2001);
Christopher Layne, "The Unipolar Illusion: Why New Great Powers Will Rise," *International Security,* Vol. 17, No. 4 (Spring 1993);
Joseph S. Nye Jr., *The Paradox of American Power: Why the World's Only Superpower Can't Go It Alone* (New York: Oxford University Press, 2002);
Joseph S. Nye, Jr., "US Power and Strategy After Iraq," *Foreign Affairs* (July-August 2003);

Robert A. Pape, "Soft Balancing against the United States," *International Security,* Vol. 30, No. 1 (Summer 2005);
T.V. Paul, "Soft Balancing in the Age of U.S. Primacy," *International Security,* Vol. 30, No. 1 (Summer 2005);
TV. Paul, J. Wirtz, and M. Fortmann, eds., *Balance of Power: Theory and Practice in the 21st Century* (Stanford, Calif.: Stanford University Press, 2004);
Peter W. Rodman, "The World's Resentment," *National Interest,* No. 60 (Summer 2000);
Stephen M. Walt, "A new grand strategy for American foreign policy," *Boston Review* (February/March 2005); and,
Yu Zhou, "American Unilateral Approach Threatens International Relations," *Beijing Review,* 16 August 2001.

Sources on weapon and missile proliferation

Joseph Cirincione, *The Declining Ballistic Missile Threat, 2005* (Washington DC: Carnegie Encodement for International Peace, February 2005);
Andrew Feickert, *Missile Survey: Ballistic and Cruise Missiles of Selected Foreign Countries* (Washington DC: Congressional Research Service, 26 July 2005);
Dennis M. Gormley, *Addressing the Spread of Cruise Missiles and Unmanned Air Vehicles* (Washington DC and Monterey CA: Center for Nonproliferation Studies, Monterey Institute of International Studies, March 2004);
Robert Hewson, "Cruise Missile Technology Proliferation Takes Off," *Jane's Intelligence Review* (October 2005); and,
JR Wilson, "UAV worldwide roundup – 2005," *Aerospace America* (September 2005).

Sources on information warfare and international law

Jason Barkham, "Information Warfare and International Law on the Use of Force," *Journal of International Law and Politics* (2001);
Lawrence T. Greenberg, et al., *Information War and International Law* (Washington DC: National Defense University Press, April 1998);
Dr. Andrew Rathmell, "Information Warfare: Implications for Arms Control," *Bulletin of Arms Control* (April 1998); and,
Michael J. Robbat, "Resolving the Legal Issues Concerning Information Warfare and International Law: The Reach of the Existing Framework, and the

Creation of a New Paradigm," *Journal of Science & Technology Law* (Spring 2000).

Sources on "non-lethal" weapons

Amnesty International, *Excessive and lethal force? Amnesty International's concerns about deaths and ill-treatment involving police use of tasers* (London: Amnesty International, 30 November 2004);

Committee for an Assessment of Non-Lethal Weapons Science and Technology, National Research Council, *An Assessment of Non-Lethal Weapons Science and Technology* (Washington DC: National Academies Press, 2003);

Government Accountability Office, *Use of Tasers by Selected Law Enforcement Agencies* (Washington DC: May 2005);

Robert Anglen, "Police in 5 states sue Taser," *Arizona Republic,* 20 August 2005;

Robert Anglen, "153 cases of death following stun-gun use," *Arizona Republic,* 26 May 2005;

Neil Davison and Nick Lewer, *Bradford Non-Lethal Weapons Research Project Research Report No. 7* (University of Bradford: Centre for Conflict Resolution, Department of Peace Studies, May 2005);

Davison and Lewer, *Bradford Non-Lethal Weapons Research Project Research Report No. 6* (University of Bradford: Centre for Conflict Resolution, Department of Peace Studies, October 2004);

Ken Hubbs and David Klinger, *Impact Munitions Use: Types, Targets, Effects* (Washington, DC: U.S. Department of Justice, National Institute of Justice, October 2004);

Gregory Korte and Jane Prendergast, "Monitor: Tasers used too quickly," *The Enquirer* (Cincinnati), 15 January 2005;

Jim Lacey, "Armed with Their Teeth," *Time Magazine,* 14 April 2003;

Sam Pailca, *Office of Accountability Complaint Statistics 2003* (Seattle WA: Seattle Police Department, Summer 2003);

Phuong Cat Le and Hector Castro, "Police are too quick to grab for Taser's power, say critics; Teens *and pregnant women have felt jolt in King County," Seattle* Post-Intelligencer, 30 November 2004; and,

Sharon Weinberger, "Xtreme Defense, *Washington Post,* 28 August 2005.

Europe between arms control and new armament. The European Security Strategy, the draft European constitution, the European Defence Agency and requirements for arms control

Michael Brzoska

What contribution is the European Union (EU) currently making to 'Arms Control as a Response to New Military Strategies and Modern Weapons Technologies', to quote the title of the forum of a recently organized conference in Berlin? What contribution does the EU aim make, judging by recent statements and activities? Or is the European Union, rather than making such a contribution a driving force behind the development of new military strategies and modern weapon technologies without trying to contain their negative ramifications through arms control?

For many observers, the European Union is a natural candidate for leadership on arms control, in particular during times when the United States government, a powerful driving force of arms control in the past, not only is uninterested in most areas of arms control but even willing to weaken some of the existing regimes. After all, the European Union is strongly committed to multilateralism, to international law and the peaceful resolution of conflict, as expressed in the European Security Strategy of December 2003[1]. In all major arms control fora, whether the topic is the Nuclear Non-Proliferation Treaty, the Biological and Toxin Weapons Convention or the Small Arms Program of Action, the diplomats representing the European Union and its member states are arguing with their US counterparts against weakening current arms control regulations and in favor of introducing new ones. And, to go beyond such diplomatic talk, aren't most Europeans critical of arms and keen on non-military solutions to international problems, or to put it in the catchy phrase of Robert Kagan: aren't most European from Venus while the majority of US Americans are from Mars?[2]

Recent signals coming from the European Union seem to speak a different language, however. Newspaper headlines on arms-related decisions made by the European Union during the last few years almost exclusively concern decisions

1 European Security Strategy, A Secure Europe in a Better World, Approved by the European Council held in Brussels on 12 December 2003 and drafted under the responsibilities of the EU High Representative Javier Solana, http://ue.eu.int/cms3_fo/showPage.ASP?id=266&lang=EN&mode=g

2 See e.g. Robert Kagan, Power and Weakness, Policy Review Online, June 2002, http://www.policyreview.org/JUN02/kagan.html.

to promote military strength and not to restrain it. To list some of the most important such decisions:

- The European Union has, beginning after the 1999 Kosovo war, started to built up a military capability, the European Rapid Reaction Force (ERRF). The aim is to have 60,000 soldiers, deployable for at least a year, available for missions decided upon in Brussels.
- In parallel, the European Union has begun to built up a European Defence Agency, whose main tasks are to improve the co-ordination of arms procurement in Europe, to support the development of a European defense industry and to accompany the built up of a European military capability.
- While the European Security Strategy calls for a rationalization of available defense resources, the draft European Constitution contains, in article I-41 the obligation, that "member states shall undertake progressively to improve their military capabilities."[3]
- The European Union has decided to end its ban on the funding of research that is not clearly civilian in nature and purpose. Prime area of support, for the time being, is technology for 'homeland security', however there is strong pressure from industry and some member states to extent this to military technology proper.[4]

Based on which signals one sees as significant and which ones not, one can thus arrive at quite conflicting impressions of the European Union's current and prospective role in arms control. This problem is confounded by the fact that there is no central document or authoritative statement outlining an arms control strategy of the European Union. Absent of such statement or document, one has to primarily rely on actual behavior. That, however, is quite a big task, as the European Union remains to be a very complex political body, including a supranational bureaucracy, the Commission, with a very limited mandate in arms control-related matters, an intergovernmental decision-making forum, the Council, which can rule on a wide range of matters if the members states agree and, finally, the member states themselves, whose national arms control policies sometimes coincide with those of other member states and sometimes not.

In respect of these complexities, I can only sketch the issues and not go into much detail. Still, I want to introduce three hypotheses, which I seek to argue throughout the text:

---

3 Treaty establishing a Constitution for Europe, http://europa.eu.int/constitution/index_en.htm.

4 See e.g. Research for a Secure Europe: Report of the Group of Personalities in the field of Security Research, Brussels, March 2005, http://europa.eu.int/comm/enterprise/security/doc/gop_en.pdf.

- The European Union is not and will not become a promoter of disarmament and arms control in areas which affect core military interests of its member states and weaken their military power with respect to other states outside of Europe.
- The European Union is and will be on the forefront of promoting disarmament and arms control in other parts of the world and/or which are of lesser interest to major member states.
- Further European integration will strengthen Europe's role in promoting disarmament and arms control in some areas and weaken it in others.

Background: The European Union in comparison

Before providing arguments on these hypotheses, I want to briefly discuss three framing conditions, which are necessary to understand the European Union's role in arms control and new military technology:

First, as mentioned, the European Union is a complex political institution. National security and defense matters remain, according to Art. 296 of the Amsterdam treaty, the prerogative of the member states. The draft European Constitution foresees no change, with article III-342 essentially identical to Art. 296 of the Amsterdam treaty. Both the Commission and the European Court have repeatedly tried to restrict the application of this provision, but with little success[5]. The Commission's role remains limited to areas that are predominantly economic, such as direct subsidies to arms producing companies, or development assistance, for instance for the support of the collection of small arms in developing countries. One of the reason that there is a European Union research program on security research, but non on military research, is that there was no agreement among the member states to allow the Commission to have an influence, even indirectly, on defense matters. The European Defence Agency is a Council body, not one responsible to the Commission, though the Commission lobbied to put it under its wings. At the same time, the European Defence Agency is an example of a common measure agreed among the member states. Such agreements are numerous. Some of them have strong legal status because they have been agreed upon in a formal process, as joint actions. In addition, there are broader frameworks of policy coordination, within the Common Foreign and

5 The latest Commission initiative was on procurement of defence goods other than weapons by armed forces in the European Union, see http://europa.eu.int/comm/internal_market/publicprocurement/dpp_en.htm. On the European Court's rulings with respect to Art. 296 see Elena Bratanova, Legal Limits of the National Defence Privilege in the European Union, BICC Paper 24, Bonn, April 2004.

Security Policy and the European Security and Defence Policy. The draft constitution foresees further and strong coordination, not the least through the creation of the office of an European Union 'Foreign Minister' without infringing on the sovereignity of member states to maintain national policies

The second point is on the relative balance in military matters between Europe, the United States and the rest of the world. I want to illustrate this point with the help of some data.

Table 1: Select military indicators for the US, the EU and the rest of the world, about 2003

Indicator	Unit	Source	USA	EU-25	World	US Share	EU-25 Share	Rest World
National Income	Bill. US $	World Bank	10410	10420	32000	33%	33%	35%
Turnover arms industry	Bill. US $	Defense News	140	60	250	56%	24%	20%
Arms Trade	Bill US $	CRS	19	8	35	54%	23%	23%
Military expenditures	Bill. US $	BICC	455	211	975	47%	22%	32%
Military research and development	Bill. US $	BICC	60	15	85	71%	18%	12%
Soldiers	Million	BICC	1,5	2,2	20,5	7%	11%	82%
Employment in arms production	Million	BICC	2,6	0,8	7,7	34%	10%	56%
Population	Million	World Bank	290	381	6230	5%	6%	89%
Nuclear warheads		BAS	8000	550	17500	46%	3%	51%

Sources: World Bank Development Indicators; Defence News Top 100, http://www.defensenews.com/channel.php?C=top100; CRS: Congressional Research Service, Conventional Arms Transfers to Developing Nations, 1996-2003, August 26, 2004, http://www.fas.org/man/crs/RL32547.pdf; BICC: Bonn International Center for Conversion, BICC Conversion Survey 2005, Nomos: Baden-Baden, 2005; BAS: Bulletin of Atomic Scientists, Nuclear Weapons Data, http://www.thebulletin.org/nuclear weapons data/.

The United States is, with respect to most military indicators, clearly leading the world. The lead is largest in military research and development, where the US spent, in 2003 about 71 percent of the global total, followed by turnover of major arms producers with 56 percent, arms exports with 54 percent and military expenditures with 47 percent. The one exception is the number of soldiers – the

United States has, in global terms, small armed forces, albeit extremely expensively armed. Although the member states of the European Union have a similar national income as the US, and a somewhat larger population, their share in the military indicators is substantially lower, between 24 percent for the turnover of major arms producers to 3 percent of all nuclear warheads in the world. However, compared to the rest of the World, the European Union does not appear to be 'under-militarized', judging by the indicators in table 1. With only 6 percent of global population, it has higher shares in the global total of turnover in arms production and military research and development than the rest of the world (other than the US and the EU).

However, the position of the European Union as major arms spender with well-endowed armed forces is often overlooked as the comparison is made with the US only, with its very high level of militarization, and not the world. In much of the analysis of Europe's military efforts, the US is the 'benchmark', for instance for the European arms industry, for European military technology, for the arms trade from Europe and for European defense spending. The data in table 1 makes clear that this is a skewed way to look at realities. It focuses comparison on one exceptional case, with which the European Union is allied and not likely to fight a war, while ignoring the comparison to the rest of the world.

The third point I want to make is on the relative balance within the European Union. The data in table 2 illustrates the large differences with respect to military spending among member states. The four largest spender, France, the UK, Germany and Italy spend more than three times as much as the rest of the European Union (12 states up to 2004, 21 states in 2004). Furthermore, France and the UK are increasingly dominating military spending in the EU. These two countries are, of course, also the two only countries with nuclear weapons in the European Union, which partly explains their high levels of spending. But the status of nuclear powers also puts them apart with respect to interests in nuclear arms control. In fact, the European Union contains both nuclear weapons states, and, with Sweden, a state lobbying for the abolition of nuclear weapons within the 'New Agenda Coalition'. Other clear examples of divergences of interests include anti-personnel mines. While almost all EU member states have ratified the Ottawa Convention banning such weapons, Finland continues to refuse to abolish anti-personnel mines. Beyond such differences on policy questions, the sheer differences in size of military spending and arms industries leads to different viewpoints on many issues relevant to arms control and modern military technology.

Table 2: Military Expenditures, major EU member states

Military expenditures, in prices of 2003			
	1996	2000	2004
France	45	44	46
Germany	37	36	34
UK	43	41	47
Italy	25	30	28
0ther EU	42	46	56
Total EU	192	197	211

Source: Bonn International Center for Conversion, BICC Conversion Survey 2005, Nomos: Baden-Baden, 2005

Three hypothesis on arms control by the European Union

I will now return to the three hypothesis set out earlier. The first one was that the European Union will not become an active promoter of disarmament and arms control in areas which affect core military interests of its member states and weaken their military power with respect to other states outside of Europe. What are the arguments for this contention?

- The first one is that decision-making on national security will remain a national matter for the foreseeable future. National governments have decided not to transfer sovereignty to the European Union. This is true even if the draft European Constitution were adopted. The creation of the ERRF and the EDA may strengthen European capabilities, but this will remain an addition to national military capabilities. Because of its limited scope with respect to matters of national security, including armaments, the European Union also has a limited mandate to negotiate on arms control matters. Its main task is to coordinate national policies, often on the level of the lowest common denominator.
- Second, the member states of the European Union have, as mentioned, agreed in the draft constitution to strengthen military capabilities. While a good number of member states are reluctant to let words be followed by deeds, some, such as the UK and France, are keen on modernizing their military arsenals, using a wide range of modern technology. These states are unlikely to agree to European arms control initiatives that would endanger this course of action. The decision to embark such a course of action is largely

precipitated by US decisions on new military technologies, and less on deficiencies in military capabilities vis-à-vis likely opponents. This basis of action makes it hard for other member states more willing to adopt a more proactive stand on arms control to argue in this direction. A good example that has been present for many years are the nuclear weapons of France and the UK, and plans for their modernization, which are not discussed at EU level. Major new conventional technologies, such as nano-technology, seem to be in a similar category.

- Three, for some of the member states, such as the UK and Poland, the possible harm done to transatlantic relations through arms control is of paramount importance. These states are unlikely to promote arms control against strong opposition from the US.
- Four, there are strong economic interests, particularly in the development of new conventional military technology. A number of member states have sizeable arms industries, among them the UK, France, Germany, Italy, Sweden and Spain, and are committed to support them. While arms producers from the member states have been quite successful on international arms market, maintaining a share in global arms exports of between 20 to 25 percent for more then 20 years, they are very concerned about future competition from US companies, which, as shown in Table 1, are recipients of substantially larger funds for military research and development.

My second hypothesis is that, while reluctant to limit their own military capabilities, member states will continue to be on the forefront of promoting disarmament and arms control in other parts of the world. The hypothesis is firstly based on some indicators:

- If one examines the relevant EU websites presenting CFSP and ESDP, one finds nuclear disarmament prominently featured – nuclear disarmament in Russia and other states with nuclear weapons infrastructures, but not in the EU. Other arms control related areas prominently featured are nuclear non-proliferation, demining and control of small arms and light weapons. Also of interest are strategic export controls and the proliferation of other weapons of mass destruction. All these are important themes, and it is laudable that the European Union has taken them up, often, as in the case of nuclear disarmament in Russia and other states in the former Soviet Union, investing substantial amounts of money. However, one is looking in vain for elements of an arms control agenda on new military technology, including in space, nano-technology and so on.
- Another indicator is the European Security Strategy itself. Disarmament is mentioned in one place in this central document for CSFP and ESDP, but as one of the possible uses of military force by the EU. Arms control is also

mentioned, but in the context of European experience with it serving as a model for other regions. Non-proliferation, on the other hand, features prominently as one of the main threats to Europe and the world.

Going back to the arguments made above in support of the first hypothesis, it is fairly easy to see why there is much support of disarmament and arms control affecting other parts of the world, but not the military capabilities of member states. Main direction of European Union arms control is to reduce the military capabilities of potential opponents[6], without limited the European Union's options. An interesting case in this connection is the control of the transfer of conventional weapons. Tighter arms export policies may reduce military capabilities of arms importers but, at the same time, are not in the economic interest of arms exporting companies in the EU. Arms export control has become slightly more restrictive in most EU member states since the adoption of the EU Code of Conduct on Arms Exports in 1998. Even though the code is not legally binding, it has had some effect through regular data exchanges among member states but also public pressure clamoring for taking the Code serious, particularly on reducing trade to very problematic recipients..

Based on this hypothesis, a number of priority areas for likely future EU arms control activism can be deduced, broadly similar to current priority areas:

- Nuclear disarmament in former Soviet Union states
- Non-proliferation of weapons of mass destruction
- Control of small arms and light weapons in all their aspects but with emphasis on war, or near-war situations
- Weapons in conflict situations and humanitarian crisis, including humanitarian demining
- Arms transfers/dual use transfers to states in violation of international law, in conflict or with highly repressive regimes.

My third hypothesis was that further integration of policies of the European Union will strengthen Europe's role in promoting disarmament and arms control in some areas and weaken it in others.

The main point to be made here is, that a more integrated Europe, one where the balance shifts more from the nation states to joint actions agreed in the Council or even to the Commission, will become more concerned with the world, and will tend to use the full range of instruments available to it, civilian and military, to achieve its objectives in terms of "peace-keeping, conflict prevention and strengthening international security in accordance with the principles of the

6 Another set of objectives is in support of humanitarian and development causes, for instance in demining and control of small arms and light weapons.

United Nations Charter" to quote from Article 41 of the draft European Constitution again.

Based on the arguments made above in support of the first two hypotheses it seems fairly safe to assume that a more internationally active EU will be quite interested in arms control and disarmament in geographical areas it may need to intervene with civilian and/or military means. Policies that are currently primarily promoted by member states now actively involved in international crisis management could than increasingly become the task of the European Union, with the Council leading and the Commission taking over distinct tasks. The negotiations with Iran on its nuclear activities led by the troika of the British, French and German foreign ministers can be interpreted as a harbinger of such stronger EU involvement. Areas which can be expected to benefit from stronger involvement by the Council and the Commission are the ones mentioned above.

At the same time, also based on the arguments made above, one can expect even less from the Council and the Commission than in the past in those areas of arms control that could potentially weaken European military capabilities. The Council and the Commission themselves would, with enhanced integration, become major actors for implementing the objectives of the European Security Strategy and the draft Constitution to build up a European Union military force.

The addition of a military wing to the European Union is primarily driven by three factors. The first, explicitly at the forefront of all activities, is, as quoted from the draft Constitution, to improve the capabilities for humanitarian and peacekeeping tasks, that is to protect people in humanitarian crisis and postwar situations. After 9/11 anti-terrorism was added. The draft constitution maintains these priorities, but has a somewhat wider focus by mentioning enforcement of the "principles of the United Nations". The second, implicit, factor is competition with the United States. After the Iraq war it is even more open on what kind of military operations Europe as a whole might be able to agree upon, outside of humanitarian and peacekeeping tasks, than before. Still, there is a strong urge from at least a number of member countries to increase military capabilities, be it for mimicking the US, for challenging its global role or for increasing the competitiveness of the European arms industry in view of the massive US spending. The third factor is to contribute to European integration. By making more military matters Union affairs, even while national security legally remains in the realm of member states, the European Union is increasingly closing the last major gap in its spectrum of functions and responsibilities.

Interestingly, in actual fact, most of the EU member states have so far put rather little financial power behind their strong words of increasing European military capabilities. The various attempts at defining and achieving goals have not been overly convincing. With a stronger role of the Council and the Commission important actors would have vested interests in strengthening the EU military capability.

Conclusion

I expect the European Union to continue to present a mixed picture to the world with respect to disarmament and arms control. In many areas which primarily affect the military capabilities in other parts of the world, particularly the poor countries, the EU will be a major force for arms control and disarmament. This includes, e.g. small arms control, elimination of surplus weapons of mass destruction and non-proliferation. However, the EU is not likely to be on the forefront in areas that affect the efforts of major member states, including with respect to new weapons technologies. While not all member states are pursuing a course of rearmament, some are set to attempt to improve their military capabilities through rapidly modernizing their armed forces, for a host of reasons ranging from the intention to follow the course set by the current US administration, defence-industrial interests to the wish to be better able to intervene in humanitarian crisis in many parts of the world.

As a result, the European Union has a skewed approach to arms control, one which fails to adequately take up some of challenges of arms control, particularly those arising from new military strategies and modern weapons technologies in the areas of nuclear and conventional weapons.

What are options and strategies for a more active role of the European Union, primarily of the Council and the Commission, in these areas of arms control?

One possible such option is to fundamentally oppose the militarization of the intergovernmental policies of the European Union. However, the likely consequence of a reversal of the decisions to create a military wing of the European Union would be that some member states would built-up further national military capabilities. In any case, these member states would not be willing to be more forthcoming on arms control, and could, because of the continuing national prerogative in all matters of national security, prevent the Council from taking a more pro-active role on other areas of arms control, too.

This leads to a second option which is to put additional political pressure on those states in the European Union which for political, economic or military reasons favor strengthening military capabilities, to consider the implications of new military strategies and modern weapons technologies for existing arms control arrangements and the need for new such instruments. One element of such a strategy would be for the European institutions, Council, Commission and Parliament, to promote the investigation of the consequences of modern weapons technologies, with a focus on those areas that would warrant agreed limitations. One possible place for relevant research work in this direction is the mentioned security research program of the Commission. However, in order to be useful for building political consensus, additional policy-oriented studies would need to be commissioned, including by European institutions

In the end, the question of arms control in EU policy is one element of the larger issue of the role of Europe in the world, and the proper instruments to promote that role. The discussion of Robert Kagan's metaphor of Europe as peace-loving and weak Venus has met with mixed reactions in Europe. Some have rejected it as empirically wrong, others accepted it as a compliment and still others regarded it as an adequate description of the current situation which however needed to be changed.[7] The last view has been dominating European political rhetoric for the last few years, but it has not gone unchallenged as the discussion around the European Security Strategy and the draft Constitution have demonstrated.[8]

Additional literature

Anthony, Ian, *Reducing Threats at the Source: A European Perspective on Cooperative Threat Reduction* , SIPRI Research Report No. 19, Oxford, 2004.

Bailes, Alyson J. K., The European Security Strategy: An Evolutionary History; SIPRI Policy Paper No. 10 (Feb. 2005).

Bono, Giovanna and Stale Ulriksson, The European Union in Crisis Management, Special Issue of the Journal *International Peacekeeping*, Volume 11, Number 3, Autumn 2004.

Mawdsley, Jocelyn, Marta Martinelli and Eric Remacle (Editors), *Europe and the Global Arms Agenda: Security, Trade and Accountability*, Baden-Baden, 2004.

Wulf, Herbert, Have the European Union and its member states put arms control on the Back Burner? *European Security*, Vol. 12, No 3-4, pp. 113-128.

7 See e.g. Michael Cox,.'Kagan's World.' *International Affairs* 79, no. 3 (2003), pp. 523-532.

8 See e.g. Gerrard Quille, 'The European Security Strategy (ESS): A Framework for European Union Security Interests?', *Journal of International Peacekeeping*, Volume 11, No. 3 (2004), pp. 422-438.

Atomwaffen abschaffen – Diskussion um Strategien für eine nuklearwaffenfreie Welt

Thinking with Einstein: A future without weapons of mass destruction

Ronald McCoy

Introduction

As a pacifist and internationalist, Einstein strongly opposed militarism and narrow nationalism. He condemned the herd mentality of militarism as the "plague-spot of civilisation." He believed in the peaceful resolution of conflict among nation states and advocated world government to that end. He had a profound moral and ethical objection to war and weapons of war, particularly nuclear weapons. Writing in 1946 about the fundamental change brought about by the creation of nuclear weapons, Einstein observed that "rifle bullets kill men, but atomic bombs kill cities." He was certain that belligerent human beings could not coexist with nuclear weaponry: "Mankind must give up war in the atomic era. What is at stake is the life or death of humanity. The only military force which can bring security to the world is a supranational police force, based on world law. To this end, we must direct our energies."

Einstein was very concerned about the belligerent nature of nation states. He could well have been commenting on the Iraq war when he said: "The release of atomic energy has not created a new problem. It has merely made more urgent the necessity of solving an existing one. ..... As long as there are sovereign nations possessing great power, war is inevitable. .... What has been changed is the destructiveness of war."

The unfortunate reality is that the world is made up of unequal nation states, where security continues to be defined and rationalized in nationalistic military terms and where a well defined hierarchy of nation states has emerged, based on political, economic and cultural dominance, backed up by superior military power.

History has shown that hegemonies, benign or otherwise, emerge when power and resources are not distributed evenly. Today, the United States exerts hegemony, partly because it is wealthier, technologically more advanced and a military superpower, and partly because it believes in its 'manifest destiny' to change the world in its own image – even at the point of a gun.

With advances in science and the spread of information and military technologies, particularly in ballistic missiles and weapons of mass destruction (WMD), the maintenance of the status quo in an unjust, divided world is not sustainable in the long term, given the vulnerabilities of advanced industrialized states to paramilitary action and asymmetric warfare, waged by non-state actors, who justify their actions as being part of a fundamental struggle against oppression and injustice. The hegemon stigmatises and dismisses them as being nothing more than terrorists, without addressing the root causes of terrorism. In fact, a new Third World War has been in progress since the attacks in New York and Washington on 11th September 2001. There is now great concern about weapons proliferation and the danger that terrorists may have access to biological, chemical or nuclear weapons or resort to using a conventional explosive with nuclear material, the so-called radiological 'dirty' bomb.

The United States has responded in knee-jerk fashion, by declaring war on terrorism. Massive increases in military expenditure, new doctrines of unilateral, pre-emptive war, and a lowered threshold for the use of nuclear weapons have set the stage for endless conventional war that could escalate into nuclear war.

War can no longer be accepted as the continuation of politics by other means. Political violence, modern weaponry and new military doctrines necessarily demand new thinking about national and global security and the conditions necessary for peace. An alternative paradigm of human security will have to be put in place, based on arms control and disarmament, social justice and the eradication of poverty, hunger and disease, and non-violent resolution of conflict. Einstein had this to say on the need for change:

"The splitting of the atom has changed everything, save our modes of thinking, and thus we drift towards unparalleled catastrophe."

Disarmament

The rise of militarism, the industrialisation of war and dependence on a war economy make disarmament exceedingly difficult to achieve. Disarmament is multi-layered. Security dilemmas often arise from the unpredictability of the intentions of a state or sub-state group. The multilateral approach to disarmament is widely regarded as having reached an impasse. Multilateralism has been undermined largely by the militarization of diplomacy and 'nuclear apartheid' where a few nuclear weapon states claim their exclusive right to possess nuclear weapons. This is a constant stimulus to other states to acquire nuclear weapons or, as a second choice, chemical or biological weapons as 'force equalizers' or the 'poor man's nuclear weapons.' The reality is that militarism and the stalemate in disarmament are stimulating proliferation. In other words, nuclear disarmament and nuclear non-proliferation are two sides of the same coin.

Recent rhetoric about weapons of mass destruction (WMD) has been used to blur the distinction between biological, chemical and nuclear weapons, each with its own history, method of production and delivery, health consequences, and international control measures. But we must not be deceived. As the catastrophic images of the atomic bombings of Hiroshima and Nagasaki begin to fade from our collective memory, one needs to realize that there is a dimension to nuclear weapons that makes them uniquely destructive and inhumane, and places them in a separate category of their own. Nuclear weapons are not weapons of mass destruction or the equivalent of chemical or biological weapons. Nuclear weapons are weapons of total annihilation. Nuclear weapons have the unique capacity to totally destroy cities in a matter of seconds, incinerating and vaporizing human beings in a singular way that parallels the hideous ovens of Auschwitz. Nuclear weapons diminish our humanity, and must be banned and never used again, Einstein was quite clear about the inhumane nature of nuclear weapons.

In 1952, Einstein observed that one of the unfortunate outcomes of the Second World War was "the belief that we must in peacetime so organize our whole life and work that, in the event of war, we would be sure of victory," an attitude that reflects the false psychology of nuclear addiction which afflicts the nuclear weapon states. Einstein was persuaded that this attitude would "lead to war and far-reaching destruction."

A framework for disarmament already exists in the form of several treaties: the Biological and Toxin Weapons Convention, the Chemical Weapons Convention, the Nuclear Non-Proliferation Treaty, the Partial Test Ban Treaty, the Comprehensive Test Ban Treaty, the Strategic Arms Reduction Treaties (START I and II), and the Strategic Offensive Reduction Treaty. Taken together, they form a tenuous, dysfunctional arms control framework that suffers from the lack of political will and unequivocal commitment to comply with treaty obligations.

Biological Weapons

Biological weapons have been widely rejected as weapons for war for a number of reasons. They are indiscriminate, unpredictable, relatively inefficient, and difficult to contain as they may rebound. Others reject them on humanitarian, moral or legal grounds.

As the technology required to produce biological weapons can be easily acquired and camouflaged, the true number of states producing and possessing biological weapons is unknown.

The following states have been reported in the past as having or seeking biological weapons capability: Britain, China, the Democratic People's Republic of

Korea, Egypt, India, Iran, Iraq, Israel. Libya, Pakistan, the Republic of Korea, Russia, Syria, Taiwan and the United States.

In the early 1960s, Britain closed down its offensive biological weapons programme.

In 1969, the United States formally renounced the production, stockpiling and use of biological agents and toxins for war purposes, and declared that future military programmes would be confined to research and development for defensive purposes, such as the production of selective vaccines, antivirals and antibiotics.

Even after it signed the Biological and Toxin Weapons Convention (BWTC) in 1972, the former Soviet Union secretly carried out a biological weapons research and development programme for 20 years, before terminating it and submitting this information to the United Nations, including its work on anthrax, a genetically-modified strain of the plague, and other micro-organisms.

China maintained a biological weapons programme throughout most of the 1980s, but abandoned its programme and signed the BWTC in 1984.

Biological and Toxin Weapons Convention

The BWTC was signed in 1972 and ratified in 1975. It was the first multilateral disarmament treaty to ban an entire category of weapons. It prohibits the development, production and stockpiling of biological weapons or toxins that do not have protective, medical or other peaceful purposes.

However, the BWTC lacks an effective verification regime and needs to be strengthened. It has two weaknesses. Firstly, it permits research on defence and prevention against biological warfare, which could secretly lead to the development of more sophisticated biological agents for biological warfare. For example, advances in biotechnology could be used to create new biological weapons, such as antibiotic-resistant bacteria, viruses with new properties, or toxins with increased stability and utility. For instance, it can be difficult to differentiate between peaceful research in vaccine development and military research in biological weapons. It is therefore essential to prohibit such research in closed military establishments and to set up a system of verification, based on short-notice challenge inspections by independent experts.

Secondly, the BWTC does not have a mechanism for monitoring and verifying compliance. In 1995, the States Parties began negotiating a legally binding protocol to strengthen effective implementation. However, after six years of painstaking negotiation, the draft protocol was rejected. The United States claimed that intrusive inspections would compromise commercial research in biotechnology, while not being able to prevent the clandestine development of biological weapons. This has left the BWTC without a strong verification regime.

The way forward

The following initiatives would help to strengthen the BWTC:

- Maintain and enforce existing norms of prohibiting the development, production and stockpiling of biological weapons.
- Press for states to universally adhere to the BWTC.
- Establish an organization to promote compliance with the BWTC and facilitate implementation of politically-binding confidence building measures agreed at previous review conferences.
- Continue negotiations on protocols for a verification regime by using the existing draft text as the basis for further talks, within a time-frame.
- Develop a legal framework to ensure that breaches of the BWTC are treated as domestic and international crimes.

Chemical weapons

The horrifying experiences of the First World War led to the 1925 Geneva Protocol, which banned the use of chemical and bacteriological agents in warfare, but allowed their possession.

About seventy different chemical substances were stockpiled as chemical weapons by at least twelve countries during the 20th century. During the Second World War, Britain, Canada, France, Germany, Hungary, Italy, Japan, the Netherlands, Poland, South Africa, the Soviet Union and the United States stockpiled chemical weapons. Fifteen other countries are suspected of having possessed chemical weapons at various times: China, Egypt, Ethiopia, India, Iran, Iraq, Israel, Libya, Myanmar, the Democratic People's Republic of Korea, Pakistan, the Republic of Korea, Syria, Taiwan and Vietnam.

Chemical Weapons Convention

After 24 years of negotiations, the Chemical Weapons Convention (CWC) was finally adopted by the United Nations General Assembly in 1992 and ratified in 1995. The CWC currently has 153 member states which are required to declare all their commercial and military chemical facilities, within thirty days, and to destroy all chemical weapons in an environmentally sound manner in phases over a ten-year period: 20 percent after 5 years, 45 percent after 7 years, and the rest after 10 years. Under the CWC, States Parties must stop any development, production, acquisition and stockpiling of chemical weapons, report the location of chemical weapons storage sites and the characteristics of chemical weapons production and research facilities, and agree not to trade in certain chemicals with countries that are not party to the CWC.

The verification provisions of the CWC affect both the military and the civilian chemical industry worldwide, by enforcing certain restrictions and obligations regarding the production, processing and consumption of chemicals that are considered relevant to the objectives of the CWC.

States Parties to the CWC are required to enact penal legislation that prohibits private citizens and companies from undertaking any of the activities prohibited by the CWC, as well as legislation that provides two-year multiple-entry visas to inspectors, who on 48 hours notification can inspect facilities to clarify and resolve questions of non-compliance.

The Organisation for the Prohibition of Chemical Weapons

The Organisation for the Prohibition of Chemical Weapons (OPCW), established in 1997 in The Hague, implements short-notice challenge inspections and monitors the destruction of chemical weapons and their facilities in an environmentally safe manner.

Nuclear weapons

The world faces its greatest threat from nuclear weapons, as it straddles a dangerous crossroads where the proliferation of nuclear weapons intersects with their possible use by state or non-state actors. The integrity and credibility of the United Nations, with its multilateral security and nuclear disarmament treaties, are also at risk and urgently need to be reinforced and restored.

The Nuclear Non-Proliferation Treaty (NPT) has contributed significantly to international security, nuclear disarmament and non-proliferation since it came into force in 1970. However, disarmament has reached a stalemate and the NPT is in danger of unraveling. It is also about an unfulfilled moral duty and legal obligation to abolish nuclear weapons, unanimously reaffirmed by the International Court of Justice in 1996.

Threats to the integrity of the NPT come from the nuclear weapon states and aspiring nuclear weapon states. Like all other treaties, full compliance with the NPT will depend upon the existence of genuine political will to comply. So far, the nuclear weapon states have only made empty promises, including those in 1995 to complete a Comprehensive Test Ban Treaty by 1996, conclude a Fissile Materials Cut-off Treaty, and reduce and ultimately eliminate their nuclear arsenals.

Five years later in the year 2000, the nuclear weapon states agreed to implement thirteen practical disarmament steps, including *the unequivocal undertaking to accomplish the complete elimination of their nuclear arsenals.*

Five more years later, at the NPT Review Conference in May 2005, it became clear that the nuclear weapon states, led by the United States, were playing diplomatic games at the United Nations, worthy of a world cup.

The grim reality is that there are serious doubts about the "good faith" of the nuclear weapon states and steady regression in the nuclear disarmament process:

- The CTBT, signed by President Clinton, has been rejected by the Bush administration.
- Negotiations on a fissile materials ban are at a standstill.
- The Strategic Arms Reduction Treaties (START I and II) between the United States and Russia have been replaced by the Strategic Offensive Reduction Treaty (SORT), which has abandoned the important principle of irreversibility in nuclear disarmament.
- The United States has abolished the Anti-Ballistic Missile Treaty and is planning to develop and deploy ballistic missile defences, as a first step towards the weaponisation of outer space.
- The 2002 US Nuclear Posture Review, the National Security Strategy and the 2005 Doctrine for Joint Nuclear Operations unashamedly confirm a new doctrine for the pre-emptive use of nuclear weapons.

These policies amount to a blueprint for a major expansion of the role of nuclear weapons beyond their core function of deterrence to their use in the battlefield of a conventional war, when military targets resist conventional attack, when retaliating against a biological or chemical attack, when destroying underground facilities or stockpiles of WMD, or when responding to "a surprising military development."

The nuclear weapon states have breached the international legal obligation to eliminate their nuclear arsenals. More than that, the United States is now blatantly preparing to develop new nuclear weapons and trying to justify their use against any state, even a state without nuclear weapons. This could be the first step on the slippery slope to a nuclear catastrophe.

The United States argues that cooperative security structures, arms control and non-proliferation regimes are incapable of providing security and can no longer be relied on. The majority of the international community believes that the United States is setting a bad example and that American exceptionalism and double standards are the real problem.

The path to abolition

Thirty-five years after the NPT entered into force, the nuclear weapon states have done little to move towards zero nuclear weapons. The Secretary General of the United Nations, Kofi Annan, called it "a disgrace" that the nuclear weapon states were mainly responsible for wrecking the NPT Review Conference in May 2005.

Albert Einstein's statement is as relevant today as it was in 1930, when he said: "The peoples of the world must take the initiative to prevent themselves from again being led to the butcher block. It is foolish to expect protection from governments."

International Physicians for the Prevention of Nuclear War (IPPNW), recipient of the Nobel Peace Prize in 1985, strongly believes that nuclear weapons have the potential to destroy civilization and must therefore be abolished. IPPNW has responded to the continued failure of the NPT process by making a decision to think and act outside the NPT box. IPPNW is taking steps to develop a new global campaign for a Nuclear Weapons Convention (NWC), outside and parallel to the stalemated NPT process, similar to the Ottawa Process that resulted in the treaty to ban anti-personnel landmines.

Considerable conceptual work on a Nuclear Weapons Convention has already been done by an international ad hoc committee of lawyers, scientists and disarmament experts, who drafted a model NWC in 1997 and presented it to the UN General Assembly, where it was adopted as a basis for negotiations leading to the conclusion of a Nuclear Weapons Convention. Although there was considerable support for the commencement of negotiations, there has been no further progress. It is time to revive the process.

The model Nuclear Weapons Convention will be the core of IPPNW's grassroots campaign of education, research and advocacy, which aims to mobilize public opinion and generate sufficient public pressure on like-minded governments to initiate an Ottawa-style process.

The campaign for a Nuclear Weapons Convention will combine, harmonise and integrate progressive disarmament and non-proliferation measures into a coherent concept, using advances in verification technology and compliance procedures which have now made such a convention feasible.

There is a fine distinction between nuclear disarmament and nuclear abolition. For instance, a nuclear weapon state can proceed to disarmament and at the same time develop new nuclear weapons. Nuclear disarmament is primarily a technical process of dismantling and eliminating nuclear weapons. On the other hand, nuclear abolition is essentially a normative process that prohibits the development, acquisition, transfer, use or threat of use of nuclear weapons and embraces elimination at the same time.

Disarmament relates to positive obligations to eliminate stockpiles. Abolition combines both the positive obligation of elimination with the negative obligation of prohibition. Nuclear abolition is therefore the holistic synthesis of the two competing approaches in the NPT process – disarmament and non-proliferation.

The concept of an abolition framework is therefore close to what the nuclear weapon states have already agreed on disarmament, and it encompasses their concerns about non-proliferation. As such, it may be a more acceptable framework with which to engage the nuclear weapon states.

Abolition has to be a gradual global endeavour, involving all states. The process followed must ensure that no nuclear weapon state will feel, at any stage, that further nuclear disarmament will become a threat to its security. Of all the immediate steps, de-alerting nuclear weapons alone would dramatically reduce the chance of an accidental or unauthorized launch and help to sustain confidence in the disarmament process.

Whatever the reasons or concerns that have led some states to develop nuclear weapons and doctrines, nuclear weapons pose an intolerable threat to humanity and must be abolished. The Canberra Commission on the Elimination of Nuclear Weapons made the point that there are no inherent obstacles to abolition except a lack of political will. We must therefore start building the necessary political will from the grassroots upwards to the decision-makers in governments.

A global ethic

The paradox of the nuclear age is that the greater the striving for power and security through nuclear weapons, the more elusive the goals of peace and security become. In 1946, Einstein sent this message to a meeting on world government: "You cannot simultaneously prevent and prepare for war. The very prevention of war requires more faith, courage and resolution than are needed to prepare for war. We must all do our share, that we may be equal to the task of peace."

The greatest moral challenge of our times has been the unthinkable possibility of human self-destruction on a global scale in a nuclear war. Although the danger has diminished since the end of the Cold War, there are signs that the world may be moving into a second, more dangerous nuclear age with new threats coming from nuclear proliferation, nuclear terrorism, and from proposed nuclear responses to these threats.

The greatest priority for collective human responsibility is to ensure that there will be a future, and to strive against the dark forces that threaten the continuity of life itself. Such an endeavour will need to be founded on a new global ethic.

The creation of a global ethic as a global social reality will depend upon what is already established, not so much upon the norms accepted by states as upon the norms embedded in institutions and practices which represent the wider consensus of universal values.

A global ethic is neither a global ideology nor a single unified global religion transcending all religions. A global ethic does not seek to replace the ethics of individual religions. It seeks to distil and bring together those elements of human conduct and values that are common to all religions. Such a global ethic will be secular, universal and inclusive. It would surely resonate with Einstein's concept of world order.

Such high expectations and hopes are not illusory or unattainable. Despite the skepticism of so-called realists, there are signs of a rise in awareness about politics and governance, about economics and ecology, about disarmament, non-violent resolution of conflict and peace, and about the partnership between men and women. From this awareness, must spring new ways of thinking and new initiatives.

Is it unrealistic to assume that there can be human solutions for human problems, particularly if they are based on ethical considerations and our common humanity? The Russell-Einstein Manifesto, which Einstein signed a few days before he died, made this plea: *We appeal as human beings to human beings. Remember your humanity and forget the rest. If you can do so, the way lies open to a new Paradise; if you cannot, there lies before you the risk of universal death.*

I am reasonably optimistic that my grandchildren and their children will have a future without weapons of mass destruction and will inherit a world without war.

Einstein weiterdenken: Für eine Zukunft ohne Massenvernichtungswaffen

Botschafter Friedrich Gröning

Das Russell-Einstein Manifest hat uns allen vor 50 Jahren mit dem Appell zur Abrüstung nuklearer Massenvernichtungswaffen eine große Aufgabe gestellt, deren Erfüllung allerdings bis heute aussteht. Trotzdem: Unser Ziel bleibt eine Welt frei von Massenvernichtungswaffen!

Ich möchte an dieser Stelle Sir Josef Rotblats gedenken, des jüngst verstorbenen Begründers der Pugwash-Bewegung, der an unserer heutigen Diskussion ursprünglich teilnehmen sollte, und der sein ganzes Leben in den Dienst dieser Aufgabe gestellt hat.

Die Tatsache, dass es den Nuklearen Nichtverbreitungsvertrag (NVV) gibt, und die in Art.VI dieses Vertrags verankerte Verpflichtung zur nuklearen Abrüstung zeigen zwar, dass die von Albert Einstein und Bertrand Russel gestellte Aufgabe durchaus verstanden wurde. Die Verbreitung von Massenvernichtungswaffen – atomaren, biologischen und chemischen Waffen und Trägermitteln stellt aber auch nach 50 Jahren noch immer eine ernsthafte Gefahr für die internationale Stabilität und Sicherheit dar.

Sicherheit – diese Erfahrung haben wir insbesondere in Europa gemacht – ist nicht teilbar. Sie ist nicht allein durch gegenseitige Abschreckung und militärische Stärke zu erreichen, sondern bedarf des kooperativen Miteinanders. Das Stichwort heißt "kooperative Sicherheit". Das ist bereits seit Jahrzehnten die Basis für unsere Abrüstungs-, Nichtverbreitungs- und Rüstungskontrollpolitik.

Aber wenn wir den Aufruf des Russell-Einstein Manifests weiterdenken wollen, dann müssen wir auch in Rechnung stellen, dass die Risiken der Verbreitung von Massenvernichtungswaffen heute – auch im Zusammenhang mit dem Auftreten des internationalen Terrorismus eine ganz andere Dimension bekommen haben. Die Gefahren, die von den unterschiedlichen Arten von Massenvernichtungswaffen ausgehen, stellen sich in diesem Kontext zum Teil völlig neu und in noch größerer Schärfe dar.

Damit treten neben die klassische Abrüstungsaufgabe auch zunehmend Maßnahmen zur Bekämpfung der Proliferation von Massenvernichtungswaffen, wie sie zum Beispiel in der gemeinsamen Strategie der Europäischen Union zur Bekämpfung von Massenvernichtungswaffen, der VN-Sicherheitsratsresolution 1540, den Initiativen der G8 oder anderen, konkreten Schritten, wie der sogenannten Proliferation Security Initiative (PSI) zum Ausdruck kommen.

Ursprünglich – und das war ja auch der Ausgangspunkt Einsteins – standen im Mittelpunkt der politischen Betrachtung und der internationalen Bemühungen um Abrüstung und Nichtverbreitung die katastrophalen Gefahren, die von diesen Waffen im Fall bewaffneter Konflikte zwischen einzelnen Staaten oder bei unsachgemäßem Umgang mit diesen Waffensystemen ausgehen können.

Um dieser Gefahr zu begegnen, hat man multilaterale Verträge und Übereinkommen mit dem Ziel der Begrenzung oder vollständigen Abschaffung dieser gefährlichen Waffen verhandelt und zwischen Staaten geschlossen. Manche meinen heute, die Zeit dieser großen Verträge sei vorbei; das Konzept sei überholt, weil es nicht wirklich wirksam sei. Es mangele an der erforderlichen wirksamen Implementierung, Kontrolle und Durchsetzung. Daran mag etwas sein; Kontrollen und Durchsetzungsbestimmungen könnten und sollten sicher in einigen Fällen – wie z.B. dem BWÜ, aber auch mit Blick auf die nukleare Nichtverbreitung – durchaus verbessert werden, vorausgesetzt alle teilnehmenden Staaten stimmen zu. Doch dürfen die großen Erfolge, die mit den genannten Verträgen erzielt wurden, trotz gewisser Mängel und bei aller verständlichen Ungeduld hinsichtlich des endgültigen Ziels einer massenvernichtungswaffenfreien Welt nicht gering geschätzt werden.

Durch den Nuklearen Nichtverbreitungsvertrag, der inzwischen nahezu universell gültig ist, wurde die Zahl der Kernwaffenstaaten entgegen ursprünglicher Befürchtungen erfolgreich begrenzt; die noch Mitte der 60er Jahre befürchtete Erwartung einer enormen Zunahme der Zahl nuklear bewaffneter Länder hat sich glücklicherweise (noch?) nicht erfüllt. Mit dem CWÜ und BWÜ konnte sogar eine noch weiter gehende, breite Übereinstimmung über die völlige Abschaffung ganzer Kategorien von Massenvernichtungswaffen erzielt werden.

Es gibt einfach keine Alternative zu einem weiteren schrittweisen Voranschreiten auf der Grundlage solcher multilateraler Verträge und Vereinbarungen, die rechtlich verbindlich, verifizierbar und irreversibel sein müssen. Ziel muss ferner ihre universelle Gültigkeit sein.

Im Bereich der Atomwaffen ist auch der Weg bereits vorgezeichnet:

- Mit den 13 praktischen Schritten aus dem Abschlussdokument der NVV-Überprüfungskonferenz 2000 sind die unverändert notwendigen Maßnahmen für weitere Abrüstungsfortschritte im nuklearen Bereich bereits konsentiert;
- ein umfassender Atomtestverbotsvertrag (CTBT) ist bereits ausgehandelt und wartet auf sein Inkrafttreten;
- über den nächsten notwendigen Schritt, das Verbot der Produktion von nuklearem Spaltstoff für Waffenzwecke (Fissile Material Cut-off, FMCT) besteht prinzipiell ebenfalls bereits Einvernehmen.

Woran hakt es also?

- Warum ist es nicht gelungen, zu einem substantiellen Abschlussdokument der NVV-Überprüfungskonferenz 2005 zu kommen?
- Weshalb ist ein Inkrafttreten des CTBT nach wie vor nicht abzusehen?
- Wieso gelingt es nicht, in der Abrüstungskonferenz in Genf endlich mit konkreten Verhandlungen zu einem FMCT zu beginnen?

Auf jede dieser Fragen lassen sich spezifische Antworten geben, bei denen die jeweiligen politischen Positionen und Interessen der beteiligten Regierungen und Staaten zum Ausdruck kommen. Was die Haltung der Öffentlichkeit in wichtigen Ländern angeht, mag es auch sein, dass Vielen das konkrete Gefühl der Gefährdung, die von diesen Waffen ausgeht, abhanden gekommen ist, nachdem der Ost-West-Konflikt zu Ende gegangen war. Die öffentliche Diskussion ist jedenfalls keineswegs mehr vergleichbar mit den großen Protesten der früheren Friedensbewegung. Das hat politische Folgen. Es reicht aber nicht zur Erklärung der gegenwärtigen Stagnation bei der nuklearen Abrüstung.

Das grundsätzliche politische Problem, dem wir uns heute gegenübersehen und mit dem wir uns auseinandersetzen müssen, liegt meines Erachtens aber in der Tatsache, dass – angesichts der nicht zu leugnenden neuen Herausforderungen – eine falsche Debatte um die angeblich unterschiedliche Dringlichkeit mit Bezug auf nukleare Abrüstung einerseits, und nukleare Nichtverbreitung andererseits entstanden ist. Die einen sehen unter Berufung auf Artikel VI NVV weitaus dringlicheren Handlungsbedarf bei der Abrüstung. Andere bestehen dagegen – auch mit dem Argument, es handkle sich schließlich um einen nuklearen "Nichtverbreitungs" –, nicht um einen "Abrüstungsvertrag" – auf der vorrangigen Notwendigkeit energischer Schritte zur Gewährleistung effizienter Nichtverbreitungspolitik.

Die damit gestellte Forderung nach einer Prioritätensetzung zwischen beiden Aspekten setzt aber den ursprünglichen internationalen Konsens zu Fragen der Nichtverbreitung und Abrüstung, das mit dem Nichtverbreitungsvertrag 1968 gefundene – zugegebenermaßen prekäre Gleichgewicht – einer zunehmenden Belastungsprobe aus. Das unbefriedigende Ergebnis der NVV-Überprüfungskonferenz im Mai 2005, ebenso die fehlende Einigung auf eine gemeinsame Sprache zu Abrüstung und Nichtverbreitung im Abschlussdokument des VN-Gipfeltreffens im September 2005 sind hierfür deutliche Signale.

Wir haben aber keine Wahl zwischen dem Dringlichen und dem Notwendigen. Beides – effektive Abrüstung ebenso wie erfolgreiche Nichtverbreitungspolitik – ist für die internationale Sicherheit gleichermaßen wichtig – und es sind letztlich nur zwei Seiten der gleichen Medaille. Unser Ziel ist und bleibt eine Welt ohne Kernwaffen. Um diesem Ziel näher zu kommen, brauchen wir Fortschritte in beiden Bereichen. Weder darf die Zahl der Staaten weiter zunehmen, die solche Waffensysteme besitzen, noch kann – nimmt man den Vertrag und seinen Artikel VI ernst – die Existenz eines exklusiven Clubs von Kernwaffenstaaten auf Dauer festgeschrieben werden.

Die wünschenswerte und notwendige Stärkung der Nichtverbreitungsverpflichtungen ist ohne neuen Impuls in Fragen der Abrüstung nicht zu erwarten. Anderenfalls laufen wir Gefahr, dass das beiden Handlungsbereichen zugrunde liegende multilaterale Vertragssystem zerfällt. Denn die Staaten ohne Kernwaffen werden auf Dauer (weitere) Einschränkungen ihrer Handlungsmöglichkeiten bei der legitimen zivilen Nutzung der Kernenergie nicht hinnehmen, wenn sich bei der im Vertrag vorgesehen Abrüstung nichts mehr tut. Die NVV-Überprüfungskonferenz im Mai 2005 hat zumindest dies deutlich gemacht: Nachhaltige Fortschritte sind sowohl in der Abrüstung als auch der Nichtverbreitung nur auf der Grundlage dieser empfindlichen Balance des Vertragssystems vorstellbar.

Nichtverbreitungsanstrengungen benötigen auch das Fundament der multilateralen Verträge. "Koalitionen von Willigen" reichen hierfür nicht aus. Erst die Verträge schaffen die erforderliche rechtliche Legitimation für die Proliferationsbekämpfung. Ohne diese Verträge könnte jeder Staat ABC-Waffen herstellen oder erwerben und nach Belieben weitergeben. Erst die in den Verträgen ebenfalls geregelten Verifikationsbestimmungen und die aus dem NVV resultierenden Sicherungsmaßnahmen der IAEO schaffen auch das erforderliche Vertrauen der Staatengemeinschaft, mit einer solchen Bedrohung nicht rechnen zu müssen.

Deshalb führt kein Weg an einem ausgewogenen Ansatz vorbei, der beiden Bereichen gleichermaßen Rechnung trägt. Die EU hat dies in ihrem Gemeinsamen Standpunkt für die NVV-Überprüfungskonfernz 2005 deutlich gemacht.

Nur ein solcher Gesamtansatz wird es ermöglichen, einen Konsens der internationalen Gemeinschaft herzustellen, der Fortschritte sowohl im Bereich der Abrüstung als auch der Nichtverbreitung erlaubt und uns so dem Ziel einer Welt ohne Massenvernichtungswaffen näher bringt.

Non-proliferation of Weapons of Mass destruction: Policy and action by the European Union

By Dr. Andreas Strub[1]

Reflecting about science and weapons of mass destruction while keeping Einstein's historical role in mind is both interesting and challenging. He was a driving force in science and at the same time he was aware of the risks it creates for humanity. This probably explains why he was strongly interested in political issues. Einstein has paved the way for a broad definition of responsibilities of scientists and politicians for all human beings living on this planet. In a way he has helped to set standards for modern political leadership: it should combine intelligently the promotion of science enabling societies to face future challenges, with a comprehensive assessment of potential risks in the field of environment, health, but also security policy.

At the beginning of the 21 st century, facing security challenges in Europe inevitably means to look beyond national borders. This is why the European Union (EU) has become a natural forum for its 25 Member States to discuss security problems and to look for comprehensive solutions in common. A prominent example for this trend is the "European Security Strategy" (ESS)[2], to which High Respresentative Solana has contributed substantially and which was formally adopted by the 25 EU Heads of States and Government (European Council) in December 2003. For the first time the ESS defined major threats and identified principles and tools for adequate response at EU level. The ESS clearly mentions the proliferation of weapons of mass destruction (WMD) and their means of delivery as one of the main threats to EU citizens. After 11 September 2003 there was a strong awareness of EU leaders, that terrorists could easily multiply the impact of attacks by acquiring and using weapons of mass destruction. Therefore they adopted a specific WMD Strategy[3] in parallel to the ESS (also in December 2003), which contained concrete principles and strands for action to respond to this threat. This is a remarkable step, since EU Member States come from different backgrounds: two of them are nuclear weapons states, others are members of the New Agenda Coalition, some are members of NATO.

1 Coordinator,Office of the Personal Representative of HR Solana for non-proliferation of WMD, Council of the European Union. Views taken by the author are not intended to bind EU institutions.
2 Website of HR Solana , under non-proliferation of WMD- http://ue.eu.int/wmd
3 Website of HR Solana , under non-proliferation of WMD- http://ue.eu.int/wmd

To give impetus to this strategy and to support continuity of its implementation, HR Solana appointed a Personal Representative for non-proliferation (Mrs. Annalisa Giannella) and put in place an office which supports her in this task (Office of the Personal Representative, OPR).

The Strategy itself and its implementation are based on the principles of effective multilateralism, prevention and cooperation:

Prevention and cooperation guide EU action in the field of non-proliferation and are the preferred avenues to tackle the problem. Action should not be taken when it is too late. Root causes should be identified at an early stage while it is still possible to avoid the use of such weapons through preventive action. This means that cooperation should be sought with partners within the International Community even before risks arise. Coercive measures should only be taken into consideration once there are no other options left. In any case such measures would have to be in line with the UN Charter and international law.

The principle of effective multilateralism reflects the EU's view that the problem of WMD proliferation can't be solved in isolation. Nobody within the International Community can take effective action against this global threat on its own. Therefore the EU clearly supports multilateral organisations, which can give legitimacy to any action to be undertaken. Therefore the central role of the United Nations Security Council (UNSC) but also of the International Atomic Energy Agency (IAEA) and the Organisation for the Prohibition of Chemical Weapons (OPCW) is fully recognized by the EU WMD Strategy.

In the same spirit the EU has welcomed the adoption of UNSC Resolution 1540[4]. To be noted that this resolution contains many concepts which could already be found in the EU WMD Strategy. UNSCR 1540 has clearly added to the global recognition of the WMD threat and broadened the basis for action by the International Community in this field.

The EU WMD Strategy also specifies the two main sources of the WMD proliferation threat:

- Firstly there are risks coming from state actors who seek to develop such weapons and to possess means of delivery. They might do this in breach of their non-proliferation commitments or simply by staying outside non-proliferation regimes.
- Secondly there is the risk of non-state-actors (i.e. terrorists) wishing to acquire biological, chemical or radiological/fissile materials and their means of delivery.

4 UNSCResolution 1540, adopted on 28 April 2004

The EU has worked intensively since 2003 to give concrete answers to both risks , eg. by working with OPCW and IAEA in order to help increase the effectiveness of their action.

To that end the Council of the EU has adopted a range of Joint Actions (which include financial assistance) designed to support activities by IAEA[5] (nuclear material accountancy and control, radiological surveillance, physical protection of nuclear installations in the former Soviet Union) and OPCW[6] (support for universalisation, compliance with CWC, laboratory equipment).

How does the EU intend to procede in future?

It has to be noted from the outset that the overall threat from WMD is still there and can't be expected to vanish suddenly. The threat and therefore the need for EU action has increased rather than decreased and European leaders are very much aware of that. If attacks as those in Madrid and more recently in London had been carried out with WMD or with a "dirty bomb", effects could have been even more dramatic. This means that more needs to be done also by the EU, to prevent this from happening.

While EU action is likely to give specific attention to non-state actors, risks from state actors will not be forgotten. We have witnessed over the last years that more and more states are attracted by the acquisition of nuclear, biological and chemical capabilities. In that sense decisions taken by the Libyan leadership are rather encouraging but atypical. This overall tendency leads to increased risks at regional and international level through weapons races in particular among "newcomer" countries.

Prominent examples for unresolved problems in the nuclear field with state actors are DPRK and Iran. As far as Iran is concerned Europeans have taken a constructive approach and offered Iran a chance to prevent escalation and isolation within the International Community. Efforts by three EU Member States (United Kingdom, France and Germany, supported by EU High Representative Solana) have led to the signing of the Paris Agreement[7] with Iran in December 2004, which laid the basis for negotiations with a view to reaching a mutually acceptable agreement on long term arrangements.

Against this background action by the EU continues to be in demand. Not only EU Member States but also partners in the world expect the EU to do what

5 Council Joint Action adopted on 18 July 2005, OJ L 193/44 of 23.7.2005
6 Council Joint Action adopted on 12 December 2005, OJ L 331/34 of 17.12.2005
7 Website of HR Solana , under non-proliferation of WMD- http://ue.eu.int/wmd

it can to contribute to global non-proliferation efforts. In order to be able to meet this challenge efficiently, it will remain important for the EU to assess periodically what it has been doing so far to implement the WMD Strategy and to identify possible priorities for the future. This has been done regularly in 2004 and 2005 and will be followed-up systematically.[8]

Examples for possible future EU Action:

- The EU can be expected to continue to promote strong non-proliferation treaties and conventions and to work on the issue of compliance by parties with their respective obligations. After the rather unsuccessful Non Proliferation Treaty (NPT) Review Conference in 2005 the EU could examine possibilities to adapt the NPT to new challenges eg. by reviewing the rules on peaceful uses of nuclear energy. To be noted that the EU had adopted a comprehensive position for the NPT Review Conference which will continue to serve as guidance also in future[9].
- The EU can be expected to look into areas which have been neglected over the last few years, but which deserve renewed attention, such as the Biological and Toxin Weapons Convention (BTWC). Also with a view to the Sixth Review Conference in 2006, the Council is currently examining proposals presented by the Personal Representative on how to promote universalisation and compliance with this convention, which suffers from the lack of an institutional backbone (such as OPCW for the CWC).
- The EU will step up efforts in the area of cooperation with third countries. The inclusion of WMD clauses into an increasing number of contractual relations[10] but also the negotiation of Action plans with third countries eg. under the EU Neighbourhood Policy, create a good basis to identify areas of cooperation with them in order to tackle problems in the area of non-proliferation. This can include financial support by the EU. Concrete areas of cooperation have to be identified on a case-by-case basis in a result-oriented manner. They can cover a broad range of issues, such as the improvement of export control systems or means to redirect scientist who have been working previously for WMD programmes.

---

8 See last six-monthly progress report and list of priorities. Both have been prepared by the OPR and endorsed by the Council on 12 December 2005. Documents can be found under http://ue.eu.int/wmd

9 EU Common Position adopted by the Council on 25 April 2005, OJ L 106/32, 27.4.2005

10 eg. recent inclusion into the Cotonou agreement between EU and 78 ACP countries in Africa and the Caribbean and Pacific regions

- It will be essential for the EU to intensify further contacts with its key partners mentioned in the WMD Strategy: United States, Russian Federation, Japan, Canada. The International Community is looking at signals coming from the EU and its key partners in the field of non-proliferation and therefore it is important to compare notes and to examine how to maximise international efforts. The EU will also continue to contribute actively to the work in the area of non-proliferation in the G8 context.

In conclusion it can be noted that the EU has made a major step forward in 2003 by adopting a WMD Strategy . Since then it has taken concrete action to implement this Strategy under its Common Foreign and Security Policy (CFSP). Since weapons of mass destruction are expected to remain a major threat to EU citizens, efforts will have to be intensified: Scientists will continue to shape technologies for the future. At the same time politicians in Europe will have the duty to ensure that citizens are protected from dangers coming from attacks with radiological/fissile, biological, chemical materials and substances. They will bear the responsibility if terrorists succede in using them. The European Union is increasingly well placed to play a decisive role through its policy in the area of WMD non-proliferation. It will continue efforts to meet the challenges by looking at the issue in a comprehensive manner, very much in the spirit of Einstein. Dealing with the root causes will therefore remain as important as managing a crisis when it occurs. A combination of coherence, creativity and a strong sense of responsibility will be the essential ingredients for a successful EU policy in this field.

Pugwash Conferences on Science and World Affairs, and the Challenges of Peace

Marie Muller

Ladies and Gentlemen, dear colleagues, it is a great pleasure for me to address you today. I address you in two capacities: in my personal capacity as professor of International Relations at the University of Pretoria and a Pugwashite, and as the person deeply honoured to fill in for the late Sir Joseph Rotblat on the programme. In the latter capacity, please let me say a few words about Sir Joseph.

Born Jozef Rotblat in Warsaw, Poland, in 1908, he died Sir Joseph Rotblat in London, England, August 31, 2005.

His love of science lead him into the scientific world of atomic research and he worked as a scientist, first in the UK at the University of Liverpool and then at Los Alamos, New Mexico, helping to create an atomic weapon.

When he discovered in late 1944 that Germany would not succeed in developing an atomic bomb, he believed there was no reason to continue working on creating a US bomb. He then left the Manhattan Project on moral grounds and was the only scientist to do so.

As General Secretary of the Pugwash Conferences on Science and World Affairs, and later President of Pugwash Conferences, he dedicated his life to the abolition of nuclear weapons.

In his work for Pugwash he brought together scientists, diplomats and politicians from East and West, North and South to overcome mental stalemates, ideological divides and dangerous confrontations.

He helped to understand the scientists' responsibility to use scientific knowledge and new advances for the benefit of humanity. He liked in particular to work with young scientists.

In 1995, Jo and the Pugwash Conferences were joint recipients of the Nobel Peace Prize. Jo believed that receiving the Nobel Peace prize carried with it the responsibility to work even harder for peace, and he did so every moment of the last ten years of his life, with passion and with joy.

Two years ago he had a stroke. Like many others, I went to visit him in his London Hospital as he lay recovering. Joseph looked ill and frail, but talked with all his usual enthusiasm about all that had to be done and was worried that his illness would hamper this. As always, he enquired what I was doing and how I was. I was struck again at the combination of energy and passion for his work, and the earnest interest in others and what they were engaged in.

Six months after his stroke he travelled to Denver, Colorado, to deliver a two hour lecture to several hundred teenagers!

In October 2004, Jo travelled to Seoul, South Korea. Still frail looking, one wondered how he would be able to handle all that our Korean hosts expected of us. Jo was just amazing! We shared duties a number of times and I was outdone by Jo every time. He was able to speak at length, in a well-structured manner, always conveying a meaningful, fresh message, often without much prior warning. I asked him how he managed this and he answered simply: we have to use every opportunity we get as best we can to advance our goals.

He was once asked what kept him working for disarmament with so much enthusiasm and joy. He answered that it was important for people to have clear goals and that he had two goals in life. “My short-term goal" he said "is the abolition of nuclear weapons, and my long-term goal is the abolition of war”.

Jo was a complex person. He was truthful, compassionate, and a gentleman, yet also straight speaking, persistent and obstinate when it came to what was he believed to be important.

But he was a truly inspiring and wise man. As for his life goals of nuclear disarmament and a world without war, I believe we can best pay tribute to Jo by continuing to work to make his dreams come true and build a world safe for the human family.

With Jo’s death we have lost an outstanding scientist, a great humanist, a towering figure in the struggle for peace and a better world for humankind, and a very dear friend. Not many people in the world combine, as did Jo, a high intelligence and a powerful conscience combined with great personal courage – Joseph Rotblat was one of the very few. We miss him dearly.

The purpose of this conference is partly to pay tribute to Albert Einstein’s role as a public intellectual, his civil engagement and his commitment to peace. The main focus of the conference, however, is the responsibility of science and the safeguarding of peace in the 21st century. The connection between these themes and the Pugwash movement is very close, so let me say a few words about its origin and nature.

In 1955 the world was at the height of the Cold War, with the two super powers of the time, the USA and the USSR, accumulating huge nuclear arsenals, many times more than required of deterrent purposes. Many of the warheads were kept on hair trigger alert increasing the possibility of accidental war. On several occasions, in particular, during the 1962 Cuban missile crises, the world came very, very close to a nuclear confrontation.

On July 9, 1955, Bertrand Russell arranged a press conference in order to issue a statement that would become known as the Russell-Einstein Manifesto and became the “founding document” of the Pugwash Movement. Berthand Russell, as you know, was an eminent philosopher and writer, and Albert Einstein, one of the greatest scientists of our time. Russell had been in contact with Einstein and other scientists in the run-up to the public statement and the Russell-Einstein Manifesto was one of several efforts by scientists in the 1950's to focus world attention on the critical need for new approaches to international security in the nuclear age. In particular, scientists feared that national leaders and the public little understood the implications of the new and devastating hydrogen bombs. More broadly, however, they feared "the evil which our once so beautiful science has brought upon the world..." (quote from the excellent first chapter by Sandra Ionno Butcher, *The Origins of the Russell-Einstein Manifesto*, in the history project on the Pugwash Movement, recently published by the Pugwash Council). The signing of the R-E M was one of the last things Einstein did before he died in April 1955.

In the run-up to the press conference in London, a lot of discussion took place about what else should be done and the idea of holding a conference/conferences in order to educate scientists, governments, and the public, on the dangers of nuclear war was raised. This became the hallmark of the movement and though other activities have their place, meetings with this purpose in mind have always been central to the spirit of the Movement as it was to the R-E M, which of course explains the name "Pugwash Conferences on Science and World Affairs".

In essence the Pugwash movement has the purpose of ensuring that the fruits of the labours of scientists would be used for the good of mankind and not for evil. Due to the origin and historical context and the disciplinary affiliations of the first group of scientists who met in the small town of Pugwash, Nova Scotia, Canada, in 1957, the Pugwash Movement (the Pugwash Conferences on Science and World Affairs) has always had a primary focus on issues of nuclear weapons. This traditional focus has many aspects (nuclear disarmament, nuclear non-proliferation, etc) but the focus was and still is, clearly on this very important global problem. However, it was believed by many and certainly by Sir Joseph Rotblat, at the time of his death the only surviving signatory of the Russell-Einstein Manifesto, founding father of the Pugwash Movement and joint recipient of the 1995 Nobel Peace Prize with the Movement, that in order to attain nuclear disarmament, all war should be renounced. The abolition of war and, conversely, the promotion of peace, became central foci in the Movement.

Gradually the circle of scientists involved in the Pugwash Movement has become larger and more diverse, to include also scientists other than nuclear scientists, and scientists other than "hard" scientists. Today, I believe, that more than half the Pugwashites (those who have attended Pugwash conferences) are non-hard scientists, social scientists broadly speaking – such as myself. And the issue of what the proper agenda of Pugwash is, how broadly it should concern itself with the interface between science (broadly speaking) and society, and how far it should move beyond its traditional focus – nuclear weapons – have been a drawn-out and lively debate for a long time.

At the time I became involved in Pugwash in 1992 and met Jo Rotblat for the first time my country, South Africa, had just become the first country to give up a nuclear weapons capability and to then sign the NPT. It was a very modest capability, to be sure. It was developed at great cost to a country so small. It was developed in an era when the government felt itself to be severely threatened and at the time it was one of the most isolated of countries. The then president, President FW de Klerk, took the initiative and ordered the dismantling of the nuclear capability and then went public on this. This was on the eve of the historic political transformation of the country from an isolated apartheid state to a democracy. Albeit, a democracy not without its problems – and I'll return to this shortly.

I remain deeply thankful for and proud of both transformations that took place in my country at the time: the transformation to a democracy and the transformation to a non-nuclear state.

I shared – and share – Jo's passion for the ideal of a nuclear weapons free world. However, I cannot make any special contribution in this area and there are others in Pugwash who are experts in the field and can make that contribution – Paolo Cotta-Ramusino, the Secretary-General of Pugwash, who is here, is one such a person, and he will be speaking on this later on during this conference.

My own personal work within Pugwash, has been of a different nature and I am going to do what Jo advised: use every opportunity to speak about this! So please allow me to address you for the remainder of my talk, on this: an equally serious threat, though one of a different kind and of particular importance to my country, my region and my continent. The HIV/AIDS epidemic is a "threat without enemy", that also threatens others regions of the world, most notably India, Russia, and China. As such it threatens very substantial sections of humankind, and no one is entirely beyond the threat.

I believe that science and scientific knowledge provides us with a very special gift, a gift to "see" beyond what others can see. It enables us to see so-called "long-wave events" and their possible (or even likely) implications. It gives us the ability to warn about this in time and to urge for measures that can change the future from what it would otherwise have been.

The HIV/AIDS epidemic is one such a "long-wave event" and one that is very difficult to understand unless it is viewed through the lenses of science and from a multidisciplinary perspective. We, as scientists, have a responsibility to use this knowledge to the benefit of humankind and it is for this reason that the South African Pugwash group engaged itself in the HIV/AIDS epidemic. In 2004 the Group arranged, with the cooperation of some other Pugwashites and the approval of the Pugwash Council, the first in a series of workshops. This was a very small (ten person) exploratory workshop at which the first contours of the later work was done on the basis of the input by some of the most knowledgeable experts on the epidemic in South Africa.

Later in the same year, a second, somewhat larger group was brought together in order to begin exploring in earnest the security aspects of the epidemic. At this workshop medical (virological) aspects became very apparent and it became clear that more interaction with other regions where the epidemic is taking hold – the so-called second wave countries (India, China, Russia) – could be of great benefit to all.

The third workshop took place in 2005. On this occasion colleagues from India joined us in South Africa and we learned much from each other. This initiative will culminate in a workshop in India in April of 2006 organised by the President of Pugwash, Professor Swamanathan, and where the lessons we can learn from each other will be explored in greater depth.

In the course of all three workshops in South Africa, it became apparent that there are many critical ethical issues involved in thinking about, making policy and acting on, the AIDS epidemic. This led to a joint workshop with the French Pugwash group – the third in their series of workshops on Science and Ethics. The workshop took place in Corsica in September 2005. The outcomes of the Corsica workshop will include a major research project. In short, what became clear was an urgent multidisciplinary agenda for comparative research. The insight that is required is principally psychological and anthropological. The research and comparative phases of the project will be followed by a policy prescriptive phase – in the well-established Pugwash tradition.

The essence of the Russell-Einstein Manifesto was that, when confronted by a new threat, humanity had to learn to think in a new way. Clearly this is what is needed if we are to deal with this awful "threat without enemy".

Let me briefly turn to the nature of the large scale epidemic in South and Southern Africa.

The epidemic is caused by the spread of a virus for which there is no cure. The result is HIV. The latest research indicates that we will not have a vaccine in the short or medium term. The virus is spread by bodily fluids (blood, semen, mothers milk). It is not easily transmitted, but once is has been transmitted, eventual death becomes inevitable. The immune system is diminished (AIDS: Acquired Immune Deficiency Syndrome) and the patient dies – sometimes very quickly, sometimes only after ten or more years – of various opportunistic infections. Therefore, HIV/AIDS wrecks havoc in conjunction with diseases like tuberculoses, malaria, influenza, etc. Treatment therapies can delay the onset of AIDS, as can a very good health status and good nutrition and in particular in combination. However, the truth is that in a society where there are pervasive poverty, ill health and much casual and/or forced sexual intercourse, the virus spreads at an alarming and unstoppable rate. It can also be transmitted from mother to child, though preventative treatment in this case is quite effective to prevent transmission. Anti-retroviral treatment therapies, however, unless applied very correctly, will lead to progressive drug resistance in the individual and in society.

The pattern is that the epidemic affects the economically productive sector of the population most, taking individuals approximately ten years after the onset of sexual activity and at the time, often, when they have already produced offspring. Many of these babies die, if themselves infected. And if not infected, they are left orphaned. The impact on society is traumatic. In order to illustrate, let me simply quote some figures, though HIV/AIDS sickness and mortality statistics are subject to many sources of uncertainty and error.

Though we do not have a clear picture, we do know that there is a large scale epidemic in South Africa. In other Southern African countries the situation is even worse. In Botswana, for example, it is now said that there is a prevalence rate of 52% amongst the adult population. In spite of uncertainties and differences of opinion, we do know that in South Africa the death profile is quite unnatural and such that it can only be explained by an epidemic. We know that there is a high prevalence, in particular amongst young women, and that many children are being left orphaned as a result. The impact of the epidemic will be felt by generations into the future, breaking down the social fabric.

Back to statistics: according to UNAIDS (2004):

- more than 5.3 million South Africans were HIV positive at the end of 2003
- AIDS is killing at the rate of between 600 and 1000 persons per day
- South Africa will have approximately 2 million AIDS orphans by 2010
- Between 1,400 and 2,000 additional South African become infected daily.

The only real solution lies in preventative strategies. However, in the circumstances described these are not easy to agree upon, nor to implement effectively. The problem is a highly complex, emotive one, a problem that needs to be looked at in an interdisciplinary and multi-pronged way. Scientists from a range of disciplines are needed, as is cooperation across cultural and political divides. And what better fit between the problem and the essence of the Pugwash undertaking where the special knowledge that scientists produce as the fruits of their labours, can be focussed on the good of humankind!

It has been a privilege for me to speak here today and I would like to thank you, my hosts, very much for inviting me and making the arrangements for me to be here today; and to thank you all present, for listening to me. Thank you!

Last sentence of the Russell-Einstein Manifesto:

We appeal, as human beings, to human beings: Remember your humanity and forget the rest. If you do so, the way lies open to a new paradise; if you cannot, there lies before you the risk of universal death.

Privatisierte Kriege und staatlicher Interventionismus

Peace from Outside? The Possibilities and Limits of International Conflict Management in Africa

William Reno

It is usually assumed that the promotion of political stability and establishing greater respect for human rights are necessary elements of any reasonable strategy of outside intervention to end conflicts in failed and failing states. This may be true in principle. I argue, however, that current international efforts to end conflicts and to prevent new ones from arising in Africa place an undue emphasis on promoting political stability. They threaten to undermine practices and norms that already promote significant levels of local stability. Under some conditions, these policies of intervention also can weaken the commitment of all parties to observe human rights norms.

These efforts to create peace from outside can produce these negative outcomes simply because international interveners lack the political and material resources to completely remake local societies. Interveners recognize that the threat of local resistance, nationalist passions, and the intricacies of local factional politics prevent them from imposing their vision of political order wholesale on these societies. This causes interveners to start to take shortcuts. They choose instead to give political and even military backing to local groups. Sometimes these groups are heavily armed and are responsible for considerable human rights violations during conflicts. Leaders of these groups many hold illiberal views about women's rights, their relations with other ethnic communities, and the recruitment of child soldiers. But these groups become useful as proxies to accomplish the interveners' primary goal of restoring order.

This introduces a political struggle between outsiders' and insiders' views about the appropriate political order in the future of these countries. This struggle involves reciprocal efforts to manipulate the each other's interests. Ultimately, this struggle favors these local groups. They learn how to manipulate the diverse interests and anxieties of intervening states and international organizations. How did this situation come about and does it represent a distinct trajectory in international conflict management in Africa?

The Break with the Past

Al-Qaeda's attacks on New York and Washington on 11 September, 2001 really were a watershed. This may be a trite observation, but the attacks did cause a major shift in how officials in powerful countries, especially in Washington and London, view collapsed states and conflicts in Africa. Prior to these attacks, failed states – places where governments lack either the institutional capacity or political will to protect and provide minimal services to their citizens – were not seen as an urgent security threat. Peace from outside came in the form of multilateral intervention to address root causes of conflict within failed states, aid to rebuild government administrations, and promotion of domestic democratic reforms and closer ties to the global economy. After the attacks, policy makers in the US and Britain now saw failed states as institutional vacuums in which terrorists could recruit followers and shield operations from outside scrutiny. "To find sanctuary, terrorist organizations have fled to some of the least governed, most lawless places," noted the US Congress's 9/11 Commission report. It cited the Horn of Africa, Nigeria and the Sahel region centered on Mali as areas of particular concern.[1]

Intervention now focuses on bolstering government capabilities to monitor populations, patrol territory and regulate frontiers. This state-building approach seeks to concentrate the control over coercion in the hands of governments, as opposed to "capacity building" that focuses on identifying needs and providing social services to citizens. This approach, dominant in US and British official planning, shapes the character of their interventions in conflicts in failed states. But strengthening government capacity to control citizens can undermine long-term goals of promoting democratic governance. Many analysts also note a clash between older multilateral approaches and more recent unilateral tendencies of the Bush Administration. But changes in policies also mark a more important shift in the place of failed states in the international system. It represents a commitment among officials in the world's most powerful states to aid, and even force, the world's weakest states to control their entire territory and their populations and use this power to eliminate terrorist threats to other states. This shift marks a return to a historic pattern of hegemonic intervention to prescribe how states have to act; to force authorities to build western style states able to maintain local order, regardless of their indigenous politics.

In practical terms, officials even in the US discover that they lack the political and material resources to make this happen everywhere. Local politicians ma-

1 The 9/11 Commission, *Final Report of the National Commission on Terrorist Attacks Upon the United States*, (New York: W.W. Norton & Co., 2004), 366.

nipulate this concern among outsiders. Some leaders of armed groups that challenge governments in failed states might find that they can use their greater capacity to control territory and administer local populations to get aid from foreign governments too, especially if they are well-versed in reciting what the outsiders want to hear. These local political dynamics weigh heavily in shaping the nature of warfare in failing states and on the counter-insurgency strategies that increasingly characterize international intervention in the internal conflicts within states.

It is popular in some quarters to claim that interventions to bring peace from outside mark a return to imperialism of the 19th century variety. But the resemblance is limited. The gaps between the intent and execution of interventions in failed state conflicts resemble a similar gap between the prescriptions of colonial powers about how indigenous authorities would have to act, and the colonial powers' very limited means, even in the heyday of developmentalist colonial policies between the 1930s and 1960s, especially in Africa. Those low-cost state-building efforts required that officials in powerful states find local proxies who offered them informal and pragmatic means of achieving policy goals. At that time, concerns about disorder centered on fears that the social dislocations of what was then called modernization and the rapid rise of nationalist politics would lead to the growth of anti-western communist movements.

Local proxies play a much larger role in contemporary interventions. Outsiders recognize that they have to keep a much lower profile than in the past to avoid aggravating nationalist reactions. They have to work within the framework of existing states, and in the great majority of cases, with existing hierarchies of local authorities. The citizens of states that intervene are much more sensitive to the costs of intervention than their ancestors were. But one can imagine that another spectacular terrorist attack on the scale of September 11th in Europe or the United States will result in a further shift toward coercive interventions and a much greater willingness on the part of outsiders to prescribe the terms of the peace from outside and how local authorities have to act.

The Shifting Calculus of Intervention

Even before 9/11, US officials during the Clinton Administration (1993-2001) recognized that failed states warranted serious attention. Between 1994 and 2000 US officials commissioned the State Failure Task Force to investigate the causes of conflict in failed states. Not surprisingly, these researchers found that poverty, isolation from the global economy, and authoritarian rule increased risks of strife.[2] The Central Intelligence Agency's (CIA) *Worldwide Threat 2001: National Security in a Changing World* report acknowledged the association of these problems in failed states to US security. But it minimized the consequence of conflict in African states, focusing instead on "the growing potential for state fragmentation and failure" in areas of US strategic interest in Mexico, Russia, Colombia and Saudi Arabia.[3] Conflict management in failed states in strategically marginal areas could be left to multilateral intervention with their prospects of cost-sharing. Peace could be brought from outside to these places through deplying peacekeepers from countries such as Fiji, Nepal and Bangladesh. This limited the political costs of intervention to US and European officials.

US officials were particularly reluctant to intervene. They operated in the context of the failed international intervention in Somalia that formally ended in 1995. US military intervention there during Clinton's first term led to the deaths of eighteen US soldiers in the hunt for local strongman Mohammed Farah Aideed in October 1993. This event prompted the declaration of the Presidential Decision Directive 25 of 1994 (PDD-25) which proscribed the use of the US military in combat overseas, except in the most favorable strategic, operational and domestic political circumstances.[4] This effectively precluded bringing peace from outside in failed states in Africa, even if it appeared to be likely that local people would not attack the outsiders. This caution reinforced the Clinton Administration's preference for preventative diplomacy and multilateral responses to conflicts in states outside of areas of long-term strategic interest. There remained, however, conflicts between officials in the US, Europe and in multilateral organizations about the pace and content of interventions, as tensions over policies in Bosnia and Kosovo showed.

Initially the Bush Administration consigned failed states, especially in Africa, to an even lower priority when it assumed office in January 2001. Eager to distance his Administration from what he claimed during his 2000 presidential campaign was the opposition party's propensity to engage in ineffective "state-building" multilateral interventions, Bush offered his promise that he would not commit US military, political or financial resources to conflicts that he thought did not threaten US interests. His Secretary of Defense, Donald Rumsfeld, defined security threats in terms of China's rapidly growing prominence on world affairs. The discussion about failed states was all about how to avoid interven-

---

2 State Failure Task Force, *State Failure Task Force Report: Phase III Findings*, (College Park, MD: University of Maryland, 30 Sept 2000), available at http://www.cidcm.umd.edu/inscr/stfail/SFTF%20Phase%20III%20Report%20Final.pdf.

3 http://www.senate.gov/~armed_services/statemnt/2001/010308gt.pdf.

4 Summary of PDD-25 is available at www.kentlaw.edu/academics/courses/admin-peritt/pdd-25.html.

tion. Moreover, the nature of the discussion about why intervention failed to occur in Rwanda or did occur in Kosovo emphasized the need for, or even the right of humanitarian intervention.

September 11, 2001 was a critical juncture because the attack prompted the Bush Administration to see peace from outside as a component of a policy of "preemptive self-defense". George Bush declared in his *National Security Strategy*: "The events of September 11, 2001 taught us that weak states, like Afghanistan, can pose as great a danger to our national interest as strong states. Poverty does not make poor people into terrorists and murderers. Yet poverty, weak institutions, and corruption can make weak states vulnerable to terrorist networks and drug cartels within their borders."[5] Britain's Foreign Secretary at the time, Jack Straw, shared this view: "After the mass murder in the heart of Manhattan, no one can doubt that a primary threat to our security is now posed by groups acting outside formal states, or from places where no state functions at all. It is no longer possible to ignore misgoverned parts of a world without borders, where chaos is a potential neighbour anywhere from Africa to Afghanistan".[6] Reactions among US and British officials had more impact on the rest of the world compared to those in other states, because these two countries possess militaries that have a global reach.

Many of the disagreements between the US and Britain on one side and what US defense secretary Donald Rumsfeld famously called "Old Europe" on the other focus on the issue of pre-emptive intervention. While Bush presented conflicts in failed states as havens for an ideological foe, many European governments view the threat as lying in the anger of people suffering from poverty and oppression, and the related flight of refugees to socially isolated suburban ghettos. But imposing peace from outside is an option for them too. It becomes difficult in most interventions in Africa, for example, to distinguish between "preemptive self-defense" and humanitarian intervention. Political disagreements between outsiders occur over determining when to intervene and the moment to use force, and not over whether it is appropriate to prescribe how states, including failing ones, have to act. Moreover, pre-emptive measures are not unknown to "Old Europe". It appears as much in the French *Loi de Programmation Militaire 2003-2008* as in the American's *National Security Strategy*.

Before the 9/11 attacks, international relations with the weak were closely tied to norms of self-determination after the Second World War. These norms

5 George Bush, *The National Security Strategy of the United States*, (Falls Village, CT: Winterhouse Editions, 2002), 3.

6 Jack Straw, "Order out of Chaos: The Challenge of Failed States," in Mark Leonard, ed., *Re-Ordering the World: The Long-term Implications of September 11*, (London: The Foreign Policy Centre, 2002), 98.

constrained other governments from taking advantage of any particular states' administrative weaknesses to conquer it or divide up its territory. All saw virtue in the general view that these states were entitled to their sovereignty by right, and that this also involved non-intervention in their internal affairs, at least in principle. Recognition of former colonies as independent states saved European armies from the futile task of trying to repress new nationalist movements. Independence also allowed former colonial powers to shed the growing demands of colonial subjects for the expensive social services that became common in Europe after the Second World War.

This toleration was codified in UN's 1960 Declaration on the Granting of Independence to Colonial Countries and Peoples (Resolution 1514). It called upon all to recognize the sovereignty of former colonies regardless of "inadequacy of political, economic, or social or educational preparedness."[7] Important elements of this norm persist, as the continued global recognition of all contemporary states attests. Decertification remains off the diplomatic agenda, even in cases like Somalia or Haiti that lack central government hierarchies that are able to sustain minimal order even in their capitals.

The post 9/11 analysis in the world's strongest states, however, represents a global change in strong state/weak state relations and the purposes of international intervention. The internal capacities and behavior of government have returned as a strategic issue for the powerful. The attachment of sovereignty to a list of obligations, not just of rights, resembles 19th century international law. At that time, European imperial powers provided effective government directly to what they considered "uncivilized" parts of the globe. Some politicians and intellectuals argued that this made the world more predictable, and thus safer for Europeans. At the core of this proposition was the notion that sovereignty over these places had to be exclusive so that other powers would not fight over that territory, and that it had to be effective, meaning that the ruling power had to know what people were doing in that territory and be able to guarantee other outsiders that no illicit activities occurred in their realm. As the 34th Article of the Berlin Conference of 1885 stated:

> Any Power which henceforth takes possession of a tract of land on the coasts of the African continent outside of its present possessions, or which being hitherto without such possessions, shall acquire them, as well as the Power which assumes a protectorate there, shall accompany the respective act with a notification thereof, addressed to the other Sig-

7 Available at http://www.unhchr.ch/html/menu3/b/c_coloni.htm.

natory Powers of the present Act, in order to enable them, if need be, to make good any claims of their own.[8]

This principle established a standard of how states should act, such as establishing an effective government with a European-style bureaucratic hierarchy, local administration of subjects, and defined borders. It committed local authorities to eliminating "odious native customs" such as slave trading and other abuses of human rights. Those activities, while not posing a strategic threat to 19th century states, became an internationally outlawed practice, much as terrorism is becoming today. Recognition of effective occupation certified that local authorities could uphold their obligation under international law to prevent unauthorized third parties from using that territory as a base from which to attack others beyond their borders. Bush alluded to this principle when he said: "I have set a clear policy in the second stage of the war on terror: America encourages and expects governments everywhere to help remove the terrorist parasites that threaten their own countries and the peace of the world. If governments need training or resources to meet this commitment, America will help."[9]

It is this principle; that the certification of effective government, as opposed to a right to self-determination provides the best guarantee for the security of strong states that motivates the strongest states to impose peace from outside in the weakest. This changes the structure of the international system. President Bush and Prime Minister Blair would make all states in the world "real" in ways that the 19th century Liberal politicians idealized them; as possessing governments that are strong enough to provide guarantees to outsiders that they will abide by outsiders' prescriptions about how to act, regardless of whether "preemptive self-defense" or humanitarian concerns motivate the outsiders. True membership in the international community of states (especially from a US official perspective) requires that governments certify that interlopers will not use their territory to launch attacks on others. Today indigenous authorities are expected to provide these guarantees, not imperial powers. To the extent that these priorities also mean that local administrations must abide by what people in democratic states define as civilized standards of domestic conduct, it is compatible with calls for intervention on behalf of human rights.

8 General Act of the Conference of Berlin, 1885, available at http://www.cphrc.org.uk/sources/so-col/berlin_conference.pdf.

9 Mike Allen, "Inaction Is Not an Option: Bush Offers Military Aid in Continuing Terror War," *Washington Post*, 12 March 2002.

Intervention as a Radical State-Building Program

Both Bush and Blair point to their records of increasing development aid to sub-Saharan Africa as centerpieces of their policies to make weak states stronger in another instance of the merging of humanitarian responses with "pre-emptive self-defense". Harkening to a pre-9/11 development-based approach, "over the past four years we have tripled our assistance" said Bush in June 2005.[10] Alas, Bush's utterances do not always stand up to empirical tests. The only civilian administered programs that have doubled funding over the previous four years were emergency food aid (159%) and the Foreign Military Financing assistance program (108%). These still represent significant increases, but the more important funding increases appear in military budgets, not all of which are available for public scrutiny. These include new military bases in Djibouti and in Algeria. The Djibouti base accommodates about 1,500 US soldiers alongside a French Foreign Legion base, an instance of harmonious Franco-American cooperation on policy in Africa. The US commander described his mission as "empowering host nations to retake neighborhoods that people are trying to take from them."[11] His tasks include surveillance of Yemen and Somali territory and the conduct of joint military exercises with Kenya's armed forces along its Indian Ocean coast and near the Somali border. This military dimension of US intervention is coordinated with civilian aid programs. In Kenya, for example, the Anti-Terrorism Assistance program under State Department administration provides funding for law enforcement training. Part of an East African Counter-Terrorism Initiative, announced in June 2003, this also included advice (and presumably pressure) to Kenyan authorities to pass anti-corruption legislation, form an Anti-Terrorism Police Unit, a National Security Advisory Committee and open a National Counter-Terrorism Center.

Tamanrasset in southern Algeria (and another instance of close US-French cooperation) provides a base for surveillance in the wake of the *Groupe Salafiste pour la Predication et le Combat* (Salifist Group for Preaching and Combat) kidnapping of more than 30 European tourists in 2003. The $17 million that this group allegedly indirectly collected from the German government as ransom for the hostages reportedly was used to buy surface-to-air missiles and other weapons.[12] The heavily armed group reappeared in Chad in 2004 and was defeated

10 7 June 2005 White House statement: http://www.whitehouse.gov/news/releases/2005/06/20050607-4.html.

11 AP interview,

12 BBC News, "Sahara hostage tells of ordeal," May 15, 2003; http://news.bbc.co.uk/2/hi/africa/3030683.stm; Tony Patterson, "Libya claims lead role in negotiations that freed Sahara hostages," *The Independent*, August 20, 2003, p. 9

after a battle involving Chadian and Nigerian troops.[13] US concern over these events has produced the Trans-Sahara Counter-Terrorism Initiative, which in 2005 will absorb the Pan-Sahel Initiative to train and equip militaries in Mauritania, Chad, Niger and Mali. This addresses what the chairman of the Africa Subcommittee in the US House of Representatives identified as "resource strapped governments unable to effectively control their territories.... the 'soft underbelly' in the war on terror."[14] This region receives considerable attention from US intelligence analysts and policy makers, especially after Bin Laden announced that northern Nigeria was a special focus of his interests.[15] US officials take this interest seriously, especially as some armed groups announce their devotion to internationalist Islamist causes.

This boosted effort, estimated to cost between $125 and $150 million per year from 2005, directly coordinates civilian development agencies with military aid. Despite Bush's rhetoric about poverty as an insignificant component of motivations for popular support for anti-western groups, this policy strategy links the failure to provide educational opportunity to the alleged willingness of local people to tolerate violent groups in their midst. Official concern centers especially on Mali and Nigeria in this regard. Analysts identify groups active there such as *Jama'at al-Tabligh* (*Da'wa al-Tabligh*) that are linked to global Islamic missionary and humanitarian NGOs.[16] They see this as a harbinger of the sorts of transnational networks that produce violent politics and seek to counter it through the same pursuit of political influence through counter-transnational networks of aid NGOs and community development. While most who are associated with *Tabligh* are non-violent, *Tabligh* converts include the "shoe bomber" Richard Reid, the "American Taliban" John Walker Lindh, and the "Lakawana Six," a group of Yemeni-American New Yorkers who allegedly trained in an al-Qaeda-run camp in Afghanistan. In Mali and Nigeria, *Tabligh* activities focus on unemployed young men who previously were nominally practicing Muslims.[17]

13 Nicolas Florquin & Eric Berman, eds., *Armed and Aimless: Armed Groups, Guns and Human Security in the ECOWAS Region,* (Geneva: Small Arms Survey, 2005), 334.

14 Rep. Ed Royce (R-CA), "Statement of Chairman Royce, Fighting Terrorism in Africa," 1 April 2004, http://wwwc.house.gov/international_relations/108/roy040104.htm.

15 Stephen Ellis, "Briefing: The Pan-Sahel Initiative," *African Affairs,* 103 (2004), 459-64.

16 Jérome Bellion-Jourdan, "L'humanitaire et l'islamisme soudanais: les organizations Da'wa Lslamiya et Islamic African relief Agency," *Politique Africaine* 66(June 1997), 61-73; Abdel-Rahman Ghandour, *Jihad humanitaire: Enquête sur les ONG islamiques,* (Paris: Flammarion, 2002).

17 The author observed foreign missionaries in Mali in 2003. See also International Crisis Group, *Islamist Terrorism in the Sahel: Fact or Fiction?* (Brussels: ICG, 31 March 2005).

Funding levels are not an adequate measure of the political impact of these initiatives. Other military training programs such as the Joint Combined Exchange Training (JCET) program involve amounts of less than one million dollars per year in aid to sub-Saharan armies. But this and other US training programs have a huge reach, involving 44 of 47 Sub-Saharan states.[18] The use of Special Forces trainers enables planners to integrate these programs into other operations such as the Department of Defense's African Contingency Operations Training and Assistance Program to train West African soldiers for "lethal peace enforcement training." This strategy reflects broader shifts in the reorganization of the US military to smaller, more mobile units that are able to collaborate with and leverage the might of local armed forces when engaged in combat. As a military trainer said, "Uncle Sam is interested in finding local friends who share his concern about the activities of bad people."[19] Moreover, the use of private contractors increases the range of formal and informal contacts between overseas development workers, military trainers and groups in the target society. This coordination takes place in the context of larger aid programs such as the Millennium Challenge Account (MCA). Funded at $1 billion in 2004, Bush Administration planners intend to boost funding to $5 billion in 2006. As MCA's director said: "MCC and development assistance, in general... are a key component of U.S. national security. As the 9/11 Commission recommends, a comprehensive U.S. strategy to counter terrorism should include economic policies that encourage development, more open societies and opportunities for people to improve the lives of their families."[20]

This combination of counter-insurgency, state-building and development work is not exclusive to US policy. British policy in places like Afghanistan pursues state-building with counter-insurgency more extensively than even American policies in many instances. For example, the US decision to include military units in 20 Provincial Reconstruction Teams that involve between 60 and 100 soldiers to protect government agencies and facilitate reconstruction efforts of local and foreign NGOs appeared following British advice. This arrangement also bears strong resemblance to British operations in the Basra region of Iraq, which has been notable for its relative calm.[21]

---

18 Department of State, Bureau of Political-Military Affairs, *Foreign Military Training and Department of Defense Engagement Activities of Interest*, (Washington, DC: Department of State, May 2005).

19 In response to the author's questions over beer in Lokichokio, Kenya, June 2003.

20 CEO Paul Applegarth, 18 April 2005, http://www.mca.gov/public_affairs/speeches/041805_Mad_compact_remarks.shtml

21 Interview, British military trainer previously engaged in Iraq, Freetown, Sierra Leone, 22 July 2005. For the integration of foreign aid and military operations: UK Depart-

Creating these sorts of linkages enables foreign intervention forces to minimize their immediate physical and political impact, while leveraging local forces to do their bidding. In principle, it is an effective force multiplier that relies upon the shared interest of local governments and foreign intervention forces to increase and concentrate the coercive power of the state in the hands of a central government. In this regard, it is a very different and less costly state-building exercise, compared to the imperial era's extension of the European form of states to the rest of the surface of the earth. It also is less costly in comparison to multilateral interventions in states that already failed. In Liberia and Sierra Leone, for example, the cost of UN peacekeeping operations at their height exceeded the GDPs of these countries and required deployments of 16,000 soldiers and police in the former and 17,500 in the latter. Moreover, local government administrations built with multilateral assistance have failed to revive after conflicts and remain heavily reliant on foreign financing and personnel.

This sort of intervention is the effective equivalent of colonial era direct occupation. Even in instances where local populations accept what is essentially foreign rule, the financial costs are substantial and the time horizon for occupation is open-ended. These problems also appear in Kosovo, Bosnia and East Timor. British officials talk of intensive involvement in Sierra Leone lasting decades. There is little sign that after a decade of multilateral involvement that Bosnians are equipped to rule themselves in a fashion that is acceptable to European diplomats. Preemptive state-building before open conflict begins – the sorts of places where insurgents find safe haven – appears to be a good antidote to the financial and political costs of post-conflict intervention. This addresses the problems of regional instability, weak local administration, and the security threats to others that accompany state weakness.

The Dangers of Peace from Outside as Counter-Insurgency Warfare

This strategy of leveraged influence, however, brings with it the possibility that local actors will manipulate the interests of powerful states. Some governments, for example, may claim that their domestic political challengers are linked to international terrorist groups. This has been especially evident in Uzbekistan, where the Karimov government has asserted that critics of the regime are linked to the Islamic Movement of Uzbekistan, responsible for several bombings in the capital and armed interventions from Afghanistan before the Taliban government

ment for International Development, http://www.fco.gov.uk/servlet/Front?pagename=OpenMarket/Xcelerate/ShowPage&c=Page&cid=1077047464976.

was removed in 2001. Likewise, some credible analysts are skeptical of Algerian officials' claims that their Islamist critics are linked to Al-Qaeda. They believe that Algerian officials only say this to manipulate Americans to get political support and weapons for harsh domestic policies that violate citizens' basic human rights.[22]

This is not to say that US government officials blindly accept as true everything that foreign governments tell them. The Uzbek repression of demonstrators in 2005 brought a storm of criticism from the US Congress which initiated reviews of aid under the provisions of the "Leahy Law" which mandates reviews of aid to governments that abuse human rights. While US military training programs continue in countries such as Angola, Burundi, Congo, Ethiopia and others that regularly appear in US State Department human rights reports as serious abusers of human rights, US policy makers appear to be sensitive to the risks of being associated with repressive governments when they engage in spectacular and well publicized repression against non-violent critics.

Other dangers lurk, however. If local state institutions are extremely weak, intervening outsiders may seek out local factional leaders if they think that formal local government institutions are inadequate or local officials lack the political will to provide guarantees that their territory will not be used as a base to attack and destabilize neighbors. In Liberia and Afghanistan, British and American planners have made significant use of non-state armed groups as proxies. This is the case where these militias offer better prospects than do recognized local sovereign governments of controlling territory and providing guarantees that they will use their authority to eliminate targeted groups. This occurred in Liberia, for example, during 2000-03, when US and British officials tacitly approved of the Guinea government's support for the LURD (Liberians United for Reconciliation and Democracy) militia's offensive against Liberian President Charles Taylor. Though he won an internationally recognized election in 1997, he became the target of UN sanctions for his aid to Sierra Leonean rebels. LURD proved crucial in forcing Taylor to flee into exile in 2003, though Guinea's foreign backers were careful to ensure that the flow of arms, advice and intelligence did not enable LURD to seize power for itself.[23]

Efforts to use local strongmen as force multipliers against decentralized foes rely upon harnessing the motivations and knowledge of local people who will fight. They are better able to distinguish friend from foe. Outsiders recognize that

---

22 Mustafa Barth, "Sand Castles in the Sahara: US Military Basing in Algeria," *Review of African Political Economy*, 30 (2003), 679-85.

23 This paragraph draws from the author's field observations in Sierra Leone (Daru, Kenema and Freetown), May-June 2001.

they can distribute money and perks on the basis of the group's compliance with their wishes. If outsiders grow dissatisfied, they can shift this support to the group's local rivals; a "regime change" on a local scale. This sort of assistance can be quite important. During the spring of 2004, when police deserted fighting in central Iraq, Governor Hazem Shalaan "personally led fighters from his al-Khuza'i tribe into battle."[24] He became defense minister in the interim government after June 2004. US forces also appear to rely upon local clans and political militias to form a police force in Mosul.[25] Turning this force over to these groups manages the problem of insurgent infiltration, since leaders of the police force hire people known to them and can identify strangers much more efficiently than can culturally and linguistically limited American solders. Moreover, this relieves the US government from having to intervene in even greater force. While intervention of this sort in Iraq differs greatly in its scale and violence from most aid programs to sub-Saharan African states, it shares the feature of using local groups as force multipliers, as ways to limit the political, military and financial commitment from outsiders, and is based upon serving shared interests.

These groups learn that they can manipulate their foreign backers to achieve their goals. They can take advantage of the fact that their backers may have few local options and limited understanding of local cultures and political divisions. For example, Iraqi militias allied with US force have exploited their patron's need to consolidate their local power and repress their rivals, including liberal secular Iraqis who were more solid supporters of declared US aims for the country. As during colonial rule, foreign state-builders soon recognize that direct efforts to build states are prohibitively expensive. For example, the US was expected to have spent about $124.8 billion in Iraq in the two years after Bush declared victory in June 2003.[26] This experience illustrates the grave dangers associated with direct rule. In such circumstances, the search for proxies can become frantic, regardless of the agendas of these different groups.

Such proxies recognize that they will continue receiving outside help regardless of how they behave toward people under their control. Authority derived from above, especially if based upon access to foreigners' resources, has not proven to be an efficient means of state-building in the past. In fact, some blame it for the fragmentation of many sub-Saharan African states upon de-colonization

24 Larry Diamond, *Squandered Victory: The American Occupation and the Bungled Effort to Bring Democracy to Iraq,* New York: Times Books, 2005), 239, quote on 243-44.

25 Richard Oppel, Jr. "A New Police Force Emerges from Mosul's Chaos," *New York Times,* 17 Aug 2005, 1.

26 Steve Bowman, "Iraq: Military Operations," (Washington, DC: CRS Report RL31946, 18 May 2005), 12-13.

and the persistence of corrupt dictatorships during the Cold War. Moreover, the effort of outsiders to harness the interests and skills of these groups to fight against their mutual decentralized enemies can lead backers to moral disgrace and political humiliation. Israeli alliances with Christian militias in Lebanon in 1982 led local people to blame Israel for the massacres in Palestinian refugee camps. NATO's alliance with the Kosovo Liberation Army in 1999 has put in power a political elite that will not protect the local Serbian minority and fails to create a multi-ethnic, much less a democratic Kosovo. To the extent that counter-insurgency and state-building in Africa depend on these same sorts of choices, the same long-term costs are likely to appear there too.

What are the Alternatives?

State-building, especially state-building on the cheap, reappears as a strategy of hegemonic powers since at least the middle of the 19th century. For example, Britain led other European states in the dismantlement of the Balkan component of the Ottoman Empire. The independence of successor states such as Greece, Romania and Bulgaria were in large parts consequences of conferences of Great Powers. Their governments were forced to accept minority protection clauses in their constitutions, to organize armies on western European lines, and uphold then-current standards of civilization as powerful states defined it. This process of state creation extended to Africa in the 1880s, only in this instance, European powers took direct responsibility for rule (and were flexible in their interpretations of appropriate governance).

Great Powers derived benefits from this extension of European style states to the rest of the globe. Economic globalization could proceed apace if all abided by the same rules of commerce. States offered venues for business partners to guarantee transactions, and if something went wrong, sue each other. Deterrence against aggression works if armies have "home addresses" that could be attacked in the event of hostilities. Large-scale administrative hierarchies ensured neighbors that irredentism in local communities could be controlled and that groups such as pastoralists would not launch attacks across borders on their own accounts. There is the comfort of mutual security in the homogeneity of a state system that encompasses every society on earth.

Compared to the 19th century, stateless areas are even more destabilizing to the international order. The enhanced technical capabilities of armed non-state groups mean that they can threaten even the capitals of powerful countries, as attacks in the United States, Spain and Britain have demonstrated. But direct occupation and creation of states is unviable too. Thus local governments receive assistance and if necessary are forced ("you are either for us or against us") to control their territories and people to guarantee that attacks will not originate from their soil. And if they cannot do this, other local forces that can do this are found.

If this task of indirect state-building is important, it is hard to imagine a substantially different way of accomplishing it in the contemporary era. It is very likely that policy makers across the political spectrum in powerful states will conclude that the control of armed non-state groups in stateless areas, and hence the creation of stronger states on the periphery of the international system is a more fundamental priority than the uniform enforcement of human rights standards. The two are not entirely mutually exclusive. But one consequence of future attacks in western capitals is likely to include a further reinforcement of the shift toward the long-term historical process of state-building in areas where states either are weak or do not exist.

Security as Business: Towards a Technical, De-politicized Use of Force

Anna Leander

> "Where belief in the omnipotence of physical force gets the upper hand in political life, this force takes on a life of its own and proves stronger than the men who think to use force as a tool" (Einstein 1954: 147)

Security is a business for many people around the world today. This is not only because they are concerned by security or because they work for the armed forces. Security is increasingly a private business where people earn their living. This is visible in the so called "new wars", "wars of the third kind" or "resources wars" where war becomes a business for many of the main actors, including government officials and public armed forces (Kaldor 1999; Holsti 1996; Collier and Hoeffler 2001). For anyone who wants a vivid illustration of how this privatization works in practice the UN expert panel on the illegal exploitation of resources and wealth in the DRC is an excellent source (UN 2001). The trend is also translated in terms of a sharp increase in the numbers of mercenaries involved in conflicts. During the forty year period 1950-89, 15 cases of mercenarism were registered. Contrast this with the registration of 80 cases of mercenarism in ten year period stretching 1989-2000 (Foreign and Commonwealth Office 2002: annexe A). The development of a private "security" business is a central part of new wars (Reno in this volume).

Security is turning into a business also in the developed world. Technological changes, faith in private market solutions and the end of the cold war have paved the way for the development of a private market for force (Kaldor 1998; Singer 2003; Avant 2005b). As a result, the private security business is booming. Its annual revenue was USD 55.6 bn. in 1990, in 1999 it was USD 100 bn. 1999 and it is estimated to reach USD 200 bn. by 2010 (International Consortium of Investigative Journalists 2002b: 4). This is visible in the ratio of contractors to regular soldiers in armed conflicts. This ratio was 1-60 in the first Gulf war, it had become 1-10 in the intervention in Bosnia, it has reached 1-2 in Iraq.[1] Contractors

1 Peter Singer quoted in Miami Herald, 7 March 2003. Figures on the market and its size vary enormously. For example, the GAO (2005) notes a change in contractor to soldier ratio from 1:50 to 1:10 over the same time period. This is partly because there

take over tasks that used to be carried out by public military employees as well as new ones created by "the Revolution in Military Affairs".[2]

The result is that one of the oldest trades in the world is being reinvigorated in a new guise. The private security business has always existed. It is familiar from *The Bible* and *The Prince* and in spite of the successive waves of nationalization it has never disappeared, including during the cold war (Leander 2004). A Pentagon official described Vinnell as our "private army in Vietnam" (Silverstein 2000). However, the booming world of private security is significantly different from that of the traditional "mercenary". Those working for the military have invented and marketed the term "private military industry" to describe themselves (International Consortium of Investigative Journalists 2002a). This term rightly insists on the corporate aspect of the contemporary security business. Moreover, the private security business insists on marketing a moral image of itself quite unlike that of traditional mercenaries. Recently the industry organisation promoting a role for private business in peace keeping operations – International Peace Operations Association (IPOA) – promotes the term "peace and stability industry" (Brooks 2005).

This paper is about the consequences of this emergence of security as a private business in a new form. It will make the point that privatization is turning security into a technocratic, non-political issue and that it is expanding the scope of security. "Militarization" is the most significant consequence of the current privatization trend. Departing from the self-representation of the private military industry, it shows that precisely because the industry is what it keeps telling us it is (a technically oriented, non-political industry working for states), it technocratizes and de-politicizes security with the support the state (sections 2-4). The paper begins by pointing out that the welcome discussion about the need to regulate the private security business (surveyed in part 1) tends to miss this overarching impact as it focuses on (admittedly very important) single problems.

---

is a lack of information. For example, (as lamented by GAO) the Pentagon has no clear figures on its own use of contractors in Iraq at present. Moreover, estimates include and exclude different things in their measures. This said the general trend towards privatization is confirmed by all attempts to measure developments.

2 It is common to distinguish between consultancy/training, logistics, and combat support services. The boundaries of the categories and their exact relation to the battle field are fluid (Zamparelli 1999; Leander 2004).

1. The Need to Regulate the Private Security Business

That security is a growing private business has not passed unnoticed nor is there a shortage of commentary regarding its consequences. On the contrary, discussions have resulted in widespread awareness of the industry's existence as well as of the practical problems it poses in a number of areas. The consequence is an emerging consensus about the need to elaborate and develop more adequate regulation. In particular the very important questions of how to deal with the accountability of the industry, its relation to the armed forces, its economic costs and its relation to the state are subject to intense ongoing debates and regulatory efforts. I want to highlight these issues briefly because they are very important in themselves and deserve the attention they receive. However, I also want to highlight them to make clear how and why a focus on the regulation of specific problems arising from the privatization of security tends to distract attention from the broader impact of privatization.

An obvious central regulatory issue is how to *govern the private security business economically*. Since a key motivation for privatization and outsourcing in many places has been its alleged contribution to diminishing costs this is an obvious issue of concern. This is all the more so as the industry has tended to adopt rather unorthodox and costly contractual practices epitomised by the "cost-plus contracts" used in the US. In these, a the military/security firm presents its client with a bill once it knows the costs incurred, the rational being that the uncertainty of war makes it impossible to provide exact cost plans. The consequence is an obvious tendency to overprice and remain hazy about costs incurred. This is all the more true as firms are often themselves defining the terms of contracts, controlling their own implementation of these terms and acting as the key overall agents of quality control (Singer 2003). Examples where stricter and more conventional methods for governing the economics of the private security business are warranted abound.

For example, a recent report of the US "Government Accountability Office" (GAO) surveying the security costs of 16 reconstruction contracts in Iraq found that only 3 of 16 contracts included initial cost plan for security. Only in 7 of the 16 contracts investigated did the contractors regularly provide security-related cost information reports to their mandators, and 15 of 16 contract had costs exceeding the actual billings, for 8 contracts the declared costs exceeded the billings by 15% at least, and in 4 contracts the costs were 25% higher than billings (GAO 2005). This GAO report testifies that the awareness and concern about more appropriate regulation of the economic side of the private security business is considerable.

Accountability is a second pivotal issue that has emerged with the private security business. As private contractors have come to take a more central in armed conflicts, the question of how contractors can be held accountable for their acts as well as how others should be held accountable for what they do to contractors has become pressing. The intense media coverage of the Iraqi conflict has featured private contractors prominently as mutilated, beheaded victims and as tortures. Titan and CACI provided interrogators to Abu Ghraib and the burned and mutilated bodies of Blackwater employees have been dragged through Fallujah and hung up on a bridge crossing the Euphrates. From other conflicts images are less common but the problems are similar.

At the root, is a question of how to keep contractors responsible for their actions but also of how to keep others responsible for their actions towards contractors. Existing rules and regulations are often unhelpful on both accounts. They are mostly based on the assumption that there is a strict separation between public soldiers and civilians. In a world where security has become a private business this distinction blurs. Contractors are not civilians. They are hired to take on (often central) military tasks including during armed operations. It is therefore not surprising that they are not thought of as being civilians by those who target them. But they are not soldiers. They are not part of the armed forces and cannot claim to be covered by the Geneva Conventions. They are somewhere in a legal limbo. However, it is a limbo of which lawyers and the private security business are well aware and which they are struggling to move the private security business out of.

A closely related (third) issue is how to manage the *relationship between the private security business and the public armed forces*. The growing dependence of the armed forces on private military services raises questions about mutual duties and responsibilities. How much protection does a local commander have to provide private contractors in trouble? Inversely, how much obedience can he count on? What happens when contractors refuse to do something which is vital for effective military operations? The issue is particularly complex as there are often several layers of contractors: a first contractor outsourcing to a second outsourcing to a third etc. Inversely, can a private security firm be expected to place its employees "in harms' way" if this was not originally foreseen? How far can private contractors go in defending themselves, including against the public military (blue on white violence)? Moreover, the growing private security business also exposes the armed forces to a form of competition. The armed forces and the private business to some extent (depending obviously on what private security service we consider) compete for the same skills, the same resources and for a status as key security providers. The money going to the private security business does not go to the armed forces, employees work in one place at the time and the claim to security expertise of private business challenges the public forces' claim to be key to public security.

These concerns are central not only the developing world where the question of how to deal with the difficulties that arise as solider become private militias, sometimes switching roles depending on the time of day as the epitomized by the Sierra Leonean SOBELs (Soliders by day Rebels by night) (de Waal 1998). Also the armed forces of the developed world have to face the question of how to handle their relations to the rapidly expanding private security business. The US armed forces in Iraq have seen private firms failing to provide services (or providing them in a way they were displeased with), the insufficient vetting of private contractors has been a recurrent theme as has blue on white violence, and the behaviour of contractor is a source of frustration for many commanders (Isenberg 2004; GAO 2005). The armed forces also have to deal with the competition from the private business for resources, skills and status. "We have more generals than the Pentagon" boasts Ed Soyster the former head of MPRI (quoted in Wayne 2002). Well, that is a problem for the armed forces, as is the fact that the private business can, in times of crisis, offer salaries far above those of the armed forces. Again, however, there are extensive and ongoing efforts to find more adequate ways of regulating and coordinating the relations between armed forces and private contractors so as to diminish the scale and scope of these difficulties.

Finally, it is not only relations with armed forces that become more complex as security is turned into a private business, so do *relations to states and their international policies*. The private security business does have effects on the status and standing of state foreign policy. The extensive reliance on private contractors in training for example is often resented on the receiving end as a devaluation of relations. Georgia resented it when it was informed that its troops would be trained by Cubic (Paton Walsh 2004) as do the many Africans who are trained by e.g. the MPRI through the ACOTA (African Contingency Operations and Assistance Program). More than this, the private security business is private enough that firms can and do "sell" security services on their own initiative. At the same time, it is often public enough that there is a degree of ambiguity regarding whether or not the firm's home state is behind the deals.

It is not surprising that the number of cases where firms are seen to sap and discredit (declared) public policy is growing. The Northbridge involvement in the Ivory Coast (BBC 2003), Dyncorp involvement with the right wing paramilitaries in Columbia (Bigwood 2001), Northbridge Services offer to capture Charles Taylor (Catán and Peel 2003), or the involvement of South African's in the aborted coup in Equatorial Guinea (BBC 2004) are only some recent examples of this. States are in other words faced with some of the ambiguities that led them to outlaw private uses of force internationally in the 19th Century (Thomson 1994). It is therefore not surprising that states are (again) looking for ways of managing their relations with the private security business.

Considering the significance and centrality of these big issues (costs, accountability, relations to armed forces and relations to states) it is unsurprising that there is a widespread consensus around the importance of finding more adequate ways of governing and regulating the rapidly expanding private security business. The clients of the security business (the armed forces, governments, private firms, researchers, international organizations, and NGOs) but also the industry itself has an interest in tackling these problems. Particularly for the security business doing so is imperative for expanding activities and gaining market shares. It is a way of distancing the respectable part of the business from the non-respectable part, of separating the good ones from the bad ones and of providing the stamp of legitimacy necessary for it to expand the scope and scale of its activities (Spicer 1999). Therefore, regulatory effort is of essence not only for the public side of the equation but also for private business. Firms and business organizations are eager to participate in the development of regulatory frameworks and make much to inform the public about their own adherence to existing standards. Hence, the Armorgroup (incarnated by Jim Schmitt) tells the IPOA newsletter readers that it

> has made formal commitments to adhere to the Code of Conduct of the IPOA, the Voluntary Principles on Security and Human Rights (2000), the Code of Conduct of the International Red Cross and Red Crescent (1994), The US Foreign and Corrupt Practices Act (1977), the UK Anti-Terrorism, Crime and Security Act (2001), The UN Mine Action Standards among others (IPOA 2005: 5)

This is not to imply that there is consensus on how regulation should look or who should bear responsibility for developing and implementing it (Avant 2005a). Some, in particular developing country governments with South Africa as the most obvious example, tend to take a stringent approach advocating strict controls and regulation, doing their best to limit their citizens' involvement in the business, and generally excluding private businesses from anything that looks as independent military action. The IPOA casts this approach as "negative" and points out that South African legislation "has thrown into doubt the role of thousands of South African citizens working for the Peace and Stability Industry in Afghanistan, Darfur, Haiti, Iraq, Liberia and elsewhere [...] and will hamstring peace and stability operations worldwide". It contrasts the negative approach with its own "positive" and "rational" approach which places the emphasis on public private partnership in formulating regulations, on oversight and coordination which could help facilitate the development of the industry and of course on "self-regulation" (Brooks 2005: 2).

The consensus about the need to regulate these important areas is broad enough to house the disagreement about the substance of regulation. It reflects the acknowledgement that regulation is important and urgent politically, economically, and socially. This said, the rest of this paper argues that the exclusive focus on regulation tends to distract attention away from the key issue raised by the fact that security has become a private business: namely its technocratizing and de-politicizing effects on security discourses and its more general militarizing impact. The bulk of the discussions around regulation take the growth of the industry for granted, it sees it as filling a "security gap" (Mandel 2002), as an "arms system used by the state" (Shearer 1998). It concentrates on the regulation of specific problems arising in specific cases. This is important. However, the risk is that the forest is lost for all the trees. The sum is more than the addition of the parts when we think about security as business. The rest of this paper therefore focuses on the whole forest rather than the trees because the effects of changing the nature of the trees (growing share of private security business) on the forest (overall all security) are very significant but largely neglected.

2. A Business of Technical Experts and Techno-Managerial Security

The tendency to neglect the impact of the rapidly growing security business on overall security is puzzling. As the remainder of this paper will insist, this impact corresponds closely to the image the business presents of itself. The industry and its representatives are not lying and deceiving us, trying to make it hard for us to see what kind of "trees" they are. On the contrary, if we paid more heed to their self-representations we would be better at thinking about what this tells us about their impact on the overall security landscape. The rest of the paper does this, picking up three central recurring elements of the business' self-portrait: its insistence on technical expertise, on the non-political nature of activities, and the insistence on that it does not undermine states. This section picks up the first of these. It argues that because the insistence that the business is one of technical experts is largely warranted and that a consequent correlate of privatization is that security becomes increasingly technico-managerial.

The private security business offers technical solutions to security problems. It tells anyone who cares to listen that it is much like any other business in that it sells an expertise. Just as in any other market, firms compete with each other for contracts by trying to offer the best product at the most attractive price. In this case firms try to offer the most effective security service at the lowest price. To do this, firms compete for relevant resources, not least competent staff. Moreover, as in any other business firms specialize in specific market segments and bolster their strategies to varying degrees by strategies of vertical (into corporate hierarchies) and horizontal (between markets) market integration. Third, just as in any other market this activity involves strategies of marketing such as branding and advertising and strategies aimed at reshaping the regulatory environment through lobbying. Finally, as in any other economic sector the state plays a role in regulating the market but this does not mean that there is no market. Inversely, some firms and individuals are bound to break the norms and laws governing the business but this obviously does not mean that all firms do, or that laws/norms do not exist. All of this is underlined to drive home that the private security business behaves in ways similar to other businesses. This image will not be contested here (although it certainly could be Leander 2004: chap. 3). Instead, the question is what this normal business behaviour entails for overall security.

The pivotal point to make in this regard is that technical solutions are not independent of the problem they are supposed to solve. Solutions do not float around independently of problem definitions. On the contrary, the way a problem is solved depends on the definition of what the problem is. Concretely translated to the private security business, this banality is of essence. It means that firms in that business have to persuade buyers that a specific problem is a security problem before they go on to argue that their proposed technical solution is the best available solution to that specific problem. There is, in other words, an inbuilt market logic which pushes the private security business to frame problems as security problems of the kind their own expertise is well suited to deal with (much as the producers of Millinary hats or Melatonine have to convince us that these are essential for our beauty and sleep respectively). But of course framing a problem as a security issue is not innocent. It means turning it into a threat which can justifiably be dealt with outside normal political procedures.

The private security business influences the framing of problems in a number of ways. The most obvious way is through direct lobbying. Indeed, lobbying for contracts is a central to the private security business as epitomised by the attribution of Halliburton's success to the close relations to vice president Cheney (Leser 2004; Mayer 2004; Romero 2005; Witte 2004) but there are many other examples (International Consortium of Investigative Journalists 2002c). The point about lobbying in this context is not that it is costly and/or potentially illegal. Rather, the point is that lobbying by the private security business frames problems as security problems. Lobbying is about pressing a certain understanding and a problem, in this case shaping it as a security problem with a specific technical solution. It gives voice to one specific understanding of a problem (whether or not the lobbying is successful). If lobbying is successful, it means that the way a problem will be dealt with will be as a security problem. In other words, a "by-product" of lobbying primarily intended to win contracts is to shape the understanding of security and security problems.

But the private security business also twists the understanding of problems in the direction of security in more subtle ways. The business is increasingly relied upon both for training, consultancy and intelligence at different levels. These activities are partly narrowly defined security related activities – as for example when Vinnell trains the Saudi or the Iraqi armed forces, when Digital Globe or Space Imaging provide intelligence in Afghanistan, when DynCorp offers consultancy to the Columbian armed forces or when MPRI "develops and conducts instruction for the Army Force Management School and related courses". A priori, these activities are designed to provide and communicate "technical" competent solutions to given problems. However, even these seemingly narrow activities are highly significant in shaping the way problems are analysed and hence reacted to and dealt with. They involve the development of schemes of analysis and understanding as well as of routine practices that profoundly shape the understanding of situations that are encountered. Even narrowly defined security training works to make participants see problems as security problems and react to them accordingly. Hence the insistence of military sociologists on the significance of broadening training particularly in a context where peace-keeping/enforcing is an increasingly central part of military activity (e.g. Winslow 2004). Outsourcing and expanding the role of the private security business in training narrowly defined is a step in the opposite direction and a step that is bound to increase the framing of problems as security problem to which there are effective technical solutions.

Lastly, training, consultancy and intelligence is also more general in nature and hence shaping the understanding of security more broadly. The private security business does not only run narrow technical courses. It also plays a central role in shaping broader views on politics and security issues – as for example when the MPRI runs the African Centre for Strategic Studies or when DynCorp holds contracts on the national, provincial and municipal levels in Iraq to assess threats, train Iraqi police and military personnel and to advice on the reorganization of the Iraqi justice system (Isenberg 2004). This type of activity is aimed specifically at shaping the general understandings of political, economic and social problems. The fact that the private security business is increasingly involved in this kind of activity is bound to result in a marked tendency to read problems as security problems and to search for technical (security) solutions to them. This trend is likely to increase with privatization as it is essential for firms to shape the more general understandings of security problems of their potential costumers.

The judgment made for the defence industry, is applicable to the bulk of the private security business:

> The leading defence company of the future will be primarily a manipulator of opinions, in a diversity of markets, rather than the familiar engineering enterprise of the past. Some companies are already becoming this (Lovering 2000: 174).

Ultimately the weight of the private security business shaping the view on *which* problems are security problems and *how* they should be dealt with depends on their status as experts in the field. So far the private security business has done very well in establishing itself as an expert category which can legitimately speak and shape understandings of security and indirectly of politics more broadly. The idea that the private security business is "strategically effective", flexible, and inexpensive as well as that it has privileged "local" and situational knowledge has made considerable inroads among observers (Shearer 1998) but more significantly in policy-making circles (e.g. Whelan 2003). The self-representation of the private security business as a business with a technical expertise is widely accepted. This has been facilitated by the overall pro-private-business mood that has dominated politics since the early 1980s. But to some extent the private security business has surpassed most other businesses in convincing the public of its expertise and efficiency. Its expert status is now so accepted that firms are often charged with auditing and controlling the public. But more than this, the private security business often also writes its own contracts, sets prices, controls implementation and carries out post-contract quality control and assessment (Singer 2003), a combination other most private firms in other areas can only dream of.

That the private security business is now involved shaping our understanding of security, and more generally of politics, might be considered an advantage by many. After all "war is too important to be left to the generals alone" so variation should be welcome. It is also not clear that the private business experts are more military and militarizing than the military itself. Both of these things may well be true and this argument is not concerned with disputing either. The point that has just been made is a different one: the point that has been made is that the private security business involvement in shaping our security understanding is not moving into a place in the public debate formerly occupied by (public) military and policing experts. It is *expanding* the place of this kind of expertise. It is increasing the scope of problems framed as security problems to be dealt with by buying the technical expertise sold by the business. It is technocratizing and militarizing politics. Just as the business claims, it has been effective in offering technical expertise. It has been so effective that it is crowding out non-security based understandings and solutions. Security concerns are invading all fields of political thinking and political action. Policy-makers, academics, NGO staff and independent observers are increasingly prone to prioritize security problems and invest in their solution. This trend is all the more significant as the private business keeps aloof of political debates.

3. A Non-Political Business and the De-Politicization of Security

A second centre piece of the auto-portrait of the private security business is that it is not a political business. The private security business heavily insists on depicting itself as working for variety of clients including states, but not defining their political priorities. It is a tool in the hands of clients, a weapon system if one likes, but not a political agent. The private security business insists that it does not define political aims. This translates as a refusal to engage in the political debates surrounding the essential questions about which problems are security problems and what kind of support should be grated whom in any given crisis. This resistance to engage in these discussions de-politicizes security since the private security business is not covered by the political safe-guards that have been developed historically to keep the military in check. In the place of politics, money becomes determining for what issues will be dealt with and to whose favour. The result is uneven security coverage and an accentuation of classical security dilemmas.

Firms do not do politics. They do not want to engage in debates about political priorities. Of course, no firm would deny that it may influence political outcomes. It is part of their technical efficiency to do so. Blackwater for example has a advertisement featuring "Bosnia, Somalia, Sudan, Afghanistan, Rwanda, Iraq" as header which proceeds to tell potential clients that "..those of us who enjoy freedom and democracy are now bound to help share it with the world. Through selfless commitment and compassion for all people, Blackwater works to make a difference..."(Advertisement in *International Peace Operations Association Quarterly*, October 2005: 4). The point is that the "selflessness and compassion" is exercised for a legitimate cause and that this legitimate cause is defined by politics, not by Blackwater itself. Most firms are indeed keen to work for good causes. They are also willing to varying degrees to come out in public to underline their capacity to contribute to a given good cause (e.g. spreading democracy in Iraq, keeping peace in Afghanistan or capturing Charles Taylor). However, firms (as they keep repeating) are not willing to engage in the public debate about what causes are good. Just as the military sees itself as acting in continuation and accordance with politics, so does the private security business.

There are crucial differences between the private and the public which place the meaning of their respective resistance to engage in politics at variance. The key difference is that most countries have political procedures – admittedly imperfect and ineffective to varying degrees – designed to control the (public) military and security forces, to keep them from engaging actively in political debates. These procedures usually involve a regulation of the military's involvement in national politics and in national political affairs as well as legislative checks on why, how and when the military may use force internationally, regulations covering the export of military related equipment and services as well as forms of committee level monitoring of these activities. This is true in African and Asian politics as well as in American and European (Nathan 1997). For the public military these procedures ensure a (potential) continuous political, non-security establishment involvement with the use of force. They make it more likely that there will be a public discussion about what kind of problem one is faced with and whether or not the problem is best dealt with through military/policing means or whether there are other attractive alternatives. In this debate the military/security establishment is but one voice of many.

For the private military business the logic is different. The safeguards that exist for public military involvement are mostly either inoperable or ineffective (Avant 2005b). This is so because regulations often target the public military exclusively as the private business is assumed not to have an independent existence. The controls that exist for private security typically cover mainly the areas where private firms have a traditional open and legal involvement (arms exports, logistics) but leave out other areas and anything resembling military operations as it is assumed that this is a public monopoly. Since using private business is a conventional way of circumventing legislative public control, there is reason to believe that this weakened control over the private security business is both widespread and intentional (Bigo 2004). The weakness of political control over the private security business has the consequence that the political debate ensured (at least potentially) by political controls when the public military is involved is correspondingly weakened or absent when it comes to the private security business.

In such a context, the business' unwillingness to engage in politics comes to mean something very different from the public military's unwillingness to engage in political debate. It may be presented – and thought of – as expressing a wish to leave politics to sort out political priorities. The implication however, is that the discussion about political priorities and politics as such tends to be displaced and to disappear from sight. Since the political safe-guards are inoperable, the discussions and decisions about why, when and how to use force are located within the security establishment. Those directly involved in security operations discuss among themselves whether or not given contracts and engagements are acceptable and legal or not. That is decisions are displaced from the political process to a process that involves mainly armed forces, ministries of defence and possibly the executive branch. The implication is that the voice of those who would like to define a problem as something else than a security problem, and to look for non military/policing technical solutions to it, is marginalised if heard at all. When the alternative views are not heard, they are unlikely to be adopted. In this context staying aloof of politics by not engaging in public political debate is a matter of marginalizing debate outside the security establishment, of moving the problem definition out of politics that is of effectively de-politicizing security.

As political debate about the use of force is displaced, money moves in as pivotal for the decisions of which clients and causes deserve to have firms working for them. Indeed, although all established larger firms in the private security business make a point out of working exclusively for legitimate clients it is important to realise two things (e.g. Spicer 1999). First, the legitimate clients for which the firms work (obviously) also have to be clients capable of paying for the services offered by the firms. This means that would be legitimate clients that have no capacity to pay will not get services from private companies. While cash rich researchers, NGOs, international organizations, corporations, and governments will be able to buy security services, cash-starved political movements, ordinary citizens, refugees and children are not. It is from this perspective that observers of politics in e.g. Africa worry about the return of neo-colonial proxy wars where rich firms/individuals/rulers can fight out their disagreements with the help of private proxy armies (Musah 2002). Less drastically put, it certainly is the case that a Swiss cheese security coverage where the wholes are made by financial weakness is a result of making money rather than politics decisive in matters of security.

Second, it is important to underline that what is a "legitimate" client is always a matter of interpretation and subject to intense contestation. Who is the legitimate ruler is a – if not *the* – key issue at stake in many contemporary armed conflicts (Holsti 1996). Moreover, as economic considerations enter as a significant consideration, traditional evaluations of legitimacy may be reversed – as for example when MPRI convinced the US to reconsider it policy towards Equatorial Guinea (allied with Cuba and North Korea). The firm successfully argued that it should be allowed to take on a contract with the country[3] since otherwise a French firm would do so (Singer 2003). There is – to express things euphemisti-

3 MPRI's own description of its National Security Enhancement Plan is that has "developed an integrated team of defense, security, and Coast Guard experts to provide a detailed set of recommendations to the government of Equatorial Guinea concerning its defense, littoral, and related environmental management requirements, as well as detailed implementation processes" (www.mpri.com).

cally – ample room for dispute and interpretation. Lastly, there is of course no guarantee that even clients almost everyone would concede are illegitimate may be able to persuade some firm to sell them military services. A drug cartel in Cali e.g. paid USD 10 million to obtain the material and expertise necessary to bomb their rival Pablo Escobar in the early 1990s (Kouri 2005). In clear, as a consequence of privatization and the displacement of political debate has created a new level of uncertainty about who will be able to buy military services for what purposes.

This amplifies the classical "security dilemma" of having to prepare for what might happen even though doing so increases threat and insecurity among those who might make it happen and hence the likelihood of it actually happening. The most fascinating aspect of security dilemmas is that it is related to perceptions of what might happen and that therefore it does not really have to happen to have an influence. The imagined capacity of opponents of various kinds to buy security services on the private market is sufficient to justify further militarization and expenditure on defence. Consider the following story from Ghana (Addo 2004). On 13 August 2004 *The Analyst* (a Liberian news paper) carries a story about Ghanian opposition leaders massively recruiting mercenaries in the Ivory Coast, Togo, Senegal and Guinea to attack Ghana. President Adullah Wade (of Senegal) and a former national security boss of Ghana, Kojo Tsikata, are said to be involved. The story is carried in the Ghanian papers *Statesman* (August 19) and *Insight* (August 27-29). The *Accra Daily Mail* claims to have received information about mercenaries planning to strike from Ivory Coast (August 23). The Ministry of the Interior confirms that there "some people with links to the opposition" are moving along the border regions Ivory Coast and Guinea. The president issues a call for security agencies to be vigilant (26 August). This is where the story ends though. It turns out to be a hoax and *The Analyst* presents public excuses. However, it is not insignificant. It is an episode which strengthened the Ghanian security establishment because even if it did not happen this time, it could have happened and might still happen. The episode is one of many showing the uncertainty that is created as the private markets and money replace political processes.

The instance of the private security business that it is not engaging in politics is hence a claim that should be taken very seriously. It is a claim that is largely justified. The private security business prefers not to engage in public political debates about which issues are security issues and how political priorities should be structures. However, the implications of this wish to stay aloof of politics are a de-politicization of security. Money and not politics becomes essential in deciding which problems are a security problem, how they should be dealt with and to whose advantage. The consequence is Swiss cheese security coverage and accentuated security dilemmas. This process of de-politicization further marginalises the alternatives to techno-managerial security understandings that are already effectively out competed by the technical efficiency of the private security business. To grasp the full significance of this technocratization and de-politicization of security it is important to consider how it relates to the public sector and the state more specifically.

4. A Business Serving States and the Militarization of Security

The significance of the private security business is often deemed to be limited because "significance" is measured in terms of the extent to which the private business undermines the state and erodes its monopoly on the use of force (for a detailed discussion Leander 2005). This is highly misleading. It is precisely because – as the security business itself keeps telling us – it works with states that the private security business is highly significant. It is because firms are not intent on "undermining" states but on the contrary wish to work for and through states and state establishments that their impact is considerable. Again if we treated the industry's self-portrayal more respectfully this idea would come as no surprise to us.

It does not take long to realise that the private security industry is closely intertwined with states. The business itself has been created by the willingness of states to diminish direct control over security affairs and to allow increased outsourcing and privatization. States continue to shape the market but at the same time they resist regulation attempts. (e.g. Hulse 2004). States continue to be among the key clients of security firms, even if one should not underrate the significance of private business, international organizations, NGOs and assorted individuals. States, finally, are imbricated in the business. Many firms originated and continue to operate as (para-)public firms, sometimes partially owned by the state (Bigo 2004). It is common also for entirely private firms to appoint high-ranking politicians and administrators to their boards and as directors (International Consortium of Investigative Journalists 2002b). Finally, firms have close links to the armed forces. EO was linked to the South African Buffalo Battalion, MPRI is linked to the US armed forces, Sandline and its successors/ spin-offs are linked to the UK special services. But even firms that recruit from a variety of countries (e.g. Erinys and Aegis) will have an overwhelming majority of their employees with origins in (various) national defence establishments. Everyone in the industry is an ex-something.

As this indicates, it is not meaningful to assume zero sum relations between the state and the private security business. The relations between the two are clearly far more complex. (Some parts of) "States" clearly encourage, work for and benefit from the development of the private security business and inversely the private security business is closely linked to the state. It is therefore more relevant to ask what this blurring of boundaries between the private and public in security matters entails, i.e. to ask who wins and who loses from the expansion of the private sector and its close relationships with the state because there is good reason to think that various parts of the state benefit very unequally from the emergence of the private security business.

There is good reason to think that two kinds of state groups are empowered by the private security business. The first and most obvious of these is the group of those who are involved in working with the industry and who hence benefit from it directly or indirectly. As just pointed out, there is a considerable amount of personal movement between the public and the private. Staff and directors, board members and technicians move in and out between public and private employment. The growth of the private security business bolsters the position of these "dual use" individuals. Their intermediation becomes more important both for the state and for the business and the rewards they can expect grow correspondingly. Since the private security business is "their" business in a very direct way, they can also be expected to work to promote it actively within the state. Their links to the business and engagement in favour of it is a central part of the explanation of the expansion of the business (for an illustration of this argument based on the case of Cheney see, Mayer 2004).

The second group likely to be empowered by the emergence of the private security business consists of those who share the private security business' understanding of security and politics more widely, i.e. security groups who just like the private security industry tend to expand the number of issues that are thought of as security issues and tend to seek technical rather than political/diplomatic solutions to problems that arise. There is reason to think that these views will be particularly common among professionals of security (the armed forces and the police), as well as among those who have spent much time managing security matters (the department of defence and administrations of the armed/policing forces)(Bigo 2005, 2006 forthcoming). In the US this expectation is currently born out as there is considerable disagreement between the Department of Defence and the State Department regarding how to deal with the private sector and how much to regulate it (e.g. GAO 2005).

However, this generalisation is an over simplification. There are obviously strong contextual variations linked to the starkly differing institutional cultures of security establishments in different countries. For example, the post-second world war German defence forces are trained to think of diplomatic alternatives, to resist military engagement, and to serve the state prioritizing politics (Graf von

Baudassin 1982). Similarly, the strongly statist French armed forces are prone to be more suspicious of private business involvement than are the more liberal UK ones. More generally, since world views are not merely linked to a professional situation individuals in the security establishments anywhere may not share a world view where security is pivotal and individuals outside may (viz. Dick Cheney or Nicholas Sarkozy). Similarly, many will follow Hayek in thinking that privatization is inherently desirable and extend this general thought also to the security sector. Even if they have no specific interest in or knowledge about the private security business they will support it. Hence, short of contextual and detailed studies one can only conclude that the growing clout of the private security business empowers specific state institutions. What you can say, is that it empowers those in whatever state institution or part of professional life[4] who share a technical view of security and a tendency to de-politicize debates about them.

In clear, the private security business is not deceiving when it claims that it works for states and does in no way want undermine them. More accurately the private security business empowers specific groups within states, namely the groups that either benefit directly from its existence or the groups that share its overall world view and priorities for a variety reasons. These groups have played a significant part in the industry's expansion by promoting it inside states. More generally, their empowerment and their presence in states reinforce the techno-cratization and de-politicization of security that is a consequence of the expansion of the industry. The blurred private/public boundary, the fact that the industry does not work against states but with, for and through them is not a sign of the insignificance of the private security business. It is constitutive of its success and of its impact on security understandings.

Conclusion

The Weberian idea of a state monopoly on the legitimate use of force is profoundly anchored in our thinking about politics. It has been pointed out innumerable times that this monopoly is not necessarily a "good" thing (e.g. Agamben 1999; Elias 1982; Sofsky 1996; Walker 1993), that its actual meaning has varied enormously historically (e.g. Thomson 1994; Tilly 1990) and geographically (e.g. Clapham 2002; Reno 1998). Yet, an abstract notion of an assumed positive state monopoly on the legitimate use of force keeps structuring (and hampering)

4 NGOs, consultants, international organizations and researchers who work with security are likely to benefit from the expansion of the scope of security and the increased focus on military/policing technologies.

our thinking and understanding of the social world. We are, as Einstein would put it "captured by old concepts". This is certainly true when it comes to discussions about the private security business, the significance of which is totally lost as it is measured by the extent to which it undermines the public monopoly on the legitimate use of force. As this paper has insisted, it is urgent to bring attention to how this business "militarizes" politics and society, even if this militarization leaves the state monopoly on the legitimate use of force formally unaltered.

In the late 1940s Einstein and his colleagues spoke out against the militarization of America mainly through the enormous influence the armed forces had gained during the war in all national and international politics, over society at large as well as over knowledge and scientific life. They were worried about the future of democracy, of their civilization and of course they worried about peace (Einstein, Fisher Canflied, Gustavson et al. 1948). They were concerned that military influence would place fear in the centre of society, politics and science and that this would undermine their workings. As they put it:

> it seems plain that fear – fear of a real or possible enemy – plays a leading role in the mind of a military man. And, when it comes to planning for peace, this fear sometimes brings forth what is in fact a negative policy rather than a positive (Einstein, Fisher Canflied, Gustavson et al. 1948: 12).

The concerns raised in this paper echo these concerns. However, the argument here differs from the views Einstein presented in "the militarization of America" as well as elsewhere in that it points to the significance of private business in putting fear on the agenda. Einstein did not have much good to say about "the powerful industrial groups concerned in the manufacture of arms [who] are doing their best in all countries to prevent the peaceful settlement of international disputes" (Einstein 1954: 13). However, he seems to have been of the opinion that keeping military production in private hands and as far away as possible from the military was a good idea. Hence he writes that "the basic issue has always been the same: should the war economy be directed by business men and civilian administrators or by the military" and goes onto argue at length that it must be kept away from the military (Einstein, Fisher Canflied, Gustavson et al. 1948: 13ff.). The argument he uses is that the military is essentially undemocratic hierarchical and prioritizing fear and security. Along similar lines and for similar reasons, Einstein argues in favour of mercenary forces rather than conscription: the harmful impact of military education on society will be lessened he argues (Einstein 1954: 106).

This paper underlines that Einstein's stylized private–public distinction is blurring. The private security business is placing military security at the heart of politics and the public (military and state) are making the concerns of the private business their own. As the paper has insisted, the private security business technocratizes and de-politicizes security and it does so all the more effectively as it is done with the help of states in ways which strengthen some state actors and some parts of states against others. The result is a "militarization" of politics and more generally of society. The focus on the "regulation" of the industry is an important and welcome development. However, it is too restrictive. It is aimed at solving the many practical problems raised by privatization; it does not pose the question of whether privatization is desirable in the first place. This paper has underlined that it may not be since the private security business tends to turn political problems into technical security issues. The market for force makes force central and (as Einstein tells us) "where belief in the omnipotence of physical force gets the upper hand in political life, this force takes on a life of its own and proves stronger than the men who think to use force as a tool" (Einstein 1954: 147).

References

Addo, Prosper (2004) 'Mercenarism in West Africa: A Threat to Ghana's Democracy', *Kofi Annan International Peacekeeping Training Centre, Paper*(2).

Agamben, Giorgio (1999) *Remnants of Auschwitz. The Witness and the Archive*, New York: Zone Books.

Avant, Deborah (2005a) 'Global Regulation for a Transnational Industry', *International Peace Operations Association Quarterly* 1(4): 3.

– (2005b) *The Market for Force: The Consequences of Privatizing Security*, Cambridge: Cambridge University Press.

BBC (2003) 'The UK has warned UK company against recruiting mercenaries to work in Ivory Coast', *BBC*, 2 April.

– (2004) 'The Men Behind the 'Guinean Plot'', *BBC Online News*, 13 March.

Bigo, Didier (2004) 'Les entreprises para-privés de coercition: de nouveaux mercenaires?', *Cultures & Conflits*(été): 1-3.

– (2005) 'La Mondialisation de l' (in)sécurité? Réflexion sur le champ des professionels de la géstion des inquiétudes et analytique de la transnationalisation des processus de l' (in)sécuritisation', *Cultures&Conflits*(58): 53-100.

– (2006 forthcoming) *Policing (In)security Today*, London: Palgrave.

Bigwood, Jeremy (2001) 'DynCorp in Colombia: Outsourcing the Drug War', *www.corporatewatch.org*, 23 March.

Brooks, Doug (2005) 'Message from the President: The Growth and Maturation of Private Security', *International Peace Operations Association Quarterly* 1(4): 1.

Catán, Thomas and Michael Peel (2003) 'FBI investigates private offer to arrest Liberian president', *Financial Times*, 6 August. (http://www.sandline.com/hotlinks/private_offer_to_arrest_liberian_president.html).

Clapham, Christopher (2002) 'The Challenge to the State in a Globalized World', *Development and Change* 33(5): 775-96.

Collier, Paul and Anke Hoeffler (2001) 'Greed and Grievance in Civil War', *World Bank Policy Research Working Paper*(2355).

de Waal, Alex (1998) 'Contemporary Warfare in Africa', in Mary Kaldor and Basker Vashee, eds, *Restructuring the Global Military Sector: New Wars*, London: Pinter, pp. 287-332.

Einstein, Albert (1954) *My World??*, New York: Crown Publishers.

Einstein, Albert, Dorothy Fisher Canflied, Reuben Gustavson, William J. Millor, et al. (1948) *The Militarization of America.*

Elias, Norbert (1982) 'Civilization and Violence: On the State Monopoly of Physical Violence and its Infringements', *Telos*(16): 133-54.

Foreign and Commonwealth Office (2002) *Private Military Companies: Options for Regulation*, London: http://www.fco.gov.uk/Files/kfile/mercenaries,0.pdf.

GAO (2005) Actions Needed to Improve Use of Private Security Providers, Washington.

Graf von Baudassin, Wolf (1982) 'Staatbürger in Uniform und Innere Führung -- Zwei Prinzipien zur Demokratisierung des Militärs am Beispiel der Bundeswehr', in Wolf Graf von Baudassin, ed., *Nie wieder Sieg. Programmtische Schriften 1951-1981*, München: Piper, pp. 143-67.

Holsti, Kalevi J. (1996) *The State, War, and the State of War*, Cambridge: Cambridge University Press.

Hulse, Carl (2004) 'Senate rejects harder penalties on companies and ban on private interrogators', *New York Times*, 17 June.

International Consortium of Investigative Journalists (2002a) 'Marketing the New 'Dogs of War'', *The Centre for Public Integrity; http://www.publicintegrity.org/dtaweb/ICIJ_BOW.ASP?Section=Chapter&ChapNum=3*: S.

– (2002b) 'Privatizing Combat, the New World Order', *The Centre for Public Integrity; http://www.publicintegrity.org/dtaweb/ICIJ_BOW.ASP?Section=Chapter&ChapNum=2.*

– (2002c) *Searchable Database*: http://www.icij.org/dtaweb/ICIJ_BOW.ASP?Section=Database&Action=Search.

IPOA (2005) 'Armorgroup: Standards and Code of Ethics. Q&A with Jim Schmitt', *International Peace Operations Association Quarterly* 1(4): 5-7.

Isenberg, David (2004) *A Fistful of Contractors: The Case for a Pragmatic Assessment of Private Military Companies in Iraq*: British-American Security Information Council. (http://www.basicint.org/pubs/Research/2004PMC.htm accessed 27 May 2005).

Kaldor, Mary (1998) 'Introduction', in Mary Kaldor and Basker Vashee, eds, *Restructuring the Global Military Sector: New Wars*, London: Pinter, pp. 3-33.

– (1999) *New and Old Wars: Organized Violence in a Global Era*, Oxford: Polity Press.

Kouri, Jim (2005) 'British counterinsurgency expert arrested in US', *American Daily*, 1 November 2005. (http://www.americandaily.com/article/9002).

Leander, Anna (2004) *Eroding State Authority? Private Military Companies and the Legitimate Use of Force*, Rome: Report Prepared for Centro Militare di Studi Strategici (forthcoming as a publication of the centre).

– (2005) 'The Power to Construct International Security: On the Significance of Private Military Companies', *Millenium Journal of International Studies* 33(3): 803-26.

Leser, Eric (2004) 'L'enquête sur Halliburton s'approche de M. Cheney', *Le Monde*, 16 June.

Lovering, John (2000) 'Loose Cannons: Creating the Arms Industry of the Twenty-first Century', in Mary Kaldor, ed., *Global Insecurity*, London: Pinter, pp. 147-76.

Mandel, Robert (2002) *Armies Without States: The Privatization of Security*, Boulder Co.: Lynne Rienner.

Mayer, Jane (2004) 'What did the vice-president do for Halliburton?', *New Yorker*, 16-23 February.

Musah, Adel-Fatau (2002) 'Privatization of Security: Arms Proliferation and the Process of State Collapse in Africa', *Development and Change* 33(5): 911-33.

Nathan, Laurie (1997) Trust Me I'm a Mercenary. The Lethal Danger of Mercenaries in Africa, Capetown South Africa, 20 February.

Paton Walsh, Nick (2004) 'US Privatizes its Military Aid to Georgia', *The Guardian*, 6 January.

Reno, William (1998) *Warlord Politics and African States*, Boulder, London: Lynne Rienner.

Romero, Simon (2005) 'Halliburton severes link with 2 over Nigeria inquiry', *New York Times*, 19 June.

Shearer, David (1998) 'Private Armies and Military Intervention', *Adelphi Paper*(316).

Silverstein, Ken (2000) *Private Warriors*, New York, London: Verso.

Singer, P. W. (2003) *Corporate Warriors. The Rise of the Privatized Military Industry*, Ithaca and London: Cornell University Press.

Sofsky, Wolfgang (1996) *Traktat über die Gewalt*, Frankfurt a. M.: Fischer.

Spicer, Tim (1999) 'We don't operate in the shadows', *Daily Telegraph*, 12 March.

Thomson, Janice (1994) *Mercenaries, Pirates, and Sovereigns: State-building and Extraterritorial Violence in Early Modern Europe*, Princeton: Princeton University Press.

Tilly, Charles (1990) *Coercion, Capital and European States, AD 990-1992*, Cambridge MA and Oxford UK: Blackwell.

UN (2001) *Report of the Panel of Experts on the Illegal Exploitation of Natural Resources and Other Forms of Wealth of the Democratic Republic of Congo (S/2001/357)*, New York: UN Security Council.

Walker, R. B J. (1993) 'Violence, modernity, silence: from Max Weber to international relations', in David Campbell and Michael Dillon, eds, *The Political Subject of Violence*, Manchester and New York: Manchester University Press, pp. 137-60.

Wayne, Leslie (2002) 'America's For-Profit Secret Army', *New York Times*, 13 October.

Whelan, Theresa (2003) 'Remarks to IPOA Dinner. Washington D.C. 19 Nov. 2003.', *available at www.ipoa.org/content/Whelantranscript.pdf.*

Winslow, Donna (2004) 'Human Security', in Alessandro Gobbicchi, ed., *Globalization, Armed Conflicts and Security*, Roma: CeMiSS, pp. 255-79.

Witte, Griff (2004) 'Halliburton critic loses her job', *Washington Post*, 29 August. (http://www.washingtonpost.com/wp-dyn/content/article/2005/08/28/AR2005082800881_pf.html).

Zamparelli, Colonel Steven J. (1999) 'Competitive sourcing and privatization: Contractors on the battlefield', *Air Force Journal of Logistics* XXIII(3): 1-17.

Pazifismus – nur eine regulative Idee (einschließlich Einstein aktuell)

The Continuing Relevance of Pacifism for the 21st Century

Kevin P Clements

There is no need to argue the case for pacifism since pacific behaviour is the norm rather than the exception in most human societies. Human behaviour, almost by definition, is co-operative and peaceful. As Kenneth Boulding was fond of saying, human history is 90% peaceful and 10% violent. He would illustrate this point by holding up a clenched fist and stating that it was impossible to be productive when the hands and fingers were so tightly held together. Human production requires open hands, flexible fingers and structural stability. Farmers, manufacturers, weavers, potters, cooks, writers etc. all need full use of their hands. A fist is an abnormal posture. Most people act peacefully as part of being human. People are spontaneously pacific if not pacifist. We would not have stable peace in such a large part of the world were this not so. The Hobbesian view of human nature, and the realist philosophies that have been developed on the back of that gloomy view of humanity, do not explain why it is that most communities in most parts of the world resolve their disputes peacefully. Most communities have established indigenous mechanisms for dealing with more intractable conflicts and normally only resort to violence if all peaceful possibilities have been exhausted.

I wish to argue that it is violent behaviour and war which are unusual and exceptional. This is why violence assumes such a prominent position in the media. The shibboleth "If it bleeds it leads" underlines this point. If violence were the norm then co-operative behaviour would be more newsworthy. The media focuses on violence, because it infringes the peaceful, harmonious norms that lie at the heart of most human communities. It upsets and outrages us to hear of assault, rape and other instances of interpersonal violence. They upset our sense of how community ought to be operating and how communities normally do operate. Thus instead of having to justify the continuing relevance of the Pacifist position I think the onus is on "realists" to argue the continuing relevance of their peace through strength proposition.

What real security, for example, has military spending brought the United States? The United States Defence budget is $470 billion after a recent rise of 14 per cent. This is the biggest rise in 20 years. (This excludes the Iraq supplementals) The defence budget is larger than the combined total of the next nine biggest defence spenders in the whole world. The US accounts for 47 per cent of the world's total military expenditure of $1.4 trillion. The 14 per cent increase in US defence expenditure of $49 billion is over half what the whole world spends on Overseas Development Assistance (which in 2004 was $71 billion). While these amounts are a relatively small proportion of US GDP, I think that Pacifists have a right to ask the US and its allies just what security is being achieved with all this expenditure and what expenditures on ODA, the Millennial Development Goals, are being forfeited as a consequence? Instead of increasing its military expenditure, for example, the US could have doubled the world's total ODA assistance. Arguably this would have had a more positive effect on global stability and harmony than continued giddy defence expenditure.

Even in terms of military logic it must be asked whether the military is delivering the goods. The primary purpose of defence forces, is to secure the nation against external threat, their secondary purpose is to provide support to the civil power and protect citizens against both natural and human disasters. In recent months, the American, Indian and Pakistan militaries have all demonstrated serious weaknesses in the face of typhoons, floods and earthquakes. The onus has fallen on unarmed civil society organizations to step in immediately and provide emergency relief in collaboration with the military. The failure of military institutions in relation to their primary responsibilities is not normally taken as a reason for rejecting the military as a useful component in national security. I would like to argue, equally, that the apparent inability of pacifism and peace movements to generate stable peace globally should not be taken as a sign of their irrelevance and incompetence either. The reality is that both military and pacific institutions are both confounded by "events" and by a seeming incapacity of human beings to learn from history. What we need to know is whether there is more evidence to support military solutions to problems than pacifist solutions.

Another indication that pacifist impulse is on the rise is the decline in the overall number of armed conflicts (of all kinds – intra-state and inter state -) over the last 13 years. In 1992, for example, there were 68 armed conflicts. That number has dropped to 34 in 2005. The violent conflicts that do persist, however, are proving more difficult to deal with because they are deep rooted and intractable. They are also proving to be quite lethal. In the Eastern Congo, for example, 3.5 million people have been killed either directly or indirectly over the past 10 years in that very vicious civil war. Thus the lethality and intractability of these conflicts provides a very specific challenge to the international humanitarian community. The fact that the total number of violent conflicts is diminishing, however, is a cause for celebration and a vindication of my central thesis which is that there is a "natural" human tendency to pacific peaceful community rather than violent ones. Most people, given a choice opt for peace rather than war. It is the human default option.

There may be a reduction in the number of inter and intra-state conflicts in the world but what about terrorist threat and terrorist violence and the on going never ending war on terror? I think it is important to deconstruct this threat a little bit too. While it is true that terrorist violence is fairly random and targets innocent civilians (which is what gives it a potent power to generate fear); between 1991 and 2001 there were only 32,264 deaths from all terrorist incidents. This trend continues during 2001-2005. Leaving aside the insurgency in Iraq which I argue is resistance to occupation rather than terrorism there have only been a few thousand terrorist deaths since 2001. The numbers of people killed in Morocco, Bali, Madrid, London, Karachi Israel and Palestine number not much more than 7,000. Which means that over the past 15 years there have only been 39,000+ deaths from terrorist incident.[1] These are all tragic and regrettable deaths but they do not begin to compare to the millions killed in Africa (Eastern Congo, Darfur, West Africa and the Horn of Africa) or the 100,000+ killed in Iraq since the invasion or the 17,000 killed in Afghanistan. What is rather surprising is the way the West identifies terrorism as a if not the major threat to Western interests. International terrorism, however, – i.e. terrorist acts perpetrated by persons from more than one country—represents a very small minority of the total. The fact is that 91 per cent of all terrorist incidents in the 10 years to 2001 were national in origin and accounted for 94 per cent of the fatalities.[2] What is even more surprising is that only 12-13 per cent of these victims were from North America or Western Europe. Most terrorist attacks take place in third world countries and most of the victims are from those countries. So terrorism is not the primary source of political fatality around the world. Famine, disease, natural disasters are much more likely to kill you than terrorist attack.

To make matters worse, it looks as though the West, led by the United States, UK and Australia have exacerbated terrorist threat by declaring a never ending open ended war on terrorists. As my former colleague at GMU Rich Rubenstein put it: "Terrorism is violence by small groups claiming to represent massive constituencies and seeking by "heroic" provocative attacks to awaken the masses, redeem their honour, and generate an enemy over reaction that will intensify and expand the struggle."[3] This is exactly what the West has done, it has over reacted, and in doing so precipitated an escalation of high profile terrorist activity against soft targets in the West and elsewhere. I would like to argue here again, however, that it is not whether pacifism has any continued utility but rather

1 See Monty Marshall and Ted Gurr, 2005 *Peace and Conflict Report* University of Maryland p 36
2 ibid
3 Richard Rubenstein, Talk to students GMU 11/11/01

whether bottom up terrorism and the top down war on terror have any continued utility? Are they producing outcomes that justify the sacrifices that are being made on both sides? The dynamics or both top down and bottom up terrorism are pathological and need to be explained. Is the West, for example, winning the "oxymoronic" war on terror? I don't think so. On the contrary the continued occupation of Iraq and Afghanistan, each new martyr, each new political prisoner, each new torture revelation, all generate new recruits for the terrorist cause. If we are not winning is their any inclination to reassess tactics and strategy? I do not see much evidence of this at the moment. Terrorist threat is being used by political leaders all over the world to justify the expanded power of the State against citizens and a reassertion of "hard" as opposed to "soft" power as the primary means of political influence.

On the other side of the equation we have to ask whether the relatively small group of international terrorists who do seem to be engaged in some form of international terrorism are achieving their goals. I would argue that they are being slightly more successful than the West at the moment. If their goals are to demonstrate western military vulnerability and to generate an enemy over reaction they are certainly doing that, if their goal is to subvert Western democracy and a radical respect for the rule of law. They are achieving that aim too as more and more Western governments trade liberty for security and subvert the rule of law in the process. The question of whether terrorist action is generating progress towards a separate Palestinian state is more difficult. Despite the Israeli withdrawal from Gaza the road map is far from back on track and each new terrorist act seems to strengthen Israeli resolve to make sure that the Palestinian state is as weak and unviable as possible. Their other goals, however, such as establishing a 21st century caliphate, or promoting the legitimacy of Wahabite Islam and new spaces for Islamic voices to be heard are not being advanced by more and more brutality even if there is a belated recognition in the West of the importance of paying more direct attention to Arab culture, politics and religion.

In the Islamic world itself there is a growing despair at the mindlessness and pointlessness of much of the violence and a deep yearning for higher levels of harmony. Paradoxically this is manifesting itself in a quiet reassertion of authoritarian rather than democratic rule as Arab states, themselves, use terrorist threat to justify the persistence of their own draconian rule. Their logic is that it is far better having the stability of Saudi Arabia under the feudal rule of the House of Saud than the chaos of Iraq. The challenge for Pacifists and non-violent agents of change, therefore, is whether harmony, structural stability, and relatively peaceful societies can be achieved within the authoritarian framework of Middle Eastern political systems? Or are these systems so unequal and so authoritarian that even if there is a diminution of direct violations of human rights and a small expansion of political freedom the systems themselves perpetuate and epitomise structural inequality and violence? Is coerced authoritarian harmony preferable to the chaos of transition and is there any prospect for non violent transformation in the Middle East?

The prospects for both freedom and democracy look bleak in Iraq, for example, which is a salutary lesson for those who believe it is possible to force states to democratise. In fact, far from democracy taking root there is a far higher probability of a deepening civil war and the division of a unitary state into three separate entities. The question facing Arab pacifists or non-violent activists (for it is there problem rather than ours) is whether or not there are sufficient numbers of them to articulate and promote a clear alternative to those who espouse violence? At the same time we need to ask whether the political systems they are seeking to change are likely to be more responsive to non-violent rather than violent movements for more inclusive and participatory systems? (Note that I am not talking about Western democratic systems).

There is another piece of empirical evidence that needs to be mentioned here. Most of the worlds current violent conflicts tend to occur more within autocratic and non democratic political systems or within systems that are in transition. In terms of established democracies for example, only 12 per cent have been involved in civil war whereas 45 per cent of one party dictatorships have been involved in civil war. Thirty per cent of states with transitional or uncertain democracies were involved in civil war. Marshall and Gurr again highlight that of those countries either transitioning to democracy or reverting to authoritarian rule (what they call anocracies) are four times as likely to generate violent rebellion as those countries which are either completely democratic or authoritarian[4]. So as people struggle for political systems which are capable of reflecting democratic interest the probability of transitional violence is high.

This poses another important test for pacifists in the West. How can we develop constructive partnerships with those committed to non violent political transformation in war zones? If these partnerships are not going to place the few peacefully minded activists in these areas at risk they need to be sustained, reliable and responsive to local needs. They also need to provide international protection to those that are working for peaceful alternatives in societies temporarily afflicted by violence. How do we do this in ways that are both protective and empowering?

The answer to this question lies in the non-defensive reassertion of the pacifist position, in the celebration of the fact that most human behaviour is non-

---

4 Monty Marshall and Ted Gurr, 2004 Peace and Conflict Report, University of Maryland, p.42

violent rather than violent and in the bold assertion that genuine non-violent political movements are more likely to succeed over the long haul than the quick fix military or armed solutions which sooner or later need to be negotiated and need to give way to more peaceful agents.

Far from being a relic of the early and mid 20th century and something whose validity needs to be argued, the Pacifist position is the norm for most human behaviour since most people restrain their violent impulses most of the time. They are not acceptable in any society. If the 21st century, is really going to be a century of maturity; a century in which multilateral rather than unilateral impulse guides national policy making then pacifism remains an urgent ethical imperative if we are to get ourselves out of the mess that the world is confronted with at the present time.

Pacifism is an absolute ethical or philosophical position for some people, for others it is a guiding principle and the basis of all non-violent behaviour. For some it is a fundamental religious belief based on the sanctity of life. Pacifism is, therefore, a broad concept that has both theoretical and practical implications. As Einstein put it: "My pacifism is an instinctive feeling, a feeling that possesses me because the murder of people is disgusting. My attitude is not derived from any intellectual theory but is based on my deepest antipathy to every kind of cruelty and hatred".[5]

(1) If Einstein is right, then the first reason why we need to reassert pacifism explicitly and boldly is so that we can begin putting a radical question mark over any politics which involves harming another person (irrespective of the cause). It is absolutely vital for any civilised society that there are some who see this relatively absolute position as a vocational commitment so that there is always some group positing non-violent alternatives to violence. These absolute pacifists are supported by large numbers of conditional pacifists. These are people who are pacifist in principle but who reserve the right to commit violence in self defence. This was Einstein's position during the Second World War. Conditional pacifists are normally a majority in most communities. They are non-violent as long as they can be but they reserve the right to be violent when confronted by those who are intent on their destruction. This is the challenge facing individuals and states at the present time as they respond to current terrorist threat. Are all terrorists committed to random and never ending destruction or do they reserve their violence for specific targets with a very particular time horizon? If it is the latter, what is the best way of responding to this targeted violence? I would argue that

5 Alice Calaprice, *The new Quotable Einstein* 2005 Princeton University Press, Princeton New Jersey p156

the pacifist position here is to support the development of effective intelligence and policing systems rather than militarise and securities the problem.

(2) Second, violent conflict and warfare rests on an exacerbation of division, polarisation, enmification and dehumanisation. The war on terror and the terrorist responses it engenders have been encouraging negative dynamics. They have been doing so since 9/11 and more recently 7/7. These have become iconic divides between hope and despair which have fuelled policies based more on an instinct for revenge rather than a quest for lasting solutions. Taking our cues from Einstein again, it is absolutely crucial, that we resist these negative processes and replace them with ones which de-legitimate cruelty, hatred, torture, and murder for any purpose for both governmental and non-governmental actors. We can only do this effectively if there are some (hopefully an expanding group) who testify in their lives and policies to non-violent alternatives.

(3) As mentioned already the pacifist position exists in most cultures and in most religious and philosophical traditions. In most instances "militant" pacifist activists stand in tension with state systems. They have a bias towards community and civil society and place a huge question mark over coercive power preferring to emphasise the self equilibrating nature of exchange and integrative power.[6] It is understandable, however, that, this tradition is very fervently opposed by those who have a concept of the state and sovereignty as resting on a monopoly of coercive rather than consensual capacity. This is why pacifists and peace movements have been considered by most state systems to be antithetical to their interests and why conversely the state is normally viewed with suspicion by many pacifists as well.

There are a surprising number of states, however, which manage to survive and thrive without standing armies and with minimal coercive capacity. Perhaps we need to direct a little more attention towards these states. Out of 211 self governing states and entities in the world, for example, there are 34 with no regular military forces at all relying instead on national police systems. Some of these are tiny micro states, like Dominica, Saint Vincent and the Grenadines, the Solomon Islands, the Cayman Islands, Grenada, Vanuatu, Samoa, the Federated States of Micronesia etc but others are bigger like Costa Rica, Iceland, French Guiana, Panama, and Puerto Rico.[7] These states are important for the pacifist argument. Each one has renounced national military institutions in favour of police forces. This has not affected their sovereignty and most have been able to govern effectively without developing a military industrial complex or unnecessary coercive

6 See Kenneth Boulding, 1990 *The Three Faces of Power*, California Sage Press.

7 I am grateful to M Fernanda Salinas, University of Queensland for drawing these to my attention.

capacity. They should be seen as models of "soft sovereignty". They do not threaten anyone and in turn are nor threatened by others. It could be argued that all of these states are strategically peripheral and exist in benign parts of the world. I would argue that irrespective of their strategic location they remain important alternative models for realising sovereign right without military underpinnings and need to be studied for lessons that might be learned by others seeking to diminish their offensive capacity. In that regard I would hope that European Union countries continue to maintain low levels of defence expenditure as well since the regional experiment and the benefits that have been derived from economic union are again testimony to exchange and integrative rather than coercive power.

(4) Although it is an old canard it is important to acknowledge that the pacifist position is not a passivist position. On the contrary, if we are to make explicit what I argue is the implicit pacifist impulse within most human communities and if we are to develop more sophisticated non-violent politics to transform repressive institutions then we need to see pacifism and non-violence in a very active way as tools of positive transformation rather than just means of passive resistance. Gene Sharp is the person who has articulated the activist imperative of non-violence most coherently.[8] In his latest book he outlines 27 cases where the employment of non-violent tactics transformed repressive political systems, delivered self determination and independence, generated social and economic justice, overcame racist policies etc. He outlines the strategic guidelines underlying these success stories and provides very clear and concrete examples of the ways in which a wide variety of different communities can realise the power that lies within them to overcome state and corporate coercive power. These are important lessons for those seeking to argue the realism of pacifist solutions.

(5) Human beings who make a positive difference in the world, Nelson Mandela, Mahatma Gandhi, Mother Theresa, Martin Luther King, Vaclav Havel et al understand something that is very important to the pacifist position. They understand the precarity and vulnerability of all life. They understand that there is no avoiding mortality and the importance of having a positive attitude towards the inevitability of loss. These perspectives are important to the pacifist (I would argue human) condition: Because good relationships, positive relationships (especially in places where others are committed to cruelty and persecution) rest on a willingness to suffer and absorb pain rather than a willingness to inflict it. This is what gave all of these 20th century leaders their moral authority and capacity to lead others non–violently. I would like to argue that although this is a difficult

8 See Gene Sharp, 2005 *Waging Non-Violent Struggle: 20th Century practice and 21st Century potential*, Boston Porter Sargent publishers

notion for people to accept it ultimately is a disarming one. There is only so much suffering that one can inflict on others before they and their allies will resist and revolt. Non-violent resistance rests on a radical commitment not to harm or kill those with whom one is in tension. This is an extremely powerful challenge to those who rest their security on alternative assumptions. This position raises some important questions about whether pacifists are better able to be non-violent transformers if their motivation is primarily religious rather than secular humanist. I am somewhat agnostic on this position. I believe that religious motivation can generate higher levels of persistence in the face of opposition (witness Martin Luther King during the traumatic opening phases of the Civil Rights Movement) but humanists can bring their own distinctive vision to what true human community means as well.

(6) What is important – whether one has a religious or a humanist commitment to non violence is whether one is capable of imagining alternatives to the present state based, force based responses to conflict. As Bruno Bettelheim put it: "Violence is the behaviour of someone incapable of imagining other solutions to the problem at hand". Or as Gandhi put it in relation to his own struggles for independence: "I oppose all violence because the good it does is always temporary but the harm it does is permanent". The final challenge facing modern day pacifists, therefore, is how to generate imaginative as well as realistic alternatives to violence of all kinds. How do we help individuals realize their own pacific impulses in conditions of fear, stress and conflict? There is an excellent new book that addresses a lot of these issues. It is by my old friend John Paul Lederach and is entitled "*The Moral Imagination: The Art and Soul of Building Peace*".[9] In this book argues that Moral Imagination requires the following.

- The capacity to imagine ourselves in an inclusive and expandable web of relationships which includes our enemies as well as our friends.
- The ability to sustain a problem solving curiosity that embraces complexity without reliance on dualistic polarity – either/or decision making processes.
- The fundamental belief in and pursuit of the creative act, and
- Courage and an acceptance of the risks involved in peacebuilding

All of these qualities are critical to being an effective pacifist peacebuilder in a world dedicated to one minute sound bites, instant solutions to complex problems, and the perpetuation of the pernicious illusion that it is possible to make states and citizens invulnerable and impervious to human and natural threat. If we are going to practice the moral imagination, though then it is very important that

9 John Paul Lederach, 2005 *The Moral Imagination: The Art and Soul of Building Peace*, Oxford, Oxford University Press.

we do the following so that our theory and practice grapple with the real causes of terror and conflict.

The US State Department's Political Instability Task force of 2004 after an exhaustive analysis of terrorist incidents since the Second World War correlated the following with incidents of terrorism and other sources of political violence. (a) Poverty, Underdevelopment and Maldistribution of Resources (b) Weak regimes and Poor Governance (c) Poor Regional Integration (d) Bad Neighbourhoods. Very few of these problems are resolved by a return to 19th century nationalism. All of them require patient regional and global solutions to problems. They also require a radical assertion of the Human as opposed to the National Security agenda. As Kofi Annan put it in his document "In Larger Freedom"

> "In the 21st century, all states and their collective institutions must advance the cause of larger freedom – by ensuring freedom from want, freedom from fear and freedom to live in dignity. In an increasingly interconnected world progress in the areas of development, security and human rights must go hand in hand. **There will be no development without security and no security without development.** And both development and security also depend on respect for human rights and the rule of law".

We will only move in this direction though is we apply the following lessons. (1) Become actively engaged with and understand history in all its violence and complexity in order to establish benchmarks and criteria for human improvement and betterment. This is vital to understanding what human beings are capable of doing **and** what they are capable of becoming. This is not just a question of studying history to learn from its mistakes but rather what I would describe as "redemptive history" interrogating the past in order not to reproduce the institutions or processes that have resulted in oppression or widespread inhumanity between peoples. (2) Re-iterate the central importance of Human Dignity as a if not the guiding principle for all of our work. As Mandela said: "We accord persons dignity by assuming that they are good and that they share the human qualities we ascribe to ourselves. This is a pre-requisite for any kind of social and political transformation. If we do not make this assumption the possibility for positive change is very slight indeed". (3) Be hopeful in a cynical world so that we might be an inspiration to many. In particular we have to be willing to replace mistrust with trust in order that good can be achieved amongst human beings who are prepared to believe in the goodness of people. If we operate from worst case assumptions or adopt a paranoid disposition to others (as President Bush is wont to do) we will never be able to generate the right sorts of conciliatory gestures to break cycles of violence or generate creative options. (4) Place the weakest citizens at the centre of political decision making and at the centre of our non-violent transformation, states do not exist to serve the interests of the rich and the powerful. These groups can look after themselves. On the contrary it is critical that we assert a radical preference for sharing the material fruits of the economy with the poor, marginalised and vulnerable. "The common good ultimately translates in to a deep concern for those that suffer want and deprivation of any kind". I see absolutely no need to be at all apologetic or defensive about the pacifist position. It is the norm in most communities most of the time and it has a capacity for being transformative when conditions are ripe and people take advantage of them. Successful pacifism requires reality based optimism and a willingness to live on the far side of revenge.

As Nobel Prize Winning Poet Seamus Heaney put it in his translation of Sophocle's Philoctetes, The Cure at Troy.

Human beings suffer,
They torture one another,
They get hurt and get hard.
No poem or play or song
Can fully right a wrong
Inflicted and endured.

The innocent in goals
Beat on their bars together.
A hunger striker's father
Stands in the graveyard dumb.
The police widow in veils
Faints at the funeral home.

History says, Don't hope
On this side of the grave
But then, once in a lifetime
The longed for tidal wave
Of Justice can rise up
And hope and history rhyme

So hope for a great sea change
On the far side of revenge
Believe that a further shore
Is reachable from here
Believe in miracles
And cures and healing wells

Extract from S Heaney, 1990 The Cure at Troy, Faber and Faber London, p 77.

Am Ernstfall scheitern? Einsteins Befürwortung der „Bombe" 1939

Wolfram Wette

Das Einstein-Jahr 2005 ist dominiert durch die Erinnerung an den großen Physiker.[1] Nur selten wird, wie auf dieser Konferenz, das lebenslängliche politische Engagement Einsteins für den Frieden thematisiert.[2] Dabei ist eine historiographische Beschäftigung mit dieser Jahrhundertfigur ist ungemein lohnend. Kommt mit ihr doch zugleich die Geschichte der Friedensbewegung in den Blick, zumindest jene vom Beginn des Ersten Weltkrieges bis zu Einsteins Tod im Jahre 1955.[3] Einstein hat wahrscheinlich die Hälfte seiner Energien in sein friedenspolitisches Engagement investiert. Wenn sich der prominente Physik-Nobelpreisträger des Jahres 1921 öffentlich äußerte, fand er weit über die Landesgrenzen hinaus Gehör. In der deutschen wie in der internationalen Friedensbewegung wurde er als eine moralische Instanz und politische Leitfigur angesehen. Er sprach für alle, die den Krieg hassten und eine Welt des Friedens bauen wollten.

Wer Einstein weiterdenken, seine Überzeugungen für die Gegenwart und Zukunft durchschaubar und nutzbar machen möchte, der sollte diesen Pazifisten zunächst einmal aus seiner Zeit heraus zu verstehen versuchen. Bezüge zur Gegenwart ergeben sich dann ganz von alleine.[4] Einstein lebte weder im Elfenbeinturm der Wissenschaften noch in friedlichen Zeiten, sondern im *„Zeitalter der Extreme"*, wie der britische Historiker Eric Hobsbawm formulierte. Dieses Zeitalter

---

1 Vgl. Jürgen Renn (Hrsg.): Albert Einstein. Ingenieur des Universums. Einsteins Leben und Werk im Kontext. Berlin 2005, mit einer Bibliographie S. 238-242, unter deren 166 Titeln sich nicht ein einziger befindet, der Einsteins lebenslängliches politisches Engagement für den Pazifismus thematisiert.

2 Vgl. Fritz Stern: Eine Kraft in der Welt. Deutschland lehrte Einstein das Fürchten. Einsam ging der Pazifist seinen Weg ins Exil. In: Sonderheft DIE ZEIT Geschichte, Nr. 2, April 2005 (Titel: Meister Einstein), S. 40-51; ders.: Das Ideal des Erkennens und die politische Leidenschaft. Zum 50. Todestag von Albert Einstein. In: W & F. Wissenschaft und Frieden, 3/2005, S. 7-10.

3 Albert Einstein: Über den Frieden. Weltordnung oder Weltuntergang? Hrsg. von Otto Nathan und Heinz Norden. Mit einem Vorwort von Bertrand Russell. Bern/Frankfurt/M. 1975 (engl. Originalausgabe London 1963: Einstein on Peace.) Neuauflage: Albert Einstein: Über den Frieden. Weltordnung oder Weltuntergang? Melzer-Verlag, Neu-Isenburg 2004.

4 Vgl. den Band: Albert Einstein. Frieden heute. Visionen und Ideen. Hrsg. v. Reiner Braun u. David Krieger. Neu Isenburg 2005, mit Texten von Wissenschafts- und Friedens-Nobelpreisträgern sowie Alternativen Nobelpreisträgern und prominenten Engagierten für Frieden und Gerechtigkeit.

sah zwei Weltkriege, Diktaturen, den Holocaust und die ersten Atomwaffeneinsätze. Die politischen Überzeugungen Einsteins, auf deren Wandel und deren Brüche die Titelfrage meines Vortrages anspielt, kann nur vor dem Hintergrund dieses Zeitalters der Extreme angemessen verstanden werden.

In den Jahren der ersten deutschen Republik engagierte sich Einstein für den Völkerbund und für eine Politik der Verständigung.[5] Mehrfach nahm er an Großkundgebungen der *"Nie-wieder-Krieg!"*-Bewegung teil. Es wird berichtet: *„Ossietzky fuhr mit ihm im Auto umher, und man jubelte dem großen Gelehrten und Friedensprediger zu. Das war in den frühen zwanziger Jahren, nach der Niederschlagung des Kapp-Putsches, ein hoffnungsvolles Berlin."*[6] Seit 1928 hielt Einstein die Kriegsdienstverweigerung für das geeignetste Mittel der Kriegsverhinderung und trat daher bei jeder sich bietenden Gelegenheit für diese Idee ein. Der deutsch-amerikanische Historiker Fritz Stern, ein Bewunderer Einsteins, bemerkt über sein Engagement in den 1920er Jahren kritisch: *"In der auf Revanche versessenen Zeit zwischen Versailles und Hitler wurde er zum Vertreter eines militanten Pazifismus. Er glaubte so sehr an Frieden und Toleranz, dass er die Kräfte, die diesen Hoffnungen im Wege standen, nur teilweise in Rechnung stellte.“* [7] Seine gut gemeinten Ratschläge hätten gelegentlich *"einer gewissen Wirklichkeitsnähe"* entbehrt, weil er die Probleme der Welt *"unhistorisch"* angegangen sei und weil er mit der Realität zu wenig vertraut gewesen sei. Einsteins Wirklichkeit sei *"meistens unpolitisch, von moralischem Verlangen geprägt"* gewesen. Politik als Kunst des Möglichen habe ihm nicht gelegen. Sein Ideal sei *"Politik als Gebot der Vernunft und der Gerechtigkeit"* gewesen.[8] In einem Punkt war Einstein allerdings realistischer als die meisten anderen Pazifisten: In der Beurteilung der Frage nämlich, wie die Regierung Hitler zu beurteilen sei und wie die Pazifisten sowie die Garantiemächte des Versailler Friedensvertrages auf diese reagieren sollten. Hier zeigte sich Einstein als ein politischer Mensch, der die Wirklichkeit genau zu erkennen vermochte und der – wie wir im Rückblick bestätigen können – einen Weg zur Kriegsverhinderung aufzeigte, der zu diesem Zeitpunkt wahrscheinlich der einzig erfolgversprechende war.

Einstein erkannte erstaunlich schnell die Kriegsgefahr, die von dem nationalsozialistischen Deutschland für Europa und die Welt ausging. Er zögerte nicht, sich umgehend auf die neue Lage einzustellen und, wie er sich im Juli 1933

---

5 Siehe die Dokumente in: Nathan/Norden, Einstein (wie Anm. 3), 3. Kapitel: Internationale Zusammenarbeit und Völkerbund 1922-1927, S. 77-108.

6 Zit. nach Dieter Riesenberger: Geschichte der Friedensbewegung in Deutschland. Von den Anfängen bis 1933, Göttingen 1985, S. 135.

7 Fritz Stern: Der Traum vom Frieden und die Versuchung der Macht. Berlin 1988, S. 13.

8 Stern, Traum vom Frieden, S. 46.

selbst ausdrückte, „*umzulernen*".[9] Das bedeutete, dass Einstein jetzt einen radikalen Positionswechsel vollzog. Er entsagte seinem absoluten Pazifismus, den er zuvor so glühend vertreten hatte, und empfahl den westlichen Regierungen, sich auf einen Angriffskrieg Deutschlands vorzubereiten und sich gegen diese Gefahr durch militärische Aufrüstung zu wappnen.[10] Um die Zivilisation und Europa zu retten, müssten die westlichen Demokratien nunmehr bereit und fähig sein, sich militärisch zu verteidigen. Von einer Kriegsdienstverweigerung in den von Hitler-Deutschland bedrohten Ländern riet er unter den geänderten Verhältnissen ausdrücklich ab, weil deren Wehrkraft gerade jetzt dringend zur Verteidigung benötigt werde.[11] Wer in Frankreich, Belgien oder England in dieser Lage den Militärdienst verweigere, nütze letztlich nur den potentiellen deutschen Aggressoren. Dieser Positionswechsel, betonte Einstein mehrfach, habe vorübergehenden Charakter, bis zur Beseitigung der erkannten Gefahr.[12] Er bleibe prinzipiell Pazifist, aber nicht absolut, und nicht um jeden Preis.

Dieses „Umlernen" löste bei nicht wenigen seiner Anhänger nachhaltige Irritationen aus. Aber Einstein ließ sich auch durch heftige Angriffe gegen seine Person nicht beirren und sagte seinen Kritikern:

"Solange Deutschland durch materielle Rüstung und Abrichtung der Bürger systematisch den Revanchekrieg vorbereitet, sind die westeuropäischen Länder leider auf militärische Abwehr angewiesen. Ich behaupte sogar, dass sie, wenn sie klug und vorsichtig sind, nicht warten werden, bis sie angegriffen sind [...]. Dies können sie nur, wenn sie hinreichend gerüstet sind. Dies zu sagen macht mir wenig Freude, denn ich hasse in meinem Herzen Gewalt und Militarismus nicht weniger als je zuvor. Ich kann aber meine Augen nicht vor der Wirklichkeit verschließen. Wenn Sie einen anderen Weg wissen, wie die freigebliebenen Länder sich schützen können, so bin ich gerne bereit, von Ihnen zu lernen. Ich aber weiss keinen anderen Ausweg, solange der gegenwärtige bedrohliche Zustand nicht überwunden ist. Wenn es aber andererseits keinen anderen Ausweg gibt, müssen wir so ehrlich sein, es anzuerkennen."[13]

---

9 Brief Einsteins vom 1.7.1933 an die Radikalpazifisten J. B. Th. Hugenholtz und Otto Lehmann-Russbüldt. In: Nathan/Norden, Einstein (wie Anm. 3), S. 240 f.; vgl. dazu auch: Jürgen Neffe: Einstein. Eine Biographie. Reinbek bei Hamburg 7. Aufl. 2005, S. 312-314.

10 Siehe die Dokumente in: Nathan/Norden, Einstein (wie Anm. 3), 7. Kapitel: Nazis an der Macht. Einstein für Aufrüstung der Westmächte 1933, S. 230-259.

11 Brief Einsteins an König Albert von Belgien vom 14.7 1933. In: Nathan/Norden, Einstein (wie Anm. 3), S. 242 u. 244.

12 Vgl. den Brief Einsteins vom 20.7.1933 an den französischen Pazifisten Alfred Nahon. In: Nathan/Norden, Einstein (wie Anm. 3), S. 245.

13 Brief Einsteins vom 28.8.1933 an den französischen Sekretär der Liga der Kriegsdienstverweigerer. In: Nathan/Norden, Einstein (wie Anm. 3), S. 247.

Im September 1939 beklagte Einstein öffentlich die ausbleibenden Reaktionen der Westmächte, also deren Appeasement-Politik[14]:

„Ich kann es nicht fassen, warum die ganze zivilisierte Welt sich nicht zum gemeinsamen Kampf zusammengeschlossen hat, um dieser modernen Barbarei ein Ende zu bereiten. Sieht denn die Welt nicht, dass Hitler uns in einen Krieg hineinzerrt?"[15]

Einstein warb eindringlich dafür, dass sich die westlichen Demokratien rasch zu einer „energischen Aktion"[16] aufraffen sollten. Denn es kam nach seiner Überzeugung darauf an, Hitler-Deutschland gar nicht erst zu einer Machtentfaltung kommen lassen. Aber wie konnte die Gefahr präventiv gebannt werden? Zunächst dachte Einstein noch an eine „rein wirtschaftliche" Aktion der parlamentarisch regierten Länder, zum Beispiel eine Art Handelsblockade.[17] Jedes Abwarten bedeute jedenfalls eine ungeheure Gefahr. Denn schon in wenigen Jahren werde man gegen die deutschen Machthaber auf ökonomischem Wege nichts mehr ausrichten können; dann aber seien *„grosse Blutopfer gewiss und der Erfolg recht zweifelhaft"*.[18] In der Folgezeit wurde Einstein deutlicher: Die Regierungen der westeuropäischen Länder dürften *„nicht warten, bis sie angegriffen sind"*.[19] Damit kann Einstein eigentlich nur eine prophylaktische militärische Besetzung Deutschlands durch die Versailler Garantiemächte gemeint haben. Zumindest war aus seiner Sicht *„eine absolute militärische Überlegenheit"* der westlichen Demokratien erforderlich.[20] Nur sie könne Hitler beeindrucken und ihm die Aussichtslosigkeit eines Krieges vor Augen führen können. In diesem Sinne dürfte er auch in seinen Unterredungen mit den britischen Politikern Winston Churchill, Sir Austen Chamberlain und Lloyd George argumentiert haben.[21] Sie fanden im September 1933 in London statt, kurz vor Einsteins Emigration in

---

14 Vgl. Gottfried Niedhart, Friedensvorstellungen, Gewaltdiskussion und Konfliktverhalten in der britischen Labour Party 1919-1926, in: Frieden, Gewalt, Sozialismus. Studien zur Geschichte der sozialistischen Arbeiterbewegung. Hrsg. v. W. Huber und J. Schwerdtfeger. Stuttgart 1976, S. 641-679; ders., Appeasement: Die britische Antwort auf die Krise des Weltkrieges und des internationalen Systems vor dem Zweiten Weltkrieg, in: Historische Zeitschrift 226 (1978), S. 67-88.

15 Einsteins Interview mit dem Journalisten Leo Lania, das am 19.9.1933 in New York World Telegram veröffentlicht wurde. In: Nathan/Norden, Einstein (wie Anm. 3), S. 269.

16 Brief Einsteins an Paul Langevin vom 5.5.1955. In: Nathan/Norden, Einstein (wie Anm. 3), S. 236.

17 Ebd.

18 Brief Einsteins an den deutschen Schriftsteller Wilhelm Herzog vom 5.5.1933. In: Nathan/Norden, Einstein (wie Anm. 3), S. 238.

19 Brief Einsteins vom 28.8.1933. In: Nathan/Norden, Einstein (wie Anm. 3), S. 247.

20 Ebd., S. 252.

21 Nathan/Norden, Einstein (wie Anm. 3), S. 253.

die USA. Die englischen Politiker benötigten jedoch noch eine ganze Reihe von Jahren, bis auch sie zu der Überzeugung gelangten, dass das Ziel ihrer Appeasement-Politik, nämlich die Friedensbewahrung, nicht mit friedlichen Mitteln erreicht werden konnte.[22]

Man fragt sich, aufgrund welcher Informationen Einstein bereits 1933 die Sicherheit gewann, dass Hitler Kriegskurs steuern würde. Mit großer Wahrscheinlichkeit orientierte er sich in seinen diesbezüglichen Beurteilungen an den Publikationen einer der herausragenden Vordenker des deutschen Pazifismus, nämlich des Pädagogik-Professors Friedrich Wilhelm Foerster, den er besonders schätzte.[23] Foerster war bereits 1926 zu der Einsicht gelangt, dass es primär die militaristischen Kräfte in Deutschland waren, von denen eine Gefahr für den Weltfrieden ausging. In Kenntnis der geheimen Rüstungsprogramme der Reichswehr[24] warnte er eindringlich, man dürfe *„die Tatkraft der Kriegsmenschen"* keinesfalls unterschätzen. Wer ihnen heute mit der Parole *„Nie wieder Krieg!"* begegne, sei *„eine moralische Schlafmütze"*.[25] Der Pazifist Foerster warb dafür, es nicht bei abstrakten, unpolitischen Friedensforderungen zu belassen, sondern einen *„realistischen Pazifismus"* zu verfechten. Im Gegensatz zu den Völkerrechtspazifisten um Ludwig Quidde und Hans Wehberg war er auch nicht bereit, für eine allgemeine Abrüstung zu plädieren, *„bevor nicht dasjenige Land, das bisher der Mittelpunkt des Schwertglaubens war und das heute über die größten industriell-technischen Vorbedingungen der Massenvernichtung menschlichen Lebens verfügt, in wirklich vertrauenswürdiger Weise moralisch abgerüstet"* hat."[26]

---

22 Vgl. Niedhart, Appeasement (wie Anm. 14), S. 70, sowie Siegfried Bünger: Die Beschwichtigungspolitik Großbritanniens. Ursachen und Motive. In: Werner Röhr/ Brigitte Berlekamp/ Karl Heinz Roth (Hrsg.): Der Krieg vor dem Krieg. Politik und Ökonomik der „friedlichen" Aggressionen Deutschlands 1938/39. Hamburg 2001, S. 294-306.

23 1941 bezeichnete Einstein Foerster einmal als einen „großen deutschen Historiker [...], der die verbrecherische Politik der herrschenden Klassen seines Landes außerordentlich energisch und mutig bekämpft hat". Siehe Nathan/Norden, Einstein (wie Anm. 3), S. 333.

24 Vgl. dazu im Einzelnen Helmut Donat: Rüstungsexperte und Pazifist – Der ehemalige Reichswehroffizier Carl Mertens (1902-1932). In: Wolfram Wette (Hrsg.): Pazifistische Offiziere in Deutschland 1871-1933. Bremen 1999, S. 247-272, sowie Carl Dirks u. Karl-Heinz Janßen: Der Krieg der Generäle. Hitler als Werkzeug der Wehrmacht. Berlin 1999, Kap. 2: Der Große Plan, S. 11-33.

25 Friedrich Wilhelm Foerster: Wer ist ein Pazifist? In: Das Andere Deutschland. Unabhängige Zeitung für entschiedene republikanische Politik., 7.8.1926. Wiederabdruck in: Das Andere Deutschland. Eine Auswahl (1925-1933). Hrsg. u. eingel. v. Helmut Donat u. Lothar Wieland. Königstein/Ts. 1980, S. 89 f.

26 Helmut Donat: Friedrich Wilhelm Foerster (1869-1966) – Friedenssicherung als religiös-sittliches und ethisch-politisches Programm. In: Rajewski/Riesenberger (Hrsg.),

Im Frühjahr 1932, ein Jahr vor Hitlers Machtantritt, warnte Foerster erneut: Der *„abstrakte Pazifismus"* habe sich als *„hoffnungslos blind"* erwiesen. Er habe *„die wenigen Sehenden als Kriegsmacher"* denunziert und mit seinen Illusionen die wirklichen Kriegsmacher ermutigt.[27]

„Die Tatsache, dass bisher jeder Angriffskrieg in Defensive umgelogen wurde, genügt, um sie blind gegen die ganze Realität des klaffenden Unterschiedes zwischen defensiven und aggressiven Gesinnungen und Rüstungen zu machen; sie sehen nicht, dass sich in bestimmten Zentren Europas der Kriegswille und der Gewaltglaube zu dämonischer Stärke und Konsequenz entwickelt hat; sie [...] verlangen, unbekümmert um alle jene Unterschiede, die allgemeine und gleichzeitige Abrüstung [...]; sie treten ganz allgemein für Kriegsdienstverweigerung ein, wollen aber nicht sehen, dass dieser Appell gerade in den friedlichen Völkern weit mehr befolgt werden wird als in den aggressiv gestimmten Völkern, wo es am meisten nötig wäre [...]."[28]

Von den *„preußischen Kriegsmachern"* gehe die wirkliche Kriegsgefahr aus. Ein ernsthafter deutscher Pazifist habe daher die Aufgabe, den Pazifisten in anderen Ländern *„nachdrücklichst die Augen über die Gefahr zu öffnen"*[29]. Die denkwürdige Schlussfolgerung des Pazifisten Foerster lautete: *„Derjenige, der in einer gegebenen Situation sich weigert, die Waffen abzulegen, kann ein weit ernsterer Pazifist sein als derjenige, der den Wölfen blindlings die Tür öffnet."*[30] Foerster wies seine pazifistischen Freunde überdies darauf hin, dass sie in der Gefahr seien, mit ihrem starren Gesinnungspazifismus politische Schuld auf sich zu laden: *„Es gibt auch eine pazifistische Kriegsschuld,"* sagte er, *„die darin besteht, die Augen vor der Wirklichkeit zu schließen [...]."*[31]

Albert Einstein hat sein *„Umlernen"* vom Sommer 1933 mit eben diesen Argumenten begründet. Bleibt hinzuzufügen, dass später dann genau das eintrat, was Einstein prophezeit hatte: Der aus seiner Sicht verspätete, aber gleichzeitig

---

Wider den Krieg. Große Pazifisten von Kant bis Böll. Berlin 1983, S. 167-183, Zitat S. 181.

27 Ebd., S. 186.

28 Friedrich Wilhelm Foerster: Abstrakter und realistischer Pazifismus. In: Die Zeit. Organ für grundsätzliche Orientierung, 3. Jg., H. 7, Berlin, 5.4.1932, S. 244-248. Zitiert nach dem Wiederabdruck in: Bruno Hipler (Hrsg.): Fr. W. Foerster: Manifest für den Frieden. Eine Auswahl aus seinen Schriften (1893-1933). Paderborn 1988, S. 184-191, Zitat S. 184 f.

29 Ebd., S. 185.

30 Ebd., S. 190.

31 Friedrich Wilhelm Foerster: Militarismus hüben und drüben. In: Das Andere Deutschland, 8.10.1932. Wiederabdruck in: Das Andere Deutschland. Eine Auswahl (1925-1933). Hrsg. u. eingel. v. Helmut Donat u. Lothar Wieland. Königstein/Ts. 1980, S. 89 f.

doch unvermeidbare Kampf gegen die *„moderne Barbarei"* Nazi-Deutschlands musste mit einem *„schauderhaften Opfer an Menschen und Sachen"* bezahlt werden.[32] Und damit ist noch nicht einmal die kontrafaktische Frage beleuchtet, was geschehen wäre, wenn Hitler den Krieg gewonnen hätte.[33]

Was wenig bekannt ist: Auch andere prominente deutsche Pazifisten im westlichen Exil ließen nichts unversucht, um ihre Gastländer vor Gutgläubigkeit gegenüber Hitler-Deutschland und vor einseitiger Abrüstung zu warnen. Zu nennen sind hier beispielsweise der nach Frankreich emigrierte Emil Julius Gumbel, sodann Hellmut von Gerlach und Otto Lehmann-Russbüldt, die nach England emigriert waren, sowie der Pazifist, Sozialdemokrat und ehemalige preußische Ministerpräsident Heinrich Ströbel, der wie viele andere seiner Gesinnungsfreunde vor ihm in die Schweiz geflohen war.[34] Lediglich Ludwig Quidde scheint Hitlers Friedensdemagogie nicht von Beginn an durchschaut zu haben.[35]

Für die jüngeren Männer unter den Pazifisten im Exil stellte sich nach Kriegsbeginn zudem die konkrete Frage: Sollten sie am pazifistischen Prinzip der Gewaltlosigkeit festhalten? Oder gebot ein verantwortliches Handeln es eher, ihr Gastland mit der Waffe in der Hand gegen die eigenen Landsleute zu verteidigen? Der nach Frankreich geflohene Pazifist Ernst Friedrich, der 1923 in Berlin das *„Erste Internationale Anti-Kriegs-Museum"* eingerichtet hatte und der 1924 mit seinem Buch *„Krieg dem Kriege!"* weit über Deutschlands Grenzen hinaus bekannt geworden war[36], meldete sich nunmehr freiwillig zur französischen Fremdenlegion.[37] So weit ich sehe, hielt lediglich die pazifistische deutsche Schriftstellerin Helene Stöcker, die auf ihrem Fluchtweg über Schweden, die Sowjetunion und Japan als alte, schwerkranke Frau 1941 in die USA gelangt war, an ihrem moralisch bestimmten Pazifismus fest. Aber sie bekannte auch, *„dass mein Standpunkt sehr schwache Stellen hat"*.[38]

---

32 Einstein an Rabbiner Wise am 6.6.1933. In: Nathan/Norden, Einstein (wie Anm. 3), S. 239.

33 Vgl. Ralph Giordano: Wenn Hitler den Krieg gewonnen hätte. Die Pläne der Nazis nach dem Endsieg. Hamburg 1989.

34 Ebd., S. 23 f.

35 Karl Holl: Pazifismus in Deutschland. Frankfurt/M. 1988, S. 215.

36 Vgl. den Artikel von W. Knauer: Ernst Friedrich (1894-1967). In: Die Friedensbewegung. Organisierter Pazifismus in Deutschland, Österreich und in der Schweiz, Hrsg. von Helmut Donat und Karl Holl. Düsseldorf 1983, S. 152-154, mit der weiterführenden Spezialliteratur.

37 Holl, ebda., S. 217.

38 Brief Helene Stöckers vom 24.7.1941 an Gertrud Baer. Zit. nach Christl Wickert: Helene Stöcker 1869-1943. Frauenrechtlerin, Sexualreformerin und Pazifistin. Eine Biographie. Bonn 1991, S. 153.

Was Albert Einstein von der britisch-französischen Appeasement-Politik der 30er Jahre hielt, machte er im Kriegsjahr 1941 noch einmal rückblickend deutlich: *„Vernünftiger Pazifismus"*, schrieb er, *„sucht die Kriege durch auf Macht gegründete Ordnung zu verhüten, nicht durch eine rein passive Haltung den Weltproblemen gegenüber. Unvernünftiger, verantwortungsloser Pazifismus hat großenteils Frankreichs Niederlage und die schwierige Situation Englands verschuldet."*[39] Appeasement gehörte für Einstein also unter den gegebenen Bedingungen in den Bereich des unvernünftigen, verantwortungslosen Pazifismus.

Die Schlüssigkeit der von Albert Einsteins im Jahre 1933 erhobenen Forderung an die westeuropäischen Demokratien, prophylaktisch in Deutschland einzugreifen, wurde übrigens von Hitlers Propagandaminister Joseph Goebbels bestätigt. In einem Pressegespräch am 5. April 1940 blickte dieser auf die Anfangsjahre des NS-Regimes zurück, auf die *„Risikozone"*, wie er sich ausdrückte, um dann in triumphierendem Ton über die Gutgläubigkeit der inneren und äußeren Feinde des Nationalsozialismus zu spotten. Er sagte:

„1933 hätte ein französischer Ministerpräsident sagen müssen (und wäre ich französischer Ministerpräsident gewesen, ich hätte es gesagt): der Mann ist Reichskanzler geworden, der das Buch ‚Mein Kampf' geschrieben hat, in dem das und das steht. Der Mann kann nicht in unserer Nachbarschaft geduldet werden. Entweder er verschwindet, oder wir marschieren. Das wäre durchaus logisch gewesen. Man hat darauf verzichtet. Man hat uns gelassen, man hat uns durch die Risikozone ungehindert durchgehen lassen, und wir konnten alle gefährlichen Klippen umschiffen, und als wir fertig waren, gut gerüstet, besser als sie, fingen sie den Krieg an."[40]

Bis auf den letzten Satz – die anderen hätten den Krieg angefangen – lag Goebbels mit dieser Beurteilung durchaus richtig.

Am 2. August 1939 unterzeichnete Einstein seinen – erst nach dem Zweiten Weltkrieg berühmt gewordenen – Brief an den amerikanischen Präsidenten Franklin D. Roosevelt. Er machte diesen darauf aufmerksam, dass Deutschland möglicherweise die Kernspaltung für militärische Zwecke entwickle und dass in absehbarer Zeit *„neuartige Bomben von höchster Detonationsgewalt hergestellt werden"* könnten. Einstein forderte Roosevelt auf, in den USA geeignete Gegenmaßnahmen zu treffen.[41] Damit wurde ein Prozess eingeleitet, an dessen Ende

39 Brief Einsteins vom 14.7.1941. In: Nathan/Norden, Einstein (wie Anm. 3), S. 330 f.

40 Die geheime Erklärung von Goebbels am 5. April 1940 vor geladenen Vertretern der deutschen Presse ist ausschnittweise abgedruckt in: Hans-Adolf Jacobsen: 1939-1945. Der Zweite Weltkrieg in Chronik und Dokumenten. Darmstadt 5. Aufl. 1961, S. 180 f.

41 Brief Einsteins an Roosevelt vom 2.8.1939 in: Nathan/Norden, Einstein (wie Anm. 3), S. 309-310. Zu Einsteins Haltung zur Atombombe vgl. auch Janos Hajdu: Albert Ein-

der Einsatz von Atombomben auf die japanischen Großstädte Hiroshima und Nagasaki am 6. und 9. August 1945 stand. Deutschland hatte bereits zu einem Zeitpunkt kapituliert, als den Amerikanern die Atomwaffe noch nicht zur Verfügung stand. Ob die Abwürfe dieser neuen Massenvernichtungswaffen auf japanische Städte tatsächlich erforderlich waren, um das Land zur Kapitulation zu zwingen, ist umstritten. Auch andere Faktoren trugen zur Einsatz-Entscheidung bei, etwa die Absicht von US-Politikern und -Militärs, amerikanische Stärke weltweit zu demonstrieren, insbesondere gegenüber der Sowjetunion.[42]

Einstein selbst war weder an der Entwicklung der amerikanischen Atomwaffe noch an der Entscheidung zum Einsatz persönlich beteiligt.[43] Aber er hatte mit seinem Brief an Roosevelt einen wichtigen Anstoß gegeben. Als dieser Brief im Jahre 1945 veröffentlicht wurde, erläuterte Einstein sein Motiv: *„[...] dass nur die große Gefahr des Baus einer Atombombe in Deutschland ihn zu seiner Intervention bei dem Präsidenten bewogen hatte“*.[44] Allerdings interessierten sich die amerikanischen Politiker, Militärs und Wissenschaftler, die später die Entscheidung für den Einsatz der Bombe gegen Japan trafen, nicht für den möglichen Einwand Einsteins, sie sei eigentlich nur zur Abschreckung Hitler-Deutschlands gedacht gewesen.

Nach dem Kriege bekannte Einstein einmal, es sei *„ein Fehler“* gewesen, den Brief an Roosevelt unterzeichnet zu haben.[45] Es dürften drei Gründe gewesen sei, die ihn zu dieser Einsicht gelangen ließen: Zum einen waren die deutschen Atomforscher längst nicht so weit vorangekommen, wie in den USA 1939 befürchtet wurde[46]; zum anderen hatte sich die Annahme als kurzsichtig erwiesen, die Atomwaffe, war sie erst einmal entwickelt, würde seitens der Politik zur Abschreckung lediglich eines ganz bestimmten Landes benutzt und nicht auch gegen andere Feinde eingesetzt werden; drittens schließlich dürfte die moralische Dimension der *„Bombe“* auch Einstein erst später in vollen Umfang deutlich ge-

---

stein (1879-1955). Pazifismus ohne Wenn und Aber. In: Rajewsky/Riesenberger (Hrsg.), Wider den Krieg. Große Pazifisten von Kant bis Böll. München 1987, S. 257-274, hier: S. 270 ff.

42 Vgl. Detlef Bald: Hiroshima, 6. August 1945. Die nukleare Bedrohung. München 1999, S. 25 f.

43 Zum Zustandekommen dieser Entscheidung und zu den Skrupeln einiger Atomphysiker vgl. Nathan/Norden, Einstein (wie Anm. 3), S. 319 f.; Einstein selbst äußerte sich rückblickend hierzu in einem Brief vom 23.1.1950, siehe ebd.: S. 517 f.

44 Nathan/Norden, Einstein (wie Anm. 3), S. 321.

45 Einstein: „Wenn ich gewusst hätte, dass es den Deutschen nicht gelingen würde, die Atombombe zu konstruieren, hätte ich mich von allem ferngehalten.“ Zit. nach Jürgen Neffe: Einstein. Eine Biographie. Reinbek bei Hamburg 7. Aufl. 2005, S. 427.

46 Den ungleichen Wettlauf schildert Detlef Bald: Hiroshima, 6. August 1945. Die nukleare Bedrohung. München 1999, Kap. 1: Die Bombe, S. 16-37.

worden sein. Wie auch immer: Das Atomzeitalter war geboren und die politischen Akteure kümmerten sich nicht mehr um seine Entstehungsgeschichte.

Politische Gegner des Pazifismus sehen in Einsteins Befürwortung der Entwicklung einer amerikanischen Atombombe bis zum heutigen Tage einen Beweis für das Scheitern des Pazifismus am Ernstfall. Dabei ist zunächst zu berücksichtigen, dass die Aggressionen Hitler-Deutschlands keinen x-beliebigen Ernstfall darstellten, sondern eine Bedrohung der ganzen Welt, und dass sie die singulären NS-Verbrechen einschlossen. In Einsteins Begriffen stellten sie eine Bedrohung Europas und der gesamten Zivilisation dar. Für ihn war der Ernstfall bereits 1933 eingetreten. Sein Brief an Roosevelt 1939 fügte sich nahtlos ein in die längst eingeschlagene Richtung seines *„Umdenkens"*. Während der Dauer des Zweiten Weltkrieges bekräftigte Einstein, der seit Oktober 1940 amerikanischer Staatsbürger war[47], diese Linie immer wieder, in dem er sagte, dass *„die Interessen der Vereinigten Staaten und aller anderen zivilisierten Länder durch die totalitäre Aggression unmittelbar bedroht sind und dass unsere wirksamste Landesverteidigung in der Unterstützung jener besteht, die jetzt diese Aggression bekämpfen"*.[48] Auch nach dem Kriege und nach Hiroshima ließ Einstein keinen Zweifel an der Berechtigung dieser Haltung aufkommen:

„Wir haben den Bau dieser neuen Waffe gefördert, um die Feinde der Menschheit daran zu erinnern, dass sie uns zuvorkämen; bedenkt man die Mentalität der Nazis, so kann man sich die unbeschreibliche Zerstörung und die Versklavung der Welt vorstellen, die die Folge ihrer Priorität im Bau der Bombe gewesen wären. Diese Waffe wurde dem amerikanischen und dem britischen Volk als Treuhändern der ganzen Menschheit, als Kämpfern für Frieden und Freiheit übergeben."[49]

In ihrem Kampf um die Vorherrschaft in Europa, ja der ganzen Welt, hätten die Deutschen unter Hitlers Führung *„den methodischen Mord an Millionen Nichtdeutscher als gerechtfertigt angesehen"*.[50]

Einige der Atomwissenschaftler, die am Bau der ersten Bomben beteiligt waren – unter ihnen der Einstein-Vertraute Leo Szilard[51] –, wurden bereits vor de-

47 Nathan/Norden, Einstein (wie Anm. 3), S. 328.

48 Erklärung Einsteins und siebzehn weiterer Gelehrter aus Princeton am 22.5.1940 an Präsident Roosevelt. In: Nathan/Norden, Einstein (wie Anm. 3), S. 324.

49 Rede Einsteins am 10.12.1945 in New York. In: Nathan/Norden, Einstein (wie Anm. 3), S. 365.

50 Nathan/Norden, Einstein (wie Anm. 3), S. 376.

51 Vgl. Nathan/Norden, Einstein (wie Anm. 3), S. 318, 321. Szilard und sechs weitere Wissenschaftler der Universität Chicago fassten ihre ethischen Reflexionen über die Atombombe im Sommer 1945 im so genannten „Frank-Report" zusammen, den sie Kriegsminister Henry L. Stimpson übergaben. Bald, Hiroshima (wie Anm. 46), S. 28.

ren Einsatz gegen die beiden japanischen Städte von Skrupeln geplagt. Sie glaubten, dass die Zündung einer Atombombe zu Demonstrationszwecken in einer Wüste oder auf See, zum Beispiel vor der japanischen Küste, bereits die gewünschte Wirkung entfalten würde. Einstein, der von Hiroshima überrascht wurde, erkannte nun die Gefahr, dass die Menschheit einer atomaren Katastrophe entgegengehen könnte. In den letzten zehn Jahren seines Lebens beschäftigte ihn keine politische Frage intensiver an die, wie dieser Gefahr entgegengewirkt werden konnte. Jetzt stand für ihn nicht mehr die Kriegsdienstverweigerung im Vordergrund, sondern der Kampf um die Verhütung einer atomaren Weltkatastrophe.

Die Weltmächte USA, Großbritannien und Sowjetunion sollten nach seinen Vorstellungen eine Weltregierung bilden und dieser *„ihre gesamten militärischen Machtmittel zur Verfügung stellen"*.[52] Dieser *„übernationalen politischen Macht"* sollte der *„Schutze gegen neue Angriffskriege"* als Hauptaufgabe übertragen werden.[53] Der Weltregierung wollte Einstein auch *„das Geheimnis der Bombe"* anvertrauen, also das Wissen über die Herstellung von Atombomben, womit er eine frühe Form der Non-Proliferations-Idee entwickelte.[54] In diesem Zusammenhang beschwor Einstein die Weltmächte, eine *„Atmosphäre des Vertrauens"* zu schaffen, *„ohne die kein Werk des Friedens gelingen"* könne.[55]

Von bleibendem Interesse ist Einsteins Befürwortung des Rechts der Weltregierung zur gewaltsamen Intervention bei schweren Menschenrechtsverletzungen. Er sagte: *„Die Konzeption der ‚Nichteinmischung' muss verschwinden. Denn gerade die Einmischung ist unter gewissen Umständen zur Sicherung des Friedens notwendig."*[56] Was wenig bekannt ist: Schon die – vielfach und ganz zu Unrecht als Träumerin verspottete – Pazifistin Bertha von Suttner, Gründerin der österreichischen Friedensbewegung und Friedensnobelpreisträgerin des Jahres 1905, nahm eine ganz ähnliche Haltung zum Problem der Nichteinmischung in die Angelegenheiten fremder Staaten ein. Schon im Jahre 1904 stellte sie öffentlich klar: *„Bewaffnete Menschen, die zum Schutz einschreiten, sind nicht Kriegführer, sind rettende Polizei. [...] Wo Verfolgte, Tyrannisierte, Verhungernde ihren Klageschrei erheben, dort eile man hin und interveniere, denn nicht innere Angelegenheit – Menschenangelegenheit ist's."*[57]

52 Einstein im November 1945. In: Nathan/Norden, Einstein (wie Anm. 3), S. 358.

53 Nathan/Norden, Einstein (wie Anm. 3), S. 337; vgl. insgesamt ebd., 13. Kap.: Das Ringen um eine supranationale Organisation 1947, S. 410-458.

54 Einstein im November 1945. In: Nathan/Norden, Einstein (wie Anm. 3), S. 358.

55 Ebd., S. 343; vgl. auch S. 344 f., 356, 521.

56 Einstein im November 1945, siehe ebd., 359.

57 Bertha von Suttner: Briefe an einen Toten. Dresden 1904, S. 25 f.; zit. nach Brigitte Hamann: Bertha von Suttner. Ein Leben für den Frieden. München 2. Auf. 1996, S. 234.

1955, am Ende eines langen Lebens, unterzeichnete Einstein (1879-1955) zusammen mit seinem pazifistischen Mitstreiter Bertrand Russell ein Friedensmanifest, das bis heute mit ihrer beider Namen verbunden blieb.[58] Sie machten deutlich, *„dass ein Wasserstoffbombenkrieg das Ende der menschlichen Rasse bedeuten könnte"*, und leiteten daraus den Schluss ab, dass es heute um *„die Abschaffung des Krieges"* als einer Institution gehen müsse. Die beiden Gelehrten forderten die Regierungen der Welt auf, *„zu erkennen und öffentlich zu bekennen, dass ihre Ziele nicht durch einen Weltkrieg erreicht werden können"*. Die Regierungen wurden ersucht, *„friedliche Mittel der Lösung für alle zwischen ihnen bestehenden Konflikte ausfindig zu machen"*.

Gelegentlich wird gesagt, damit sei Einstein am Ende seines Lebens wieder zu seinen pazifistischen Wurzeln zurückgekehrt. Dagegen ist geltend zu machen, dass Einstein in seiner Selbsteinschätzung Zeit seines Lebens ein prinzipieller Pazifist war, aber eben kein absoluter. In der Bedrohung Europas und der Zivilisation durch das aggressive Hitler-Deutschland, die er als eine Extremsituation einschätzte, musste gehandelt werden, am besten prophylaktisch. Das bloße Geschehenlassen hielt Einstein für einen unvernünftigen, verantwortungslosen Pazifismus. Als verantwortliche Politik betrachtete er es, die Gegenwehr zu organisieren, eingeschlossen die Abschreckung mit der neu entwickelten Atomwaffe. Als Hitler-Deutschland dann kapituliert hatte, aber auch die Atomwaffe in der Welt war, konzentrierte sich Einsteins pazifistisches Engagement ganz auf die Verhütung eines Atomkrieges. Seine bleibende Botschaft lautet, den Krieg als Institution abzuschaffen und die vorhandenen Konflikte gewaltfrei zu lösen. Heute, 2005, leben wir – zumindest in Europa – nicht mehr in einem *„Zeitalter der Extreme"*. Wohlfeile Analogieschlüsse zu den Erfordernissen der dreißiger Jahre des 20. Jahrhunderts – zum Beispiel Saddam Hussein zum Widergänger Hitlers aufzubauschen – dienten der Politik zwar wiederholt als Kriegslegitimation.[59] Einer wissenschaftlichen Überprüfung halten sie jedoch nicht Stand.[60]

Ich möchte schließen mit einer summierenden Standortbestimmung des europäischen und deutschen Pazifismus: Entstanden als Antwort auf den Militarismus

---

58 Wortlaut des von Einstein und Russell unterzeichneten Friedensmanifests, das von Russel am 9.7.1955, nach dem Tode Einsteins, öffentlich bekannt gemacht wurde, in: Nathan/Norden, Einstein (wie Anm. 3), S. 627-631.

59 Vgl. Eric Frey: Das Hitler-Syndrom. Über den Umgang mit dem Bösen in der Weltpolitik. Frankfurt/M. 2005.

60 Wolfram Wette: Saddam Hussein als Wiedergänger Hitlers? NS-Vergleiche in der Kriegspropaganda von Demokratien. In: Demokratien im Krieg. Hrsg. v. Christine Schweitzer, Björn Aust, Peter Schlotter. Baden-Baden (Nomos) 2004, S. 109-126 (= AFK-Friedensschriften, Bd. 31), ders.: Ein Hitler des Orients? NS-Vergleiche in der Kriegspropaganda von Demokratien. In: Gewerkschaftliche Monatshefte 54. Jg. (2003), Nr. 4, S. 231-242.

der europäischen Nationalstaaten im 19. und 20. Jahrhundert, war es das zentrale Anliegen des Pazifismus, den Krieg als Mittel der Politik zu bekämpfen und sich für eine Minimierung der Gewalt im Austrag von – als unvermeidlich angesehenen – politischen Konflikten einzusetzen.[61] Der Mainstream dieses historischen Pazifismus war politisch motiviert. Heute würden wir ihn – ganz mit Einstein – als einen Verantwortungspazifismus bezeichnen. Die Position der absoluten Gewaltlosigkeit wurde nur von Minderheiten vertreten, etwa von den Quäkern und Mennoniten[62], und selbst von diesen mit Einschränkungen. Ansonsten ist die Vorstellung, der Pazifist sei ein Feigling und Phantast, der von der wirklichen Welt der Macht und Gewalt nichts verstehe, das Zerrbild, das die Militaristen von Bismarck bis Hitler von ihm gezeichnet haben, um ihn zu desavouieren. Die historische Wirklichkeit sah anders aus: Im deutschen wie im europäischen Pazifismus galt Frieden als politisches Ziel, das schrittweise und mit unterschiedlichen, möglichst gewaltarmen Methoden erreicht werden sollte. Das war und ist seine regulative Idee. Der facettenreiche und nicht selten in sich zerstrittene Pazifismus war und ist – wie andere Erscheinungen des politischen und gesellschaftlichen Lebens auch – kulturellem und sozialem Wandel unterworfen.[63] Seine Durchsetzungschancen, das wusste auch Einstein[64], ergaben sich jeweils im politischen Kampf der pazifistischen Kräfte (im weitesten Sinne) gegen die Kräfte einer kriegerischen Machtpolitik.

---

61 Vgl. Karl Holl/Wolfram Wette (Hrsg.), Pazifismus in der Weimarer Republik. Beiträge zur historischen Friedensforschung. Paderborn 1981; Hermes Handlexikon: Die Friedensbewegung. Organisierter Pazifismus in Deutschland, Österreich und in der Schweiz, Hrsg. von Helmut Donat und Karl Holl. Düsseldorf 1983; Dieter Riesenberger: Geschichte der Friedensbewegung in Deutschland. Von den Anfängen bis 1933, Göttingen 1985; Karl Holl: Pazifismus in Deutschland, Frankfurt a. M. 1988; Wolfgang Benz (Hrsg.): Pazifismus in Deutschland. Dokumente zur Friedensbewegung 1890-1939. Frankfurt/M. 1988;

62 Vgl. Karl Holl: Pazifismus und Gewaltfreiheit. Anspruch und Wirklichkeit in der Geschichte. In: Jahrbuch für Historische Friedensforschung 5 (1996). Münster 1996, S. 15-25; auch zum Folgenden.

63 So auch Holl, Pazifismus und Gewaltfreiheit, S. 25.

64 Einstein-Brief vom 9. oder 10. Mai 1940. In: Nathan/Norden, Einstein (wie Anm. 3), S. 323 f.

Die Idee der Weltregierung und die Praxis der Weltorganisation

Einsteins Idee der Weltregierung und die Praxis der Weltorganisation – Tendenzen der Supranationalisierung im Völkerrecht –

Andreas Zimmermann

I. Einleitung

„Ich bin zutiefst überzeugt, dass das gegenwärtige System souveräner Nationen Barbarei, Krieg und Unmenschlichkeit nach sich ziehen muss und dass nur ein Weltrecht zu einer zivilisierten friedlichen Menschheit führen wird“,[1] so *Albert Einstein* im Jahr 1947. Angesichts des in diesen Worten zum Ausdruck kommenden Konzepts einer überstaatlichen ‚Weltregierung' gilt es, der Frage nachzugehen, ob und gegebenenfalls inwieweit sich im positiven Völkerrecht heute bereits Tendenzen einer Supranationalisierung im universellen oder jedenfalls im regionalen Bereich feststellen lassen.

Vorliegend soll versucht werden, dies an folgenden vier Fragestellungen zu untersuchen, nämlich der Rolle der Vereinten Nationen und dabei vor allem der Rolle des Sicherheitsrates als möglichem ‚Nukleus' einer Weltregierung;[2] den gegenwärtigen Entwicklungsstand der friedlichen Streitbeilegung durch internationale (Schieds-) Gerichte und den Internationalen Gerichtshof;[3] der Frage nach der Verbürgung und dem Schutz von Menschenrechten als Ausdruck einer Anerkennung der Rolle von Individuen als ‚Weltbürger';[4] und schließlich im Hinblick auf die Frage der Herausbildung einer internationalen Strafgerichtsbarkeit als Gegenstück einer völkerrechtlichen Pflichtenstellung des Einzelnen bei Begehung von Völkerrechtsverbrechen.[5]

Dabei soll zweistufig vorgegangen werden, indem zunächst versucht wird, *Albert Einsteins* Position zum Völkerbund und später zu den Vereinten Nationen zu skizzieren. Daran anschließend soll dargelegt werden, inwieweit diese Kritik angesichts der aktuellen Praxis der Vereinten Nationen auch heute noch gerechtfertigt wäre.

---

1 A. Einstein, Über den Frieden: Weltordnung oder Weltuntergang (hrsg. von O. Nathan und H. Norden, Köln 2004), S. 417.

2 Dazu unten, S. ##.

3 Dazu unten, S. ##.

4 Dazu untern, S. ##.

5 Dazu unten, S. ##.

II. Albert Einsteins Konzept einer Weltregierung und die Entwicklung der Vereinten Nationen

Bekanntlich war *Albert Einstein* im Jahr 1923 aus der Völkerbundkommission für intellektuelle Zusammenarbeit ausgetreten (er trat ihr jedoch später wieder bei). Er begründete seinen Schritt damit, „dass der Völkerbund weder die Kraft noch den guten Willen zur Erfüllung seiner großen Aufgabe" habe.[6] Später äußerte er sich noch kritischer, wenn er ausführte,

„das größte Übel [sei es], dass [der Völkerbund] durch Stillschweigen oder gar durch seine Funktion sich als Werkzeug der gegenwärtig Mächtigen [erwiesen habe]",[7]

beziehungsweise

„weil das bisherige Wirken des Völkerbundes [ihn] davon überzeugte, dass es keine noch so brutale Handlung der gegenwärtig mächtigen Staatengruppe zu geben schien, gegen welche der Völkerbund auftreten würde".[8]

Später modifizierte er seine Position aber immerhin dahingehend, dass

„[selbst wenn] der Völkerbund bis jetzt auch vielfach versagt habe, so muss er doch als diejenige Institution angesehen werden, welche in dieser traurigen Zeit dem Freunde aufrichtiger Verständigung [immer noch] am meisten Aussicht auf heilsame Wirkung biete".[9]

Insbesondere erkannte er bereits in der Zwischenkriegszeit

„dass die Weiterexistenz des Völkerbundes, wie auch anderer internationaler Organisationen, ohne den stabilisierenden Einfluss der Vereinigten Staaten unmöglich ist".[10]

Zugleich war er nicht nur der Ansicht,

„dass Deutschland einen ständigen Sitz im Rate des Völkerbundes erhalten würde, wie die anderen großen Staaten", sondern hielt dies auch selbst für angezeigt und sinnvoll.[11]

Bereits im Kontext der Mandschurei-Krise erkannte er die Bedeutung von Wirtschaftssanktionen – *in concreto* durch die mögliche Blockade japanischer

6 Einstein, Anm. 1, S. 79.
7 Ders., *ibid.*, S. 81.
8 *Ibid.*
9 Ders., *ibid.*, S. 85.
10 Ders., *ibid.*, S. 94.
11 Ders., *ibid.*, S. 90.

Häfen – an[12], so wie sie seit 1945 durch Art. 41 der Charta der Vereinten Nationen ausdrücklich in das Arsenal der Handlungsmöglichkeiten des Sicherheitsrates aufgenommen worden ist.

Zugleich vertrat er die These, dass „wer den Krieg wirklich abschaffen will, (...) mit Entschiedenheit dafür eintreten muss, dass der eigene Staat zugunsten internationaler Institutionen auf einen Teil seiner Souveränität verzichtet; er muss [also] bereit sein, den eigenen Staat im Fall irgend eines Konfliktes dem Schiedsspruch eines internationalen Gerichts zu unterwerfen".[13] Dies allerdings nur dann,

> „(...) wenn alle Staaten [zugleich] die Pflicht übernehmen, die Durchführung einer jeden in Genf [also durch den Völkerbund] oder im Haag [also durch den damaligen Ständigen Internationalen Gerichtshof oder den Ständigen Schiedshof] gefällten Entscheidung dadurch zu garantieren, dass gegen jeden sich nicht fügenden Staat wirtschaftliche oder eventuell auch militärische Maßregeln ergriffen werden".[14]

Dementsprechend muss nach *Albert Einstein*

> „einem obligatorischen Schiedsgericht (...) eine von allen Teilnehmerstaaten garantierte Exekutive zur Verfügung stehen, die gegen den Friedensbrecher mit wirtschaftlichen und militärischen Sanktionen einschreitet"[15],

die nach seiner Vorstellung als eine Art internationaler „Polizeitruppe" ausgestaltet und verstanden werden müsse.[16] [17]

Angesichts der Bedrohung durch die Kriegspolitik des Deutschen Reiches nach 1933 wollte *Einstein* zwar an dem Gedanken eines Gewaltmonopols der internationalen Organisation festhalten[18], zugleich anerkannte er aber zunehmend, dass man in dieser Situation nichts tun dürfe, was die Verteidigungsfähigkeit der westlichen Demokratien schwächen könne[19], schloss andererseits zugleich aber auch die Legitimität eines Präventivkrieges aus.[20] Schließlich hatte er bereits in der Zwischenkriegszeit die Verkoppelung von Sicherheits- mit Wirtschaftsfra-

12 Ders., *ibid.*, S. 191.
13 Ders., *ibid.*, S. 175.
14 Ders., *ibid.*, S. 165 f.
15 Ders., *ibid.*, S. 169 und S. 270 f.
16 Ders., *ibid.*, S. 222.
17 Ders., *ibid.*, S. 258.
18 So ansatzweise ders., *ibid.*, S. 241.
19 Ders., *ibid.*, S. 251.
20 Ders., *ibid.*, S. 262.

gen[21] erkannt, wobei heute davon auszugehen wäre, dass auch die globalen Umweltfragen mit dazugehören.

Nach der Katastrophe des Zweiten Weltkriegs sprach sich *Einstein* entschieden für die Gründung der Vereinten Nationen und daran anschließend, nach den Erfahrungen mit dem Fehlen der USA im Völkerbund kaum verwunderlich, für die Ratifikation der Charta durch den US-amerikanischen Senat aus. Allerdings wollte er schon früh, nämlich bereits im Jahr 1946, eine grundlegende, ja dramatische Revision der Charta im Sinne einer echten Weltregierung herbeiführen[22]: die Organisation sollte parlamentarisiert werden, die Generalversammlung sollte für alle Staaten bindende Gesetze beschließen dürfen und – fast könnte man sagen „natürlich" sollte auch das Vetorecht der Großmächte zum Wegfall kommen.[23] Schließlich sollte die Organisation auch über eine eigene militärische „Polizeitruppe" verfügen.[24] Immerhin erkannte er aber bereits 1947, dass die Organisation der Vereinten Nationen selbst für die aus seiner Sicht zu zaghaften oder gar fehlenden Schritte in diese Richtung nicht verantwortlich gemacht werden dürften, denn nach *Einstein* ist „keine internationale Organisation (…) stärker als ihr verfassungsmäßiges Mandat oder der zielgehende Wille ihrer Einzelmitglieder".[25]

Vor diesem Hintergrund soll nunmehr untersucht werden, inwieweit die Vereinten Nationen inzwischen diesen Vorstellungen *Einsteins* zumindest näher gekommen sind. Zu beginnen ist dabei mit der mittlerweile eingetretenen Veränderung der Rolle des Sicherheitsrates.

Einsteins Bild vom Sicherheitsrat war, kaum verwunderlich, von der Situation des Kalten Krieges und der damit einhergehenden Blockade des Sicherheitsrates geprägt. Jedenfalls in den Fällen, in denen entweder die Interessen der fünf ständigen Sicherheitsratsmitglieder parallel gelagert sind oder in denen nur eines dieser Staaten selbst vitale Interessen geltend macht, ist es in den letzten Jahren immer wieder zu einem effektiven Einschreiten des Sicherheitsrates gekommen, sei es in Form von Embargomaßnahmen, sei es gar in Form der Ermächtigung zum Einsatz militärischer Gewalt. Aus der Praxis des Sicherheitsrates, die ihm nach Kapitel VII der Charta zustehenden Zwangsbefugnisse auch tatsächlich geltend zu machen, seien als Beispiele hier nur das Ölembargo gegen Rhodesien 1968[26], das Waffenembargo gegen das Apartheidsregime in Südafrika[27], die Embargo-

21 Ders., *ibid.*, S. 325, S. ##.
22 Ders., *ibid.*, S. 382 f.
23 Ders., *ibid.*, S. 419.
24 Vgl. dazu insgesamt ders., *ibid.*, S. 390 f., S. 406 f., S. 408, S. 419 und S. 434 f.
25 Ders., *ibid.*, S. 441.
26 U.N. S.C. Res. 253 (1968) vom 29. Mai 1968.
27 U.N. S.C. Res. 418 (1977) vom 4. November 1977.

maßnahmen gegen Jugoslawien in den Jahren nach 1991/1992[28], die Embargomaßnahmen gegen Lybien wegen der Unterstützung des Attentats von Lockerbie[29], die Ermächtigung des Waffeneinsatzes gegen den Irak im Jahr 1991[30], sowie die Wiederherstellung demokratischer Zustände in Haiti 1993[31] genannt.

Zwar mag man mit Recht kritisieren, dass der Sicherheitsrat nicht in allen Fällen, in denen es angezeigt gewesen sein mag, tätig geworden ist und dass er namentlich wegen des in der Charta vorgesehenen Vetos nie gegen eines der fünf ständigen Mitglieder oder einen Staat tätig geworden ist, der mit einem dieser Staaten in einem engen Verhältnis steht.

Dazu gilt es aber anzumerken, dass es zum einen zumindest zweifelhaft ist, ob ein Einschreiten der Organisation gegen den Willen eines oder mehrerer ständiger Mitglieder, oder gar gegen ein solches Mitglied selbst, wirklich zu einem Mehr an Sicherheit führen würde. Zudem kennen wir ja auch durchaus auch aus der innerstaatlichen Praxis Situationen, in denen die Polizei, eine innerstaatliche Analogie, die ja auch *Einstein* immer wieder herangezogen hat, längst nicht flächendeckend gegen alle Normverstöße einschreitet, weil sie sich dazu wegen fehlender Ressource außer Stande sieht.

Besonders bedeutsam erscheinen aber, was die Befugnisse des Sicherheitsrates anbelangt, zwei andere Dinge, nämlich zum einen die Frage, wann er überhaupt einschreiten darf, und zum zweiten, welche Handlungsalternativen dem Sicherheitsrat zur Verfügung stehen.

Im Hinblick auf beide Fragen, also sowohl im Hinblick auf die Tatbestandsseite, aber auch im Hinblick auf die Rechtsfolgenseite, haben sich seit etwa 1990 dramatische Weiterentwicklungen ergeben, die in die *Einstein*'sche Richtung gehen.

Zunächst zur Tatbestandsseite, also zur Frage, wann der Sicherheitsrat überhaupt seine Zwangsmittel nach Kapitel VII einsetzen darf. Nach Art. 39 der UNO-Charta darf der Sicherheitsrat bekanntlich nur dann Zwangsmittel einsetzen, wenn ein "threat to the peace, breach of the peace or act of aggression" vorliegt. Nach der Vorstellung des Jahres 1945 konnte dies nur dann der Fall sein, wenn ein zwischenstaatlicher Konflikt zwischen zwei oder mehreren Staaten zumindest drohte[32], während rein innerstaatliche Situationen völkerrechtlich irrele-

---

28 Vgl. dazu U.N. S.C. Res. 713 (1991) vom 25. September 1991, Res. 724 (1991) vom 15. Dezember 1991, Res. 727 (1992) vom 8. Januar 1992, Res. 757 (1992) vom 30. Mai 1992; Res. 762 (1992) vom 30. Juni 1992.

29 Vgl. dazu U.N. S.C. Res. 748 (1992) vom 31. März 1992.

30 U.N. S.C. Res. 678 (1990) vom 29. November 1990.

31 U.N. S.C. Res. 841 (1993) vom 16. Juni 1993.

32 J. A. Frowein/ N. Krisch in B. Simma (ed.), The Charter of the United Nations: A Commentary, Vol. 1, 2. Auflage, München 2002, Art. 39, Rz. 7, 18.

vant waren und als in die *domaine reservée* des einzelnen Staates fallend angesehen wurden – ein Umstand, den *Einstein* angesichts der sich seit 1933 abzeichnenden Verfolgung zunächst der deutschen und dann aller europäischen Juden und anderer Minderheiten deutlich kritisiert hatte.[33]

Dieser Kritik ist aber durch die Weiterentwicklung des Chartasystems zumindest der normative Boden unter den Füßen entzogen worden. So macht bereits der Wortlaut von Art. 2, Abs. 7 der Charta deutlich, dass die Verpflichtung zur Nichtintervention in die inneren Angelegenheiten eines Mitgliedsstaates durch die Vereinten Nationen dann nicht greift, wenn der Sicherheitsrat auf der Grundlage von Kap. VII der Charta tätig wird.[34]

Ferner hat der Sicherheitsrat den Begriff der Friedensbedrohung in seiner Resolutionspraxis seit 1990 dynamisch weiterentwickelt. Mittlerweile ist es unumstritten und auch etwa von der Rechtsprechung der beiden *ad hoc*-Tribunale für das ehemalige Jugoslawien und für Ruanda anerkannt, dass etwa auch nicht-internationale bewaffnete Konflikte, also reine Bürgerkriege, Friedensbedrohungen darstellen können.[35] Gleiches gilt ferner auch für interne Unterdrückungsmaßnahmen, sofern sie zu grenzüberschreitenden Flüchtlingsströmen führen; ferner für massive Menschenrechtsverletzungen, wie insbesondere Völkermord oder Verbrechen gegen die Menschlichkeit oder etwa auch die gewaltsame Absetzung einer demokratisch gewählten Regierung.[36] Weiterhin ist es bedeutsam, dass alle Mitgliedsstaaten der Vereinten Nationen auf dem kürzlichen Millenium-Plus-5-Gipfel diese Praxis des Sicherheitsrates ihrerseits ausdrücklich gebilligt haben.[37] Weiterhin haben die UN-Mitgliedsstaaten, einschließlich der fünf ständigen Sicherheitsratsmitglieder, wenn auch nur auf einer *case-by-case-basis* darin ihren Willen bekundet, durch den Sicherheitsrat bei drohenden Völkerrechtsverbrechen einzuschreiten.

---

33 Einstein, Anm. 1, S. 293.

34 G. Nolte in Simma, Anm. 32, Art. 2(7), Rz. 67-71.

35 ICTY (Appeals Chamber), Decision on the Defence Motion for Interlocutory Appeal on Jurisdiction of 2 Oct. 1995, *Tadić (Jurisdiction),* abgedruckt in: ILM 35 (1996), S. 32 ff., para. 30; ICTR (Trial Chamber II), Decision on the Defence Motion on Jurisdiction of 18 June 1997, case no. ICTR-96-15-T, para. 19 ff.

36 Vgl. etwa zum Irak U.N. S.C. Res. 688 (1991) vom 5. April 1991, zum Kosovo U.N. S.C. Res. 1199 (1998) vom 23. September 1998.

37 „In this context, we are prepared to take collective action, in a timely and decisive manner, through the Security Council, in accordance with the Charter, including Chapter VII, on a case-by-case basis (...) should peaceful means be inadequate and national authorities are manifestly failing to protect their populations from genocide, war crimes, ethnic cleansing and crimes against humaity.“ U.N. G.A. 2005 World Summit Outcome A/RES/60/1 (16. September 2005).

Aber auch auf der Rechtsfolgenseite, also im Hinblick auf die Frage, welche Handlungsmöglichkeiten der Sicherheitsrat bei Bestehen einer Aggression, eines Bruchs des Friedens oder einer Bedrohung des Friedens hat, haben sich seit dem Jahre 1990 dramatische Weiterentwicklungen ergeben, geht der Sicherheitsrat doch in mittlerweile ganz gefestigter Praxis nicht mehr davon aus, dass er nicht auf die in der Charta ausdrücklich festgeschriebenen Mittel des Embargos oder des direkten Waffeneinsatzes beschränkt ist. Vielmehr hat der Sicherheitsrat immer wieder einzelne Staaten oder Staatengruppen ausdrücklich zum Einsatz militärischer Gewalt ermächtigt, um einer Bedrohung des Friedens Herr zu werden. Dies gilt etwa für seine Reaktion auf den Überfall seitens des Irak auf Kuwait 1990, wo der Sicherheitsrat bekanntermaßen die mit der legitimen Regierung von Kuwait kooperierenden Staaten in seiner berühmten Resolution 687 ermächtigt hat „to use all necessary means to liberate Kuwait and to restore peace and security in the region".[38] Gleiches gilt aber auch für die Autorisierung des Einsatzes militärischer Gewalt durch Regionalorganisationen, wie die Ermächtigung der NATO im Fall der Stabilisierungstruppe SFOR in Bosnien-Herzegowina[39] oder auch im Fall der KFOR im Kosovo.

Aber auch jenseits der Ermächtigung militärischer Gewalt haben sich deutliche Veränderungen ergeben. So hatte der Sicherheitsrat mit der ebenfalls auf Kap. VII beruhenden Errichtung der *ad hoc*-Tribunale neue Wege beschritten[40], ist er doch davon ausgegangen, dass die justizförmige Konfliktbearbeitung bis hin zur Aburteilung ehemaliger Staatsoberhäupter ein Mittel zur Bekämpfung von Bedrohungen des Weltfriedens darstellt. Gleiches gilt nunmehr für die Begründung beziehungsweise Erweiterung der Zuständigkeit des internationalen Strafgerichtshofes: bekanntlich war es der Sicherheitsrat, der – wenn auch nur um den Preis einiger Konzessionen an die USA – durch eine Kapitel VII-Resolution überhaupt erst vor einigen Monaten die Zuständigkeit des Internationalen Strafgerichtshofes für die in der sudanesischen Region Dafour begangenen Verbrechen begründete.

Vielleicht noch dramatischer ist aber die Inanspruchnahme der Kompetenz zur Verwaltung von Gebieten unmittelbar durch die Vereinten Nationen aufgrund einer Kapitel VII-Maßnahme des Sicherheitsrates. Hatte der Sicherheitsrat dies zunächst nur ansatzweise im Kontext des Kroatien-Krieges für eine kurze Übergangsphase in dem überwiegend von Serben bewohnten Gebiet von Ost-Slawo-

38 U.N. S.C. Res. 687 (1991) vom 3. April 1991.
39 U.N. S.C. Res. 1088 (1996) vom 12. Dezember 1996.
40 Zur Errichtung eines Internationalen Straftribunals für das ehemalige Jugoslawien siehe U.N. S.C. Res. 827 (1993) vom 25. Mai 1993, für Ruanda U.N. S.C. Res. 955 (1994) vom 8. November 1994.

nien getan[41], so war die zeitliche Dauer in Ost-Timor zwischen dem Abzug der indonesischen Truppen und der Unabhängigkeit von Ost-Timor schon deutlich länger[42], während die UN-Verwaltung für das Kosovo[43] zeitlich überhaupt noch nicht absehbar ist.

Und es dürfte auch nicht vermessen sein davon auszugehen, dass, hätte es den Sicherheitsrat und eine entsprechende Praxis bereits im Jahr 1945 schon gegeben, auch die Verwaltung des Gebietes Deutschlands, also eines ganzen Staates, möglicherweise vom Sicherheitsrat organisiert worden wäre.

Vor diesem Hintergrund ist es auch nicht überraschend, dass der Sicherheitsrat im Falle des Irak-Kuwait-Konfliktes auch die United Nations Boundary Commission eingesetzt hat[44], die verbindlich den bis dahin umstrittenen Verlauf der Grenze festlegte. Möglicherweise sind wir, denkt man diese Entwicklung weiter, auf dem Weg dahin, dass der Sicherheitsrat gar irgendwann Grenzen nicht nur demarkiert, sondern gar aus Gründen der Friedenssicherung Territorium einseitig zuweist – so etwa, um nur ein mögliches Szenario zu nennen, wenn sich Serbien und Montenegro einerseits und die Kosovaren andererseits nicht über den zukünftigen Rechtsstatus des Kosovo werden einigen können.

Aber auch im Hinblick auf die Adressaten von Sicherheitsresolutionen haben sich neue, von *Einstein* nicht vorausgesehene, Entwicklungen ergeben, die den Sicherheitsrat ein kleines Stück weit mehr zu einer „Weltregierung" machen. So verhängt der Sicherheitsrat ebenfalls seit einigen Jahren nicht mehr nur gegenüber Mitgliedsstaaten, sondern auch gegenüber nicht-staatlichen Gruppen, wie etwa die Al-Aquaida, die Taliban oder einzelne Rebellengruppen in Liberia, aber auch unmittelbar gegenüber Individuen Sanktionen, so etwa in Form von Reiseverboten oder in Form der Beschlagnahme privaten Vermögens. Gleichzeitig stellen sich hier vielfältige weitere Fragen, so insbesondere die nach den rechtstaatlichen Garantien, so wie dies etwa die vor kurzem ergangene Entscheidung des Europäischen Gerichts Erster Instanz belegt, wo ein Einzelner vorgetragen hatte, er sei zu Unrecht auf die Sanktionsliste des Sicherheitsrates gelangt.[45]

Eine weitere Neuigkeit im Arsenal des Sicherheitsrates ist es, einen Staat, der gegen das völkerrechtliche Gewaltverbot verstoßen hat, auch unmittelbar zum Schadensersatz zu verpflichten und diesen Anspruch auch durch eigene Organe durchzusetzen – die United Nations Compensation Commission (UNCC), die aus

41 U.N. S.C. Res. 1037 (1996) vom 15. Januar 1996.

42 U.N. S.C. Res 1272 (1999) vom 25. Oktober 1999.

43 U.N. S.C. Res. 1244 (1999) vom 10. Juni 1999.

44 U.N. S.C. Res. 687 (1991) vom 3. April 1991.

45 T-306/01 Judgment of 21/09/2005, Yusuf and Al Barakaat International Foundation / Council and Commission; T-315/01 Judgment of 21/09/2005, Kadi / Council and Commission.

irakischen Ölgeldern die Opfer der irakischen Invasion Kuwaits entschädigt hat, sind hierfür ein erstes Beispiel.[46]

Vielleicht am dramatischsten für die Weiterentwicklung des völkerrechtlichen Normensystems im *Einstein*'schen Sinn hin zu einem Nukleus einer Weltregierung ist aber vielleicht der Umstand, dass der Sicherheitsrat zunehmend auch generell-abstrakte Regelungen erlässt, so etwa in der Resolution 1540 aus dem Jahre 2004 in dem er alle Staaten verpflichtet, Schritte zur Nichtweiterverbreitung von Massenvernichtungswaffen zu treffen[47] und zwar ungeachtet davon, ob sie etwa den Nichtweiterverbreitungsvertrag ratifiziert haben oder nicht. Damit hat der Sicherheitsrat erste Schritte hin zu einem ‚Weltgesetzgeber' getan.[48] Um so mehr wäre es dringend erforderlich, dass auch die Zusammensetzung des Sicherheitsrates den neuen Realitäten des 21. Jahrhunderts angepasst wird, einschließlich einer angemessenen Berücksichtigung derjenigen Staaten, die am stärksten finanziell und personell zu den Friedensoperationen beitragen.[49]

Hinzuweisen ist aber auf den Umstand, dass, anders als von *Einstein* erhofft, die Bedeutung der Generalversammlung in den letzten Jahrzehnten eher abgenommen hat, ganz zu schweigen von seinem wahrhaft utopischen Vorschlag der Umwandlung der Generalversammlung in ein Weltparlament. Insbesondere ist auffällig, dass die Generalversammlung, anders als noch in der Frühzeit der Organisation, in der aktuellen Praxis der Vereinten Nationen bei Peace-Keeping Operationen keine Rolle mehr spielt.[50] Gleiches gilt auch für den vereinzelt gebliebenen Versuch, bei einem Untätigbleiben des Sicherheitsrates auf der Grundlage der sogenannten Uniting-for-Peace-Resolution ein militärisches Eingreifen durch einzelne oder eine Koalition von Mitgliedsstaaten zu autorisieren.[51] Immerhin ist aber darauf hinzuweisen, dass der Internationale Gerichtshof in seinem vor kurzem erstatteten Rechtsgutachten zu den israelischen Sperranlagen im Westjordanland die Rolle der Generalversammlung gegenüber dem Sicherheitsrat gestärkt hat.[52]

---

46 U.N. S.C. Res. 692 (1991) vom 20. Mai 1991.

47 U.N. S.C. Res. 1540 (2004) vom 28. April 2004.

48 A. Zimmermann/ B. Elberling, „Grenzen der Legislativbefugnisse des Sicherheitsrats: Resolution 1540 und abstrakte Bedrohungen des Weltfriedens", in VN 52 (2004), S. 71 ff.

49 Zu den Bemühungen einer Reform des Sicherheitsrates siehe bereits I. Winkelmann: „Bringing the Security Council into a New Era: Recent Developements in the Discussion on the Reform of the Security Council", in MPYUNL 1 (1997), S. 35 ff.

50 M. Bothe in Simma, Anm. 32, Peace-keeping, Rn. 91.

51 U.N. G.A. Res. 377 (1950) vom 3. November 1950.

52 ICJ Advisory Opinion on Legal Consequences of the Constuction of a Wall in the Occupied Palestinian Territory (9. Juli 2004), I.C.J. Reports 2004, S. 136-271.

III. Exkurs: Europäische Integration und der Gedanke der Supranationalisierung

Bereits in der Zwischenkriegszeit hielt *Einstein* die europäische Einigung für eine *condicio sine qua non,* für die Aufrechterhaltung des Friedens in der Welt. Dementsprechend führte er aus, dass

> „die Schaffung einer kräftigen innerstaatlichen Organisation eine Lebensbedingung für Europa bedeutet. Wenn der Eintritt des Deutschen Reiches in den Völkerbund eine Förderung dieses Zieles bedeutet, so ist es unsere Pflicht, in diesem Sinne zu arbeiten".[53]

Und weiterhin brauche man sich nach *Einstein* keine Gedanken darüber zu machen, ob die Vereinigten Staaten von Europa realisierbar seien, vielmehr „*müssen* [sie] realisiert werden, wenn Europa seine Bedeutung aufrecht erhalten will".[54] Hält man sich bei allen Mängeln und Defiziten die historische Entwicklung der europäischen Einigung von der Sechser-Montanunion zur Europäischen Union vor Augen, so ist sie trotz aller Mängel *en détail* ein voller Erfolg. Selbst *Einstein* wäre es wohl utopisch erschienen, dass man zwischen Deutschland und Frankreich ohne Grenzkontrollen hin- und herreisen und dort mit dem gleichen Geld bezahlen kann; dass polnische, dänische und deutsche Soldaten unter einheitlichem Kommando eine gemeinsame Brigade bilden; oder dass eine supranationale Organisation Recht setzt, welches unmittelbar und mit Vorrang vor dem gesamten innerstaatlichen Recht in 25 Staaten gilt; oder dass schließlich ein europäischer Gerichtshof, dessen Urteile für alle Mitgliedstaaten gelten, Recht spricht.

IV. Einsteins Konzept einer Weltregierung und die friedliche Streitbeilegung durch internationale (Schieds-)Gerichte

Einstein reagierte im Jahr 1923 empört auf die Weigerung Frankreichs, den Schlichtungsvorschlag des Völkerbundes zur Frage der deutschen Reparationszahlungen anzunehmen und statt dessen das Ruhrgebiet zu besetzen, sah er hierin doch das Musterbeispiel einer Abkehr von der internationalen ‚Rule of Law'.[55]

Man mag sich fragen, ob die Völkerrechtsordnung hier inzwischen so viel weiter gekommen ist, sieht man einmal von den bereits erwähnten Sonderentwicklungen in Europa ab. Bekanntlich war ja bereits anlässlich der Entstehung

53 Einstein, Anm. 1, S. 82.
54 Ders., *ibid.*, S. 90.
55 Ders., *ibid.*, S. 79.

des Statuts des Ständigen Internationalen Gerichtshofes, dem Vorläufer des heutigen Internationalen Gerichtshofes, der Versuch gescheitert, eine echte obligatorische Zuständigkeit vorzusehen.[56] Gleiches gilt auch bis heute für den Internationalen Gerichtshof, den IGH, hält man sich vor Augen, dass die Mitglieder der Vereinten Nationen zwar *ipso facto* auch Vertragspartei des Statuts des IGH sind, dass es aber jeweils einer gesonderten Unterwerfung, sei es allgemeiner oder spezieller Art, bedarf bevor der Gerichtshof angerufen werden kann.

Bei dieser Gelegenheit sei darauf hingewiesen, dass sich auch die Bundesrepublik Deutschland, anders als 17 andere EU-Staaten und anders als das Deutsche Reich in den Jahren 1928 und erneut 1933[57] für jeweils fünf Jahre im Hinblick auf den damaligen Ständigen Internationalen Gerichtshof, bislang nicht durch eine allgemeine Erklärung der Gerichtsbarkeit des IGH unterworfen hat und dies obwohl Art. 24, Abs. 3 des Grundgesetzes ausdrücklich vorsieht, dass der Bund zur Regelung zwischenstaatlicher Streitigkeiten Vereinbarungen über eine allgemeine, umfassende, obligatorische, internationale Schiedsgerichtsbarkeit beitreten werde.[58]

Ungeachtet der beschränkten Zuständigkeit des IGH, die jeweils von der Zustimmung der betroffenen Staaten abhängt, kommt dem IGH, hält man sich die Liste der derzeit bei ihm anhängigen und der in den letzten Jahren entschiedenen Fälle vor Augen, doch eine erhebliche Bedeutung zu. Dies gilt auch deshalb, weil die Möglichkeit insbesondere der Generalversammlung, Rechtsgutachten des Internationalen Gerichtshofes einzuholen, so zuletzt etwa zur Rechtmäßigkeit des Einsatzes von Nuklearwaffen[59] oder zur Völkerrechtsmäßigkeit der israelischen Sperranlagen in den besetzten palästinensischen Gebieten,[60] ungeachtet der Frage der rechtlichen Verbindlichkeit solcher Gutachten erheblich ist. So hat etwa der israelische Gerichtshof in einer Entscheidung vom 15. September 2005 ausgeführt, dass er "shall give the full appropriate weight to the norms of international law, as developed and interpreted by the ICJ in its Advisory Opinion",[61] selbst wenn er dann nach intensiver Auseinandersetzung mit dem, allerdings auch eher kursorisch begründeten Gutachten des IGH, hiervon abweicht.

56 H. Mosler/ K. Oellers-Frahm in B. Simma, The Charter of the United Nations: A Commentary, Vol. II, 2. Auflage, München 2002, Article 92, Rn. 4.

57 RGBl 1928 II, 19; RGBl 1933 II, 677.

58 A. Zimmermann, „Deutschland und die internationale Gerichtsbarkeit" in A. Zimmermann (Hrsg.), Deutschland und die internationale Gerichtsbarkeit, Berlin 2004, S. 7 ff., 7-8.

59 ICJ Advisory Opinion on Legality of the Threat or Use of Nuclear Weapons vom 8. Juli 1996, ICJ Reports, 1996, S. 226.

60 Oben, Anm. 52.

61 Israel High Court Ruling, Docket H.C.J. 7957/04 (15. September 2005), para. 74 (abrufbar unter http://elyon1.court.gov.il/eng/verdict/framesetSrch.html.

Erhebliche Defizite bestehen aber nach wie vor im Hinblick auf die Durchsetzung von Urteilen des Gerichtshofes.[62] Zwar steht dem Sicherheitsrat nach Art. 94, Abs. 2 der Charta die Möglichkeit zu, gegebenenfalls Urteile des Gerichtshofes auch mit Zwangsmaßnahmen durchzusetzen, doch hat der Sicherheitsrat hiervon bislang noch nie Gebrauch gemacht. Besonders deutlich wurde dies im Streitfall zwischen Nicaragua und den USA, wo die Vereinigten Staaten eine Durchsetzung gegen sich selbst durch ihr Veto verhinderten. Aber möglicherweise zeigen sich hier einmal mehr die inhärenten Beschränkungen des Charta-Systems, will die Organisation nicht auf die zwingend erforderliche Unterstützung seitens der Großmächte, oder muss man heute besser sagen: der Großmacht, verzichten kann.

V. Die völkerrechtliche Verbürgung von Menschenrechten als Ausdruck einer Anerkennung der Rolle von Individuen als ‚Weltbürger'

In einem öffentlichen Memorandum aus dem Jahre 1938 und angesichts des heraufziehenden Völkermords an den europäischen Juden machte *Einstein* deutlich, dass „kein Staat (...) einen innerhalb seiner Grenzen lebenden Bevölkerungsteil physisch vernichten [dürfe]".[63] Ferner dürfe es in einem solchen Falle kein Prinzip der Nichteinmischung geben.[64]

Bereits oben wurde gezeigt, welches völkerrechtliche Instrumentarium entwickelt wurde, um auf vergleichbare Situationen zu reagieren.[65] Aber auch unterhalb der Schwelle solch massivster Menschenrechtsverletzungen kann ein Staat sich heutzutage nicht mehr darauf berufen, Menschenrechtsverletzungen zu Lasten seiner eigenen Staatsangehörigen fielen in seine *domestic jurisdiction*.[66] Selbst auf universeller Ebene gibt es zudem auch Mechanismen, mit denen zumindest ansatzweise versucht wird, Menschenrechtsverletzungen zu begegnen, und sei es nur dadurch, dass man versucht, die fraglichen Staaten an den Pranger zu stellen.[67] Allerdings ist darauf hinzuweisen, dass die Praxis der Vereinten Nationen, und dabei namentlich die Praxis der Menschenrechtskommission, bislang weit hinter den selbst gesteckten Zielen zurückgeblieben ist.

62 Mosler/ Oellers-Frahm, Anm. 56, Artikel 94, Rn. 13.
63 Einstein, Anm. 1, S. 293.
64 *Ibid.*
65 Oben, S. 6-7.
66 K. J. Partsch, „Human Rights in General" in R. Wolfrum (ed.), United Nations: Law, Policies and Practice, Vol. 1, München 1995, S. 603 ff, Rn. 16.
67 Ders., Rn. 26.

Ganz anders demgegenüber die Entwicklung in Europa: mehr als 400 Millionen Europäer von Lissabon bis Wladiwostok und von Helsinki bis Ankara haben heute die Möglichkeit, nach Erschöpfung des innerstaatlichen Rechtsweges Klage vor dem Europäischen Gerichtshof für Menschenrechte einzureichen und dort die Verletzung der ihnen durch die Europäische Menschenrechtskonvention garantierten Rechte geltend zu machen – um mit einem naturwissenschaftlichen Bild zu sprechen, fürwahr ein Quantensprung im Vergleich zu der Situation, wie sie *Einstein* im Bereich des Menschenrechtsschutzes noch kannte. Auch die Umsetzung von Urteilen des Gerichtshofes, und zwar selbst dort, wo sie einzelnen Staaten aus innenpolitischen Gründen schwerfiel, ist jedenfalls eine fast vollständige Erfolgsgeschichte. Allenfalls ist das Straßburger Gerichtssystem Opfer seines eigenes Erfolges und seiner zunehmenden Bekanntheit geworden.

VI. Die Errichtung einer internationalen Strafgerichtsbarkeit als Ausdruck einer Supranationalisierung der Völkerrechtsordnung

Bekanntlich hatte bereits der Versailler Friedensvertrag vorgesehen, dass Kaiser Wilhelm II vor ein alliiertes Gericht gestellt werden sollte und dass darüber hinaus das Deutsche Reich Offiziere, die sich Kriegsverbrechen schuldig gemacht hatten, ebenfalls ausliefern sollte.[68] Bekanntlich ist es nie dazu gekommen, aber immerhin wurden einige Verfahren vor dem Reichsgericht in Leipzig geführt und zumindest symbolisch kann dies als Beginn eines echten Völkerstrafrechts verstanden werden.[69] *Albert Einstein* hatte aber grundsätzliche Bedenken gegen diese Art einseitiger Bestrafung schrieb er doch im Jahr 1920:

> „Es ist allerdings schade, dass man in Bezug auf die Bestrafung der Kriegsverbrechen nicht international vorgeht; dass nur die fehlbaren Deutschen zur Verantwortung gezogen werden, obwohl auch auf französischer Seite den Gefangenen gegenüber Schlimmes vorgekommen ist, lässt die Genugtuung an diesem Akt der Gerechtigkeit nicht vollkommen werden".[70]

Diese Bedenken sind mittlerweile ausgeräumt, war doch bereits etwa die Zuständigkeit des vom Sicherheitsrat eingerichteten *ad hoc*-Tribunals für das frühere Jugoslawien nur zeitlich und räumlich, nicht aber *rationae personae* begrenzt, so dass etwa auch die Angehörigen der NATO-Staaten, die im Jahre 1999 am Einsatz gegen Jugoslawien teilnahmen, der Jurisdiktion des Gerichts unterlagen.

---

68 Artikel 227 und 228 des Vertrags von Versailles, RGBl. 1919 II, 687.
69 G. Werle, Völkerstrafrecht, Tübingen 2003, S. 5 f.
70 Einstein, Anm. 1, S. 54 f.

Immerhin mag man insoweit noch einwenden, dass hier der Sicherheitsrat begrenzt auf einen spezifischen Konflikt ein internationales Strafgericht errichtet hatte, also doch vor allem auf bestimmte Tätergruppen zielte. Strukturell demgegenüber völlig anders ausgestattet ist der seit dem Jahre 2002 existierende Internationale Strafgerichtshof, der ja generell-abstrakt im Grundsatz für alle Völkermordhandlungen, Verbrechen gegen die Menschlichkeit und Kriegsverbrechen zuständig ist, die seitdem auf dem Gebiet der 100 Vertragsparteien oder von deren Staatsangehörigen begangen werden[71] – eine Entwicklung, die den Vorstellungen von *Albert Einstein* wohl doch sehr nahe kommen dürfte.

Weiterhin hat der Sicherheitsrat darüber hinaus bereits die Zuständigkeit des Gerichtshofes auf Handlungen außerhalb des Territoriums der Vertragsparteien ausgedehnt – konkret auf das Gebiet von Darfour und die dort begangenen Verbrechen und hat den Sudan verpflichtet, mit dem Gerichtshof zu kooperieren, obwohl der Sudan nicht Vertragspartei ist.[72]

Aber auch im Bereich des materiellen Völkerstrafrechts hat sich, ausgelöst von der Rechtsprechung des Jugoslawien-Tribunals, eine dramatische Weiterentwicklung ergeben. Dies gilt zum einen deshalb, weil mittlerweile anerkannt ist, dass Verbrechen gegen die Menschlichkeit auch außerhalb des Kontextes bewaffneter Konflikte begangen werden können[73] und dass weiterhin mittlerweile auch Kriegsverbrechen, die in rein innerstaatlichen Konflikten begangen werden, in die Zuständigkeit internationaler Strafgerichte fallen.[74]

Zuletzt gilt es noch auf eine letzte Entwicklung hinzuweisen, die nicht häufig genug wahrgenommen wird. Im Jahr 2000 haben Äthiopien und Eritrea eine Schiedskommission eingesetzt, deren Aufgabe unter anderem darin bestand, den Opfern von Verstößen gegen das humanitäre Völkerrecht, also Kriegsverbrechen, Schadensersatz zuzusprechen, die in dem Konflikt zwischen den beiden Staaten begangen worden sind – eine zwar nur punktuelle Entwicklung, die aber möglicherweise eine allgemeine Entwicklung andeutet.[75]

---

71 Römisches Statut des Internationalen Strafgerichtshofs, BGBl. 2002 II 1393.

72 U.N. S.C. Res. 1593 (2005) vom 31. März 2005.

73 A. Cassese, International Criminal Law, New York 2003, S. 64.

74 Ders., S. 54.

75 Siehe dazu N. Klein, „State Responsibility for International Humanitarian Law Violations and the Work of the Eritrea Ethiopia Claims Commission so Far", in GYIL 47 (2004), S. 214 ff.

VII. Ausblick

Wo stehen wir heute im Jahr 2006 mit der Idee der Weltregierung? Zwar kann man kaum die These wagen, dass das Glas insoweit bereits halb voll ist – aber anders als noch zu Zeiten von *Albert Einstein* sind doch einige Tropfen aufgefüllt worden. Weitere Tropfen werden aber nur dann hinzukommen, wenn die Staaten und deren Bevölkerungen die von mir aufgezeigten Tendenzen als für sich vorteilhaft ansehen – aber wie das erwähnte Beispiel der Überweisung der Situation in Darfour an den Internationalen Strafgerichtshof belegt, haben selbst die USA nicht selten Interesse an einer solchen Supranationalisierung.

Frieden und Demokratie im Kontext der Globalisierung

Ulrich Teusch

I.

Das in den vergangenen Jahren lebhaft diskutierte und durch zahlreiche empirische Untersuchungen erhärtete Theorem des „demokratischen Friedens“ (DF-Theorem) besagt, dass Demokratien keine Kriege gegeneinander führen. Sie lösen ihre Interessenkonflikte in der Regel durch Verhandlungen, friedliche Streitbeilegung oder sonstige Mittel der Diplomatie. Die praktisch-politische Konsequenz des DF-Theorems liegt auf der Hand: Wenn die Bedeutung der Demokratie auch und gerade darin besteht, dass sie eine Bedingung – möglicherweise sogar eine hinreichende Bedingung – nicht nur für den inneren, sondern auch für den äußeren Frieden ist, wäre es unter friedenspolitischen Gesichtspunkten folgerichtig, den demokratischen Gedanken über die Grenzen hinaus zu verbreiten und die Herausbildung demokratischer Regierungsformen in allen Staaten zu unterstützen oder aktiv voranzutreiben.

Zeitlich fast parallel zur Herausbildung und Begründung des DF-Theorems hat sich eine Debatte über die Möglichkeiten und Grenzen der Demokratie im Kontext der Globalisierung entwickelt. Sie thematisiert den Sachverhalt, dass Globalisierungsprozesse die überkommenen demokratischen bzw. demokratietheoretischen Postulate unterhöhlen oder konterkarieren könnten. Zugleich haben einzelne an dieser Debatte beteiligte Autoren – zu nennen wären etwa David Held oder Otfried Höffe – anspruchsvolle Modelle einer „kosmospolitischen Demokratie“ entworfen, die in der Lage sein sollen, das alte Ideal der Demokratie mit der neuen Realität der Globalisierung in Übereinstimmung zu bringen.

Mit beiden Diskussionssträngen werde ich mich im Folgenden kritisch auseinandersetzen. Die Kritik lautet, dass sowohl das DF-Theorem als auch die Modelle kosmopolitischer Demokratie die *dialektischen* Momente der Globalisierung und ihre zutiefst ambivalenten Folgen systematisch unterschätzen.

II.

Die Gleichung „Staat + Demokratie = Frieden“ trifft zwar zu (oder besser: sie enthält eine wichtige Erkenntnis), doch sie ist unter den neuartigen Bedingungen der Globalisierung zu einfach.

Das Theorem vom Demokratischen Frieden basiert auf drei wesentlichen theoretischen Annahmen und inhaltlichen Festlegungen:

- Es richtet den Blick fast ausschließlich auf den klassischen zwischenstaatlichen Krieg,
- es konzeptualisiert den Staat als zentralen, handlungsfähigen Akteur in den internationalen Beziehungen
- und es unterstellt eine feste Beziehung zwischen Demokratie und Staat.

Dies sind freilich höchst fragwürdige Annahmen. So findet der klassische zwischenstaatliche Krieg nur noch äußerst selten statt und ist – nach einem Wort Herfried Münklers – zu einem „historischen Auslaufmodell" geworden. Die beiden anderen Annahmen wiederum (Staat als zentraler Akteur, Zusammenhang von Staat und Demokratie) erscheinen vor dem Hintergrund aktueller Globalisierungsprozesse problematisch. Denn Globalisierung bedeutet und bewirkt die „Relativierung von Grenzen", sofern diese Relativierung globale Dimensionen (oder potentiell bzw. tendenziell globale Dimensionen) annimmt oder aber in einem globalen Kontext stattfindet. Damit höhlt Globalisierung die politische Autonomie von Staaten aus, engt ihre Handlungsspielräume ein, und sie gefährdet das in den entwickelten Staaten erreichte Maß an demokratischer Partizipation. Zudem entfaltet Globalisierung neben integrativen auch fragmentierende Wirkungen und erzeugt neuartige globale Problemlagen: Dissonanzen, Spannungen, Risiken, Krisen und Katastrophen, auf die bislang keine adäquaten Antworten gefunden wurden und die auf längere Sicht auch friedensgefährdend sein könnten.

Ihre problematischen, ambivalenten Folgen rühren daher, dass Globalisierung ein multidimensionaler, multikausaler und dialektischer Prozess ist. Globalisierung verläuft multidimensional und verlangt demzufolge auch eine multikausale Erklärung, weil sie nicht allein die derzeit im Vordergrund des Interesses stehenden ökonomischen oder technischen Teilprozesse umfasst, sondern auch soziale, kulturelle, ökologische, politische. Die Teilprozesse sind nicht nur von unterschiedlichem Gewicht, sondern sie bewegen sich auch in unterschiedliche Richtungen und sie verlaufen ungleichzeitig, d. h. sie eröffnen unterschiedliche Zeithorizonte und weisen ihre je spezifischen „Eigenzeiten" auf. Schon die beiden Teilprozesse, die sich noch am ehesten im Gleichklang bewegen, der technische und der ökonomische, können einander ins Gehege geraten, dann etwa, wenn das überschießende Potenzial technischer Innovationen ökonomisch – etwa aus Kostengründen – nicht unmittelbar genutzt werden kann. Weit dramatischere Widersprüche prägen das Geschehen, wenn man ökologische oder soziale Prozesse in Betracht zieht. Während viele global wirksame technische Prozesse oftmals unmittelbar und simultan verlaufen, in „Echtzeit" sozusagen, brauchen soziale Anpassungsprozesse wie auch die Formierung sozialer Widerstände ihre Zeit, treten ökologische Effekte in der Regel mit einer erheblichen zeitlichen

Verzögerung ein und benötigen ökologische Systeme lange Fristen zur Regeneration.

Globalisierungsprozesse sind durch Ungleichzeitigkeit bestimmt, und diese Ungleichzeitigkeit nimmt zu. Die „globale soziale Frage“ etwa, also die enormen Disparitäten zwischen Reichtum und Überfluss auf der einen, Armut und Hunger auf der anderen Seite, haben sich in den beiden letzten Jahrzehnten in weiten Bereichen verschärft. Die Entwicklungsvorsprünge- und -rückstände bewegen sich auseinander.

Obwohl die Teilprozesse der Globalisierung von unterschiedlichem Gewicht sind, in unterschiedliche Richtungen laufen und sich ungleichzeitig bewegen, sind sie aufs Vielfältigste miteinander vernetzt. Die Interaktion der Teilprozesse ist ursächlich für die enorme Komplexität des Prozesses, für seine systemische Qualität, seine Strukturierungsmacht, für die von ihm erzeugten wechselseitigen oder auch einseitigen Abhängigkeiten. Gegenwärtig scheinen die integrativen Momente des Prozesses dominant zu sein, doch die scheinbar glatte Fassade der Integration zeigt fragmentierende Risse. Ungleichgewichte, Richtungsdivergenzen und Ungleichzeitigkeiten sind nicht die einzigen, wohl aber die entscheidenden Gründe für die dialektische Qualität der Globalisierung, eine Dialektik, die immer auch destruktive und krisenträchtige Züge annehmen kann und auf vielen Gebieten schon angenommen hat.

Bereits den Teilprozessen als solchen haftet eine dialektische Qualität an: Je größer und komplexer beispielsweise technische Systeme werden, desto fragiler, störanfälliger, verwundbarer, katastrophenträchtiger werden sie auch. Wenn Märkte globale Dimensionen annehmen, tut es auch das Marktversagen. Und selbstverständlich kann der Globalisierungsprozess in seiner Gesamtheit immer auch mit Phänomenen, die bislang nicht in seinen Sog geraten sind oder sich ihm aktiv widersetzen, in Konflikt geraten: man denke an nationalistische oder fundamentalistische Bewegungen. Auch hier ist eine Dialektik am Werk.

Die gegenwärtige Globalisierung weist einen hohen Grad an Eigendynamik auf und hat eine enorme Schubkraft entwickelt. In weiten Bereichen ist der Prozess irreversibel. So dürfte sich zum Beispiel der Trend zur globalen systemischen Vernetzung der Technik kaum aufhalten lassen. Ebenso unleugbar sind globale Problemlagen, etwa das Weltbevölkerungswachstum oder ökologische Gefährdungen, die nur auf globaler Ebene angegangen werden können und damit, obwohl sie eher Krisensymptome von Globalisierung sind, weitere Globalisierung befördern. Je weiter der Prozess fortschreitet, je dynamischer er wird, je stärker er an Reißkraft gewinnt, desto schwieriger wird es, grundsätzliche Korrekturen oder überhaupt Korrekturen vorzunehmen. In vielfacher Hinsicht dürfte es schwer fallen, umfassende Alternativen durchzusetzen oder sich diese auch nur vorzustellen.

Angesichts ihrer dialektischen und ambivalenten Züge ist es nicht verwunderlich, dass Globalisierung in ihrer gegenwärtigen Ausprägung nicht allein integrativ, sondern immer auch fragmentierend – und das heißt: immer auch konfliktverursachend oder – verschärfend wirkt. Dies widerspricht nicht der eingangs getroffenen Feststellung vom Rückgang zwischenstaatlicher Kriege und Konflikte. Denn selbstverständlich gibt es neben den zwischenstaatlichen noch andere Kriegs- und Konfliktformen, etwa die diversen Formen innerstaatlicher bzw. transnationaler Kriege und Konflikte. Deren Zahl nimmt zwar – entgegen einem verbreiteten Eindruck – zumindest seit der ersten Hälfte der 90er Jahre nicht zu, sondern stagniert oder ist gar rückläufig. Allerdings weisen *einige* dieser Kriege und Konflikte neuartige Charakteristika auf, die gegenwärtig insbesondere mit Hilfe des Konzepts einer „Ökonomisierung" analysiert werden. Die neuartigen Charakteristika wiederum stehen offenkundig in einen kausalen Zusammenhang mit den dialektischen Momenten der Globalisierung. Ein *dialektisches* Verständnis von Globalisierung erscheint somit geeignet, sowohl die *integrativen* Momente – also den unverkennbaren Rückgang des Kriegs- und Konfliktgeschehens – als auch die *fragmentierenden* Momente – also die Entstehung und Zunahme neuer Konflikte und Konflikttypen bis hin zum globalen Terrorismus – zu erfassen und zu erklären.

III.

Staaten, insbesondere die entwickelten Staaten, verstärken die skizzierte Problematik und sind zugleich deren Opfer. Sie verstärken die Problematik, weil sie im Prozess der Globalisierung eine Katalysator-Funktion übernehmen – und zwar in einseitiger Weise: Sie agieren als Trendverstärker und ignorieren weithin die dialektischen Momente von Globalisierung. Weil sie dazu tendieren, Globalisierung als undialektischen Prozess wahrzunehmen oder aber die derzeit dominanten Trends gegenüber gegenläufigen Trends über zu bewerten, agieren sie im Allgemeinen einseitig oder eindimensional. Sie loten die Frage, ob es zu bloßer Anpassung bzw. zu einer bloßen staatlichen Katalysator-Funktion Alternativen gäbe, nur selten ernstlich aus.

Dadurch erleiden Staaten einen Verlust an *politischer* Substanz, d. h. an innerer und äußerer Autonomie (nicht notwendigerweise an formaler Souveränität). Zum einen ist der Staat immer weniger in der Lage, seine inneren Verhältnisse autonom zu gestalten; zum anderen ist er – im Verein mit anderen Staaten – immer häufiger mit globalen oder regionalen Problemlagen konfrontiert, die er bislang nicht in adäquater Weise zum Gegenstand gestalterischen politischen Handelns zu machen verstand.

Solch offenkundige *politische* Ohnmacht des Staates kann allerdings, da der Staat (als Katalysator) immer auch funktionaler *Teil* des Globalisierungsprozesses ist, durchaus mit Zuwächsen an staatlicher Präsenz, an Aktionsradius, an „technischer Macht" einhergehen. In seinen *politischen* Funktionen wird der Staat zwar schwächer, in seinen *technischen* Managementfunktionen aber stärker. Da diese Managementfunktionen im Prozess der Globalisierung vorläufig unverzichtbar sind, ist insoweit auch der Staat nicht existenziell gefährdet.

Staaten befördern durch ihr Handeln Prozesse der Globalisierung zum Beispiel dadurch, dass sie sich für die globale Wettbewerbsfähigkeit in ihrem territorialen Zuständigkeitsbereich verantwortlich fühlen und untereinander um materielle Vorteile konkurrieren. Zuweilen gehen sie auch strategische Allianzen mit ihren Konkurrenten ein; sie operieren damit in gewisser Hinsicht ebenso „transnational" wie Unternehmen. Doch Staaten fördern nicht nur Globalisierung, sie werden selbst in wachsendem Maße zu *internationalisierten* oder *globalisierten* Akteuren, zu „global players".

Die wachsende Abhängigkeit von globalen Märkten und von technischer Verflechtung ist nicht gleichbedeutend mit einem generellen Rückgang staatlicher Aktivitäten. Im Kontext der Globalisierung verändert sich weniger der *Umfang* als der *Charakter* der staatlichen Interventionen. Der Staat nimmt immer mehr Abschied von jener Art Intervention, die für den überkommenen Sozial- bzw. Wohlfahrtsstaat typisch gewesen ist. So ist er zum Beispiel zunehmend darauf bedacht, ein möglichst günstiges Investitionsklima zu schaffen oder den Arbeitsmarkt und insbesondere die Lohnkosten im Rahmen seiner Möglichkeiten so zu gestalten, dass ein Höchstmaß an Wettbewerbsfähigkeit erreicht wird. Er ist bestrebt, Innovationen auf breiter Front zu fördern, die strukturelle Wettbewerbsfähigkeit der eigenen Wirtschaft zu steigern, die Ertragsaussichten transnationaler Unternehmen zu erhöhen oder die Sozialpolitik den Erfordernissen der Arbeitsmarktflexibilisierung und den Zwängen des globalen Wettbewerbs unterzuordnen. Ein Staat, der in dieser Weise seine Attraktivität erhöht, ist in der Regel ein aktiver oder aktivierender Staat, der sich um seinen Arbeitsmarkt, sein Arbeitskräftepotential bzw. sein „Humankapital", die Qualität seiner Arbeitsbeziehungen, seine Infrastrukturen, seine Forschungs- und Entwicklungseinrichtungen, seine Ausbildungscurricula oder sein Steuersystem kümmert, damit diese den Erfordernissen des Wettbewerbs gewachsen sind. Auch Umverteilung – sei es von Einkommen, sei es von Chancen – findet, wenn auch mit veränderter Akzentuierung, weiterhin statt. Diese Anstrengungen, die zum Teil erfreulich sind, zum Teil aber auch erhebliche Zumutungen mit sich bringen, treiben inzwischen sogar skurrile Blüten. Der internationalisierte „Wettbewerbsstaat", wie Philip Cerny ihn nennt, versteht sich zunehmend als „Marke", betreibt globale Imagewerbung (Blairs „Cool Britannia" ist nur eines von mehreren Beispielen) und das gute oder schlechte Abschneiden eines Staates in den inzwischen auf allen möglichen Feldern veranstalteten „globalen Rankings“ kann für ihn ebenso nützlich oder schädlich sein, wie es die Testergebnisse der „Stiftung Warentest“ für einzelne Produkte oder Hersteller sein können.

IV.

Wenn Staaten im Globalisierungsprozess lediglich *Management*-Funktionen übernehmen, werden sie einer dialektisch verlaufenden, komplexen und problembeladenen Globalisierung nicht gerecht. Wenn sie hingegen den wünschenswerten Versuch einer *politischen* Gestaltung unternehmen, kann dieser nur dann erfolgreich sein, wenn er mit der Bereitschaft zu einer grenzüberschreitenden, möglichst globalen Kooperation einhergeht. Globale Kooperation steht jedoch in einem Spannungsverhältnis zum Ideal der demokratischen Partizipation. Sie wird zu Verlusten an demokratischer Teilhabe führen.

Die Hoffnung, man könne dieses Dilemma durch Modelle globaler Demokratie bzw. die Revision überkommener Demokratiemodelle einfangen („kosmopolitische Demokratie“, „Weltbürgergesellschaften“, Modellen überstaatlicher „deliberativer Demokratie“), erscheint unrealistisch. Hierzu einige Überlegungen:

Demokratie und Staat sind entwicklungsgeschichtlich eng verkoppelt. So liegt die Vermutung nahe, dass der politische Substanzverlust des Staates westlicher Prägung insbesondere auf Kosten hergebrachter demokratischer Prozesse gehen könnte. Zwar wird mit dem Staat, wenngleich in erster Linie in Gestalt eines vergleichsweise „entpolitisierten“ Wettbewerbsstaates, auch in Zukunft zu rechnen sein. Doch die Demokratie könnte, als Folge von Globalisierung und mit ihr einhergehender Prozesse, auf Dauer zu einem bloß formalen, praktisch weitgehend folgenlosen Verfahren verkümmern – mit möglicherweise einschneidenden Konsequenzen für die (national-) staatliche demokratische Legitimität.

Die Staaten sind – zumindest soweit sie als „Wettbewerbsstaaten“ agieren – an der Entstehung dieser Demokratie gefährdenden Konstellation selbstverständlich wesentlich beteiligt und tragen gegenwärtig zu deren weiterer Verschärfung bei. So reduzieren sie, um nur ein Beispiel aus dem Arsenal von Wettbewerbsstaaten in Erinnerung zu rufen, vielfach Leistungen und soziale Sicherheiten, um angesichts nahezu globaler Standortkonkurrenz den Faktor Arbeit zu verbilligen. Mit einer solchen Politik setzen sie sich jedoch verstärkt einem Dilemma aus: Während nämlich auf der einen Seite der gesellschaftliche Bedarf an staatlichen Leistungen zur Abfederung von Globalisierungsfolgen steigt, sehen sich Staaten auf der anderen Seite, z.B. im Hinblick auf das Steueraufkommen, die Finanzierbarkeit sozialer Sicherungssysteme etc., wesentlicher Mittel beraubt, diese

Leistungen zu erbringen. In der Folge wird es für sie immer schwieriger, die Grundlagen ihrer demokratischen Legitimation zu sichern.

Setzt sich dieser Trend fort, dann wird sich Regierungshandeln in „Wettbewerbsstaaten“ mehr und mehr auf die Funktion eines Transmissionsriemens zwischen einer globalisierten Ökonomie und dem jeweiligen (national-) staatlichen Segment dieser Ökonomie verengen. Zumindest auf längere Sicht lässt sich dann nicht ausschließen, dass die solcherart agierenden demokratischen Regierungen von den betroffenen Bevölkerungen primär als ohnmächtige Opfer oder als willfährige Agenten mächtiger, oft anonymer Globalisierungskräfte wahrgenommen werden und nicht (mehr) als Sachwalter ihrer eigenen Interessen.

Wenngleich sich einige demokratische Staaten ein höheres Maß an politischer Autonomie als andere bewahrt haben, drohen sie doch allesamt auf eine Situation zuzutreiben, in der es für sie immer schwieriger wird, ihre Bürger oder innerstaatliche soziale Akteure ausreichend gegen die oftmals krisenhaften Auswirkungen von Entscheidungen, die jenseits ihrer Grenzen getroffen werden, zu schützen. In der Folge droht neben einem ernsten Legitimitätsverlust auch die demokratische Bürgerbeteiligung ausgehöhlt zu werden. Bei den Betroffenen, handele es sich um einzelne Bürger oder politische Gemeinschaften, könnte sich ein Gefühl der Machtlosigkeit einstellen. Die Demokratie, nicht zuletzt in Gestalt des Wahlvorgangs, könnte zu einem „lediglich symbolischen Akt“ (Susan Strange) degenerieren. Wenn im „Wettbewerbsstaat“ keine wirklichen politischen Alternativen mehr möglich sind, wird die Diskrepanz zwischen dem Recht auf Partizipation auf der einen und den tatsächlichen Einflussmöglichkeiten auf der anderen Seite immer größer – mit dem Ergebnis einer sich ausbreitenden „politischen Frustration“ (Philip Cerny).

Eine als Folge von Globalisierungsprozessen überstrapazierte politische Problemlösungsfähigkeit demokratischer Systeme könnte auf längere Sicht zu einer nachlassenden Unterstützung von demokratischen Institutionen führen und insbesondere freiheitsfeindlichen oder radikalen Akteuren Auftrieb geben – solchen Akteuren also, die scheinbar einfache Wege und Auswege anbieten und damit nicht zuletzt bei denjenigen gesellschaftlichen Gruppen Anklang finden, die sich von demokratisch gewählten Regierungen nicht mehr vertreten fühlen.

Der einzige, Erfolg versprechende Weg, der Staaten bleibt, um die negativen Folgen von Globalisierung zu mildern oder zu bekämpfen, besteht in der intensiven Kooperation mit anderen, ähnlich gesinnten Staaten. Doch auch noch so beachtliche Kooperationserfolge können das „demokratische Dilemma“ der Globalisierung nicht lösen; sie verschieben es lediglich auf eine andere Ebene. Denn Kooperationserfolge sind meist nur die eine Seite der Medaille. Deren Kehrseite besteht darin, dass sich im Zuge von Kooperationsprozessen, also immer dann, wenn Entscheidungen auf *über*-staatliche Ebenen verlagert werden, Verluste an demokratischer Teilhabe und Legitimität einstellen. Durch Kooperation gewinnen Staaten zwar insofern an Handlungsfreiheit – und damit auch an Legitimität-, als grenzüberschreitende Probleme *überhaupt* einer Lösung nähergebracht werden können, was auch als „Output-Legitimität" bezeichnet wird; sie verlieren jedoch auch an Handlungsfreiheit und „Input-Legitimität", insofern weit reichende Entscheidungen, die die Lebensverhältnisse vieler Menschen innerhalb von Staaten tangieren, nun immer weniger autonom auf innerstaatlicher Ebene getroffen, sondern in komplizierte zwischenstaatliche Verhandlungsprozesse integriert werden. Je intensiver die Kooperation ist, desto ausgeprägter ist im Allgemeinen auch das Spannungsverhältnis zwischen einer Legitimität, die sich aus Entscheidungseffektivität herleitet, und einer Legitimität, die sich aus der Einhaltung demokratischer Verfahrensweisen ergibt.

Es lassen sich demzufolge zwei gleichzeitig ablaufende Prozesse erkennen, durch die die Legitimitätsgrundlagen demokratischer Politik zerrieben werden könnten: Zum einen haben wir es mit einer durch den globalisierungsbedingten Autonomieverlust des Staates bewirkten zunehmenden Beschränkung der *politischen* Handlungsfähigkeit demokratisch gewählter *Regierungen* zu tun. Zum anderen ist eine durch die Notwendigkeit der zwischenstaatlichen Kooperation bedingte Verminderung der Autonomie *gesellschaftlicher Willensbildung* zu beobachten, durch die das Band zwischen Regierenden und Regierten zu zerreißen droht.

V.

Vielleicht noch wichtiger als die Frage, wie man die Bereitschaft zu globaler Kooperation fördert oder wie man globale politische Prozesse für Mitsprache und Partizipation öffnet, ist die Frage, ob es denn überhaupt Erfolg versprechende Wege für die Bewältigung der durch Globalisierung verursachten Problemlagen gibt. Wenn es keine angemessenen und wirksamen Problemlösungen gibt, werden auch erhöhte globale Kooperationsbereitschaft oder demokratisierte Entscheidungsverfahren sie nicht zustande bringen können und ins Leere laufen. Im Umkehrschluss gilt: Wenn es allgemein für gangbar gehaltene Lösungswege für die bedrückenden Probleme dieser Welt gäbe, dann wäre auch die Wahrscheinlichkeit höher, dass sich globale Institutionen herausbilden (oder die vorhandenen Institutionen sich entsprechend reformieren), um diese Wege zu beschreiten. Vielleicht wäre es daher aussichtsreicher, sich nicht von neuen politischen Formen neue Inhalte zu erwarten, sondern umgekehrt, neue, überzeugende politische Inhalte zu entwickeln und auf ihrer Basis nach den angemessenen politischen Formen zu suchen.

Die Ursache für die gegenwärtig noch stark defizitäre Bereitschaft, sich mit der Globalisierungsproblematik auf einer solch substantiellen Ebene und in „ganzheitlicher" Weise auseinanderzusetzen, ist meines Erachtens weniger in der Rivalität der Staaten, in allgemeinen Dilemmata kollektiven Handelns oder in mangelnder Demokratisierung zu suchen. Sie ist in erster Linie auf die riesenhaften Dimensionen der Herausforderung – und das heißt: *auf die Sache selbst* – zurückzuführen. Die Suche nach neuen politischen Inhalten hat zwar viele Einzelvorschläge hervorgebracht, doch die Kardinalfrage bleibt bis heute unbeantwortet: Wie lassen sich die ungeheuren und widerstrebenden ökonomisch-technischen, ökologischen und sozialen Dynamiken entschärfen und durch politische Gestaltung in eine neue Balance bringen, ohne damit kontraproduktive Effekte in einem ohnehin äußerst fragilen System zu verursachen, also neue und nicht minder bedrohliche Risiken, Krisen und Katastrophen zu erzeugen?

Solange diese Frage nicht beantwortet oder im öffentlichen Diskurs verdrängt wird, ist die Wahrscheinlichkeit hoch, dass sich im Zuge der Globalisierung eine krisenhafte Zuspitzung ergeben wird, von der sich gegenwärtig nur erahnen lässt, welche Formen und Ausmaße sie annehmen könnte. Wir werden, anders ausgedrückt, einen „Preis der Komplexität" zahlen müssen. Die Frage lautet nicht, ob wir die Zahlung dieses Preises werden vermeiden können, sondern wie hoch er sein wird. Dies bedeutet nicht das Ende aktiven politischen Handelns, wohl aber bedeutet es, dass politisches Handeln sich im Kontext der Globalisierung nicht länger in der Offensive, sondern in der Defensive befindet.

An anderer Stelle[1] habe ich versucht, einige Regeln, Maximen und Leitlinien zu formulieren, mit denen man dieser neuartigen politischen Situation begegnen könnte, und meine Überlegungen zum Konzept einer „antizipatorischen Politik" verdichtet. Die Herausforderung der Globalisierung geht freilich über dieses Konzept weit hinaus. Ende der 80er Jahre – zu einer Zeit also, in der von Globalisierung noch kaum die Rede war – hat Hans-Peter Dürr eine nüchterne Analyse der Bedingungen vorgetragen, mit denen gestalterisches politisches Handeln in hoch entwickelten Gesellschaften konfrontiert ist. Er bezog sich primär auf die Verhältnisse in Deutschland; was er sagte, trifft jedoch ebenso und in noch weit stärkerem Maß auf die Handlungsbedingungen im Kontext der Globalisierung zu:

> „Bei allen Fragen gesellschaftlicher und wirtschaftlicher Veränderungen sollten wir uns davor hüten, die Probleme statisch zu betrachten. Es reicht nicht aus [...], sich abstrakt eine Ideallösung zu überlegen, und dann lauthals danach zu rufen, daß irgend jemand einen verborgenen Schalter betätigen soll, der die vorgegebene mangelhafte Situation in die gewünschte Idealsituation verwandelt. Solche Globalschalter gibt es nicht, und schon gar nicht die Personen oder Instanzen, so mächtig sie manchmal erscheinen, die sie

1 Ulrich Teusch, Was ist Globalisierung? Ein Überblick. Darmstadt 2004, S. 146-170.

bedienen könnten. Gesellschaft und Wirtschaft sind große, hochkomplexe Systeme, die aufgrund ihrer inneren Verhaltensmuster und Mechanismen eine enorme *Eigensteuerung* entwickelt haben. Die vermeintlich Agierenden sind durch die vielfältigen Sachzwänge des Systems weitgehend zu *Reagierenden* geworden.

[...]

Das Problem in einer solchen Situation ist also nicht: Wer steuert wen oder was wohin? Das Problem ist zunächst, *das System überhaupt steuerbar zu machen.*"[2]

Wie könnte eine solche Steuerung, die über Korrekturen hinausgeht und zu einer tief greifenden Reform des Systems, zu einer wirklichen Milderung seiner Widersprüche führt, aussehen? Das ist die – existentielle – Herausforderung, vor die wir durch die gegenwärtige Globalisierung gestellt werden.

Literatur

Held, David: Democracy and the Global Order. From the Modern State to Cosmopolitan Governance. Cambridge, UK 1999

Höffe, Otfried: Demokratie im Zeitalter der Globalisierung. München 2002

Opitz, Peter J. (Hrsg.): Weltprobleme im 21. Jahrhundert. Stuttgart 2001.

Speth, James Gustave: Wir ernten, was wir säen. Die USA und die globale Umweltkrise. München 2005.

Teusch, Ulrich: Was ist Globalisierung? Ein Überblick. Darmstadt 2004

2 Hans Peter Dürr, „Schon der Grundlagenforschung haftet etwas Gewalttätiges an." In: Frankfurter Rundschau (Dokumentation) vom 4. Dezember 1989, S. 8.

Die notwendigen Reformen der Vereinten Nationen

Klaus Hüfner

Das vorgegebene Thema: „Die Idee der Weltregierung und die Praxis der Weltorganisation" deutet bereits darauf hin, dass Albert Einstein sich Zeit seines Lebens gegen den Krieg, für den Frieden, für eine Weltregierung einsetzte. Weltfrieden auf der Grundlage eines von allen Staaten akzeptierten Weltrechts, überwacht und durchgesetzt von einer supranationalen Weltorganisation. Das waren seine Vorstellungen, die weder im Völkerbund noch in den Vereinten Nationen nach dem Zweiten Weltkrieg eine konkrete Umsetzung erfahren sollten. Auch nach dem Kalten Kriege erfolgten keine Versuche zur Schaffung einer entsprechenden Weltorganisation. Eher das Gegenteil, nämlich die Schwächung multilateraler Strukturen auf Weltebene ist zu beobachten.

Es sind mehrere Aspekte auf unterschiedlichen Ebenen, die Einsteins Wirken zwischen den beiden Weltkriegen und insbesondere nach dem Zweiten Weltkrieg charakterisieren:

(1) Einsteins persönliches Engagement als Vertreter der Zivilgesellschaft, als ein Naturwissenschaftler, der sich für den Frieden und die Menschenrechte engagierte. Dass und wie er sich einsetzte, war ungewöhnlich und nicht üblich, wenn man an die obrigkeitshörige Mehrheit seiner Kollegen denkt und deren Anteil am Aufstieg Hitlers und seinem Wirken ab 1933.

(2) Einsteins Engagement im Internationalen Ausschuss des Völkerbundes für Geistige Zusammenarbeit, einer Institution, die sich aus 12 (später 15) bedeutenden Wissenschaftlern zusammensetzte und als Vorbild für die Gründung der UNESCO diente und ihre institutionell-organisatorische Ausprägung in dem Exekutivrat als ein Hauptorgan der UNESCO – neben Generalkonferenz und Sekretariat – fand, allerdings dann schrittweise zurückgenommen wurde, bis 1992, das heißt ausgerechnet nach dem Ende des Kalten Krieges, „zur Erhöhung der Effizienz" die vollständige Verstaatlichung des Rats erfolgte.

(3) Im Kontext des Baus und des Einsatzes der Atombombe durch die USA im August 1945 in Hiroshima und Nagasaki sein Einsatz für die Ächtung der Atombombe und für einen vollständigen Rüstungsstopp und eine effiziente Rüstungskontrolle durch eine Weltorganisation mit entsprechenden Kompetenzen und – damit eng verbunden –

(4) seine Vorstellungen über Aufbau und Arbeitsweise einer Weltorganisation bzw. seine Enttäuschung über die Gründung der UNO in San Francisco Ende Juni 1945.[1]

Würde Albert Einstein heute, 60 Jahre nach Gründung der Vereinten Nationen, noch leben, wäre er meines Erachtens über die vor wenigen Wochen erzielten Ergebnisse des sogenannten Millenniumsgipfels + 5 zutiefst enttäuscht. Er befände sich damit auf einer Linie mit der Mehrheit der Pressestimmen, die sich zum VN-Gipfel äußerst kritisch äußerten.

Hier einige Beispiele (zitiert nach E+Z (Entwicklung und Zusammenarbeit), Nr.10, 2005, S.356-357):

In der *Frankfurter Allgemeinen Zeitung* hieß es:

„Viele haben – mutwillig oder fahrlässig – daran mitgewirkt, dass aus der ambitionierten Reformagenda des UN-Generalsekretärs ein zerzaustes Dokument geworden ist, welches die Organisation allenfalls hier und da ein Stück weiterbringen wird. Vielleicht werden auch diejenigen, die an der Verhinderung mitgewirkt haben, das eines Tages bedauern: dass der ‚große Deal' zwischen Nord und Süd für Sicherheit, Fortschritt und Menschenrechte nicht zustande gekommen ist";

die *Süddeutsche Zeitung* schrieb:

„Die VN werden an der Niederlage nicht zugrunde gehen. Aber es wird viele Jahre brauchen, um die wichtigsten Reformideen wieder zu beleben. Die Armen der Welt – denen dieses UN-Jubiläum am meisten hätte helfen sollen – haben dafür eigentlich keine Zeit";

die *Financial Times* meinte:

„Ein abgekämpfter Diplomat wurde mit den Worten zitiert, dass das Ergebnis nicht so gut sei, wie es hätte sein können, aber immer noch besser, als es hätte werden können. Genau das freilich wird einmal die Grabinschrift der Vereinten Nationen sein";

und schließlich die *New York Times*:

„Das Dokument bietet wenig mehr als eine Sammlung von wohltönenden Phrasen und frommen Wünschen, die jedermann aus der Verantwortung entlassen, jene praktischen Maßnahmen zu ergreifen, die genau jetzt gefordert sind. Jeder der mehr als 170 teilnehmenden Staatsführer, angefangen mit Präsident Bush, sollte sich schämen, diese seltene Möglichkeit verstreichen gelassen zu haben".

---

1 Vlg. hierzu Armbruster, Irene: Prophet des Friedens. In: APuZ (Aus Politik und Zeitgeschichte), 25-26/2005, 20. Juni 2005, S. 32-37; sowie Einstein, Albert: Über den Frieden. Weltorganisation oder Weltuntergang? Herausgegeben von Otto Nathan und Heinz Norden. Köln: Parkland Verlag, 2004, insbesondere Kapitel III sowie XII und XIII.

Ich teile diese Ansicht und will das an einem Beispiel begründen, das für Albert Einstein von besonderem Interesse gewesen wäre: Abrüstung und Nichtverbreitung von Kernwaffen. Zuvor jedoch für diejenigen, die sich mit dem Thema Vereinte Nationen nicht näher befasst haben, noch einige Informationen zum besseren Verständnis:

Die Vereinten Nationen haben sechs Hauptorgane, die jeweils mit einem unterschiedlich ausdifferenzierten „Unterbau“ von Nebenorganen, etc., ausgestattet sind. Sie sind keineswegs gleichberechtigt. Dies gilt formal-rechtlich (z.B. handelt der Wirtschafts- und Sozialrat (ECOSOC) unter der Autorität der Generalversammlung) als auch faktisch: Je nach sich verändernden weltpolitischen Rahmenbedingungen können sich die Gewichtungen verändern. Obwohl der Sicherheitsrat grundsätzlich die Hauptverantwortung für die Wahrung des Weltfriedens und der internationalen Sicherheit trägt, war er zu Zeiten des Kalten Krieges paralysiert, so dass es vorkam, dass die Generalversammlung entsprechende Entscheidungen treffen musste.

Dadurch gewann das Sekretariat mit dem Generalsekretär an der Spitze an Bedeutung.; er war mehr „General“ als „Sekretär“, als es um die Organisation und Leitung der VN-Friedenstruppen („Blauhelme“) der ersten Generation ging. Er galt als Vermittler und „Diplomat der Versöhnung“, das heißt, er übernahm während dieser weltpolitischen Konstellation in unterschiedlichen Rollen besondere Verantwortung an der Spitze der Organisation.

Mit dem Ende des Ost-West-Konfliktes stieg die Bedeutung des Sicherheitsrats zunehmend; nun war es möglich, konkrete Maßnahmen bei Bedrohung oder Bruch des Friedens und bei Angriffshandlungen nach Kapitel VII Charta zu ergreifen, sollte die friedliche Beilegung von Streitigkeiten nach Kapitel VI, insbesondere Artikel 33 Charta, nicht mehr möglich sein. Neue Generationen von VN-Friedenstruppen wurden entwickelt (robust peace-keeping), die eine Parteinahme der Vereinten Nationen implizierten. Dadurch veränderte sich die Rolle des Generalsekretärs, der nun zum ausführenden Organ, das heißt zum „Sekretär“ des Sicherheitsrats wurde.

Solange der Sicherheitsrat sich mit einer Streitigkeit befasst, darf die Generalversammlung dazu keine Empfehlung abgeben (Artikel 12 Charta). Mit anderen Worten: Die Rolle des Sicherheitsrats ist heute bedeutender denn je; im Dreieck Generalversammlung – Sicherheitsrat – Sekretariat „spielt der Sicherheitsrat die erste Geige“.

Mehr noch, er hat sich zu einem völkerrechtssetzenden Organ entwickelt, das allein bestimmt, wann und wodurch der Weltfrieden und die internationale Sicherheit gefährdet sind. Einzelne Mitgliedstaaten müssen sich seinen Entscheidungen unterwerfen; sie haben keine Möglichkeit, diese – etwa vor dem Internationalen Gerichtshof, einem weiteren Hauptorgan der Vereinten Nationen – anzufechten.

Die Generalversammlung, einziges Plenarorgan unter den Hauptorganen mit 191 Mitgliedstaaten, die je über eine Stimme verfügen („one state – one vote“), verabschiedet Resolutionen, die jedoch nicht völkerrechtlich verbindlich sind. Demgegenüber ist der Sicherheitsrat mit 5 ständigen und 10 nicht-ständigen Mitgliedern kein Plenarorgan; seine Entscheidungen sind von den Mitgliedstaaten umzusetzen.

In dieser Situation wagte es der Generalsekretär, Kofi Annan, einen Reform-Prozess anlässlich des 60jährigen Bestehens der Organisation vorzuschlagen. Reform-Diskussionen sind so alt wie die Organisation – ein Dauerbrenner, aber sinnvoll, da die weltpolitischen Rahmenbedingungen sich für die Weltorganisation ständig verändern und daher zumindest entsprechende Anpassungen verlangen. Besser noch wären angemessene Antizipationen solcher Veränderungen; dies jedoch erscheint angesichts des komplexen Gefüges der Organisation, ihrer Charta-Vorschriften und ihrer heterogenen Mitgliedschaft undenkbar.

Kofi Annan und sein Vorgänger, Boutros Boutros-Ghali, haben Recht, wenn sie behaupten, dass Reformen nicht als eine „one-shot-affair“ abgetan werden können. Üblicherweise wird zwischen kurz-, mittel- und langfristigen Maßnahmen unterschieden. Unter kurzfristigen Maßnahmen werden solche verstanden, die vom Generalsekretär direkt umgesetzt werden können. Mittelfristige Maßnahmen bedürfen der Zustimmung der VN-Generalversammlung. Langfristige Maßnahmen implizieren eine Revision der VN-Charta bzw. Änderungen einzelner Bestimmungen.

Deren Umsetzung ist mit nur schwer zu überwindenden Hürden konfrontiert. Nach Artikel 108 der VN-Charta erfordern Charta-Änderungen eine Zwei-Drittel-Mehrheit der Mitglieder der Generalversammlung; sie treten in Kraft, wenn sie von zwei Dritteln der VN-Mitglieder einschließlich aller ständigen Mitglieder des Sicherheitsrats ratifiziert worden sind.

In der bisherigen Geschichte der VN wurden auf der Grundlage von Artikel 108 lediglich wenige Änderungen von vier Artikeln vorgenommen:

1) Artikel 23 (1963 Erhöhung der Mitgliederzahl des Sicherheitsrates von 11 auf 15), Artikel 27 (Erhöhung der Zahl der Stimmen für Beschlüsse über Verfahrensfragen von 7 auf 9, über alle anderen Fragen von 7 auf 9 einschließlich der 5 ständigen Mitglieder);
2) Artikel 61 (1963 Erhöhung der Mitgliederzahl des Wirtschafts- und Sozialrates von 18 auf 27, dann 1971 auf 54);
3) Artikel 109 (1965: Allgemeine Konferenz zur Revision der Charta durch Beschluss einer Zwei-Drittel-Mehrheit der Generalversammlung und durch Beschluss von 9 statt 7 beliebigen Mitgliedern des Sicherheitsrates.

Die Hürden für eine Charta-Änderung, die dann tatsächlich in Kraft tritt, sind sehr hoch angesetzt. Der erste Schritt, Annahme von Änderungen durch die Generalversammlung (Artikel 108) oder umfassende Revision (109), kann durch die 5 ständigen Mitglieder jedoch nicht blockiert werden.

In seiner Rede vor der VN-Generalversammlung vom 23. September 2003 betonte der Generalsekretär, Kofi Annan, „dass die Zeit reif ist für eine eingehende Prüfung fundamentaler Politik-Fragen und struktureller Veränderungen, die notwendig sein könnten, um sie zu stärken." Er beauftragte Anfang November 2003 eine Hochrangige Gruppe von 16 namhaften Persönlichkeiten („Panel on Threats, Challenges and Change"), sich zu folgenden vier Punkten im Sinne eines funktionalistisch-strukturellen Ansatzes zu äußern:

(1) Analyse der gegenwärtigen Herausforderungen für Frieden und Sicherheit;
(2) Prüfung des Beitrags, den kollektives Handeln bei der Lösung dieser Herausforderungen leisten kann;
(3) Funktionsüberprüfung der Hauptorgane der Vereinten Nationen und ihrer Beziehungen untereinander;
(4) Empfehlungen zur Stärkung der Vereinten Nationen durch die Reform ihrer Institutionen und Verfahren.

Der Bericht enthielt 101 Empfehlungen und befaste sich in 3 Teilen mit den Themen:

- kollektive Sicherheit und die Notwendigkeit der Prävention;
- kollektive Sicherheit und die Anwendung von Gewalt;
- eine wirksamere Organisation der Vereinten Nationen für das 21. Jahrhundert.[2]

In seiner Einleitung zum Bericht der Hochrangigen Gruppe stellte Kofi Annan fest:

„12. Die Hochrangige Gruppe weist darauf hin, dass der prekären Verfassung des Nichtverbreitungsregimes für Kernwaffen sofortige Beachtung geschenkt werden muss, und warnt vor den Risiken einer möglichen Welle der Proliferation in der Zukunft. Ihre Empfehlungen – das Regime durch das Muster-Zusatzprotokoll zu stärken, Anreize für Staaten zu schaffen, keine eigenen Urananreicherungs- und Wiederaufbereitungsanlagen zu entwickeln, freiwillig ein zeitlich befristetes Moratorium für den Bau solcher Anlagen einzuführen und einen verifizierbaren Vertrag über das Verbot der Herstellung von spaltbarem Material für Waffenzwecke auszuhandeln, der zur Einstellung der Produktion von hoch angereichertem Uran für zivile Zwecke wie auch für Waffenzwecke führt – könnten

2 Vereinte Nationen/Generalversammlung: Eine sichere Welt: Unsere gemeinsame Verantwortung. Bericht der Hochrangigen Gruppe für Bedrohung, Herausforderung und Wandel. New York: Vereinte Nationen, 2. Dezember 2004, 111 S. (A/59/565).

allesamt zu einer Verringerung der Wahrscheinlichkeit eines Nuklearangriffs durch Staaten oder nichtstaatliche Akteure führen; hier ist rasches Handeln erforderlich."[3]

In der Tat äußerte sich die Hochrangige Gruppe sehr ausführlich zu dieser Problematik und schlug unter anderem vor:[4]

- Die Kernwaffenstaaten müssen die Abrüstung wieder in Gang bringen, indem sie ihre Abrüstungsverpflichtungen nach Artikel VI des Vertrags über Nichtverbreitung von Kernwaffen einhalten und bereit sind, konkrete Maßnahmen zu ergreifen. Ferner sollte sie ihre früher eingegangenen Verpflichtungen, keine Kernwaffen gegen Nichtkernwaffenstaaten einzusetzen, bekräftigen.
- Insbesondere die USA und Russland sollten sich zu praktischen Maßnahmen zur Verringerung des Risikos eines unbeabsichtigten Atomkriegs verpflichten, gegebenenfalls unter Einschluss eines Plans zur schrittweisen Reduzierung des Bereitschaftsgrads ihrer strategischen Kernwaffen.
- Der Sicherheitsrat sollte sich ausdrücklich dazu verpflichten, bei einem nuklearen Angriff oder der Androhung eines solchen Angriffs auf einen Nichtwaffenstaat kollektive Maßnahmen zu ergreifen.
- Die Staaten, die nicht Vertragspartei des Vertrags über die Nichtverbreitung von Kernwaffen sind, sollten ein Bekenntnis zur Nichtverbreitung und Abrüstung ablegen und dies dadurch unterstreichen, dass sie den Vertrag über das umfassende Verbot von Nuklearversuchen ratifizieren und die Verhandlungen über einen Vertrag über das Verbot der Herstellung von spaltbarem Material für Waffenzwecke unterstützen, die beide sowohl Kernwaffenstaaten als auch Nichtkernwaffenstaaten offen stehen.
- Die Anzeige des Rücktritts eines Staates von dem Vertrag über die Nichtverbreitung von Kernwaffen sollte Anlass zur unverzüglichen Nachprüfung seiner Einhaltung des Vertrags sein, wenn nötig auf Grund eines Mandats des Sicherheitsrats. Der Gouverneursrat der Internationalen Atom-Energie-Organisation (IAEO) sollte beschließen, dass im Falle von Verstößen jede von der IAEO gewährte Unterstützung beendet wird.
- Die Abrüstungskonferenz sollte ohne weitere Verzögerung die Verhandlungen über einen verifizierbaren Vertrag über das Verbot der Herstellung von spaltbarem Material für Waffenzwecke aufnehmen, der auf der Grundlage eines festgelegten Zeitplans zur Einstellung der Produktion von hochangereichertem Uran für zivile Zwecke wie auch für Waffenzwecke führt.

Der Generalsekretär, Kofi Annan, hat dann in kurzer Zeit Ende März 2005 einen Bericht unter dem Titel „In größerer Freiheit: Auf dem Weg zu Entwick-

---

3 Vereinte Nationen/Generalversammlung, a.a.O., Ziffer 12, S.3.

4 Vgl. hierzu: Vereinte Nationen/Generalversammlung, a.a.O., Ziffer 107 bis 144 sowie die Ziffern 21 bis 37 in der Zusammenfassung der Empfehlungen.

lung, Sicherheit und Menschenrechten für alle“ vorgelegt, der als Entscheidungsgrundlage für die auf dem Gipfel im Herbst 2005 in New York versammelten Staats- und Regierungschefs dienen sollte. Darin wurden die Interdependenzen von Entwicklung, Sicherheit und Menschenrechten unterstrichen und Forderungen sowohl zur weiteren Umsetzung der Ergebnisse des Millenniums-Gipfels 2000 als auch zur Stärkung der Vereinten Nationen durch entsprechende Reformen-Maßnahmen gekoppelt.[5]

Neben einer Vielzahl von Maßnahmen zur Erreichung der acht Millenniumsziele befasste sich ein Abschnitt mit nuklearen, biologischen und chemischen Waffen mit sehr konkreten Forderungen an die VN-Mitgliedstaaten (Ziffern 97 bis 105). Darin zeigte der Generalsekretär auf, welchen hohen Stellenwert der inzwischen 35 Jahre alte Vertrag über die Nichtverbreitung von Kernwaffen bisher aufwies. Aber zugleich musste er eingestehen, dass (mit Nord-Korea) erstmals eine Vertragspartei_zurückgetreten sei und „die immer schwieriger werdende Verifikationen und Durchsetzung ... zu einer Vertrauenskrise und Problemen mit der Vertragseinhaltung geführt (hat)“, wobei er den Iran ebenfalls nicht explizit nannte. Er appellierte an die besondere Verantwortung der Kernwaffenstaaten und sagte:

> „Der einzigartige Status der Kernwaffenstaaten bringt jedoch auch eine einzigartige Verantwortung mit sich, und diese Staaten müssen mehr tun; unter anderem – ohne darauf beschränkt zu sein – müssen sie ihre Arsenale an nichtstrategischen Kernwaffen weiter abbauen sowie Rüstungskontrollabkommen verfolgen, die nicht nur die bloße Demontage, sondern auch die Unumkehrbarkeit dieser Maßnahmen festschreiben. Sie sollten darüber hinaus ihr Bekenntnis zu negativen Sicherheitsgarantien bekräftigen. Die rasche Aushandlung eines Vertrags über das Verbot der Herstellung von spaltbarem Material für Waffenzwecke ist unabdingbar. Außerdem muss das Moratorium für Versuchsexplosionen von Kernwaffen aufrechterhalten werden, bis wir das Inkrafttreten des Vertrags über das umfassende Verbot von Nuklearversuchen erreichen können. Ich lege den Vertragsstaaten des Vertrags über die Nichtverbreitung von Kernwaffen eindringlich nahe, diese Maßnahmen auf der Konferenz der Vertragsparteien im Jahr 2005 zur Überprüfung des Vertrags zu befürworten.“[6]

Nach diesen Vorarbeiten war zu erwarten, dass der Weltgipfel im September 2005 auch einen operativen Abschnitt zu Problemen der Abrüstung und Nichtweiterverbreitung von Kernwaffen enthalten würde. In der Tat enthielten noch der Entwurf des Präsidenten vom 3. Juni 2005 sowie der überarbeitete Entwurf eines Ergebnisdokuments vom 5. August 2005 einen solchen Abschnitt, der etwa

5 Vereinte Nationen/Generalversammlung: In größerer Freiheit: Auf dem Weg zu Entwicklung, Sicherheit und Menschenrechten für alle. Bericht des Generalsekretärs. New York: Vereinte Nationen, 21. März 2005, 70 S. (A/59/2005).

6 Vereinte Nationen/Generalversammlung, a.a.O., Ziffer 98, S. 32.

1,5 bis 2,5 Seiten umfasste (Ziffern 48 bis 53 bzw. Ziffern 57 bis 64). Als dann die USA auch zu diesem Abschnitt kurzfristig, d.h. am 1. September 2005, zahlreiche Änderungs- und Streichungswünsche äußerte, war der Abschnitt im Entwurf vom 6. September 2005 deutlich geschrumpft, wobei die Mehrzahl der Ziffern in Klammern gesetzt war. Mit anderen Worten: Es wurde kein Konsens für die vorliegenden Vorschläge erzielt; vielmehr hieß es einleitend zu diesem Abschnitt:“ The proposals which have been put forward have not generated consensus. This text lacks sufficient language on disarmament. Further proposals are needed to balance this text.”

Vor diesem Hintergrund wird es nicht verwundern, dass im Ergebnisdokument des Weltgipfels 2005 vom 15. September 2005[7] sämtliche Vorschläge zur Abrüstung und Nichtweiterverbreitung von Kernwaffen ersatzlos gestrichen waren. Offensichtlich war der politische Druck der Kernwaffenmächte des Sicherheitsrats groß genug, trotz Unterschiede in ihren nationalen Interessenslagen eine Streichung des gesamten Abschnitts zu erreichen.

Selbst in der interessierten Öffentlichkeit wurde diese ersatzlose Streichung übersehen. Zu stark war das Interesse auf eine mögliche Erweiterung des Sicherheitsrats fokussiert, obwohl hier die Interessenslagen seiner ständigen Mitglieder von Anfang an deutlich machten, dass es zu keiner Charta-Revision kommen würde. Reform-Ansätze im Rahmen der bestehenden Charta-Vorschriften, wie z.B. die Einsetzung eines Menschenrechtsrats als Nebenorgan der Generalversammlung anstelle der bisherigen Menschenrechtskommission sowie die Schaffung einer Kommission für Friedenskonsolidierung als zwischenstaatliches Beratungsorgan, wurden von den Regierungen als Erfolge gefeiert, obwohl noch völlig unklar ist, in welchem Grade die neu zu schaffenden Gremien überhaupt funktionsfähig sein können.

Fragen wir uns abschließend nochmals, was Albert Einstein über die Ergebnisse des Weltgipfels 2005 gedacht, wie er sich in die öffentliche Diskussion eingebracht hätte. Sicher wäre auch er höchst enttäuscht gewesen wie viele, die einen Durchbruch in den Reform- Bemühungen des Generalsekretärs erwartet hatten.

Im Frühjahr 1946 hatte sich Einstein zur Unterzeichnung eines „Aufrufs an die Völker der Welt“ entschlossen, in dem es unter anderem hieß:

> „Die Vereinten Nationen stellen in ihrer heutigen Form eine Liga souveräner Staaten dar. Sie sind daher keine Weltregierung. Es fehlt ihnen die Autorität des Gesetzes, um Feindseligkeiten zwischen Nationen zu verhindern und Recht und Sicherheit zu verankern. Dennoch bedeuten die Vereinten Nationen den bis jetzt größten Schritt der Mensch-

7 Vereinte Nationen/Generalversammlung: Ergebnisdokument des Weltgipfels 2005. New York: Vereinte Nationen, 15. September 2005, 39 S. (A/60/L.1).

heit in der Richtung auf den Weltfrieden. Da die Charta Änderungen vorsieht, sollte die Umwandlung der Vereinten Nationen in eine Weltregierung mit allen Mitteln erstrebt werden.

...

Es geht vor allem darum, die Menschheit von der Atmosphäre der Furcht und des Misstrauens zu befreien, die die Atombombe und die Gefahr anderer Waffen von ähnlicher Destruktivkraft geschaffen haben. Die Vereinigten Staaten haben die Möglichkeit, ja die Pflicht, in dieser Richtung führend und konstruktiv zu arbeiten."[8]

Albert Einstein wollte mit der Errichtung einer Weltregierung verhindern, dass es zu einer weiteren atomaren Katastrophe nach Hiroshima und Nagasaki kommt. Der Rüstungswettlauf zwischen den USA und der Sowjetunion sollte gestoppt werden. Pläne zur internationalen Kontrolle und Inspektion der Atomenergie und Atomwaffen lagen vor. Aber der Kalte Krieg sollte die Option verhindern.

Heute haben wir nicht nur fünf etablierte Atommächte, die zugleich ständige Mitglieder des Sicherheitsrats sind und trotz regelmäßiger Bekenntnisse zur Abrüstung keinesfalls bereit sind, ihre Kernwaffen-Arsenale gänzlich aufzugeben. Im Gegenteil, Kernwaffen erleben im 21. Jahrhundert eine Renaissance; Möglichkeiten eines vorbeugenden Einsatzes werden ernsthaft diskutiert. Drei weitere Staaten , nämlich Israel, Pakistan und Indien, haben inzwischen ebenfalls den Status von Nuklearstaaten erreicht. Weitere Kandidaten stehen mit Nordkorea und Iran kurz davor, diesen Status zu verwirklichen. Das heißt, dass die Anzahl des Kernwaffenstaaten weiter ansteigen wird.

Es wäre eine dringend notwendige Aufgabe der fünf etablierten Nuklearmächte, ihre ständige Mitgliedschaft im Sicherheitsrat zu nutzen, um dieser Entwicklung mit allen Mitteln gegenzusteuern. Dann würde der Sicherheitsrat sogar Funktionen einer Weltregierung übernehmen, die Albert Einstein bereits Ende des Zweiten Weltkrieges so eindringlich gefordert hatte.

---

8 Einstein, Albert, a.a.O., S. 381-382.

Die Weltordnung neu denken

Apartheid global

Der neue Imperialismus und der globale Süden

von Samir Amin

Die Globalisierungsdebatte provoziert zunehmende Ängste in den nördlichen Industriestaaten. Dagegen kommen die Auswirkungen der Globalisierung auf den Süden kaum zur Sprache – und das, obwohl eine Mehrheit von 85 Prozent der Weltbevölkerung im Süden lebt. Dabei lässt sich unschwer feststellen – und ich sage es gleich zu Beginn –, dass das als neoliberal bezeichnete Globalisierungsmodell mit Blick auf die Mehrheit der Menschheit schlichtweg kriminell ist, und dass dieses Globalisierungsmodell zwangsläufig auf eine militärische Ordnung hinausläuft, da es sich einzig und allein durch den zunehmenden Einsatz von Gewalt fortführen lässt. Dies beinhaltet auch eine verstärkte Aufrüstung und den jederzeit möglichen Einsatz von Massenvernichtungswaffen – darunter Atomwaffen, die als logische Folge des Versuchs, dieses Globalisierungsmodell fortzuführen, auf der Tagesordnung stehen.

Bevor ich näher auf diesen zentralen Punkt eingehe, scheinen mir jedoch einige Bemerkungen über die verschiedenen Modelle der Globalisierung im Verlauf der Geschichte und insbesondere über die beiden unterschiedlichen Globalisierungsmodelle vom Zweiten Weltkrieg bis heute angebracht. Das eine herrschte während der ersten 30 Jahre nach dem Zweiten Weltkrieg bis in die Mitte der 70er Jahre vor, und mit dem anderen, dem heute dominierenden, haben wir es seit 25 oder 30 Jahren zu tun.

Globalisierung und Kolonialismus

Globalisierung ist wahrlich nichts Neues. Die Welt war schon immer globalisiert. Doch interessanterweise hatte die Globalisierung in alter Zeit, das heißt vor Beginn der Neuzeit bzw. des Kapitalismus, zwar viele negative, aber auch viele positive Aspekte – mehr vielleicht als die gegenwärtige moderne Globalisierung. Natürlich ist es im Verlauf der Geschichte stets zu Tötungen in großem Maßstab gekommen, doch die Globalisierung in ihrer damaligen Form bot den weniger weit entwickelten Völkern die Chance aufzuholen. So bot die Globalisierung beispielsweise den Europäern die Chance, zum Mittleren Osten, zu den Arabern, aufzuschließen, die ihnen damals in ihrer Entwicklung voraus waren.

Dieses vor-neuzeitliche Modell der Globalisierung, oder genauer: der zahlreichen regionalen Globalisierungen, unterscheidet sich sehr von jenem, mit dem wir es während der gesamten Neuzeit bzw. während des Kapitalismus, also während der letzten 500 Jahre, zu tun haben. Auch dabei handelt es sich nicht um einen einzigen Vorgang, sondern um zahlreiche regionale Globalisierungen, also um viele aufeinander folgende Modelle, die aber unablässig zu Ungleichheit und Polarisierung auf globaler Ebene geführt und diese ständig vertieft haben. Von daher könnte man sie mehr oder weniger als Synonym für Imperialismus verstehen, und so würde ich sie auch verstehen wollen. Denn sie haben keineswegs Bedingungen geschaffen, die den weniger weit entwickelten Völkern die Chance zum Aufholen geboten hätten, sondern vielmehr solche, die ein Aufholen geradezu unmöglich machen und die deshalb zum größten Skandal in der Geschichte der Menschheit geführt haben.

Natürlich hatten diese Modelle – und ich spreche bewusst von Modellen und nicht von geschichtlichen Zwangsläufigkeiten – ihre jeweiligen Besonderheiten. Wir können vom Modell des frühen Imperialismus sprechen, des Merkantilismus, samt der zeitgleichen Entwicklung von Nord- und Lateinamerika mit der damit verbundenen Sklaverei, dem Völkermord an den Indianern usw. Es war ein Globalisierungsmodell, doch für Indianer und Schwarze war es das denkbar destruktivste, ein geradezu verbrecherisches Globalisierungsmodell.

Nun zum zweiten Modell, das man vielleicht als das klassische bezeichnen kann und das mit der Industrialisierung des Westens, also der Zentren – das heißt hauptsächlich Westeuropas, aber auch der Vereinigten Staaten bzw. Nordamerikas und später Japans – einherging. Dieses Modell war bis zu einem gewissen Grad, aber nicht zwangsläufig, von Kolonialisierung begleitet. Und auch dieser Kolonialismus ist ein Globalisierungsmodell. Die Behauptung, Afrika sei nicht in das globale System integriert, ist deshalb eine Verhöhnung. Zunächst wurde es durch den Sklavenhandel integriert, dann durch den Kolonialismus, der zudem eine der hässlichsten Formen der Globalisierung ist. Zu diesem Zeitpunkt war Globalisierung – oder, in meiner Terminologie, der Gegensatz zwischen Zentren und Peripherien – mehr oder weniger gleichbedeutend mit dem Gegensatz zwischen industrialisierten und nicht-industrialisierten Gebieten.

Zwei Modelle der Globalisierung

Seit dem Ende des Zweiten Weltkrieges haben wir es mit anderen Globalisierungsmodellen zu tun. Das eine war – trotz all seiner inneren Widersprüche, seiner Grenzen usw., und obwohl es natürlich alles andere als vollkommen war – nicht ganz so verbrecherisch und gefährlich wie jenes, durch das es später abgelöst wurde. Von einem afro-asiatischen Blickwinkel aus kann man das weniger gefährliche als das Bandung-Modell bezeichnen. Die Ideen der Konferenz von Bandung, auf der im Jahre 1955 die „Dritte Welt“ als Synonym derBlockfreienbewegung ins Leben gerufen wurde, dominierten bis in die Mitte der 70er Jahre, nämlich bis zur Durchsetzung der von den Entwicklungsländern geforderten so genannten Neuen Weltwirtschaftsordnung in der UNVollversammlung Ende 1974 und der anschließenden Ablehnung dieser neuen Ordnung durch die imperialistischen Mächte, allen voran die Vereinigten Staaten und ihre westeuropäischen Verbündeten. Dieses Modell von Bandung war die Folge eines doppelten Sieges (bzw. einer doppelten Niederlage): des Sieges der Demokratie über den Faschismus und des Sieges der Völker Asiens und Afrikas über den alten Kolonialismus – also jenen der Periode davor. Dieser doppelte Sieg weckte natürlich zahlreiche Illusionen; er führte aber auch dazu, dass man die Möglichkeit des Aufholens wieder für realistisch hielt – ein Aufholen mit all seinen Widersprüchen und negativen Aspekten, versteht sich. Doch durch staatliche Intervention mit ihren positiven und weniger positiven Aspekten konnten in der Tat einige der negativsten Erscheinungen des Kapitalismus abgefedert werden – beispielsweise durch Protektionismus, was so viel wie ausgehandelte Globalisierung bedeutet, also keine Globalisierung zum alleinigen Wohle des Stärkeren, sondern eine Globalisierung, die die Schaffung von Chancen für die anderen, die Schwächeren, bedeutet und mit mehr oder minder radikalen sozialen Reformen einhergeht. Auch wenn also die Politik staatlicher Intervention gewöhnlich nicht unbedingt von einem Demokratisierungsprozess begleitet wurde, war sie doch immerhin mit sozialem Fortschritt verbunden.

Deshalb kam es in diesem Rahmen zu hohen Wachstumsraten – den höchsten Wachstumsraten auf globaler Ebene, die in der Geschichte des Kapitalismus und in der Geschichte der Menschheit je erzielt wurden. Man kann sagen, dass wir mehr oder weniger Vollbeschäftigung hatten, verbunden mit sehr schnellem und umfangreichem sozialen Aufstieg für die meisten Menschen. In vielen Fällen fand ein Abbau von Ungleichheit statt, zumindest wurde Ungleichheit nicht gefördert.

Heute erzählt man uns, dieses Globalisierungsmodell sei irrational gewesen. Und es wurde durch dasjenige ersetzt, das wir heute haben – mit weit niedrigeren Wachstumsraten. Über denselben Zeitraum von 30 Jahren sind diese nur noch halb so hoch wie die des früheren Modells. Die Vollbeschäftigung mit sozialer Mobilität nach oben wich massiver und wachsender Arbeitslosigkeit, Unsicherheit, Informalisierung und Prekarisierung – kurz: allen denkbaren Formen der Verarmung und zunehmender Ungleichheit.

In den 50er und 60er Jahren betrug der Anteil der stabilen Arbeitsverhältnisseim Westen zwischen 80 und 90 Prozent, in den Ländern des Südens etwa 50

Prozent. Bezieht man diese Zahlen auf alle damaligen Arbeitsverhältnisse, so lebten ungefähr drei Viertel der Menschen in stabilen Arbeitsverhältnissen. Heute sind es im Westen noch 60 Prozent und im Süden ganze 20 Prozent. Insgesamt haben global also drei Viertel der Menschen weder einen sicheren Arbeitsplatz noch Zugang zu einem geregelten Einkommen und zu sozialen Rechten. Und diese Tendenz zur Verelendung auf globalem Niveau setzt sich unverändert weiter fort. Zunehmend existieren zwei Welten nebeneinander: In der einen Welt leben diejenigen, die von der Steigerung der Produktivität, von verbesserter Technologie und potenzierter Kapitalakkumulation profitieren, und in der anderen Welt lebt die ständig wachsende Anzahl der Verelendeten und Ausgeschlossenen. Und dennoch macht man uns weis, dass diese Erscheinungen vollkommen rational und geschichtlich unabwendbar seien.

Der entscheidende Unterschied zwischen dem ersten und dem zweiten Globalisierungsmodell besteht in der Höhe der Kapitalverzinsung: Beim ersten Modell lag sie zwischen 4 und 8 Prozent, beim zweiten liegt sie zwischen 8 und 16 Prozent – sie ist also doppelt so hoch. Ob ein Modell als vernünftig gilt, entscheidet sich also danach, wer davon profitiert: Profitiert das Kapital, auch wenn dies auf Kosten aller Völker geht, so ist es vernünftig. Profitieren die Völker und weniger das Kapital, so gilt das Modell als unvernünftig.

Nun weist das Modell, das ich als Bandung-Modell bezeichnet habe, eine Vielzahl von Dimensionen auf, positive wie negative, auf die ich hier nicht näher eingehen kann. Doch dieses Kapitel ist abgeschlossen. Und was heute vorherrscht, ist ebendieses neue Globalisierungsmodell, das weniger Wachstum, zunehmende Verarmung und zunehmende Ungleichheit bedeutet – und natürlich als ausgesprochen rational gilt. Dabei ist dieses Modell das vielleicht verbrecherischste Globalisierungsmodell der Geschichte, da es die Bedingungen für permanenten Krieg schafft. Dazu gehören, neben vielen anderen hässlichen Dingen, auch permanenter Terrorismus, permanenter Rassismus, permanente (Bürger-) Kriege und permanente Dummheit. Aber vor allem schafft es die Basis für permanenten Krieg.

Der neue Imperialismus und sein Scheitern

Ich bezeichne dieses neue Modell als „imperialistische Globalisierung" – nicht als postimperiale oder postimperialistische. Es ist nämlich noch imperialistischer als das vorhergehende Globalisierungsmodell, weist aber eine Reihe von besonderen Merkmalen auf. Zunächst konnte man in der Zeit vor dem Zweiten Weltkrieg vom Imperialismus nur im Plural sprechen – den Imperialismus als Einzelerscheinung gab es nicht, sondern es gab vielmehr imperialistische Staaten, die einander beinahe unablässig bekämpften. Dieses Modell wurde durch das ersetzt, was ich der Einfachheit halber den kollektiven Imperialismus der Triade Vereinigte Staaten, Westeuropa und Japan nenne. Aber mit welcher Begründung?

Auch ohne dass ich an dieser Stelle eine detailliertere Analyse der Veränderungen innerhalb des Kapitalismus vornehmen kann, die zu dem neuen Modell geführt haben, ist offenkundig, dass die kollektiven Wirtschaftsinstrumente zum Management dieses globalen kapitalistischen Systems – die Welthandelsorganisation (WTO), die das bedeutendste dieser Instrumente ist, der Internationale Währungsfonds (IWF), die Weltbank und andere mehr – wichtigeAkteure sind. Und das gilt auch für die politischen Instrumente, allen voran für die NATO, die zunehmend die UNO ersetzt. Dabei ist die NATO in erster Linie ein militärisches Instrument, und das keineswegs zufällig. Die NATO ist zugleich auch ein Projekt der Europäer, betrieben vor allem seitens der USA, aber auch mit Hilfe der europäischen Staaten. Sie ist ein Projekt, das Europa auf die militärische Dimension des atlantischen Projekts reduzieren soll. Geplant ist gewissermaßen ein Europa mit einer Hauptstadt in Washington, D.C. Ich bezeichne diesen kollektiven Imperialismus angesichts seiner Folgen für Asien, Afrika und Lateinamerika als „Apartheid auf globaler Ebene“. Er ist zwangsläufig mit dem wahnwitzigen und deshalb kriminellen Vorhaben verknüpft, den Planeten militärisch zu kontrollieren.

Jedes wahnsinnige Vorhaben – Hitlers Vorhaben war wahnsinnig, es war kriminell, und weil es wahnsinnig war, schlug es natürlich fehl – jedes wahnsinnige Vorhaben muss fehlschlagen, aber zu welchem Preis? Dieses Vorhaben der NATO ist nun die Folge des Strebens nach militärischer Kontrolle über den Planeten. Im Kampf gegen dieses Globalisierungsmodell ist die Forderung nach einem Verbot von Atomwaffen von grundlegender Bedeutung. Es geht, um das gleich zu sagen, nicht um das heuchlerische Predigen gegen die Verbreitung von Atomwaffen da und dort, die natürlich verwerflich ist, sondern darum, diejenigen anzugreifen, die die wahre Bedrohung für die Menschheit darstellen und die im Grunde die Mächtigsten sind – vor allem die USA mit ihrer arroganten und zynischen Erklärung, dass sie diese Waffe einsetzen werden, wenn es ihnen von ihrem Standpunkt aus nützlich erscheint.

Dieses Modell versucht nun etwas, das, ich wiederhole es, völlig wahnwitzig und unvernünftig ist, weshalb es diese – von einem humanistischen Standpunkt aus betrachtet – irrationalen Folgen zeitigt. Das Prinzip, das ich dagegen verfechte, habe ich als „de-linking“ bezeichnet, also als „Abkoppeln“oder „Loslösen“, aber vielleicht ist der Begriff nicht gut gewählt, da man meinen könnte, er bedeute Autarkie oder gar ein Verlassen dieses Planeten, um sich auf einem anderen Planeten niederzulassen. Ich verstehe unter „de-linking“ jedoch die Unter-ordnung des Stellenwerts der Teilnahme an der Globalisierung unter die Prioritäten eines fortschreitenden sozialen Wandels.

Das ist das genaue Gegenteil dessen, was heute den Lauf der Welt bestimmt, nämlich die so genannte „Anpassung". Anpassung wird im herrschenden Modell der Globalisierung als Anpassung der schwächsten Nationenan die Erfordernisse der Entwicklung des globalen kapitalistischen Systems in seiner derzeitigen Form verstanden. Es ist im Grunde die Anpassung des Südens an die Bedürfnisse des Nordens, der sein eigenes Entwicklungsmodell auf Kosten der anderen vorantreibt. Es ist aber auch die Anpassung Europas an die Bedürfnisse der USA, die ihr eigenes Projekt globalerHerrschaft verfolgen. Anpassung wird nie als Anpassung des Nordens an die Erfordernisse eines anderen Modells globaler Entwicklung verstanden – eines, von dem auch der Süden profitieren würde –, und nicht einmal als Anpassung der USA an die Bedürfnisse anderer, etwa Europas. Niemand verlangt von den USA, sich anzupassen und beispielsweise ihr riesiges Handelsbilanzdefizit zu verringern.

Just diese Anpassung der Schwächsten an die Bedingungen, die die Starkenerst stark gemacht haben, zerstört deren Chance zum „Aufholen". Damit meine ich gerade nicht die bloße nachholende Kapitalisierung, sondern die Chance der Schwachen, sich mit positivem sozialen Inhalt zum Wohle ihrer eigenen Bevölkerung zu entwickeln. Deshalb schlage ich vor, die Prioritäten umzudrehen. Dies lässt sich mit einem Beispiel aus der Landwirtschaft bzw. aus bäuerlichen Gesellschaften illustrieren. Denn vergessen wir nicht: Drei Milliarden Menschen leben in bäuerlichen Gesellschaften – das ist fast die Hälfte der Weltbevölkerung. Spricht man jedoch von Sonderrechten zur Verteidigung dieser Menschen, so bekommt man nur zu hören: „Aber die Prinzipien und Werte, die in den Menschenrechten verankert sind, verbieten jede Sonderbehandlung, sondern gelten doch für alle Menschen und somit auch für die Bauern." Ich pflege darauf zu antworten: „Dann sollten wir wohl auch nicht eigens über die Rechte von Frauen diskutieren, denn schließlich stellen auch sie ‚nur' die Hälfte der Menschheit, und da sie Menschen sind, braucht man nicht eigens über sie zu reden!" Nein, dieser Ansicht bin ich nicht.

Die globale Apartheid und ihre Alternative

Was steht nun beim derzeitigen Globalisierungsmodell auf der Tagesordnung? Gegenwärtig wird überall und flächendeckend vormaliges Gemeineigentum privatisiert. Man könnte diesen Prozess *enclosures* auf globaler Ebene nennen. Solche „Einhegungen", bei denen historisch Gemeindeland durch Zäune abgegrenzt und in private Nutzung überführt wurde, gab es zuerst im entstehenden Kapitalismus in England, dann in Westeuropa, bis sie schließlich mehr oder weniger den ganzen europäischen Kontinent erfassten. Die Einhegungen zerstörten die bäuerlichen Gesellschaften. Nun könnte man geltend machen, dieses Vorgehen habe im entwickelten Westen einen effizienten Prozess der Verstädterung in Gang gesetzt. Es ist jedoch offensichtlich, dass es heute im Süden nicht das gleiche Resultat zeitigen kann, da man, um wettbewerbsfähig zu sein – und Wettbewerbsfähigkeit wird unbedingt verlangt –, moderne Technologien entwickeln muss. Dadurch werden permanent Menschen freigesetzt, denen die Länder des Südens (und zunehmend auch jene des Nordens) keine Lebensgrundlage mehr zu bieten vermögen. Die Zerstörung bäuerlicher Gesellschaften führt heute zu einem anderen Modell der Urbanisierung – nämlich zur Entstehung von Slums und nichts als Slums. Es ist ein Genozid auf globaler Ebene. Deshalb habe ich diesen Zustand als Apartheid auf globaler Ebene bezeichnet.

Deshalb, und dies ist meine Schlussfolgerung, müssen wir über eine Alternative nachdenken oder vielmehr über verschiedene Alternativen mit all ihren Nuancen. Keine Blaupause, nicht das gleiche Rezept für alle, wie Weltbank und Wirtschaftsliberalismus es propagieren. Wir brauchen vielmehr ein anderes Globalisierungsmodell, das unter neuen Bedingungen erneut auszuhandeln wäre. Vier Dinge sind dafür von zentraler Bedeutung: Erstens ist fraglos ein anderes Europa vonnöten, ein Europa, das sich vom Liberalismus und Atlantizismus abkoppelt. Dies wird sicher nicht in den nächsten Monaten und 1 Vgl. Samir Amin, Der kapitalistische Genozid, in: „Blätter“, 7/2004, S. 817-824. Jahren geschehen, aber es ist notwendig. Zweitens sollten bedeutende, sich entwickelnde Länder wie China einen Weg zu einem anderen Gesellschaftsmodell beschreiten und nicht nur dem ausgetretenen Pfad folgen, der zum so genannten normalen Kapitalismus führt. Drittens ist die Wiederherstellung der Solidarität unter den Völkern des Südens dringend geboten. Hierbei kann es sich nicht um eine einfache Neuauflage von Bandung handeln, schon weil es in der Geschichte keine Neuauflagen gibt. Dennoch gilt es, die Grundsätze von damals erneut zu bekräftigen. Und viertens brauchen wir eine Vielzahl von Reformen und Veränderungen hin zu einer Demokratisierung der institutionellen Strukturen internationalen Lebens, der UNO und anderer Organisationen. Diese Reformen müssten ganz anders aussehen als die karikaturesken Projekte, die Kofi Annan bisweilen vorschlägt. Vor allem müssten sie die Wiedereinsetzung der UNO – und nicht der NATO – als das politische Werkzeug der Realisierung eines akzeptablen, menschlichen Globalisierungsmodells beinhalten.

Der Beitrag beruht auf einem Vortrag, den der Verfasser im Rahmen der internationalen Konferenz „Einstein weiterdenken“ am 14. Oktober 2005 in Berlin in englischer Sprache gehalten hat.

Der Beitrag erschien erstmalig in den „Blättern für deutsche und internationale Politik“, Heft 2/2006, S. 163-169 (www.blaetter.de)

Two Conflicting Paradigms to Global Development: Rights-based vs. Neoliberal Approaches

Brigitte Young

We face a clash today between two competing paradigms for development: a **"rights-based approach to development"** and the **"neo-liberal economic framework"** based on market fundamentalism, which is essentially creating a disabling environment for human development, social justice and gender equality. To achieve a fair and balanced globalization requires, as I will argue, the co-ordination of macroeconomic, trade and investment policies and multilateral agreements that can achieve social and sustainable development objectives as well as human right standards.

Rights-Based Approach to Development

The Universal Declaration of Human Rights makes the moral claim that human rights belong equally to everyone by virtue of being human, and sets out the context of these rights, as recognized by the members of the United Nations. In practical terms, human rights can be seen as claims to a set of social arrangements – norms, institutions, laws, an enabling economic environment that can best secure enjoyment of these rights (UN 1948). The Declaration of Human Rights, and the treaties stemming from it, make it clear that governments and all other organizations have a duty to contribute to the creation of an enabling economic environment for the enjoyment of human rights (UN 1993).

Gender equality is a universal goal that is enshrined in many international instruments such as the Charter of the United Nations, the Universal Declaration of Human Rights (1948) and the Convention on the Elimination of all Forms of Discrimination Against Women (CEDAW). In addition, the Fourth World Conference on Women adopted the Platform for Action in Beijing in 1995, which sets out a number of strategic objectives and actions, notably on the role of women in an economy. More recently, the UN Millennium Development Goals adopted by 184 Heads of State in 2000 reaffirmed among its eight goals the primacy of poverty alleviation, providing universal primary education, reduce child mortality and to promote gender equality and empower women. Moreover, the International Conference on Financing for Development in Monterrey in March 2002 was in effect a compact among UN members to ensure that the broad macroeconomic environment was consistent across the national and international levels in order to achieve global development objectives.

Despite these rather important steps in invoking the language of human rights, human development and increasingly also the discourse on gender justice, we seem to confront another discourse, the neoliberal agenda, that presumes that the best way to give substance to human rights is to reduce the role of the state, liberate entrepreneurial energy, achieve economic efficiency, and promote faster economic growth (Elson 2002).

The Neoliberal Paradigm

The neoliberal objective has been to reduce poverty through participation in markets (monetarized relationships) wherever possible. Access to privatized infrastructure and services in the sense that the main way in which people are expected to obtain the resources required to support human life is via private production for sale and the purchase of the goods and services they need (see Gill 2003). Access to publicly provided services such as health, education, and water is made dependent on the ability to pay through the introduction of fees for use. Provisions for old age and ill health are increasingly privatized through privatization of insurance. This means that social risks are individualized. And the whole model of liberalization and privatization relies on the unspoken and invisible ultimate safety net of women's unpaid work (Grown, Elson and Cagatay 2000).

In essence, the objective of neoliberal policies is to prioritize the needs of capital markets – with the social sector subservient to the financial markets. Governments have to demonstrate their credibility to investors and the financial markets first by creating a consistent policy framework that will ensure investor confidence. In practice, what this has meant for many developing countries are policies that combine commitments to low inflation, fiscal discipline and budget austerity, with liberalization of markets, and the privatization of public assets (Bakker 2003).

In other words, governments have tended to become much more accountable to market forces (profit criteria) and less accountable to their citizenry and social needs. States whether they are "developing" or "developed" are confronted with a "fiscal squeeze" of the public sector. The liberalization policies that underpin a globalizing world have thus costly repercussions on public budgets at both the national and subnational levels. Involved in the "fiscal squeeze" are two simultaneous phenomena – pressure on the spending side, and pressure on the revenue side: additional spending requirements (to adjust societies to fast economic change), and challenges to resource mobilization. The cumulative effects of these challenges put public authorities in a double bind: as public spending needs increase with globalization, their capacities to raise revenue weaken (Young 2006).

As Isabella Grunberg (1998) pointed out, we are facing a discrepancy between a global private sector and a fragmented public sector that makes the latter increasingly inefficient in fulfilling its traditional mandates – providing public goods, guaranteeing social stability, providing a framework for the exercise of democracy. As a result, the neoliberal paradigm undermines the ability of governments to meet the key objectives in the Human Rights frameworks. Not surprisingly, the results of this agenda have been rather disappointing to say the least. Neo-liberal economic policies have in many cases not delivered improved economic growth. Economic growth in the 1980s and 1990s has been much lower in most regions than that achieved in the 1950s and 1960s in the era of regulated markets and Keynesian macroeconomics. Overall, the most striking change in the second half of the 1980s is the deterioration of living standards in the centrally planned economies, where human equality and gender equality is judged to have drastically fallen (Elson 2002).

These complex factors imply that the assessment of economic liberalization, trade policies and trade performance from a human development perspective needs to go beyond traditional social impact analyses, which still view development in terms of growth and markets, to incorporate power and power relations within and across nations. An important criteria is gender equality and gender justice. Changes are dramatic in terms of how the neoliberal paradigm has reconfigured the role of women and men in this new geometry of global space. We can identify at least four central aspects of change in the gender governance orders that are the result of economic global restructuring. Gender governance orders are referred to as the institutionalized practices and forms of gendered systems of domination that are constituted as social ordering principles in all societies. First, the model of the family wage (male breadwinner) is a phenomenon of the past. Second, the stark gender-specific separation between the public and the private and the associated assignment of women and men to the reproductive and productive economy no longer reflect the reality of service and knowledge based production. Third, while equality has increased among men and women of the middle class, we witness an increasing rise of inequality and differentiation among women depending on their racial, class, and national belonging. Finally, a new gender-specific social division is emerging between those who frequent the hypermobile "money society" and those (mostly female and unskilled) that remain bound to the national "work territory". These changes do not imply only negative consequences for women. They also have the potential of weakening and dissolving local, patriarchal cultures and systems of male domination (Young 2001).

In summary, what these studies show is that gender inequalities mediate the relationship between the macroeconomic and economic policies, on the one hand, and the outcomes of these policies on the other. If women do not have access to education, do not have access to health care, have no chance of empowerment this will impact on the performance of the country as a whole.

Let us shift to the World Trade Organisation and the present negotiations to conclude a multilateral trading regime. In particular, the Doha Development Round demonstrates the clash between the human rights paradigm and the neo-liberal approach. Many fear that the present emphasis on trade and service liberalization and privatization "locks in" these policies not just for the present generation of developed and developing countries, but also for future governments.

The Doha Development Round

As a result of the failure of the 3rd WTO Ministerial Meeting in Seattle in 1999, the 4th Ministerial Meeting was launched as the "Doha Development Round" in Doha, Qatar in 2001. One of the main goals of the Doha Development Round was to integrate the developing countries in the global trade regime. The WTO Ministerial Declaration, 14 November 2001, states:

> The majority of WTO members are developing countries. We seek to place their needs and interests at the heart of the Work Programme adopted in this Declaration. Recalling the Preamble to the Marrakesh Agreement, we shall continue to make positive efforts designed to ensure that developing countries, and especially the least-developed among them, secure a share in the growth of world trade commensurate with the needs of their economic development (WTO 2001).

However, reality is a different story. While developing countries scored a political victory in intellectual property rights and public health, they still face major uphill battles against industrialized countries on issues of agricultural trade liberalization, Non-Agricultural Market Access (NAMA) and Service Liberalization. The key question is whether Doha is a genuinely development round to build capacity so that sensible trade policymaking can be the product of pluralist voices. The Ministerial Round in Cançun, 2003, failed, because the negotiations were based on narrow vested interests. The positive aspect of Cançun was the creation of coalitions and alliances of the Group of 20+ and G90 Groups against the US and the EU, particularly on the issue of agriculture and the rejection of the Singapure issues. Big developing countries such as Brazil, India, Malaysia,

South Africa proved that they could be efficient spokesperson of the developing world. On the other hand, with the cotton initiative, Burkina Faso, Chad, Mali and Benin signalled to smaller economies that by forming alliances and joining forces, their concerns could no longer be ignored at the multilateral level. But as the 6th Ministerial Meeting in Hong Kong 2005 has shown, the dialogue among the trading partners has not improved since Cançun. A general paralysis at the global level is duplicated also at the domestic level.

The great paradox is that whereas, on the one hand, the membership and applications for membership to the multilateral trading institutions keep increasing (at present 150 countries), the institution's legitimacy and credibility keep decreasing. To a very considerable extent, the present trading system is dominated by a series of narrow vested interests in the rich countries. An additional factor has to do with the post-September 11 geopolitical realities. Led by the US, the development agenda became subordinated to fighting terrorism. Many developing countries were forced into devoting most of their energies to damage control rather than the pursuit of a proactive "positive development agenda" of trade and development.

What was already obvious before Cançun has only became clearer over the last couple of months: those who are most likely to suffer from a downturn of the multilateral trading system are the poorest countries, and – consequently – the poor in the poorest countries, but also the poor in the rich countries, with the majority being women. A break-down of the multilateral trading system would encourage global:

- Fragmentation
- Trade friction
- Pursuit of short-term benefits
- Inward looking and protectionist domestic policies
- Frenzy for bilateral and regional trade agreements (RTA).

The "Doha Development Agenda" sounded like a promise to developing countries. Critics of the WTO accuse the global trading system as anti-developmental, inconsistent with poverty eradication and the achievement of the Millennium Development Goals (MDGs); incapable of reconciling trade with environment, trade with respect for human rights, as well as trade with gender equality, and representing the interests of the industrialized world to the detriment of human and social development in the poorest countries. It is certainly true that free trade does create winners and losers. At the same time, the question also needs to be posed: what are the alternatives to a multilateral trading regime for poor countries? Amongst prominent responses to the perceived threat of global economic integration is the increasing momentum of regional and bilateral free trade agreements. Despite the possible benefits of such integration schemes, caution needs to be exercised particularly because of the likely negative impacts that these agreements may have on developing countries. The negotiation position of poor countries in bilateral agreements (preferential agreements) is even weaker than in case of a multilateral regime. Of critical importance, particularly for poorer countries, is the Dispute Settlement Body (DSB) in the WTO. The DSB is arguably a building block for global governance and a defunct DSB would not help developing countries in their bilateral or regional trade disputes.

The recent bilateral agreement between Australia and the United States, whereby the latter excluded or severely curtailed, sugar, dairy, and beef is a flagrant example of the asymmetric power relations. Australia is not a poor or helpless country, yet its government saw fit to accept the humiliating terms imposed by Washington in 2004. In addition, apart from a few exceptions, such as Thailand, poor countries are not attractive partners for bilateral trade agreements. Their markets are too small to be of interest to big trade partners such as the United States or the EU. And, in addition, they often have a comparative advantage in sectors that are very sensitive in OECD countries, namely agriculture and textiles. This would mean that even if an agreement was proposed to them, one could expect that the sectors that matters most to these countries' economies would be excluded.

In an increasingly integrated world economy, whose ideal is to provide human development, human rights, gender justice and well-being to everyone, poverty, lack of access to health, to education and to sanitation cannot be ignored or solved via transfers of capital only. Capital (investment, trade, transfer of funds or aid) is indeed essential; however, it is not sufficient.

What is to be Done?

1. Ultimately, the key to development is **empowerment,** i.e. giving to the poor, and in particular to women, the means and providing the capacity to seize opportunities, improve their standards of living for the long term and to voice their expectations and aspirations. Global welfare goes much beyond GDP statistics. It is about improving the daily life of people. And it will not be delivered unless global and national policies consider the human dimension, including the gender dimension, of development.
2. The current dominant role by the WTO and the Bretton Woods Institutions in global economic decision-making can be changed only by holding governments accountable to their commitments to human rights as well as to the UN's internationally agreed development goals. Although WTO declarations do not explicitly refer human rights and gender justice, there is an implicit as-

sumption that WTO rules must uphold the obligations of WTO member states.

3. Multilateral rules governing trade and movements of capital should provide developing countries with sovereignty in domestic policy-making, giving them the flexibility (**"policy space"**) they need to formulate policy in accordance with their development priorities and objectives.
4. There is a need for reform of the IMF and the World Bank as far as their voting structures and the composition of their executive boards are concerned.
5. Need for democratization of the decision-making structures of IMF, World Bank and WTO and strengthening the role played by developing countries, with the aim to increase the transparency and civil society participation in international trade and financial institutions.
6. Need to overcome the lack of coherence and coordination in global governance. For example, whereas the UN Millennium Development Goals and the Doha Development Agenda pursue similar objectives, the UN Millennium Development Goals were hardly mentioned in the WTO negotiations.
7. Women and women's voices have to be included in trade policy-making institutions. It is increasingly recognized that trade policies have gender-differentiated impacts and that gender inequalities affect trade performance. Gender equitable trade policies cannot be achieved without an institutional structure backed by political commitment and resources. At the global level, achieving more gender-equitable trade policies requires a serious dialogue on the need for a new institutional structure and how the WTO can be reformed so that the multilateral trading system does not only promote narrow vested interests, but to promote the interest of the poor.

The WTO negotiations have made no mention of the different impact trade liberalization has on women and men in various regions of the world and its effects on the care and development of the poor. Despite the many women NGOs from developing countries that have been vocal in protesting against the current framework of the WTO, a general "silencing" can be noted concerning the issue that liberalization and privatization are taking place on gendered terrain. This is all the more surprising in that, in some areas such as agriculture, the gender perspective is obvious in the light of the fact that food security and sustainable rural development are highly gendered topics. The same can be said about service liberalization. The most important aspect for women is the extent to which services provided by governmental authorities are shielded from privatization and the extent to which governments are permitted to protect public services that serve to satisfy fundamental needs of society. These suggestions are not about charity and altruism of the rich countries, but about increasing sustainable global well-being for both rich and poor countries, and its citizens.

Literature

Bakker, Isabella 2003: Neo-liberal Governance and the Reprivatization of Social Reproduction: Social Reprovisioning and Shifting Gender Orders, in: Isabella Bakker and Stephen Gill (eds.), Power, Production and Social Reproduction, Hamsphire: Palgrave Macmillan.

Elson, Diane 2002: Gender Justice, Human Rights, and Neo-liberal Economic Policies, in: Molyneux, M., Razavi S., (eds.), Gender Justice, Development and Rights, Oxford: Oxford University Press, S. 78-114.

Grown, Caren, Elson, Diane, Cagatay, Nilufer 2000: Introduction to Special Issue on Growth, Trade, Finance, and Gender Inequality, in: World Development, Vol. 28:7: 1145-1156.

Grunberg, Isabelle 1998: Double Jeopardy: Globalization, Liberalization and the Fiscal Squeeze, in: World Development Vol. 26: 4: 591-605.

Gill, Stephen, 2003: Power and Resistance in the New World Order, Hampshire: Palgrave Macmillan.

United Nations, 1948: Universal Declaration of Human Rights, www.ohchr.org/englisch/about/publications/docs/fs2.htm/universal

United Nations, 1993: Vienna Declaration and Programme of Action, www.unhchr.ch/huridocda/huridoca.nsf/(Symbol)/A.CONF.157.23.En?

WTO (2001): Ministerial Declaration. Adopted on 14. November 2001 (WT/MIN(01)/Dec/1 20. November 2001. Geneva. www.wto.org/english/thewto_e/minist_e/min01_e/mindecl_e.htm

Young, Brigitte, 2001: Globalization and Gender: A European Perspective, in: Rita Mae Kelly, Jane H. Bayes, Mary E. Hawkesworth, Brigitte Young (eds.), Gender, Globalization, and Democratization, Lanham: Rowman & Littlefield.

Young, Brigitte (with Markus Kerkmann/Adam Widera), Governance of Services (GATS). Trade – Finances – Gender: EU und China (forthcoming 2006).

„Fellow travellers“ der „corporate globalization”: Konfrontation, Konflikt und Gewalt“

Birgit Mahnkopf

Nach dem Ende des Kalten Krieges, vor nunmehr 15 Jahren, beherrschte für kurze Zeit ein optimistisches Szenario die Diskussion: Es werde ein *global village* entstehen, auf der Grundlage eines wachsenden Bewusstseins von der „Einen Welt“. Allen Menschen würden gleiche Rechte und gleiche Würde garantiert. Die Verteilung der begrenzten Naturressourcen könne so gestaltet werden, dass die „Hochverbraucher“ in den Industrieländern ihre Nachfrage nach Naturressourcen deutlich reduzieren. Die benachteiligten Bewohner der südlichen Erdhalbkugel sollten indes in die Lage versetzt werden, endlich autonome gesellschaftliche Projekte zu verfolgen. Wichtige Voraussetzung dafür sei eine faire Gestaltung der wirtschaftlichen Austauschbeziehungen, die von großen Asymmetrien zugunsten der Industrieländer gekennzeichnet sind.

Albert Einstein, dessen Person und Werk wir mit dieser Tagung ehren, hätte den Optimismus der frühen 1990er Jahre wohl nicht geteilt. In seinem Artikel „Why socialism“ aus dem Jahre 1949 ist er sehr skeptisch gegenüber dem Projekt einer Öffnung nationaler Ökonomien und ihrer Integration in den Weltmarkt, also der ökonomischen Globalisierung. Zwar sieht Einstein, dass die Menschheit nun im Hinblick auf Produktion und Verbrauch eine weltweite Gemeinschaft bildet, doch erfahre der einzelne seine Abhängigkeit von der Gesellschaft nicht als etwas Positives, als Schutzgewalt, sondern eher als eine Bedrohung seiner naturgegebenen Rechte – oder sogar seiner ökonomischen Existenz.

1. Das Konflikt- und Gewaltpotential der Globalisierungsdynamik

Zunehmende Interdependenz und das Zusammenwachsen einer als kleiner erfahrenen Welt werden zu Beginn des 21. Jahrhunderts von einer Mehrheit der Menschen als Bedrohung erfahren. Abgesehen von „Globalisierungsgewinnern“, die es – in unterschiedlicher Zahl – in allen Gesellschaften gibt, stellt sich die globalisierte Welt für viele Menschen zunehmend als ein globales Apartheidregime dar. Denn die seit mehr als 30 Jahren betriebene Liberalisierung und Deregulierung von Märkten und die Privatisierung öffentlicher Güter haben keineswegs dafür gesorgt, dass Demokratie und Menschenrechte sich weltweit verbreiten und Konflikte friedlich beigelegt werden. Noch nicht einmal der versprochene Wohlstand ist überall angekommen. Im Gegenteil, die Armut in der Welt ist nicht kleiner geworden, wenn man von Indien und China absieht. 15 Jahre nachdem US-Präsident Bush sen. eine „Neue Weltordnung" ausgerufen hatte, ist der Zerfall des politischen und sozialen Zusammenhalts in allen Weltregionen weit vorangeschritten und sind gewaltsame Konfliktlösungen keine Seltenheit.

Dafür lassen sich einige Indizien benennen: Wie die beiden politischen Insider und Aussteiger John Perkins (2005) und Chalmers Johnson (2004) in ihren neuen Büchern – den „Bekenntnissen eines Economic Hit Man" und „Der Selbstmord der amerikanischen Demokratie" – nachweisen, ist den gegenwärtig von Wissenschaftler, Politikern und Publizisten beklagten Prozessen der Auflösung und Implosion von Staaten oft eine gezielte Politik der wirtschaftlichen Destabilisierung durch angloamerikanische politische Eliten vorausgegangen. Denn es war die von Perkins so bezeichnete „Korporatokratie" – ein Netzwerk aus US-amerikanischen Konzernen, Banken und Regierungsvertretern – welches unzählige Entwicklungsländer seit den 1970er Jahren in ein Netz von gewaltigen, nicht bedienbaren Schulden verstrickt hat. Ziel war es, Staatschefs dazu zu bringen, Aufträge für US-amerikanische Firmen zu vergeben: für übermäßig aufgeblähte Projekte: größere Kraftwerke, breitere Straßen, tiefere Häfen und nicht zu vergessen, für Waffeneinkäufe und militärische Ausbildung. Das sorgte für eine wachsende Abhängigkeit dieser Länder und sollte ihre Regierungen gefügig machen, die wirtschaftlichen, politischen oder militärischen Bedürfnissen der Supermacht zu befriedigen; vor allem sollte auf diesem Wege die Aneignung von Rohstoffen ermöglicht werden. Diese Strategie setzt freilich voraus, dass die Staatsführer solcher Klientenstaaten korrupt sind und nicht durch unbestechliche Politiker abgelöst werden. Wo dies dennoch geschah oder versucht wurde -in Chile, Ecuador oder Panama – kamen, wie John Perkins schreibt, die „Schakale" des CIA oder es wurden Truppen zur militärischen Intervention geschickt.

Zugenommen haben in den letzten Dekaden auch Spannungen und Konflikte, die ihre Ursache in den Folgen wachsender Verarmung und zunehmender sozialer Ungleichheit haben. Diesen Zusammenhang rücken gleich drei entwicklungspolitische Berichte, die in diesem Herbst veröffentlicht werden, ins Bewusstsein: der Weltentwicklungsbericht der Weltbank für das Jahr 2006, der neue Weltsozialbericht und der diesjährige UNDP-Bericht zur menschlichen Entwicklung. Mehr noch: selbst im hochentwickelten Kernland der *corporate globalization,* in den USA, haben Armut, soziale Ungleichheit, oft gepaart mit rassistischer Diskriminierung inzwischen erschreckende Dimensionen angenommen. Dies ist der Weltöffentlichkeit erst vor wenigen Wochen, durch Bilder über die Folgen des Hurrikan Katrina an der Atlantikküste der USA, vor Augen geführt worden.

Wenn wir uns in einem Gedankenexperiment die sechs Milliarden Erdenbürger als Mitglieder ein und derselben Gesellschaft vorstellten, so träte zu Tage, dass wir in einer Klassengesellschaft leben, deren Spaltungen so tief sind, wie nie zuvor in der Menschheitsgeschichte: Ein Tausendstel dieser Weltbevölkerung gehört zu den Dollarmillionären; Ende 2003 waren dies etwa 7,7 Millionen. Arm sind hingegen nicht allein jene 1,2 Mrd. Menschen, die weniger als 1 Dollar pro Tag zur Verfügung haben, sondern auch jene 3 Mrd. Menschen, die bis zu 2 Dollar zum leben haben. Folgt man den Weltbank- Ökonomen Shlomo Yitzhaki und Branko Milanovic (2001) , so zählten 1993 gerade einmal 11% der Weltbevölkerung zur Klasse der Wohlhabenden; sie brachten es auf ein kaufkraftbereinigtes Jahreseinkommen von mehr als 8000 Dollar, was in etwa dem damaligen italienischen Durchschnittseinkommen entspricht. Weitere 11% mit einem Jahreseinkommen zwischen 3800 und 8000 Dollar, – was in etwa dem brasilianischen Durchschnittseinkommen entspricht – repräsentierten damals den globalen Mittelstand. Wer so rechnet, muss die globale Klasse der Armen im Jahr 1993 mit 87 Prozent der Weltbevölkerung veranschlagen; ihr Anteil mag heute, aufgrund der Entwicklungen in China und Indien, leicht gesunken sein.

Die *corporate globalization* ist vor allem durch ökonomischen Niedergang, Stagnation oder ganz unzureichende Entwicklungsfortschritte in den meisten Ländern des globalen Südens gekennzeichnet. „Menschliche Sicherheit“ durch die Verfügung über gewöhnliche Dinge wie Nahrungsmittel, Wasser, eine Unterkunft und durch ein Leben in Würde ist zu einem für gewöhnliche Menschen nahezu unerreichbaren Traum geworden. Das liegt nicht zuletzt an der verbreiteten *Privatisierung* öffentlicher Unternehmen und am Rückzug des Staates aus der Bereitstellung öffentlicher Dienste der Daseinsvorsorge.

Dagegen wehren sich die Menschen in wachsender Zahl und zunehmend auch mit gewaltsamen Mitteln: In Bolivien haben Proteste indigener Bevölkerungsgruppen gegen die Privatisierung der Wasserversorgung und der Erdgas- und Erdölproduktion im Sommer dieses Jahres schon die zweite Regierung zum Rücktritt gezwungen. Zur gleichen Zeit musste in Ecuador wegen gewaltsamer Streiks und Proteste in zwei Urwaldregionen, die von örtlichen und regionalen Behörden unterstützt wurden, die Erdölförderung ganz gestoppt werden. Diese Aufzählung ließe sich fortsetzen.

Ein weiteres Charakteristikum der sogenannten „Neuen Weltordnung“ hängt eng mit der Entwicklung globaler Finanzmärkte zusammen: Seit Beginn der 1990er Jahre ist eine Unterminierung der finanziellen Integrität zu beobachten – durch Unternehmen, die Bilanzen fälschen, um ihren Börsenwert zu halten oder nach oben zu treiben durch *Off-Shore-Financial Centres*, in denen Fluchtgelder verborgen, und das aus Steuerhinterziehung und anderen kriminellen Aktivitäten erworbene Geld sauber gewaschen wird. Kurzum, finanzielle Stabilität und Integrität, ein in kapitalistischen Geldwirtschaften elementares öffentliches Gut, werden nachhaltig geschädigt. Zusammen mit den Währungs- und Finanzkrisen der

1990er Jahre, die in den sogenannten *emerging markets* eine lange Jahre nachwirkende ökonomische und politische Destabilisierung ausgelöst haben, sind auf diesem Wege vielerorts Entwicklungsfortschritte zunichte gemacht worden.

Nicht zuletzt sind wir Zeugen einer Verschärfung der *ökologischen Krise* in all ihren Dimensionen. Der Artenschwund ist schneller fortgeschritten als in dem berühmten Bericht des „Club of Rome" über die „Grenzen des Wachstums" prognostiziert worden war. Die Destabilisierung des globalen Klimas hat in den letzten Jahren bedrohliche Ausmaße angenommen. Auch mit Blick auf die fortschreitende Bodenerosion, die Wasserknappheit, die Belastung der Meere und die Versalzung weiter Teile der Erde spricht alles dafür, dass die marktgetriebene Globalisierung von Produktion und Konsum dabei ist, die natürlichen und sozialen Grundlagen moderner Gesellschaften unwiederbringlich zu zerstören. Wenig mehr als eine Dekade nach Beginn der Debatte um eine „nachhaltige Entwicklung" muss daher heute nüchtern festgestellt werden, dass der Rio-Prozess (trotz Inkrafttretens des Kyoto-Protokolls im Februar 2005) faktisch gescheitert ist. Und trotz der Thesen von den egalitären Effekten des Lebens in einer „Risikogesellschaft" werden unter den Folgen des Klimawandels und der knapper werdenden öffentlichen Gütern wie Wasser und fossile Energieträger v.a. die armen Menschen im globalen Süden und – wie in New Orleans im September diesen Jahres – wohl auch zunehmend die Armen in den Metropolen des Nordens zu leiden haben.

Globale Informations- und Kommunikationsmedien und die über Migrationsprozesse engere Verknüpfung von Diskursgemeinschaften sorgen aber heute dafür, dass die Bewohner der Südhalbkugel über die Ursachen und die Verursacher der Krisen und Katastrophen informiert sind – und sie reagieren darauf mit Wut und Empörung. Auch deshalb werden in naher Zukunft nicht nur die umweltbedingten Mangelerscheinungen sondern auch die gewalttätigen Konflikte um sauberes Wasser, bebaubares Land und v.a. um die Energieversorgung zunehmen. Den vom Erdöl wie von einer Droge abhängigen Industrieländern des Nordens kommt dabei eine konfliktverschärfende Rolle zu. Unter Experten wird darüber gestritten, ob die Hälfte des global vorhandenen Erdöls schon jetzt verbraucht ist oder *peak oil* „erst" in zehn oder 30 Jahren erreicht sein wird. Die globale Nachfrage und damit auch die Preise steigen aber weiter an. Daher werden sich die Konflikte um die Verteilung dieser Mangelware zuspitzen. Zumal die reichen Nationen alles tun, um ihre Ressourceninteressen unter Einsatz politischer und militärischer Macht zu sichern.

Wir haben es also heute mit einer Vielzahl von unterschiedlichen Gewaltformen und Aggressionen zu tun. Durch den klassischen Begriff des Krieges können diese ebenso wenig erfasst werden wie durch das in der Friedensforschung weit verbreitete Verständnis von Gewaltkonflikten, welches sich, so beispielsweise der Schweizer Friedens- und Konfliktforscher Daniele Ganser, auf die physische politische Gewalt gegen Personen mit tödlichem Ausgang konzentriert. Bedroht ist das Leben unzähliger Menschen durch innergesellschaftliche Strafexpeditionen, Clan-Kriege, Polizeiaktionen, die der Verbrecher- oder der Terroristenjagd dienen, durch hochstilisierte technologische Kriegsformen und „Vorkriege in jeglicher Form" (O.Negt/A.Kluge), vor allem aber durch strukturelle und wirtschaftliche Gewalt. Viele dieser Gewaltformen werden von der Dynamik neoliberaler Globalisierung hervorgebracht. Denn sie befördert die legale und illegale Privatisierung von Sicherheit; sie mindert die Reichweite staatlicher Ordnungsfunktionen und sie führt zu einer Expansion informeller und krimineller wirtschaftlicher Aktivitäten, die menschliche Sicherheit unterminieren.

2. Die Mär von der zivilisierenden Macht der Märkte

Das „kurze 20 Jahrhundert", das nach den Worten des britischen Historikers Eric Hobsbawn „ohne Zweifel das mörderischste Jahrhundert von allen" war, sollte mit Hilfe der zivilisierenden Wirkungen von globalen wirtschaftlichen Verknüpfungen und Abhängigkeiten durch ein weniger kriegerisches 21. Jahrhundert abgelöst werden – und Europa war dabei die ehrenvolle Rolle einer „Friedensmacht" zugedacht. Die Geoökonomie, so ging der Globalisierungsdiskurs der 1990er Jahre, werde über die Geopolitik den Sieg davon tragen. Denn die Durchsetzung globalen Wettbewerbs mache ja den Gebrauch politischen Drucks und militärischer Macht überflüssig, ja geradezu widersinnig.

Mit dieser Erwartung knüpfte der OECD-typische Globalisierungsdiskurs an historische Vorbilder an: Im Verständnis der Politischen Philosophie und Ökonomie vergangener Jahrhunderte wurden Handel und Krieg stets als ein Gegensatz verstanden. Denn einzelne Menschen wie ganze Volkswirtschaften, welche miteinander Handel treiben, werden voneinander abhängig; sie müssen daher wechselseitig ihre jeweiligen Bedürfnisse anerkennen, und sie wirken bewusst oder unbewusst an einem Netz wechselseitiger Verpflichtungen mit. Auf diese Weise verstärken sich vielfältige Bindungen innerhalb und im Falle des grenzüberschreitenden Handels zwischen den Gesellschaften. Aus keinem anderen Grunde galt der Handel im 17. und 18. Jahrhundert, so Albert Hirschman, gleichzeitig als Vorbeugung gegen und als moralisches Äquivalent für den Krieg.

Vom Handel erhofften sich französische Aufklärer und schottische Moralphilosophen nicht allein ökonomische Vorteile, ihm wurde auch eine zivilisierende Wirkung zugeschrieben – und dies obwohl die europäische Expansion und die mit ihr einhergehende Herstellung eines kapitalistischen Weltmarktes auf dem Sklavenhandel beruhte und Fernhandel zur Zeit der europäischen Aufklärung ein risikoreiches und oft gewalttätiges Geschäft war. Daher muss Adam Smith denn auch einräumen, dass der „friedensstiftende“ Handel in den von ihm so bezeichneten "barbarischen Ländern" nur durch den Einsatz staatlicher Herrschaft aufrecht erhalten werden kann: durch Militärbasen (*forts*) und durch Faktoreien, die mit Strafgewalt ausgestattet waren.

Die Vision vom friedensstiftenden Handel entstand in einer Zeit, in der die „moralische Ökonomie“ und die religiösen Gebote der mittelalterlichen Gesellschaften zunehmend an Bindekraft verloren. Mit dem Bedeutungszuwachs der Städte wurde der einst gesellschaftlich wenig geachtete Kaufmann zu einer einflussreichen Figur. Dem Handel wurde fortan die wunderbare Wirkung zugeschrieben, destruktive Leidenschaften der Menschen (etwa Neid, Rachsucht oder Gier) zügeln zu können. Die nüchtern kalkulierende, allein der Rationalität verpflichtete Tätigkeit des Gelderwerbs – von David Hume als „ewige“ und „universelle“ „Gewinnsucht“ unterstellt – galt nicht länger als ein *private vice* (privates Laster). Schon Montesquieu erwartete vom *doux commerce* eine Stärkung des gesellschaftlichen Zusammenhalts, eine Eindämmung der Übergriffe politischer Herrscher und eine Verfeinerung der (andernorts, selbstverständlich nicht in Frankreich!) „groben und barbarischen“ Sitten, mithin eine Förderung von Harmonie und Frieden. Aus der im Mittelalter sozial geächteten Praxis des Gelderwerbs wurde nämlich ein „individuelles Interesse“. Wer dieses verfolgt, bringt seither – dank der *invisible hand* des Marktes, also allein durch dessen Eigendynamik von Angebot und Nachfrage – die *public benefits,* also das öffentliche Wohl hervor.

Aus der Sicht des globalen Südens hingegen stellt sich die heue wie früher verbreitete Praxis einer Kombination aus erzwungener Liberalisierung von Märkten und gleichzeitigen Exportsubventionen in reichen Ländern als eine „tödliche Waffe gegen arme Länder“ dar, so ein Regierungsvertreter aus Ghana auf der diesjährigen Tagung des Bergedorfer Gesprächskreises in Kairo. Mit ähnlich harschen Worten hat Aminata Traoré die Handelsagenda der Europäischen Union kommentiert. Traoré, eine prominente Vertreterin der Zivilgesellschaft in Mali, hatte den afrikanischen Gegengipfel zum G8-Treffen in Edinburgh im Juni 2005 mit organisiert. In einem Interview mit der „*Tageszeitung*“ bezeichnete sie die „Economic Partnership Agreements“, die die EU derzeit mit den ehemaligen Kolonialländern in Afrika, der Karibik und im Pazifik verhandelt, schlichtweg als „Massenvernichtungswaffen Europas“. „Diese Abkommen zielen darauf, unsere Märkte für europäische Importe zu öffnen. (...) Europa schickt uns seine Hühnerbeine, seine Gebrauchtwagen, seine abgelaufenen Medikamente und seine ausgelatschten Schuhe, und weil eure Reste unsere Märkte überschwemmen, gehen unsere Handwerker und Bauern unter (...). Seit 50 Jahren Unabhängigkeit und seit 30 Jahren Strukturanpassung hören wir immer dasselbe:

„Schafft gute Rahmenbedingungen, wir kommen! Baut die richtigen Institutionen auf, damit wir uns bei euch wie zu Hause fühlen und damit die Investitionsrendite stimmt!“ Und dann wundern sich die Europäer, dass unsere Männer und Frauen, mittellos, verarmt und verzweifelt, auf Wanderung gehen? Ihr schickt uns doch zugleich eure Fernsehbilder, um uns zu zeigen, wie man gut lebt“. (So oder so ähnlich könnten es wohl auch die Armutsflüchtlinge ausdrücken, die in diesen Tagen über die Zäune von Melilla oder Ceuta in die EU zu gelangen versuchen.)

Die polemische Überspitzung, mit der hier das maßgeblich von der EU betriebene Projekt der Marktliberalisierung kommentiert wird, mag verstören. Unter Massenvernichtungswaffen verstehen wir etwas anderes. Doch macht diese verbale Übertreibung zugleich unmissverständlich deutlich, dass sich die Freihandelsagenda des Nordens aus der Sicht der Betroffenen im Süden keinesfalls als *doux commerce* darstellt.

3. Armut als Ursache von Konflikt, Gewalt und Krieg

Im Kontext des erweiterten Sicherheitsverständnisses, das seit den 1990er Jahren auf jeder außenpolitischen Tagung diesseits und jenseits des Atlantik bemüht wird, gelten hoffnungslose Armut, Arbeitslosigkeit und provozierende soziale Ungleichheit als ein wichtiges Ursachenbündel für Gewalt, Aggression, Kriminalität und Krieg. Nicht selten wird in diesem Zusammenhang eine Kausalkette konstruiert, der zufolge die aus Armut resultierenden Konflikte und Kriege zum Scheitern von Staaten führen, welche dann zum Rekrutierungs- und Rückzugsgebiet für Terroristen und damit zu einem sicherheitspolitischen Risiko für die reichen Länder des Nordens werden. Allerdings erfreut sich insbesondere in Europa auch eine umgekehrte Kausalargumentation wachsender Beliebtheit. Demnach stellen Konflikt und Gewalt die eigentlichen Ursachen von Armut dar; der Krieg gilt „als Vater aller Dinge“, der zerstört, vertreibt, korrumpiert und jegliche wirtschaftliche Tätigkeit verhindert. Die naheliegende politische Schlussfolgerung lautet dann: Armeeeinsätze (der Bundeswehr oder der NATO), um in kriegszerrütteten Entwicklungsländern Frieden zu stiften.

Unbestreitbar ist jedoch, dass sehr viel mehr Menschen – genau genommen ist es die Mehrheit der Weltbevölkerung – unter Armut, den Folgen fehlenden Trinkwassers und unzureichender sanitärer Anlagen leiden und dass sie in chronischer Unsicherheit leben, obwohl es in ihrem Land *keine* gewalttätigen Konflikte und Kriege gibt und weder Terroristen noch Massenvernichtungswaffen ihr Leben bedrohen. Folglich ist nicht jede Art von Armut ein kriegsauslösender Faktor. Die Armut als Subsistenz am Existenzminimum ist keineswegs friedensbedrohlich. Eher ist das Gegenteil der Fall: Wer in einer Überlebensökonomie existiert, d.h. in einer Gesellschaft, in der die Menschen nicht mehrheitlich an einer funktionierenden Marktwirtschaft teilhaben, sondern ihre Grundbedürfnisse durch Selbstversorgung befriedigen können, leidet nicht unter Armut im Sinne von Mangel oder Elend. Vandana Shiva (2005) betont zu Recht, dass eine derartige Existenz nicht zwangsläufig eine niedrige physische Lebensqualität bedeuten muss. Wenn der Zugang zu lebenswichtigen Ressourcen wie sauberes Wasser, fruchtbare Böden, genetische Vielfalt von Pflanzen und Saatgut gesichert ist, muss ein niedriges oder sogar fehlendes (monetäres) Einkommen weder ein Problem darstellen noch führt diese Art von Armut notwendiger Weise zu Konflikten, Gewaltanwendung und Krieg.

Dies wird verständlich, wenn wir uns vor Augen führen, dass ein Drittel der Weltbevölkerung nach wie vom direkten Zugang zur Natur lebt, also seine Nahrung, Kleidung, Baumaterial, Medizin und Kultur unmittelbar aus den lokalen Naturräumen bezieht: Die Existenz dieser Menschen hängt damit am Gedeihen von Ökosystemen, welche jedoch gefährdet sind, wenn sie ins Visier der internationalen Ressourcenwirtschaft geraten.

Anders stellt sich die Armut dar, die aus Mangel oder Enteignung resultiert. Dabei kann es sich um materielle Armut im Sinne eines Mangels an lebenswichtigen Ressourcen (zuvorderst Nahrung, Wasser und Obdach) handeln. Doch auch andere Formen der Armut, die eher in den entwickelten Gesellschaften des Nordens verbreitet sind: die kulturelle, soziale, ethische, ökologische oder auch die spirituelle Armut gehören dazu. Bei diesen Formen der Armut handelt es sich in der Tat sowohl um Ursachen wie um Folgen von Gewalt, seien diese struktureller und wirtschaftlicher oder ganz direkter, persönlicher Art. Im Nordne wie im Süden sind es v.a. Frauen, die unter diesen Formen der Armut zu leiden haben. Diese heute so verbreiteten Formen der Armut stellen indes nicht das Anfangsstadium einer ökonomischen Abwärtsentwicklung dar, welches durch Instrumente der Armutsbekämpfung insbesondere durch Geldtransfers überwunden werden könnte. Eher müssen sie als das Endstadium von ökonomischen und sozialen Prozessen verstanden werden, durch die wesentliche, für das Leben und die Gesundheit von Menschen und für die Stabilität von ökonomischen Systemen unerlässliche Voraussetzungen unterminiert werden.

Armut als Erfahrung des Mangels und der Enteignung steht nun aber in einem sehr engen Zusammenhang zu wirtschaftlichem Wachstum und zur Zerstörung natürlicher Lebensgrundlagen. Oder anders formuliert: gewaltauslösende Formen der Armut lassen sich als Folgen externer, wenn auch lange Zeit unsichtbarer Begleiterscheinungen wirtschaftlichen Wachstums und der globalen Ausdehnung von Marktbeziehungen verstehen, die einzig dem kapitalistischen Rentabilitätskalkül gehorchen. Eine wichtige Rolle spielt dabei der im Prinzip unlösbare Ressourcenkonflikt zwischen Unterhaltswirtschaften und profitorientierten Markt-ökonomien. Dieser Konflikt erzeugt gleichsam systematisch „Kollateralschäden", nämlich immer dann, wenn die Natur „in-Wert-gesetzt" wird – durch Errichtung von Wasserreservoirs und den Bau großer Staudämme, durch Plantagen für den exportorientierten Anbau von exotischen Früchten oder Aufzuchtsbecken für Exportfische und Krustentiere, als Rohstofflieferant für die Industrie oder als Schürfgrund für Biopatente durch Pharmakonzerne und Saatguthersteller.

In Studien der Weltbank, auf die sich inzwischen ein ganzer Zweig der Friedensforschung stützt, ist eine hohe Korrelation zwischen Rohstoffvorkommen und Rohstoffausbeutung auf der einen und dem Auftreten von Gewaltkonflikten auf der anderen Seite festgestellt worden. Doch sind Zweifel angebracht, ob die Interessenkonflikte zwischen kleinbäuerlicher Land- und Fischwirtschaft und internationaler Ressourcenökonomie von der internationalen Gemeinschaft wirklich ernst genommen werden. Denn für die internationalen Organisationen, allen voran den IWF und die Weltbank und selbstverständlich die WTO, steht das Prinzip der profitorientierten Extraktion von mineralischen Rohstoffen und des Anbau von *cash crops* für den Export gar nicht zur Debatte. Als Ursache von gewaltförmigen Konflikten werden statt dessen mangelhafte Regierungsleistungen, die unzureichende Förderung und Vermarktung von Rohstoffen, fehlende Sicherheitsvorkehrungen und die Verwendung der Einnahmen aus Projekten der Ressourcenökonomie durch korrupte und kriminelle Elitennetzwerke verantwortlich gemacht (vgl. dazu die Beiträge in „Die Friedens-Warte, Bd. 79, H.1-2, 2004).

In diesem Verständnis gilt Armut als Ursache von Umweltzerstörungen. Hingegen wird Wachstum auf Kosten von Naturhaushalten und Haushalten des menschlich-sozialen Überlebens zu einem Allheilmittel erklärt: „Growth is good for the poor", so lautet die in unzähligen Weltbankstudien wiederholte Formel für eine friedensförderliche Armutsbekämpfung. Das ist auch nicht anders in dem Bericht über „Das Ende der Armut", den Jeffrey Sachs für das UN Millennium Development-Projekt zur globalen Armutsbekämpfung in diesem Jahr vorgelegt hat. Die vom ökonomischen Wachstum scheinbar „Zurückgelassenen" sollen durch die Öffnung der Märkte und den Zustrom ausländischen Kapitals in die Globalisierung eingebunden werden.

Mit dieser Empfehlung verabschieden sich Wirtschaftwissenschaftler, die heute den herrschenden Diskurs dominieren – wie in anderen Jahrhunderten die Juristen oder noch früher die Theologen – aus ihrer gesellschaftlichen Verantwortung für eine zukunftsfähige Entwicklung. Geistige Zeitgenossenschaft mit Albert Einstein können diese Ökonomen daher nicht für sich reklamieren. Der mächtige *mainstream* der Ökonomenzunft hält unbeirrt an seiner paradigmatischen Wachstumsfixierung fest. Ökonomisches Wachstum mag die einen mit Gütern, Kapital und Einfluss ausstatten, es erzeugt jedoch zur gleichen Zeit die

Armut der anderen. Denn ökonomisches Wachstum gründet auf Produktivitätsfortschritten, in deren Folge Menschen als Arbeitskräfte „überflüssig" gemacht werden, und die Optionen, die ihnen dann bleiben, sind allesamt wenig erbaulich. Es ist die Flucht vom Land auf die verstopften Arbeitsmärkte der großen Städte, die Prekarität des informellen Sektors oder die manchmal lebensgefährliche Migration in die zunehmend wie Festungen abgeschirmten Wohlstandsinseln des Nordens. Zugleich erzeugt dieses Wachstum einen Überfluss an Waren, der immer größer wird – weil Menschen, die nicht über genügend Kaufkraft verfügen, die Lebensmittel-, Kleider- und Computerberge gar nicht konsumieren und das heißt im lateinischen Wortsinn: vernichten können.

Also haben wir es mit einem Dilemma zu tun: Einerseits ist eine Verallgemeinerung der kapitalistischen Produktions- und Konsumweise, an die sich die kleine „Weltklasse" der Reichen und die schmalbrüstige globale Mittelklasse gewöhnt haben, auf 6 Milliarden Menschen nicht möglich, weil dies die natürlichen Lebensgrundlagen für alle Lebewesen in gravierendem Ausmaß verändern und in manchen Weltregionen zerstören würde. Andererseits ist die Herstellung eines gewissen Maßes an globalem Frieden jedoch auf die Ausbildung des von Dieter Senghaas so bezeichneten „zivilisatorischen Hexagons" angewiesen – und in dessen Zentrum steht nun einmal die wirtschaftliche Entwicklung im einzelstaatlichen, regionalen und weltpolitischen Kontext. Also wird es wohl nicht ohne eine nachholende Industrialisierung der Entwicklungsländer gehen. Diese sollte jedoch hinsichtlich ihres Tempos und ihrer Art vornehmlich durch die Vorstellungen und Wünsche der Bewohner dieser Länder bestimmt sein werden.

4. Armutsbekämpfung als Mittel der Friedenssicherung?

Vor diesem Hintergrund stellt sich die Frage, ob die für Politik und Wirtschaft Verantwortlichen in den Industrieländern und die Wissenschaftler, deren Expertise beide Akteursgruppen nutzen, auf die globalen Dimensionen von Armut und Ungleichheit auf angemessene Weise reagieren. Selbst prominente Propagandisten des Neoliberalismus wie der peruanische Ökonom Hernando de Soto (2002) , der auch in Europa gern zitiert wird, müssen inzwischen resigniert feststellen, dass der Kapitalismus außerhalb der westlichen Länder nur wenig Anklang findet, ja vielmehr mit zunehmender Feindschaft und eben als „Apardheids-Regime" betrachtet wird; ganz frustriert konstatiert de Soto: wer heute in Lateinamerika Wahlen gewinnen wolle, müsse Alternativen zum Neoliberalismus versprechen.

In den USA hat die Angst vor einem *backlash* der Globalisierung nahezu paranoide Ausmaße angenommen. Doch bei aller Paranoia ist nicht zu übersehen, dass die politische Rechte ein durchaus realistisches Verständnis von der *corporate globalization* entwickelt hat. Demnach liegt der Globalisierung ein sozialdarwinistisches Prinzip zugrunde, welches *erstens* der Struktur nach nur einige Gewinner und viele Verlierer hervorbringt und *zweitens* auf Dauer mit ökonomischen Mechanismen allein nicht aufrecht erhalten werden kann. Nach Robert Kaplan (2003) sind die Verlierer im technischen Wettbewerb in zunehmendem Maße auf „das Kriegshandwerk als Erwerbsquelle“ angewiesen und sie werden „eine Unzahl von Kriegern“ hervorbringen. Daher müssen die Gewinner, insbesondere die USA, ihr wirtschaftliches Überleben mit allen, also auch mit politischen und militärischen Mitteln sichern.

Wer auf eine Vertiefung der Globalisierung nicht verzichten will, muss also insbesondere seine wirtschaftlichen Ressourceninteressen mit politischer Macht und militärischen Mitteln absichern. Dies hat gerade Stephen Krasner (2005), ehemals Professor für Internationale Beziehungen an der Standford University und heute Director of Policy Planing im US State Department, mit verblüffender Unverfrorenheit deutlich gemacht. Er schlägt ernsthaft vor, den Regierungen von rohstoffreichen Ländern, die in den Augen der Globalisierungsgewinner als „schlecht regiert“ gelten, einen Großteil ihrer Souveränität zu entziehen. Weil Rohstoffvorkommen insbesondere das Erdöl, angesichts des Reichtums und der Macht, die sie den Regierenden eines Landes versprechen, „zu einem Fluch geworden“ seien, sollten ausländische Akteure die Kontrolle darüber erhalten.

Doch gibt es zur imperialen Vorherrschaft der USA, die Gewalt und Krieg verbreitet, eine europäische Alternative? Haben wir es bei diesem vor gar nicht so langer Zeit als “Friedensmacht“ apostrophierten Gebilde mit einem, wie Ulrich Beck und Edgar Grande dies sehen, „kosmopolitischen Empire“ zu tun, das sich „durch seinen offenen und kooperativen Charakter nach innen und außen aus(zeichnet)“? Offensichtlich ist zunächst, dass die sozialdarwinistischen Züge der Globalisierung in der EU eher verleugnet werden. Deregulierung und Liberalisierung von Märkten werden noch immer als Mittel für eine „*win-win*-Konstellation“ dargestellt.

Anders als in den USA wird der Entwicklungspolitik ein wichtiger Stellenwert für die Friedenssicherung beigemessen. Allerdings geschieht dies mit einer utilitaristischen und strikt ökonomisch argumentierenden Begründung, der zufolge der „Kampf gegen die Armut“ billiger und effektiver sei als ein „Krieg gegen den Terrorismus“. Zum anderen wird der Imperialismus der USA von den Völkern und von den meisten Regierungen in Europa als regional und weltpolitisch destabilisierend kritisiert. Allerdings gibt es auch in der EU keinen Konsens darüber, dass sich Markt, Demokratie und Menschenrechte mit Waffengewalt nicht erzwingen lassen und dass man Ordnung nicht dadurch schaffen kann, dass man die Globalisierung gegen ihre Opfer verteidigt.

Vor allem aber gibt es in der EU keinerlei Kohärenz von Entwicklungspolitik, Armutsbekämpfung und Friedenssicherung auf der einen Seite und Sicherheits- und Handelspolitik auf der anderen. Die von der EU betriebene Handelspolitik, ob innerhalb oder außerhalb der WTO ist alles andere denn entwicklungsfreundlich, sie ist schlichtweg aggressiv. Es geht dabei vornehmlich um zusätzliche Absatzmärkte für europäische Exportprodukte und um lukrative Investitionen vor allem in den Dienstleistungssektoren von Entwicklungsländern. Daher haben die eingangs zitierten Stimmen aus Afrika vielleicht doch nicht übertrieben. Wenn man, wie Berthold Brecht es formulierte, einen Menschen auch mit einer Wohnung erschlagen kann, dann ist es durchaus möglichr, dass Freihandelsabkommen zwischen ökonomisch sehr starken und schwachen Ländern für Bewohner der letzteren etwas von „Massenvernichtungswaffen" haben.

5. Ausblick

Der Weltfrieden hängt heute wesentlich davon ab, ob wir hier im Norden die Wirtschaft so reorganisieren, dass der Globus auch für die Menschen im Süden und für nachfolgende Generationen bewohnbar bleibt. Zweifel sind angebracht, dass dies gelingen wird. Viele Anzeichen sprechen dafür, dass der gegenwärtige Globalisierungszyklus zu Ende gehen könnte wie der erste zu Beginn des 20. Jahrhunderts: dass auf die als Bedrohung erlebte wachsende Interdependenz durch globalen Wettbewerb wieder eine Periode wachsenden Trennung, Abspaltung und kriegerischer Interessendurchsetzung folgen könnte.

Die kargen Hoffnungen auf eine Politik globaler Gerechtigkeit haben im Laufe dieses Jahres herbe Rückschläge erhalten: Der UN-Gipfel im September in New York hat die Umsetzung der ohnehin bescheidenen Millennium Development Goals in weite Ferne gerückt und auch die UN-Reform ist faktisch vom Tisch. IWF und Weltbank schwimmen „wie ein steuerloses Schiff auf einer Welle der Liquidität" (B. Eichengreen) und können mit ihrer Macht nichts Vernünftiges anfangen. Denn die Gläubigerstaaten sind nicht bereit, ein faires und transparentes Schiedsverfahren für überschuldete Länder einzuführen. Vielleicht wird das multilaterale Handelsregime auf der nächsten WTO-Ministerratstagung im Dezember in Hongkong doch noch vor dem Zerfall gerettet. Doch wird der Preis, den ärmere Entwicklungsländer dafür zu zahlen hätten, sehr hoch sein. Durch die ökonomische Aufholjagd Chinas und Indiens beschleunigt sich die Plünderung der Umwelt, es sei denn, es gelingt diesen Ländern mit mehr als einem Drittel der Weltbevölkerung auch bei den Konsummustern und bei Enerigie- und Ressourcenverbrauch neue Wege zu gehen. Doch welches wird unser Beitrag sein, damit dies gelingt? Und zu allem Übel sind wir ja auch noch mit einer Supermacht geschlagen, die sich wie ein Elefant im Porzellanladen bewegt. Ihre Bereitschaft zur aggressiven Verteidigung von ökonomischen Interessen, die ihre Herkunft aus „*privates vices*“ (zuvorderst der Gier) nicht verleugnen können, wird durch das *peak oil* noch verschärft.

Freilich stirbt die Hoffnung zuletzt und daher will ich mit kontrafaktischem Optimismus schließen: Vielleicht kann ja die Zivilgesellschaft im Süden wie im Norden so viel Widerstand entfalten, dass aus ökologischen, sozialen und Repräsentationskrisen doch noch rechtzeitig politische Aufbrüche werden. Unsere Verantwortung als Wissenschaftler verlangt, dass wir dazu mit Kopf und Herz einen Beitrag leisten, in geistiger Zeitgenossenschaft mit Albert Einstein, der in seinem letzten, unvollendet gebliebenen Text schrieb: „Was ich erstrebe ist einfach, mit meinen schwachen Kräften der Wahrheit und Gerechtigkeit zu dienen auf die Gefahr hin, niemand zu gefallen“.

Literatur

Die Friedenswarte. Journal of International Peace and Organization, Schwerpunktthema: Unternehmensverantwortung in Konflikten, Bd. 79, H. 1-2 (2005)

Johnson, Chalmers (2004): Der Selbstmord der amerikanischen Demokratie, München

Kaplan, Robert (2003): Warrior Politics. Why Leadership Demands a Pagan Ethos, New York

Krasner, Stephen D. (2005): Alternativne zur Souveränität, in: Internationale Politik, Jg. 60, Nr. 9 (2005): 44-53

Perkins, John (2005): Bekenntnisse eines Economic Hit Man. Unterwegs im Dienst der Wirtschaftsmafia, München

Shiva, Vandana (2005): Weltdemokratie: Die Abschaffung der Armut durch eine ökologiche und faire Nutzung dieser Erde, in: Global Marshall Plan Initiative: Impulse für eine Welt in Balance, Hamburg: 151-166

Soto, Hernando de (2002): Freiheit für das Kapital? – Warum der Kapitalismus nicht weltweit funktioniert, Berlin

Yitzhaki, Shlomo/ Milanivic, Branko (2001): Decomposing World Income Distribution: Does the World have a Middle Class? (http://econ.worldbank.org/view.php?type=5&id=1423

Schlussbeitrag

Resümee der Foren: Herausforderungen und Handlungsperspektiven

Wolfgang Liebert[1]

Eine knappe Zusammenfassung der Diskussion in den neun – größtenteils parallelen – Foren der internationalen Konferenz „Einstein weiterdenken: Wissenschaft – Verantwortung – Frieden“ ist angesichts der großen Vielfalt der dort vorgestellten Analysen und Perspektiven kaum möglich. Unter der Leitlinie, heutige Herausforderungen und Handlungsmöglichkeiten zu benennen, wird hier dennoch der Versuch unternommen, ein – sicher häufig vergröberndes – Resümee zu ziehen.[2] Die Sichtung der und die Sichtweise auf die vorgestellten Ergebnisse dieses zentralen Teils der Konferenz ist notwendigerweise subjektiv geprägt, auch wenn es Formen der intersubjektiven Verständigung darüber gab.[3]

In den ersten Plenarvorträgen der Konferenz war einiges über die Denkwelt und das Engagement Albert Einsteins zu hören. Beides ging weit über seine bahnbrechende Physik hinaus.

Einstein weiterdenken

Wenn wir heute „Einstein weiterdenken“ wollen, haben wir zu realisieren, dass die Welt und die Welt der Wissenschaft sich im letzten halben Jahrhundert seit Einsteins Tod verändert haben. Die bipolare Welt der Blockkonfrontation ist verschwunden; ebenfalls ist der alte Kolonialismus überwunden. Heute gibt es Bemühungen, eine unipolare Welt mit hegemonialen Ansprüchen durchzusetzen, und die Gegenbemühung um eine multipolare Welt. Beides ist begleitet von tiefgreifenden Globalisierungsprozessen, unterfüttert durch ökonomische Kräfte und

1 Dr. Wolfgang Liebert, Interdisziplinäre Arbeitsgruppe Naturwissenschaft, Technik und Sicherheit (IANUS), TU Darmstadt, Hochschulstr. 4a, 64289 Darmstadt, Liebert@ianus.tu-darmstadt.de

2 Eine detailliertere Dokumentation der Beiträge zur Konferenz wird andernorts erfolgen. Eine Buchveröffentlichung ist für das Frühjahr 2006 geplant.

3 Dieses Resümee konnte nur unter wesentlicher Mitwirkung der Forenverantwortlichen und Moderatoren zustande kommen. Zu nennen sind: Annegret Falter, Stephan Albrecht, Alfred Nordmann, Frank Vogelsang, Götz Neuneck, Oliver Meier, Jörg Calließ, Sven Chojnacki, Manuel Fröhlich, Claudia von Braunmühl, Christiane Lammers, Corinna Hauswedell.

dominierende volks- und weltwirtschaftliche Konzepte, sowie einen ebenfalls tiefgreifenden wissenschaftlich-technologischen Wandel. Eine enorme Dynamik steckt dahinter. Lebenswirklichkeiten werden dadurch beeinflusst – teils auch uniformiert. Parallel dazu sind im weltweiten Maßstab Phänomene der Ungleichzeitigkeit und Ungerechtigkeit weiter gewachsen: mangelnde Entwicklungschancen und Bedrohung verstärkt durch globalisierte Ökonomie. Die Kosten für unsere natürliche Mitwelt sind weit deutlicher sichtbar und in den Auswirkungen spürbarer als zu Einsteins Zeiten. Ich nenne nur den menschlichen Dauerangriff auf die Böden, die Gewässer, die Luft, das pflanzliche und animalische Leben auf dem Planeten, den wir bewohnen.

Die Welt der Wissenschaft hat sich ebenfalls stark verändert. Dominierend ist nicht mehr das Bild reiner Grundlagenforschung – vom Typ der Arbeiten Einsteins, die sich dem Pathos der Wahrheitssuche und den wissenschaftsinternen Standards verpflichtet wissen konnten – und daneben der zweite Typ davon getrennt gedachter Anwendungsforschung. Wir leben heute weitgehend im Zeitalter von „Technoscience“ – oder der „Technowissenschaft“ –, wo Forschungshandeln und Technikentwicklung zunehmend amalgamieren. Technische und industrielle Anwendungen, technikgestützte Methoden, grundlagennahe Erkenntnis und die Nutzung bereits sedimentierten Wissens bedingen sich gegenseitig und gehen Hand in Hand. Versprechungen für Anwendungshorizonte, technische Problemlösungsangebote haben Vorrang vor theoretischer Arbeit. Notwendigerweise werden die lieb gewonnenen – aber doch eigentlich nur virtuellen – Grenzziehungen zwischen wissenschaftsinternen und wissenschaftsexternen Prozessen und Werthaltungen so durchlässig, dass weite Teile heutiger Forschung mitten in gesellschaftliche Aushandlungsprozesse geraten oder geraten müssten. Auf der anderen Seite ist wissenschaftlich-technisches Know-how längst zur Kapitalressource geworden mit der Konsequenz, dass teilweise der öffentliche Zugang zum vorliegenden Wissen erschwert oder unmöglich wird, so wie wir es aus dem militärischen Bereich schon lange kennen.

Trotz solcher Art skizzenhaft gezeichneter Veränderungen sind einige der Denkansätze und Handlungsvorschläge Einsteins noch immer hoch aktuell. Manche von ihm bereits fokussierte Problemlagen sind auch heute virulent. Andere sind hinzugekommen, wie ich angedeutet habe. In den neun Foren der Tagung wurden einige wesentliche – sicher nicht alle – aktuelle Herausforderungen diskutiert, die unter den Konferenzstichworten „Wissenschaft, Verantwortung, Frieden“ subsumiert werden können.

Kriege und Interventionen

In den letzten Jahren sind die weltweit gezählten, gewaltförmig ausgetragenen Konflikte und Kriege zahlenmäßig etwas zurückgegangen. Auch wenn die Kategorisierung nicht ganz einfach ist und zumeist nicht ganz einheitlich ausfällt: Es sind noch immer über 40. Die These wurde vertreten, dass Asymmetrien verschiedenster Art wesentliche Ursachen dieser Kriege und Konflikte sind. Spätestens seit der Zeitenwende 1989/90 ist die Hemmschwelle zu Interventionen von außen gesunken, insbesondere wird wieder die Möglichkeit gesehen, auch militärisch zu intervenieren. Die aktuellen Tendenzen dazu, der berechtigte Widerstand in eklatanten Fällen sind uns wohl vertraut. Wenn immer wieder von der Notwendigkeit gesprochen wird, zu humanitären Interventionen mit oder ohne militärischen Kräften bereit zu sein, dann macht es Sinn, sich anzusehen, ob die dabei vorgegebenen humanitären Ziele erreichbar erscheinen. Auf der Konferenz vorgetragene Analysen äußern große Vorbehalte und Skepsis.

Die Interessen der starken, intervenierenden Staaten scheinen oft den vorgeblichen Sinn des Eingreifens zu verfehlen oder zu verkehren. So führt die zunehmend leitende Anti-Terrorpolitik zu unzureichenden und sehr eingeschränkten Prioritäten in den Zielländern, gerade auch was Nachkriegsaktivitäten angeht. Es geht vorrangig um die Stärkung staatlicher Autorität und Verwaltung mit dem Ziel der Grenzsicherung, der Kontrolle und Überwachung „zweifelhafter" Bevölkerungsteile etc. Auch nichtstaatliche Organisationen (NGOs) werden zunehmend in Strategien integriert, die eher der Bekämpfung von Aufständischen zu dienen scheinen – unabhängig davon, wo mögliche Konfliktursachen liegen könnten. Der Vorwurf wurde erhoben, dass hier post-koloniale Verhaltensweisen wiederzukehren scheinen: kurzfristige Vorteile werden gesucht – auch im Falle nicht-militärischer Intervention – z.B. durch die Konzentration auf die Stärkung von Regierungsgewalt, die oft problematisch ist, und häufig als verfehlt anzusehendes „nation building". Die zumeist komplexen Ursachengeflechte für Konflikte bleiben demgegenüber verdeckt, sie gären weiter und können die Grundlage für neue oder fortgesetzte Kriegshandlungen sein.

Das Verständnis von Sicherheit, die man schaffen will, verändert sich unter der Hand mit, insbesondere dadurch, dass in Interventionen und Interventionskriegen zunehmend private Akteure eingebunden werden. Das verstärkt eine Tendenz zu technisch orientiertem (auch sozio-technischem) Vorgehen. In der Hauptsache kommen Akteure mit entsprechender Kompetenz zum Zuge, vom Militär, über Sicherheits- und Logistikfirmen bis zu NGOs. Eine sehr selektive Ausfüllung von Sicherheitsbedürfnissen ist die Folge, die bestehende Ungleichheit verstärken und neue Ungleichheit schaffen kann.

Man ahnt, dass die Verwischung der Grenzen zwischen staatlich-militärischem und privatwirtschaftlich organisiertem Anteil bei Interventionen auch die Funktion haben kann, die öffentliche Unterstützung in den eingreifenden Staaten zu sichern, u.a. weil die Opferstatistiken dann ggf. anders aussehen.

Folgerungen aus diesen Befunden sind mindestens:

- Es besteht Regulierungsbedarf im Rahmen des Völkerrechts, was den „neuen Söldnertypus" im Bereich logistischer, technischer oder sonstiger Unterstützer bei Interventionen angeht.
- Die politische Definitionsmacht über Ziele und Durchführung von Interventionen muss wiedergewonnen und so eine internationale Legitimierbarkeit nachweislich werden.
- Extreme Zurückhaltung bei Interventionen scheint geboten. Dies gilt auch hinsichtlich verfolgter Ziele bei nicht-kriegerischen Interventionen, da es beispielsweise – so wurde argumentiert – sehr schwierig sei, die kulturellen Bedingungen vor Ort angemessen zu berücksichtigen.

Zivile Konfliktbearbeitung

Letztlich muss aufgrund der zwiespältigen Erfahrungen mit Interventionen die Option ziviler Konfliktbearbeitung eine erneute oder verstärkte Beachtung für sich in Anspruch nehmen dürfen. Entgegen der vorherrschenden öffentlichen Wahrnehmung wurde argumentiert, dass für die letzten zwei Jahrtausende empirisch die gewaltfreie Konfliktlösung als Standardlösung für die überwältigende Mehrzahl an Konflikten angesehen werden könne. Nur ein kleiner Rest habe zu militärisch ausgetragenen Konflikten geführt. Überdies wurde die These vertreten, dass es so gut wie keinen Krieg gegeben habe, der als Lösung der zugrunde liegenden Konflikte angesehen werden könnte.

Zivile Konfliktbearbeitung und Krisenpräventionsstrategien werden als Realisierungen ursprünglich pazifistischer Ideen interpretiert. Es wird anerkannt, dass in Deutschland brauchbare Ansätze und Konzepte im Präventionsbereich entwickelt worden sind. Ein großes Defizit bestehe aber in der mangelnden Tatkraft, entsprechende Strategien und Modelle als realistische Handlungsoptionen auch umzusetzen und durchsetzungsfähig zu machen. Man fragt sich, welche Hindernisse oder Widerstände auf der Ebene staatlichen Handelns dem eigentlich entgegenstehen.

Eine pazifistische Grundhaltung steht im Zentrum aktiver Handlungsstrategien, die zum Auffinden gewaltfreier – oder zumindest gewaltärmerer – Lösungen führen sollen. Es bestand Einigkeit, dass dies nur als gesellschaftlicher, partizipativer Suchprozess gelingen könne und kaum als eine an Staatlichkeit gebundene fest gefügte Prozedur. Am historischen Beispiel Einsteins wurde deutlich gemacht, dass es blanke kontextlose Ja-Nein-Entscheidungen zu pazifistischen Positionen nicht geben könne. Verschiedene Spielarten pazifistischer Haltungen könnten nur dem Einzelnen – zeitgeschichtlich gebunden und je nach konkret vorliegenden Rahmenbedingungen – als angemessen erscheinen. Die Hauptschwierigkeit liege eigentlich darin, wie man eine angemessene Einschätzung über diese jeweils aktuell vorliegenden und stets hochkomplexen Rahmenbedingungen bekommen könne.

Globale Strukturen

In dem eben Besprochenen geht es sicher auch um die Perzeption von Macht, Machtgefällen und Intentionen staatlichen Handelns. Sehr schlüssig wurde vorgetragen, dass die Ausbalancierung globaler und regionaler Machtungleichgewichte einen wesentlichen Beitrag zur Konfliktbewältigung und Kriegsverhütung leisten könnte. Zur Einhegung von Machtpotenzialen müssten die Bemühungen um eine internationale Verrechtlichung (insbesondere staatlichen Handelns) konsequent verstärkt werden.

Damit verbunden werden kann der Ruf nach sozialem Ausgleich auf globaler Ebene, nach demokratischen Verhältnissen im internationalen Umgang und auf nationalstaatlicher Ebene sowie nach Wegen zur Entmilitarisierung.

Bei der Debatte über den Umgang mit bzw. Veränderung von dominierenden Strukturen der Weltökonomie gab es unterschiedliche Einschätzungen: Scharfe Kritik des neoliberalen Durchmarsches, der keine Entwicklungschancen für eine große Anzahl von Ländern im Süden mehr biete, Kritik an der Reichtumskonzentration in Ländern des Nordens und ihrer militärischen Absicherung durch die NATO auf der einen Seite. Andererseits eine etwas pragmatischere Kritik am neoliberalen Paradigma, deren Folgen für Hintanstellung sozialer Belange, Verstärkung der Armut – gerade auch bei Frauen in den ärmsten Ländern – zwar eindeutig benannt wurden, aber die Rolle der internationalen Finanz- und Welthandelsorganisationen – trotz ihrer Unbeweglichkeit und ungerechten Politik – verhaltener kritisiert, denn ihre Abschaffung sei noch fataler als ihre Beibehaltung, die wenigstens die absolute Hegemonie einzelner Staaten noch etwas eindämme. Als Perspektive wurde insbesondere die Stärkung der UN als Weltordnungskraft – auch im ökonomischen Bereich – ausgemacht.

Völkerrecht und transnational antizipierende Politik

Die Perspektive der UN und die Tendenzen im internationalen Völkerrecht wurden eingehend diskutiert. Tatsächlich ist in den letzten Jahrzehnten viel geschehen. Die Kodifizierung des Völkerrechts hat große Fortschritte gemacht, aber mit der Universalisierung der Anerkennung, der Rechtsbefolgung, hapert es noch. Beispielsweise ist die internationale Schiedsgerichtsbarkeit durch die Möglichkeit der Ratifizierung eines Zusatzprotokolls zum Statut des Internationalen Gerichtshofs (IGH) vorangekommen, aber selbst ein Land wie Deutschland will sich bislang nicht der geforderten Vorabanerkennung von Schiedssprüchen unterwerfen. Gefordert wurde, dass Deutschland mutig diese wichtige Aufwertung des IGH unterstützen solle, um mehr Chancen für eine präventive Konfliktschlichtung zu schaffen.

Im Bereich des supranationalen Schutzes individueller Menschenrechte besteht noch immer eine Lücke im Völkerrecht. Der europäische Gerichtshof für Menschenrechte könnte als Vorbild für eine weltweite Institutionalisierung dienen, die mit dem immerhin schon beschlossenen Menschenrechtsrat noch zu unvollständig vorankommt.

Die Schritte zur Reform der UN werden nach dem ernüchternden Milleniumsgipfel vom September 2005 als unzureichend angesehen, insbesondere gemessen an der ursprünglichen Zielsetzung, einen neuen Konsens im Dreierpaket – geschnürt aus Entwicklung, Sicherheit und Menschenrechten – zu erreichen. Auch die Aufwertung der Rolle internationaler NGOs im UN-System als Gegengewicht zu den oft beschränkten nationalstaatlichen Sichtweisen und Interessen kommt kaum voran. Dabei würden so die nationalstaatlichen Gewalten in angemessener Weise relativiert, während die Untergrabung ihrer Wirksamkeit durch die Globalisierungsprozesse bereits erfolge.

Die Bedeutung der demokratischen Kontrollierbarkeit der Staaten von innen heraus in Hinblick auf das friedfertige Verhalten demokratischer Staaten untereinander (Demokratie-Theorem) verliert im gleichen Zuge an Gewicht. Die denkbare Alternative einer sogenannten „kosmopolitischen Demokratie" als friedensstiftendem Konzept bleibt unkonturiert und bietet keine klare Perspektive für die mit der Globalisierung verstärkten weiteren Problemlagen. Dazu gehören die Folgen der beschleunigten technologischen Entwicklung und die immer zeitkritischer werdenden Umweltbedrohungen. Zielsetzungen im Sinne von mehr Nachhaltigkeit, Friedenserhaltung und Friedensstiftung können offenbar noch nicht mit Formen globaler – und nicht rein nationalstaatlich fundierter – Demokratie zusammengedacht werden. Gleichwohl erscheint eine antizipierende Politik im globalen, Grenzen überschreitenden Maßstab bitter nötig, auch wenn man sich der großen Unsicherheiten in der Analyse und bei den denkbaren Handlungskorridoren bewusst sein müsse. Der Hoffnung wurde Ausdruck gegeben, dass jenseits diktatorischer Denkmodelle, die abzulehnen seien, und jenseits der Fixierung auf international verrechtlichte Institutionen flexiblere Foren und Aktionsmöglichkeiten gefunden werden könnten, die effektive Suchprozesse auf den Weg bringen, die sich nicht an unzureichenden existierenden Strukturen abarbeiten, sondern von vordringlichen Inhalten gesteuert bleiben – und das auf Dauer.

Verantwortliche Wissenschaft und nachhaltige Entwicklung

Bekanntlich sind die Gefährdungen als Folgen des Klimawandels – soweit heute verstanden – eklatant. Die Ökosysteme unserer Erde sind vielen weiteren Bedrohungen durch Eingriffe und Fehlverhalten von uns Menschen ausgesetzt. Gleichzeitig brauchen wir eine ausreichende – und ökologisch verträgliche – landwirtschaftliche Produktion zur Ernährung der noch immer wachsenden Weltbevölkerung. Nachhaltiger Umgang mit den natürlichen Lebensgrundlagen und Ressourcen erscheint notwendiger denn je, wenn die Zuspitzung und Neuentstehung von Konfliktpotenzialen vermieden werden soll.

Die Nationalstaaten, die Industrie und große Teile der Wissenschaft, aber auch das Gros der Bevölkerung reagieren noch viel zu langsam und teilweise sogar in kontraproduktiver Weise auf diese Herausforderungen. Eine entscheidende Frage ist, wie die Wissenschaften lernen können, eine verantwortliche Rolle zuspielen. Die Klimaforscher haben u.a. mit dem Intergovernmental Panel on Climate Change eine Institution entwickeln können, die vielleicht Modellcharakter haben könnte. International vernetzter Sachverstand als unabhängige Informations- und Beratungskapazität für Politik und Öffentlichkeit (unter Einbeziehung der Regierungen) kann wirkungsvoll sein. Weitere solche Aktivitäten werden auf den Weg gebracht, so eine internationale Initiative zur naturverträglichen Landwirtschaft (International Assessment of Agricultural Science and Technology for Development [IAASTD]) oder ein international entwickelter Weltnaturschutzplan der International Union for the Conservation of Nature (IUCN).

Spezifische wissenschaftliche Kooperationen zwischen dem Norden und dem Süden im Bereich der Ernährungssicherheit wären anzustreben. Dazu könnten gehören: Verbesserung und Verstärkung der Pflanzenzüchtung auch unter Nutzung moderner biotechnischer Analysemethoden, Suche nach züchterischer Optimierung regional bedeutsamer Nahrungspflanzen wie Hirse oder Maniok. Ähnliches gilt für Kooperationen im Gesundheitswesen, z.B. in Bezug auf die Entwicklung und Produktion benötigter Impfstoffe.

An erster Stelle ist für die Wissenschaften die Aufgabe gestellt, zu verstehen, worum es sich bei den anthropogenen Belastungen und Zerstörungen des Netzes des Lebendigen auf der Erde eigentlich handelt. Wie wären diese komplexen Zusammenhänge und Wechselwirkungen zu fassen und welche Umgangsweisen können entwickelt werden? Eine Studie des National Research Council der USA benannte bereits 1999 die Aufgabe: „Developing an integrated and place-based understanding of ... threats and the options for dealing with them ...“. Dies bedeutet, dass sowohl stabile internationale Netze von Forschungs- und Beobachtungseinrichtungen wie zugleich örtliche und regionale Netze von Forschungs- und Handlungsinstitutionen vonnöten sind.

Im Bereich der wissenschaftlichen Unterstützung für mehr Nachhaltigkeit ist mit pompösen, millionenschweren Excellenzclustern der sog. Eliteforschung wohl nicht viel auszurichten. Eher sind etwas bescheidenere Projekte, die nach angepassten Lösungen suchen, von Nöten. Dazu müssen entsprechende Finanz- und Forschungsmittel zur Verfügung gestellt werden.

Rüstung und präventive Rüstungskontrolle

Die Geldmittel fließen noch immer überwiegend in andere Bereiche. Die weltweiten Rüstungsausgaben sind in den letzten Jahren wieder deutlich nach oben geschnellt. Dieses Jahr wurde die 1000 Milliarden Dollar Grenze überschritten. Fast die Hälfte geht auf das Konto der USA allein. Über 70% teilen sich USA und die NATO-Staaten. Das spricht eine deutliche Sprache, wenn es um die Diskussion weltweiter Droh- und Einsatzpotenziale geht.

Im Bereich der staatlich finanzierten Rüstungsforschung liegen die USA mit über 100 Milliarden Dollar und etwa 2/3 der weltweiten Ausgaben noch weiter vorn. Dementsprechend ziehen die USA viel Kritik im Bereich ihrer Rüstungs- und Rüstungstechnologieprogramme auf sich. Ein weiterer technologischer Schub wird in vielen Bereichen vorbereitet. Das Spektrum ist groß: Zielgenauigkeit und Zerstörungskraft langreichweitiger Waffen, effektive Aufklärung und Überwachung auf dem Schlachtfeld und im globalen Maßstab, Electronic and Information Warfare, exotische Waffensysteme wie Laser und Mikrowellenwaffen, teilautomatisiertes Schlachtfeld auf informationstechnologisch gestützter Netzwerkbasis (Network Centric Warfare) im Rahmen der „Revolution of Military Affairs“ bis hin zu neuen Atomwaffen, die zum tatsächlichen Einsatz bestimmt sind.

Die Dynamik im wissenschaftlich-technischen Bereich müsste in Rüstungskontrollüberlegungen einbezogen werden. Präventive Rüstungskontrolle bietet sich als Analyseinstrument an mit dem Ziel, Handlungsperspektiven aufzuzeigen.

Die Politik greift dies noch viel zu wenig auf. Eingehender diskutiert wurden Forschung, Entwicklung und Test im Bereich von Weltraumtechnologien. Das aktuelle US-Budget für „Ballistic missile and space defense“ soll mehr als 20 Milliarden Dollar umfassen. Akute Gefahr besteht durch die Absicht, erstmalig Waffensysteme im Weltall zu stationieren. Dringlich wäre ein rechtzeitiges umfassendes Verbot von jeglichen Weltraumwaffen, denn es besteht bislang keine in irgendeiner Weise wirksame internationale Regelung. Vertrauensbildende Maßnahmen im Vorfeld könnten ein Testmoratorium oder No-first-use Erklärungen verschiedener Seiten sein.

Friedensmacht Europa?

Die europäische Rüstungs- und Rüstungskontrollpolitik wurden ebenfalls diskutiert. Die Europäische Sicherheitsstrategie (2003), der EU-Verfassungsentwurf und der Aufbau einer Europäischen Verteidigungsagentur sind Indizien für eine Schwerpunktsetzung auf militärische Strukturen und Kapazitäten. Dies steht im massiven Widerspruch zum propagierten Bild von der „Friedensmacht Europa“, auch wenn bislang im Rüstungsbereich noch keine großen Finanzmittel bewegt werden. Allerdings lässt die Schaffung einer Europäischen Rüstungsagentur befürchten, dass die schrittweise Europäisierung der Streitkräfte erhebliche Kosten verursachen werden, industrielle Interessen bedient werden und im Hintergrund bereits „power projection“ an Einfluss gewinnt. Hinzu treten aber bereits Pläne für ein milliardenschweres europäischen Sicherheitsforschungsprogramm, das in seiner ersten Konzeptentwicklung auf technische Maßnahmen zur Erhöhung der Sicherheit in Europa setzt und dabei wohl letztlich ein eigenes Rüstungsforschungsprogramm etablieren soll.

Die Rüstungskontrollpolitik der EU engagiert sich eher selektiv in einigen wichtigen Bereichen, aber sorgt dafür, dass eigene Rüstungsinteressen, die zumeist noch durch nationale Interessen bestimmt sind, nicht beschnitten werden. Abrüstung und Rüstungskontrolle sind offenbar keine zentralen Prioritäten europäischer Politik. Häufig bremsen nationalstaatliche Partikularinteressen die Entwicklung einer zukunftsweisenden gesamteuropäischen Position. Das Gesamtbild ist daher unbefriedigend. So sucht man beispielsweise die Schaffung einer Europäischen Rüstungskontrollagentur oder die Festschreibung von Abrüstungsmaßnahmen vergeblich im europäischen Verfassungsentwurf.

Forschungsdynamik, Dual-use und Proliferation

Neben der zielgerichteten traditionellen Rüstungsforschung wurden in den 1980er und 1990er Jahren in Deutschland und den USA Dual-use Programme lanciert, die u.a. dafür sorgen sollten, dass zivile Wettbewerbsfähigkeit und militärische Entwicklungslinien in kostengünstigerer Weise parallel verfolgt werden können. Die Erfahrungen damit sind uneinheitlich und recht unübersichtlich. Andere Länder, wie Großbritannien, bewegen sich neuerdings in dieselbe Richtung. Die USA scheinen aber solche Konzepte angesichts der dort immer weiter verschwimmenden Grenzlinie zwischen ziviler und militärischer Forschungsarbeit auch wieder weniger Bedeutung zu geben. Dennoch gibt es einen verstärkten Druck in Europa, Dual-use Forschung auf europäischer Ebene zu implementieren. Das angekündigte Europäische Sicherheitsforschungsprogramm könnte der Türöffner dafür werden. Die Entwicklung solcher Grauzonen in Forschung und Technikentwicklung werden als sehr problematisch angesehen.

Anhand von Beispielen wurde gezeigt, dass Dual-use oft gar nicht technologisch determiniert und unausweichlich ist, wie von interessierter Seite behauptet, sondern bewusst durch die Technikentwicklung erst erzeugt wird. Bei genauerer Analyse zeigt sich häufig, dass Möglichkeiten bestehen, sich durch Gestaltung der Forschung und Technikentwicklung aus erkannten Grauzonen auch wieder hinauszumanövrieren. Das kann besonders wichtig werden in Feldern mit hoher Relevanz für die weltweite Proliferationsproblematik. In diesem Zusammenhang wurde auch die Frage gestellt, in wie weit traditionelle Formen nachsorgender Technikkontrolle langfristig stabil und zielführend sein können. Einer vorausschauenden Gestaltung von Forschung und Technik wurde demgegenüber, so weit sie möglich ist, erhebliche Vorteile eingeräumt.

Die Revolution im Bereich der Biotechnologie steht vor einem tiefgreifenden Dilemma. Einerseits kann zur Aufklärung krankheitserregender Mechanismen von infektiösen Mikroorganismen und zum besseren Verständnis komplexer mikrobiologischer Interaktionsprozesse in Lebewesen beigetragen werden. Andererseits können in solchen Forschungsprozessen auch die Wirkungen von Bio- und Toxinwaffen besser verstanden werden, sie könnten verstärkt werden, zu Killerviren verändert werden oder es könnten gänzlich neue gefährliche Agenzien geschaffen werden. Beispiele für willentliche und für unbeabsichtigte Ergebnisse von Forschungsprojekten dieser Art liegen bereits vor.

Einigkeit bestand, dass die Gefahr der Proliferation hier nicht durch traditionelle Kontrolllisten in den Griff zu bekommen ist. Es besteht dringender Bedarf für ein Monitoring der Forschung im Sinne präventiver Rüstungskontrolle, für Bewusstsein bildende Maßnahmen bei den Beteiligten in der Forschung, für Aufklärung über Verbotstatbestände der Biowaffenkonvention und über Möglichkeiten in Forschungsweg und Methodenwahl verantwortbare Wege einzuschlagen.

Ambivalenz und Gestaltung

Es wurde vorgeschlagen, die Dual-use Problematik im größeren Zusammenhang der Ambivalenz von Forschung und Technik zu sehen, in der weit mehr Aspekte als die zivil-militärischen Doppelgesichtigkeit zu diskutieren wären. Als Analyseinstrument zur Beschaffung unabhängiger Informationen für die Wissenschaft, die Politik und die Öffentlichkeit wurde ein Konzept des prospektiven Technology Assessments vorgeschlagen. Dies soll helfen, frühzeitige Gestaltungsmöglichkeiten in Forschung und Technologie aufzufinden. Es sollten also nicht so sehr Grenzziehungen gegenüber dem nicht Gewollten, sondern stärker Positivbestimmungen für verantwortliche Forschungsorientierung aufgefunden werden.

Ähnliches wird für den Bereich der heutzutage erforschten sogenannten Schlüsseltechnologien gesehen, die in den Bereich der sog. Technoscience (Technowissenschaft) fallen, was eingangs bereits angesprochen wurde. Beispielhaft wurde nanotechnologische Forschung im Zusammenspiel mit Bio-, Kommunikations- und Informationstechnik diskutiert. Hier geht es um einen Forschungstyp, der sehr pragmatisch, Schritt für Schritt vorantastend – unter Nutzung von Grundlagenwissen, aber ohne höheren theoretischen Anspruch – neue materielle Möglichkeiten auf kleinstem Maßstab konstruktiv erschaffen will. Es findet dabei auch eine gewisse Orientierung an Lebensprozessen statt, u.a. um diese in den Dienst hybrider Technologien an der Schnittstelle von lebendigen Wesen und Maschinen stellen zu können.

Propagiert werden von Nano-Enthusiasten u.a. Beiträge zum Weltfrieden (durch militärische Technologie), zum menschlichen Wohlstand oder zur Beförderung der Evolution des Menschen. Unterhalb dieser irritierenden Großversprechen werden realistische Anwendungen mit hohem Umsatzpotenzial etwa im Bereich neuer Materialien, von Umwelttechniken oder von Militärtechnologie gesehen. Umgekehrt können bereits einige erwartbare Risiken benannt werden: Umwelt- und Gesundheitsrisiken durch Nanopartikel, Problematik denkbarer Genkontrolle und anderes.

Die Entlastung erhoffende Forderung nach einem Zurück zur reinen grundlagenorientierten Wissenschaft, bei der man sich von der Gesellschaft abgekoppelt fühlen will, ist hier prinzipiell nicht möglich. Es wurde betont, dass es im Gegenteil um die Anerkennung des sozialen Kontextes gehe, in den solche Forschung offensichtlich eingebettet ist. Aus der Ernstnahme der sozio-ökonomischen und gesellschaftspolitischen Zusammenhänge müsse gefolgert werden, dass das „metaphysische Programm“, das solcher Forschung offenbar zugrunde liege, explizit gemacht werde. Dann sind offene Prozesse der gesellschaftlichen Aushandlung über die eingeschlagenen Forschungswege denkbar. Wissenschaft und Technik entpuppen sich als menschlich-gesellschaftliches Handlungsfeld, das reflexions- und reaktionsfähig gemacht werden kann und muss.

In scharfer Distanz dazu wurde aber auch eine pessimistische Sichtweise beschworen. Solcher Art Technologie des Lebens sei einer Technologie des Todes nahe, sie würde „Kettenreaktionen“ heraufbeschwören, über die wir weder technisch noch geistig verfügen könnten. Vorsichtiger wurde gesagt, man müsse dafür eintreten, dass die problematischen Programmatiken im Bereich der Nanoforschung in Richtung Verbesserung „des“ Menschen zumindest umorientiert werden in Verbesserungen „für den“ Menschen, die jeweils in ihrer Sinnhaftigkeit und Möglichkeit überprüft werden müssten. Letztlich gehe es darum, nicht den großen Versprechungen zu folgen, sondern den Weg gesellschaftlicher Aushandlungsprozesse über Ziele und Pfade der Forschung begehbar zu machen (Motto: „from promise to process“).

Geheime Forschung, Öffentlichkeit und Whistle Blowing

Eine wesentliche Schwierigkeit ergibt sich bei der öffentlichen Diskussion über Folgen und Orientierung des wissenschaftlich-technischen Fortschritts: Es gibt offensichtlich auch opake Forschung, die in keinster Weise durchsichtig und durchschaubar ist – nicht für außen Stehende, aber auch nicht für den Großteil der Experten in der Forschung selbst. Wesentliche Dinge bleiben unter Verschluss, manches darf nicht erforscht werden, unliebsame oder „sensible“ Daten und Erkenntnisse werden gar nicht oder erst erzwungenermaßen öffentlich zugänglich. Das gilt für riesige Bereiche der militärischen Forschung, zunehmend aber auch für einige Bereiche ziviler Forschung. „Private Interests“ stehen dem Informationsanspruch der Öffentlichkeit entgegen. Wir haben z.B. gelernt, dass Sicherheitsforschung im Bereich gentechnischer Produktforschung in weiten Teilen von den interessierten Forschungseinrichtungen und Industrieunternehmungen selber durchgeführt wird. Die Ergebnisse werden häufig gar nicht oder nur teilweise veröffentlicht und entziehen sich damit der unabhängigen Überprüfbarkeit – auch innerhalb der Scientific Community.

Innerwissenschaftliche Kritik und gesellschaftliche Teilhabe an der wissenschafts- und forschungspolititschen Willensbildung werden in solchen Bereichen unmöglich. Demokratisch akzeptable Bewertungs- und Aushandlungsprozesse, die zu einer Zielorientierung des Innovationsprozesses innerhalb der Gesellschaft führen müssten, werden in besonderer Weise ausmanövriert. Es sei daran erinnert, dass zwei eminente Wissenschaftlerpersönlichkeiten, ein Physiker und ein Biochemiker, als „Whistleblower" („Warnpfeifer") in der Rüstungsforschung bzw. in der Sicherheitsforschung im Bereich gentechnisch veränderter Nahrungsmittel im Rahmen der Konferenz mit einem Preis der VDW und der IALANA geehrt wurden. Theodore Postol und Arpad Pusztai haben auch in einem der Foren vorgetragen. Dabei wurde deutlich, dass Whistleblowing – bei allen Unterscheiden im einzelnen – immer eines zum Ziel hat: Öffentlichkeit herstellen, sei es in der eigenen Forschungseinrichtung, sei es in der jeweiligen Scientific Community, sei es in den Medien und einer breiteren Öffentlichkeit. Whistlerblowing umschreibt, so gesehen, nur eine Hilfskonstruktion zur Einforderung und Ermöglichung einer als notwendig erachteten öffentlichen Diskussion. Wo Forschungsstrukturen und Forschungshandeln stärker selbstreflexiv und auf den offenen Diskurs mit der Öffentlichkeit angelegt wären, hätten Whistleblower wenig(er) zu tun. Die Herstellung entsprechender Strukturen und die Weckung des Bewußtseins bei den Beteiligten muss das eigentliche Ziel verantwortlicher Forschungsorganisation sein.

Der rechtliche Schutz und die gesellschaftliche Akzeptanz des Whistleblowing als notwendiges Gegenmittel gegen inakzeptable Geheimhaltungspraktiken gerade auch in der Forschung ist ein wichtiger Schritt auf dem Weg dahin. Auch ein deutscher oder europäischer „Freedom of Information Act" (Vorbild USA und Schweden) ist zu fordern. Dies ist auch deshalb notwendig, da privatwirtschaftliche Interessen und Vorgehensweisen längst auch das akademische System erreicht haben und drohen, alte Traditionen des freien Zugangs zu Wissen und Information empfindlich zu untergraben.

Querschnittsthemen

Gewiss haben die Foren keinen „Masterplan" für die Bearbeitung aller drängenden Weltprobleme erarbeitet, aber ein Weiterdenken Einsteinscher Themen hat offenbar stattgefunden. Dies legt nahe, noch einige wesentliche Diskussionspunkte zu benennen, die gewissermaßen quer zu den in den Foren behandelten, beispielhaft ausgesuchten Themen eine Rolle spielten:

- Die Antizipation von Problemlagen, die bereits am Horizont erkenntlich sind – gerade auch in Hinblick auf technische Entwicklungen – wird als wesentlich erachtet. Hier sind Beiträge aus der Wissenschaft notwendig.
- Der wachsenden Dynamik grenzüberschreitender Problemlagen, die über- und zwischenstaatliches Handeln herausfordern, aber gleichzeitig die Möglichkeiten staatlichen Handelns in Frage stellen, muss noch mehr Beachtung geschenkt werden.

- Der Eindruck, dass wir in einer Welt leben, in der die einen auf dem Rücken der anderen (und der Natur) ihre konsumorientierten Lebensmöglichkeiten erweitern, wird von vielen geteilt. Daraus wird u.a. die Forderung nach einer Organisation der menschlich-gesellschaftlichen Verhältnisse abgeleitet, die sich weit mehr als zur Zeit dem Kriterium der Gerechtigkeit verpflichtet fühlt.
- Die zunehmende Auflösung der Grenzen zwischen dem Zivilen und dem Militärischen in verschiedenen Bereichen (Privatisierung des Kriegs, Forschungsförderung, Proliferationsgefahren) wird als äußerst problematisch angesehen.
- Um Auswege aus den gegenwärtigen und absehbaren Problemlagen aufzufinden, will man sich auf Suchprozesse einlassen, die Hoffnung auf Teillösungen im Hinblick auf das Ganze der Weltentwicklung machen. Dies soll zu Formen der Gestaltung in Politik, Gesellschaft und Wissenschaft führen.
- Demokratisierung und Partizipation fallen dabei immer wieder als zentrale Stichwörter.

Suchprozesse

Persönlich möchte ich noch anmerken, dass es mir so vor kommt, als sollten wir anerkennen, dass es auch heute noch im Kern um die recht allgemeinen Einsteinschen Anforderungen geht: die Erinnerung an die alten humanistischen Ideale, die für ihn auch hinsichtlich der Unternehmungen der Wissenschaft gelten. Dies war am Anfang des Siegeszugs der modernen Naturwissenschaft noch selbstverständlich (man denke an Francis Bacon), heute gerät dies in Vergessenheit. Zukunfts- und Entfaltungsmöglichkeiten für alle Menschen und die uns umgebende Natur, in der wir leben wollen, wird es aber nur geben, wenn eine gemeinsame Anstrengung aller Wissenschaft – jenseits von disziplinären Grenzen und Traditionen – voran kommt, die hilft, nicht nur Sackgassen, in die wir gegangen sind, zu erkennen, sondern auch mithelfen will, alternative Pfade aufzusuchen. Der Horizont, der ungeheueren Möglichkeiten, die uns heute offen stehen, muss danach abgesucht werden, was verantwortlich und sinnvoll im Sinne des Ganzen erscheinen kann. Wissenschaft kann sicher nur ein Teil dieses gebotenen gesellschaftlichen Suchprozesses sein.

Ermutigt durch manche Formulierungen der Potsdamer Denkschrift will ich ergänzen, dass wir uns wohl auch trauen müssen, zu erspüren, was zwischen und jenseits der Dinge liegt, die uns so handfest materiell erscheinen. Wir sollten auch zum Ausdruck bringen, was hinter der anfassbaren und stets veränderlichen Welt zu liegen scheint. Dazu gehört: anerkennen, dass wir Menschen aus der Natur entstammen und lebendige, gemeinschaftliche Wesen sind, die gestaltend aktiv werden können, ohne den übermächtig erscheinenden Sachzwängen und Machtstrukturen zu erliegen. Die Zielrichtung unseres Tätigwerdens in der Welt werden wir kaum in den Theoremen und Potenzialen der Wissenschaft und den Marktgesetzen auffinden. Radikal anders ist der Blick in uns selbst. Wir könnten erkennen, dass wir Frieden, Gerechtigkeit und Lebenschancen für alle verwirklichen wollen. Das klingt einfach gesagt, ist aber von Wert – und in der Lebenspraxis schwer erreichbar. Es könnte sich sogar so sein, dass unsere Wissenschaft hier doch nur am Rande tauglich ist. Aber eine Zuhilfenahme unserer jeweiligen wissenschaftlichen Kenntnisse und Möglichkeiten wäre schon ein zukunftsweisender Schritt.

Anlagen

Wieviel Beschleunigung halten wir aus?

Hans-Peter Dürr über Fortschritt und Zivilisation, Manipulation und Mutation, Bäume und Zeitreisen

ND: Was sagen Sie dazu, dass dieses Jahr der Friedensnobelpreis an die Internationale Atomenergiebehörde (IAEA) und ihren Direktor Mohamed El-Baradei geht?
Dürr: Das wundert mich ein bisschen. El-Baradai hat eine Funktion, in der er tätig sein muss. Er hat sich wacker gehalten, seine Sache gut gemacht. Aber das ist noch kein Grund für einen Nobelpreis. Ich kenne die Hintergründe nicht.

Vielleicht wollte Oslo signalisieren, dass diplomatische Lösungen besser als die Streitaxt sind?
Hinsichtlich Iran waren El Baradais Bemühungen zweifellos sehr hilfreich und konstruktiv, zur Abwendung weiterer Eskalation. Ich bin aber generell skeptisch, wenn ich sehe, dass zivile Kernreaktoren immer noch 70 Tonnen Plutonium Abfall pro Jahr zurücklassen, was im Prinzip waffentauglich ist.

Ist es verständlich, wenn von Bush als »Schurkenstaaten« ausgemachte Länder aus Angst mit Atomwaffen drohen?
Ja, wenn sie selbst mit Atomwaffen bedroht werden! Eben deshalb sage ich: Wir müssen viel rigoroser sein, die ganze Kernenergie verbieten. Weil jeder, der einen Kernreaktor betreibt, auch verdächtigt werden kann, einen Teil des Plutoniums für mörderische Zwecke zu verwenden. *Doch darüber hinaus: Jegliche Drohung mit Atomwaffen ist schon Schurkerei.*

Negieren Sie als Kernphysiker mit dieser Forderung nicht Ihr eigenes Forscherleben?
Ich bin Elementarteilchenphysiker. Und obwohl ich bei Edward Teller promoviert habe, bin ich ganz dezidiert gegen Atomwaffen und Kernkraftwerke. Ich glaube nicht an statistische Sicherheit. Meistens passiert etwas, womit niemand gerechnet hat. Die Arglosen sind fantasielos. Und zynisch diejenigen, die meinen: »Nun gut, dann passiert eben mal ab und an etwas.« Wenn es in meiner Nachbarschaft zu einem Super-Gau kommt, Bayern geräumt werden muss und für 20 000 Jahre unbewohnbar bleibt, sagt die übrige Welt: »So schlimm war es nicht.« Das kann doch nicht sein!

Aber wenn das Öl versiegt?
Dass es Engpässe in der Energieversorgung gibt, liegt vor allem daran, dass diese noch immer sehr zentralisiert ist, was mit Machtmöglichkeiten zu tun hat. Ohne Probleme kann man die dezentrale Sonnenenergie nutzen. Ich verstehe nicht, warum man da noch zögert. Sonne gibt es überall. Und man kann mit ihrer Energie niemanden erpressen oder abhängig machen.

Ich sehe das Hauptproblem nicht in schwindenden Ressourcen, sondern in der vermehrten Anwendung. Wieweit *darf der Energieumsatz anwachsen*, ohne das ganze Biosystem ins Wanken oder zum Einsturz *zu* bringen. Es geht nicht nur um den CO2-Austoß und Klimaveränderungen. Wir Menschen sind in der Nahrungskette die letzten. Wenn das Biosystem – das instabil und nur dynamisch stabilisiert ist – kollabiert, ist dies das Ende der Menschheit.

Sie haben sich in der Pugwash-Bewegung engagiert, die mit dem Einstein-*Russell*-Manifest von 1955 geboren wurde und 1995 den Friedensnobelpreis erhielt.
Es war wichtig, dass im Kalten Krieg, als die Ost-West-Beziehungen *teilweise* ganz miserabel waren, Wissenschaftler ganz selbstverständlich *weiter* den Kontakt gehalten haben.

Damals gab es die Balance des Schreckens, die Schlimmstes verhinderte. Muss man dieser Zeit nachtrauern?
Die Sowjetunion *spielte damals eine wichtige Rolle*. Obwohl ich denke, dass man sie *in ihrer Gefährdung* überschätzt hat. Gorbatschow hat mir mal gesagt: »Wir hätten nie einen Atomkrieg ausgelöst.« Ich glaube das. Ein Volk, das einen furchtbaren Krieg wie 1941-1945 erlitten hat, braucht keine Belehrung, dass Kriege schrecklich sind. Ich hatte nie den Eindruck, dass von Russland ein Angriff droht.

Wie war Ihr Verhältnis zu den russischen Kollegen?
Wir haben uns *anfänglich immer* auf Englisch unterhalten, was sie nicht gut sprachen. Dann kam der Kniefall von Willy Brandt in Warschau. Plötzlich sprachen sie mit mir deutsch. Auf meine *erstaunte* Frage,: »Ich wusste ja gar nicht, dass sie ..«, antworten sie: »Doch. Jetzt können wir wieder deutsch reden.« Das hat mich *damals tief* beeindruckt.

Sie haben bei Teller promoviert, als der an der Wasserstoffbombe »bastelte«. Er ist auch der Vater des SDI. Haben Sie mit ihm über sein Tun diskutiert?
Wir hatten eine freundschaftliche Beziehung, auch weil wir ein musikalisches Trio bildeten: er am Klavier, ich am Cello und ein geigender Kollege. Aber wir haben uns auch heftig gestritten. Teller hat *ja die noch viel mächtigere Atombombe, die Wasserstoffbombe,* gebaut. Ich fragte ihn: »Warum bauen Sie noch weitere schreckliche Waffen? Der Krieg ist doch vorbei.« Da sagte er: »Hans-Peter, es wird weitergehen. Aber die große Chance für die Menschheit ist, wenn der Beste auch der militärisch Stärkste ist. Der Beste muss dafür sorgen, dass er der Mächtigste bleibt. Dann haben wir Frieden auf immer.« Da war ich sprachlos.

Krude Logik. Erinnert an Nobel, der eine Waffe entwickeln wollte, die Kriege widersinnig macht.
Und deshalb ist mir der von Uexküll gestiftete Alternative Nobelpreis lieber. Nobel wollte Menschen ehren, die den jeweils größten Beitrag für die Entwicklung der Menschheit geleistet haben. Was aber heißt das? Ich meine, in *Stockholm* sollte man ernsthafter prüfen, welche Erfindung oder Entdeckung für uns wirklich gut ist. Oder ob sie uns nicht nur wieder einen Schritt näher an den Abgrund führt.

Teller und Nobel wussten, was sie taten. »Oh weh!«, hat Einstein ausgerufen, als er vom Atombombenabwurf auf Hiroshima erfuhr.
Das war für ihn ein Schock.

Und den Physikern ihr Damaskus-Erlebnis? Steht Genforschern ein solches noch bevor? Dolly hat nicht verraten, was die Gentechnik noch für Möglichkeiten birgt.
Noch größere Gefahren. Otto Hahn wollte nicht die Kernspaltung entdecken, er wollte Transurane. Er hat Uran mit Neutronen beschossen und wunderte sich: »Das ist kein Transuran, sieht aber komisch aus – wie Barium.« Aber das konnte unmöglich sein, weil Barium ungefähr nur das halbe Gewicht vom Uran hat. Dann hat *Lise* Meitner gesagt: »Das kann doch sein. Es hat sich halbiert.« Als diese Entdeckung gemacht wurde, war die Bombe noch nicht zur Stelle. Die kam erst, als man festgestellt hat, dass bei der Uranspaltung Neutronen frei werden, die wieder neue Urane treffen und auch die spalten können und so weiter – also eine Kettenreaktion. Ab da war die Entdeckung lebensgefährlich. In der Biologie ist die Kettenreaktion das Natürliche. Wenn man die Zellen füttert, dann teilen die sich.

Und wenn der Virus der Vogelgrippe mit dem der normalen Grippe mutiert, werden 130 Millionen Menschen sterben!
Das interessiert die Natur nicht. Wenn der Aids-Virus sich eines Tages so einfach verbreitet wie der Schnupfen – dann ist die Hölle auf Erden. Wir beherrschen solche Kettenreaktion nicht. Die Wissenschaft merkt nicht, dass ihr Fundament heute ein anderes ist, sie verharrt noch im Denken des 19. Jahrhunderts. Das war ein materialistisches, mechanistisches: »Wir haben alles im Griff, weil wir Mechanik und Materie beherrschen. Wir haben zwar ein paar komplizierte Systeme, die nennen wir lebenden Systeme. Dazu gehört der Mensch. Aber auch das kriegen wir in den Griff.« Nein, ein lebendes System werden wir nicht in den Griff bekommen.

Aber Sie können doch kein Verbot der Genforschung wollen?
Doch, das kann ich.

Man könnte Krebs heilen, Gelähmte könnten wieder gehen ...
Das ist Verzierung. Man kann auch mit der radioaktiven Strahlung heilen, aber dazu brauche ich doch keine Atombombe! Ich glaube, die meisten Genforscher wollen nur Karriere machen. Kollegen halten mir zwar vor: »Du kannst doch die Neugierde nicht verbieten!« Selbstverständlich nicht. Nur sollen sie nicht so tun, als ob sie nur neugierig sind, etwas machen wollen, was die Natur nicht selber macht. Es gibt so viele Probleme, die sie lösen könnten, wo wir sie brauchen. Warum verfängt sich niemand in diese?

Ja, warum nicht?
Weil diese zu aufwendig sind. In Schneefelder reinlaufen und eine Lawine auszulösen, ein Schritt und viel ist in Bewegung gesetzt – das sind unsere Leistungsträger. Das ist es nicht, was wir *vermehrt* brauchen.

Was brauchen wir?
Die Entwicklung des Lebens ist per Definition langsam. Eine tibetanische Weisheit sagt: »Ein Baum, der fällt, macht mehr Krach als ein Wald, der wächst.« Die fallenden Bäume füllen unsere Geschichtsbücher. Und wir fragen uns: Wie kann es sein, dass wir trotz so viel Jammer und Zerstörung, patriarchalischem Gehabe und Kriegen immer noch leben? Doch nicht wegen dieser fallenden Bäume, die in den Geschichtsbüchern beschrieben sind, sondern durch den leise wachsenden Wald, von dem niemand bemerkt, das er wächst.

Das ist Ihre Kritik an Genetik?
Ja. Die Gentechnologie sagt: Ich möchte einen Wald haben, der so schnell wächst wie ein Baum fällt, damit ich Krach machen kann.

Sie wollen aber Fortschritt und Zivilisiation nicht verdammen? Stimmt es, was Einstein 1917 schrieb: »Unser ganzer gepriesener Fortschritt der Technik, überhaupt die Civilisation, ist der Axt in der Hand des pathologischen Verbrechers vergleichbar.«
Da war Krieg. Er war Pazifist. Er hat trotzdem im August 1939 den Brief an Roosevelt geschrieben, der dann zum Manhattan-Projekt führte – aus Angst, Hitler könnte die Atombombe *zuerst* haben. Einstein hat zwar die Formel $E = m * c^2$ gefunden, aber *man kann ihn deshalb nicht den Vater der Atombombe* nennen.

Ich bin nicht gegen Fortschritt und Zivilisation Ich finde den Erfindungsreichtum der Menschen ganz, ganz großartig. Aber ich bin dagegen, dass wir dort, wo wir etwas nicht ausreichend verstehen – und das ist das Lebendige –, *mit Gewalt* reinpfuschen. Da liege ich im Streit mit Hubert Markl, der über die Pflicht zur Widernatürlichkeit schrieb: Der Mensch müsse, um zu überleben, die Natur besser managen. Das sagt ein Biologe! Ich habe dann über die Pflicht zur Mitnatürlichkeit geschrieben.

Die Biologen haben jetzt ihre Phase, die wir Physiker hinter uns haben: »Noch einen Schritt weiter und wir haben die ganze lebendige Welt im Griff.« Nein, sie verstehen noch nicht einmal, was sie ist.

Einsteins »Oh weh«...

...könnte ihnen auch passieren. Der Natur ist es egal, die kommt immer wieder zurecht. Wir sind es, die abstürzen. Und wir nehmen Unschuldige mit, andere höhere Arten. Mich ärgert es maßlos, wenn wegen ein paar Idioten, *oder sollte man eher sagen: von Schlaumeiern aufgrund kurzfrister Vorteile alles* aufs Spiel gesetzt wird.

Sie werden ja leidenschaftlich!

Ja, es gibt noch so viel Schönes zu erfinden und zu erfahren. Die Wissenschaft selbst ist aufregend.

Sie haben vor über zehn Jahren gefordert, dass Forscher mindestens zehn Prozent ihrer Zeit gesellschaftlichen Problemen widmen sollen. Ihr Befund heute?

Es ist eher schlimmer geworden. Unsere Universitäten wandeln sich. Sie wollen mehr Grundlagenforschung, mehr angewandte Forschung betreiben. Falsche Worte. Es geht nämlich nur um mehr Verfügungswissen, um mehr Macht, um noch besser manipulieren zu können, noch sicherer die Natur »in den Griff« zu kriegen. Orientierungswissen ist gar nicht mehr gefragt. Ich muss mich aber orientieren: Was bin ich als Mensch, was ist meine Rolle in dieser Welt? Wenn die moderne Physik sagt, dass die Verfügung ihre natürlichen Grenzen hat, im Hintergrund etwas ist, was nicht greifbar ist und trotzdem eine Gültigkeit hat, die Zukunft offen ist – da brauche ich doch Orientierungswissen. Aber das wird abgewürgt. Man benötigt die Wissenschaftler nicht, die ich T-Intelligenz nenne.

Was für Außerirdische sind das?

Sie sollten höchst irdisch sein. Es genügt nicht die Vertikale. Wissenschaftler sollten nicht nur Experten sein, sie müssen auch die Horizontale entwickeln. Sie können nicht auf allen Gebieten des Wissens die Tiefe haben wie auf ihrem eigenen Gebiet. Aber sie müssen so viel von den anderen wissen, dass sie miteinander kommunizieren können. Im Dialog wird die Wissenschaft wieder zusammengeführt und ein Wissen erzeugt, das mehr in Richtung Weisheit geht. Und nicht wie das Verfügungswissen Anlass zur Sorge gibt. Sondern Verständnis aufbringt, Kulturen *zusammenbindet*, ohne Zwang oder *Anpassung*. Keine Kultur erhebt sich über die andere, wir lernen von einander, wie wir über Jahrtausende weiterleben können.

Last but not least: Können Sie mir – ohne das Zug-Beispiel zu bemühen – die Relativitätstheorie erklären? Dass Zeit relativ ist, weiß doch jeder.
Das ist eine Binsenweisheit. Die Verwirrung kommt durch die Bezeichnung »Relativitätstheorie«. Es geht nämlich vielmehr darum, was gleich bleibt und nicht relativ ist. Ich habe einen Stock, der eine bestimmte Länge hat. Wenn ich ihn genau von vorne und hinten ansehe, ist er für mich kurz, wenn ich ihn von der Seite sehe, ist er viel länger. Es ist relativ, wie lang der Stock mir erscheint. Aber dennoch hat er eine Länge, und die ist invariant. Das Neue an der Relativitätstheorie ist, dass die Länge, die dieselbe ist, nicht nur eine Länge im Raum ist, sondern eine Länge, die mit einer vierten Dimension *ergänzt* werden muss: Zeit. Raum und Zeit sind miteinander verknüpft, aber nie so, dass die Zeit zum Raum wird und der Raum zur Zeit. Aber das Maß, mit dem ich die Zeit messe, die Sekunde, oder die Länge Zentimeter, die ändern sich mit meinem Bewegungszustand. Und da wäre auf das Zug-Beispiel zu verweisen.

Was sich nicht ändert, was nicht relativ ist, ist in der Relativitätstheorie etwas anderes als in der Welt, in der wir leben.

Und ich kann mich nicht so extrem beschleunigen, dass ich in die Vergangenheit, ins Athen des Perikles und Sokrates reisen kann?
Ich glaube nicht. Allein, weil wir die notwendige Beschleunigung gar nicht aushalten. Aber die Menschen mögen Spekulationen. Wenn man nahe am Sterben ist, wünscht man sich, noch einmal umkehren zu können. Aber wenn die Welt so weitermacht wie jetzt, möchte man lieber beschleunigt sterben.

Das ist ein zu trauriger Schluss.
Bitte: Wir können noch umkehren. Das haben wir in der Hand.

Hans-Peter Dürr lebt in München, war lange Zeit Direktor des Max-Planck-Instituts für Physik und im Vorstand bei Greenpeace. 1987 erhielt er den Alternativen Nobelpreis. Mit Kollegen verfasste er ein neues Friedens-Manifest (»Potsdamer Manifest«).

Gespräch: Karlen Vesper
(ND, 15.10.2005)

Potsdamer Denkschrift 2005

> *„All, equally, are in peril, and, if the peril is understood, there is hope that they may collectively avert it. We have to learn to think in a new way."*

Aus: Russell-Einstein-Manifest 1955

I. Anlass

In der berechtigten Sorge, dass Hitler-Deutschland im Bau einer möglichen Atombombe die Oberhand gewinnen könnte, wurde der überzeugte Pazifist Albert Einstein durch ein Schreiben an Präsident Roosevelt kurz vor Beginn des zweiten Weltkrieges einer der Auslöser des US-amerikanischen Manhattan-Projektes, dessen Kernspaltungsbomben 1945, vor sechzig Jahren, kurz nach der Kapitulation Deutschlands, am Ende des Krieges gegen Japan eingesetzt wurden. Tief betroffen forderte Einstein eine grundlegende politische Neuorientierung, die Kriege künftig unmöglich machen sollten. Doch ohne sichtbaren Erfolg. Mit der Entwicklung der Kernfusionsbomben (Wasserstoffbomben) eskalierte das Zerstörungspotenzial der nuklearen Massenvernichtungswaffen zu praktisch unbegrenzter Größenordnung und wurde in der sich verschärfenden Konfrontation von Westen und Osten, zur tödlichen Gefahr für die ganze Menschheit.

Vor fünfzig Jahren formierten sich weltweit prominente Oppositionsbewegungen, um diesen Rüstungswettlauf doch noch aufzuhalten. Bertrand Russell formulierte ein Manifest, das Einstein noch kurz vor seinem Tode unterschrieb. Es forderte ultimativ ein *neues Denken*, das gewährleistet, künftig Kriege als Mittel der Politik und Instrument der Konfliktlösung rigoros zu verbannen.

Was ist heute, fünfzig Jahre später, aus dieser drängenden Forderung geworden? Aufgeweckt wurden vor allem Gruppen von Bürgerinnen und Bürgern, eine ‚Civil Society', die sich weltweit als Friedensbewegung, später, in erweitertem Rahmen, auch als Umwelt- und Drittweltbewegung sowie in der kulturkritischen Frauenbewegung öffentliche Aufmerksamkeit verschafften und zahlreiche eigene internationale Initiativen starteten. Auf vielfältige und couragierte Weise übten sie sich schon im neuen Denken. Sie waren deshalb in hervorragender Weise am vorbildlichen Aussöhnungsprozess der früher bitter verfeindeten europäischen Nationen beteiligt und insbesondere, weit mehr als bisher öffentlich gewürdigt, an der überraschend erfolgreichen gewaltlosen Beendigung des Kalten Krieges. Ihre Einsichten und Erfahrungen bilden auch den fruchtbaren Nährboden für diese Denkschrift. Dass die triumphierenden maßgeblichen politischen Mächte nichts aus diesem friedlichen Umbruch gelernt hatten oder lernen wollten, zeigte sich erschreckend in der nachfolgenden Entwicklung, in der keine der von so vielen erhofften zukunftsweisenden Optionen aufgegriffen wurde.

Die Entwicklung der letzten fünfzig Jahre ließ klar erkennen, dass die militärische Machtstrategie mit ihrer vorläufigen Kulmination in Massenvernichtungswaffen – und nicht nur auf nuklearer, sondern auch chemischer und biologischer Basis sowie in der raffinierteren Art ihrer speziellen, auf sensible Ziele gerichteten Anwendung – nur eine besonders spektakuläre, aber keineswegs die einzige oder bedeutendste Realisierung der viel tiefer angelegten und breiter greifenden Machtstrategien ist mit neuen militärischen, politischen und vor allem auch wirtschaftlichen Komponenten. Diese haben zu einer Eskalation von struktureller und in ihrem Geleit terroristischer Gewalt geführt.

Der heute wohl gewichtigste Faktor stellt die strukturelle Gewalt dar, die von der hochzentralisierten Realwirtschaft und der weltweit eng verflochtenen Finanzwirtschaft ausgeht. Mittels wirtschaftlicher Macht ist es gelungen, der militärischen Macht erfolgreich, mit nicht minderen negativen Konsequenzen, den Vorrang zu entreißen und sich diese voll dienstbar zu machen. Und dies geschieht nicht zufällig, sondern bewusst und gewollt. Denn nach einer heute sich leider weiter verbreiteten Meinung wird eine wachsende Machtkonzentration als eine notwendige Voraussetzung für eine verlässliche Weltfriedensordnung angesehen, wobei die früher als unerlässlich betrachtete Bedingung ihrer neutralen internationalen Verankerung bedeutungslos zu werden droht.

Strukturelle Gewalt im Wirtschaftsleben entsteht zum einen aus den Machtinteressen von Hegemonialmächten, zum anderen aber aus der weltweiten Hegemonie des internationalen Finanzkapitals, das nicht mit der Marktwirtschaft gleichgesetzt werden darf. Sowohl die geopolitischen, soziokulturellen wie die ökonomischen Machtstrategien wie die unbegrenzten Expansionsstrategien moderner Wirtschaft und Produktion provozieren und schaffen notwendig Unverträglichkeiten mit der grundsätzlichen räumlichen und stofflichen Begrenztheit unserer Lebenswelten. Diese äußern sich lebensbedrohend in den Veränderungen der mikro- bis makroklimatischen Bedingungen rund um die Erde, in der großflächigen Entwertung von Böden und Vegetationskomplexen, den für menschliche Maßstäbe irreversiblen Schädigungen der Hydrosphäre und dem rasanten Raubbau an den erschöpfbaren mineralischen und energetischen Ressourcen. Besonders bedrohlich ist dabei eine beschleunigte Zerstörung der bioökologischen Diversität von ganzen Lebenskomplexen in einem in der Erdgeschichte wohl einmaligen Ausmaß. Denn die Vernichtung der bioökologischen Diversität von ganzen Lebenskomplexen ist ein unumkehrbarer Verlust für die Geobiosphäre und in ihr vor allem für uns Menschen als ‚Spitzenreiter' der metastabilen Lebenspyramide und Endglied einer langen und kompliziert verzweigten Nahrungskette. Aber auch die Vielfalt menschlicher Lebensformen und der Reichtum der Kulturen wird auf ähnliche Weise irreversibel reduziert, und damit die Breite möglicher zukünftiger Strategien und Lebensstile, notwendiger Richtungsänderungen und Entwicklungen verengt und vermindert.

Doch solche Festellungen bleiben noch vordergründig, da sie nur gefahrenträchtige Symptome und existenzbedrohende Syndrome aufzeigen, die kurzfristig gezielt korrigiert und langfristig ausgeheilt werden müssen. Die tiefer liegenden Ursachen dieser bedrohlichen Entwicklungen zu hinterfragen und aufzudecken wird versäumt. Die zunehmend global adaptierten Machtstrategien und das verknüpfte Menschenbild hängen eng mit unserem inzwischen weltweit favorisierten materialistisch-mechanistischen Weltbild zusammen und dem Denken, das aus dem Geist des Machens resultiert und machtförmiges Handeln provoziert. Dieses Weltbild, in dem die Welt einem nach strengen Gesetzen ablaufenden materiellen Uhrwerk gleicht (das auch das Descartes-Newtonsche klassische Weltbild genannt wird) ist selbstverständlich nicht die eigentliche Ursache. Es ist selbst Ergebnis und Legitimation einer historischen Entwicklung, in der patriarchale Hierarchien und machtgreifende Organisationsstrategien sowie ein verengter Monotheismus mit der Abspaltung des Menschen aus dem Reich der Natur eine wichtige Rolle spielen. Die Strategien unbegrenzter Machbarkeit fußen jedoch auf der materialistisch-mechanistischen Präzisierung dieser Weltvorstellungen und der dadurch ermöglichten erfolgreichen wissenschaftlich-technischen Entwicklung unserer Zivilisation. Das dafür benötigte (beherrschbare) Verfügungswissen liefern primär die empirischen Wissenschaften, die sich im Rahmen dieses Weltbildes am Grundprinzip einer behaupteten kausalen Geschlossenheit der materiellen Welt als ‚Realität' (dinglichen Wirklichkeit) orientieren und diese (besonders auch über die politischen, sozialen und ökonomischen Wissenschaften) auf alle Lebenszusammenhänge und -prozesse auf der Erde projizieren. Dies schlägt sich wiederum in Formen des Handelns nieder, deren Ergebnisse solche Realität auf kurze Sicht streng zu legitimieren scheinen.

II. Einladung zum Weiterdenken

„Wir müssen lernen, auf neue Weise zu denken." Diese Forderung radikal ernst zu nehmen, bedeutet tatsächlich, uns auf Wege des Lernens zu begeben. Wesentliche Orientierungen sind offensichtlich: negative, die Umkehr gebieten, und positive, die zu anderen Ausrichtungen ermutigen. Auf neue Weise zu denken, heißt aber auch, mit anderen Denkformen vertraut zu werden als denen der problematischen, immer noch geltenden Konventionen, und sogar unser Gebrauch der Spra-

che bedarf der Weiterentwicklung und Ergänzung. Die Bedeutung sehr vieler Worte und Wendungen in der Alltagssprache ist (durch fahrlässigen Verschleiß, doch neuerdings auch bewusst zur Irreführung durch „new-speak" im Orwellschen Sinne) verengt und deformiert worden. Dazu haben die verschiedenen Disziplinen der Wissenschaften, um begriffliche Schärfe zu erzielen, notwendig ihre Inhalte immer spezieller definiert und dadurch ihr je eigenes Idiom geschaffen. Deshalb kann eine Verständigung über die Grenzen, die wir zu überwinden versuchen, selbst da wirklich schwierig werden, wo wir bereits in gleiche Richtungen gehen und bemüht sind, im gegenseitigen Verständnis uns zu begegnen. Gerade die Verständigung darüber ist aber das entscheidende Medium des Wandels. In den Reaktionen der Anderen uns selber besser zu erkennen, im Hin- und Herwenden der Aspekte und Begründungen das, worum es uns geht, klarer und vielseitiger zu sehen. Bei einem neuen Denken müssen wir jedoch auch gewärtig sein, dass unsere Welt, die Wirklichkeit, die wir damit nachzeichnen wollen, sich nicht mehr als ein theoretisch geschlossenes System herausstellt, so dass es prinzipiell nicht mehr auf alle Fragen, die wir aus unserer begrenzten Sicht glauben stellen zu können, Antworten gibt, da sie ins Leere stoßen.

Die Beobachtungen und Überlegungen dieser Denkschrift basieren auf Feststellungen, die wir für gesichert halten dürfen. Der Einstieg und die Reihung der Gedanken sind unvermeidlich durch Bildung und Vorbildung der Autoren geprägt. Die Denkschrift ist zunächst dem Gedenken Albert Einsteins gewidmet, dem großen Physiker, der vor hundert Jahren mit seinen genialen wissenschaftlichen Arbeiten unter anderem den Übergang vorbereitete von der bis dahin konkurrenzlos triumphierenden alten Physik zu einer seltsamen, auch für ihn paradox erscheinenden neuen Physik, ohne allerdings die Schwelle selbst zu überschreiten. Anlass dieser Denkschrift ist jedoch das vor 50 Jahren im Russell-Einstein Manifest angekündigte große Drama unserer Epoche, dass diese aufregend neue Physik in der Folge nicht nur eine, im Vergleich zur bisherigen geadelten ‚klassischen' Vorstellung, revolutionär andere, beglückend erweiterte, lebendige Weltsicht eröffnete, sondern – und dies ist eine, nicht nur für die Physiker wahre Tragödie – entscheidend zur technischen Entwicklung von Superwaffen geführt hat, welche, für alle deutlich sichtbar, die Menschheit und einen Großteil der Biosphäre seither in ihrer Existenz bedrohen. Um dieser Gefahr effektiv zu begegnen, reicht es, wie wir heute erkennen, jedoch nicht aus, nur künftig Kriege rigoros zu verbannen, sondern wir müssen unser jetziges Verhalten tief greifend korrigieren. Doch wie soll das geschehen? Es können, so glauben wir, gerade die revolutionär neuen Einsichten der Physik einen Einstieg für eine Entschärfung und Lösung der Problematik liefern: Dem dramatisch veränderten und vermehrten Verfügungswissen muss dringend das zugehörige erweiterte Orientierungswissen hinzugefügt werden. Das wird *unser* Ansatz sein.

Allgemein soll die Denkschrift jedoch als Katalysator dienen, auch Andere zu neuem Denken anzuregen und sie zu ermutigen, sich selbst die Frage zu stellen, wie Verengungen des Denkens und der Sprache überwunden und tiefer liegende Zusammenhänge umfassender wahrgenommen werden können. Und nicht zuletzt sollten wir danach suchen, wie wir Prozesse und Übergänge im Heute beginnen können, um in vielen Schritten unsere offene Zukunft mit den vielfältigen Möglichkeiten der lebendigen Welt zu entwickeln.

III. Eine Neuorientierung ist notwendig

Vom materialistisch-mechanistischen Weltbild zum geistig-lebendigen Kosmos

Eine überraschende Beschreibung der experimentellen Daten, des von erhitzten Körpern abgestrahlten Lichtes von Max Planck 1900 und die darauf folgenden (Nobelpreis gekrönten) Einblicke durch Einstein 1905 wiesen auf eine teilchenartige Struktur des Lichtes, auf die Existenz von Lichtquanten hin, was im paradoxen Widerspruch zu einem von Faraday und Maxwell sicher etabliertem wellenartigen Charakter des Lichtes stand. Diese unverständliche „Welle=Teilchen"-Ambivalenz wurde etwa 20 Jahre später von Louis de Broglie in seiner Umkehrung „Teilchen=Welle" auch als notwendige Voraussetzung für das seltsame Verhalten der Elektronen in der Atomhülle des Bohrschen Atommodells erkannt.

Die Paradoxie dieser „Quantenphysik" löste sich erst 1925 durch eine radikale Neuinterpretation der Dynamik durch Werner Heisenberg, Niels Bohr, Max Born und Wolfgang Pauli auf. Sie verlangte eine Revolutionierung der bisherigen klassischen Weltsicht mit der überraschenden Erkenntnis: Materie ist im Grunde gar nicht Materie, sondern ein Beziehungsgefüge, eine Art Gestalt oder in gewisser Weise trägerlose ‚Information'. Die ontische Grundstruktur der Welt, basierend auf primär existierender Substanz wird ungültig. Sie muss ersetzt werden durch einen ‚Komos', in dem nicht mehr Fragen: „Was ist? Was existiert?" am Anfang stehen, sondern nur Fragen der Art: „*Was passiert? Was bindet?*". Genauer: Anstelle der bisher angenommenen Welt, einer mechanistischen, dinglichen (objektivierbaren), zeitlich determinierten ‚Realität' (lat. *res* = Ding) entpuppt sich die eigentliche Wirklichkeit (eine Welt, die wirkt!) im Grunde als ‚Potenzialität', ein nicht-auftrennbares, immaterielles, zeitlich wesentlich indeterminiertes Beziehungsgefüge, das nur gewichtete Kann-Möglichkeiten, differenziertes Vermögen (Potenz) für eine materiell-energetische Realisierung festlegt. Die klassische Realität des materiell-objekthaft Getrenntem ergibt sich erst durch eine vergröbernde Ausmittelung aus der potentiellen, ganzheitlichen, zeitlich wesentlich offenen, immateriellen Allverbundenheit.

Eine Weiterentwicklung der Quantentheorie 1928 durch Paul Dirac zu einer ‚relativistisch invarianten' Quantenmechanik, welche die Konsequenzen der Einsteinschen ‚Speziellen Relativitätstheorie' berücksichtigt, führte notwendig zu einer „Vielteilchentheorie" und letztlich zur umfassenderen „Quantenfeldtheorie". Diese enthält Prozesse der spontanen Erzeugung und Vernichtung von „Teilchen". Dadurch kommt in der relativistischen Quantenwelt als neues Charakteristikum zur bisherigen Indetermiertheit (der zeitlich wesentlichen Offenheit) eine genuine Kreativität hinzu (die mehr ist als nur ‚Ent-wicklung', d.h. ein ‚Auswickeln'). Die Kombination ‚offen-kreativ' weckt mehr Assoziationen zu lebendigen Systemen als zur toten Materie, weshalb eine Kurz-Bezeichnung ‚prälebendig' dafür angemessen erscheint.

Die, in dieser relativistisch erweiterten Form im Grunde offene, kreative, immaterielle, allverbundene Verfasstheit der Wirklichkeit eröffnet die prinzipielle Möglichkeit, die unbelebte und auch die belebte Welt als nur verschiedene – nämlich, einerseits, statisch stabile und, andererseits, offene statisch instabile, aber dynamisch stabilisierte – Artikulationen eines solchen ‚prä-lebendigen' (eines im Kern indeterminierten, sich zugleich in Verbundenheit kreativ-differenzierenden) Kosmos aufzufassen.

Die neue qualitativ tief greifend veränderte naturwissenschaftliche Weltdeutung erweist sich durch ihre Auflockerung und Öffnung in erstaunlichem Maße geeignet, Brücken zu schlagen zwischen den auseinander driftenden wissenschaftlichen Disziplinen, und darüber hinaus eine enge Verbindung zu den Künsten und Religionen zu ermöglichen. Sie bereitet den Grund für neue, erweiterte gemeinsame Denkrichtungen. Dies jedoch mit einer folgenreichen Einschränkung: Auch die Naturwissenschaften müssen eine prinzipielle Begrenzung ihres objektivierenden, als exakt vorgestellten epistemischen (analytischen) Wissens akzeptieren, welche nicht mehr aus einem ‚Noch-nicht-Wissen' resultiert. Die Wirklichkeit ist nicht uneingeschränkt ‚wissbar'. Deshalb kann auch die Physik als Basis jeder Naturwissenschaft, wie die anderen Disziplinen und Deutungsformen, letztlich nur in Gleichnissen von einer im Grunde nicht greifbaren, nicht objekthaft, wohl aber mathematisch (in Beziehungen) beschreibbaren Wirklichkeit sprechen. Dieser Umstand führt dazu, dass wir immer wieder, so auch in dieser Denkschrift, an die Grenzen stoßen, wo wir uns nicht mehr einfach mit den Mitteln unserer Umgangssprache ausdrücken können. Es gilt jedoch nach wie vor, dass die mathematische Beschreibung der nicht manifesten Potenzalität anhand ihrer Konsequenzen für die manifeste dinglich-faktische Realität experimentell geprüft werden kann. Wir sind also nicht auf das total Zufällige, nicht mehr Berechenbare, zurückgeworfen. Die Öffnung, die in einer (unendlichen) Unbestimmtheit zukünftiger Realisierungen zum Ausdruck kommt, ist nicht allumfassend beliebig, sondern erfolgt innerhalb fester Tendenzen, die insbesondere durch Symmetrien der dynamischen Beziehungen charakterisiert sind und strenge Erhaltungssätze induzieren (z.B. die Erhaltung der Energie bei allen Prozessen).

Die ökologischen, ökonomischen und kulturellen Krisen, mit denen wir heute konfrontiert sind und die uns scheinbar überfordern, sind Ausdruck einer tief greifenden geistigen Krise im Verhältnis von uns Menschen zu unserer lebendigen Welt. Und diese hängt wesentlich mit unserer Weigerung zusammen, diesen aufgedeckten, im Vergleich zur gewohnten dinglichen Realität revolutionär erweiterten Charakter der Wirklichkeit im wissenschaftlichen Kontext nicht, wie bisher nur formell, sondern bewusst mit allen Konsequenzen zu akzeptieren. Dies nötigt uns zu einer Bescheidenheit bezüglich des prinzipiell Wissbaren. Doch nicht nur aufgrund dieser empfindlichen Einbuße ist dieser Widerwille leicht verständlich, sondern aus mehr praktischen Gründen, weil, wie sich herausstellt, diese Erweiterung bei den ‚unbelebten' Erscheinungsformen im Rahmen unserer objektivierbaren Alltagserfahrung im Wesentlichen keine greifbaren Konsequenzen zu haben scheint (das Laserlicht wäre ein Gegenbeispiel). Die reduktionistische Naturwissenschaft mit ihren strengen Gesetzmäßigkeiten und ihrer daraus resultierenden Prognose- und Manipulierfähigkeit schien deshalb zunächst in diesem eingeschränkten Erfahrungsbereich uneingeschränkt gültig zu bleiben und damit letztlich heuristisch die Vorstellung einer materialistisch-mechanistischen Welt zu rechtfertigen.

Doch bei den energetisch offenen, belebten Erscheinungsformen der Wirklichkeit, denen auch der Mensch zuzurechnen ist, kann die Erweiterung wesentliche Bedeutung erlangen, die gerade in einer ‚Lebendigkeit' (im herkömmlichen Sinne) zum Ausdruck kommen und, etwas gewagt ausgedrückt, mit einer ‚geistigen' Dimension in Verbindung gebracht werden kann. Das Phänomen des Lebendigen erhält seine überraschende Eigenart durch eine (aus instabilen Gleichgewichtslagen resultierende) Sensibilität, den ‚(prä)-lebendigen' Urgrund aufspüren und ihn ‚empfangen' zu können. Dies entspricht einer Verfeinerung der üblichen (auch zur Interpretation des Lebendigen herangezogenen) Chaostheorie, in der das bisher angenommene ‚determinierte' Chaos durch die quantenphysikalischen ‚Fluktuationen' (ein hoch-korreliertes ‚Zappeln') ersetzt wird. Ein ‚neues' Denken verlangt, hinter den vordergründigen, für das alte Denken notwendigen strengen Gesetzlichkeiten eben diese (prä)lebendige Vielfalt und Offenheit zu entdecken, die uns in der vergröberten, ‚begreifbaren' Einfalt statistischer Mittelwerte verloren geht.

Solch eine neue Sichtweise öffnet uns auch die Möglichkeit, für uns Menschen an eine genuine Kreativität und Gabe absichtsvollen und gemeinschaftsbezogenen Handelns zu glauben. Diese Vorstellung liefert die Basis, einerseits, für unser Streben nach Freiheit und Entfaltung von Individualität und erlaubt uns, anders sein zu können. Und dies, andererseits, ohne die zu Grunde liegende Allverbundenheit zu verlieren, die sich in einer eingeprägten Neigung äußert, unsere besonders ausgebildeten Fähigkeiten kooperativ mit anderen zu einem höheren Ganzen ‚organismisch' einzubringen und dieses auch aus eigenem Antrieb und freiem Willen zu wollen.

Moderne wissenschaftliche Erkenntnisse & tradierte Einsichten

Die gebotene Bescheidenheit, welche die neuen Einsichten fordern, lehren uns, dass in gewisser Hinsicht die neuen naturwissenschaftlichen Erkenntnisse und ihre Schlussfolgerungen kaum ‚revolutionär' genannt werden können, wie es vielen heute erscheinen mag, deren Denkmuster sich an wichtigen Teilaspekten der Aufklärung und der darauf aufbauenden reduktionistischen Wissenschaft orientieren. Das ‚neue' Wissen finden wir in der einen oder anderen Weise bestätigt in dem weiten Spektrum kulturellen Wissens, von Vielfalt und Ausdruckformen menschlichen Lebens in der Geschichte wie in der breiten Varianz der Lebens- und Kulturräume. Das hier vorgestellte ‚neue' Wissen können wir deshalb (wenn wir, wie viele heute, bisher von einer ehernen Gültigkeit der epistemischen Wissenschaft ausgehen) in einem gewissen Sinne als eine zusätzliche wissenschaftliche Untermauerung der vielfältigen ethischen und moralischen Wertesysteme betrachten. Die notwendig gewordene immaterielle Öffnung der Wirklichkeit wird dabei aufgefangen in einer ‚geistigen' Form, die jedoch, in der hier geschilderten Darstellung, über den Menschen hinaus alles Lebende einschließt.

IV. Folgen der modernen Einsichten für unsere Erfahrungswelt

Unzulänglichkeit einer materialistisch-mechanistischen Beschreibung

Acht Größenordnungen oberhalb der sich ‚prä-lebendig' artikulierenden Mikrowelt, in der Mesowelt (wobei ‚meso' auf die Mittelstellung unserer Erfahrungswelt zwischen der Mikrowelt der Atome und der Makrowelt der Gestirne verweisen soll) unseres Alltags, scheint eine vergröberte summarische Betrachtung der immensen Zahl (Größenordnung 10^{24}) von mikrophysikalischen Prozessen („Wirks" als Elemente der Artikulation von Wirklichkeit), die in den von uns wahrgenommenen Dingen aggregiert sind, nicht unangemessen. Bei der dekohärenten und unkorrelierten Überlagerung aller dieser Prozesse (durch wechselseitige Kompensation des Prälebendigen), die eben das Unbelebte charakterisieren, führt dies im vergröberten Mittel zur gewohnten klassischen, materialistisch-mechanistischen Beschreibung. Dieser Umstand verleitet dazu, die klassische Beschreibung ohne Unterschied auch auf *alle* Objekte nicht-mikroskopischer Größe (meso- oder makroskopisch, so dass Mittelwerte genügend scharf werden) auszudehnen. Dies ist auch der Grund, warum die Quantenphysik und ihre neuen Einsichten von den meisten als ein Phänomen allein der Mikrowelt betrachtet wird über deren Konsequenzen wir uns in der vergleichsweise riesengroßen Mesowelt unseres Alltags nicht kümmern müssen. Das ist aber allgemein nicht zulässig, wenn die Ansammlungen von Atomen (Dinge), besser: Aggregate von Wirks, nicht in der Nähe ihres stabilen (thermodynamischen) Gleichgewichts sind. Sind sie sehr weit weg von diesen Gleichgewichtszuständen, insbesondere in der Nähe von Instabilitäten (Chaos-Punkten), so kann die Ausmittelung, meist in verschiedenen Stufen, vereitelt werden. Damit werden die in der Mikrowelt herrschenden immateriellen, informations-tragenden, prä-lebendigen Verknüpfungen mehr oder weniger auf der Meso-Ebene wirksam. Die Instabilität wirkt wie ein enormer Verstärkungsfaktor. Diese Situation charakterisiert das Lebendige, wie es uns im Alltag begegnet.

Wenn wir, reichlich ungeschützt, diese Betrachtung auf den Menschen als in die Mesosphäre eingebettetes Lebewesen übertragen, ergeben sich daraus tief greifende Konsequenzen im Umgang mit unserer Lebenswirklichkeit und unserer Beziehung zur lebendigen und zur dinglichen Mitwelt. Der einzelne Mensch, wie alles Andere auch, bleibt prinzipiell nie isoliert, wird im allverbundenen Gemeinsamen in seiner nur scheinbaren Kleinheit zugleich unendlich vielfältig einbezogen und bedeutsam. In all unserem Handeln wirkt die Vielzahl von Einflüssen und Impulsen anderer Menschen und unserer Geobiosphäre mit, und nicht nur über die durch unsere Sinne vermittelte Brücke materiell-energetischer Wechselwirkungen, sondern auch direkt über die allen gemeinsame immaterielle potenzielle Verbundenheit. Unser Handeln beeinflusst gleichermaßen auch wieder die gesamte gesellschaftliche Verfasstheit und verändert die sich ständig dynamisch wandelnde Potenzialität der lebendigen Wirklichkeit. So ist die Einzigartigkeit des Einzelnen tragender Bestandteil im gemeinschaftlichen kulturellen Evolutionsprozess.

Wir können aus den vielschichtigen Erscheinungsformen der belebten Welt lernen, wie Diversität und Pluralität sich in lebendigen Komplexen kooperativ verbindet und sich zu höher-dimensionaler Lebendigkeit organisiert. Praktisch führt dies auch zu einer größeren Flexibilität, die hierbei eine lebensdienliche Folge aus kooperativer Integration ist und weniger, wenn gängig darwinistisch interpretiert, Ursache der erfolgreichen Höherentwicklung eines oder mehrerer Individuen. Höhere Dimensionalität meint hierbei eine Vermehrung der verschiedenartigen Qualitäten. Menschen und menschliche Gemeinschaften repräsentieren mit ihren kulturellen und gesellschaftlichen Ideenwelten, ihren geistigen und schöpferischen Prozessen und ihrem bewegten Austausch eine besondere, tief verbundene Sphäre der belebten Welt. Solche Vergleiche anzustellen ist nicht Biologismus im alten Sinne, dem die Bedeutung des Determinierten und Ungeistigen anhaftet, denn Prä-Lebendigkeit ist Wesenszug von Allem, auch der zu Grunde liegenden dinglichen – gewöhnlich als ‚tot' begriffenen – Wirklichkeit. Mag die Nähe zu einem mechanistisch verengten Naturalismus auch Missverständnisse provozieren, so sind wir aufgrund der neuen Einsichten angehalten, in einem grundlegend neuen Denken zu einem umfassenderen Verständnis unserer Wirklichkeit zu gelangen, in der auch wir Menschen uns als Faser im Gewebe des Lebens verstehen, ohne dabei etwas von unseren besonderen Qualitäten opfern zu müssen.

Im Gegensatz zu streng abgeschlossenen Systemen, wie sie insbesondere im Bereich des Unbelebten näherungsweise konstruiert werden können, bei denen (entsprechend dem Zweiten Hauptsatz der Thermodynamik) gilt, dass „das Wahrscheinlichere in Zukunft wahrscheinlicher passiert", lernen wir durch unsere neuen Einsichten – was uns die Existenz des Lebendigen deutlich vor Augen führt – im Kontrast dazu: In der zeitlichen Entwicklung einer offenen Welt, in der Teilsysteme durch ständige Zufuhr von (arbeitsfähiger) Energie (besser: Exergie oder Syntropie = Negentropie), dynamisch in instabilen Gleichgewichten balanciert werden, muss „das Unwahrscheinliche nicht mehr unwahrscheinlich bleiben". Durch Selbstorganisation öffnet sich hier ein unbegrenztes Feld von Möglichkeiten. Leben kann sich also unerwartet in immer reicheren und komplexeren Formen entfalten. Das Prä-lebendige organisiert sich dann in der Diversität einer ‚höheren' bioökologischen Lebendigkeit, wie sie uns in der Mesosphäre unseres täglichen Lebens begegnet.

Die Einsichten in der Mikrophysik legen eine Weltdeutung nahe, die grundsätzlich aus dem materialistisch-mechanischen Weltbild herausführt. Aus diesem Grund muss die Bedeutung und Ausrichtung der Wissenschaften grundsätzlich neu befragt und bestimmt werden. Die neue Einsicht führt von einer substantialistischen (von statischer Substanz primär geprägten) Auffassung mit kausalem Letztbegründungsanspruch hin zu einem Denken, das (in einem ‚embryonalen' Sinne) von lebendigen und kreativen Beziehungen ausgeht. Diese Einsichten, die sich inzwischen auch in anderen Wissenschaften eingestellt haben, stellen die Wissenschaften in ihrer bisher als selbstverständlich angesehenen Bedeutung in Frage. Dadurch wird auch ein neuer politischer Gebrauch der Wissenschaften nahe gelegt. Die Transformation der Wissenschaften und ihrer Wissensstrukturen, die es zu leisten gilt, ist grundlegend auf den Dialog zwischen allen Kulturen und Religionen angewiesen.

Aus dem neu gewonnenen (aber schon alten) Wissen über die Welt erschließt sich uns eine Ethik, die einer umfassenderen neuen ‚naturalistischen' Weltsicht und weniger isolierten Menschensicht eine neue Zukunft öffnet: Ein ‚Naturalismus', wie viele skeptisch argwöhnen, doch neu im tiefst verbundenen, offenen und nicht-reduktionistischen Sinne und auf eine sich kreativ fortwährend neu entfaltende Weise. Hier ist der Mensch – wie Natur – nicht bloße ‚Biomaschine', sondern ureigenst ‚kreatürlich' eingebunden in einem sich genuin-differenzierenden und fortlaufend weiter entfaltenden Lebensprozess.

Der Dualismus von Materie und Geist ist damit überholt, aber noch nicht überwunden. Die Alternative des 19. Jahrhunderts hieß ‚positivistische Naturerklärung' oder ‚christlicher Schöpfergott und Weltenherrscher'. In beiden Systemen wurde der Mensch der Natur gegenübergestellt, die er sich aus göttlicher Berufung oder aus evolutionärer Überlegenheit untertan machen könne und dürfe. Wir lassen diese falsche Alternative hinter uns zurück, durchaus auch im Sinne des neuen Zugangs zu einem Bewusstsein der Allverbundenheit, den uns die Naturwissenschaften eröffnen für eine nicht-dualistische Weltansicht. Damit wird es möglich, die Menschen in grundlegender Gemeinsamkeit mit der übrigen Natur zu erkennen, ohne in einen konventionellen Naturalismus zu verfallen oder sich einfach auf Kosmologien zu berufen, die dem Weltbild und den Lebensformen naturnaher Kulturen entsprochen haben mögen.

Wir haben allen Grund, uns zu fragen: Wie ist das vielfältige menschliche Vermögen (Potenzial) der Sinne, der Gefühle, des Verstandes, des Handelns und der Vernunft zu verstehen, wie in einer ‚greifbaren' Realität einzusetzen? Wir sind fähig, verstandesmäßig Einschätzungen aus einer Distanz zu unserer Umgebung vorzunehmen, Wirkungsketten zu erkennen und daraus Schlüsse über zukünftige Zustände zu ziehen und mit unserem Handeln einzugreifen. Nur Menschen können handeln nach vor gefasstem Plan, mit der Absicht bestimmter selbst gewählter Ziele und unter Einsatz kalkulierter Mittel – wir können ganze Ketten gedanklich überspringen, ohne dass wir unmittelbar den Risiken ausgesetzt sein müssen, die wir provozieren. Aktion in solchem Sinne gibt es in der Natur (im herkömmlichen Verständnis) nicht. Wir Menschen können von diesen Fähigkeiten nicht nur Gebrauch machen, um uns vor möglichen Gefahren vorsorglich zu schützen; wir können auch in der Welt, die uns trägt und bedroht, unsere eigenen Ziele setzen. Dabei wissen und prüfen wir seit langem viel zu wenig, wie zivilisatorische Ziele mit den Bedingungen unserer Mitwelt zu vereinbaren sind. Die Gleichgewichtsgänge der Geobiosphäre spielen sich in für uns Menschen sehr großen Zeiträumen und hochkomplexen Wandlungsgängen ab. Soweit unser Verstand uns die Werkzeuge und Strategien zu so weitreichendem und folgenschwerem Handeln zur Verfügung stellt, sind wir Menschen aus den sehr dichten Wechselbeziehungen herausgetreten, in denen die übrige Natur als ein unaufhörliches Wechselspiel von Veränderungen lebt. Wie können wir als Gattung, in ihren vielen unterschiedlichen Gemeinschaften und Gesellschaften, uns der übrigen Welt gegenüber so verhalten, dass wir verantwortlich handeln für unsere eigene Entfaltung wie die der Geobiosphäre?

Zurecht sprechen wir von der Freiheit des Menschen. Aber wie haben wir diese Freiheit zu verstehen, wenn sie nicht die törichte Freiheit sein soll, das Falsche zu tun? Wie bewahren wir uns und die Welt mit uns vor unserer Willkür, nachdem wir ein Stück weit aus dem Bedingungsgefüge der ‚Ko-evolution' herausgetreten sind? Eine Antwort heißt zweifellos, dass wir unsere Erkenntnisfähigkeiten nicht nur dazu benutzen, immer mehr machen zu können, sondern immer umfassender und aufmerksamer die sehr vielen Bedingungen der Welt, in die wir mit unserem Machen eingreifen, und die unendlich vielen Wechselbeziehungen zwischen ihnen kennenzulernen. Bisher haben wir aber solches Wissen vor allem dazu benutzt, Machbarkeit noch weiter und vermeintlich ungefährlicher voranzutreiben. Aber es gilt nicht nur, diese Fehler zu erkennen und zu vermeiden.

Wo auch die Wissenschaften uns unsere Abhängigkeiten und Gemeinsamkeiten mit den Bedingungen des Lebensortes Erde erklären, kann Dankbarkeit für die uns tragenden Möglichkeiten erwachsen und unseren Sinn für das Miteinander ausbilden. Diese Dankbarkeit drückt sich aus in Freude am ‚Lebendig-sein' im Leben. Es bedarf also einer weiteren Antwort. Hier gilt es, über den Verstand hinaus und, um seine Unausgeglichenheiten wieder einzufangen, von dem Vermögen der Vernunft Gebrauch zu machen. Vernunft ist das geistige Organ des Menschen, Beziehungen komplex, sich selbst einbeziehend, wahrzunehmen und in Beziehungen setzen zu können. Wenn der Verstand der Forderung nach Präzision zu genügen sucht, so geht die Vernunft bewertend von der Forderung nach Relevanz aus. Die Vernunft sagt uns, dass wir eine Freiheit haben und nicht einfach nur in Bedingungen eingebunden sind. Vernünftigerweise ist aber ebenso klar, dass wir im Reiche der Freiheit eine eigene Form brauchen, nicht nur die Mitwelt zu benutzen, sondern sie zu erspüren und auf sie zu antworten. Das ist die Liebe. Mit unseren Eingriffen in die Welt antworten wir auf unsere Koexistenz mit allem Anderen einerseits und auf unsere Freiheit andererseits. Aus menschlicher Freiheit die eigene Existenz als Antwort und als Miteinander zu begreifen, ist das Gefühl der Liebe und das Engagement zur Verantwortung.

So wird eine grundlegende Ethik aus den Bedingungen des Menschseins, der „conditio humana", selbst begründet. Aus unserem Wissen und unseren je neuen Entscheidungen in sich verändernden Umständen entwickeln wir daraus verbindliche Regeln. Diese Ethik ist aber nicht in ihrem Ursprung normativ. Sie ist auch nicht primär negativ eingrenzend, sondern sie versteht sich als die besonderen menschlichen Antworten auf die Einladungen der Welt. Dies ist auch ursprüngliche Weisheit, der alle Religionen ihren Ausdruck geben. So ist auch die besondere Weise der Menschen, die Welt anzuschauen und ihr sich zu verbinden, ein kostbarer, unersetzlicher Beitrag zur Evolution, zum Weltengang. Ein Weltbewusstsein. Dafür gilt es, auch die Menschheit einer Erde zu bewahren, die bioökologisch zweifellos auch ohne uns ihre immer neuen Entwicklungen hervorbringt, denen aber die menschliche Wahrnehmung und Deutung eine neue Dimension, eine eigene, geistig-kulturelle Sphäre öffnet.

V. Mensch & Gesellschaft im Konflikt zur erweiterten Realität

Das materialistisch-deterministische Weltbild der klassischen Physik wurde mit seinen starren Vorstellungen und reduktiven Denkweisen zum prägenden Paradigma für große Bereiche des westlichen wissenschaftlichen und politisch-strategischen Denkens.

Diese Denkwelt hatte zwar nicht ihren Anfang in der klassischen, Newton`schen Physik, aber sie fand erstmalig ihre vermeintliche rational überprüfbare Legitimierung in ihr – und begründet sich auf solche Weise bis heute weiter. Die Machtstrategien, hinter denen ein enges, zentralistisches und zur Homogenisierung der Denkwelten strebendes Weltbild stand, eskalierten bereits seit dem 15. Jahrhundert in historisch beispielloser Dominanz in der Kolonialisierung nahezu des gesamten bekannten Globus durch die westlich-europäischen Mächte. Dem folgte die einseitige Monopolisierung der geistigen, lebendigen und dinglichen Ressourcen unserer Erde durch die europäisch geprägten Machtzentren dieser Erde. Die bis heute fortschreitende Gleichschaltung aller Wert- und Wohlstandsvorstellungen, Konsumgewohnheiten und Wirtschaftsstrategien nach dem Muster einer westlich-nordamerikanisch-europäischen Wissensgesellschaft legitimiert sich weiterhin noch über ein Denken, welches von einer rationalen ‚Objektivierbarkeit' der Wirklichkeit auf der Grundlage gesicherter wissenschaftlicher Fundamente argumentiert. Wo Konflikte auftreten, wird ein Mangel an Verfügungswissen, das nachgeliefert werden muss, konstatiert. Nach den Grundlagen der Orientierung wird wenig gefragt, obwohl es Anlass genug dazu gibt.

Die alten Prinzipien zentralistischer Kontrolle, gewaltsamer Bemächtigung des Anderen, rücksichtslose Zwecksetzungen, welche die klassische Physik so erfolgreich beim Umgang mit dem ‚Unbelebten' durch- und umgesetzt hat, prägen das herrschende Bild von *dem* Menschen und vom homogenen Nationalstaat ebenso wie die Vorstellungen der Vernunft und Wahrnehmung der Menschen, das Verhältnis zu den Künsten und die Forderungen an die Logik. Diese reduktive Denkweise schlägt sich auch in der vorgeblichen Begrenzung der menschlichen Erkenntnis und Urteilsbildung auf ausschließlich kognitive Kompetenzen nieder. Unter Verleugnung der Kreativität des Unbewussten bleiben die vorsprachlichen Erfahrungsschätze der individuellen Entwicklung ungenutzt und mächtige emotionale Barrieren können fortbestehen.

Entsprechend befinden sich die modernen Gesellschaften eigentlich in einem kalten Krieg gegen Vielfalt und Wandel, Differenz und Integration, gegen offene Entfaltung und die Ausgleichsbewegungen durch Risiken und Chancen hindurch: also gegen alles, was die lebendige Evolution in der Natur und mit ihr die Menschen bestimmt, bis hinein in den prä-lebendigen ‚Grund', der uns und alles Leben trägt.

Die materialistisch-mechanistische Beschreibung wurde ohne Unterschied den organismisch strukturierten Lebensformen und -komplexe aufgedrückt (allerdings zunächst mit Ausnahme des „nach dem Bilde Gottes" geschaffenen Menschen oder nur einer besonders auserwählten Menschengruppe, zu der man sich selbst zählte), um die im ‚Unbelebten' so lange erfolgreiche Fiktion einer beherrschbaren Realität allgemein zu erzeugen (was nicht nur eine Projektion, sondern auch Deformation erforderte), wodurch eben das für das Lebendige Wesentliche ausgeblendet werden musste. Doch das Lebendige ist nach der modernen Vorstellung nicht einfach eine Maschine, auch nicht in der Vergröberung.

Zusätzlich wurde die moderne Physik durch die von ihr ermöglichten neuen Technologien Auslöser für viele der uns heute bedrohenden Entwicklungen. Das aus ihr resultierende Verfügungswissen wurde zur Sicherung der alten Orientierungen instrumentalisiert. Die sich neu erschließenden Orientierungen wurden jedoch ausgeblendet und kaum rezipiert. Entlang den alten Strategien gerieten wir in eine lebensfeindliche und antagonistische Entwicklung, in ein Gegeneinander der Kulturen und Religionen, der Wirtschaftsräume und politischen Machtzentren. Mit am deutlichsten drückt sich dies in der Eigendynamik der heutigen Wirtschaft aus, deren mächtige Vertreter fatalistisch ein: *„There is no alternative!"* verkünden in Analogie zum strengen Determinismus der alten mechanistischen Weltvorstellung und dem zugehörigen verkümmerten Menschenbild. Ökonomisch-monetäre Zentralisierungen und ein gefährliches Gefälle bei Wohlstand und Zugang zu öffentlichen Gütern (Wasser, Energie, Information, u.a.), gehen Hand in Hand mit politischen und zivilgesellschaftlichen Instabilitäten und sich verschärfenden Konfliktpotenzialen.

Die ökologischen Gefahrenpotenziale der Destabilisierung der Biosphäre und der Zerstörung geschlossener Prozesskreisläufe einschließlich der Ausbeutung bestehender und endlicher natürlicher Ressourcen, die sich für die Menschheit des 21. und auch der folgenden Jahrhunderte ergeben, sind vermutlich die größten Herausforderungen der Geschichte an die Organisation und den Erhalt der globalen Versorgung. Die steigenden Risiken durch gewalttätige militärische und strukturelle Auseinandersetzungen auf sämtlichen sozialen, ökonomischen und räumlichen Ebenen bedrohen tiefgreifend die Handlungs- und Kooperationsfähigkeit menschlicher Gemeinschaften. Die Konflikte um die Verteilung von Wohlstand, der Möglichkeiten des Zugangs zu öffentlichen Gütern, der Rechte der Individuen und Gemeinschaften gefährden den Zusammenhalt und die Entwicklungsfähigkeit der Menschheit in ihren Grundstrukturen. In all diesem werden die vielen Möglichkeiten einer lebendigen Welt ignoriert, die in kreativen Prozessen einer fortwährenden Differenzierung und gleichzeitigen oder nachfolgenden kooperativen Integration des Unterschiedlichen (einem Plus-Summen-Spiel) zu organismisch vielfältigeren Lebensformen aufwachsen, wo das Ganze, in einem sehr umfassenden und differenzierten Sinne, mehr ist als die Summe seiner Teile; was bedeutet: *„Viele andere Welten sind möglich – Zukunft ist wesentlich offen!“*

Die Quantenphysik – und nicht nur sie – fordert uns vielmehr dazu auf, das Denken in starren Strukturen grundsätzlich so zu emanzipieren, dass flexible Beziehungen an deren Stelle treten können. In der Folge sollte dies zur Auflockerung und sanften Auflösung monostruktureller, zentralistischer Konstruktionen führen, die bevorzugte Ausdrucksformen des materialistisch-mechanistischen Weltbildes sind. Gerade das krampfhafte Festhalten an den veralteten starren Vorstellungen und Denkweisen produziert auf dem lebendigen Hintergrund der Wirklichkeit heute die großen Probleme und Katastrophen und verhindert, wie in einem Teufelskreis, einfache Lösungen, da die im Teufelkreis verfügbaren Werkzeuge für sein Aufbrechen unzureichend oder untauglich sind. Auch die einseitige selektionistische Interpretation der Evolution (als eine ‚end-of-the-pipe‘ Auslese) und die bisherigen Konzeptionen homogener Nationalstaaten brechen ohne die mechanistischen Grundannahmen in sich zusammen. Die Vernichtung aller anderen Werte durch den Mechanismus der Märkte, wo (besonders materiell-physische und strukturelle) machtförmige Stärke absoluten Vorrang fordert *vor* Entfaltung und Gerechtigkeit, verliert ihre liberale Legitimation.

Stetiger Wandel ist ein Charakteristikum kultureller Evolution und ebenso ein Kriterium für kulturelle Zukunftsfähigkeit. Fehlt dieser, ist ein Erstarren eines Kulturmodells bis zum Zusammenbruch prognostizierbar. Ist die Wandlungsfähigkeit, die Fähigkeit zum kulturell evolutiven Prozeß, über die kulturinternen Strukturen fest an ökonomische Systeme gebunden und sind diese hauptsächlich an materielle Ausgangsvoraussetzungen geknüpft, dann kann eine kulturelle Weiterentwicklung nur in den Grenzen der materiellen Welt stattfinden. Werden diese Grenzen erreicht, führt dies zum kulturell-evolutiven Stillstand. Die einzige Möglichkeit, das zu verhindern, besteht dann darin, das jeweilige ökonomische Modell wieder der Kultur zu unterwerfen: Ökonomie muss wieder zum Instrument der Kultur anstatt Kultur durch Ökonomie zum Instrument der Ausbeutung der Welt gemacht werden. Wenn das geschieht, kann Ökonomie gewandelt und stärker dematerialisiert werden. Das quantitative Wirtschaftswachstum der Industriestaaten ist seit Jahrzehnten linear (nicht exponentiell), weshalb die Zuwachsraten gegen Null tendieren. Nur ein qualitativer Wandel kann deshalb zu neuer Entwicklung und neuer Beschäftigung führen.

VI. Herausforderungen für unser Denken & Handeln

Überwindung der Trennung von Mensch & Natur

Wir müssen lernen, dass wir, wie alles Andere auch, nicht nur Teile dieser wundersamen irdischen Geobiosphäre sind, sondern untrennbar mit ihr verbundene TeilnehmerInnen und Teilhabende. Dies gilt auch für die Natur im herkömmlichen Sinne, die wir trennend als unsere Umwelt bezeichnen und in ihr materialistisch nur noch den Lieferanten von Material und Energie sowie Entsorger für menschgesetzte Zwecke wahrnehmen. Angesichts dieses engen Zusammenhangs müssen wir bestimmte verengte und mechanistische Strategiemuster, Reduktionen, Mittelwertsbildungen fallen lassen und sie ersetzen durch Beweglichkeit, Offenheit und Empathie, um Schöpfungs- und Handlungsräume für alle zu ermöglichen. Das öffnet uns ein Füllhorn echt kreativer Lebendigkeit integriert durch organismische Kooperation. Es bildet die Grundlage für eine immer vitalere, vielfältiger-verknüpfte und innovationsstarke Evolution. Die prinzipielle genuine Kreativität in einer zeitlich wesentlich offenen Welt ist es, die hier die vermeintlich unlösbaren Fesseln sprengt und eine immense Vielzahl erfolgreicher Lebensstile eröffnet. Ein immer lebendigeres Sein, ein fortdauerndes Werden tritt an die Stelle eines erstarrten Habens-Wohlstandes, und das Individuum gewinnt wachsende Offenheit in seiner intensiven Teilhabe und seiner Zeit und Raum übergreifenden Einbettung in den Lebensverbund der Erde. Erst dieses dynamische Wechselspiel zwischen den Menschen und ihrer lebendigen Mitwelt ist wirklich wohlstandsschaffend und fordert und fördert den Menschen in seinem ganzen Wesen.

Wir sollten diese Teilhabe an der lebendigen Welt in Freude annehmen und im vollem Bewusstsein daran verantwortungsvoll im Sinne eines *„das Lebende lebendiger werden lassen"* (was letztlich ‚Nachhaltigkeit' meint) handeln.

Das Phänomen des Lebendigen bezieht seine Fähigkeit zur fortwährenden schöpferischen Differenzierung und kooperativen Integration aus seinem (prä)-lebendigen (mikrophysikalisch erkennbaren) Urgrund, dessen ‚Informationen' durch Instabilitäten verstärkt in die Mesosphäre aufsteigen und sich dort in intensiver und reicherer Form schöpferisch entfalten. Die bio- und kulturökologische

Vielfalt mit ihren Entwicklungsformen, das heißt ihren Wandlungs- und Ausgleichsprozessen, resultiert letztlich aus diesem Zusammenhang.

Dem muß und kann ein neues Denken folgen, in welchem sich die Fülle unserer Wahrnehmungsvermögen und geistigen Bewegungen verbindet und bewußte wie unbewußte Motive für menschliches Denken und Handeln gleichermaßen anerkannt werden. Damit zeichnet sich eine neue evolutionäre Ebene ab, in der eine komplexe Wirklichkeitswahrnehmung das Fundament unseres Denkens, Fühlens und Handelns bildet. So können wir unsere Ziele und Strategien in Muster und Bewegungen angepassten Wirkens verwandeln.

Kooperative Integration im gemeinsamen ,Spiel'

Unter dem Einfluss eines wirklich neu verbundenen, dezentral-kooperativen Denkens werden sich unsere ökologischen, ökonomischen, kulturellen, sozialen und auch persönlichen Beziehungen miteinander und mit der komplexen Geobiosphäre verwandeln und in neuem Handeln äußern, welches dann den bisher stetig steigenden Krisen- und Gefährdungsstrategien unserer modernen Geschichte wirkungsvoll begegnen kann.

Die in Wechselwirkung zum bewegten Lebenskomplex Erde gewachsenen, über Jahrmilliarden dynamisch angepassten und ,geprüften' Organisationsmuster und -formen lebendiger Strukturen und Biokomplexe zeigen uns Zugänge und Umgangsformen, um ein dezentral-dynamisches, vielzelliges, nämlich organismisches Zusammenwirken lebendiger Gesamtheit auf der Erde zu organisieren. Das komplementäre und organismische Zusammenwirken des vielfältigen, sich im stetigen Wandel bewegenden Differenzierten bietet eine immer wiederkehrende, strategisch erfolgreiche Grundlage eines kooperativ-aufbauenden Wetteiferns – einer Com-petition (zusammen nach Lösungen suchend) im Sinne eines Plus-Summen-Spiels.

Wir setzen bewusst den offenen, die Bedingungen und Möglichkeiten in wechselseitigen Schritten ausgleichenden Begriff ,Spiel' an die Stelle von ,System', das bei aller kybernetischen Raffinesse doch weiterhin faktisch starre Strukturen statt fließende Gleichgewichte, eben Lebendigkeit, voraussetzt. Deshalb muss sich die Heterogenität der Bedürfnisse der Menschen und Kulturen, die Unterschiedlichkeit ihrer Traditionen und historischen Übereinkünfte, ihrer Rituale und Spielformen, aber auch ihrer Hierarchien und Machtvorstellungen in unseren Austauschsystemen, Produktionsmitteln und Strategien wie auch den Regeln von Com-petition und Anerkennung spiegeln. Denn, sekundär als eine lebensdienliche Konsequenz, je größer der Pool, desto größer die Anpassungsfähigkeit. Je vielfältiger das Spektrum kultureller Erscheinungen, desto vielfältiger das Potenzial sich an verändernde Bedingungen anzupassen – desto weiter das Spektrum an Lösungsperspektiven und Anpassungsmodi.

Ökologische und kulturelle Diversität fördert die Evolution zukunftsoffener Lebensstile in zukunftsfähigen Gemeinschaften. Hierzu brauchen wir jedoch dringend die Weiter- aber auch Neuentwicklung rechtlicher Rahmenbedingungen, die für faire Spielregeln wie auch nachhaltige Entwicklung sorgen und im ständigen Diskurs zivilgesellschaftlich rückgekoppelt werden. Der einseitigen Dynamik des Kapitals, die sich in der Abwälzung privater Kosten auf Natur und Gesellschaft auswirkt, muss über solche Übereinkünfte zum gemeinsamen ‚Spiel' energisch ausgleichend gegengesteuert werden. Das Ziel der Zukunftsgerechtigkeit und -verantwortung – das Nachhaltigkeitsziel – muss strukturtragend und strategiebildend für Kultur-, Sozial- und Wirtschaftspolitik werden.

Um Vielfalt und Lebendigkeit zur Triebkraft eines alltäglich erlebbaren schöpferischen Differenzierungsprozesses zu verbinden, müssen wir ein dynamisches, über Interaktion wandelbares System des Dialoges und Austausches schaffen. Dialog und Austausch sind namentlich mit dem Andersartigen und den sozial abgegrenzten Anderen notwendig. Sie müssen besonders in den institutionellen und räumlichen Überschneidungen der Kulturen in allen Lebensschichten installiert werden und einer ständigen dynamischen Anpassung folgen. So können Spannung und Konflikte dynamisch abgefedert, ausgeglichen und im bewegten Diskurs umgeleitet werden. Durch gegenseitiges Erkennen und Erlernen des Anderen, mittels der Fähigkeit, die Unterschiedlichkeiten der Sprachen und Umgangsformen zu entziffern, können wir uns neue Wirklichkeitszugänge erschliessen, die aufeinander abgestimmt sind, und Strategien und Organisationsformen zum gemeinsamen Interessensausgleich entwickeln.

Dezentralisierung und Austausch zwischen Menschen

Die integrative Kooperation der vielfältigen wirtschaftlichen Austauschstrategien zwischen Menschen, Gemeinschaften und ihrer natürlichen Mitwelt, sowie der Verteilungsmuster in Produktion, Verwertung und Versorgung schafft die Möglichkeit zur Versorgung mit Lebensgütern, und eröffnet die strukturellen und institutionellen Vorbedingungen sozialökonomischen Austausches. Der Entwicklung neuer dezentraler und polyzentrischer Produktions- und Versorgungsmuster kommt hier besondere Relevanz, ja, Priorität zu, besonders dort, wo die Neuordnungen des ausgehenden zwanzigsten Jahrhunderts Monopolstrukturen eher noch verfestigt haben.

Regional, lokal und nachbarschaftlich muss die kreative Schaffenskraft im vertrauten Umfeld ihre Leben erhaltenden Wirkungen entfalten können, die den

Menschen und ihren Gemeinschaften Unabhängigkeit, Stolz und angemessene Lebensformen sichern. Ökonomie muss sich an ihren lokalen und regionalen soziokulturellen Bezügen, Strategien, Traditionen und Bedürfnissen messen, um bedarfsgerecht und zukunftsfähig zu sein und nicht in künstliche Homogenisierungen und Erstarrungen zu geraten, entlang derer sich steigende Gefährdungspotenziale entwickeln. Hierzu muss ein größtmögliches Maß an dezentraler Leistungsinitiative, Versorgungssouveränität und Subsistenz erreicht werden. Auch hier muss das kooperative Zusammenspiel marktlicher, staatlicher und ziviler Kräfte im Sinne einer kooperativen Integration funktionieren.

Dies verlangt gleichzeitig eine globale Vernetzung und Abfederung über die Versorgung mit Gütern globaler Relevanz – mit Gemeinschaftsgütern der gesamten Menschheit. Eine optimale wie bewegliche Komplementarität zwischen pluralen Ökonomien von lokaler, regionaler und kontinentaler Bedeutung in Synergie mit interkontinentalen Versorgungsinfrastrukturen für Güter und Dienste aus globaler Arbeitsteilung bildet hierfür eine wesentlich mittragende Voraussetzung. Hier müssen Effizienzen auch sozialökonomisch konsequent gedacht werden. Mittelbare und unmittelbare ökologische Effizienzen müssen – um wahrhaft ‚nachhaltig' zu sein – zeitliche und räumliche Wandlungen und Unterschiedlichkeiten integrieren. Dabei bedarf es unbedingt einer Entschleunigung der sozialen, wirtschaftlichen und politischen Prozesse, um Regeneration, Reflexion und Proaktion in allen Bereichen zulassen zu können und eine ausreichende dynamische Stabilisierung zu ermöglichen.

Die Einschränkungen liegen nur in den stofflichen Begrenzungen unseres Lebensortes Erde, der geistig-kulturelle Raum kann mit uns vielfältig wachsen.

Menschen und Erde

Innerhalb der stofflichen Begrenzungen unserer Erde sind wir besonders aufeinander angewiesen und einander verpflichtet. Die materiellen Rahmenbedingungen und die Verfügbarkeit von begrenzten Quellen und Senken der irdischen Natur, wie deren Regenerationszyklen bestimmen wesentlich die Gemeinschaftsgüter.

Am Gemeingut – commons – erhält die Ko-existenz der Menschen miteinander und mit unserer natürlichen Mitwelt praktische Bedeutung. Gebrauch und Fürsorge müssen eine Einheit am Gemeinschaftsgut bilden. Sie verpflichten die Gesellschaft zu pfleglicher Kenntnis der Bedingungen und Möglichkeiten und zu dankbarer Achtung des Anderen. Am Gemeingut lernen Menschen wechselseitiges Beraten statt hierarchischen Diktierens und eine gemeinsame Verantwortung für das sie umgebende Leben.

Die ökologische Grundlage der Erde hat räumlich wie zeitlich Gemeinschaftscharakter. Sie darf nicht weiter zentralisiert verwaltet und nicht monopolisiert werden, weder privat noch staatlich, noch überstaatlich. Sie ist als zusammengehörig angelegt, was in Ko-existenz und Interaktion sowie im balancierten Wechselspiel zwischen Verbundenem und Durchlässigem zum Ausdruck kommt. Dass es heute eine starke Tendenz des großen Kapitals gibt, Gemeinschaftsgüter zu monopolisieren, darf uns nicht dazu verleiten, diese Tendenz als unüberwindbar hinzunehmen. Für uns Menschen geht es um ein Umdenken, in unserem Handeln phantasievoll Möglichkeiten auszuschöpfen und nicht arrogant mit Gewalt bioökologisch und soziokulturell unmögliche Vorbedingungen erzwingen zu wollen. Ein jeder hat gleichermaßen Teil an der Gesamtheit der gemeinschaftlichen Lebensgrundlage Erde, und ist dort, wo er lebt und wirkt, den globalen Gemeinschaftsgütern lokal bis interkontinental treuhänderisch verpflichtet.

Dabei sind die ökologisch-materiellen Vorbedingungen auf der Erde für die Menschen und Kulturen sehr unterschiedlich und unterliegen zeitlich wie räumlich grossen Veränderungen. Gleichsam sind die ökologischen Einbindungen der Menschen und Kulturen raum- und zeitübergreifend, und können – weder geographisch noch historisch – unverbunden behandelt werden. Alle unterliegen letzten Endes den Auswirkungen aller Eingriffe in die Geobiosphäre. Diese Konsequenz haben die globalen Wirtschaftsstrategien, gegen ihre Absicht, evident gemacht. Die Kolonialmächte haben historisch die Lebensräume rund um die Erde für sich in Anspruch genommen. Durch ihr grandioses Scheitern am Gemeinsamen der Erde wurde eine globale Homogenisierung der Wohlstandsmodelle und Lebensstile, der Denkrichtungen und kulturellen Austauschformen vorbereitet. Ihre heutigen Nachfolger müssen nun die politisch und ökonomisch falsch erzwungene Einheit der Welt (mittels Reduktion von Vielfalt kulturell unterschiedlicher wirtschaftlicher, und sozialer Strategien und Organisationsformen) als Tatsache akzeptieren. Solche Anerkennung kann sich aber nicht nach den speziellen Interessen partieller Akteure und Gruppen im Rahmen der heute dominierenden Globalisierungsstrategien richten, sondern muss im Bewusstsein unserer aller miteinander verbundenen Abhängigkeit von unserem gemeinsamen Lebensort, dem Planeten Erde, erwachsen. Auf diesem können wir uns in lebenswerter Unterschiedlichkeit nur in gemeinsamer Verantwortung für unsere Lebensgrundlagen und wechselseitigen Abhängigkeiten entfalten, und uns von falsch verstandenen Homogenisierungsbestrebungen emanzipieren. Die historischen Trennungen der Menschheit und ihrer Kulturräume in ihre lokalen und regionalen Einheiten werden durch die rücksichtslosen Eingriffe in die Geobiosphäre allgemein aufgehoben. Dies geschieht faktisch, während wir aus dem neuen Denken der Quantenphysik erfahren und lernen, das Getrennte grundsätzlich in seinen Zusammenhängen zu erkennen.

Doch wie können unter diesen Voraussetzungen dann alle Menschen nicht nur in ihrer Verpflichtung, sondern auch gemäß ihres Eintrags und ihrer Bedürfnisse zur Möglichkeit einer gerechten Teilhabe an der Fülle der gesamten Erde gelangen? Teilhabe bedeutet dabei Anteil an den materiellen wie immateriellen Entwicklungspotenzialen und Gemeinschaftsgütern der Erde und der Menschheit.

Com-petition, kooperatives Wetteifern, kann sich – um eine menschen- und gemeinschaftsgerechte Globalversorgung zu gewährleisten – nur durch Innovation und schöpferische Produktivität (aber nicht im materiellen Kräfte-messen), unter Nutzung der dynamischen Triebkräfte eines kooperativ-dialogischen Zusammenwirkens der Kulturen und Menschen der Erde, fördernd und schützend entwickeln. Die volle, kooperative Entfaltungsmöglichkeit von Menschen und ihren besonderen eigenen Potenzialen in ihrem Wirken und Arbeiten muss dabei im Zentrum des individuellen und gemeinsamen Interesses stehen. Nur so kann eine wirklich stärkende Verbindung des Persönlichen im Gemeinschaftlichen erlangt werden. Das schöpferisch-erfinderische Potenzial, das sich in der individuellen Besonderheit des eigenen Weges ausdrückt, erhöht den Ideen- und Entwicklungsfundus für eine Vielzahl von Lebensstilen, für Neu- und Fortentwicklungen von Bestehendem und stellt so einen unersetzbaren Wert dar.

So realisiert sich die hohe produktive Potenzialität menschlich-schöpferischen Handelns auch ökonomisch im Sinne eines alle bereichernden Plus-Summen-Spieles.

Zukunft aus dynamischer Vielfalt

Das Wissen aus kultureller Diversität, die Fülle unserer ständig wachsenden informativen und kreativen Schätze, und die Vielfalt von Wirklichkeitszugängen der Ethnien und Völker dieser Erde sind zu schützende Gemeingüter, wenn auch eigener und auf besondere Weise zu wahrender Art. Wir wollen dahin kommen, nicht den Mangel mit immer zwanghafteren Strategien zu verwalten, sondern im Bewusstsein der möglichen Fülle Zukunft vielfältig gestalten. Aus dem kooperativen Zusammenspiel kann dort, wo wir heute noch unsere Handlungsspielräume weiter verengen, Mensch-Sein im wahrsten Sinne erwachsen, in der vielfältigen Gemeinsamkeit der Kulturen, Menschen und Lebensstile.

VII. Was können wir daraus lernen & was können wir tun?

Vertiefung des Bewusstseins

Der Fatalismus eines immer enger werdenden mechanistischen Denkens entpuppt sich als Ideologie. Die geistig-lebendige Wirklichkeit ist wesentlich offen, sie erweist sich als komplexer und dynamischer, schöpferischer und spielerischer. So eröffnen sich für uns im neuen Jahrhundert auf diese Weise neue Pfade unsere Wirklichkeitswahrnehmung zu erweitern und unser eigenes Leben, unseren individuellen Pfad und unsere Schöpfungskraft als wieder bedeutsam, als verbunden und wichtig für die Zukunft zu erkennen.

Für die Wissenschaft heißt dies nicht allein nur Vermehrung des Verfügungswissens, sondern wesentlich auch Vertiefung eines Orientierungswissen. Aufgrund ihrer unmittelbaren tieferen Einsicht wissen oder ahnen wir Menschen um unsere sensible und vollständige Einbettung in die uns tragende Geobiosphäre und über unsere Verantwortung und Verpflichtungen gegenüber gegenwärtigem und zukünftigem Leben. Das Orientierungswissen muss neues Verfügungswissen anstoßen, welches flexibel, wandlungs- und anpassungsfähig die Evolution des Lebendigen fördert. Die Organisation und Gewährleistung wandelbarer Muster dezentraler Versorgungs- und Governance-Strukturen kann viel vom Zusammenspiel ökologischer Komplexe lernen, die uns von der lebendigen Natur der Erde, jahrmilliarden erprobt und bewährt, demonstriert werden. Hier kann das konstruktive und evolutionär dynamisierende Zusammenspiel zwischen einer Vielzahl von unterschiedlichen Strategien, Stoffkreisläufen und Lebensformen lebendig erlernt werden. Hierin liegt eine wichtige transdisziplinäre wie interkulturelle Aufgabe für die Wissenschaft, für das Denken und für die Gesellschaft der Menschen.

Das ‚neue' Denken muss weiter und offener sein, so wie auch das epistemische Wissen sich weiten und öffnen musste, um die modernen wissenschaftlichen Einsichten konstruktiv aufnehmen zu können. Dies ist keine Überforderung der in uns angelegten, beschränkten Fähigkeiten. Im verbindlichen Dialog sind wir geübt, die engen Grenzen unseres gewohnten Denkens zu überschreiten, ohne den Gesprächspartner ganz im Unverstand zurückzulassen. Es besteht deshalb kein Zweifel: Ein neues Denken kann nur von den wirklichen individuellen Menschen ausgehen, vom Homo sapiens, in unserer vollen emotionalen und geistigen Verfasstheit. Es verlangt eine Vertiefung unseres Bewusstseins. Es ist nicht prinzipielles Unvermögen, sondern mehr Einsamkeit und schwelende Angst, welche Menschen daran hindern, in ihr eigenes Bewusstsein einzutauchen. Nur wenige sprechen heute von der geistig-seelischen Armut der Menschen in den hoch entwickelten, industrialisierten Ländern, die in der Hetze des Alltags keine Zeit mehr für sich selber finden und durch wachsenden materiellen Konsum und steigende Sicherheitsvorkehrungen gegen äußere Gefahren ihre geistige Bedürftigkeit verdrängen. Während in vielen Teilen der Welt, rund um den Erdball, die erfinderischen Energien von Menschen aus den Umklammerungen erstarrter Gemeinschaften und kultureller Dogmen zu befreien sind, verkommt der moderne Individualismus, der historisch Individualität ermöglicht hat, zu trostloser Vereinzelung und Fragmentierung des Gemeinsamen.

Doch wie soll dieser Prozess der Selbstentfremdung des Menschen aufgehalten, wie ihr Selbstbewusstsein und Selbstvertrauen gestärkt werden? Wie kann die Angst vor dem Wandel, die bereits zu einer Angst vor dem Leben geworden ist, aus einer Belebung unserer Lebenskräfte überwunden werden? Es bedarf dringend lebender Vorbilder. Aber es sind nicht nur die Lehrenden oder geistigen Führer, die uns Wege weisen. Wir alle sind auch Einsichtige, die einander erinnern können, was in uns an Vermögen angelegt ist, und aus dem heraus seit Urzeiten schon in vielen Leben erfolgreich gelebt wurde. Es wartet darauf, wieder geweckt zu werden und durch uns für uns gestaltend zu wirken. Im gemeinsamen Dialog, in einer Lernkultur der Gegenseitigkeit, können wir als Species daraus schöpfen.

Die gesellschaftlichen Institutionen, welche diese Lebenshaltungen unterstützen, müssen aus diesen gemeinsamen Überzeugungen erwachsen bzw. gestärkt werden. In den umfassenden Vertragswerken, den Verfassungen demokratischer Gesellschaften, den überstaatlichen Übereinkünften der Völker der Erde, in Kernaussagen aller Weltreligionen und Kulturen, doch auch in neuen globalen Initiativen der Zivilgesellschaft (wie der Erdcharta), finden wir Versuche, diese Gemeinsamkeiten in Worte zu fassen. Verschieden sind nur die Sprachen, in denen sie ausgesprochen, und die Gleichnisse, in denen sie veranschaulicht werden. Ihre Vielfalt bildet die Unterschiedlichkeit und Einzigartigkeit ihrer Zugänge und Bedingungen. Und dies drückt sich auch in ihren verschiedenen Deutungen aus. In ihren Widersprüchen sind sie aber nicht unvereinbar, sondern spiegeln vor allem die Unzulänglichkeit begrifflicher Sprachen wider und unsere beschränkten Fähigkeiten von- und miteinander zu lernen.

Freiheit & Mitwirkung

Es ist dringlichst an der Zeit, neues Denken in neuem Handeln umzusetzen, und darin die Kraft des Differenzierten, Bewegten, des Sich-Wandelnden für uns erlernend zu nutzen. Hierfür ist eine Parallelität neuer institutioneller, individueller und gesellschaftlicher Entwicklungen notwendig. In den gegenwärtigen Strategien für das wirtschaftliche, politisch-kulturelle und ökologische Zusammenwirken der Menschen dominieren immer noch zentralisierte Machtstrukturen, die wir ablösen sollten und können.

Für den Menschen lebensnotwendigen Güter sind Gemeinschaftsgüter. Sie reichen von den materiellen Voraussetzungen bis zu den immateriellen Grundbedingungen zum Leben.

Die für die Gewährleistung der Möglichkeiten der individuellen und kooperativen Entwicklung notwendigen immateriellen Grundbedingungen umfassen unter anderem: Politische und soziale Entscheidungsteilhabe auf möglichst Betroffenen-naher Ebene (Subsidiarität); die umfassende politische Mitwirkung aller in ihren Kompetenzen; die Stärkung lokaler Entscheidungsprozesse; die institutionellen und infrastrukturellen Voraussetzungen emotionaler und geistiger und körperlicher Entwicklung. Dies betrifft Bildung, Ausbildung und die Möglichkeiten der Teilhabe am Wissens- und Informationspool der Menschheit, wie an Kunst, Spiel, Kommunikation; die Möglichkeit schöpferischer Entfaltung, zu sozialer, kultureller und politischer Gemeinschaftsarbeit, zur Teilhabe an den lebensfördernden Leistungen, an Arbeit; – an all jenem, was die individuelle Entwicklung in Gemeinschaft und wesentlich lebenslanges Lernen zur Förderung einer konstruktiven Weltoffenheit unterstützt und nicht länger Machtinteressen dient. Die so gewährleisteten Bedingungen müssen aber noch ergriffen werden, und zwar in der Freude an der eigenen Wirksamkeit, in Lebenstätigkeit als Entfaltung der Persönlichkeit. Alle Kinder gehen mit diesem Drang ins Leben, er muss ihnen nicht erst anerzogen werden. Aber unsere Gesellschaften kanalisieren diese Energien in immer engere Bahnen, wenn auch auf sehr verschiedene Weisen, und zerstören ihre urwüchsige Kraft und Vitalität.

Höchste Priorität müssen alle Initiativen haben, die den verantwortlichen koliberalen Menschen stärken. Die Geschichte lehrt uns, dass im Kern gesunde und erfolgreiche Gesellschaftsstrukturen darben und zugrunde gehen, wenn sie zu einer vermehrten Zentralisierung führen. Grundvoraussetzung für eine gedeihliche Entwicklung einer Gesellschaft ist ausreichender Freiraum der kreativen Individuen zur Entfaltung ihrer Fähigkeiten. Denn erst diese ermöglicht die für eine lebendige Gesellschaft wesentliche und notwendige Differenzierung. Doch – und dies muss immer wieder betont werden – Unterschiedlichkeiten wirken sich nur dann vorteilhaft für ein Gemeinwesen aus, wenn sie gleichzeitig konstruktiv und kooperativ mit Anderen, also organismisch, integriert werden. Die dadurch ermöglichte größere Flexibilität erlaubt darüber hinaus bessere Anpassungsfähigkeit an veränderte oder unvorhersehbare künftige Lebensbedingungen. Dies verlangt vom Individuum Verantwortung gegenüber der Gemeinschaft und eine seinen jeweils besonderen Fähigkeiten angemessene Mitwirkung bei der Bewältigung der gemeinsamen Probleme und Herausforderungen.

Diese Kombination spiegelt sich im wesentlichen in der Forderung von ‚Freiheit und Demokratie‘ wider, doch nur, wenn unter Freiheit verstanden wird: die bestmögliche Entfaltung und Stärkung der Persönlichkeit *im Einvernehmen* mit den Freiheiten anderer; und unter Demokratie: die engagierte, aktive und verantwortliche Mitwirkung aller an der Gestaltung des Gemeinwesens, beginnend mit den Orten, in denen wir leben. (Dies bedeutet weit mehr als ein formales Wahlrecht, wie in demokratisch konstituierten Staaten praktiziert, das keine Möglichkeit für eine echt relevante Auswahl bietet). Auf diese Weise wirken die liberale und die soziale Komponente nicht gegeneinander, sondern sind konstruktiv aufeinander bezogen: Freiheit und Demokratie müssen als eine nicht-auftrennbare Einheit gesehen werden. Wir brauchen individuelle Initiative in gemeinschaftlicher Verantwortung gegenüber anderen Menschen aber auch der Mitwelt. Sie verhindert die einseitige Übertreibung der einen oder anderen Qualität, was zur Entgleisung der humanen Gesellschaft führt.

Schritte in der Neuorientierung

Dies lässt sich an vielen Beispielen zeigen. So führt etwa die formale Betonung der Wirtschaft auf maximale Effizienz in der Allokation von Ressourcen, ein Grundpfeiler der wirtschaftlichen Globalisierung, zu künstlich homogenisierten und monokulturell überformten Lebensräumen und einer maximalen Abhängigkeit der Menschen von äußeren, von ihnen nicht beeinflussbaren Faktoren. Diese sind nicht von sich aus fixiert, sondern werden eskalierend negativ provoziert. Unberücksichtigt bleibt bei dieser (schon allein unter wirtschaftlichen Gesichtspunkten) extrem eng ausgelegten Effizienzbetrachtung ein empfindlicher Verlust an Freiheit und der damit möglichen persönlichen Entfaltungsmöglichkeit der betroffenen Menschen, eine Behinderung ihrer Kreativität durch Beschleunigung aller Prozesse im Umfeld, und nicht zuletzt eine höhere Belastung der Biosphäre. Es ist keine Frage, dass sich eine solche ‚Allokationsoptimierung‘ insgesamt nicht einmal ökonomisch rechnet, wenn wir die Menschen und ihre Entfaltung und die Gesellschaft in ihrem kooperativen Miteinander im Blick haben, von den ökologischen Folgen als Konsequenz der Nichtbeachtung eines notwendigen vorsorglichen Einvernehmens mit der übrigen Natur ganz zu schweigen. Allzu oft sind es nicht kurz gedachte Effizienzkriterien, die den Ausschlag für solche Entscheidung geben, sondern schlicht die Stärkung von Macht über andere.

Wenn wir die eskalierenden Probleme betrachten, welche heute die Menschheit belasten, so sind sie im überwiegenden Maße eine Folge extremer Machtballungen und wirtschaftlicher Ungleichheit, dirigiert und forciert von einem lebensfeindlichen finanziellen Netzwerk, das, anstatt die Beziehungsgefüge zwischen den Menschen zu Gunsten der Menschen zu stärken, zum unersättlichen Selbstzweck verkommen ist. Die Entkoppelung des unbegrenzten monetären Kapitalwachstums von der räumlich und stofflich begrenzten Erde treibt diesen Mechanismus mit voran. Aufgrund der Liberalisierung des Kapitalverkehrs kann das Kapital heute die Staaten zwingen, seine Ansprüche auf ewiges Wachstum durch zweifache Umverteilung ‚von unten nach oben' zu unterstützen: Durch die Zuschwemmung von Zinseszinsen und durch die Verschonung von Steuerlasten. Beides zusammen hat die Schere zwischen dem Einkommen und Vermögen der wenigen Oberen und der vielen Unteren inzwischen weit geöffnet. Von den verteilbaren erwirtschafteten Werten bleibt zu wenig für die Finanzierung des Gemeinwesens und zur angemessenen Entlohnung freudloser und unbefriedigener Erwerbsarbeit übrig. Es ist vor allem die damit verbundene Entwurzelung und Unfreiheit einer wachsenden Menge von Menschen, die, ihrer Würde und der Möglichkeit beraubt, ihr Leben und ihre Lebenswelt eigenverantwortlich zu gestalten, radikal eine Änderung fordern und dies auch fordern müssen.

Der Aufbau polyzentrischer, sich komplementär ergänzender Wirtschaftsstrukturen ist notwendig. Monetär- und marktorientierte Wirtschaftsinstitutionen müssen und lassen sich mit zivilgesellschaftlichen sozialen, kulturellen und subsistenzwirtschaftlichen Initiativen und Institutionen in wechselseitiger Bereicherung verbinden. Parallel sollte Dezentralität und Unterschiedlichkeit ökonomischer, politischer und soziokultureller Institutionen über flache transparente Hierarchien innerhalb ihrer Entscheidungsorgane und -träger gestützt werden. Hierfür ist eine Verringerung monopolistischer Machtstrukturen weniger Unternehmen zugunsten einer Vielfalt von wirtschaftlichen, marktlich wie zivil getragenen Unternehmungen notwendig und möglich. Deren kooperatives Zusammenspiel muss und kann lokal bis interkontinental politisch, rechtlich und infrastrukturell gewährleistet werden. Für eine Komplementarität pluraler lokaler, regionaler und interkontinentaler Wirtschaftsstrategien müssen Institutionen zur Einführung und Überwachung globaler Rahmenbedingungen auf allen räumlichen und strukturellen Ebenen geschaffen und gestärkt werden. Die räumliche und zeitliche Externalisierung der ökologischen, sozialökonomischen und kulturellen Lasten und Kosten muss beendet werden. Geschlossene Prozess-Kreisläufe müssen verwirklicht werden, soweit nicht eine (fast) ewig sprudelnde Quelle (wie etwa die Sonne als Energiespenderin) zur Verfügung steht. Eine Entschleunigung wirtschaftlicher, sozialer und ökologischer Prozesse ist notwendig, um Regenerationszyklen und schöpferische Differenzierung zu ermöglichen. Alle diese Prozesse verlangen dringlichst eine Reform der internationalen Finanzsysteme und -ströme. Ungebremstes Geldwachstum in einer begrenzten Welt entkoppelt wirtschaftliche Prozesse zunehmend von ihrer endlichen ökologischen und soziokulturellen Grundlage. Die internationale Geldmenge kann und muss dringend stabilisiert und dynamisch in Lebensqualität stärkende und globale Versorgung fördernde Wirtschaftsaktivitäten gelenkt werden.

Um die Gefahren und Risiken von kriegsähnlichen Konflikten zu vermindern oder zu vermeiden, müssen wir unsere Fähigkeiten zur gewaltarmen Konfliktbearbeitung fördern und notwendige Voraussetzungen schaffen, um ein friedliches und kooperatives Zusammenspiel zu ermöglichen und zu erleichtern. Um das Katastrophenszenario im Konflikt zwischen Homo sapiens und natürlicher Mitwelt, die ökologische Destabilisierung der Geobiosphäre, abzufangen, brauchen wir eine Ökologisierung ökonomischer (Re)Produktionsprozesse und Strategien.

Die totale Abrüstung aller Massenvernichtungswaffen (nuklear, chemisch, biologisch) und Reduktion der konventionellen Waffen und die Eindämmung des Waffenhandels drängt aus ethischen, aber auch allein schon aus ökonomischen Gründen. Um interzivilisatorische Konflikte erfolgreich zu bearbeiten und zu regeln, ist eine Stärkung und Förderung des interkulturellen und –religiösen Dialoges sowie der zivilgesellschaftlichen Kräfte und Institutionen unerlässlich. Die Beachtung der vielfältigen Toleranzgrenzen bei der dynamischen Stabilisierung der Geobiosphäre, der Belastbarkeit der natürlichen Lebensgrundlagen und ihrer Regenerationszyklen bildet die Voraussetzung des zukünftigen Überlebens und Friedens zwischen den Menschen. Dem muss ökonomisch die Schaffung von geschlossenen Produktions- und Stoffkreisläufen, und die Minimierung ökologischer Risiken sowie die Internalisierung ökologischer Externalisierungen entsprechen. Dies bedeutet eine strategische Ausrichtung am Paradigma des Lebendigen.

VIII. Schwierigkeiten und Möglichkeiten des Übergangs

„Wie kann man den Himmel kaufen oder verkaufen – oder die Wärme der Erde? Diese Vorstellung ist uns fremd. Wenn wir die Frische der Luft und das Glitzern des Wassers nicht besitzen – wie könnt Ihr sie von uns kaufen? [...] Alles ist verbunden. Was die Erde befällt, befällt auch die Söhne der Erde. Der Mensch schuf nicht das Gewebe des Lebens, er ist darin nur eine Faser. Was immer ihr dem Gewebe antut, das tut ihr euch selber an.“

Diese Worte werden Chief See-at-la (Seattle), Häuptling der Duwamish, zugeschrieben, in seiner Rede von 1855 an den 14. Präsidenten der Vereinigten Staaten, Franklin Pierce – 100 Jahre bevor Einstein und Russell ein neues Denken forderten, 150 Jahre bevor wir uns daran setzen, dieses Suchen ein weiteres Mal in neue Worte zu fassen. Wenn wir darauf schauen, wohin uns unser Nachdenken und unser Wissen führen, erkennen wir, dass sich auch hier Kreise wieder schließen.

Wie kann ein evolutionärer, gewaltloser Übergang gelingen?

Es stellt sich uns die schwierige Anforderung nach einem evolutionären, gewaltlosen Übergang. Wir haben nach so langer Fehlorientierung Zweifel, wie denn das noch möglich sein könne. Ermutigende Vorbilder sind zwar immer noch in traditionellen Kulturen und ihrer Weisheit und ihrem Wissen zu finden, müssen aber umgedacht und geeignet an die modernen Voraussetzungen angepasst werden. Das leisten wichtige Ansätze der gegenwärtigen Wissenschaften auch, sie werden nur viel zu wenig in diesen Richtungen entwickelt. Grundlegend für einen Optimismus, dass dies letztlich gelingen kann, ist dabei insgesamt der Tatsache zu verdanken, dass die Befähigungen zu angemessenen Antworten auf die Chancen und Herausforderungen der Evolution, in uns Menschen, in den vielfältigen Vermögen unserer Existenz unterschwellig wirksam geblieben sind. Sie bedürfen nur entschiedener Beachtung und Förderung. Diesen Anforderungen können wir uns nur gemeinsam als Menschheit erfolgreich stellen, das heißt, nicht gegen- oder nebeneinander, sondern miteinander in einem Dialog der Kulturen, in dem wir alle unsere unterschiedlich entwickelten Potenziale vergleichen und zur Ergänzung bringen. Dafür brauchen wir die freie Entfaltung aller Kulturen, die wir ohnehin wünschen.

Unsere Forderungen treffen allerdings auf eine doppelt schwierige Situation der Völker. Während die hoch technisierten Länder sich gezwungen sehen werden, andere Wege zu Wohlstand und Wohlergehen zu finden als solche, welche die bisherige Moderne ihnen als die einzig erfolgreichen aufgezeigt und aufgedrängt hat, üben genau deren problematische Strategien einen zunehmend vehementen Sog aus auf alle Anderen, die sich von ihnen gleiche Möglichkeiten erhoffen. Die Anreize dazu werden weiter gesetzt und ein Wandel gebremst. Und dies ist letztlich nicht ‚unnatürlich', weil alles Belebte immer wieder der Gefahr ausgesetzt ist, in die stabileren Gestaltungsformen des Unbelebten abzustürzen. Dies lässt sich prinzipiell nicht verhindern. Leiden und Scheitern im Übergangsprozess gehören dazu. Ziel muss daher zumindest eine Schadensbegrenzung beim möglichen Sturz sein. Aus den unterschiedlichen Bedürfnissen und Gestaltungsfähigkeiten rund um die Erde muss eine Vielfalt abwägender Lösungen entstehen. Die vielfältigen kulturell ganz neuen Modernen müssen aus ihren jeweiligen Bedingungen eigene Wege entwerfen und im Austausch miteinander erproben, wie problematische Strategien behutsam, d.h. im vollen Bewusstsein der Bedingungen und Chancen alter und neuer Gleichgewichtsprozesse, umgewandelt werden können. Dabei werden noch lebendige Weisheitstraditionen neue Wirkung entfalten und an die wissenschaftliche wie technologische Welt veränderte, höhere Anforderungen gestellt werden müssen.

Die Hauptfragen, die sich uns heute stellen, sind nicht, wie und auf welche Weise zukunftsfähige Lebensformen geschaffen werden können. Die Natur kennt keine Patentrezepte für einen sicheren oder gar raschen Erfolg. Der Erfolg ist vielmehr das Ergebnis über Generationen erprobter und geglückter Spiele, die jedoch nicht auf reinem Zufall beruhen, sondern aus ihrer tiefen Verbundenheit hervorgehen. Die Biosphäre zeigt uns, dass es bei diesem offenen Plus-Summen-Spiel des Lebendigen unzählige Gewinner gibt und nicht nur einige Wenige, wie wir dies bei einem Vergleich mit den Mechanismen unserer Marktökonomie erwarten würden, welcher den ganz anderen Spielregeln eines Null- oder sogar Negativ-Summen-Spiels folgt (mit Gewinnern und Verlierern bzw. mit einer Dominanz an Verlierern). Wir Menschen sind nicht davon befreit, uns ethische Regeln zu erarbeiten, welche die Individuen, auch die Schwachen, als Glieder der Gemeinschaft fördern. Solche Regeln müssen, im wechselseitigen Vertrauen aller Beteiligten, an sich verändernde Bedingungen angepasst werden und sich deshalb immer wieder verändern. Entsprechend gilt es das Zusammenspiel des Biosystems Erde mit genuin menschlichen Mitteln weiter zu unterstützen.

Wenn wir das uns allen gemeinsame Spielfeld des Lebens jedoch durch ungezügeltes Machtstreben immer weiter ‚kippen', so dass die Mehrheit der Menschen und ein Großteil der Kreatur auf ihm keinen Halt mehr finden, werden unsere Probleme sich zu einer Katastrophe auswachsen. Diese wird eine Katastrophe vor allem für uns Menschen sein, und nicht für die übrige Natur, denn sie kann ohne den Menschen leben, aber wir nicht ohne sie. Wir müssen alles tun, damit das Spielfeld wieder in eine Lage kommt, in der wieder alle dezentral unter vergleichbar günstigen Bedingungen ihre je eigenen Spiele spielen und dazu über alle Grenzen hinweg sich freundschaftlich verständigen und kooperativ zusammen wirken können. Was Zukunft hat, wird sich über erfolgreiche Ergebnisse der unzähligen verschiedenen Spiele auf vielfache Weise zeigen und in ihrer sich ergänzenden Gemeinsamkeit die lebendige Zukunft der Menschheit bestimmen.

Ich bin Leben

Der Boden auf dem diese neue verträgliche organismische Kulturenvielfalt aufwachsen soll, ist gut vorbereitet. Denn warum werben politische und wirtschaftliche Entscheidungsträger in der Öffentlichkeit immer noch mit Freiheit und Demokratie, obwohl die meisten anscheinend dieses Vertrauen an eine fundamentale Gemeinsamkeit aufgegeben haben? Weil sie insgeheim wissen und fühlen, dass in den Herzen der Menschen die Sehnsucht tief verankert ist, ihr eigenes physisches, emotionales und geistiges Vermögen nach Möglichkeit zu stärken und ihre Persönlichkeit weiter zu entwickeln, was nur in relativer Freiheit gelingt. Doch wollen in ihrer großen Mehrzahl diese Menschen ihr Empowerment nicht gegen andere ausnutzen, die Ähnliches versuchen, sondern, motiviert durch die tiefere Verbindung, zusammen mit ihnen auf einer höheren Stufe eine umfassendere Gemeinsamkeit schaffen. Ein neues, doch in Wahrheit altbewährtes Menschenbild wird sichtbar, das im Grunde von liebenden und empathischen Menschen ausgeht. Wir sollten uns von den Auswüchsen unserer modernen Zivilisation nicht in die Irre führen lassen. Der Mensch vermag mehr, als ein agressiver, raffgieriger „Wolf" (im Sinne von Thomas Hobbes) zu sein: Freiheit zur eigenen Stärkung, nicht um im Kampf gegen die anderen obsiegen zu können, sondern verantwortlich zur Stärkung der eigenen Mitwirkung zu Gunsten des Ganzen. Ko-liberalität ist gefordert zur Erzielung einer optimalen lebendigen Ko-existenz im Sinne Albert Schweitzer:s *„Ich bin Leben, das leben will, inmitten von Leben, das leben will!"*

Dies mag alles unerreichbar utopisch klingen. Doch wir sollten uns daran erinnern: Allein die Tatsache unserer Existenz als Menschen heute sollte uns zeigen, dass auch wir das erfolgreiche Ergebnis einer ähnlichen schon Milliarden Jahre währenden schrittweisen Entwicklung sind. Unsere Zuversicht ist nicht ohne Basis. Wir müssen fortfahren, neues Wissen zu schaffen, das Lebendigkeit vermehrt erblühen lässt. Wir können uns darauf verlassen, dass diese Kraft in uns wirkt. Denn die Allverbundenheit, die wir Liebe nennen können und aus der Lebendigkeit sprießt, ist in uns und in allem Anderen von Grund auf angelegt.

Curriculae vita der Autoren und Herausgeber

Stephan ALBRECHT, born 03.11.1949 in Benndorf. University Hamburg. Studied Chemistry, History, Science, Political and Educational Science. Phd in Political Science (Berlin). Chair of the Association of German Scientists (VDW). Fields of expertise: politics and economy of modern biotechnology; sustainability; science politics; science, public and social development; democracy policies and theories.

Jürgen ALTMANN, born in 1949, Professor at the Department of Experimental Physics, University Dortmund. Phd in Physics, University Hamburg. Founder of the Bochum Verification Project, University Bochum. Co-founder of the Association Science, Disarmament and International Safety (FONAS). Fields of expertise: nanotechnology; scientific-technical questions of disarmament; high energy laser; European missile defence; military technologies; non-lethal weapons; civil and military technologies; preventive armament control;

Samir AMIN, born 04.09.1931 in Cairo. Director Third World Forum, Dakar. Diploma in Politiques and Mathematics (Paris), Phd and Professorship in Economics (Paris). Former Director of UN-IDEP, Dakar. Fields of expertise: world economy, globalism, eurocentrism; maldevelopment in Africa and in the third world; imperialism and unequal development.

Reiner BRAUN, born 1952, staff member of the Max-Planck-Institute for the History of Science, project Einstein, Director of the Einstein Peace Conference. University degree in History and Journalism. Consultant of INES – International Network of Engineers and Scientists for Global Responsibility and IALANA – International Association of Lawyers against Nuclear Arms. Fields of expertise: peace and disarmament; science and responsibility; historical science (Einstein).

Michael BRZOSKA, Head of Research and Deputy Director at the Bonn International Centre for Conversion. Member of the International Advisory Board, Small Arms Survey (Geneva). University graduation in Economics, Law and Political Science, Phd in Political Science (Hamburg). Fields of expertise: economics and politics of conventional arms production, disarmament and conversion;

arms control; defense budgeting and spending; targeted sanctions and sanction reform; security sector reform; development economics; conflict research.

Edelgard BULMAHN, born in 1951 in Minden. MdB, Federal Ministry of Germany (1998-2005), Department for Science and Technology. University degrees in Political Science and Anglistik (Hannover). Fields of expertise: research and technology policies; education and science.

Kevin Paul CLEMENTS, Professor of Peace and Conflict Studies and Director of the Australian Centre for Peace and Conflict Studies. Studied Political Science and Sociology (New Zealand). Fields of expertise: a) recent: conflict resolution; conflict in the Asia Pacific region; security sector reform. b) past: religion, ideology and social change; development and disarmament; international organisations - violations of Human Rights and management and resolution of violent conflicts; costs-benefits of unilateral anti-nuclearism.

Carl CONETTA, Director, The Commonwealth Institute, Cambridge/Mass. Co-director of the project on Defense Alternatives (PDA). Former consulting analyst for the Council on Foreign Relations, US House Armed Services Committee, South African Ministry of Defense, and for the American Academy of Arts and Sciences. Degrees from Boston University (BA) and from the University of Connecticut (MA), instructor in the Economy and Society program. Fields of expertise: defence reform and restructuring, threat assessment, military operations, and peacekeeping.

Dieter DEISEROTH, born in 1950 (Germany). Judge at the Federal Court of Administration. Studied Jurisprudence, Sociology and Political Science. Fields of expertise: constitutional- administrative-, employment-, international law and history of law.

Jean-Pierre DUPUY, Professor of Social and Political Philosophy, École Polytechnique, Paris. Director of Research at the C.N.R.S. (Philosophy). Professor, Stanford University for French and Political Science. Fields of exertise: cognitive science, self-deception and paradoxes of rationality; paradoxes of rationality; analytic philosophy; ethics of nuclear deterrence and preemptive war; future societal and ethical impacts of the convergence of nanotechnology, biotechnology, information technology and cognitive science.

Friedrich GRÖNING, Ambassador for the Foreign Ministry of Germany for questions of disarmament and arms control.

Klaus HÜFNER, Professor for Political Economics, Free University Berlin. Former President of the German UNESCO Commission. In 1998 he was awarded with the Dag-Hammarskjöld-Ehrenmedaille for his over fourty year long international United Nations engagement in German and international civil society.

Calestous Juma, born 09.06.1953, Port Victoria, Kenya. Professor of the Practice of International Development, Director of the Science, Technology and Globalization Project at Harvard University's Kennedy School of Government. Coordinator of the Task Force on Science, Technology and Innovation of the United Nations Millennium Project and Co-chair of the African Panel on modern Biotechnology of the African Union (AU) and the New Partnership for Africa's Development (NEPAD). DPhil in Science and Technology Policy Study on Science Policy Research Unit at the University of Sussex (UK). Awards: United Nations Global 500 Award and Henry Shaw Medal. Fields of expertise: evolutionary and systems theory; science and technology policy studies; institutional change; biotechnology and biological diversity; and international environmental policy. Evolutionary approaches to economic change; application of science and technology to sustainable development; biodiversity conservation.

Anna LEANDER, Associate Professor at the University of Southern Denmark (Odense), Department of Political Science and Public Management. International Baccalaureate at the A. Hammer United World College of the American West (New Mexico, USA). Fields of expertise: international political economy; research design; gender studies and Turkish politics; cooperation and conflict; global society; international political economy.

Wolfgang LIEBERT, Scientific Coordinator and Speaker for the interdisciplinary working group for Nature Science, Technology and Security (IANUS). Assistant lecturer at the Institute for Philosophy, University Darmstadt. PhD in Physics. Fields of expertise: nuclear disarmament, non proliferation, preventive armament control, scientifical and technological development prognosis, philosophy of science.

Birgit MAHNKOPF, Professor of European Social Politics at the Polytechnic University for Economy in Berlin. Diploma, Phd, Professorship at the Freie Universität, Berlin. Chair of „Vereinigung deutscher Wissenschaftler e.V." (VDW), Member of the Scientific Council of ATTAC. Fields of expertise: economic, political and social dimensions of globalisation; working sociology; educational policy.

Ronald MC COY, born and educated in Malaysia. Medicine degree, University of Malaya. Former President Malaysian Medical Association. President and Co-President of IPPNW. Founder of the Malaysian Physicians for the Prevention of Nuclear War. Fields of expertise: abolition of nuclear weapons, human rights, social justice, peace, equitable health care, nuclear disarmament, rule of law, peaceful resolution of conflict and prevention of violence and war.

Marie MULLER, Dean, Faculty of Humanities and Professor, Department of Political Sciences, University of Pretoria. Chair of the Council of the Pugwash Conferences on Science and World affairs. MA degree in International Politics, DLitt et Phil degree. Founder of the South African National Pugwash group in 1992 and former chairwoman. Awards: Nobel Peace Prize (1995). Fields of expertise: South African foreign policy and relations, international politics.

Götz NEUNECK, Institute for Peace Research and Security Policy (Hamburg). Head of the Interdisciplinary working group Arms Control and Disarmament. Degrees in Physics, Mathematics and Philosophy. Vice president of the „Forschungsverbund Naturwissenschaft, Abrüstung und Internationale Sicherheit" (FONAS), Council member of Pugwash Conferences on Science and World Affairs, Member of the Scientific Advisory Board "Deutschen Stiftung Friedensforschung" (DSF). Fields of expertise: new armament technologies, proliferation of weapons of mass destruction, armament control, disarmament, dual use.

Kathryn NIXDORFF, Professor at the Institute for Microbiology and Genetics, Technical University, Darmstadt. Founding member of the Interdisciplinary working group Science, Technology and Safety (IANUS). Council member of the International Network of Engineers and Scientists for Global Responsibility (INES). Fields of expertise: molecular aspects of micro organisms and the immune system, biological weapons, dual use aspects of biotechnology, ethics of University research, misuse of biotechnology.

Alfred NORDMANN, Professorship for the Philosophy of Science and History of Science at the Technical University Darmstadt, Magister and Promotion in Hamburg. President of the Lichtenberg Society. Fields of expertise: definition of fields of knowledge throughout history, nanoscience.

Arpad PUSZTAI, born in Budapest in 1930. Norwegian Institute of Gene Ecology (GenOK.), Tromso/Norway. Former Senior Scientist at the Rowett Research Institute, Scotland UK and GM food research programme at the Norwegian Institute of Gene Ecology, University of Tromso. Degree in Chemistry in Budapest, PhD in Biochemistry and Physiology, University of London. Fields of expertise: GM-potatoe work and the dangers of genetic engineering of crop plants used for human/animal food/feed; genetic modification; food safety.

Judith v. REPPY, Acting Director, Peace Studies Program, Professor, Science & Technology Studies, Cornell University. Chair of the Board of Directors of the Institute for Defence and Disarmament. Former co-chair of US Pugwash. Fields of expertise: new weapons; defence and civil technologies; defence industry in national systems of innovation.

Volker RITTBERGER, born 04.05.1941 in Karlsruhe, Germany, Professor for Political Science and International Relations, Eberhard-Karls-Universiy, Tübingen. Chair of the Frankfurt Peace Research Institute. Degree in law at the University in Tübingen. PhD degree in Political Science at the Stanford University (USA).

Daniel R. SAREWITZ, Professor of Science and Society, School of Life Sciences and Department of Geosciences; Director, Consortium for Science, Policy, and Outcomes at the Arizona State University. PhD in Geological Science, Cornell University. Fields of expertise: science policy, climate debate, nanotechnology, social impacts, health research.

Andreas STRUB, EU Commission, Geneva, Representative on Non Proliferation of Weapons of Mass Destruction to Javier Solana.

Ulrich TEUSCH, Freelance Journalist and Publicist, Department of Political Science, University Trier. PhD in Political Science, Degrees in Media Science and German language-literature Studies. Fields of expertise: globalisation; technology, society and politics.

Alexis VLANDAS, Dphil in philosophy, Material Sciences University of Oxford, St-Cross College, UK. Master in Science in Physics, Imperial College of Science Technology and Medicine, London. Former Secretary of the Oxford Student Pugwash Society. Executive Committee member of the International Network of Engineers and Scientists for Global Responsibility (INES). Winner of the British Association for the Advancement of Science on ethical and societal impact of Research. Fields of expertise: nanotechnology, biochemistry, biophysics, further mathematics and chemistry.

Frank VOGELSANG, Director of the Evangelic Academy, Bonn, Engineer and Theologist, Fields of expertise: new biotechnology; social impact of scientific progress; role of theology compared to other sciences; ethics in medicine, science theory; theology and ethics.

Wolfram WETTE, born 11.11.1940 in Ludwigshafen. Professor for Newer History at the Albert-Ludwigs-University Freiburg. Founder and speaker for the "Arbeitskreis Historische Friedensforschung" (AHF). Degrees in Political Science, History and Philosophy. Fields of expertise: history and peace research, military history.

Brigitte YOUNG, Professor of International and Comparative Political Economy at the Institute of Political Science, University of Münster. Former expert advisor to the Enquete-Commission of the German Parliament on "Globalization of the World Economy - Challenges and Responses". Member of the Network of Excellence (EU-6. Framework Program), Editorial Board of Global Governance (2005-2007). Member of the Executive Board of International Social Science Council "Gender, Globalization, and Democratization" (UNESCO); Member of the Scientific Board of ATTAC-Germany. Fields of Expertise: globalization, trade and financial markets; international political economy, feminist economics; multimedia intercultural education.

Gerd WEIBERG, born 1943 in Einbeck, Director of the Einsteinjahr office. Engineer, studied Sociology, Psychology and History, University Göttingen. Phd in Sociology. Former EXPO Commissioner for Niedersachsen.

Andreas ZIMMERMANN, born on 18.06.1961 in Tübingen. Professor for Jurisprudence at the Christian-Albrechts-University in Kiel and Director of the Walther-Schücking-Institute for International Law. Degrees in Law, Tübingen. LL.M: Studies at the Harvard Law School. Member of the German delegation to set up the regular international criminal division. Member of the expert commission "Nations panel law book" at the Federal Ministry of Law.